THIS IS SINGAPORE

THIS IS SINGAPORE

초판 1쇄 발행 2023년 7월 10일
개정 1판 1쇄 발행 2024년 4월 10일
개정 2판 1쇄 발행 2025년 2월 20일

지은이 이광훈

발행인 박성아
편집 김현신
디자인 & 지도 일러스트 the Cube
경영 기획·제작 총괄 홍사여리
마케팅·영업 총괄 유양현

펴낸 곳 테라(TERRA)
주소 03925 서울시 마포구 월드컵북로 400, 서울경제진흥원 2층(상암동)
전화 02 332 6976
팩스 02 332 6978
이메일 travel@terrabooks.co.kr
인스타그램 @terrabooks
등록 제2009-000244호
ISBN 979-11-92767-27-7 13980
값 19,800원

글·사진 이광훈

TERRA

PROLOGUE

프롤로그

몇 년 전 앞으로의 경력 관리 방향에 대해 컨설턴트와 상담할 기회가 있었다. 지금껏 해오던 일에 국한되지 않고 장래에 또 어떤 일을 할 수 있을 것인가, 뭐 그런 주제였는데 상담 중 이런 질문을 받았다.

컨설턴트: 자신이 어떤 성향이라고 생각하시나요?
나: 글쎄요, 저는 동적이라기보다는 다소 정적인 사람인 것 같아요. 야외 활동보다는
　집에서 조용히 음악을 듣거나 영화 보는 것을 더 좋아하거든요.
컨설턴트: 그렇군요. 그런데 가장 좋아하는 취미가 여행이라고 하지 않으셨나요?
나: 네, 맞습니다. 저는 여행할 때가 가장 즐겁습니다.
컨설턴트: 음, 여행은 동적인 취미 아닐까요? 말씀하신 성향과는 어울리지 않는 것 같은데요.

그날 컨설턴트의 말을 듣고 스스로를 돌이켜보았다. 오랜 시간 사회인으로서 직장 생활을 무난하게 해오면서도, 나는 줄곧 자신이 수줍음이 많고 내향적인 성격이라고 생각했다. 그런데 여행자로서의 나는 일상에서의 나와 확연하게 다른 모습이었다. 여행지에서 나는 새로운 곳에 대한 두려움이 없었고, 누구보다 자신감이 넘치고 적극적인 사람으로 바뀌었다. 여행은 나를 그렇게 만들어 주었다.

이 책은 그런 나의 여행자로서의 '동적'인 에너지를 모두 쏟아부은 결과물이다. 책을 만들면서 세운 제1 원칙은 무조건 싱가포르에 처음 가는 초보 여행자들의 눈에 쏙쏙 들어오도록 쉬운 책을 만들자는 것이었다. 이 책은 이런 원칙하에, 수만 가지 단편적인 여행 정보들을 백과사전처럼 나열하여 독자들을 더 혼란스럽게 만드는 책은 지양하고, 꼭 가봐야 할 곳과 먹어야 할 것 등 핵심 여행 정보를 강조한 실용적인 책을 만들고 싶다는 바람을 담아 만들었다.

싱가포르는 풍부한 볼거리와 놀거리, 편리한 대중교통, 안전한 치안, 이 세 가지를 모두 만족하는 국가이기 때문에 자유여행을 즐기기에 좋고, 가족 단위 관광객에게 인기가 높다. 서울과 비슷한 크기의 작은 나라이지만, 3~4일 만에 서울을 모두 돌아볼 수 없듯이 싱가포르도 어떻게 준비하느냐에 따라 여행의 만족도가 크게 달라지는 곳이다. 이 책에서는 관광지와 맛집 소개뿐 아니라, 싱가포르라는 나라가 걸어온 발자취, 싱가포르라는 나라에 살고 있는 다양한 사람과 문화에 대한 이야기도 풍부하게 게재하여 싱가포르 여행의 깊이를 더하고 차원을 높였다.
부디 독자들이 이 책 한 권만 들고 내일 당장 떠나더라도, 아무런 걱정 없이 편안하게 여행을 즐길 수 있기를 바란다.

Special thanks to

가이드북 출간이라는 소망을 현실로 만드는 것은 쉽지 않은 일이었다. 취재를 마치고 원고가 마무리될 무렵 코로나19가 터지는 바람에 출간 시기가 거의 3년이나 미뤄졌다. 수시로 변화하는 현지 사정 때문에 원고를 완전히 새로 쓰는 수준으로 여러 차례 수정을 거듭했고, 그 와중에 정말 많은 분의 도움을 받았다.
버킷 리스트 중 하나인 가이드북 출간을 실현할 기회를 주시고, 누구보다 멋진 싱가포르 여행 가이드북이 완성될 수 있도록 함께 노력해주신 테라 출판사, 다양한 정보와 사진을 아낌없이 나눠주신 네이버 싱가포르 여행 카페 '인사이드 싱가포르'의 수퍼맨이었던 사나이, 싱가폴링 샐리, 에드워드 킴 님, 그리고 카페 주관 투어에 참가해 생생한 현지 정보와 사진들을 제공해주신 여러 회원님. 모두 진심으로 감사드린다.
끝으로 오랜 시간 묵묵히 지켜봐 주고 응원해준 사랑하는 아내와 가족들에게도 고마움을 전한다.

Contents

HELLO! SINGAPORE
싱가포르 여행하기

싱가포르 음식 & 쇼핑
탐구일기

HOW TO USE

<디스 이즈 싱가포르>를 효율적으로 읽는 방법

- 이 책은 여행 가이드북이 필요한 독자들이 대부분 해당 지역에 익숙하지 않은 초보 여행자라는 전제에 충실하게 만들었습니다. 구글링만으로 쉽게 검색되는 관광지와 식당들을 변별력 없이 나열하기보다는, 싱가포르에서 꼭 가봐야 할 곳과 꼭 먹어봐야 할 음식을 선별하여 자세한 정보를 소개함으로써 여행자에게 실질적인 도움이 될 수 있도록 했습니다.

- 요금 및 운영시간, 스케줄, 교통 등의 정보는 시즌과 요일, 현지 사정에 따라 바뀔 수 있으니 방문 전 홈페이지 또는 현지에서 다시 한 번 확인하기를 권합니다.

- 호텔 및 관광지 등의 요금은 공식 홈페이지를 기준으로 했습니다. 호텔은 예약 시기와 이용 시기에 따라 비용이 크게 달라지고, 관광지 티켓도 여러 할인 티켓 판매처에서 저렴하게 구매할 수 있으니, 책에 게재된 각종 요금은 참고용으로만 활용하길 바랍니다.

- 교통 및 도보 소요 시간은 대략적인 것으로, 현지 사정에 따라 다를 수 있습니다.

- 외래어 표기는 현지 발음과 확연히 차이가 나는 경우를 제외하고 대부분 국립국어원의 외래어 표기법에 따랐고, 우리에게 익숙하거나 이미 굳어진 지명과 인명, 관광지명, 상호 및 상품명 등은 관용적 표현을 사용함으로써 독자의 이해와 인터넷 검색을 도왔습니다.

- 싱가포르에서는 우리나라와 마찬가지로 생일을 기준으로 계산하는 '만 나이'를 사용하고 있습니다. 이책에 수록된 나이 기준은 모두 만 나이입니다.

- 이 책에서 **GOOGLE MAPS**는 온라인 지도 서비스인 구글맵(google.co.kr/maps)의 검색 키워드를 의미합니다. 한국어 또는 영어로 검색 가능한 곳의 검색 키워드는 한국어 또는 영어로 적었고, 그렇지 않은 곳은 구글맵에서 제공하는 '플러스 코드(Plus Codes)'로 표기했습니다. 플러스 코드는 '7RWX+JC 싱가포르'와 같이 알파벳(대소문자 구분 없음)과 숫자, '+' 기호, 도시명으로 이루어졌습니다. 현재 내 위치가 있는 도시에서 장소를 검색할 경우 도시명은 생략해도 됩니다.

- **MAP ❶~㉒**는 맵북(별책부록)의 지도 번호를 의미합니다.

HELLO! SINGAPORE

싱가포르 여행하기

SINGAPORE Overview

동남아시아의 말레이반도 끝, 적도에 가까운 섬 나라.
면적은 서울보다 조금 클 뿐인데, 아시아에서 1인당 국민 소득이 가장 높은 나라.
에너제틱하고 풍성한 볼거리로 매년 2천만 명의 관광객을 부르는 세계적인 메트로폴리스, 싱가포르를 만나보자.

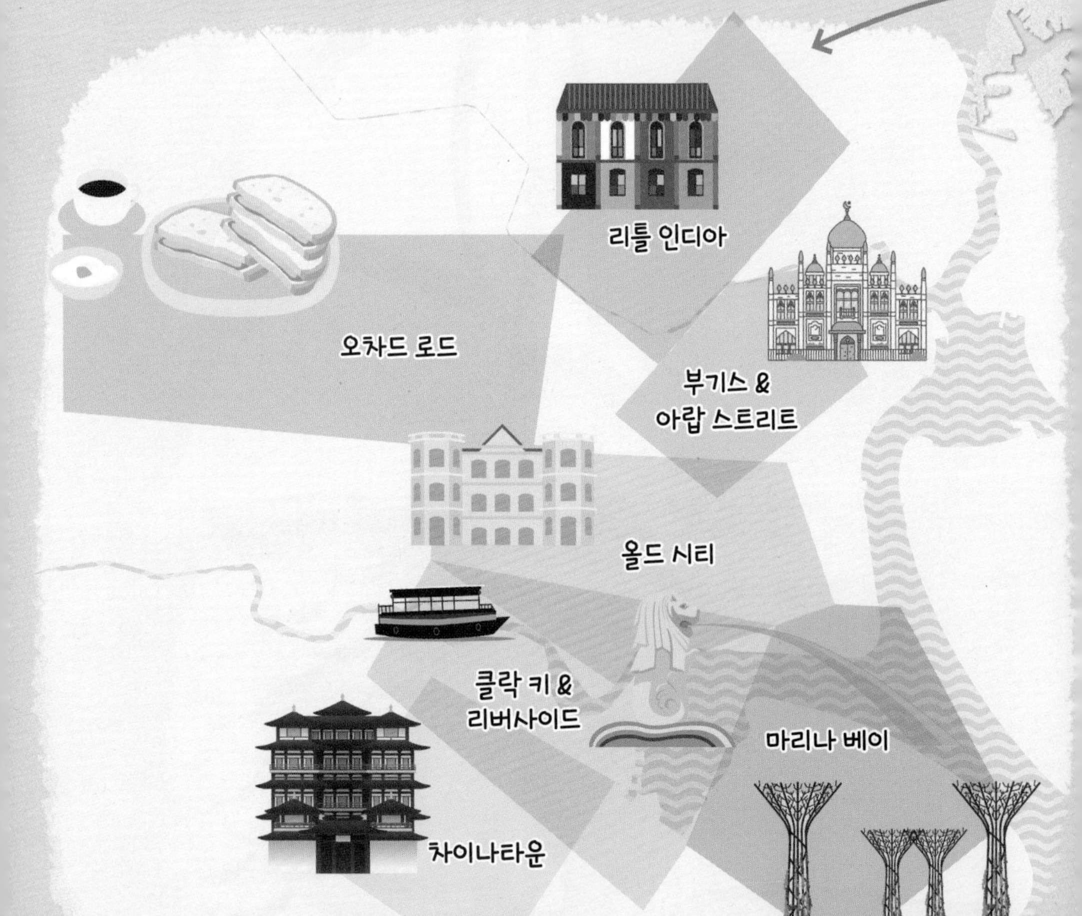

우리나라에서 싱가포르까지

인천 → 싱가포르: 약 6시간
싱가포르 → 인천: 약 6시간 30분
부산 → 싱가포르: 약 6시간
싱가포르 → 부산: 약 6시간 20분

만다이 야생동물 보호구역
보타닉 가든 &
뎀시 힐
카통 &
이스트 코스트
센토사 & 하버프론트

마리나 베이
Marina Bay

출발은 여기로 정했다! 싱가포르의 랜드마크인 마리나 베이 샌즈 호텔과 환상적인 열대식물원, 세계 최대 규모 회전 관람차까지 다 모였네~

→ 182p

클락 키 & 리버사이드
Clarke Quay & Riverside

싱가포르강 따라 어슬렁어슬렁~ 푸짐한 씨푸드와 역사적 볼거리가 한가득!

→ 212p

올드 시티
Old City

싱가포르의 교통 중심지에서 과거와 현재를 동시에 만나자.

→ 246p

오차드 로드
Orchard Road

세계 3대 쇼핑 거리 중 하나라는 치명적인 매력. 비 오는 날엔 무조건 체크!

→ 274p

보타닉 가든 & 뎀시 힐
Botanic Garden & Dempsey Hill

온통 초록 초록한 열대 가든에서 즐기는 브런치 타임 ♪

→ 292p

부기스 & 아랍 스트리트
Bugis & Arab Street

힙한 편집숍 거리와 사원, 스트릿 마켓이 뒤섞인, '찐' 싱가포르 감성

→ 314p

리틀 인디아
Little India

인도 음식 먹방과 힌두 사원 산책. 여기가 바로 인도군!

→ 316p

차이나타운
Chinatown

갓성비 푸드센터와 기념품 쇼핑의 명당. 저녁엔 싱가포르식 꼬치구이와 함께 치얼스~

→ 332p

만다이 야생동물 보호구역
Mandai Wildlife Reserve

알록달록한 새들의 공원과 동물원, 매혹적인 한밤의 사파리까지. 싱가포르에서는 다 된다!

→ 356p

카통 & 이스트 코스트
Katong & East Coast

싱가포리언의 주말 휴식처. 알록달록 예쁜 페라나칸 하우스 앞에서 인생 사진, 찰칵!

→ 376p

센토사 & 하버프론트
Sentosa & HarbourFront

섬 전체가 들썩들썩~ 온갖 테마파크가 총출동한 엔터테인먼트 섬

→ 394p

: WRITER'S PICK :

'영토 확장'이 국가적 과제인 도시국가 싱가포르

싱가포르 정부는 좁은 면적의 도시국가라는 한계를 벗어나기 위해 꾸준히 영토 확장 사업을 벌여왔다. 덕분에 현재 싱가포르의 국토 면적은 1960년대보다 무려 25%나 증가한 수준. 싱가포르의 랜드마크인 마리나 베이 샌즈를 비롯한 일부 명소와 공항 등은 간척사업으로 메워진 땅 위에 세워졌다.

싱가포르의 북쪽은 말레이시아의 조호바루와 2개의 다리로 연결되며, 남쪽은 인도네시아의 바탐섬과 마주 본다. 이 두 지역은 한때 싱가포르보다 저렴한 경비로 둘러볼 수 있다는 장점 때문에 싱가포르 여행상품에 자주 포함됐지만, 특별한 볼거리는 없다. 최근엔 싱가포르에만 집중하는 것이 여행 트렌드다.

싱가포르 기본 정보

국명 싱가포르 공화국(Republic of Singapore, 新加坡共和国)
하나의 도시로 이루어진 도시국가로, 수도는 따로 없다.

인구 약 604만 명(2024년 기준)

면적 735.6km²(2024년 기준, 서울 면적은 605.2km²)

통화 싱가포르 달러(Singapore Dollar, S$ 또는 $)

환율 S$1=약 1075원(2025년 2월 매매기준율)

시차 -1시간(한국보다 1시간 늦다.)

언어 영어, 말레이어, 중국어, 타밀어 4개 언어
(헌법상 국어는 말레이어, 표기는 로마자 표기 방법에 따른다.)

종교 불교 31.1%, 기독교(천주교 포함) 18.9%, 이슬람교 15.6%, 도교 8.8%, 힌두교 5%, 기타 0.6%, 무교 20%

1인당 GDP $89,370로 세계 5위
(2024년 IMF 기준, 한국은 $36,132로 세계 30위)

인구 구성 중국계 74%, 말레이계 13.5%, 인도계 9%, 유럽계 등 기타지역 출신 3.4%

+MORE+

싱가포르는 공용어가 무려 4개

싱가포르에서는 영어, 중국어, 말레이어, 타밀어 등 총 4개 언어가 공용어다. 공문서는 주로 영어로, 국민들에게 공지하는 관보 등은 4개 언어를 동시에 표기한다. 거리에서도 이 4개 언어가 함께 표기된 안내판을 흔히 볼 수 있다. 하지만 공용어 중에서 영어 구사율이 압도적으로 높으므로 노년층이나 중국계 일부를 제외하면 현지인과 의사소통 시에는 영어만으로도 충분하니 걱정하지 않아도 된다. 한때 영국의 식민지였던 영향으로 영국식 영어를 사용한다.

태국은 2시간인데, 싱가포르는 1시간? 싱가포르 시차의 비밀

싱가포르 시차의 역사는 알고 보면 꽤 복잡하다. 과거 영국 식민지 시절에는 그리니치 표준시가 적용됐다가, 일본 점령기에는 우리나라와 동일한 GMT+9가 되기도 하는 등 이런저런 우여곡절을 거쳤는데, 현재 싱가포르의 표준시는 우리나라와 1시간 차이가 난다. 위치로만 따져 보면 비슷한 경도에 놓인 태국이나 베트남, 인도네시아처럼 우리나라와 2시간 차이(GMT+8)가 나야 하지만, 1982년 지리적, 경제적으로 싱가포르와 밀접한 관계에 있는 말레이시아 동부와 시간대를 통일하면서 현재의 표준시가 됐다.

싱가포르의 화폐

공식 명칭은 싱가포르 달러지만, 약칭으로 싱 달러(Sing Dollar)라고 하거나 그냥 싱(Sing)이라고도 부른다. 미국 달러와 구분하기 위해 $앞에 싱가포르를 의미하는 S를 붙여 S$ 또는 또는 SGD로 표기하기도 하나, 싱가포르 현지에서는 대부분 $로만 표기한다. 하위 단위는 센트(Cent, ¢)다.
지폐는 S$2, S$5, S$10, S$50, S$100, S$1000의 6종류가 통용되며, 동전 역시 1¢, 5¢, 10¢, 20¢, 50¢, S$1 6종류가 있다. 미국 달러는 싱가포르에서는 일반적으로 통용되지 않는다.

영업시간

식당 11:00~20:00(휴무일은 주로 평일/호커센터는 대부분 07:00경 오픈)
쇼핑몰 10:00~22:00(대부분 연중무휴)
은행 월~금요일 09:30~15:00

싱가포르의 전압과 콘센트

220~240V, 50Hz(우리나라는 220V, 60Hz)
싱가포르의 콘센트는 주로 G형과 M형으로 나뉜다. M형은 한국 전자제품을 그대로 사용할 수 있지만, G형은 반드시 멀티 어댑터가 필요하다.

G형

M형

싱가포르의 전화

국가번호 65, 전화번호는 8자리로 이루어져 있으며, 별도의 지역번호는 없다.

■전화 거는 법

현지 → 현지 전화번호 8자리만 누른다.

현지 → 우리나라 통신사 식별번호 + 한국 국가번호(82) + 지역번호(0은 생략) + 전화번호

예) 한국의 휴대전화 010-1234-5678로 걸 경우

싱텔 019-82-10-1234-5678

스타허브 018-82-10-1234-5678

M1 021-82-10-1234-5678

위급 상황 시 긴급 연락처

경찰 999(교통경찰 6547-0000)

응급의료서비스 995 또는 1777(적십자 구급차 6336-0269)

화재 신고 995

주 싱가포르 대한민국 대사관

대표전화 +65-6256-1188(근무시간 중)/

긴급연락전화 +65-9654-3528(24시간)

날씨 정보

싱가포르 기상청 Meteorological Service Singapore

홈페이지나 앱을 통해 향후 일기예보는 물론 현재 비가 오는 지역 및 지역별 기온 등을 알 수 있다.

WEB weather.gov.sg **APP** Weather@SG

싱가포르의 날씨

연중 고온 다습한 전형적인 열대우림 기후다. 싱가포르의 날씨는 '덥거나 매우 더운 날씨'만 존재한다는 우스갯소리가 있을 정도로 일 년 내내 덥다. 우기인 11~1월에는 스콜성 비(벼락같이 쏟아내리다 갑자기 멈추는 비)가 자주 내리며, 우기가 아닐 때도 수시로 내린다. 다만, 비가 그치고 나면 언제 그랬냐는 듯 금세 미세먼지 없는 맑고 깨끗한 공기와 새파란 하늘을 만끽할 수 있다. 해 뜨는 시각은 아침 7시경, 해 지는 시각은 오후 7시경으로 연중 비슷하다.

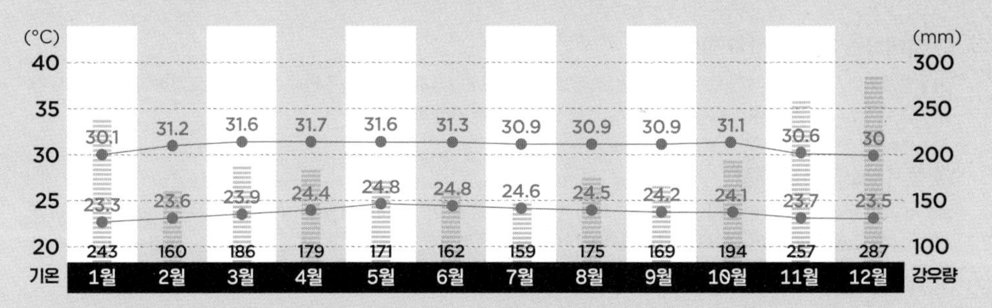

우기 / 건기 / 우기

월	특징	여행 추천
1월	아직 우기지만, 하루 몇 차례 비만 피한다면 괜찮다.	★★★★
2~4월	우기는 지나고 본격적인 더위가 오기 전. 여행하기에 제일 좋은 시기다. 개학 이후인 3~4월에 가면 항공료와 숙박비를 좀 더 아낄 수 있다.	★★★★★
5~6월	연중 제일 무더운 시기이니 가급적 피하는 게 좋다.	★★
7~8월	무더위가 한창인 우리나라보다 건기를 맞이한 싱가포르가 오히려 덜 덥게 느껴지는 때. 다만, 극성수기이므로 항공료와 숙박비가 비싸다.	★★★
9~10월	가장 더운 시기가 지나고 우기가 오기 전. 여행하기에는 괜찮은 날씨지만, 추석 연휴 시즌에 갈 경우 항공료가 급등한다. 전 세계 F1 팬이 모이는 싱가포르의 F1 그랑프리 기간은 피하는 게 좋다.	★★★★★
11~12월	우기여서 비가 잦지만, 여행 경비는 다른 때보다 저렴하다.	★★★★

싱가포르,
이런 것이 달라졌어요!

2024~2025년의 싱가포르는 무엇이 달라졌을까?
책 속 구석구석에 담은 최신 정보 중 여행자들이 가장 주목할 부분만 쏙쏙 뽑아서 아래에 정리했다.

❶ 싱가포르 GST 2단계 인상(8%→9%)

싱가포르의 상품 및 서비스 세금(GST: Goods and Services Tax)이 2024년부터 기존 8%에서 9%로 인상됐다. 싱가포르의 GST는 과거 15년간 7%로 유지돼 왔으나, 노령화에 따른 의료비 지출 급증으로 인한 예산 확보를 위해 2023년부터 8%로 인상했고, 다시 2024년부터 2단계 인상했다.

❷ 창이공항 터미널2(T2) 완전 재개장

코로나19 기간 확장 공사로 폐쇄됐다가 순차적으로 재개장해온 터미널2가 2023년 11월 1일에 완전히 재개장했다. 이에 따라 공사 기간 중 터미널4에서 출발해 터미널3에 도착했던 셔틀버스는 터미널2 도착으로 변경됐다. 터미널2는 창이공항의 4개 터미널 중 가장 규모가 크고 다양한 최신 시설을 갖췄으며, 14m 높이의 디지털 폭포 더 원더폴(The Wonderfall)이 볼거리다.

❸ 싱가포르항공 한국 노선, 창이공항 터미널2로 통합

그간 터미널2와 터미널3을 유동적으로 이용했던 싱가포르항공의 한국 노선 도착편과 출발편이 2024년부터 터미널2로 통합됐다.

❹ 시내버스 전광판 설치 확대

안내 방송이나 안내 모니터가 없어서 불편을 초래했던 싱가포르 시내버스가 최근 안내 모니터를 도입하기 시작했다. 현재는 일부 노선에서만 서비스 중이지만, 점차 전체 노선으로 확대할 예정이다.

❺ 센서리스케이프 개장

센토사의 새로운 체험형 관광지인 센서리스케이프(Sensoryscape)가 2024년 3월에 개장했다. 센서리스케이프는 야간 조명 쇼, 통로 전체의 디지털 바닥 프로젝션, 증강현실 서비스 등으로 구성됐으며, 센토사의 새로운 야경 포인트로 인기를 끌고 있다.

❷ 창이공항 터미널2 더 원더폴 ❹ 시내버스 전광판 ❺ 센서리스케이프

❻ 더 플로트 앳 마리나 베이 리노베이션 공사 개시

각종 운동 경기나 국가 행사 장소로 애용됐던 마리나 베이의 수상 경기장, 더 플로트 앳 마리나 베이(The Float@Marina Bay)(플로팅 플랫폼)가 수상 스포츠 및 커뮤니티 시설인 NS스퀘어(NS Square)로 탈바꿈하기 위해 리노베이션 공사를 시작했다. 2027년 완공 예정.

❼ 센토사 버스C 노선 폐지

센토사 내부를 운행하는 무료 버스 A·B·C 노선 중 C 노선이 2024년부터 폐지됐다. 기존 A와 B 노선은 변경 사항 없이 동일하게 운행한다.

❽ 키자니아 싱가포르 재개장

코로나 팬데믹으로 문을 닫았던 키자니아 싱가포르가 2024년 5월에 재개장했다. 17세 이하 어린이가 70개 이상의 직업으로 롤플레잉을 하며 배우고 즐기는 시설로, H&M의 스타일링 수업이 있는 패션 스튜디오, CIMB 싱가포르의 뱅킹 및 금융 지식 학습, 싱가포르 민방위군의 소방 활동, 말레이시아 항공의 비행기 조종 등 다채로운 체험을 할 수 있다.

❾ 팔라완 앳 센토사 개장

2023년 7월에 다양한 라이프스타일 엔터테인먼트 공간을 갖춘 팔라완 앳 센토사(The Palawan @ Sentosa)가 개장했다. 수상 아쿠아 파크인 하이드로대쉬(HydroDash), 실내 전기 고카트 경기장 하이퍼드라이브(HyperDrive), 18홀 미니 골프를 즐길 수 있는 울트라골프(UltraGolf) 등 어트랙션과 +트웰브(+Twelve), 스플래쉬 트라이브(Splash Tribe), 팔라완 푸드 트럭(The Palawan Food Trucks) 등 다양한 놀거리와 먹거리도 갖춰 가족 여행자는 하루 정도 투자해도 충분히 즐길만한 곳이다.

❿ MRT 톰슨-이스트 코스트 라인(TEL) 4단계 개통

2024년 6월 23일에 MRT 톰슨-이스트 코스트 라인의 7개 역이 추가로 개통됐다. 싱가포르 동부의 카통과 이스트 코스트 지역을 관통하는 4단계 노선이 개통돼 해당 지역의 접근성이 크게 개선됐고, 보타닉 가든-오차드-차이나타운-가든스바이더베이-카통이 하나의 노선으로 연결돼 관광객의 편의성도 크게 높아졌다.

❽ 키자니아 싱가포르

❾ 팔라완 앳 센토사 스플래쉬 트라이브

❿ MRT 톰슨-이스트 코스트 라인 4단계 개통

여기가 좋겠네

싱가포르 인증샷 포인트

작은 나라라고 가볍게 볼 일이 아니다.
싱가포르를 걷다 보면 전 세계 어느 곳과 비교해도 뒤지지 않는 놀라운 볼거리들이 여기저기서 '갑툭튀' 한다.

멀라이언 파크

머리는 사자, 몸은 물고기인 멀라이언 상이
시원한 물줄기를 뿜어내는 곳. 인증샷 0순위이자,
싱가포르의 상징!

➡ **클락 키 & 리버사이드** 219p

마리나 베이 샌즈

거대한 배 모양 수영장이 건물 옥상에?!
볼거리와 즐길거리로 가득 찬 싱가포르 최고의 랜드마크

➡ 마리나 베이 197p

가든스 바이 더 베이

열대 숲과 호수에 둘러싸인 초대형 인공 정원

➡ 마리나 베이 187p

싱가포르 국립박물관

싱가포르의 역사를 생생하게 살펴보자.

➡ 올드 시티 251p

싱가포르 동물원

지금까지 이런 동물원은 없었다!
이색 사파리도 보GO, 사진도 찍GO, 먹이도 주GO!

➡ **만다이 야생동물 보호구역** 361p

차이나타운

맛집 탐방, 저렴한 기념품 득템, 이국적인
사원에서 인증샷까지! 걷는 재미가 쏠쏠~

➡ **차이나타운** 334p

보타닉 가든

싱그러운 피톤치드 가득한 호수 정원에서
피부도 마음도 촉촉한 시간!

➡ **보타닉 가든 & 뎀시 힐** 292p

유니버셜 스튜디오 싱가포르

동남아시아에서 오직 이곳뿐.
신나는 어트랙션과 쇼를 즐기다 보면
24시간이 모자라~

➡ **센토사 & 하버프론트** 410p

S.E.A. 아쿠아리움

풍덩~ 바다가 내 안에 들어왔다!
엄청난 규모의 해양 수족관

➡ 센토사 & 하버프론트 416p

주얼 창이 에어포트

2019년 오픈한 인기 급상승 명소.
세계 최대의 실내 폭포와 쇼핑몰,
어트랙션까지 모두 다 즐기자~

➡ 싱가포르 창이공항 167p

주요 관광지별 추천 관람 시간

오전에는 야외 명소를 여유롭게 둘러보고, 오후에는 실내 명소에서 한낮의 혼잡과 더위를 피하자.

구분	오전					오후						
	7시	8시	9시	10시	11시	12시	1시	2시	3시	4시	5시	6시
멀라이언 파크												
마리나 베이 샌즈												
가든스 바이 더 베이												
싱가포르 국립박물관												
싱가포르 동물원												
차이나타운												
보타닉 가든												
유니버셜 스튜디오												
S.E.A. 아쿠아리움												

*가든스 바이 더 베이는 오전엔 야외정원, 오후엔 실내 공간인 플라워 돔 & 클라우드 포레스트를 방문하자.

보고 또 봐도 예쁨

인생 노을 & 야경 포인트

바다를 사이에 두고 먼발치에서 바라보는 홍콩의 야경이 백만 불짜리라면,
코앞에서 생생하게 펼쳐지는 싱가포르 야경은 천만 불짜리랍니다.

헨더슨 웨이브즈

넘실대는 파도를 닮은 보행자 전용 다리. 로맨틱한 야경 속으로 빠져볼까?

➡ 센토사 & 하버프론트 407p

⏰ 해 질 녘

팔라완 비치

아시아 대륙 최남단 전망대.
흔들 다리를 건너 전망대에 오르면
바다는 이미 핑크빛!

➡ 센토사 & 하버프론트 431p

⏰ 해 질 녘

피너클 앳 덕스턴 스카이 브리지

50층 파노라마 전망을 단돈 6달러에!
이 가격에 이 야경, 실화인가요?

➡ 차이나타운 340p

⏰ 해 질 녘~해 진 후

마리나 베이 샌즈 스카이파크 전망대

싱가포르의 랜드마크에서 야경을 감상해보자.

➡ 마리나 베이 197p

⏰ 해 질 녘~ 해 진 후

가든 랩소디 쇼

초대형 슈퍼트리 아래서 열리는 스케일 빵빵 '눕방' 쇼.
이게 무료라니!

➡ **마리나 베이** 193p

⏰ 저녁 7시 45분, 8시 45분

리버 크루즈

강 따라 불빛 따라,
싱가포르의 멋진 밤으로
당신을 초대합니다.

➡ **클락 키 & 리버사이드** 238p

⏰ 해 질 녘~ 해 진 후

에스플러네이드 극장 루프 테라스

한적하고 오붓하게 야경 즐기기. 스펙트라 쇼 관람 명당인 건 안 비밀.

➡ 클락 키 & 리버사이드 227p

⏰ 스펙트라 쇼 타임

스펙트라 쇼

웅장한 사운드와 조명이 빛나는 분수쇼. 이것도 무료라니!

➡ 마리나 베이 202p

⏰ 저녁 8시, 9시
+금·토요일 밤 10시

풀러튼 파빌리온

쉿! 이런 야경이 있는 줄 몰랐지? 싱가포리언만 아는 야경 포인트

➡ 클락 키 & 리버사이드 223p

⏰ 스펙트라 쇼 타임

헬릭스 브리지

밤에 더욱 진가를 발휘하는 보행자 전용 다리

➡ **마리나 베이** 205p

⏰ 해 진 후

싱가포르 플라이어

세계 최대 규모 관람차에서 바라보는 360° 파노라마 야경

➡ **마리나 베이** 206p

⏰ 해 진 후

: WRITER'S PICK :

개와 늑대의 시간

'멀리서 다가오는 짐승이 나를 반기는 개인지, 아니면 나를 해치러 오는 늑대인지 구분하기 어려운 모호한 때'라는 뜻으로, 일출과 일몰 전후 시간을 가리킨다. 싱가포르의 '개와 늑대의 시간'은 연중 일몰 시각인 오후 7시경을 전후로 한 20분 정도. 낮과 밤의 경계가 모호한 이 시간대를 노려 방문한다면 더욱 몽환적인 싱가포르의 야경을 감상할 수 있다.

SINGAPORE STORY 1

아는 만큼 보이는 싱가포르 이야기

말라카 해협

싱가포르는 어떻게 동남아시아에서 유일하게 세계적인 경제 대국에 오를 수 있었을까?
싱가포르라는 나라를 이해하려면 가장 먼저 싱가포르의 지리적 특성을 알아야 한다.

5세기경부터 시작된 동서교류의 바닷길

말라카 해협(Strait of Malacca)은 말레이반도 남부와 인도네시아 수마트라섬 사이를 지나가는 길이 약 900km의 해협이다. 이 해협은 예부터 인도양과 태평양을 연결하는 최단 경로일 뿐 아니라 동서양 간 무역에 있어서 가장 효율적인 루트로 이용돼 왔다.

특히 14~15세기경부터 말레이반도에 존재했던 말라카 왕국(Malacca Sultanate, 말라카 술탄국)은 이 해협을 통한 중계무역으로 한때 큰 번영을 누렸는데, 이후 서구 열강들이 이 지역을 차지하려 다투다가 최종적으로 영국의 손에 넘어갔다. 영국은 1819년 래플스 경의 싱가포르 상륙 이후 말라카 해협의 지리적인 장점을 활용하여 싱가포르를 자유 무역항으로 성장시켰고, 수에즈 운하 개통에 상승효과를 입은 싱가포르는 막강한 부를 축적했다. 지금도 말라카 해협은 세계에서 가장 분주한 해협으로, 세계 무역의 약 25%에 해당하는 물동량을 소화하는 중. 특히 동아시아 국가에서 수입하는 원유의 약 90%가 이 해협을 통해 운반되고 있다.

태국 '크라 운하' 건설은 싱가포르의 위기?

최근에 말레이반도의 태국 영토를 가로지르는 크라 운하 건설과 관련된 이야기가 오르내리고 있다. 이는 현재 말라카 해협이 너무 혼잡한 데다가 때때로 병목현상이 일어나고, 대형 선박이 지나가기엔 수심이 얕다는 현실적인 문제에서 비롯됐다. 크라 운하가 완공되면 선박의 운항 거리와 항해 기간이 기존보다 단축될 것으로 예상되는데, 남중국해에서의 영향력 확대를 노린 중국이 비용을 지원하겠다고 적극적으로 나서면서 크라 운하의 건설 가능성은 더욱 커졌다.

크라 운하가 완공될 경우 싱가포르는 해운 교역의 약 30%를 빼앗겨 경제적 타격이 불가피하다. 이에 싱가포르는 크라 운하 개통 후의 경제적인 손실에 대비하기 위해 다양한 정책을 검토, 진행 중이다.

다만, 단기간 내에 크라 운하가 현실화할 가능성은 크지 않다고 보는 시각이 지배적이다. 운하 건설에 막대한 비용이 투입돼야 하고, 생태계 파괴를 우려한 반대 여론이 만만치 않기 때문이다. 또한, 예상보다 운하 건설에 따른 경제적 효과가 크지 않다는 분석도 많으므로 결과는 앞으로 좀 더 지켜볼 일이다.

말라카 왕국 스토리

13세기경 현재 인도네시아 수마트라 지역의 왕인 스리 트리부아나가 세운 싱가푸라 왕국(현 싱가포르)은 중국과 인도, 중동을 대상으로 하는 교역 장소로 번영을 누리다가 14세기 말 마자파히트 왕국의 침략으로 멸망했다. 말라카 왕국은 싱가푸라 왕국의 마지막 왕이었던 술탄 이스칸다르 샤가 말라카로 피신하여 다시 세운 나라로, 이후 말라카 왕국은 점차 힘을 키워 말레이반도에 대한 영향력을 확장, 싱가포르 또한 말라카 왕국의 일부로 만들었다.
1511년 포르투갈이 말라카를 침공하여 점령하자, 말라카 왕국의 지배 세력은 남쪽으로 이동하여 조호르 왕국(현재의 조호르 지역)을 세웠으며, 싱가포르 또한 조호르 왕국의 지배를 받았다. 이후 17세기 초에 포르투갈에 의해 싱가포르의 정착지는 파괴됐고, 이때부터 영국의 래플스 경이 상륙하는 1819년까지 200여 년간 싱가포르는 역사 속에서 사라지는 운명을 맞게 됐다.

싱가포르 추천 일정

초보 여행자의 3박 5일 기본 코스부터 알찬 2박 4일 주말여행, 스톱오버 여행자를 위한 1박 2일 핵심 코스까지! 가족이나 친구끼리 가도 좋고, 혼자 가도 마음 든든한 싱가포르 여행 추천 코스 모음집.

가장 많은 여행자가 선택하는 3박 5일 기본 코스

싱가포르를 찾는 우리나라 여행자들은 3박 5일 일정을 가장 많이 선택한다. 짧은 일정인 만큼 유니버셜 스튜디오가 있는 센토사를 일정에 넣을지 말지에 따라 여행 컨셉이 크게 달라지므로, 아래의 3가지 기본 코스를 참고해 일정을 짜보자.

OPTION 1

유니버셜 스튜디오를 포함한 3박 5일

센토사에서 하룻밤 머물며 유니버셜 스튜디오를 다녀오는 일정이다.
취향에 따라 유니버셜 스튜디오 대신 어드벤처 코브 워터파크로 대체해도 된다.

리버 크루즈도 타고 쇼도 관람하고 싱가포르의 로맨틱한 야경 감상까지! 마지막엔 호커센터의 맛있는 로컬 음식과 시원한 맥주가 당신을 기다린다.

14:30 창이공항 도착 후 숙소로 이동

택시 또는 MRT

17:30 클락키
칠리 크랩으로 저녁 식사
(점보 씨푸드 리버사이드 포인트점)

19:00 리버 크루즈 타고 싱가포르 강변의 야경 감상하기

택시 10분

20:00 마리나 베이
환상적인 스펙트라 쇼 즐기기

도보 15분

20:45 누워서 가든 랩소디 쇼 감상하기

헬릭스 브리지 건너 왼쪽, 도보 20분

21:30 리버사이드
마칸수트라 글루턴스 베이에서 맥주 한잔으로 여행 첫날의 기쁨을 누린 후 숙소로!

*호커센터에 가지 않는다면 가든스 바이 더 베이에서 택시를 타고 호텔로 복귀

시원한 오전엔 싱가포르 동물원 관람, 더운 오후엔 실내 쇼핑몰! 쇼핑몰을 나온 뒤엔 차이나타운을 어슬렁거리다 대관람차 타고 공중 산책!

10:00 만다이 야생동물 보호구역
싱가포르 동물원에서 귀여운 동물친구들 만나기

택시 25분(싱가포르 동물원 택시 스탠드)

13:00 오차드 로드
아이온 오차드에서 점심 식사와 쇼핑 타임!

시내버스 190번(2층 앞 좌석 사수!), 25분

16:00 차이나타운
파고다 스트리트에서 기념품 쇼핑, 불아사 구경하기

MRT 차이나타운역 방향으로 도보 10분

18:00 동방미식에서 저녁 식사

택시 10분(차이나타운 포인트 택시 스탠드)

20:00 마리나 베이
싱가포르 플라이어에서 파노라마 야경 감상하기

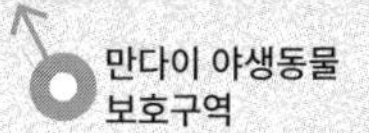

창이공항

오차드 로드

카통 & 이스트 코스트

올드 시티

클락 키 &
리버사이드

마리나 베이

차이나타운

DAY 3

하루종일 센토사 부수기!
유니버셜 스튜디오, 아쿠아리움, 나이트 쇼까지
모두 섭렵하는 날이다.

11:00 **센토사**
유니버셜 스튜디오 즐기기

유니버셜 입구에서 지구본을 지나 직진, 도보 5분

12:30 유니버셜 스튜디오 내에서 점심 식사

15:40 유니버셜 스튜디오 퇴장

도보 7분(유니버셜 출구로 나와 1시 방향)

16:00 S.E.A. 아쿠아리움에서 바다생물 구경하며 더위 식히기(아쿠아리움 대신 스카이라인 루지 선택 가능)

리조트 월드역에서 센토사 익스프레스 탑승,
비치역 하차 후 실로소 비치 방향 도보 3분

18:00 해변의 선셋을 즐기며 코스테즈에서 저녁 식사

비치역 방향 도보 1분

19:40 화려한 조명과 불꽃놀이, 윙스 오브 타임 즐기기

부기스와 아랍 스트리트 등 이국적인 핫플레이스를 구경하고 맛있는 새우국수를 맛보자. 오후엔 싱가포르의 대표 명소들을 둘러보며 쇼핑 & 맛집 탐방. 저녁 식사 후 공항으로 출발!

10:00 **부기스 & 아랍 스트리트**
술탄 모스크와 부소라 스트리트 구경하기

부소라 스트리트 끝에서 오른쪽, 도보 2분

11:00 하지 레인의 아기자기한 편집숍 구경하기

비치 로드 방향으로 도보 1분, 하지 레인 끝 모퉁이

12:00 새우국수 맛집 블랑코 코트 프론 미에서 점심 식사

MRT 20분, 부기스역 → 래플스 플레이스역 H출구

13:00 **리버사이드**
멀라이언 파크에서 인증샷 찍기

택시 10분(원 풀러튼 택시 스탠드)

14:00 **마리나 베이**
가든스 바이 더 베이 플라워 돔과 클라우드 포레스트 돌아보기

도보 15분

16:00 더 숍스 앳 마리나 베이 샌즈에서 쇼핑하기

18:00 라사푸라 마스터즈에서 저녁 식사 후 호텔로 이동

택시 또는 MRT

19:30 호텔에서 짐 찾아 공항으로 출발

주얼 창이 에어포트에서 관광 및 쇼핑몰 구경 후 터미널1로 이동, 출발 터미널까지 스카이 트레인(모노레일)으로 이동 (터미널4는 주얼 창이 2층 밖에서 셔틀버스 이용)

00:00 창이공항 출발

07:30 인천공항 도착

OPTION 2

유니버셜 스튜디오를 뺀 3박 5일

첫째 날과 둘째·넷째 날 일정은 앞서 소개한
Option 1대로 진행하되, 셋째 날의 센토사 일정만
아래의 일정으로 대체하면 된다.

유니버셜 스튜디오를 가지 않는 대신
아쿠아리움과 메가짚, 루지를 즐기고,
윙스 오브 타임의 화려한 불꽃놀이로 마무리하자.

10:00 센토사
S.E.A. 아쿠아리움에서 바다생물 구경하기

리조트월드역에서 센토사 익스프레스 탑승,
비보시티역 하차

12:30 비보시티에서 점심 식사

비보시티역에서 센토사 익스프레스 탑승, 비치역
하차 후 실로소 비치 방향 비치 셔틀 탑승, 4번째
정류장(Mega Adventure) 하차. 총 25분
*스카이라인 루지를 탈 경우에는 비치역에서 도보 2분

14:30 메가짚 또는 스카이라인 루지를 타며
스릴 즐기기

비치 셔틀 탑승, 약 10분 후 Opp Southernmost
Point of Continental Asia 하차

17:00 팔라완 비치 아시아 대륙 최남단 전망대에서
바다 구경하기

실로소 비치 방향 비치 셔틀 탑승, 약 10분 후 4번째
정류장(Bikini Bar) 하차

18:00 해변의 선셋을 즐기며 코스테즈에서 저녁 식사

비치역 방향 도보 1분

19:30 화려한 조명과 불꽃놀이, 윙스 오브 타임 즐기기

OPTION 3

센토사 전체를 뺀 3박 5일

활동적인 액티비티를 즐기지 않거나 놀이공원과
아쿠아리움에 갈 계획이 없다면 센토사에서 특별히
할 게 없다. 하루를 온전히 투자해야 하는 센토사를
생략하면 여행이 좀 더 여유로워진다.

리버 크루즈를 타고 멋진 쇼를 관람하며 여행 첫날의
들뜬 기분을 만끽하자. 저녁에는 대관람차를 타며
싱가포르의 야경 감상! 마리나 베이 스카이파크
전망대나 루프탑 바에서 바라보는 야경도 예쁘다.

14:30 창이공항 도착 후 숙소로 이동

택시 또는 MRT

18:00 클락키
송파 바쿠테에서 저녁 식사

콜먼 브리지 건너 왼쪽, 도보 7분

19:00 리버 크루즈 타고 싱가포르 강변의 야경
감상하기

택시 10분

20:00 마리나 베이
환상적인 스펙트라 쇼 즐기기

도보 15분

20:45 누워서 가든 랩소디 쇼 감상하기

헬릭스 브리지 건너 오른쪽, 도보 20분

21:30 싱가포르 플라이어에서 파노라마 야경 감상

: WRITER'S PICK :

안전 여행은 역시 싱가포르죠?

싱가포르는 우리나라처럼 여성들이 밤늦게까지 거리를 활보할 수 있는 몇 안 되는 치안 국가다. 갤럽 인터내셔널이 2018년에 142개국 국민들을 대상으로 진행한 설문조사에서 싱가포르는 안전하게 여행하기 좋은 나라 1위를 차지했다. 싱가포르에서는 강력 범죄는 물론, 유럽에선 흔한 소매치기범도 드문 편. 택시 기사나 상인들의 막무가내 바가지 요금 청구도 볼 수 없다. 물론, 도심 동쪽 게일랑(Geylang)에 합법적인 홍등가가 존재하는 등 야간에는 웬만하면 피해야 할 곳들도 없진 않으므로 여행 중 최소한의 주의는 필요하다.

보타닉 가든 &
뎀시 힐
만다이 야생동물
보호구역
리틀 인디아
부기스 &
아랍 스트리트
오차드 로드
올드 시티
클락 키 &
리버사이드
마리나 베이
차이나타운
센토사 &
하버프론트
카통 & 이스트 코스트
창이공항

DAY 2

오전엔 동물원, 오후엔 쇼핑몰, 저녁 식사는 야경 맛집에서! 활기 넘치는 사테 거리에서 꼬치구이와 맥주로 마무리.

10:00 만다이 야생동물 보호구역
싱가포르 동물원에서 즐거운 시간

택시 25분
(싱가포르 동물원 택시 스탠드)

13:00 오차드 로드
아이온 오차드에서
점심 식사와 쇼핑 타임!

택시(아이온 오차드 택시 스탠드)
또는 MRT

16:00 호텔 수영장에서 더위 식히기

택시 또는 MRT

18:00 올드 시티
차임스에서 야경을 즐기며
저녁 식사

택시 8분(래플스 시티 택시 스탠드)

20:00 리버사이드
멀라이언 파크에서 인증샷 찍고, 풀러튼 파빌리온에서 스펙트라 쇼 감상하기

도보 15분

21:30 차이나타운
라우파삿 사테 스트리트에서 시원한 맥주와 사테 즐기기

DAY 3

보타닉 가든 내 브런치 카페에서 느긋한 여유를 부려보자. 오후엔 차이나타운, 저녁엔 클락 키에서 강바람 즐기기!

09:00 보타닉 가든 & 뎀시 힐
초록 초록한 보타닉 가든에서 산책 즐기기

택시 10분(보타닉 가든 택시 스탠드)

11:30 뎀시 힐에서 맛있는 브런치

그랩 또는 택시

14:00 호텔 복귀 후 휴식

택시 또는 MRT

15:30 차이나타운
파고다 스트리트에서 기념품 쇼핑, 불아사 구경하기

차이나타운역에서 북쪽으로 직진 후 홍림공원을 지나 왼쪽,
도보 15분. 또는 택시 7분

18:00 클락 키
칠리 크랩으로 저녁 식사
(점보 씨푸드 리버사이드 포인트점)

*비가 오지 않을 경우 클락 키 대신 뉴튼 푸드센터의 칠리 크랩도 추천

19:30 강바람을 맞으며 클락 키 산책하기

점보 씨푸드 리버사이드 포인트점 앞에서 강을 오른쪽에 두고 직진

20:30 브루웍스에서 싱가포르강의 야경을 감상하며 맥주로 마무리

DAY 4

덕 투어 버스 타고 도심 한 바퀴~ 오후엔 아랍 스트리트, 저녁엔 마리나 베이로 고고!

10:00 올드 시티
수륙양용 덕 투어 버스를
타고 싱가포르 한 바퀴

택시 8분(선텍 시티 몰 택시 스탠드)

11:30 부기스 & 아랍 스트리트
술탄 모스크와 부소라 스트리트 구경하기

부소라 스트리트 끝에서 오른쪽,
도보 2분

13:00 새우국수 맛집 블랑코 코트 프론 미에서 점심 식사

택시 10분(부기스 정션 택시 스탠드)

14:30 마리나 베이
가든스 바이 더 베이 플라워 돔과 클라우드 포레스트 돌아보기

도보 15분

16:30 더 숍스 앳 마리나 베이 샌즈에서 쇼핑하기

18:00 라사푸라 마스터즈에서 저녁 식사 후 호텔로 이동

택시 또는 MRT

19:30 호텔에서 짐 찾아 공항으로 출발

주얼 창이 에어포트에서 관광 및 쇼핑몰 구경 후 터미널1로 이동, 출발 터미널까지 스카이 트레인(모노레일)으로 이동(터미널4는 주얼 창이 2층 밖에서 셔틀버스 이용)

00:00 창이공항 출발

07:30 인천공항 도착

짧고 굵은 2박 4일 주말 여행

싱가포르는 딱 반차 휴가만 내고도 후다닥 다녀올 수 있는 주말 여행지다. 아래 일정은 센토사를 뺀 다소 빡빡한 일정이므로, 좀 더 여유를 두고 싶다면 일정 몇 가지를 생략하거나 조절하면 된다. 짧은 일정이므로 주된 현지 교통편은 택시를 추천.

시간표는 싱가포르항공 기준. 타 항공편 이용 시 시간이 달라질 수 있음

16:30 인천공항 도착 및 출국수속

19:00 인천공항 출발

00:30 창이공항 도착

택시 25분~

02:00 호텔 체크인 및 취침

차이나타운

라우파삿 사테 스트리트

싱가포르의 쇼핑 명소와 차이나타운, 가든스 바이 더 베이를 둘러보자. 스펙트라 쇼와 가든 랩소디, 야경을 감상한 후엔 사테를 맛보며 하루를 마무리!

10:00 오차드 로드
아이온 오차드에서 쇼핑 후 점심 식사
*점심 식사는 아이온 오차드 대신 차이나타운의 동방미식으로 대체 가능

시내버스 190번(2층 앞 좌석 사수!), 25분

14:00 차이나타운
파고다 스트리트에서 기념품 쇼핑, 불아사 구경하기
*차이나타운 대신 리틀 인디아와 무스타파 센터로 대체 가능

택시 10분(불아사 앞 택시 스탠드)

16:00 마리나 베이
가든스 바이 더 베이 플라워 돔과 클라우드 포레스트 돌아보기

도보 15분

18:00 더 숍스 앳 마리나 베이 샌즈 지하 2층 라사푸라 마스터즈에서 저녁 식사

도보 7분

20:00 환상적인 스펙트라 쇼 즐기기

도보 15분

20:45 누워서 가든 랩소디 쇼 감상하기

택시 10분(가든스 바이 더 베이 택시 스탠드)

21:30 차이나타운
라우파삿 사테 스트리트에서 시원한 맥주와 함께 사테 즐기기
*마리나 베이 샌즈 루프탑 바 세라비나 싱가포르 플라이어로 대체 가능

보타닉 가든 &
뎀시 힐
만다이 야생동물
보호구역
리틀 인디아
부기스 &
아랍 스트리트
오차드 로드
올드 시티
클락 키 &
리버사이드
마리나 베이
차이나타운
창이공항
카통 & 이스트 코스트
센토사 &
하버프론트

DAY 3

오전엔 부기스와 아랍 스트리트, 오후엔 싱가포르 국립박물관을 둘러본 다음, 멀라이언 파크를 찍고 리버 크루즈로 여행의 대미를 장식하자.
공항 도착시간을 고려한 시간 배분이 필요하다.

10:00 부기스 & 아랍 스트리트
술탄 모스크와 부소라 스트리트 구경하기

부소라 스트리트 끝에서 오른쪽, 도보 2분

11:00 하지 레인의 아기자기한 편집숍 구경하기

비치 로드 방향 도보 1분, 하지 레인 끝 모퉁이

12:00 새우국수 맛집 블랑코 코트 프론 미에서 점심 식사

MRT 25분, 부기스 → 브라스 바사

13:30 올드 시티
싱가포르 국립박물관에서 싱가포르 역사를 돌아보며 더위 식히기

도보 10분

15:00 차임스의 교회를 배경으로 인생샷 찍기 & 래플스 시티 쇼핑하기

택시 8분(래플스 시티 택시 스탠드)

16:00 클락 키 & 리버사이드
멀라이언 파크에서 인증샷 찍기

택시 8분(원 풀러튼 택시 스탠드)

17:00 칠리 크랩으로 저녁 식사
(점보 씨푸드 리버사이드 포인트점)

리드 브리지를 건너 오른쪽, 도보 5분

19:00 리버 크루즈 타고 싱가포르 강변의 야경 감상

택시 또는 MRT

20:30 호텔에서 짐 찾아 공항으로 출발

주얼 창이 에어포트에서 관광 및 쇼핑몰을 구경하려면 3일째 저녁 8시 전에는 공항에 도착해야 한다. 주얼 창이 에어포트에서 출발 터미널까지 스카이 트레인(모노레일)으로 이동(터미널4는 주얼 창이 2층 밖에서 셔틀버스 이용)

00:00 창이공항 출발

07:30 인천공항 도착

주얼 창이 에어포트

1박 2일 핵심 코스

스톱오버 여행자를 위한

짧은 시간에 싱가포르의 주요 핵심 포인트를 정복하는 코스다. 시간을 최대한 효율적으로 쓰기 위해 주된 이동 수단은 택시를 이용하는 것이 좋다.

싱가포르의 상징인 멀라이언 파크에 들른 후 칠리 크랩 맛보기. 저녁엔 리버 크루즈와 스펙트라 쇼, 가든 랩소디를 즐기고, 사테와 맥주로 마무리.

12:00 창이공항 도착 후 숙소로 이동

택시 또는 MRT

16:00 **클락 키 & 리버사이드**
멀라이언 파크에서 인증샷 찍기

택시 8분(원 풀러튼 택시 스탠드)

17:00 칠리 크랩으로 저녁 식사
(점보 씨푸드 리버사이드 포인트점)

리드 브리지를 건너 오른쪽, 도보 5분

19:00 리버 크루즈 타고 싱가포르 강변의 야경 감상

택시 10분

20:00 **마리나 베이**
스펙트라 쇼 감상(이벤트 플라자 앞)

도보 15분

20:45 누워서 가든 랩소디 쇼 감상하기

택시 10분(가든스 바이 더 베이 택시 스탠드)

21:30 라우파삿 사테 스트리트에서 시원한 맥주와 함께 사테 즐기기
*사테 거리 대신 마리나 베이 샌즈 루프탑 바 세라비로 대체 가능

오전엔 쇼핑 명소 오차드 로드, 오후엔 가든스 바이 더 베이의 시원한 실내 돔을 구경하고 공항으로 출발!

10:00 **오차드 로드**
아이온 오차드에서 점심 식사와 쇼핑 타임!
*오차드 로드 대신 차이나타운 & 동방미식에서 점심 or 보타닉 가든 & (택시로 이동) 뎀시힐의 PS 카페에서 브런치로 대체 가능

택시 15분(아이온 오차드 택시 스탠드)

14:00 **마리나 베이**
가든스 바이 더 베이 플라워 돔과 클라우드 포레스트 돌아보기

택시(가든스 바이 더 베이 택시 스탠드) 또는 MRT

16:00 호텔에서 짐 찾아 공항 이동

SPECIAL PAGE

#일상 #혼여 #인생샷

나 홀로 싱가포르 여행 Best 8

'혼여'의 특권은 역시 일행의 눈치를 볼 필요 없이 내키는 대로 돌아다닐 수 있다는 것.
혼자만의 여유를 만끽하며 두고두고 추억할 수 있는, 싱가포르의 볼거리와 액티비티의 세계로~

티옹 바루에서 벽화 찾아보기

오래된 마을의 뒷골목이 야외 갤러리로 변신하는 마법! 마음이 몽글해지는 벽화 여행

➡ 티옹 바루 352p

⏰ 뜨거운 한낮만 피한다면 언제 가더라도 상관없다.

이른 아침 풀러튼 헤리티지 산책하기

기분 좋은 아침 산책! 이른 아침을 먹은 후 아기자기한 포토존을 돌며 셀카도 찍고, 멋진 건축물도 감상하자.

➡ 클락 키 & 리버사이드 218p

⏰ 오전 8~9시경 방문하면 더욱 쾌적하다.

이스트 코스트 파크 해변에서 여유 즐기기

싱가포르에서 가장 큰 공원! 산책 나온 싱가포리언과 함께 한 박자 쉬어가요.

➡ 카통 & 이스트 코스트 387p

⏰ 예측하긴 어렵지만 되도록 비가 오지 않을 때 방문하자.

★ 오후에 페라나칸 하우스를 둘러본 다음 택시를 타고 공원으로 이동한다. 추천 저녁 식사 장소는 이스트 코스트 씨푸드센터 or 이스트코스트 라군 푸드 빌리지. 바다를 바라보며 먹는 크랩 맛은 역시 최고다.

시티투어 버스 타보기

오픈탑 버스 2층에 앉아 시원한 바람을 가르며 도심을 둘러보자.

➡ 싱가포르 시내 교통 176p

⏰ 오후에는 더워지므로 되도록 오전에 이용하자.

★ 본격적인 여행을 시작하기 전에 타면 한국어 가이드를 들으며 관심 지역을 미리 돌아보기 좋다. 여행이 끝날 무렵에 탄다면 싱가포르에서의 추억을 회상해볼 수 있다.

알록달록 페라나칸 하우스에서 인증샷 찍기

예쁜 파스텔 톤 컬러로 시선을 강탈하는 전통가옥지구

➡ 카통 & 이스트 코스트 380p

⏰ 화려한 색채를 충분히 느끼려면 좀 덥더라도 햇빛이 좋은 때 가야 한다.

리틀 인디아에서 헤나 체험하기

여행지에서의 작은 일탈! 맘에 쏙 드는 헤나 그려 넣기

➡ 리틀 인디아 321p

⏰ 헤나 숍 영업시간은 대개 09:00~20:00다.

★ 호객 행위에 넘어가지 말고 몇 개의 숍을 비교한 후 결정하자.

거리의 조형물 숨은그림찾기

거리 곳곳에 설치된 멋진 조형물과 맞닥뜨리는 소확행을 누려보자.

➡ 싱가포르 강변 및 시내 곳곳

⏰ 시간과 관계없이 언제든 관람할 수 있다.

센토사 액티비티 체험하기

남녀노소 모두가 즐기는 세상 짜릿한 액티비티 체험! 드루와, 드루와~

➡ 센토사 & 하버프론트 422p, 428p

⏰ 루지나 메가짚은 오전에 타면 더위도 피하고 기다리는 시간을 줄일 수 있다.

★ 루지와 메가짚 모두 임비야 룩아웃과 실로소 비치 두 곳에서 시작할 수 있으므로 전후 일정을 감안해 선택하자.

노리거나 혹은 피하거나!

싱가포르 축제 & 공휴일 캘린더

일 년 내내 버라이어티한 축제와 이벤트로 활기 넘치는 나라.
우리나라에서는 쉽게 볼 수 없는 이벤트도 꽤 있으므로 보고 싶은 축제가 있다면 미리미리 체크!
단, F1 그랑프리 포뮬러 원 시기에는 호텔 요금이 고공 행진하니 주의하자.

★는 공휴일로, 일요일인 경우 그다음 날 월요일에 대체 휴무

1월

신년 New Year's Day

1월 1일 ★

학교와 회사는 쉬지만, 대부분의 상점은 정상 영업한다.

타이푸삼 Thaipusam

매년 1월 중순~2월 중순

(힌두교력의 10월 보름, 2025년 2월 11일)

악을 무찌른 신, 무르간을 기리는 힌두교 종교 축제. 남자들은 공작새의 깃털이나 꽃으로 장식하거나 고행 체험을 위해 대못을 박은 반원형 틀인 카바디를 메고, 여자들은 풍요와 다산을 상징하는 우유 항아리를 들고 행진한다. 기상천외한 피어싱 퍼포먼스도 큰 볼거리 중 하나.

리틀 인디아

WEB thaipusam.sg

음력 설 Chinese New Year

음력 1월 1~2일

(2025년 1월 29~30일) ★

중국계가 대다수인 싱가포르에서 음력 설은 우리나라와 마찬가지로 중요한 명절. 이 기간 차이나타운 거리는 화려한 장식, 등불축제, 사자춤, 용춤, 전통악기 퍼레이드 등 다채로운 볼거리가 이어진다. 단, 이때는 차이나타운을 비롯한 중국인 상점들이 꽤 많이 문을 닫는다.

차이나타운

리버 홍바오 축제 River Hongbao

음력 설 전후 약 1주간

(2025년 1월 27일~2월 8일)

싱가포르 음력 설의 대표적인 기념행사. 12간지를 형상화한 등불 축제, 거리공연, 전시회 등으로 화려하게 꾸며져 현지인과 여행자 모두 함께 즐길 수 있다. 마리나 베이에서 펼쳐지는 화려한 불꽃놀이를 놓치지 말자.

가든스 바이 더 베이
(장소는 매년 바뀔 수 있음)

WEB riverhongbao.sg

2월

칭게이 퍼레이드 Chingay Parade

음력 새해 둘째 주

(2025년 2월 7~8일)

아시아 최대 거리 공연. 화려하게 장식된 퍼레이드 카와 춤추는 용, 다양한 의상을 차려입은 출연자들이 거리를 가득 메운다. 가면무도회를 뜻하는 중국어(妆艺, Zhuangyi)에서 이름이 유래했다.

싱가포르 플라이어, 에스플러네이드, 내셔널 갤러리, 파당 경기장, 차이나타운 등

WEB chingay.gov.sg

4월

성금요일 Good Friday

3월 말~4월 중순 부활절 전 금요일
(2025년 4월 18일)

예수가 십자가에서 고난을 겪고 죽음을 맞이한 날을 기념하는 기독교인의 기념일. 많은 교회와 성당에서 특별 예배가 열린다.

싱가포르 전역의 교회와 성당

하리 라야 푸아사 Hari Raya Puasa

3월 말~4월 말
(이슬람력 10월 1일, 2025년 3월 31일) ★

이슬람교의 금식 기간인 라마단이 끝나는 것을 기념하는 큰 명절. 아랍 스트리트를 비롯한 곳곳의 이슬람 사원과 거리에 화려한 조명을 켜지며 다양한 행사가 열린다.

부기스 & 아랍 스트리트

5월

노동절 Labour Day

5월 1일 ★

싱가포르에서 노동절은 국가 공휴일로 지정돼 있지만, 대부분 상점이 문을 여는 데다 노동절 기념 세일을 하는 곳도 많다. 이날은 대통령 관저인 이스타나 궁이 특별 개방돼 시민들의 피크닉 장소로 변신한다.

싱가포르 전역

석가탄신일 Vesak Day

음력 4월 15일(2025년 5월 12일) ★

불교에서 가장 중요한 날로, 우리나라의 음력 4월 8일보다 일주일 늦다. 차이나타운의 불아사를 비롯한 여러 불교 사원에서 기념행사가 열리고, 많은 신도가 모여 기도를 드린다. 식당과 상점은 대부분 정상 영업한다.

6월

하리 라야 하지 Hari Raya Haji

6월 초~말
(이슬람력의 12월 10일, 2025년 6월 7일) ★

이슬람교 성지 순례의 끝을 기념하는 날. 싱가포르의 무슬림들은 이때 이슬람 사원에 모여 기도를 하고, 가축을 잡아 제사를 지낸다. 각종 바자회와 축제도 열린다.

부기스 & 아랍 스트리트

그레이트 싱가포르 세일 Great Singapore Sale(GSS)

6~9월 중(2025년 미정)

연중 다양한 싱가포르의 할인 행사 중 제일 규모가 크다. 오차드 로드를 중심으로 한 싱가포르 전역의 쇼핑 명소에서 최대 70%까지 할인!

싱가포르 전역

©Jnzl's Photos

8월

싱가포르 독립기념일
National Day

8월 9일 ★

1965년 8월 9일 말레이시아로부터 독립한 날을 기념하는 날이다. 내셔널 데이 퍼레이드(NDP)라고 불리는 이날의 행사는 보통 일 년 내내 준비한다고 해도 과언이 아닐 정도로 싱가포르에서는 연중 최대 행사다. 행사 당일에는 총리의 연설로 시작하여 다양한 단체의 퍼레이드와 공연, 스카이다이빙, 연예인들의 축하 쇼가 열리며, 화려한 불꽃놀이로 마무리된다. 주요 행사는 보통 에스플러네이드 파크 옆의 파당(Padang) 경기장에서 열린다. 관광객은 티켓을 구매할 수 없다는 점이 아쉽지만, 활기찬 축제 분위기 속에서 불꽃놀이를 즐기는 것만으로도 꽤 재밌는 경험이다. 단, 거리가 혼잡하고 교통 통제 등으로 다니기 불편할 수 있다는 점은 감안할 것. 대개 행사 2~3주 전부터 주말마다 불꽃놀이 리허설을 진행하니 일정이 맞는다면 이 기간을 활용하는 것도 좋은 방법이다.

📍 마리나 베이 및 파당 경기장

WEB www.ndp.gov.sg

9월

싱가포르 푸드 페스티벌
Singapore Food Festival

매년 7~9월(2025년 9월 예정)

싱가포르 로컬 음식은 물론 세계 각국의 음식을 한자리에서 맛볼 수 있다. 싱가포르 곳곳의 특별 행사장에서 열린다.

📍 마리나베이샌즈 옆의 행사장 (상황에 따라 변경될 수 있음)

WEB singaporefoodfestival.sg

F1 싱가포르 그랑프리
F1 Singapore Grand Prix(SGP)

9월 중순~10월 초
(2025년 10월 3~5일)

세계 최고 권위의 자동차 경주인 F1 월드 챔피언십 레이스 중 하나. 2008년에 포뮬러 원 최초의 야간 레이스로 시작됐다. 레이스를 야간에 진행하면 저녁 시간에 좀 더 많은 관객을 모을 수 있고, 싱가포르의 멋진 야경 홍보, 영국을 비롯한 유럽의 점심 시간에 맞춰 레이스를 중계할 수 있다는 점 등 다양한 이점이 있다.
주행 코스는 싱가포르 플라이어 주변과 마리나 베이를 비롯하여 시내를 관통하는 도로에 조성한 5km 길이의 마리나 베이 스트리트 서킷. 우리나라에서는 볼 수 없는 이벤트이므로 F1에 흥미가 있다면 관람할 만한 가치는 충분하다. 단, 시내 교통 통제로 이동이 불편하고, 호텔 가격이 평소의 2.5배나 치솟는 점 등은 감안하자.

WEB singaporegp.sg

+MORE+

F1 싱가포르 그랑프리 코스 & 관람 포인트

싱가포르 플라이어(206p) → 마리나 스퀘어 → 에스플러네이드 파크 → 파당(Padang) 경기장 → 빅토리아 극장 → 풀러튼 호텔 → 멀라이언 파크 → 에스플러네이드 극장 → 플로팅 플랫폼 → 싱가포르 플라이어

WEB singaporegp.sg

달의 여신, 창어의 전설

활쏘기 영웅 허우(Hou Yi, 后羿)는 10개의 태양 중 9개를 활로 쏘아 떨어뜨리면서 왕으로 추대됐지만, 백성을 괴롭히는 폭군이 됐다. 어느 날 그는 불멸의 묘약을 구하게 됐고, 그의 아내 창어(Chang'e, 嫦娥)는 남편의 영원한 폭정을 막고자 8월 15일에 몰래 약을 훔쳤다. 화가 난 남편을 피해 달로 달아난 창어는 달의 여신이 됐고, 허우는 커다란 분노에 휩싸여 죽었다. 이때부터 사람들은 매년 8월 15일에 창어를 기리게 됐다고 전해진다. 중국의 달 탐사선인 '창어 5호'도 이 전설에서 유래했다.

싱가포르 독립기념일

싱가포르 푸드 페스티벌

10월

중추절
Mid-Autumn Festival

음력 8월 15일(2025년 10월 6일)

중국에서 유래한 명절로 우리나라의 한가위와 같지만, 공휴일은 아니다. 달의 여신, 창어의 전설에서 비롯한 보름달 모양의 월병을 먹는 것이 관행이어서 월병 축제(Mooncake Festival)라고도 부른다. 쇼핑몰마다 다양하고 예쁜 월병을 판매하는 팝업스토어가 들어서며, 거리 퍼레이드와 화려한 등불 축제 등이 펼쳐진다.

📍 싱가포르 전역

+MORE+

달의 여신, 창어의 전설

활쏘기 영웅 허우(Hou Yi, 后羿)는 10개의 태양 중 9개를 활로 쏘아 떨어뜨리면서 왕으로 추대됐지만, 백성을 괴롭히는 폭군이 됐다. 어느 날 그는 불멸의 묘약을 구하게 됐고, 그의 아내 창어(Chang'e, 嫦娥)는 남편의 영원한 폭정을 막고자 8월 15일에 몰래 약을 훔쳤다. 화가 난 남편을 피해 달로 달아난 창어는 달의 여신이 됐고, 허우는 커다란 분노에 휩싸여 죽었다. 이때부터 사람들은 매년 8월 15일에 창어를 기리게 됐다고 전해진다. 중국의 달 탐사선인 '창어 5호'도 이 전설에서 유래했다.

디파발리
Deepavali

10월 중순~11월 중순
(2025년 10월 20일) ★

힌두교 축제 중에서 가장 중요한 날. '빛의 축제(Festival of Lights)'라고도 부른다. 집집마다 점토로 만든 램프를 밝히고, 공공장소에서는 다채로운 색의 조명과 대형 기념 아치가 설치되며, 각종 바자회와 기념행사도 열린다. 힌두교의 신 스리 크리슈나(Lord Sri Krishna)가 폭군 나라카수라(Narakasura)를 처단함에 따라 백성들이 승리를 축하하며 등불을 밝힌 데서 유래했다. 리틀 인디아의 세랑군 로드 등에는 대형 기념 아치가 설치된다.

📍 리틀 인디아

디파발리

12월

크리스마스
Christmas Day

12월 25일 ★

성금요일과 함께 국가 공휴일로 지정된 기독교 기념일 중 하나. 11월부터 거리에는 크리스마스트리가 세워지고, 상점들은 알록달록한 크리스마스 장식들로 꾸며진다. 각종 퍼레이드와 공연도 볼 만하며, 크리스마스와 연말을 기념하는 할인 행사도 진행한다.

📍 싱가포르 전역

새해 전야 불꽃놀이
New Year's Eve Fireworks

12월 31일

설레는 맘으로 새해맞이 카운트다운을 기다리는 전야제. 마리나 베이에서는 불꽃놀이도 벌어지며, 시내 곳곳에서 콘서트 등 다양한 행사가 열린다.

📍 마리나 베이, 클락 키, 센토사의 실로소 비치 등

창이공항의 크리스마스 장식

새해 전야 불꽃놀이

SINGAPORE STORY 2

아는 만큼 보이는 싱가포르 이야기

벌금의 도시, 파인 시티

싱가포르는 벌금의 도시라는 뜻인 '파인 시티(Fine City)'라는 별칭이 존재할 만큼 법률 규제가 강한 법치국가다. 여행자들이 주의해야 할 점은 어떤 게 있는지 알아보자.

벌금 때문에 너무 벌벌 떨진 마세요

지켜야 할 법규가 많은 싱가포르에서는 각종 벌금을 표기한 티셔츠나 기념품이 쉽게 눈에 띈다. 그러나 무단횡단이나 쓰레기 무단투기 등 기본적인 공공질서만 잘 지킨다면 벌금을 낼 일은 사실상 없다. 사람 사는 곳이 다 마찬가지인지라 싱가포르에서도 무단횡단을 감행하는 강심장들이 더러 있지만, 사복경찰이 수시로 순찰하고 있으니 삼가야 한다.

싱가포르의 별별 벌금제도

싱가포르를 여행할 때 알아두면 좋을 몇 가지 벌금제도를 모아봤다. 무심코 위반했다가 억울한 일을 당하지 않도록 잘 확인하자.

☑ 길에 침 뱉는 행위 최대 S$1000
☑ 쓰레기 무단투기 S$300~1000
☑ 무단횡단 S$50~1000
☑ 흡연구역 위반 S$200~1000
☑ 대중교통 탑승 시 음식물 섭취(소지는 가능) 최대 S$500
☑ 대중교통 탑승 시 인화물 소지 S$5000
☑ 껌 씹는 행위(의료용 껌 제외) S$1000
☑ 거리의 비둘기 등 동물에게 먹이를 주는 행위 S$500
☑ 거리의 꽃이나 식물을 꺾는 행위 S$1000
☑ 노상 방뇨 S$1000
☑ 공공장소에서의 음주(22:30~07:00) S$1000
☑ 타인의 와이파이 무단 사용(해킹으로 간주됨) S$10000

그 밖의 이색 벌금제도

☑ 집안에서 옷을 벗고 있는 모습이 밖에서 보이면 S$2000
☑ 공공장소에서 허가 없이 버스킹을 하는 등 소란 행위 S$1000
☑ 공공화장실에서 볼일을 보고 물을 내리지 않으면 S$150~500
☑ 공공시설의 수돗물을 잠그지 않으면 S$1000
☑ 입국할 때 담배 무단 반입 시 한 갑당(한 개비도 안 됨) S$200
☑ 전자담배 무단 반입 시 벌금 최대 S$10000
☑ 늦은 밤부터 이른 아침(22:30~07:00) 소음 및 음주 최대 S$2000

싱가포르 여행 에티켓

벌금을 내야 하는 것은 아니지만, 싱가포르를 여행하거나 싱가포르 사람들을 만날 때 주의해야 할 사항은 다음과 같다.

☑ 우리나라와 반대로 좌측 통행이다. 길을 걸을 때는 물론이고, MRT역이나 쇼핑몰에서 에스컬레이터를 탈 때에도 왼쪽으로 선다.

☑ 급히 가다 사람과 부딪치는 일이 없도록 주의하고, 실수로 부딪쳤다면 반드시 사과한다.

☑ 아이들이 귀엽다고 머리를 쓰다듬으면 안 된다. 특히, 말레이계나 인도계 사람들은 머리를 신성하게 여기므로 더욱 그렇다.

☑ 말레이계나 인도계 사람과 악수하거나 뭔가를 건넬 땐 반드시 오른손을 사용한다. 왼손은 불결하게 여겨진다.

☑ 사진이나 동영상을 촬영할 땐 가급적 다른 사람이 같이 찍히지 않도록 한다. 불가피할 경우에는 사전에 양해를 구한다.

☑ 힌두교와 이슬람교 사원에는 반바지나 민소매 차림으로 입장할 수 없다. 필요할 경우 사원 입구에 비치된 가운을 이용하도록 하자. 대부분 신발도 벗고 들어가야 한다.

☑ 늦은 밤부터 이른 아침(22:30~07:00)에는 슈퍼마켓이나 편의점에서 주류를 구매할 수 없으며, 공공장소에서의 음주도 금지된다. 주점이나 식당에서는 시간과 관계없이 술을 마실 수 있다.

☑ 나이가 있는 싱가포리언들은 대부분 공공장소에서의 지나친 애정 표현을 불편하게 여기니 자제한다.

흡연자를 위한 조언

☑ 담배는 일체 면세 적용이 되지 않는다. 이미 뜯은 담배 19개비는 괜찮다는 것도 관행적으로 허용하는 것일 뿐 원칙적으로는 단 한 개비도 반입할 수 없다. 적발 시 벌금 최대 S$2000. 가끔 인천공항 면세점에서의 경고를 무시하고 면세 담배를 사서 입국하는 경우도 있지만, 그야말로 복불복이다. 마음의 평화를 위하여 면세 담배 반입은 삼가자.

☑ 전자담배는 반입하는 것 자체가 불법이다.

☑ 면세 담배는 귀국할 때 창이공항 면세점 또는 인천공항 입국 면세점에서 구매할 수 있다. 창이공항 면세점에도 국산 담배가 몇 종류 있다. 가격은 인천공항 면세점과 비슷하다.

☑ 싱가포르 현지 담배 가격은 한 갑당 S$13~15(한화 1만2500~1만4500원). 슈퍼마켓이나 편의점 카운터 뒷면 진열장 안에 보이지 않게 넣어두고 판매하며, 담배 이름을 얘기하면 꺼내 준다.

☑ 실내는 모두 금연이고, 야외에서도 지정된 흡연 구역에서만 담배를 피울 수 있다. 대신 야외 흡연 구역이 상당히 많은 편이지만, 줄어드는 추세다. 최근 오차드 로드의 전 구간도 금연 거리로 지정된 만큼 길을 걸으며 담배를 피우는 행위는 삼가자.

☑ 공항이나 쇼핑몰 등의 흡연 구역은 노란 선으로 표시돼 있다. 반드시 노란 선 안에서만 피울 것. 그 밖의 거리에서는 재떨이가 놓인 휴지통 옆에서만 피울 수 있다.

노란 선 안쪽이 흡연 구역!

재떨이가 있는 휴지통

싱가포르 음식 & 쇼핑 탐구일기

이건 정말 겟 꿀맛!

싱가포르 먹방 지도

다양한 민족과 문화가 뒤엉킨 싱가포르에는 별별 음식이 다 있다. 분위기도 예산도 가지가지인 싱가포르의 먹거리들. 그중 우리 입맛에 가장 잘 맞는 로컬 음식만 쏙 골랐다.

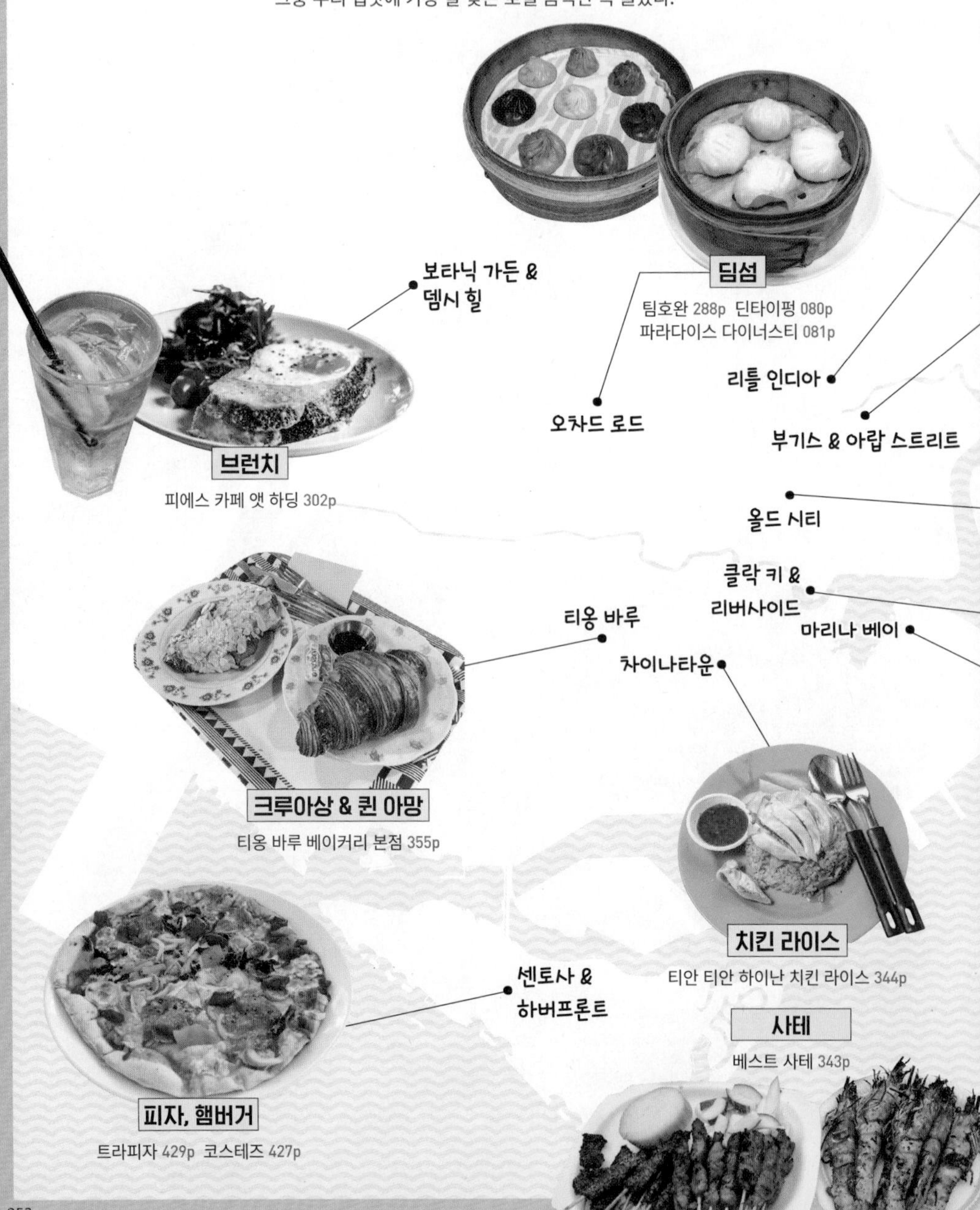

피시 헤드 커리

바나나 리프 아폴로 326p
무투스 커리 327p

새우국수

블랑코 코트 프론 미 314p

칠리 크랩

롤랜드 레스토랑 384p
이스트 코스트 씨푸드센터 390p

카통 & 이스트 코스트

싱가포르 슬링

롱 바 267p

파스타

프리베 차임스 262p

칠리 크랩

팜 비치 씨푸드 221p
점보 씨푸드 242p

바쿠테

송파 바쿠테 본점 243p
레전더리 바쿠테 244p

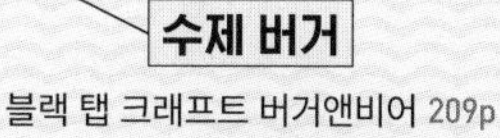

수제 버거

블랙 탭 크래프트 버거앤비어 209p

Hawker Centre & Food Court

호커센터 & 푸드코트

호커센터를 빼고는 싱가포르 사람들의 밥상 문화를 논할 수 없다.
동네마다 있는 크고 작은 호커센터를 합치면 모두 100개가 넘는다고 할 만큼
호커센터는 싱가포르 사람들에게 중요한 존재다.
쇼핑몰이나 백화점에는 주로 푸드코트가 입점해 있다.

로컬 음식은 역시, 호커센터

과거 싱가포르에서는 거리에서 음식을 파는 행상인 호커(Hawker)들이 서민의 한 끼를 책임졌다. 이후 정부는 위생 관리 차원에서 호커들을 한데 모아 장사하도록 호커센터를 만들었는데, 이곳이 그대로 싱가포르의 명물이 됐다. 호커센터는 물가 비싼 싱가포르에서 저렴한 가격에 맛있는 음식을 즐길 수 있는 고마운 존재. 통상적으로 호커센터라고 불리지만, 공식명칭은 '푸드센터'이며, 2020년 유네스코가 선정한 세계문화유산으로 등재됐다.

깨끗하게, 시원하게! 푸드코트

빵빵한 에어컨 아래 쾌적하게 로컬 음식을 맛보고 싶다면 쇼핑몰 내 푸드코트로 가자. 이용 방법도 메뉴 구성도 호커센터와 같다. 다만, 가격은 호커센터보다 살짝 비싼 편.

호커센터 & 푸드코트 단계별 이용 스텝

촙 Chope

싱가포르에서는 음식을 주문하기 전, 자리를 먼저 잡는 '촙 문화'가 있다. 자리를 비운 채 주문하러 갈 땐 테이블 위에 작은 티슈 등 소지품을 올려놓아 찜 표시를 해두자. 촙은 말레이어로 '도장'이라는 뜻으로, 싱가포르에서는 '예약하다', '찜해 놓다' 등의 의미로도 쓰인다.

스톨 Stall

호커센터와 푸드코트에 입점한 각각의 식당을 '스톨'이라고 한다. 원하는 스톨에 가서 음식을 주문하고 계산한다. 포장(Take Away)도 가능하니 주문할 때 요청한다. 휴지나 물티슈는 일반적으로 제공되지 않으므로 미리 준비한다.

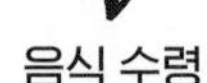

음식 수령

가게 앞에서 기다렸다가 음식이 나오면 테이블로 가지고 와서 식사한다. 간혹 진동 벨을 주거나, 주문 시 테이블 번호를 알려주면 테이블로 직접 가져다주는 가게도 있다.

식기 반납

이전에는 테이블을 치우는 직원이 따로 있어 식사를 마친 후 그냥 일어나면 됐지만, 2021년 9월부터는 먹은 식기와 남은 음식을 셀프로 반납하는 것이 의무화됐다. 첫 번째 적발되면 경고에 그치지만, 두 번째부터는 S$300의 벌금을 물어야 하니 유의하자.

후회 없는 호커센터 & 푸드코트

여행자와 현지인 모두가 반기는 호커센터와 푸드코트는 바로 여기!

∞ 호커센터

마칸수트라 글루턴스 베이
Makansutra Gluttons Bay

소문난 맛집 10여 곳이 알차게 뭉쳤다. 마리나 베이의 아름다운 야경은 덤! 에스플러네이드 극장 옆

➡ 마리나 베이 228p

뉴튼 푸드센터
Newton Food Centre

영화 <크레이지 리치 아시안>에 등장한 호커센터. 가성비 높은 칠리 크랩 식당이 있다. 뉴튼역 바로 옆

➡ 오차드 로드 291p

: WRITER'S PICK :

호커센터 요모조모

- 싱가포르 현지 음식만 파는 게 아니다. 중국, 일본, 홍콩, 타이완, 인도, 말레이시아 등 여러 나라의 음식을 한자리에서 저렴하게 맛볼 수 있다.
- 일반 식당과 비교하면 비위생적으로 느껴질 수 있지만, 정부에 의해 주기적인 위생점검을 받고 있으니 안심하자.
- 대부분 야외에 있어서 더위를 피하기 어렵다.
- 현금만 받는 곳이 많다.

맥스웰 푸드센터
Maxwell Food Centre

치킨 라이스 맛집을 비롯한 온갖 유명 식당이 총출동! 언제나 북적북적 활기 넘친다. 불아사 맞은편

➡ 차이나타운 344p

티옹 바루 마켓 푸드센터
Tiong Bahru Market Food Centre

싱가포르의 핫플레이스에 위치한다. 현대적인 인테리어와 청결한 매장 관리가 장점!

➡ 티옹 바루 354p

∞ 푸드코트

푸드 오페라
Food Opera

깔끔하고 쾌적한 환경에서 30여 곳의 싱가포르 로컬 음식과 인기 간식을 맛볼 수 있다.

➡ 오차드 로드 280p

라사푸라 마스터즈
Rasapura Masters

동남아시아는 물론 우리나라, 일본, 중국 등 아시아 각국의 음식이 한데 모였다. 마리나 베이 샌즈에서 가장 저렴하게 먹을 수 있는 곳. 일부 스톨은 24시간 영업.

➡ 마리나 베이 208p

푸드 리퍼블릭
Food Republic

싱가포르의 대표 베이커리 그룹에서 체계적으로 관리하기 때문에 믿고 먹을 수 있다. 싱가포르에만 10곳 이상의 매장이 있다.

➡ 올드 시티 269p, 오차드 로드 283p, 리틀 인디아 324p, 하버프론트 409p

성공적인
식당 선택 치트키

로컬 레스토랑

모름지기 맛집이라고 불리는 데는 다 이유가 있는 법.

블랑코 코트 프론 미
Blanco Court Prawn Mee

고소하고 진한 국물에 큼직한 타이거 새우를 통째로!
한국인의 입맛을 저격하는 점보 새우국수.
Since 1928

➡ 부기스 & 아랍 스트리트 314p

잠잠 싱가포르
Zam Zam Singapore

맛있고, 싸고, 양 많고! 맛집의 삼박자를 완벽하게 갖춘
인도-무슬림 레스토랑.
Since 1908

➡ 부기스 & 아랍 스트리트 313p

동방미식
Oriental Chinese Restaurant 东方美食

뭘 시켜도 후회 없는 중식당.
특히 찹쌀 탕수육 꿔바로우는 잊지 말고 맛보자.
Since 2007

➡ 차이나타운 348p

힐만 레스토랑
Hillman Restaurant 喜臨門大飯店

시그니처 메뉴는 짭조름한 양념으로 숙성한 페이퍼 치킨.
입맛 까다로운 어린아이도 잘 먹는다.
Since 1963

➡ 리틀 인디아 329p

싱가포르에서 먹는 한식

한국식당

집밥이 최고라는 어르신, 아무거나 안 먹는 입 짧은 아이와 여행 중일 땐 식당 선택이 참 난감하다.
지금 당신을 구하러 갈 그리운 한국의 맛. 믿고 먹는 한국식당 4!

향토골
Hyang-To-Gol

한국인이 운영하는 식당. 한국에서보다 더 맛있는 한식을 맛볼 수 있다. 어설프게 흉내만 낸 한식당과는 비교 거부!

➡ 올드 시티 264p

신 만복
Sin Manbok

관광객보다는 싱가포르 거주자들이 즐겨 찾는 한식 맛집. 다양한 고기류와 안주류, 찌개류를 선보인다. 메인 메뉴 주문 시 김치, 콩나물, 어묵볶음, 오이무침 같은 맛깔나는 반찬을 함께 제공해 입맛을 돋운다.

➡ 차이나타운(Guoco Tower) 347p

오빠 짜장
O.BBa Jjajang

한국식 짜장면과 짬뽕을 제대로 즐길 수 있는 곳. 붐비는 시간대는 30분~1시간의 웨이팅을 감수해야 할 만큼 인기가 높다.

➡ 차이나타운 346p

케이 쿡 코리언 바비큐 뷔페
K. COOK Korean BBQ buffet

각종 고기류와 해산물이 가득한 고기 뷔페. 떡볶이, 국수, 잡채는 물론, 추억의 양은 도시락까지 맛볼 수 있다. 평일 런치는 성인 기준 S$18.9, 서비스 차지와 세금을 포함해도 S$22.2라는 놀라운 가격이다.

➡ 오차드 로드 289p

달콤 짭짤한 건
못 참지!

로컬 디저트

더운 나라 싱가포르에서는 '단짠단짠' 디저트가 필수템.
저렴하고 맛있는 싱가포리언의 로컬 디저트엔 어떤 게 있는지,
모르고 그냥 지나치지 않도록 필독!

판단 쉬폰 케이크
Pandan Chiffon Cake

폭신폭신한 싱가포르 국민 쉬폰 케이크. 판단 잎 주스를 넣어 초록색이고, 코코넛 밀크가 들어 있어 부드럽고 촉촉하며 많이 달지 않다. 따뜻한 밀크티와 잘 어울린다.

➡ 벵가완솔로 114p

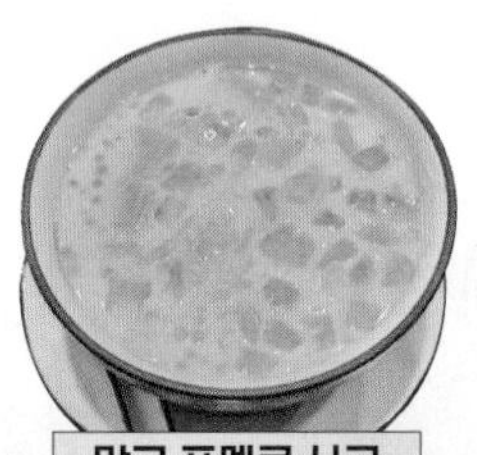

망고 포멜로 사고
Mango Pomelo Sago

홍콩에서 온 열대과일 디저트. 코코넛 밀크의 부드러운 맛과 망고의 달콤한 맛이 잘 어울린다. 과육이 톡톡 씹히는 포멜로(감귤류의 열대과일), 사고(야자나무에서 추출한 녹말 알갱이) 등이 들어간 것도 이색적이다.

➡ 아츄 디저트 315p,
메이홍위엔(미향원) 디저트 349p

소야 빈커드
Soya Beancurd

고소하고 담백한 중국식 두유 푸딩. 아무것도 첨가하지 않은 플레인이 오리지널 맛으로, 여기에 매장에 따라 아몬드, 초콜릿, 망고, 딸기, 커피, 녹차, 두리안 등 다양한 토핑을 얹기도 한다.
대부분의 호커센터에서 맛볼 수 있다.

➡ 라오반 소야 빈커드 345p, 386p

빙수 Snow Ice

더위 퇴치 디저트로 빙수만 한 게 또 있을까? 곱게 간 얼음에 과일과 모카, 견과류 등 다양한 토핑을 얹은 빙수는 적도의 더위를 잊게 한다. 망고, 두리안, 리치, 첸돌 등 우리나라에서는 맛보기 힘든 맛을 공략하는 것이 포인트.

➡ 메이홍위엔(미향원) 디저트 349p

캐롯 케이크 Carrot Cake

달걀과 각종 해산물, 쌀가루 등을 섞은 반죽을 깍둑썰기 한 무와 함께 볶은 간식. 무를 '하얀 당근'이라고 부르는 데서 이름이 유래했을 뿐, 우리가 알고 있는 당근 케이크와는 전혀 다르다.
오리지널 캐롯 케이크는 흰색, 간장 소스로 맛을 낸 것은 검은색이다.

➡ 뉴튼 푸드센터 291p

커리 퍼프 Curry Puff

커다란 만두 튀김을 연상케 하는 간식. 닭고기나 감자를 커리 소스로 양념한 다음 여러 겹의 페이스트리 반죽 등으로 감싸 튀긴다.
즉석에서 튀겨내어 바로 먹는 맛이 Good!

➡ 올드 창키 059p, 166p, 280p, 283p, 312p, 324p, 385p

검증은 끝났다!

디저트 체인 4

언제든 찾아갈 수 있는 싱가포르의 디저트 맛집 4곳을 소개한다.
맛도 좋지만, 가격까지 착하다.

1 메이홍위엔(미향원) 디저트
Mei Heong Yuen Desserts 味香园甜品

20여 종의 빙수를 저렴한 가격으로 맛보자. 망고 포멜로 사고와 소야 빈커드, 푸딩 등 로컬 디저트 종류도 가지각색.

WEB meiheongyuendessert.com.sg

➡ 차이나타운(본점) 349p

2 아츄 디저트
Ah Chew Desserts 阿秋甜品

싱가포르 디저트 가게를 얘기할 때 빠지지 않는 곳! 시그니처 메뉴인 망고 포멜로 사고를 비롯한 수십 종류의 디저트가 좌르르~. 저녁 시간에는 대기 줄이 길게 늘어서니 가급적 오후에 방문하는 것을 추천.

WEB ahchewdesserts.com

➡ 부기스 & 아랍 스트리트 315p

3 올드 창키
Old Chang Kee 老曾记

싱가포르 사람들이 애정하는 튀김 간식, 커리 퍼프 전문점. 싱가포르에만 80여 개의 매장을 둔 대형 체인으로, 선명한 노란색 간판이 눈길을 끈다. 개당 단돈 S$1~2면 커리 퍼프와 너겟, 꼬치 튀김 등을 맛볼 수 있다. 칠리 소스에 찍어 먹어야 제맛!

WEB oldchangkee.com

➡ 시내 주요 쇼핑몰과
쇼핑 스트리트 내(약 80곳)

4 브레드톡
BreadTalk

맛있는 빵이 흘러넘치는 베이커리 전문점. 뭘 먹어도 다 맛있지만, 달콤한 크림과 짭조름한 돼지고기가 어우러진 플로스(Floss)는 꼭 먹어봐야 할 인기템이다. 개당 가격은 S$2.3. 딘타이펑과 푸드 리퍼블릭을 계열사로 둔 대형 프랜차이즈 기업으로, 토스트 박스와 나란히 있는 곳이 많다.

WEB breadtalk.com.sg

➡ 대부분의 대형 쇼핑몰 내(약 40곳)

여행자의 마음챙김

브런치 타임

여행의 활력을 더해줄 브런치 레스토랑에서
휴식 한 조각, 힐링 한 스푼 어떠세요?

크로크마담 샌드위치
Croque Madame

햄을 끼운 빵 위에 그뤼에르 치즈가 듬뿍!
고소한 달걀프라이까지~

➡ 피에스 카페 302p

에그 베네딕트
Eggs Benedict

잉글리시 머핀 위에 수란과 베이컨을 얹고
홀랜다이즈 소스를 곁들인 뉴욕식 샌드위치

➡ 프리베 차임스 262p

로스트비프 크루아상 샌드위치
Roast Beef Croissant Sandwich

싱가포르에서 크루아상 제일 잘하는 집

➡ 티옹 바루 베이커리 355p

밀 크레페
Mille Crêpes

종이처럼 얇은 크레페와 페이스트리 크림이
겹겹이 쌓인 황금색 케이크

➡ 레이디 M 290p

싱가포르의
흔한

열대과일

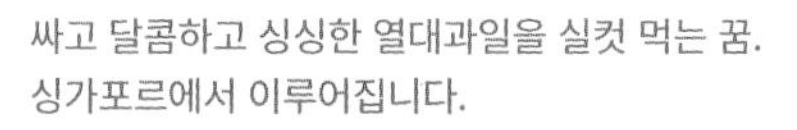

싸고 달콤하고 싱싱한 열대과일을 실컷 먹는 꿈.
싱가포르에서 이루어집니다.

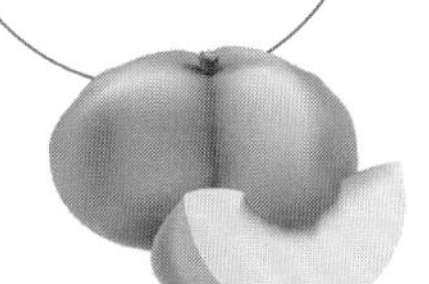

납작 복숭아 Donut peach

납작한 모양이 도넛 같다고 하여 '도넛 복숭아'라고 부른다. 우리나라의 복숭아 맛과 비슷하다.

➡ 껍질째 드세요~

애플망고 Apple Mango

일반 망고보다 달콤하고 부드러우며, 신맛이 적다. 사과처럼 붉은빛을 띤다.

➡ 망고처럼 양쪽으로 갈라 씨를 제거하고 칼집을 내주세요.

리치 Lychee

우리나라에서 주로 수입하는 중국산 리치와 색이 좀 더 진하고 크기도 더 큰 말레이시아산 리치 2종류가 있다. 맛과 가격은 거의 비슷하다.

➡ 손톱으로 까면 쉽게 벗겨져요!

용과 Dragon Fruit

부드럽고 새콤달콤하며, 칼슘과 비타민이 풍부하다. 겉은 빨갛고 속은 흰 것, 겉과 속이 모두 빨간 것, 겉은 노랗고 속은 흰 것 3종류가 있다. 가장 달콤한 건 노란색이고, 속이 빨간 것은 당도가 떨어진다.

➡ 세로로 자른 다음 껍질에 칼집을 내어 벗기세요. 수저로 떠먹어도 OK!

망고스틴 Mangosteen

새콤달콤 과일의 여왕. 6~7월이 제철로, 껍질을 눌렀을 때 폭신한 것이 신선한 것이다. 많이 먹으면 변비에 걸릴 수 있다.

➡ 양 손바닥으로 꾹 눌러 옆쪽 껍질을 벌리세요~

파파야 Papaya

수분이 많고, 달콤하고 사각사각한 식감이 매력적. 비타민A와 C가 풍부하고 피부에도 좋다. 눌렀을 때 약간 물렁물렁하고 껍질 색이 밝은 것이 맛있다.

➡ 참외처럼 껍질을 벗기고 잘라서 씨를 발라드세요. 씨는 그냥 먹어도 맛있답니다.

람부탄 Rambutan

말레이어로 '머리털'이라는 뜻. 리치나 롱간과 비슷한 식감으로, 과즙이 풍부하고 달콤하다. 붉고 진한 색이 잘 익은 것이다.

➡ 옆으로 비틀어요~

롱간 Longan

리치와 비슷한 모양과 식감이지만, 리치보다 약간 작다. 딸기와 바나나, 파인애플이 섞인 듯한 맛.

➡ 가운데를 잡고 힘을 주면 껍질이 벌어져요.

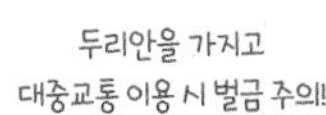

두리안 Durian

독한 냄새로 유명하지만, 과일의 왕으로도 불리는 만큼 부드럽고 크리미하다. 5~8월이 제철로, 노란색이 진할수록 당도가 높은 편.

➡ 잘라서 팩에 담긴 걸 사드세요.

잭프루트 Jackfruit

두리안과 비슷한 모양에 냄새도 약간 나지만, 한번 맛을 보면 달콤하고 쫀득한 식감에 푹 빠진다. 중독성 200%!

➡ 과육에 씨가 있으니 조심하세요.

어디서든
무난한 선택

패스트푸드

새롭고 맛있는 음식이 차고 넘치는 싱가포르지만,
이것저것 따지지 않고 한 끼를 해결하고 싶을 땐 패스트푸드점을 고려해보자.

패스트푸드 체인

1 페퍼 키친
Pepper Kitchen

일본의 SFBI 그룹이 운영하는 철판 스테이크 맛집. 260°C로 달궈진 뜨거운 철판에 양념한 밥과 고기를 얹어주면 취향에 따라 소스를 첨가하고 입맛에 맞게 익혀 먹는 DIY 방식이 재미있다. 입맛 까다로운 어린아이도 이곳이라면 문제없다.

WEB pepperkitchen.com.sg
MENU 비프 페퍼 라이스 세트(Beef Pepper Rice Set) S$12.9
스테이크 바이트 세트(Steak Bites Set) S$17.5~24
페퍼 스테이크 세트(Pepper Steak Set) S$20.1
*매장마다 조금씩 다름

2 포 핑거스 크리스피 치킨
4 Fingers Crispy Chicken

창업주가 한국인이어서 우리 입맛에 딱 맞는 바삭한 치킨을 맛볼 수 있다. 대표 메뉴는 날개와 가슴살 일부로 구성된 윙게츠 & 드러메츠와 닭다리 튀김인 드럼스틱. 다양한 구성의 치킨과 버거, 샐러드류가 있으며, 도시락 형태의 라이스 박스도 있다.

WEB 4fingers.com.sg
MENU 닭날개(Wingettes & Drumettes) S$13.6~,
닭다리(Drumsticks) S$14.9, 라이스 박스(Rice Box) S$9.9~
*매장마다 조금씩 다름

3 맥도날드 McDonald's

우리나라처럼 시내 어디에서나 볼 수 있다. 빅맥과 같은 클래식한 버거도 좋지만, 싱가포르 맥도날드에서만 먹을 수 있는 특별 메뉴를 노려보는 것도 좋다. 나시 르막 버거와 같이 로컬 푸드를 응용한 버거가 시즌마다 새롭게 출시된다.

WEB mcdonalds.com.sg
MENU 빅맥 버거(Big Mac) S$7.5/세트 S$9.95
더블 치즈버거(Double Cheeseburger) S$6.15/세트 S$7.95
더블 필레 오 피시버거(Double Filet-O-Fish) S$8.15/세트 S$10
*매장마다 조금씩 다름

: WRITER'S PICK :

싱가포르 맥도날드 이용 팁

❶ 우리나라에선 맛볼 수 없는 커리 소스와 갈릭 칠리 소스가 별미이니 꼭 맛보자. 커리 소스는 맥 너겟용으로 나온 것이긴 하나, 직원에게 요청하면 한 개쯤 받을 수 있다. 갈릭 칠리 소스는 케첩과 함께 셀프 코너에 있다.

❷ 두리안, 첸돌, 판단 맛 등 싱가포르에서만 판매하는 시즌 한정 아이스크림콘을 먹어보자.

싱가포르의 아웃백, 아스톤즈 스페셜티즈 Astons Specialties

가성비 좋기로 소문난 스테이크 전문점. 여러 종류의 스테이크를 비롯하여 버거, 치킨, 스파게티 등 우리에게 익숙한 메뉴들이 있다. 스테이크 가격은 S$19.9부터 시작하여 부담이 없고, 주메뉴 하나 당 감자튀김, 샐러드, 어니언 링 등 사이드 메뉴 2가지를 선택할 수 있으므로 푸짐하게 먹을 수 있다. 여행자들이 즐겨 찾는 동선마다 입점한 것도 장점. 메인 메뉴와 사이드 메뉴를 먼저 고르고 계산까지 마친 후 자리에 앉는다. 아스톤즈 스페셜티즈의 할랄 버전인 ANDES by ASTONS는 창이공항 터미널1(#03-18)과 터미널4(#02-202)에 운영 중이므로 도착 후나 출발 전에 이용하기 편리하다.

WEB astonsspecialities.com.sg
MENU 스테이크(사이드 메뉴 2개 선택)-프라임 서로인 S$19.9, 프라임 립아이 S$22.9, 프라임 텐더로인 S$29.9
치킨(사이드 메뉴 2개 선택)-블랙 페퍼 치킨 S$11.9, 크리스피 프라이드 치킨 S$11.9, 데리야키 치킨 S$11.9
사이드 메뉴-구운 감자, 구운 옥수수(Corn on the Cob), 프렌치프라이, 어니언 링, 웻지 감자, 샐러드 등 14가지

싱가포르 음식 탐구일기

칠리 크랩

싱가포르에선 칠리 크랩이 진리랩!

싱가포르의 먹거리를 이야기할 때 가장 먼저 떠올리는 음식은 단연 칠리 크랩이다. 부드러운 게살과 매콤달콤한 칠리 소스는 역대 최강 조합! 과연 누가 이 유혹을 마다할 수 있을까?

이 맛의 비밀은 도대체 무엇?

싱가포르 칠리 크랩 맛의 공식은 다음과 같다. 먼저 신선한 머드 크랩을 깔끔하게 손질하고 즉석에서 튀겨낸다. 양파, 마늘, 생강, 빨간 칠리고추 등을 갈아 만든 칠리 페이스트를 기름을 두른 웍에 볶다가 크랩도 투하! 여기에 매콤한 칠리 소스와 옥수숫가루를 곁들이고 달걀을 퐁당 떨어뜨리면?! 총천연색 맛의 칠리 크랩 완성! 통통한 집게발은 살이 많아서 좋고, 몸통이나 다리 살은 부드러워서 멈출 수 없다. 칠리 소스 대신 통후추를 뿌린 페퍼 크랩도 한국인의 입맛에 딱이다.

'게'라고 다 똑같은 '게' 아니다

식당에서 크랩을 선택할 때 뭘 골라야 할지 모르겠다면 머드 크랩이 답이다. 주로 진흙 밑에 숨어 살아서 머드(Mud) 크랩이라고 부르는 이 크랩은 큼직한 집게발이 특징이다.
여기서 잠깐, '지금 알래스카산 크랩을 할인하고 있는데, 먹어 볼래?' 라는 레스토랑 직원의 꼬드김에 넘어가지 말자. 커다란 알래스카산 크랩은 100g당 가격이 일반적으로 사용하는 스리랑카산 머드 크랩의 두 배 이상이어서 순식간에 지갑을 털리고 만다. 머드 크랩보다 조금 저렴한 던지니스(Dungeness) 크랩도 있으나, 집게발이 작다.

그 유명한 칠리 크랩, 어디서 먹을까?

고급 씨푸드 레스토랑부터 동네의 호커센터까지 어디서든 맛볼 수 있는 칠리 크랩.
내 취향과 예산을 잘 고려하여 한 번을 먹어도 후회 없는 칠리 크랩 먹방에 도전해보자.

1 비싼만큼 믿고 먹는 **씨푸드 레스토랑**

가장 많은 여행자의 선택을 받는 곳. 맛은 물론이고 매장 청결도나 서비스도 모두 우수하다. 다만, 크랩 1kg당 S$80~100이라는 비싼 가격은 감수해야 한다. 같은 브랜드의 식당이라도 지점마다 메뉴가 조금씩 다르지만, 기본적인 크랩은 다 먹어볼 수 있다.

점보 씨푸드 레스토랑

2 부담 없이 편안하게 **호커센터**

칠리 크랩을 전문 레스토랑 가격의 반값에 먹을 수 있다. 특히 여행자들의 입소문을 타고 알려진 뉴튼 푸드센터(291p), 마칸수트라 글루턴스 베이(228p)를 추천. 다만, 분위기나 크랩의 크기 등을 전문 레스토랑과 비교하면 실망하기 마련이니 너무 큰 기대는 하지 말자.

호커센터 장·단점 전격 분석

장점	단점
▪ 씨푸드 레스토랑의 반값	▪ 질 높은 서비스는 기대하기 어려움
▪ 별도의 서비스 차지와 세금 없음	▪ 씨푸드 레스토랑에 비해 크랩 크기가 작음
▪ 다양한 로컬 음식도 함께 주문 가능	▪ 분위기나 청결도가 낮은 경우가 종종 있음
▪ 가성비 좋은 세트 메뉴 있음	
▪ 크랩 종류를 고를 필요 없이 간편 주문	

얼마나 주문해야 할까?

1 씨푸드 레스토랑

메뉴판에 적힌 가격은 보통 크랩 무게의 100g당 가격이 기준이다. 단, 크랩 가격은 수급량에 따라 그때그때 바뀌므로 메뉴판과 실제 가격이 다를 수 있다. 3인이라면 크랩 1kg과 사이드 메뉴로 시리얼 새우, 볶음밥, 프라이드 번(기름에 튀긴 작고 동그란 빵), 4인이라면 크랩 1.5~2kg에 사이드 메뉴를 위의 메뉴 외에 1~2개 정도 더 추가하면 알맞다. 참고로 레스토랑마다 다양한 세트 메뉴가 있지만, 개별 주문 가격과 별 차이가 없다. 예산은 3인 기준 S$130~150(한화 11~13만원), 4인 기준 S$200(한화 약 17만원) 내외. 20%에 가까운 서비스 차지와 세금 별도.

2 호커센터

크랩을 무게가 아닌 마릿수로 주문하며, 한 마리당 가격은 S$40(한화 약 3만8000원) 내외다. 그러나 호커센터의 강점은 뭐니 뭐니 해도 가성비 높은 세트 메뉴. 뉴튼 푸드센터의 경우 크랩 한 마리와 시리얼 새우, 볶음밥, 프라이드 번이 제공되는 S$70짜리 세트 하나면 둘이 충분하며, 크랩 두 마리가 포함된 세트도 S$110면 배불리 먹을 수 있다. 비닐장갑 무료 제공.

이대로 따라 하면 두 배로 맛있어요~

❶ 레스토랑 내 세면대에서 깨끗하게 손을 씻는다. 테이블에 놓인 레몬 물은 식사 중일 때나 식후 비린내 제거용. 호커센터라면 화장실을 이용하거나 물티슈를 사용한다.

❷ 볶음밥이 먼저 나온다면 꾹 참고 아껴두자. 나중에 칠리 크랩 소스와 함께 비벼 먹는 것이 훨씬 맛있다.

❸ 드디어 크랩 등판! 먼저 애피타이저로 프라이드 번을 칠리 크랩 소스에 찍어 살짝 맛보자.

❹ 이제 본격적으로 크랩을 즐길 시간. 크랩은 커다란 집게발을 먼저 먹고, 몸통과 기타 다리 순서로 먹는다.

❺ 크랩 살을 바를 수 있는 작은 포크가 있으나, 그냥 비닐장갑을 끼고 손으로 먹는 것이 더 편하다.

: WRITER'S PICK :

알아두면 유용한 칠리 크랩 레스토랑 이용 상식

❶ 크랩을 주문하면 껍질을 쉽게 깰 수 있는 크랩 크래커(Crab Cracker)가 기본 제공된다.

❷ 일회용 비닐장갑은 무료인 곳이 많지만, 100%는 아니니 챙겨가자.

❸ 테이블에 세팅된 일회용 물티슈나 애피타이저용 땅콩, 차 등은 무료가 아니다. 필요 없다면 미리 얘기해서 치우고 영수증에서도 빠졌는지 확인!

칠리 크랩 옆 명품 조연! 추천 사이드 메뉴

칠리 크랩과 환상의 맛 궁합을 이루는 사이드 메뉴는 바로 이것.
영어 이름은 레스토랑마다 다를 수 있다.

볶음밥 Fried Rice

칠리 크랩 소스에 비벼 먹으면 완전 꿀맛.
특히 해물볶음밥을 추천한다.

삼발깡콩 Sambal Kang Kong

미나리와 비슷한 깡콩(空心菜, 모닝글로리)을
매콤한 삼발 소스에 볶았다. 느끼함을 없애는 일등 공신.

시리얼 새우 Cereal Prawn

큼직한 타이거 새우에 잘게 부순 시리얼을 입혀 튀겨냈다.
칠리 크랩보다 시리얼 새우가 더 생각날 만큼 고소한
맛이 일품이다. 보통 껍질째 먹지만, 레스토랑에 따라
깐 새우(Deshelled Prawn)를 주문할 수 있는 곳도 있다.

프라이드 번 Fried Bun

동그란 흰 빵인 만터우(Mantou)를 기름에 튀겨냈다.
칠리 크랩 소스에 찍어 맛보는 순간 고소하고
매콤한 맛에 홀릭! 4개에 S$3 정도로 가격도 착하다.
레스토랑에 따라 무료 제공될 때도 있다.

우리가 사랑한

칠리 크랩 맛집

별처럼 많은 싱가포르의 칠리 크랩 식당에서도
한국인 입맛에 맞는 곳은 따로 있다.
실패 없는 칠리 크랩 레스토랑 4곳을 추천한다.

1 점보 씨푸드
JUMBO Seafood 珍宝海鮮

가장 대중적인 칠리 크랩을 선보이는 프랜차이즈. 총 6곳의 매장은 저마다 장단점이 다르니 잘 따져보고 선택하자. 242p, 280p, 303p, 390p

WEB jumboseafood.com.sg

2 팜 비치 씨푸드
Palm Beach Seafood 棕榈滩

야외 테라스석에 앉아 로맨틱한 야경과 레이저쇼까지! 칠리 크랩 맛도 맛이지만, 전망이 다 했다. 예약 필수. 221p

WEB palmbeachseafood.com

3 알리앙스 씨푸드
Alliance Seafood

호커센터 칠리 크랩의 성지. 우리나라 여행자에게는 '27번집'으로 통하는 곳으로, 간판과 메뉴판도 한글로 적혀 있을 정도로 친숙하다. 최근 몇 년간 연속으로 미슐랭 가이드 빕 구르망에 이름을 올렸다. 291p

WEB facebook.com/allianceseafood27/

4 롤랜드 레스토랑
Roland Restaurant

최초로 칠리 크랩 레시피를 개발한 원조 레스토랑. 현재는 레시피 개발자인 셰 얌 티안의 아들인 롤랜드 림(Roland Lim)이 원조 칠리 크랩의 맛을 이어가고 있다. 싱가포르 동부 카통에 있어 접근성이 떨어지지만, 원조 칠리 크랩의 맛을 느낄 수 있는 데다 2마리에 S$118에 불과한 프로모션 중이라 일부러 찾아갈 만하다. 384p

WEB rolandrestaurant.com.sg

이런 크랩 요리 어때요?

이색 크랩 맛집

진정한 크랩 요리 고수는
칠리 크랩만 찾지 않는다는 사실.
가도 가도 계속 나오는 크랩 열전!

1 롱 비치
Long Beach 長堤海鮮樓

1946년에 시작된 블랙 페퍼 크랩 원조 맛집. 검은 후추로 알싸한 맛을 내는 블랙 페퍼 크랩은 칠리 크랩보다 오히려 우리 입맛에 잘 맞는다는 평이 많다. 총 6곳의 매장 위치가 다소 애매한 것이 단점. 클락 키 옆 로버트슨 키 매장이나 이스트 코스트 씨푸드센터 방문을 추천한다. 303p, 390p

WEB longbeachseafood.com.sg

2 뉴 우빈 씨푸드
New Ubin Seafood

구운 마늘 향을 입힌 크랩, 달콤하고 고소한 크리미 버터 크랩, 달걀을 입힌 솔티드 에그 크랩, 생강과 양파 크랩 등 다양한 크랩 요리가 한자리에! 262p

WEB newubinseafood.com

MUST-EAT 2

KAYA TOAST

카야 토스트

고소함에 반하고, 달콤함에 폭

싱가포르의 아침은 카야 토스트와 함께! 얇고 바삭하게 구운 식빵 사이에 버터 조각을 끼우고 코코넛 밀크로 만든 카야 잼을 듬뿍 바른 토스트를 반숙 달걀에 '찍먹' 해보자. 여기에 싱가포르식 커피나 밀크티 한잔까지 곁들이면, 천국이 여기로다.

카야 토스트 입맛은 만국 공통

카야 토스트는 19세기 초, 중국 하이난섬 출신 이민자들이 가벼운 식사로 코코넛 밀크와 달걀, 판단 잎 추출물 등으로 만든 카야잼을 빵에 발라 먹으며 시작됐다. 20세기 들어 싱가포르식 카페 코피티암(Kopitiam)에서 이 토스트를 판매하면서 큰 인기를 얻었으며, 이후 카야 토스트 프랜차이즈 매장들이 싱가포르 전역을 접수, 현재는 우리나라를 비롯한 세계 곳곳에서 그 맛을 즐길 수 있다.

카야 토스트 2대 프랜차이즈

싱가포르에서 가장 유명한 카야 토스트 브랜드는 단연 야쿤 카야 토스트와 토스트 박스. 두 곳 중 어디를 가더라도 맛있는 카야 토스트를 맛볼 수 있으니 가장 가까운 매장으로 발걸음을 옮겨보자.

1 야쿤 카야 토스트
Ya Kun Kaya Toast
亞坤加椰面包

亞坤 Ya Kun Kaya Toast Coffeestall since 1944

카야 토스트 대중화의 주역. 1930년대 로이 아쿤이 창업했다. 지금은 아시아 여러 나라에 매장을 둔 글로벌 기업. 판단 잎을 넣어 초록색을 띠는 논야(Nonya)식 카야잼이 고소하고 담백한 맛을 낸다. 토스트 안의 짭짤하고 차가운 버터가 녹을 수록 고소한 맛도 UP! 야쿤 패밀리 카페에서는 락사 같은 로컬 음식도 판매한다. 기본 카야 토스트 세트 S$6.3. 351p(본점)

WEB yakun.com

2 토스트 박스
Toast Box
土司工坊

TOAST BOX 土司工坊

밝고 모던한 인테리어와 다양한 메뉴 구성이 돋보이는 곳. 카야 토스트 외에도 락사와 미고렝, 치킨 커리 등 싱가포르의 로컬 음식을 판매하는 차별화 전략으로 야쿤 카야 토스트와 경쟁한다. 이곳의 카야 잼은 캐러멜 소스를 넣어 갈색을 띠는 하이난식으로, 야쿤 토스트보다 좀 더 달콤한 편. 야쿤 토스트와 세트 메뉴 구성은 같지만, 가격은 다소 비싸다. 기본 카야 토스트 세트 S$7.4.

WEB toastbox.com.sg

카야 토스트를 맛있게 먹는 6단계 방법

캐주얼한 분위기의 카야 토스트 매장은 언제든 부담 없이 들를 수 있고, 주문도 어렵지 않다. 단, 아래 내용 정도는 알고 가면 좋다.

1 단품 또는 세트 선택

- □ 단품
- □ 세트

단품보다는 반숙 달걀과 커피가 함께 나오는 세트 메뉴를 선택하는 것이 효율적이다.

2 달걀 선택

- □ 반숙(Half-boiled Egg)
- □ 완숙(Hard-boiled Egg)

세트 메뉴에 기본으로 나오는 반숙 달걀은 대부분 살짝만 익혀 거의 수란에 가깝다. 덜 익은 달걀을 선호하지 않는다면 완숙 달걀을 요청하거나 단품으로 주문하자.

3 음료 선택

- □ 뜨거운 커피
- □ 기타 음료

세트 메뉴에서 제공되는 기본 커피는 뜨거운 커피다. 아이스 커피 등 다른 음료를 선택하려면 추가 금액을 지불하면 된다. 어린이에게는 시원한 코코아 음료인 아이스 마일로를 추천.

4 토스트 추가

달걀 양에 비해 토스트가 살짝 부족한 편이므로, 양이 아쉽다면 토스트를 단품으로 추가한다.

5 달걀 소스 만들기

반숙 달걀에 테이블에 놓인 간장 1T를 넣고, 백후추를 조금 뿌려서 잘 섞으면 토스트에 찍어먹기 딱 좋은 '단짠단짠' 달걀 소스가 만들어진다.

SATAY

사테

자꾸만 먹고 싶은 이 사태를 어쩌지

고소한 땅콩소스를 듬뿍 찍어 먹는 양념 꼬치구이, 사테는 동남아시아의 대표 간식이다. 향신료 무역을 위해 인도네시아로 건너온 아랍 상인들에 의해 처음 전파된 이후, 지금은 싱가포르를 비롯한 동남아시아인 모두가 열광하는 음식이 됐다.

종류도 맛도 정말 다양해

사테는 고기나 해산물을 엄지손가락 크기로 자른 다음 간장과 강황, 삼발 등의 소스와 향신료를 넣은 양념에 재우고, 대나무 꼬치에 3~4개씩 끼워서 숯불에 구워낸다. 사용하는 재료나 맛은 같은 동남아시아라고 해도 나라마다 조금씩 다르다. 싱가포르에서는 일반적으로 소고기(Beef), 양고기(Mutton), 닭고기(Chicken)를 사용한다. 큼직한 타이거 새우(Prawn)를 끼운 사테는 우리나라 여행자들이 선호한다.

싱가포르는 오늘도 사테해 ♡

싱가포르는 사테의 천국이다. 고급 식당부터 푸드코트나 호커센터까지 어디에서든 곧장 사테 먹방 모드에 돌입할 수 있다. 시원한 맥주 한잔과 함께 안주 삼아 먹어도 맛있고, 다른 로컬 음식을 곁들인 한 끼 식사로도 제격이다. 특히 차이나타운의 라우파삿 사테 거리(342p)는 평일 저녁 7시가 되면 차량을 통제한 거리 전체가 거대한 야외 사테 식당으로 변신한다. 우리나라 여행자들이 즐겨 찾는 베스트 사테(343p)는 한국어 주문도 자유롭다.

: WRITER'S PICK :

사테 맛있게 먹는 방법

❶ **재료 선택** 단품으로 주문할 수도 있지만, 소고기, 닭고기, 양고기, 새우가 같이 나오는 세트 메뉴를 시키는 것이 일반적이다. 양고기 대신 소고기를 선택해도 된다.

❷ **양 추가** 입맛에 맞지 않을 수 있으므로 처음에는 조금 적은 듯 주문한 다음 단품을 추가하자.

❸ **메뉴 추가** 호커센터 내에 있는 사테 식당에서는 다른 가게의 메뉴도 함께 주문할 수 있다.

❹ **준비물** 물티슈를 꼭 챙겨가자. 물티슈가 유료인 식당이 많다.

BAK KUT TEH

바쿠테 肉骨茶

더위야 물러가라! 막강 보양식

돼지갈비를 각종 약재와 향신료와 함께 장시간 푹 끓여낸 바쿠테는 동남아식 갈비탕이다. 중국 복건성 출신의 호키엔 이민자들에 의해 전해졌으며, 마늘, 백후추, 정향, 감초, 황기 등 몸에 좋다는 재료는 다 들어간 으뜸 보양식이다.

바쿠테가 맛이 없다고?

싱가포르의 바쿠테는 동남아 음식치고 향이 강하지 않아서 우리나라 사람들이 좋아할 만한 음식이다. 우리나라의 갈비탕이 소갈비를 이용하는 데 비해, 바쿠테는 돼지갈비를 이용한다는 차이가 있는 정도여서 땀을 많이 흘리는 더운 싱가포르에서는 든든한 한 끼가 될 수 있다. 단, 식당을 잘못 선택할 경우 돼지 특유의 냄새나 향신료 냄새 때문에 한 그릇을 다 비우지 못하는 사태를 초래할 수도 있다. 가급적 우리나라 여행자들이 많이 찾는 검증된 곳을 찾는 것이 실패 확률을 줄일 수 있는 방법이다.

호로록호로록~

바쿠테 맛집

1 송파 바쿠테
Song Fa Bak Kut Teh 松發肉骨茶

2016년부터 줄곧 미슐랭 가이드 빕 구르망에 이름을 올리는 곳. 1969년 길거리 포장마차에서 시작해 지금은 싱가포르 곳곳의 매장에서 맛볼 수 있다. 후추 향이 살짝 강한 것을 빼면 무난한 맛. 243p, 269p

WEB songfa.com.sg

2 레전더리 바쿠테
Legendary Bak Kut Teh 發传人肉骨茶

가족이 3대째 운영하는 바쿠테 맛집. 송파 바쿠테보다 국물 맛이 좀 더 깔끔하면서 진한 게 특징이다. 깨끗하고 시원한 실내에서 식사할 수 있다는 것도 장점. 244p

WEB legendarybkt.com

: WRITER'S PICK :

바쿠테가 더욱 맛있어지는 비법

❶ 대부분 식당에서 국물을 리필할 수 있다. 먼저 국물부터 후루룩 들이켜고 리필을 요청해보자.

❷ 작은 접시에 담긴 홍고추 위에 간장과 칠리 소스를 담아 고기를 찍어 먹자. 꿀맛 보장!

❸ 공깃밥(S$1 내외)을 추가하면 푸짐한 한 끼 식사가 된다.

❹ 바쿠테는 사이드 메뉴와 함께 먹으면 더욱 맛있다.
3인 기준으로 사이드 메뉴 2개면 적당하다.

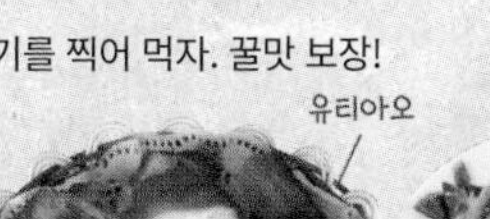

유티아오

삼발깡콩

CHICKEN RICE

싸구나, 맛있구나

치킨 라이스

싱가포르에서 가장 싸고 맛있는 음식이 무엇인지 묻는다면 정답은 치킨 라이스다. 닭고기로 푹 끓여낸 육수에 마늘, 생강, 판단 잎 등을 넣어 짭조름한 밥을 짓고, 그 위에 부드럽고 담백한 닭고기를 두툼하게 썰어서 얹어낸 치킨 라이스는 호커센터부터 특급 호텔 레스토랑까지 다양한 식당에서 즐길 수 있다.

치킨 라이스 = 하이나니즈?

싱가포르에서는 치킨 라이스 식당을 비롯한 많은 음식점들의 간판에서 '하이나니즈'라는 문구를 자주 볼 수 있다. 이는 '하이난식' 또는 '하이난 사람'을 부르는 말로, 중국 최남단의 하이난섬에서 온 이주자들이 만든 음식 또는 식당이라는 뜻. 싱가포르의 치킨 라이스도 하이난식이며, 1940년대 하이난 출신의 웡이 구안이라는 사람이 하이나니즈 치킨 라이스(Hainanese Chicken Rice) 식당을 시작한 것이 최초로 알려졌다.

치킨 라이스 종류, 딱 짚어준다!

오리지널 하이난식 치킨 라이스는 밥 위에 부드럽고 촉촉한 삶은 닭고기(Boiled/Steamed Chicken)를 올려 먹지만, 푸드코트나 개인 레스토랑에서는 오리지널보다 바삭한 식감의 구운 닭고기(Roasted Chicken)나 짭조름한 간장 소스(Soy Sauce)로 양념한 닭고기를 얹은 치킨 라이스의 인기가 더욱 높다. 특히 삶은 닭고기 대신 구운 닭고기를 얹은 로스트 치킨 라이스는 바삭한 껍질 맛을 즐길 수 있어서 꼭 먹어봐야 한다.

여기가 바로 치킨 라이스

2대 맛집

1 티안 티안 하이난 치킨 라이스
Tian Tian Hainanese Chicken Rice
天天海南雞飯

코끝을 자극하는 향긋한 밥 내음, 담백한 닭고기의 절묘한 만남. 344p

2 아타이 하이난 치킨 라이스
Ah Tai Hainanese Chicken Rice
阿仔海南雞飯

부드럽고 촉촉한 닭고기는 참을 수 없는 맛. 344p

닭고기 부위별 총정리

치킨 라이스에 주로 사용되는 닭고기 부위는 가슴살이지만, 식당에 따라 다리 살이나 허벅지 살로 만든 치킨 라이스도 선택할 수 있다.

어깨살 Back
육질이 부드럽고 지방이 적다.

날개살 Wing
단백질과 콜라겐이 풍부하다.

가슴살 Breast
치킨 라이스에 주로 사용하는 부위. 지방이 적어 담백하고 쫄깃하다.

허벅지살 Thigh
근육이 많고 지방이 적당해서 부드럽고 감칠맛이 난다.

다리 살 Drumstick
지방과 단백질이 어우러져 쫄깃하다. 자른 모양이 북채처럼 생겼다고 하여 드럼스틱이라고 부른다.

기타 부위
Gizzard 모래주머니 / **Liver** 간 / **Feet** 닭발

치킨 라이스가 더욱 맛있어지는 비법

1 사이드 메뉴

담백한 닭고기에는 짭짤하고 매콤한 채소볶음이 잘 어울린다. 보통 굴 소스나 간장 소스를 곁들인 깡콩(모닝글로리)·카이란(아삭한 중국 채소)·숙주나물(Bean Sprout) 볶음을 많이 먹는다. 레스토랑의 경우 세트 메뉴로 구성된 곳이 많으니 잘 보고 선택하자.

2 소스

호커센터에서는 보통 주황색 칠리 소스 하나만 주지만, 레스토랑에서는 간장 소스와 생강 소스를 추가로 줄 때가 많다. 취향에 따라 닭고기를 찍어 먹으면 훨씬 풍부한 맛을 즐길 수 있다.

간장 소스 Soy Sauce
달콤 짭조름

칠리 소스 Chilli Sauce
매콤 새콤

생강 소스 Ginger Sauce
향긋 향긋

MUST-EAT

6

FISH HEAD CURRY

피시 헤드 커리

커리에 생선이 퐁당!

칼칼한 커리는 인도식, 생선 머리로 감칠맛을 내는 건 중국식. 이 두 레시피를 합치면? 싱가포르식! 1950년 경 한 인도 셰프가 선보였던 것이 점점 인기를 얻게 돼 이제는 인도 식당과 중국 식당은 물론이고 호커센터에서도 맛볼 수 있는 대중적인 음식으로 자리매김했다. 한국에서는 맛보기 어려운 음식이니 싱가포르 맛집 리스트에 콕 집어 저장~

생선 머리 하나 있고 없고

커다란 생선 머리가 든 피시 헤드 커리는 우리가 이제껏 먹어온 커리와 맛도 비주얼도 모두 다르다. 주로 도미 머리를 사용하는데, 도미의 연골에는 콜라겐이 많고 맛도 좋기 때문에 미식가들이 선호한다. 부드러운 생선 살과 칠리의 매콤한 맛은 칼칼하고 시원한 매운탕 같아서 우리 입맛에 잘 맞으며, 코코넛 커리가 고소함을 더한다. 보통 밥도 함께 나온다.

: WRITER'S PICK :

어떻게 주문하면 좋을까?

피시 헤드 커리는 가장 작은 사이즈를 시켜도 3~4명이 충분히 먹을 수 있을 만큼 양이 넉넉하다. 따라서 피시 헤드 커리는 경험 차원에서 작은 사이즈로 주문하고, 우리 입맛에도 익숙한 탄두리 치킨과 볶음밥, 난 등을 골고루 주문할 것을 추천. 바나나 잎은 앞접시로 활용할 수 있다.

탄두리 치킨

직접 먹어보고 쓰는 피시 헤드 커리 현실 리뷰

❶ 수저로 생선 머리를 살포시 잘라 각자의 바나나 잎에 천천히 올려놓는다. 포크로 생선 머리를 고정하면 훨씬 더 쉽게 생선 살을 발라낼 수 있다. 너무 빨리 옮기다 보면 국물을 흘리기 쉽다.

❷ 생선 살과 국물을 밥 위에 올린 후 비비듯이 오른손으로 조물조물 섞는다. 이때 스푼 대신 손가락으로 섞는 것이 인도 전통 방식. 왼손 사용은 불결하게 여겨지니 꼭 오른손만 사용하자.

❸ 생선과 국물로 비빈 밥을 손가락으로 조금씩 떼어 먹는다.

❹ 같이 제공되는 파파둠(Papadum, 얇고 바삭한 빵)이나 난을 수저처럼 이용하여 밥을 떠먹어도 된다.

❺ 생선 눈알은 투명한 겉껍질을 벗겨내고 먹는다. 조금 꺼려져도 눈 건강에는 좋다고.

❻ 식사를 마치면 손을 씻는다.

피시 헤드 커리 입문자를 위한 추천 맛집

피시 헤드 커리의 대명사는 모름지기 리틀 인디아의 무투스 커리와 바나나 리프 아폴로. 피시 헤드 커리 외에도 탄두리 치킨 등 우리에게 친숙한 인도 요리도 맛볼 수 있다.

1 바나나 리프 아폴로
Banana Leaf Apolo

피시 헤드 커리를 비롯한 인도 남부 요리를 다양하게 맛볼 수 있다. 식당 이름에도 나와 있듯이 바나나 잎 위에 음식을 내는 인도 전통 방식을 고수한다. 리틀인디아역 근처에 매장이 있다. 326p

WEB thebananaleafapolo.com

2 무투스 커리
Muthu's Curry

모던한 인테리어와 쾌적한 분위기가 돋보이는 캐주얼 레스토랑. 치킨, 케밥, 씨푸드, 볶음밥 등 메뉴 선택의 폭이 넓다. 2019년 미슐랭 가이드 빕 구르망에 올랐다. 327p

WEB muthuscurry.com

LAKSA

락사
불끈불끈 힘이 솟는 쌀국수

락사는 말레이시아와 싱가포르 등 동남아시아에서 즐겨 먹는 대중적인 쌀국수 요리다. 고추, 양파와 비슷한 샬롯 등을 곱게 갈아 볶은 향신료에 생선이나 닭고기로 우린 육수를 붓고 고기나 해물을 넣어 매콤하게 끓인다. 15세기 이후 말레이시아나 싱가포르로 이주해온 중국인들이 만든 중국식 국수에 동남아시아의 음식문화가 더해져 탄생했다.

새콤한 맛 vs 고소한 맛, 내 입맛은 어느 쪽?

락사는 지역별로 다양한 종류가 있으나, 크게 2가지로 나뉜다. 말레이시아 북부 지방에서는 주로 기름기 많은 생선으로 우린 육수에 타마린드(아프리카에서 유래한 콩의 일종)즙을 사용해 새콤한 맛을 낸 아쌈 락사(Assam Laksa)가 퍼진 한편, 말레이시아 남부와 싱가포르에서는 닭 육수에 코코넛 밀크를 넣어 고소하고 부드러운 풍미를 느낄 수 있는 락사 르막(Laksa Lemak)이 발달했다. 싱가포르의 락사 르막에는 새우, 달걀, 오이, 콩나물, 두부 등의 고명이 올라가며, 고추, 샬롯, 강황 등으로 만든 칠리 페이스트의 매콤함이 조화를 이룬다.

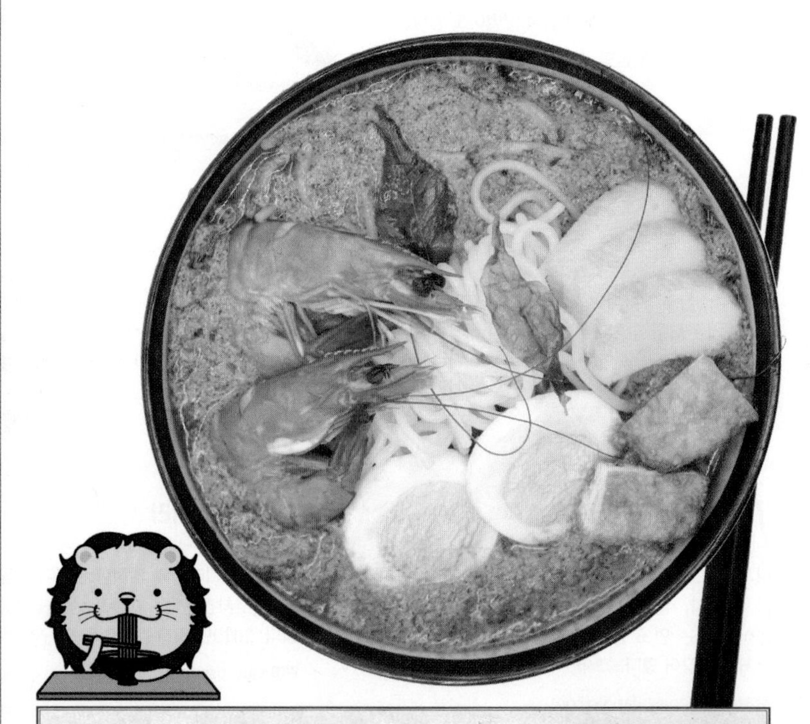

: WRITER'S PICK :

락사가 그리워지기 전에 넣어둬~ 넣어둬~

싱가포르 슈퍼마켓에서는 락사 라면을 1봉지당 S$3 정도에 살 수 있다(한국에서는 1봉지에 5천 원선). 새우와 어묵을 같이 넣고 끓인 다음 숙주나물을 얹으면 싱가포르에서 먹던 락사의 맛과 얼추 비슷해진다. 2020년 뉴욕 타임스가 선정한 '세계에서 가장 맛있는 라면' 순위에서 우리나라의 신라면 블랙에 이어 2위를 차지했다.

내 입맛에 맞는 락사 즐기기

락사의 풍미를 훨씬 올려줄, 소스와 사이드 메뉴 꿀조합 패키지!

1 소스

같이 제공되는 매콤한 삼발 소스(고추와 소금, 설탕 등을 넣어 만든 동남아식 매운 소스)를 국물에 넣으면 더욱 감칠맛이 난다.

2 사이드 메뉴

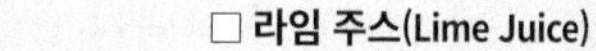

□ **나시 르막(Nasi Lemak)**
코코넛 밀크에 판단 잎과 같은 향신료를 넣고 지은 밥에 튀긴 멸치와 오이, 달걀 등을 곁들인 말레이시아 전통 가정식이다.

□ **오타(Otah)**
생선 살을 매콤한 삼발 소스 등으로 양념한 다음 바나나 잎으로 싸서 구운 어묵의 일종. 매콤한 맛이 느끼함을 확 잡아준다.

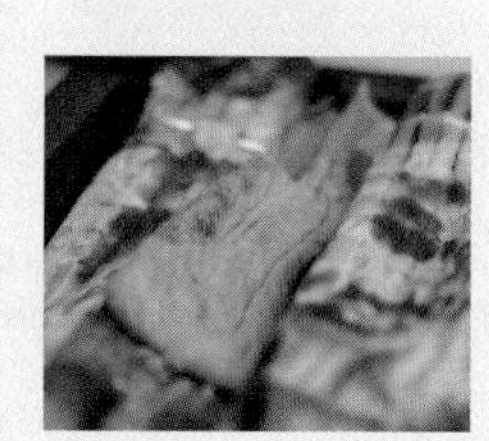

□ **라임 주스(Lime Juice)**
라임즙을 희석한 주스. 요리에도 많이 쓰이지만, 락사나 치킨 라이스 등 로컬 음식에도 찰떡이다.

싱가포르 락사의 지존을 찾아서

싱가포르 락사의 원조는 '328 카통 락사'다. 코코넛 밀크가 든 부드러운 국물이 깊고 풍부한 맛을 낸다. 면의 길이가 짧아 수저로 떠먹으며, 조개가 들어가 시원하면서 짭조름하고, 칠리의 매콤함도 느껴진다. 입맛에 맞지 않다는 사람이 있는가 하면, 인생 최애 음식이라는 사람도 있는 등 호불호가 갈린다. 382p

WEB 328katonglaksa.sg

DIMSUM

딤섬 点心

접시 위에 그린 그림

싱가포르 음식 리스트에서 딤섬이 빠지면 곤란하다. 인구의 75%가 딤섬의 고향 중국에서 온 이민자들의 후손인 만큼, 싱가포르의 딤섬은 중국 본토 못지않은 뛰어난 맛을 자랑한다. 딤섬은 '마음의 점'을 찍듯 아침과 저녁 사이에 간단히 먹는 음식이라는 뜻. '점심'이라는 한자도 여기서 비롯됐다.

꼭 먹어야 할 기본 딤섬

혹시 딤섬 하면 아직도 만두만 떠오르는지? 알고 보면 딤섬의 종류는 재료와 조리법에 따라 무려 3천 가지가 넘는다. 사전 조사 없이 싱가포르의 딤섬 레스토랑에 가서 메뉴판을 펼쳤다가는 엄청난 가짓수에 놀라기 마련이다. 지금부터 딱 아래 세 글자만 기억하자. 영어 표기는 레스토랑에 따라 다소 다를 수 있다.

1 바오 Bao

감싼다는 의미. 다양한 재료의 속을 넣어 반죽으로 감싸 빚은 만두 종류로, 만두피가 도톰한 것이 특징이다.

샤오롱바오 Xiao Long Bao 小籠包 **Steamed Soup Dumpling**

만두 속에 뜨거운 육수가 든 상하이식 딤섬. 딤섬을 스푼 위에 올려놓고 젓가락으로 만두피를 찢은 다음, 육수부터 식혀가며 마셔야 혀를 데이지 않는다. 돼지고기 대신 게살을 넣은 셰펀샤오롱바오(蟹粉小籠包, Xie Fen Xiao Long Bao)도 별미다.

차슈바오 Char Siu Bao 叉燒包 **Barbecued Pork Bun**

도톰한 밀가루 반죽 안에 차슈(叉燒, 양념 돼지고기 바비큐)를 넣어 찐 것. 달콤 짭잘한 차슈는 맛도 좋고 포만감도 있다. 반죽 사이로 조금씩 보이는 차슈가 식욕을 돋운다.

류샤바오 Liu Sha Bao 流沙包 **Salted Egg Yolk Custard Bun**

커스터드 크림이 든 딤섬. 부드럽고 달콤한 디저트용 딤섬으로, 아이들이 좋아한다. 뜨거워서 혀가 데일 수 있으니 조심!

賣 **2 마이** Mai

윗부분이 트여서 속에 든 주재료가 훤히 보이는 딤섬. 만두피의 색깔도 다양하고 모양도 예쁘다.

샤오마이 Siu Mai 燒賣
Pork and Shrimp Dumpling

다진 돼지고기와 새우, 표고버섯, 파 등을 넣고 빚은 다음, 윗부분을 꽃잎처럼 접은 후 고기나 새우를 올려 토핑한다. 새우만 넣은 샤오마이도 인기다.

餃 **3 가우** Gaw

속을 피로 감싼 것은 바오와 같지만, 밀가루 대신 전분을 사용한다. 속이 비칠 정도로 피가 얇다.

하가우 Har Gaw 蝦餃
Shrimp Dumpling

통새우가 든 딤섬. 고소한 새우살과 쫀득한 만두피가 잘 어울린다.

고우초이가우 Gow Choi Gaw 韭菜餃
Chinese Chive Dumpling

부추와 새우로 속을 채운 후 쫀득하고 얇은 피로 감싼 딤섬. 입안 가득 퍼지는 부추 향이 향기롭다.

4 이런 딤섬도 드셔보세요!

창펀 Cheong Fun 肠粉
Steamed Rice Roll

쌀가루로 만든 얇고 투명한 피에 새우, 소고기, 돼지고기, 관자 등 여러 재료를 넣고 돌돌 말아 쪄낸다. 짭조름한 간장 소스에 찍어 먹으면 더욱 맛있다.

춘권 Chun Guen 春卷
Spring Roll

달걀을 넣고 반죽한 전병에 채소와 돼지고기, 새우 등을 넣어 빚은 후 바삭하게 튀겼다.

동남아시아 딤섬계의 프랜차이즈 3인방

1 딘타이펑 Din Tai Fung 鼎泰豐

대만에서 시작된 딤섬 전문점. '크고 풍요로운 솥'이라는 뜻의 이름은 창업주가 중국에서 처음 대만으로 넘어와 일했던 식용유 가게의 이름에서 따온 것이다. 상하이식 딤섬인 샤오룽바오를 대중화한 곳으로 유명하다. 샤오룽바오와 볶음밥은 환상의 궁합을 자랑한다.

STORE 더 숍스 앳 마리나 베이 샌즈(마리나 베이 210p), 래플스 시티 쇼핑센터(올드 시티 263p), 선텍 시티 몰(올드 시티 269p), 파라곤 쇼핑센터(Paragon Shopping Centre, 오차드 로드), 센터포인트(The CentrePoint, 오차드 로드), 위즈마 아트리아(Wisma Atria, 오차드 로드), 시티 스퀘어 몰(리틀 인디아 324p), 파크웨이 퍼레이드(385p)

WEB dintaifung.com.sg

2 팀호완 Tim Ho Wan 添好運

세계에서 가장 저렴한 미슐랭 스타 레스토랑으로 유명한 홍콩의 딤섬 전문점이다. 시그니처 메뉴는 양념한 돼지고기를 넣은 차슈바오. 새우 딤섬인 하가우와 돼지고기와 새우를 넣은 샤오마이도 인기 메뉴다.

STORE 더 숍스 앳 마리나 베이 샌즈(마리나 베이 210p), 플라자 싱가푸라(Plaza Singapura, 오차드 로드, 288p)

WEB restaurant.timhowan.com

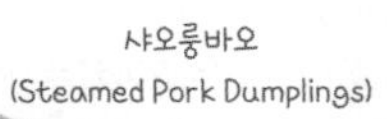

샤오룽바오 (Steamed Pork Dumplings)

샤오마이 (Steamed Shrimp & Pork Shao-mai)

하가우 (Shrimp Dumplings)

차슈바오 (Baked BBQ Pork Buns)

새우 달걀 볶음밥 (Fried Rice with Shrimps and Eggs)

샤오마이 (Pork & Shrimp Dumplings)

3 파라다이스 다이너스티 Paradise Dynasty

2002년 싱가포르 외곽 주택가의 소박한 식당으로부터 시작된 외식 그룹. 13개의 브랜드를 전개하며 싱가포르에 50곳, 해외 60곳 이상의 레스토랑을 보유한 그룹으로 성장했다. 그중 파라다이스 다이너스티는 이국적인 향이 강하지 않아 한국인의 입맛에도 거부감 없이 즐길 수 있는 딤섬을 비롯한 다양한 중국 요리를 제공하는 브랜드다. 꼭 먹어봐야 할 메뉴는 8가지 색과 맛의 샤오롱바오다.

STORE 푸난 몰(올드 시티 257p), 비보시티(센토사 & 하버프론트 409p), 위즈마 아트리아(오차드 로드), 창이공항 터미널3
WEB paradisegp.com/brand-paradise-dynasty

8색 샤오롱바오 (Specialty Dynasty Xiao Long Bao)

폭찹 볶음밥 (Fried Rice with Crispy Pork Chop)

탄탄면 (La Mian with 'Dan Dan' Sauce)

새우 & 돼지고기 만두 (Prawn and Pork Dumpling in Hot Chilli Vinaigrette)

: WRITER'S PICK :

딤섬에도 먹는 방법이 있다고?

메뉴판을 꽉 채운 온갖 딤섬에 당황하기 전, 몇 가지 요령을 터득하고 가자.

❶ 차 주문
기름진 딤섬은 따뜻한 차와 곁들여 먹는 게 정석. 자리에 앉으면 취향에 맞는 차부터 주문하자. 딤섬과 잘 어울리는 차는 홍차(红茶, Hung Cha), 국화차(菊花茶, Guk Fa Cha), 자스민차(茉莉花茶, Jasmine Cha), 우롱차(乌龙茶, Oolong Cha) 등이다.

❷ 딤섬 주문
종류별로 하나씩 시켜서 맛본 다음 입맛에 맞는 것을 추가로 주문하자. 딤섬이 담긴 카트를 끌고 다니며 주문받는 전통 식당도 있지만, 대부분의 식당은 테이블에 놓인 주문서의 메뉴 이름 옆에 원하는 양을 숫자로 적어서 직원에게 건네는 방식이다. 주문서에 영어가 병기돼 있고, 메뉴판에도 음식 사진이 붙어 있어서 고르기 어렵지 않다.

❸ 메뉴 추가
딤섬만 먹는 게 아쉽다면 볶음밥과 면류를 추가한다. 공심채(Morning Glory)나 카일란(Kai Lan) 볶음 같은 채소 요리를 하나 정도 추가하면 느끼함을 덜 수 있다.

카일란 볶음

❹ 소스
만두 종류의 딤섬은 테이블에 마련된 생강채를 초간장에 살짝 찍어 곁들여 먹는다.

BAK KWA

박과 肉干

평범한 육포에 숯불 양념 끼얹기

싱가포르식 육포인 박과는 얇게 저민 정사각형 모양의 돼지고기에 달콤한 양념을 발라 절인 후 숯불에 지글지글 구워낸 간식이다. 우리나라의 딱딱한 육포와는 다르게 부드럽고 촉촉한 식감이어서 자꾸만 손이 간다. 박과는 중국 남동부의 복건성에서 명절에 먹고 남은 고기를 오랫동안 보관하기 위해 설탕과 향신료로 절인 후 구워 먹던 것에서 유래했다. 싱가포르에서는 대표적인 설 선물로 해마다 음력 설 무렵이면 박과 매장 앞에 긴 줄이 늘어서는데, 1인당 구매 한도까지 둘 정도로 인기가 높다.

빠져든다 빠져들어, 기본 박과 4

슬라이스 포크 Sliced Pork

싱가포르 사람들이 가장 좋아하는 정통 박과. 돼지고기(주로 뒷다리)를 얇게 저며 그대로 굽기 때문에 씹는 맛이 살아 있다.

칠리 포크 박과 Chilli Pork Bak Kwa

칠리 소스를 발라 매콤한 맛을 강조한 박과. 매운맛을 좋아한다면 추천

민스 포크 Minced Pork

잘게 다진 돼지고기로 모양을 만들어 구운 것. 슬라이스에 비해 좀 더 도톰하고 지방 함량도 높지만, 부드러운 식감이 매력적이다.

골드 코인(황금 동전) Gold Coin Bak Kwa

작고 동그란 박과로, 한입에 쏙쏙 먹기 편하다. 주로 다진 고기를 사용한다.

이런 박과는 처음일걸?!

악어 박과 Crocodile Bak Kwa

글자 그대로 악어 고기로 만든 박과. 악어 고기는 예부터 저지방, 저콜레스테롤, 고단백 식품으로 널리 알려졌다.

프래그런스 085p

새우 박과 Prawn Bak Kwa

새우 특유의 고소함이 양념과 어우러져 특별한 맛을 낸다. 맥주와 찰떡궁합!

림치관 084p

생선 박과 Fish Bak Kwa

참치나 연어 등의 생선 살로 만들어 오메가3 지방산이 풍부하다. 돼지고기를 먹지 않는 무슬림들이 즐겨 찾는다.

림치관 084p

박과 선택 장애 극복 솔루션 5

맛도 모양도 브랜드도 모두 다른 박과.
어떤 걸 먹어야 할지 도무지 모르겠다면 아래 내용을 살펴보자.

1 어디에서 어떤 걸 살까?

박과는 싱가포르 어디에서나 살 수 있지만, 한 장소에 박과 브랜드가 총출동한 곳은 역시 차이나타운이다. 이왕 여행을 왔으니 우리나라에는 잘 알려지지 않은 로컬 브랜드를 추천. 특히 림치관은 현지 매스컴에서 실시한 블라인드 테스트에서 국민 육포 비첸향보다 우위를 차지할 때가 많다.

2 실패 없는 박과 고르기

다양한 맛이 있지만, 가장 클래식한 박과는 역시 슬라이스 포크다. 매콤한 맛을 좋아한다면 칠리 포크.

3 새로운 박과에 도전하기

시식용으로 나온 여러 가지 박과를 맛보며 내 입맛을 찾아보자. 시식용 박과가 보이지 않는다면 직원에게 요청하면 된다. "Can I taste this?"

4 얼마나 사야 할까?

박과는 조금씩 다양하게 맛보는 즐거움이 있다. 100~200g만 구매한 후 맛있으면 다음 날 또 구매하는 것이 요령. 진열대에는 300g/500g/1kg 단위로 가격을 표시하고 있지만, 대부분 100g 단위로도 구매할 수 있다. 참고로 육포는 국내 반입 금지 품목이므로 싱가포르에서 먹을 수 있을 만큼만 사야 한다는 점을 잊지 말자.

5 언제까지 먹을 수 있을까?

상온에서 3일까지 두고 먹을 수 있다.

: WRITER'S PICK :

박과는 국내 반입 금지 품목!

박과를 비롯한 육포류는 귀국 시 반입 금지 품목이다. 엄밀히 따지면 '검역 대상 물품'으로 검역을 통과하면 반입할 수 있긴 하지만, 비즈니스 목적이 아닌 개별 여행에서 육포 때문에 검역 절차를 거친다는 건 현실적으로 어렵다. 창이공항 면세점에도 박과 매장이 있는 탓에 자칫 기념품으로 구매한 후 반입 금지를 당하는 경우가 종종 발생하니 주의하자. 진공 포장을 했더라도 마찬가지다.

싱가포르's 브랜드별

박과 사전

싱가포르 전역에는 대형 체인점부터 소규모 지역 매장까지 다양한 박과 매장이 있다. 박과에 쓰이는 양념은 소금, 후추, 설탕, 꿀, 간장, 청주, 피시 소스 등인데, 업체마다 양념의 종류와 비율이 달라서 맛도 조금씩 다르다.
가격도 국내보다 훨씬 저렴하고, 비첸향을 제외한 다른 박과 브랜드들은 우리나라에서 만나기도 어렵다.
돼지고기로 만든 기본 박과는 500g에 S$31 정도로 브랜드별 가격 차이는 거의 없다.

1 림치관 Lim Chee Guan 林志源

1938년에 문을 연 싱가포르의 오래된 박과 브랜드 중 하나. 소규모 가족 경영 방식을 고집하기 때문에 매장은 단 4곳뿐이지만, 그만큼 고유의 맛을 철저히 유지한다. 매년 음력 설 시즌이면 가장 많이 줄을 서는 박과 브랜드로, 적당히 달콤한 맛과 숯불 향, 부드러운 식감이 특징이다. 돼지고기 외에 치킨, 새우, 피시 등 다양한 종류가 있다. MRT 차이나타운역 A출구로 나와 뒤로 돌면 오른쪽에 본점이 있다.

MENU 슬라이스 포크, BBQ 비프, BBQ 칠리 포크, 미니 BBQ 포크, 골드 코인 포크, BBQ 치킨, BBQ 새우, BBQ 피시
STORE 차이나타운 본점(203 New Bridge Rd), 피플스 파크 콤플렉스(People's Park Complex, 차이나타운), 아이온 오차드(오차드 로드), 주얼 창이 에어포트
WEB limcheeguan.sg

2 비첸향 Bee Cheng Hiang 美珍香

1933년에 창업한 싱가포르 박과의 대표주자. 공격적인 마케팅과 매장 확대 전략으로 싱가포르 내 50여 개의 매장을 비롯하여 중국, 일본, 홍콩 및 동남아시아 각국에 지점을 둔 글로벌 브랜드다. 우리나라에서도 쉽게 구매할 수 있지만, 현지 가격이 더 저렴하다. 쫄깃한 식감이 매력으로, 육류 연화제, 방부제, 인공 향료, 착색료 및 MSG를 첨가하지 않고 100% 천연재료를 사용해서 만든다.

MENU 슬라이스 포크, 골든 코인 포크, 슬라이스 치킨, 민스 포크, 칠리 포크, 슬라이스 비프
STORE 차이나타운 뉴 브리지 로드(189 New Bridge Rd), 차이나타운 파고다 스트리트(69/71 Pagoda St.), 래플스 시티 쇼핑센터(올드 시티), 파라곤 쇼핑센터(Paragon Shopping Centre, 오차드 로드), 부기스 빌리지(239 Victoria St.), 라벤더역(70 Jellicoe Rd, 부기스 & 아랍스트리트), 주얼 창이 에어포트
WEB beechenghiang.com.sg

차이나타운 본점

차이나타운 매장

3 김주관 Kim Joo Guan 金裕源

1977년에 시작하여 다른 브랜드보다 역사는 짧지만, 전통 박과의 담백한 맛을 최대한 살린 박과로 승부한다. 방목해서 키운 호주산 냉장 돼지고기로 순하게 양념하는데, 씹을 때마다 고유의 숯불 향이 느껴진다. 림치관과 마찬가지로 가족 경영 기업으로, 매장은 2곳뿐이다.

MENU 슬라이스 포크, 칠리 포크, 골드 코인
STORE 차이나타운 사우스 브리지 로드(257 South Bridge Rd), 로열 스퀘어(103 Irrawaddy Rd, 노비나)
WEB kimjooguan.com

4 김혹관 Kim Hock Guan 金福源

1905년에 형제끼리 합심해 문을 연, 싱가포르에서 가장 오래된 박과 브랜드. 전통 방식을 고수하기 위해 다진 고기 대신 돼지고기 뒷다리만 사용해서 만든다는 점에 남다른 자부심을 품고 있다. 고기의 질감이 풍부하고 숯불 향이 살아 있다. 인공 방부제, 착색료 및 향료는 사용하지 않고, 양념도 자극적이지 않은 편.

MENU BBQ 슬라이스 포크, 스파이시 슬라이스 포크
STORE 부기스 & 아랍 스트리트 벤쿨렌 스트리트(180 Bencoolen St.)
WEB kimhockguan.com.sg

5 프래그런스 Fragrance 香味

1969년에 오픈, 현재 싱가포르 전역에 40여 개의 매장이 있다. 모던한 매장 인테리어와 세련된 패키지 디자인이 돋보이는 곳. 달콤하고 부드러운 돼지고기 박과뿐 아니라 악어, 칠면조, 닭고기, 소고기 등을 사용한 다양한 박과를 갖추고 있는 것도 장점이다. 박과 외에 스낵도 판매한다.

MENU 시그니처 슬라이스 텐더, 칠리, 골드 코인, 치킨, 비프
STORE 차이나타운 뉴 브리지 로드(205 & 207 New Bridge Rd/233 New Bridge Rd), 플라자 싱가푸라(Plaza Singapura, 오차드 로드), 비보시티(하버프론트), 시티 스퀘어몰(리틀 인디아)
WEB fragrance.com.sg

차이나타운 매장

부기스 매장

창이공항 매장

로컬 푸드

'갓성비', 길거리 음식을 찾아라

이렇게 맛있는데 가격까지 착하다니. 싱가포리언들이 아침부터 저녁까지 즐겨 먹는 로컬 푸드, 칭찬해~

면 요리

1 호키엔미 Hokkien Mee 福建麵

싱가포르식 볶음 국수. 중국 남부 복건 지방의 호키엔에서 먹던 국수(Mee)라는 뜻으로, 말레이시아를 통해 싱가포르에 전해진 후 현지화됐다. 해산물 육수를 베이스로 달걀을 섞은 면과 돼지고기, 새우, 오징어, 숙주 등을 함께 볶아 만든다. 고소하고 풍부한 맛의 온갖 산해진미가 이 한 그릇에!

2 차퀘티아오 Char Kway Teow 炒粿條

커다란 웍에 들들 볶아 불맛을 제대로 살린 볶음면. 넓적한 쌀국수를 간장 소스로 볶은 후 숙주나물을 비롯한 다양한 채소와 새우 등 해산물을 넣고 달걀을 추가하여 마무리한다. 태국의 볶음면인 팟타이와 비슷하지만, 그만큼 달지는 않다.

3 피시볼 누들 Fishball Noodle

싱가포르식 어묵 국수. 부드러운 식감의 동그란 어묵에 다진 고기와 생선껍질, 유부, 완탕, 버섯 등 여러 재료를 넣어 만든다. 국물이 있는 국수(Fishball Noodle Soup)는 시원하고 담백한 맛, 국물이 없는 볶음면(Fishball Noodle Dry)은 칠리나 삼발 소스 등을 넣어 매콤한 편이다. 이 밖에도 미트볼을 같이 넣은 버전도 있는가 하면, 면 없이 피시볼 수프 형태로 팔기도 하는 등 종류는 여러 가지다.

4 완탕면 Wanton Noodle 雲吞麵

완탕 좋아! 면 좋아! 완탕의 부드러움과 면의 꼬들꼬들함이 만나 입안을 즐겁게 하는 면 요리. 고기나 해산물을 우려낸 담백한 육수에 조그맣게 빚은 완탕과 각종 재료를 면과 함께 삶아낸다. 튀긴 완탕을 면과 함께 볶아 완탕 국물과 함께 먹는 것, 칠리 소스를 넣어 맵게 만든 것 등 다양한 버전이 있다.

사이드 디시

1 로작 Rojak

새콤달콤 아삭한 동남아식 샐러드 요리. 말레이어로 '다양하게 잘 섞인'이라는 의미로, 한꺼번에 여러 맛을 즐길 수 있다. 레시피는 그야말로 주방장 마음이다. 새우, 오이, 숙주, 파인애플 등의 재료에 칠리 소스와 땅콩 가루를 넣기도 하고, 칠리 대신 새우 페이스트와 간장 소스를 사용하기도 한다.

2 포피아 Popiah 薄餅

온갖 재료를 돌돌 말아 한입에 즐기는 스프링 롤. 얇게 부친 밀가루 전병에 소스를 바른 다음 살짝 볶은 순무와 숙주, 당근, 상추, 달걀, 튀긴 두부, 땅콩 가루 등을 넣고 김밥처럼 만 것이다. 이 역시 식당에 따라 돼지고기나 새우, 게살 등을 넣기도 한다. 양이 적은 편이니 애피타이저로 추천.

아침 식사

1 나시 르막 Nasi lemak

밥과 반찬이 커다란 접시에 함께 나오는 간편식. 코코넛 밀크와 판단 잎, 생강, 레몬 등을 섞어 지은 흰 쌀밥에 튀긴 멸치, 얇게 썬 오이, 볶은 땅콩, 삶은 달걀 그리고 매콤한 삼발 소스 등을 곁들여 먹는다. 생선구이나 튀긴 닭고기를 넣기도 하는 등 파는 곳마다 재료는 조금씩 다르다. 접시 대신 바나나 잎에 올려 주는 곳도 있다.

2 포리지 Porridge 粥

곡물과 귀리, 오트밀 등을 잘게 빻은 뒤 물과 우유를 넣어 끓인 영국식 죽. 치킨이나 생선 살 등 토핑을 얹기도 하며, 아침 식사로 애용된다. 호커센터에서는 포리지로 아침을 해결하는 싱가포리언을 많이 볼 수 있다.

AFTERNOON TEA & HIGH TEA

영국이야? 싱가포르야?

애프터눈 티 & 하이 티

식민지 시절, 영국의 영향을 받은 싱가포르에는 오후에 즐기는 차 문화인 애프터눈 티와 하이 티가 있다. 여러 종류의 커피나 차와 함께 샌드위치나 고기류 등 메인 메뉴도 푸짐하게 곁들여지므로 늦은 아침이나 이른 저녁에 식사로도 좋다.

About 애프터눈 티

1840년대 영국에서 시작된 고급 차 문화다. 당시 영국인들은 아침과 저녁에만 식사하는 게 관례여서 오후가 되면 자연스레 배가 고파졌다. 이에 영국 베드포드의 공작 안나 러셀은 하녀에게 빵과 버터, 차를 쟁반에 담아 가져오도록 하여 귀부인들과 함께 즐기며 오후를 보냈는데, 이것이 귀족들 사이에 퍼지면서 하나의 문화로 발달했다.

About 하이 티

19세기 산업혁명 이후 하루 일을 마친 영국의 노동자들이 늦은 저녁 식사까지 기다리기 어려워 오후 6시경 이른 저녁 식사와 차를 같이 먹던 것에서 비롯됐다. 식사 개념이므로 고기와 샌드위치, 빵 등 끼니를 해결할 수 있는 음식이 포함된다. 식사용 테이블이 애프터눈 티 테이블보다 높다 보니 하이 티(High Tea)라는 이름이 붙었다.

무엇이 같을까?

보통 3단 트레이에 담겨 나온다. 2단에는 스콘, 샌드위치와 잼, 마지막 3단에는 디저트류가 올라간다. 먹을 때는 맨 밑의 1단부터 차례대로 위로 올라가는 게 순서. 고급 차 문화로 취급되기 때문에 반바지나 민소매, 슬리퍼 등의 옷차림은 입장이 제한될 수 있으니 피해야 하며, 인기 있는 곳은 예약하고 가는 게 좋다.

무엇이 다를까?

1단이 확연히 다르다. 애프터눈 티는 달콤한 간식 위주, 하이 티는 고기류의 식사 메뉴가 포함된다는 차이가 있지만, 굳이 구분하지 않고 혼용한다. 싱가포르에서는 하이 티 형식이 강조돼 면 요리나 딤섬, 치킨 등 메뉴를 다양화하여 뷔페식으로 제공되는 경우가 많다.

오후의 맛, 애프터눈 티 추천 스폿 4

1 코트야드 The Courtyard

멀라이언 파크 옆, 고풍스러운 분위기의 호텔에서 즐기는 정통 영국식 애프터눈 티. 메뉴가 푸짐해서 식사 대용으로 좋다. 목~일요일에는 하프 연주를 라이브로 감상하며 즐길 수 있다. TWG 티 또는 바샤 커피가 제공된다.

♥ 자연 채광이 비추는 아늑한 분위기, 친절한 서비스, 한국인 직원, 채식 메뉴·글루텐 프리 등 다양한 옵션

➡ 풀러튼 호텔 224p

TEA TIME 14:30~17:30(금·토·일·공휴일 12:00~14:30, 15:30~18:00)
PRICE 1인 S$68, 어린이(6~11세) S$34/서비스 차지와 세금 별도
WEB fullertonhotels.com/fullerton-hotel-singapore/

2 랜딩 포인트 The Landing Point

풀러튼 베이 호텔 1층의 바 & 레스토랑. 마리나 베이의 탁 트인 전경이 시원하게 펼쳐지며, 매일 피아노 연주를 들을 수 있다. TWG 티 또는 바샤 커피가 제공된다.

♥ 아름다운 전망과 품격 있는 서비스, 풍성한 메뉴, 글루텐 프리·유제품 제외·채식 메뉴 등 다양한 옵션, 단품과 음료만 주문 가능

➡ 풀러튼 베이 호텔 222p

TEA TIME 12:00~14:30, 15:30~18:00
PRICE 1인 S$68, 어린이(6~11세) S$34/서비스 차지와 세금 별도
WEB fullertonhotels.com/fullerton-bay-hotel-singapore/

3 아틀라스 ATLAS

입구에서부터 유럽풍의 웅장한 아르데코 양식 인테리어로 분위기를 압도하는 곳. 칵테일로 유명하지만, 애프터눈 티 세트도 추천할 만하다. 전문가가 엄선한 차, 샴페인과 함께 직접 만든 맛있고 달콤한 디저트류를 제공한다. 24시간 전 예약 필수.

♥ 고풍스럽고 웅장한 분위기에서 즐기는 애프터눈 티

➡ 파크뷰 스퀘어 1F 311p

TEA TIME 월~토 15:00, 15:30, 16:00
PRICE 1인 S$68/서비스 차지와 세금 별도
WEB atlasbar.sg

4 TWG 티 살롱앤부티크 TWG Tea Salon & Boutique

2007년 싱가포르에서 탄생한 티 브랜드 TWG에서 운영하는 찻집. 마니아들이 가장 사랑하는 지점은 우아한 디자인의 글라스 티폿을 최초로 사용한 타카시마야점이다.

♥ 1000여 가지의 고급 티 콜렉션, 캐주얼한 분위기, 높은 가성비, 취향 따라 동선 따라 지점 선택 가능, 조식 가능

➡ 타카시마야 백화점 282p, 아이온 오차드 278p,
더 숍스 앳 마리나 베이 샌즈 199p 등

TEA TIME 14:00~18:00
PRICE 1인 S$25~/서비스 차지와 세금 별도
WEB twgtea.com

SPECIAL PAGE

도와줘요!

싱가포르 식당 이용 Q&A

싱가포르의 식당 문화는 우리와 무엇이 다를까?
알고 가면 은근히 유용한 싱가포르 식당 이용법.

Q1 메뉴판에 적힌 금액보다 많은 금액이 청구됐어요!

소규모 식당이나 호커센터는 메뉴에 표시된 가격만 청구하지만, 그 밖의 식당에서는 대개 메뉴에 표시된 가격에서 10%의 봉사료(Service Charge)와 9%의 부가가치세(Goods and Services Tax, GST)가 추가돼 청구된다. 즉, 음식 가격에 10%의 봉사료를 합한 금액에 9%의 GST를 추가하여 청구되는 것이다. 식당 메뉴판에는 이 같은 사항을 표시하기 위하여 가격 옆에 2가지가 추가된다는 뜻으로 '++'와 같이 표시하며, 이런 표시가 없더라도 메뉴판 하단에 작은 글자로 'All prices are subject to Service Charge & GST'와 같은 문구를 기재해 놓는다. 싱가포르의 GST 비율이 2023년 1월 1일부터 기존 7%에서 8%로 인상됐고, 2024년 1월 1일부터는 다시 9%로 인상됐으므로 생각보다 많이 나온 가격에 놀라지 말자.

Q2 'Please Queue Here!' 라고 써 있는 곳에서 기다리라는 데 무슨 뜻인가요?

Queue는 '줄을 서서 기다린다'는 뜻으로, 'Queue'의 발음이 그냥 '큐'이므로 줄여서 Q라고도 쓴다. 식당뿐 아니라 관광지나 쇼핑몰 등 줄을 서야 하는 곳에서 쉽게 보고 들을 수 있다.

Q3 팁을 줘야 하나요?

싱가포르에는 팁 문화가 없다. 대부분의 식당에서는 위에 언급한 것과 같이 10%의 봉사료가 이미 포함돼 있으며, 봉사료를 받지 않는 식당의 경우에도 별도로 팁을 지불할 필요는 없다. 다만, 직원의 서비스가 훌륭해 꼭 팁을 주고 싶다면 줘도 괜찮다.

Q4 식당 직원이 영어를 못 알아들어요!

대부분 식당에서 영어로 주문할 수 있지만, 현지인이 주로 가는 작은 식당이나 호커센터에서는 가끔 영어가 통하지 않거나 억양이 낯설어 소통이 어려울 수 있다. 이럴 때는 음식 이름을 말하기보다는, 메뉴판에 있는 음식 번호를 말하거나 손으로 가리키자. 참고로 우리나라에서는 주문한 메뉴를 직접 받으러 가는 것을 '픽업(Pick-up)'이라고 부르지만, 싱가포르에서는 '콜렉션(Collection)'이라고 한다.

Q5 테이블 위에 놓인 물티슈, 써도 되나요?

싱가포르 식당에서는 테이블에 놓여있는 물티슈나 땅콩 같은 스낵이 모두 유료다. 필요 없다면 치워 달라고 요청하고 계산서에도 빠졌는지 확인하자. 직원이 따라 주는 차도 무심코 마시면 값을 치러야 하므로 필요 없다면 정중히 거절한다. 물(Mineral Water)도 유료이므로 생수를 갖고 다니는 게 경제적이다.

Q6 다 먹고 난 그릇은 스스로 치워야 하나요?

예전에는 일반 식당뿐 아니라 패스트푸드점이나 카페, 푸드코트 등에서도 음식을 다 먹고 난 뒤 스스로 치우지 않아도 됐다. 빈 그릇을 치우는 일은 주로 노령의 직원들이 담당했으며, 이런 방식에 익숙지 않은 우리나라 여행자가 스스로 치우려고 하다가 도리어 남의 일자리를 뺏는다고 한 소리를 듣는 경우도 있었다. 하지만 이제는 호커센터나 푸드코트를 비롯해 맥도날드나 스타벅스 같은 패스트푸드점과 카페에서도 우리나라처럼 손님이 스스로 퇴식구에 반납하는 방식으로 바뀌었다. 예전의 싱가포르를 생각하고 먹은 음식을 치우지 않았다가는 벌금을 물을 수도 있으니 유의할 것. 물론 직원이 서빙해 주는 레스토랑 등은 예외다.

싱가포르 음료 탐구일기

KOPI

커피
마실수록 매력적인 한잔

스페셜한 싱가포르식 '코피'부터 고급 원두를 사용한 프리미엄 커피까지, 구수한 향 가득한 싱가포르 커피 탐험에 나서볼까.

뜨거운 태양의 맛, 코피 Kopi

싱가포르에 왔다면 이곳만의 전통 커피인 '코피(Kopi)'를 마셔보자. 달콤하고 부드러우면서 특유의 독특한 향을 지녔다. 코피는 원두를 로스팅할 때 버터 또는 마가린과 설탕을 함께 넣는 게 특징. 잘 갈아진 원두에 뜨거운 물을 붓고 커피 삭(Coffee Sock)이라 불리는 천으로 걸러 커피를 추출한 다음, 마지막에 연유와 설탕을 섞어 마신다.
코피의 제조과정과 맛이 이처럼 특별한 이유는 로부스타 원두를 사용해서 만들기 때문이다. 커피에 가장 많이 사용되는 아라비카 원두는 재배환경이 까다로운 반면, 로부스타 원두는 동남아시아와 같은 더운 열대 기후에서도 잘 자란다. 다만, 아라비카 원두보다 쓴맛이 강하고 향도 떨어지는 편. 따라서 이런 취약점을 보완하기 위해 여러 가지 맛이 첨가되면서 오늘날의 싱가포르식 코피가 만들어졌다.
코피는 주로 호커센터나 푸드코트에서 판매하며, 가격은 커피전문점보다 훨씬 저렴한 S$1~2 정도에 불과하다. 테이크아웃하면 비닐 백에 커피를 넣어주는 것도 독특하다.

싱가포르식 카페, 코피티암Kopitiam

코피티암의 '코피(kopi)'는 커피를 일컫는 말레이어이고, '티암(tiam)'은 상점을 의미하는 호키엔 말이다. 즉, 코피티암은 '커피 가게'라는 뜻. 예부터 싱가포르를 비롯한 인근의 말레이시아, 인도네시아, 브루나이 등지에서 커피와 함께 토스트, 음료, 간단한 로컬 음식 등을 팔던 소규모 식당을 일컫는다. 싱가포르에는 총 2000여 개에 이르는 코피티암이 있다고 알려졌다. 동명의 푸드코트 체인점도 있다.

커피에 진심인 편

싱가포르 힙 카페

1 라테는 말이야, % 아라비카 % Arabica

2014년에 교토에서 시작돼 세계로 뻗어나간 퍼센트 아라비카. 우리나라 여행자들 사이에서는 일명 '응(%) 카페'로 불린다. 세련되고 미니멀한 인테리어가 돋보이며, 하와이의 직영 커피 농장에서 재배한 원두를 매장에서 직접 로스팅한다. 부드럽고 고소한 우유의 풍미를 잘 살린 라테 종류가 인기다. 카페라테보다 좀 더 진하고 달콤한 맛을 원한다면 바닥에 연유가 깔린 스페니시 라테를 추천. 단일 원두(Single Origin)와 여러 원두를 블렌딩(Blend)한 것 중 선택할 수 있다.

MENU 아이스 카페라테 S$8, 아이스 아메리카노 S$6.6, 아이스 스페니시 라테 S$9.
WEB arabica.coffee/en/

2 커피의 재해석 커피 아카데믹스 The Coffee Academics

홍콩의 유명 커피 브랜드로, 싱가포르에 4개의 매장을 운영 중이다. 흔하지 않은 이국적인 재료로 달콤하고 독특한 커피 맛을 낸다. 브런치, 파스타, 버거, 샌드위치 등 간단한 식사 메뉴도 다양하게 준비돼 있다.

MENU 시그니처 커피 S$6.9~
❶ 마누카(Manuka): 진한 라테에 뉴질랜드산 마누카 벌꿀을 넣었다. 바닥에 가라앉은 꿀을 잘 섞어 마신다.
❷ 오키나와(Okinawa): 오키나와산 사탕수수에서 추출한 브라운 슈가를 넣은 카푸치노. 아이스도 맛있다.
❸ 자바(Jawa): 인도네시아 자바섬산 설탕과 코코넛, 판단 잎 추출물을 넣은 라테 마키아토
❹ 페퍼 아가베(Pepper Agave): 멕시코의 용설란에서 추출한 아가베 시럽을 넣은 라테 위에 블랙 페퍼를 솔솔 뿌렸다. 알싸한 후추 향과 커피는 의외의 꿀조합!
WEB the-coffeeacademicssg.com

3 커피 맛으로 승부한다 커먼 맨 커피 로스터즈 Common Man Coffee Roasters(CMCR)

티옹 바루 베이커리(355p)에 최고 등급 아라비카 원두를 공급하는 CMCR이 직접 운영한다. 커피 외에 아침 식사나 런치 메뉴, 각종 디저트류도 평이 좋다. 클락 키 & 리버사이드의 마틴 로드(244p), 센토사 코브, 카통의 주 치앗 로드 등에 매장이 있다.

MENU 필터 커피 S$7.5(콜드 브루 S$8.5), 브렉퍼스트 S$18~30, 런치 S$26~32, 디저트 S$14~25
WEB commonmancoffeeroasters.com

내 스타일 코피 찾기

싱가포르 코피의 기본은 크게 연유를 넣은 것, 무가당 연유를 넣은 것, 연유를 넣지 않은 것 3가지로 나뉜다. 여기에서 무엇을 넣고 빼느냐에 따라 아래 3가지의 변형된 형태가 존재한다. 즉, 3가지의 기본 코피에 각각 3가지의 변형된 스타일이 추가되는 것이므로 총 12가지의 코피가 있단 이야기. 참고로 설탕을 뺀 블랙코피는 코피 오 꼬송, 설탕을 반만 넣은 코피는 코피 오 시우 따이다. 단맛을 원하면 설탕을 추가하면 된다.

당도

Kopi(코피)
코피+물+연유+설탕
우리 입맛에는
많이 단 편이다.

Kopi-C(코피 씨)
코피+물+무가당 연유+설탕
코피보다 덜 달다.

Kopi-O(코피 오)
코피+물+설탕
색이 검다.

꼬송 Kosong
설탕을 뺀 블랙코피

Kopi Kosong
(코피 꼬송)
코피+물+연유

Kopi-C Kosong
(코피 씨 꼬송)
코피+물+무가당 연유

Kopi-O Kosong
(코피 오 꼬송)
코피+물(블랙코피)

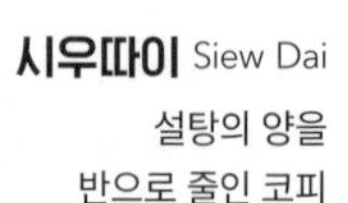

시우따이 Siew Dai
설탕의 양을
반으로 줄인 코피

Kopi Siew Dai
(코피 시우따이)
코피+물+연유+설탕1/2

Kopi-C Siew Dai
(코피 씨 시우따이)
코피+물+무가당 연유+
설탕1/2

Kopi-O Siew Dai
(코피 오 시우따이)
코피+물+설탕1/2

가오 Gau
코피 샷을 두 배로 늘린
진한 코피

Kopi Gau
(코피 가우)
코피 샷 추가+물+
연유+설탕

Kopi-C Gau
(코피 씨 가우)
코피 샷 추가+물+
무가당 연유+설탕

Kopi-O Gau
(코피 오 가우)
코피 샷 추가+물+설탕

코피 용어 총정리

1 씨 C

네슬레의 무가당 연유 브랜드, 카네이션(Carnation)의 명칭에서 따왔다. 무가당 연유는 걸쭉한 우유 농축액으로, 코피 크림에 많이 사용한다.

2 오 O

코피의 색이 검다는 점에서 한자인 '검을 오(烏)'의 발음에 해당하는 알파벳을 붙인 것이다.

3 꼬송 Kosong

말레이어로 '비어 있는' 또는 제로(0)를 뜻하는 말. 즉, 설탕을 넣지 않은 상태를 의미한다.

4 시우 따이 Siew Dai

적다는 뜻의 중국어 '少底'를 광둥어로 발음한 것이다. 'Xiu Dai'라고 표기하기도 한다.

5 가오 Gau

진하다는 뜻의 한자인 '두터울 후(厚)'를 호키엔 식으로 발음한 것이다. 'Gao'라 표기하기도 한다.

6 아이스 커피

아이스 커피로 주문하려면 코피의 명칭 뒤에 얼음을 뜻하는 Peng(삥, 氷)을 붙이면 된다. 즉, "코피 오 꼬송 삥(Kopi-O Kosong Peng)"이라고 하면 아이스 아메리카노와 비슷하다고 볼 수 있다.

: WRITER'S PICK :

글로벌 대세! 호주 커피

전 세계를 강타한 호주식 커피는 싱가포르 카페에서도 인기다. 아래는 대표적인 호주식 커피 메뉴다.

롱 블랙 Long Black 일반 아메리카노보다 에스프레소의 양은 더 많이, 물은 더 적게 넣어 만든다. 부드러운 커피 거품인 크레마가 풍부하다.

플랫 화이트 Flat White 에스프레소 원액에 스팀 밀크를 넣어 만든 뜨거운 커피. 카페라테보다 우유를 적게 넣기 때문에 향이 좀 더 진하다.

MUST-DRINK 2

MILK TEA

밀크티

말캉말캉 부드러움 주의보

싱가포르는 부드럽고 달짝지근한 밀크티의 천국이다. 뜨거운 홍차에 따뜻하게 데운 우유와 설탕을 넣어 마시는 정통 영국식 밀크티는 물론이고, 홍콩, 일본, 인도, 말레이시아 등에서 전해진 온갖 맛의 밀크티를 맛볼 수 있다.

싱가포르의 밀크티

1 버블티 Bubble Tea

홍차, 우롱차, 녹차 등 차와 우유를 섞은 밀크티에 쫀득한 타피오카 펄을 넣었다. 우리나라에도 진출한 공차뿐 아니라 리호 티, 코이 떼 등 여러 브랜드가 각축을 벌인다. 홍차 대신 커피나 열대음료에 펄을 넣기도 한다.

+MORE+

버블티 주문 3단계

버블티 최대 장점은 취향에 따라 다양한 맛을 고를 수 있다는 것! 주문 단계는 다음과 같다.

1. 차의 종류와 사이즈 선택
2. 펄과 젤리, 아이스크림 등 토핑 선택
3. 얼음의 양(Less, Regular, Full)과 당도(Sugar Level) 선택. 당도는 보통 0%, 25%, 50%, 70%, 100% 중 선택할 수 있으며, 25%나 50%가 무난하다.

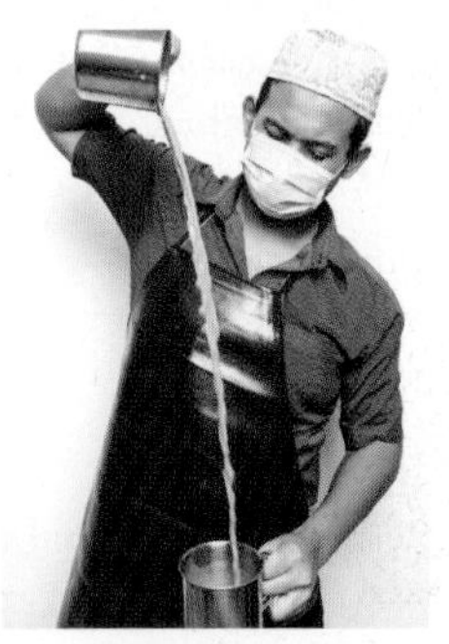

2 테타릭 Teh Tarik

말레이시아와 싱가포르에서 주로 마시는 밀크티. 테(Teh)는 차(Tea)를 의미하며, 타릭(Tarik)은 말레이어로 '잡아당기다'라는 뜻이다. 홍차와 연유를 잘 섞고 풍성한 거품을 내기 위해 위 사진처럼 티를 위에서 아래로 따르며 섞는 동작을 반복하여 만든 대서 이름 붙여졌다. 대부분의 코피티암이나 호커센터에서 판다.

3 원앙티 Yuanyang Tea

부부의 사랑을 상징하는 원앙새처럼, 커피와 밀크티를 같은 비율로 다정하게 섞어 만든 음료. 첫 맛은 커피의 느낌이 강하지만, 마실수록 밀크티의 쌉싸래한 맛이 느껴진다. 원래 홍콩에서 유명세를 떨쳤지만, 지금은 동남아 각국에 퍼졌다. 코피티암에서 마실 수 있고, 슈퍼마켓에서 커피믹스로도 판매한다.

4 기타

뜨거운 우유에 홍차를 넣고 끓인 일본식 밀크티인 로열 밀크티, 홍차에 마살라(인도의 향신료)를 넣고 끓인 인도식 밀크티인 마살라 차이도 싱가포리언이 자주 마시는 밀크티 중 하나다.

인기쟁이 밀크티 프랜차이즈

무려 60여 개나 되는 싱가포르의 밀크티 프랜차이즈. 이 중 가장 대중적인 곳, 최근 뜨고 있는 곳만 쏙쏙 뽑아봤다. 여행 도중 이들 매장이 눈에 띄면 한 번쯤 들어가 보길! S$3~5면 맛있는 밀크티 한잔을 즐길 수 있다.

코이 떼 KOI Thé

대만의 대중적인 버블티 브랜드. 우리나라에는 맛볼 수 없는 곳이니 주목!

- ♥ 누구에게나 호불호 없는 수준 높은 맛, 투명한 금색 펄과 쫄깃한 식감이 특징인 골든 우롱티가 인기, 많은 매장 수(60여 개)
- 💔 마키아토 종류에는 토핑 추가 안 됨

MENU 골든 우롱티 S$2.8/3.5, 밀크티 S$3.6~, 주스 S$3.6~

WEB koithe.com

차 ★★★☆☆ 우유 ★★★★☆ 펄 ★★★★☆

공차 Gong Cha 貢茶

중국 황실에 진상되던 차에서 이름을 딴 브랜드.

- ♥ 크리미한 우유 거품, 다양한 토핑(젤리, 펄, 알로에, 단팥, 밀크 폼 등)
- 💔 우리나라에서도 흔한 브랜드

MENU 밀크티 S$4.7~6.4, 밀크 폼 시리즈 S$5.1~5.3, 브라운 슈가 시리즈 S$5.3/6.1

WEB gong-cha-sg.com

차 ★★★☆☆ 우유 ★★☆☆☆ 펄 ★★☆☆☆

리호 티 LiHO Tea

싱가포르의 국민 버블티. 과거 싱가포르의 '공차'를 운영하던 로열 티 그룹이 2017년에 새롭게 만든 브랜드다.

- ♥ 중국산 프리미엄 우롱차로 만들어 강하고 풍미가 살아 있는 밀크티(다홍빠오 시리즈), 저렴한 가격, 많은 매장 수(90여 개), 우리나라에는 없는 브랜드
- 💔 차와 펄 등의 맛이 평범한 편

MENU 밀크티 S$4.2~

WEB royaltgroup.com/our-brands/liho

차 ★★☆☆☆ 우유 ★★☆☆☆ 펄 ★★☆☆☆

R&B 티 R&B Tea 巡茶

대만에서 온 밀크티 브랜드. 중국계 창업주 랙스(Rex)와 브루스(Bruce)의 이름 첫 글자를 따서 만들었다.

- ♥ 적절히 로스팅한 차의 풍부한 향, 부드러운 크림, 많이 달지 않음, 쫀득하고 따뜻한 식감의 펄, 우리나라에는 없는 브랜드
- 💔 매장수가 많지 않아서 찾기 어려움

MENU 브라운 슈가 보바 밀크 S$3.9/4.8, 로스트 우롱 티 위드 치즈 크림 S$3.8/4.5

WEB koufu.com.sg/our-brands/concept-stores/rb-tea

차 ★★★★☆ 우유 ★★★★☆ 펄 ★★★★☆

치차 산첸 Chicha San Chen 吃茶 三千

2019년 싱가포르에 첫 진출한 대만 밀크티 브랜드. 버블 밀크티를 비롯해 과일을 활용한 티 메뉴도 다양하다.

- ♥ 신선한 우유, 직접 재배하고 브루잉한 향긋하고 균형 잡힌 버블티(동딩 우롱 프레시 밀크티), 다른 곳보다 깊은 차향, 요즘 대세, 우리나라에는 없는 브랜드
- 💔 매장 수가 많지 않아서 찾기 어려움

MENU 밀크티 S$6.5~, 프룻(Fruit)티 S$7.5

WEB chichasanchen.com.sg

차 ★★★★☆ 우유 ★★★★☆ 펄 ★★★☆☆

MUST-DRINK 3

BOTTLE & CAN

슈퍼마켓·편의점 추천 음료

진열대를 털어라!

싱가포르의 슈퍼마켓과 편의점 진열대에 줄줄이 늘어선 음료들. 너희들 거기서 딱 기다려!

아리조나 그린티
AriZona Green Tea

인삼과 꿀을 담은 녹차 음료. 달콤 쌉쌀한 향이 입안 가득 퍼진다.

From 미국

마일로
Milo

싱가포리언이 사랑하는 네슬레의 코코아 음료. 분말 대신 캔으로 간편하게 홀짝홀짝~

From 스위스

싱가포르 슬링
Singapore Sling

싱가포르의 대표 칵테일을 캔으로 마셔보자.

From 싱가포르

찰리스 망고 오렌지 퀀처
Charlie's Mango Orange Quencher

시지 않고 상큼한 오렌지 주스. 스팀 처리한 과일과 천연 사탕수수로 자연의 맛을 살렸다.

From 뉴질랜드

산토리 립톤 홋카이도 밀크티
Suntory Lipton Hokkaido Milk Tea

부드러운 홋카이도산 크림 밀크와 쌉쌀한 홍차의 끝맛이 살아 있다.

From 일본

UNIF 프리미엄 아쌈 밀크티
UNIF Premium Assam Milk Tea

히말라야산 아쌈 찻잎과 뉴질랜드산 우유를 넣은, 달지 않은 밀크티

From 태국

알스웰 플럼 워터
Allswell Plum Water

매실이 함유된 워터. 더위를 잊게 하는 새콤 상큼한 맛!

From 대만

: WRITER'S PICK :

거리에서 마시는 찐 오렌지 주스! IJOOZ

싱가포르 거리를 걷다 보면 어디서나 볼 수 있는 오렌지 주스 자판기다. 길거리에 있다고 무시하지 말 것! 오렌지 4개를 즉석에서 착즙해 넣어주는 시원하고 달콤한 맛이 일품이고 가격도 S$2로 저렴하다(센토사와 시내 중심 일부 지역에서는 S$3). 동전, 지폐, 카드 모두 이용 가능.

싱가포르가 자랑하는 칵테일인 싱가포르 슬링은 그 영롱하고 고혹적인 빛깔이 매력적이다. 영국의 소설가 서머셋 모음이 '동양의 신비'라고 극찬한 이 칵테일 한잔이면, 싱가포르의 밤은 로맨틱한 핑크로 물든다.

SINGAPORE SLING

싱가포르 슬링

어디에도 없을 핑크빛

여성을 위한 칵테일

식민지 시절의 싱가포르는 공공장소에서 여성이 술을 마시지 않는 게 에티켓이었다. 1915년, 래플스 호텔의 바텐더 니암통분은 남성들이 진이나 위스키를 마실 동안 여성들이 차나 과일주스만 마시는 것을 보고, 과일주스를 닮은 새로운 칵테일을 착안했다. 얼핏 보면 술인지 모를 만큼 아름다운 분홍색을 띤 싱가포르 슬링은 향긋한 진 베이스에 체리브랜디, 레몬주스, 그레나딘 시럽 또는 플레인 시럽과 탄산수를 섞어 새콤달콤한 맛이 난다. 이렇게 탄생한 싱가포르 슬링은 당시의 문화로도 거부감 없이 수용돼 큰 인기를 끌었고, 이제는 싱가포르가 자랑하는 대표 음료로 자리매김했다.

싱가포르 슬링은 바와 레스토랑뿐 아니라 싱가포르 항공 기내에서도 제공되며, 슈퍼마켓에서 캔 형태로도 판매된다. 저마다 제조법이 조금씩 다르므로 차이점을 찾아보며 마시는 재미도 쏠쏠하다.

싱가포르 슬링의 원조, 롱 바 Long Bar

싱가포르 슬링이 탄생한 바. 래플스 호텔 2층에 있다. 슬링의 원조인 만큼 웨이팅을 감수하고라도 한 번쯤 음미해볼 만하다. 267p

: WRITER'S PICK :

싱가포르 슬링 믹스 Singapore Sling Mix

싱가포르 슬링을 집에서 즐길 수 있도록 만든 원액 믹스. 원액 40ml에 파인애플주스 160ml를 섞으면 쉽게 만들 수 있다. 캔 형태의 완제품도 있다. 래플스 호텔의 롱 바 & 기념품숍, 슈퍼마켓에서 판매. 병 S$49(375ml), 캔 S$7.

SINGAPORE STORY 3

아는 만큼 보이는 싱가포르 이야기

싱가푸라, 싱글리시, 리틀 레드 닷

싱가포르 여행 중 유난히 자주 보고 듣게 되는 3가지 키워드.
알고 나면 싱가포르 사람들이 더욱 가깝게 느껴지고, 여행의 즐거움도 더욱 커진다.

기묘한 사자의 도시, 싱가푸라 Singapura

말레이 연보에 따르면, 13세기에 알렉산더 대왕의 후손인 라자 출란은 중국 정복을 나선 길에 테마섹(지금의 싱가포르)에 진을 쳤다. 이에 중국 황제는 테마섹으로 늙은 선원들과 녹슨 바늘, 과일나무만 잔뜩 실은 배를 보냈다. 그러고는 오랜 항해 탓에 젊은 선원들이 모두 늙어버렸고, 철봉은 녹슬어 바늘이 됐으며, 씨앗은 나무가 됐다고 라자 출란을 속였다. 선원들의 얘기를 들은 라자 출란은 중국이 너무 멀리 있단 생각에 정복을 포기하고 바다 신의 딸과 결혼했다. 이들 사이에서는 상 닐라 우타마라는 아들이 태어났고, 그는 훗날 해상 왕국인 스리비자야의 중심인 팔렘방의 최고 통치자, 스리 트리 부아나(신, 인간, 지하 등 3가지 세계의 군주라는 뜻)가 됐다.
어느 날, 스리 트리 부아나는 인근의 섬들을 여행하던 중 테마섹의 하얗게 빛나는 해안을 발견하고는 탐험을 나섰다가 폭풍우를 만났다. 그는 배가 난파되지 않도록 왕관을 포함한 모든 것을 버리고 가까스로 테마섹의 강어귀에 상륙했는데, 그곳에서 붉은 몸에 검은 머리, 흰색 가슴이 있는 이상한 짐승과 맞닥뜨렸다. 이 짐승을 행운의 사자라고 여긴 스리 트리부아나는 곧 테마섹 어귀에 정착지를 만들었다. 테마섹을 산스크리트어로 사자의 도시(Lion City)라는 뜻의 싱가푸라라고 부르게 된 배경에는 이러한 설화가 있다.
싱가푸라의 'Singa'는 산스크리트어 'Siṃha'에서 왔으며, '사자(lion)'를 뜻하고, 'Pūra'는 '도시(City)'를 뜻한다. 다만, 아이러니하게도 이 사자의 도시에는 호랑이는 살았어도, 사자가 살았던 적은 없다고 한다.

출처: A History of Modern Singapore 1819-2005, C.M. Turnbull

우리끼리 통하는 영어, 싱글리시 Singlish

싱가포르와 잉글리시의 합성어인 싱글리시는 싱가포르에서만 통하는 독특한 영어다. 말레이어나 중국어 문법에 맞춰 어순을 바꾸거나 특정 단어 하나만 가져다 써 짧고 간단하게 말하는가 하면, 말레이어와 영어단어를 섞어 쓰기도 한다. 문장 끝에 중국어 접미사인 '-lah'를 붙여 'I am sorry'를 'Sorry lah(쏘리 라)'라고 한다거나 말레이어를 영어와 섞어, '먹다'라는 뜻의 'makan'을 활용해 '밥 먹으러 가자'를 'Go makan(고 마칸)!'이라고 쓰기도 한다. 'Can'이나 'Cannot'을 독립적으로 사용하여 Yes나 No의 의미로 사용하는 것도 싱글리시의 특징이다.

하지만 싱글리시는 어디까지나 싱가포르 사람들이 자기들끼리 편하게 대화할 때 사용하는 것일 뿐 학교에서는 표준 영어를 가르치고, 여행자를 상대할 때도 싱글리시 대신 정식 영어를 사용하니 여행자의 입장에서 크게 신경 쓸 필요는 없다. 오히려 영어가 익숙하지 않아 단어 위주로 소통해야 하는 경우 이런 싱글리시의 특징이 의사소통을 더 원활하게 해주는 뜻밖의 효과도 있다.

싱가포르의 근거 있는 자부심, 리틀 레드 닷 Little Red Dot

세계지도에서 싱가포르가 단지 작고 빨간 점으로 표시되는 사실을 비유적으로 표현한 말이다. 이 말은 인도네시아의 전 대통령인 B.J. 하비비가 처음 언급하면서 널리 알려졌다. 1998년 8월 4일자 아시안 월스트리트 저널에 실린 기사에서 하비비는 싱가포르를 가리켜 "우리에게는 인도네시아의 2억 1,100만 명이라는 인구가 있으며,(지도에서 보이는)녹색 지역은 모두 인도네시아입니다. 그리고, 저 작고 빨간 점(Little Red Dot)이 싱가포르죠."라고 말했는데, 이 발언이 싱가포르를 무시하는 의도로 비치면서 거센 항의를 불러일으켰다. 이에 대해 당시 고촉통 싱가포르 총리는 인도네시아가 겪고 있던 경제적인 어려움을 언급하면서, "싱가포르는 인도네시아를 가능한 범위 내에서 도울 것입니다. 우리의 인구는 겨우 3백만 명이며, 지도에 있는 작고 빨간 점에 불과하지만, 2억 1,100만 명을 도울 수 있는 능력을 갖췄죠." 라고 응수했다. 정작 하비비 전 대통령은 자신의 발언은 그런 의도가 아니었다고 항변했으나, 하비비의 의도와는 관계없이, 이 용어는 싱가포르 사람들에게 물리적인 한계에도 불구하고 성공을 이루어 냈다는 자부심을 나타내는 말로 널리 사용됐다. 2015년에 싱가포르는 빨간 점 안에 'SG50'이라는 문구가 적힌 로고를 통해 독립 50주년 기념일인 골든 주빌리(Golden Jubilee)를 축하하기도 했다.

이 세상의 패션이 싹 다 모였다

싱가포르 쇼핑 지도

싱가포르는 전 세계 패션 브랜드가 집결한 메트로폴리스다.
입점 브랜드나 가격 등 분위기는 우리나라의 쇼핑몰과 비슷하지만, 적도의 무더위를 뒤로한 채
시원한 쇼핑몰을 설렁설렁 돌아다니며 먹거리와 구경거리를 챙기는 즐거움은 가히 따라올 수 없다.

명품 위주의 럭셔리 브랜드	오차드 로드 - 니안 시티 마리나 베이 - 더 숍스 앳 마리나 베이 샌즈
저가에서 명품 브랜드까지 총집합	오차드 로드 - 아이온 오차드 하버프론트 - 비보시티
가벼운 캐주얼 브랜드 위주	오차드 로드 - 313 앳 서머셋, 오차드 센트럴 올드 시티 - 래플스 시티 쇼핑센터, 선텍 시티 몰 부기스 & 아랍 스트리트 - 부기스 정션
개성이 뚝뚝 흐르는 스타일	부기스 & 아랍 스트리트 - 하지 레인
소소하고 저렴한 기념품	차이나타운 - 스트리트 마켓 부기스 & 아랍 스트리트 - 부기스 스트리트 마켓 리틀 인디아 - 무스타파 센터
현지인이 즐겨 쓰는 생필품	싱가포르 전역 - NTUC 페어프라이스·콜드 스토리지 등의 슈퍼마켓, 돈돈 돈키

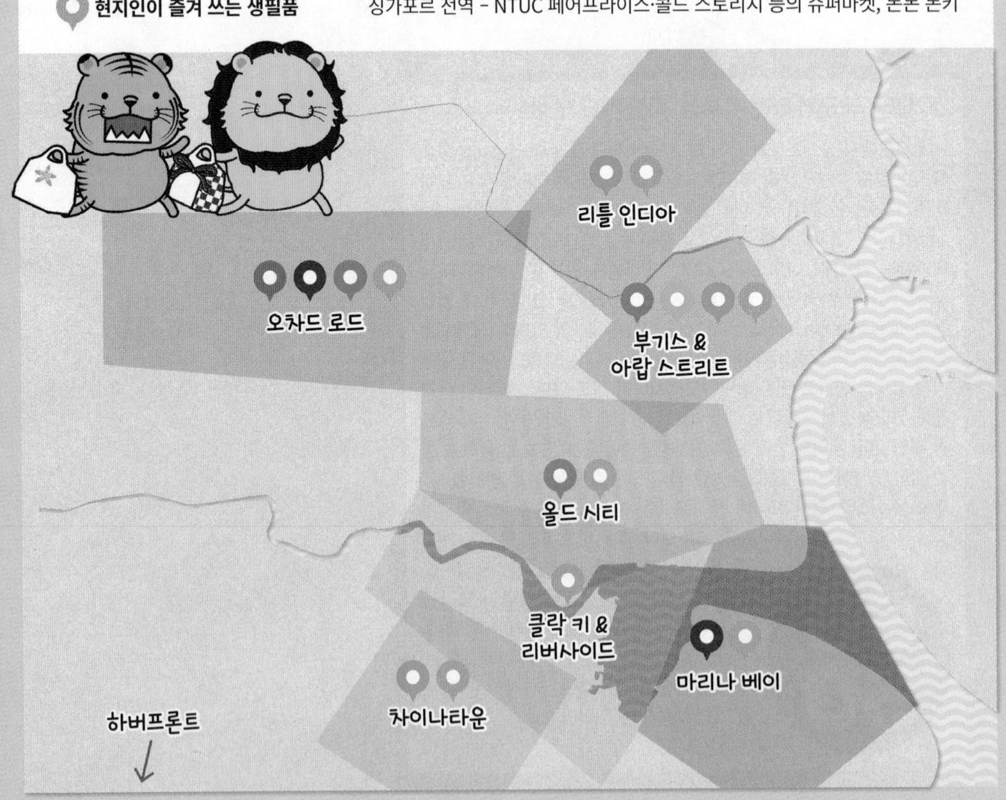

쇼핑할 때, 출국할 때,
택스 리펀을 잊지 말자!

택스 리펀(GST Refund)이란, 싱가포르에서 구매한 물건을 싱가포르 국내에서 소비하지 않고 해외로 가져갈 경우 제품에 붙은 소비세(Goods and Service Tax, GST)를 환급해주는 제도를 말한다. 원칙적으로 싱가포르 내에서 소비하지 않고 그대로 외국으로 가져가는 품목이 대상이므로 숙박이나 음식 등은 해당하지 않고, 이미 포장을 뜯어서 써 버린 경우 세금 환급이 거절될 수 있으니 유의해야 한다.
찰스앤키스나 TWG 매장, 무스타파 센터 등에서 쇼핑하다 보면 S$100은 훌쩍 넘기 쉽다. 당연히 세금을 환급받을 수 있으므로 매장에서 택스 리펀을 신청하고, 아래 내용을 확인하여 꼭 돌려받자. 택스 리펀이 어렵게 느껴진다면 세금이 이미 면제된 면세점에서 구매하는 것도 요령이다.

¤ 쇼핑할 때

❶ 'Tax Free' 또는 'GST Refund' 로고가 있는 동일 매장에서 S$100 이상 구매할 경우 택스 리펀을 신청할 수 있다. 계산할 때 택스 리펀을 요청하여야 하며, 싱가포르 입국 전 SG Arrival Card를 작성한 후 받은 메일도 같이 제시해야 한다.

❷ 한 번에 구매한 금액이 S$100을 넘지 않더라도 당일 해당 매장의 영수증을 최대 3장까지 합산할 수 있다. 합산 금액이 S$100을 넘으면 택스 리펀을 받을 수 있다.

❸ GST는 9%가 붙지만, 세금 환급 시 수수료가 공제되므로 실제 환급받는 금액은 6.5% 정도다. 따라서 공항 면세점에서 구매 가능한 물품은 면세점에서 아예 GST 9%가 붙지 않은 금액으로 구매하는 것이 더 유리하다.

¤ 공항에서

❶ 일부 품목은 세관에 직접 보여줘야 하므로 위탁 수하물로 부치기 전에 GST 환급 신청을 완료한다.

❷ 위탁 수하물로 부치지 않고 기내로 가지고 탑승하는 경우에는 출국 심사를 받은 후 면세구역에 있는 창구에서 환급 신청을 하면 된다.

❸ 'GST Refund'라고 표시된 곳으로 간다. 셀프 키오스크에서 신청할 수도 있고, 한국어도 선택할 수 있다. 잘 모를 땐 직원에게 도움을 요청하자.

세금 환급 신청 장소

¤ 셀프 키오스크 사용법

❶ 화면에서 '한국어'를 선택한다.

❷ 택스 리펀을 받을 물품의 위치(기내/위탁)를 선택한다.기내에 가지고 탈 예정이라면 출국 심사 후 면세점 내 GST Refund 창구에서 신청한다.

❸ 여권의 사진 면이 아래로 향하게 하여 모니터 하단 여권 스캔부에 스캔한다.

❹ 대상 구매 목록이 뜨면 택스 리펀을 받을 구매 내역을 선택한다.

❺ 택스 리펀을 받을 방법(현금/신용카드)을 선택한다.

❻ 신용카드를 선택했다면 기기 하단 우측의 'INSERT CARD' 부분에 신용카드를 투입한다(해당 여권 소지자 명의의 카드여야 하며, 구매 시 사용한 카드가 아니어도 된다).

❼ 화면의 지시에 따라 신용카드를 제거하면 화면에 택스 리펀 받을 금액이 뜬다.

❽ 신용카드를 선택했다면 10일 이내에 환급되며, 현금을 선택했다면 출국 심사 후 면세 구역의 'GST Cash Refund' 창구에서 여권을 제시하고 현금을 돌려받는다.

현금 환급 창구

셀프 키오스크

이건 마치 혼돈의 카오스

대형 쇼핑몰

무려 30곳이 넘는 싱가포르의 쇼핑몰과 백화점! 어디로 가야 할지 고민인 당신을 위해 준비했다. 테마별 추천 쇼핑 스폿 리스트.

대세는 역시, 오차드 로드

1 딱 한 군데 쇼핑몰만 가야 한다면? 아이온 오차드 ION Orchard

오차드 로드에 있는 쇼핑몰 중 단연 갑! 크기와 입점 브랜드 수 등 무엇 하나 빠질 게 없다. MRT 오차드역과 직결. 278p

♥ 동남아 최대 규모의 루이비통 매장, 푸드코트를 비롯한 각종 먹거리, S$50 이상 구매 시 아이온 스카이 전망대 무료입장!

2 우아하게 한 박자 쉬어가요 니안 시티 Ngee Ann City

붉은 대리석의 독특한 외관이 눈에 띈다. 명품 브랜드 위주의 구성이 특징. 아이온 오차드보다 방문객이 적어서 비교적 여유롭다. 282p

♥ 일본에서 온 싱가포르 최대 규모의 서점인 키노쿠니아, 일본 다카시야마 백화점 입점

3 MZ 세대를 위한 핫플레이스 313 앳 서머셋 313@Somerset

20대 고객층을 겨냥한 서머셋역의 상권답게 중저가 캐주얼과 SPA 브랜드가 집중했다. 스미글과 타이포와 같은 팬시 문구점도 있다. 283p

♥ 운동화 및 스포츠용품 전문점 아이런(iRun), 대형 푸드코트(푸드 리퍼블릭)

이 구역의 쇼핑왕은 누구? 지역별 대표 쇼핑몰

마리나 베이

모여봐요! 명품의 숲

더 숍스 앳 마리나 베이 샌즈 The Shoppes at Marina Bay Sands

싱가포르 여행자라면 누구나 한 번쯤 가게 되는 랜드마크. 알 만한 럭셔리 브랜드는 죄다 모였다. 199p

♥ 동남아 최대 규모의 샤넬 매장, 애플 스토어, 24시간 푸드코트(라사푸라 마스터즈), 레인 오큘러스 폭포, 삼판 라이드, 스펙트라 쇼 등

마리나 베이 샌즈 호텔 투숙 시 각종 할인 혜택 제공

올드 시티

쇼핑, 관광, 휴식을 동시에

선텍 시티 몰 Suntec City Mall

비보시티에 이은 싱가포르 최대 규모 쇼핑몰. 중저가 브랜드 위주의 매장으로 구성됐다. 관광 명소인 '부의 분수'도 이곳에 있다. 268p

♥ 시티투어버스 출발점, 슈퍼마켓과 편의점, 다양한 카페와 식당, 일본의 버라이어티 숍 도큐핸즈

올드 시티의 중심

래플스 시티 쇼핑센터 Raffles City Shopping Centre

MRT역과 특급 호텔 등이 연결된 최적의 입지 조건을 자랑하며, 인기 관광지와도 가까워서 항상 여행자로 붐빈다. 중저가 브랜드 위주. 263p

♥ 지하에 맛집 대집결(티옹 바루 베이커리와 남남, 한식당 향토골 등)

부기스

실용성과 가격 모두 내 맘에 쏙~

부기스 정션 Bugis Junction

10~20대 취향의 캐주얼하고 실용적인 중저가 브랜드 쇼핑몰. 길 건너에 기념품 쇼핑 명소로 유명한 부기스 스트리트 마켓이 있다. 312p

♥ 투명한 유리 천장으로 햇살이 반짝반짝, 세련된 노천카페와 레스토랑, 대형서점 키노쿠니야

부기스 정션

하버프론트

골라봐! 뭐든 쓸 만할 테니

비보시티 VivoCity

싱가포르에서 가장 큰 쇼핑몰. 유아동 브랜드를 비롯한 중저가 패션잡화부터 대형 푸드코트까지 명품 빼고 없는 게 없다. 408p

♥ 센토사행 모노레일 역과 직결, 센토사의 전망을 즐길 수 있는 스카이파크

비보시티

쇼핑몰별 인기 패션 & 잡화 브랜드(가나다순)

	아이온 오차드	니안 시티	313 앳 서머셋	더 숍스 앳 마리나 베이 샌즈	선텍 시티 몰	래플스 시티 쇼핑센터	부기스 정션	비보시티
COS	■	■		■		■		■
H&M					■			■
TWG	■	■		■		■		
가디언	■	■	■	■	■	■	■	■
고야드		■						
구찌	■			■				
그라프	■			■				
나이키					■		■	■
뉴발란스	■				■		■	■
다이소	■						■	■
돌체앤가바나				■				
디올	■	■		■				
딥티크	■	■				■		
러쉬	■				■			■
라메르	■			■				
레고	■	■			■			
레이밴	■		■		■			■
로에베	■			■				
록시땅	■					■		■
롤렉스	■			■		■		
롱샴	■			■				
루이비통	■	■		■				
룰루레몬	■	■		■		■		■
리바이스	■				■		■	■
마이클코어스				■				■
막스앤스펜서						■		■
망고	■		■			■		■
몽블랑		■		■				
몽클레어				■				
무지	■		■			■	■	■
바디샵	■				■		■	■
바샤커피	■	■		■		■		
반클리프앤아펠	■	■		■				
발렌시아가				■				
발렌티노	■			■				
배스앤바디웍스	■	■		■				■
버버리				■				
벵가완솔로		■				■	■	
보테가베네타				■				
빅토리아시크릿	■							■
상하이탕		■		■				
생로랑	■			■				
샤넬	■	■		■				
세포라	■	■		■		■		■
셀린	■	■		■				
스미글	■		■					■
싱텔	■		■			■	■	

	아이온 오차드	니안 시티	313 앳 서머셋	더 숍스 앳 마리나 베이 샌즈	선텍 시티 몰	래플스 시티 쇼핑센터	부기스 정션	비보시티
아디다스								
알도								
에르메스								
왓슨스								
유니클로								
자라								
젠틀몬스터								
조르지오아르마니								
조말론								
지미추								
지방시								
지오다노								
찰스앤키스								
캘빈클라인 진								
컨버스								
케이트스페이드								
코치								
코튼온								
크록스								
토리버치								
토이저러스								
투미								
티솟								
티파니앤코								
파찌온								
판도라								
페드로								
페라가모								
펜디								
프라다								
필라								

+MORE+

그레이트 싱가포르 세일 Great Singapore Sale

1944년부터 시작된 싱가포르의 대대적인 할인 이벤트. GSS라고 불린다. 매년 6~9월이면 싱가포르 전역의 쇼핑 장소에서 평소 세일을 잘 하지 않는 럭셔리 브랜드를 포함한 대부분 제품을 최대 70%까지 할인하여 판매한다. 하지만 싱가포르는 GSS 외에도 연중 할인행사가 워낙 많기 때문에 이제는 그 매력이 예전만 못하다. 세일 상품 구매보다는 오차드 로드에서 시끌벅적하게 펼쳐지는 각종 공연과 문화행사를 누리는 즐거움이 더 클지도.

싱가포르 쇼핑몰, 뭐가 다를까?

결론부터 말하자면 거의 차이가 없다. 굳이 따지자면 우리나라보다 신상품이 비교적 빨리 들어오는 편이고, 제품군이 좀 더 다양하다는 점이랄까. 따라서 되도록 우리나라엔 없는 로컬 브랜드의 제품이나 파격 할인으로 우리나라보다 훨씬 저렴한 아이템을 공략하도록 하자. 여행을 마치고 귀국하면 환불이나 교환이 어려우므로 이미 검증된 제품 및 잘못 샀더라도 타격이 별로 없는 소소하고 저렴한 물건 위주로 구매하는 것이 좋다.

여기 가면
뭐든 다 있소

슈퍼마켓 & 편의점

현지인이 매일 먹는 식료품부터 기념품으로 가져가기 좋은 소소한 잡화, 라면과 김치까지! 슈퍼마켓이랑 편의점에 가면 다 있으니 사이소~

알려드립니다! 싱가포르의 슈퍼마켓 & 마트 브랜드

다문화국가인 싱가포르의 마트 진열대는 국적을 초월한 품목으로 가득하다. 달콤한 열대과일을 한국에서는 상상하기 어려운 가격으로 구매할 수 있는 것도 장점. 독립 매장인 무스타파 센터를 제외하면 대부분의 슈퍼마켓은 쇼핑몰 내(주로 지하)에 있다.

1 싱가포르 최초의 슈퍼마켓
콜드 스토리지 Cold Storage

1903년에 시작해 100년이 넘는 역사를 지닌 유통 체인. CS 프레쉬(CS Fresh)와 제이슨스 델리(Jasons Deli) 등 계열 마켓까지 합하면 싱가포르 내에 50여 개의 매장이 있다. 대부분 쇼핑몰 안에 입점했으며, 비싼 가격만큼 품질이 좋다. 영업시간은 대략 09:00~22:00(지점마다 다름).

WEB coldstorage.com.sg

2 기념품 쇼핑의 성지
무스타파 센터 Mustafa Centre

뭐든 다 있는 대형 쇼핑센터. 가격까지 저렴해서 충동구매를 하기 쉽다. 타이거 밤이나 냉장고 자석, 멀라이언 쿠키, 히말라야 립밤, 해피 히포 초콜릿 등 싱가포르의 인기 기념품을 살 수 있다. 24시간 영업. 323p

3 규모로 압도한다
NTUC 페어프라이스 NTUC FairPrice

싱가포르 최대의 슈퍼마켓 체인으로, 싱가포르 전역에 100여 개의 매장이 있다. 쇼핑몰보다는 주거지역에 있으며, 프리미엄 식품을 취급하는 페어프라이스 파이니스트(FairPrice Finest)와 식품뿐 아니라 전자제품, 의류 및 가정용품까지 판매하는 페어프라이스 엑스트라(FairPrice Xtra)도 함께 운영한다. 창이공항에서 출국 전 마지막 쇼핑을 하기에도 적당하다. 영업시간은 대략 08:00~23:00(지점마다 다름).

WEB fairprice.com.sg

4 싱가포르에서 마주친 일본 꿀템
돈돈 돈키 Don Don Donki

일본의 유명 할인점인 돈키호테의 동남아시아 버전이다. 일본에서 온 다양한 뷰티용품, 생활잡화, 즉석식품, 간식류, 주류를 만나볼 수 있다. 러시안룰렛 캔디, 명태 맛 링 과자, 오징어 맛 소다 음료 등 기발하고 참신한 아이템이 한가득! 단, 우리나라 사람들이 일본 여행에서 꼭 챙겨오는 카베진이나 동전 파스 같은 스테디셀러는 찾아보기 어렵다. 오차드 센트럴 매장은 24시간 영업. 선텍 시티 몰, 시티 스퀘어 몰, 클락 키 센트럴에서도 만날 수 있다.

WEB dondondonki.com/sg

싱가포르 슈퍼마켓 이용 꿀팁 5

❶ 셀프 계산대 이용하기
손님이 몰리는 시간에는 셀프 계산대를 이용하는 게 빠르다. 카드나 현금 모두 이용 가능하며, 상품의 바코드만 스캔하면 되므로 어렵지 않다. 소규모 매장의 경우 셀프 계산대가 없는 곳도 있다.

❷ 비닐봉지는 더 이상 공짜가 아니다
2023년 하반기부터 싱가포르 슈퍼마켓의 비닐봉지 가격이 1장당 5¢로 유료화됐다.

❸ 동전은 그때그때 처리하자
무심코 지폐만 쓰다 보면 어느새 동전이 한가득 모인다. 동전은 귀국 후 재환전도 안 되므로 수시로 사용하자. 단위가 헷갈릴 땐 손바닥에 동전을 올려 보여주면 계산원이 알아서 가져간다.

❹ 과일은 잘라서 포장해 놓은 팩을 추천
과도를 갖고 다니며 매번 통과일을 잘라먹기는 번거롭다. 싱가포르에는 여러 가지 과일을 섞어 잘라놓은 과일 팩이 매우 다양하고 가격도 저렴하니 과일 팩을 사 먹는 것이 편리하다.

❺ 주류는 밤 10시 30분까지만
밤 10시 30분부터 아침 7시까지 슈퍼마켓이나 편의점에서의 주류 판매가 금지돼 있다. 따라서 주류 계산은 무조건 밤 10시 30분 이전에 마칠 것. 펍이나 식당 등에서 마실 때는 시간에 상관없다.

24시간 언제든 오고~ 편의점 브랜드

세븐일레븐과 치어스로 대표되는 싱가포르의 편의점은 MRT역을 비롯한 싱가포르 어디서든 쉽게 찾을 수 있다. 취급 품목과 이용 방법 등 여러 면이 우리나라와 비슷하고, 가격은 슈퍼마켓보다 다소 비싸다. 추천 쇼핑 아이템은 즉석식품. 다문화국가답게 동남아시아 음식은 물론, 세계 각국의 즉석식품을 먹어볼 수 있으며, 가격도 S$3~4로 저렴하다. 대부분 24시간 영업한다.

❶ 세븐일레븐 7-Eleven

싱가포르 최대 편의점 체인. 총 400개가 넘는 매장이 있다. 콜드 스토리지와 같은 계열이다.

OPEN 24시간(일부 매장은 07:00~23:00)
WEB 7-eleven.com.sg

❷ 치어스 Cheers

세븐일레븐보다 저렴한 가격에 즉석식품 맛도 훌륭하다. 단점은 매장 수(160여 개)가 적다는 것. NTUC 페어프라이스와 같은 계열이다.

OPEN 24시간(일부 매장은 07:00~23:00)
WEB cheers.com.sg

싱가포르 쇼핑 탐구일기

TWG
싱가포르가 쏘아 올린 차(茶) 브랜드

중국과 영국의 티 타임 문화를 고스란히 전해 받은 싱가포르에서는 언제든 수준 높은 차를 즐길 수 있다. 글로벌 명품 차 브랜드 TWG 또한 싱가포르에서 탄생한 브랜드. 도쿄, 런던, 두바이, 상하이, 서울 등 세계 곳곳에 온오프라인 매장이 있지만, 싱가포르에서는 우리나라보다 훨씬 저렴한 가격과 다양한 맛의 차가 준비돼 있다.

TWG가 명품이라 불리는 이유

TWG는 자체 차 감별사를 두고 매년 전 세계의 차 농장을 돌며 최고 품질의 찻잎을 골라내기로 유명하다. 이렇게 공수한 찻잎은 독특한 블렌딩 기법을 통해 100% 순면으로 만든 티백에 담아내며, 무려 1000여 종의 콜렉션으로 차 애호가들의 다양한 취향을 반영한다. 화려한 틴 케이스는 물론, 1시간 가까이 보온이 되는 황금빛 티팟이나 각종 티 액세서리의 고급화도 TWG의 명품 이미지를 부각한다. 로고에 적힌 1837은 싱가포르를 동서양 차 무역의 중심지로 발돋움하게 한 상공회의소의 설립 연도. 실제 창업 연도는 2007년이지만, 이 로고 덕분에 마치 수백 년의 역사를 간직한 브랜드인 듯한 신뢰감을 불러일으키는 영리한 마케팅 전략이다.

WEB twgtea.com

어디에서 살까?

시내 대형 쇼핑몰과 백화점, 호텔, 창이공항 면세점 등 총 10곳 이상의 매장이 있지만, 기념품으로 구매한다면 남은 싱가포르 달러도 처분할 겸 귀국할 때 창이공항 면세점 매장 이용을 추천. 가격은 면세점 기준으로 티백 15개입 박스 하나당 약 S$30. 운영 시간은 시내 10:00~22:00, 공항 07:00~22:30(매장마다 조금씩 다름).

STORE 아이온 오차드(#02-21), 래플스 시티 쇼핑센터(B1-K13), 스위소텔 더 스탬포드 호텔 1층, 더 숍스 앳 마리나 베이 샌즈(#B1-122/125, #B2-65/68A), 창이공항 면세점(T1~4 환승구역)

아이온 오차드 매장

창이공항 매장

차 고르기, 이걸로 끝!

TWG 차는 1000여 종에 달하는 데다 포장도 모두 비슷해서 이름만 보고는 차를 고르기 쉽지 않다. 추천 베스트셀러는 1837 블랙 티(1837 Black Tea)와 실버 문(Silver Moon), 잉글리시 브렉퍼스트(English Breakfast). 주로 티백 형태로 된 제품 또는 틴 케이스 패키지를 많이 구매하며, 원하는 양만큼 찻잎을 덜어서 살 수도 있다. 그윽한 차향을 듬뿍 품은 티 젤리도 인기 아이템이다. 매장의 직원들은 모두 전문 교육을 받은 차 전문가들이니 궁금한 것이 있다면 무엇이든 물어보자.

추천 아이템

종류	명칭	특징	주요 성분
홍차	1837 블랙 티 1837 Black Tea	TWG의 시그니처 격. 과일과 꽃을 블렌딩한 달콤 향긋함	홍차, 딸기
	카모마일 Chamomile	벌꿀이 첨가된 허브티. 카페인이 들어 있지 않다.	카모마일
	프렌치 얼 그레이 French Earl Grey	상큼한 시트러스 과일 향과 수레국화 향의 만남	홍차, 베르가모트, 수레국화
	그랜드 웨딩 Grand Wedding	망고와 해바라기를 블렌딩. 신혼부부 선물용으로 추천!	홍차, 망고, 해바라기, 설탕
	잉글리시 브렉퍼스트 English Breakfast	은은한 꽃향기와 홍차의 쌉쌀함이 잘 어울린다.	홍차
	싱가포르 브렉퍼스트 Singapore Breakfast	홍차에 녹차를 더하고 다양한 향을 블렌딩. 풍부한 맛과 향이 난다.	홍차, 녹차, 생강, 바닐라, 시나몬
녹차	실버 문 Silver Moon	그랜드 베리와 바닐라, 약간의 향신료를 블렌딩. 다채로운 향	녹차, 딸기
	모로칸 민트 Moroccan Mint	녹차와 민트의 만남. 민트 향이 제대로 살아 있다.	녹차, 스피어민트
루이보스 차	바닐라 버본 Vanilla Bourbon	루이보스와 바닐라를 블렌딩한 남아프리카공화국의 차. 카페인이 들어있지 않다.	루이보스 잎, 바닐라

이럴 땐 이런 차

우리에게 익숙한 녹차, 우롱차, 홍차 같은 이름은 찻잎의 종류가 아닌 발효 정도에 따라 분류된 것이다. 발효된 차는 가공 방식에 따라 다시 그 종류가 나뉜다. 예를 들면, 티백은 찻잎을 잘게 부숴 간편하게 마실 수 있도록 가공한 것, 말차는 찻잎을 곱게 갈아 가루로 만든 것, 엽차는 찻잎을 수증기로 찌고 말린 것이다.

발효 정도

녹차

찻잎을 따자마자 곧장 가열하여 만든다. 발효가 되지 않아 잎의 녹색이 살아 있다.

우롱차

50% 내외로 중간 발효한다. 짧게 발효하면 향이 강하고, 오래 발효하면 쓰고 떫은 맛이 줄어든다.

홍차

100%에 가깝게 발효한다. 찻잎의 성분이 산화돼 찻물이 붉은색을 띤다.

보이차

후발효 과정까지 거치므로 발효 시간이 길다. 잎의 색이 까맣게 돼 흑차라고도 불린다. 지방분해 효과가 있어 다이어트에 좋다고 알려졌다.

MUST-BUY

2

BACHA COFFEE

바샤 커피

드립 커피계의 에르메스

2019년 싱가포르에서 탄생한 커피 브랜드 바샤 커피는 다양한 맛과 특유의 고급스러움, 합리적인 가격으로 싱가포르를 찾는 관광객의 인기 아이템으로 급부상했다. 전 세계에서 공수한 100% 아라비카 원두를 사용해 저온에서 핸드 로스팅한 제품의 퀄리티도 우수하고, 마치 궁전에 들어온 듯 번쩍이고 화려한 매장 인테리어에 커피 패키징도 고급스러워 '커피계의 에르메스'로 불리는 바샤 커피. 단 한 봉지를 사더라도 럭셔리하게 포장해주므로 선물용으로도 제격이다.

바샤 커피의 탄생 배경

바샤 커피 로고에 쓰인 '1910'이라는 숫자는 모로코 마라케시의 대저택 '다 엘 바샤 팰리스(Dar el Bacha Palace)'의 건축 연도를 뜻하며, 브랜드명도 이곳에서 따왔다. 과거 정재계 유명 인사가 드나들던 다 엘 바샤 팰리스는 제2차 세계대전이 일어나면서 역사 속으로 사라졌는데, 바샤 커피는 당시 저택 안에 있던 커피하우스의 화려한 인테리어부터 직원들의 복장까지 충실히 재현하고 있다. 브랜드의 탄생 연도와는 무관한 '1910'이란 숫자를 로고에 넣음으로써 고객에게 오랜 역사를 가진 브랜드로 인식하게 만든 이 전략은 역시 브랜드 설립 연도와 무관한 '1837'이라는 숫자를 넣어 성공을 거둔 TWG와 같은데, 이는 바샤 커피의 창업주가 TWG의 공동설립자였던 타하 부크딥(Taha Bouqdib)이기 때문이다.

WEB bachacoffee.com

어디에서 살까?

테이블에 앉아서 커피를 즐길 수 있는 커피 룸(Coffee Room)과 커피상점인 커피 부티크(Coffee Boutique)로 나누어 운영된다. 오차드 로드의 타카시마야 백화점 매장에도 바 석이 몇 개 있지만, 실질적인 커피 룸은 아이온 오차드 매장과 2023년 7월에 오픈한 더 숍스 앳 마리나 베이 샌즈 매장뿐이다. 이 매장들은 늘 커피를 마시기 위한 웨이팅 줄이 늘어서지만, 단순히 제품 구매가 목적이라면 곧바로 입장 가능. 창이공항 면세점의 경우 GST 9%만큼 저렴하기는 하나 원하는 제품의 재고가 없을 가능성이 있으며, 시내 매장도 때에 따라 재고가 없을 수 있으므로, 원하는 커피를 발견했다면 그 자리에서 구매할 것을 추천한다. 2024년에 래플스 시티 쇼핑센터에도 매장을 오픈했다. 드립백 가격은 12개 패키지 S$30, 25개 패키지 S$60, 다양한 종류의 커피를 2개씩 혼합한 25개 패키지인 어쏘티드(Assorted) 패키지는 S$60. TWG와 마찬가지로 틴 케이스 패키지와 커피 원두만 구매할 수도 있다.

STORE 아이온 오차드(#01-15/16), 타카시마야 백화점(지하 1·지하 2층), 더 숍스 앳 마리나 베이 샌즈(#B2-13), 래플스 시티 쇼핑센터(#01-38), 창이공항 면세점(T1·T2·T3·T4)

창이공항 면세점
더 숍스 앳 마리나 베이 샌즈
아이온 오차드

바샤 커피 베스트셀러

바샤 커피는 커피 종류만 200여 종이나 돼 고르기가 쉽지 않다. 크게 특정 지역이나 국가에서 생산되는 커피인 싱글 오리진(Single Origin)과 가향 커피인 파인 플레이버(Fine Flavoured)로 나눌 수 있는데, '향기를 마시는 커피'라는 별칭이 붙은 브랜드인 만큼 파인 플레이버를 추천한다.

종류	명칭	특징	강도
싱글 오리진	막달레나 Magdalena	부드러운 산미를 가진 커피. 콜롬비아산 원두를 사용하며, 은은한 과일 향이 난다. 디카페인도 선택 가능	2/5
파인 플레이버	1910	미디엄로스트에 스트로베리 향이 산뜻하면서 가벼운 시그니처 커피. 깔끔한 맛을 좋아한다면 추천.	1.5/5
	밀라노 모닝 Milano Morning	고소한 초콜릿 모카 향의 깔끔하고 향이 좋은 커피. 산미가 적고 부드럽다.	2/5
	싱가포르 모닝 Singapore Morning	쌉싸름한 초콜릿 향과 시나몬, 산뜻한 산미가 어우러진 커피	2/5
	아이 러브 파리 I Love Paris	은은한 산딸기와 헤이즐넛 향, 견과류의 풍미가 조화를 이루는 커피. 뒷맛도 개운하다.	2/5
	스윗 멕시코 Sweet Mexico	아라비카 원두와 바닐라 빈의 섬세한 밸런스. 크림이나 우유를 약간 섞으면 더 부드럽게 마실 수 있다.	1.5/5
	캐러멜로 모닝 Caramelo Morning	달콤하고 풍부한 캐러멜 향과 은은한 산미가 조화롭다. 크림이나 우유를 넣어 라테로 마시면 좋다.	2/5

MUST-BUY 3 LOCAL HERITAGE BRAND

'싱잘알'의 캐리어 털기

싱가포르 전통 기념품

싱가포르 여행 분위기를 한껏 낼 수 있는 기념품, 어떤 게 있을까? 캐리어에 쏙~ 넣고 소중한 사람에게 쏙~ 내미는 특별한 싱가포르 기념품 대방출!

고소함의 품격

벵가완솔로 Bengawan Solo

견과류 쿠키로 유명한 싱가포르의 대표 베이커리. 흔히 벵가완솔로라고 부르지만, 현지 발음은 '벵아완 솔로'에 가깝다. 창업자는 인도네시아 출신이며, 브랜드명은 '솔로강(인도네시아 자바섬의 큰 강)'이라는 뜻이다. 베스트셀러는 마카다미아 수지(Macadamia Sugee) 쿠키. 파인애플 타르트와 판단 쉬폰 케이크도 맛있다.

STORE 아이온 오차드(#B4-38), 플라자 싱가푸라(#B2-59), 래플스 시티 쇼핑센터(#B1-02A), 부기스 정션(#B1-03A), 창이공항(T3 공용구역 & T1·T2·T4 면세점), 주얼 창이 에어포트(#01-228/229) 등

WEB bengawansolo.com.sg

칠리 크랩! 니가 왜 여기 있어?

쿠키 뮤지엄 The Cookie Museum

싱가포르의 로컬 쿠키 브랜드. 무려 500여 개에 달하는 레시피와 달지 않고 부드러운 맛이 특징으로, 인공 색소나 방부제를 사용하지 않는다. 추천 메뉴는 튀긴 미니 크랩을 올린 칠리 크랩 쿠키. 틴 케이스와 쇼핑 백이 예뻐서 선물용으로 인기다. 가격대는 S$35~48로 다소 높은 편.

STORE 선텍 시티 몰(#01-313), 래플스 시티 쇼핑센터(#B1-K4)

WEB thecookiemuseum.oddle.me/en_SG

: WRITER'S PICK :

벵가완솔로 구매 팁

❶ 모든 쿠키는 시식이 가능하다.

❷ 선물용으로는 팔각형 틴 케이스 패키지를 추천. 단, 틴 케이스는 S$1 더 비싸다.

❸ 시내에서 미리 사면 부서지기 쉬우므로 귀국 시 창이공항 면세점에서 구매하자. 면세점 구매 시 GST 9% 공제(T3 이용 시 T3 면세점에서 스카이트레인을 타면 T1 면세점에 다녀올 수 있다).

창이공항 4터미널 면세 구역의 헤리티지 존

어르신들이 좋아해요

유얀상
Eu Yan Sang 余仁生

1879년 말레이시아의 한약방에서 시작된 건강식품 브랜드. 초창기에는 주석 광산 노동자들의 아편 중독 치료제를 만들다가 대를 이어가며 크게 번창했다. 현재 홍콩, 싱가포르, 말레이시아, 중국에 210개가 넘는 매장과 클리닉을 운영하고 있다.

STORE 래플스 시티 쇼핑센터(#B1-44H/I), 선텍 시티 몰(#02-702), 아이온 오차드(#B4-31/32), 더 숍스 앳 마리나 베이 샌즈(#B2-57), 부기스 정션(#B1-03), 차이나타운 포인트(#B1-35), 비보시티(#B2-11)

WEB euyansang.com.sg

면역체계 강화에 도움을 주는 링쯔 크랙크드 스포어스 캡슐 (Lingzhi Cracked Spores Capsules)

에너지 보충용인 에센스 오브 치킨 (Essence of Chicken)

원조 호랑이 연고

타이거 밤
Tiger Balm

호랑이 연고로 잘 알려진 타이거 밤은 본래 싱가포르가 원조다. 중국의 궁중 약초학자였던 오추킨(胡子欽)이 개발한 것으로, 그의 두 아들이 싱가포르에서 본격적인 사업을 펼치며 널리 알려졌다. 두통, 근육통, 어깨결림, 타박상은 물론이고 벌레 물린 데도 특효약. 단, 24개월 미만의 유아에게는 사용하지 말 것. 시내의 드럭스토어, 슈퍼마켓, 기념품 숍 및 공항에서 쉽게 구매할 수 있다.

WEB tigerbalm.com/sg/

강한 소염작용으로 화끈하고 향이 강한 레드

향이 순하고 가벼운 통증에 바르면 좋은 화이트

초록빛 신비의 물약

이글 브랜드 오일
Eagle Brand Medicated Oil

타이거 밤과 비슷한 용도로 사용되며, 오일 제형이라서 바르기 편하다. 연간 600만 병을 생산하는 스테디셀러로, 미국 식품 의약국(FDA)의 승인을 받았다. 1960년부터 생산된 오리지널 오일의 녹색은 엽록소에서 유래했다. 은색과 금색 버전도 있지만, 효능은 비슷하다. 12개월 미만의 유아에게는 사용하지 말 것. 시내 드럭스토어와 슈퍼마켓, 창이공항 등에서 구매할 수 있다.

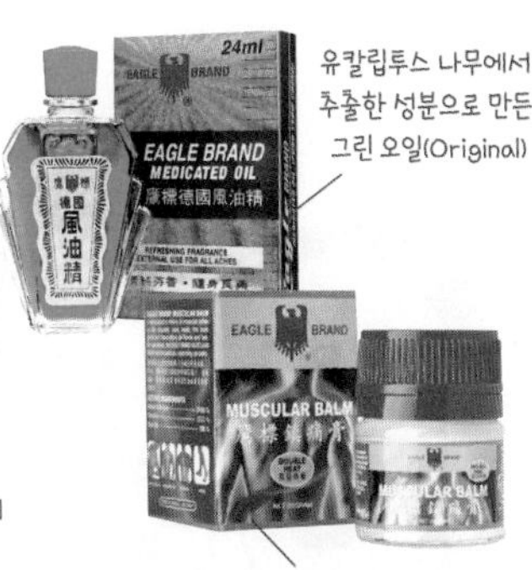

유칼립투스 나무에서 추출한 성분으로 만든 그린 오일(Original)

근육통 완화에 좋고 유분 없이 피부에 쉽게 흡수되는 머슬 밤

쟁이자! 슈퍼마켓 & 편의점 필수템

지인 선물용으로도 OK! 내가 가져도 OK! 두루두루 쓸모 있는 싱가포르의 슈퍼마켓 & 편의점 인기 제품들을 알아보자.

집에서 즐기는 코피

부엉이 커피 OWL

1956년에 시작된 로컬 인스턴트 커피 브랜드. 싱가포르만의 전통 방식으로 로스팅한 코피(Kopi)를 간편한 커피믹스로 마셔볼 수 있다. 깊고 풍부하면서 구수한 맛이 한국인의 입맛에도 잘 맞는다. 우리나라에서도 구매할 수 있지만, 현지에서 사는 것이 더 저렴하고 종류도 다양하다.

3IN1 레귤러

고급 아라비카와 로부스타 원두를 적절히 블렌딩했다. 설탕과 크림이 들어 있는 가장 무난한 맛!

코피 오 코송

다른 재료가 첨가되지 않은 블랙코피. 'Kosong'은 말레이어로 '0(zero)'라는 뜻이다.

코피 시우 따이
Kopi Siew Dai

전통적인 코피티암 방식으로 로스팅하고 설탕의 양을 줄였다. 한국인의 입맛에 가장 잘 맞는다.

화이트 커피 타릭 오리지널

풍부한 원두 향과 부드러운 크림. 화이트 커피는 대개 우유나 크림을 넣어 만든 커피를 말한다.

화이트 커피 타릭 레스 슈거

'화이트 커피 타릭-오리지널'에서 설탕의 양을 줄였다.

: WRITER'S PICK :

부엉이 커피, 이렇게 먹어야 맛있거든요

❶ 종류가 너무 많아 뭘 골라야 할지 망설여진다면 싱가포르 전통 방식으로 로스팅한 '코피티암 로스트(Kopitiam Roast)' 시리즈를 추천. 명칭은 코피 용어 총정리(095p)를 참고하자.

❷ 한 포당 양이 꽤 많기 때문에 물의 양을 일반 커피믹스보다 1.5배가량 늘리는 게 좋다.

❸ 티백 형태로 된 제품은 물을 부은 후 수저로 눌러 놓으면 더 잘 우러난다.

내 입맛에 딱이야! 코코넛 밀크 잼

카야 잼 Kaya Jam

코코넛 밀크에 판단 잎, 달걀, 설탕 등을 넣어 만든 카야 잼은 귀국 기념품으로 단연 인기다. 추천 브랜드는 야쿤 카야 토스트의 카야 잼! 타브랜드보다 맛이 뛰어난 데다 아직 우리나라에 들어오지 않았다. 참고로 카야 잼의 유통기한은 약 3개월이며, 액체류에 포함되므로 귀국할 때는 위탁 수하물에 넣어야 한다.

야쿤 카야 토스트

초록색의 논야식 카야 잼. 담백하고 고소하며, 단맛이 적어서 질리지 않는다.

토스트 박스

갈색의 하이난식 카야 잼. 달콤한 맛이다.

글로리

가장 저렴하고 대중적인 카야 잼. 논야식과 하이난식을 비롯해 종류도 다양하다.

홀리 팜스

역시 슈퍼마켓에서 쉽게 구할 수 있는 브랜드. 다양한 맛이 있다.

카야 하우스

프리미엄 카야 잼. 그린(논야식)과 브라운(하이난식)이 있다. 다소 비싸지만, 우리 입맛에 잘 맞는다.

: WRITER'S PICK :

카야 잼의 색은 왜 2가지일까?

최초의 카야 잼은 갈색을 띤 하이난식으로, 19세기 초 영국 무역선의 요리사로 일하던 중국 하이난섬 출신 이민자들이 캐러멜, 코코넛 밀크, 달걀 등을 넣어 만들었다. 이후 중국인 이민자와 현지 말레이인 사이에서 태어난 페라나칸인 여성인 '논야'들이 평소 먹던 카야 잼에 판단 잎을 넣어 만든 것이 초록색의 논야식(페라나칸식) 카야 잼이다. 일반적으로 하이난식 잼은 진하고 달콤한 맛이 강하고, 논야식 잼은 고소하고 담백한 맛이 특징이다. 요즘은 2가지 잼 모두 판단 잎을 넣는 등 재료의 차별성이 점차 약화하는 추세. 잼을 만드는 방식이나 시간 등이 다른 데서 색의 차이가 생긴다고 봐도 될 정도다.

+MORE+

가격 파괴 생필품 매장, 밸류 달러 Value$

생필품이나 가공식품 등을 다른 슈퍼마켓의 거의 절반 가격에 판매하는 할인 마켓 체인이다. 싱가포르산 제품은 물론, 말레이시아, 인도네시아, 중국, 인도, 필리핀, 영국, 미국, 중동 등 세계 각지의 다양한 제품을 품목별로 판매한다. 운이 좋으면 해피 히포 초콜릿도 저렴한 가격에 득템할 수 있으니 가까운 곳에 매장이 있다면 한 번 들러보자. 영업시간은 대부분 10:00~21:40.

STORE 올드 시티-페닌슐라 플라자 1층(세인트 앤드류 성당 맞은편), 오차드 로드-럭키플라자 6층, 리틀인디아-시티 스퀘어 몰 지하 2층, 리틀인디아 아케이드 1층, 차이나타운-피플스 파크 콤플렉스 3층, 차이나타운 포인트 지하 1층 등

집순이를 위한

칠리 크랩 소스 Chilli Crab Paste

이 소스만 있으면 누구나 칠리 크랩을 집에서도 손쉽게 만들 수 있다. 크랩 대신 새우나 꽃게를 넣어도 충분히 맛있으니 도전해보자. 액체류이므로 귀국할 때는 위탁 수하물로 부쳐야 한다.

점보 칠리 크랩 페이스트

칠리 크랩 맛집인 점보 씨푸드 레스토랑의 맛을 그대로 담아냈다. 소스가 여러 개로 나뉘어 있지 않아서 간편하다.

프리마 테이스트 칠리 크랩 페이스트

가장 만만한 칠리 크랩 소스. 제품에 적힌 레시피대로 따라 하면 맛있는 칠리 크랩 요리가 뚝딱! 우리나라의 반값에 구매할 수 있다.

: WRITER'S PICK :

유통기한 보는 방법

싱가포르의 유통기한 표기 순서는 일-월-연이다. 보통 'Best Before DD.MM.YYYY'로 표시돼 있고, '17 May 2023'처럼 월이 영어로 표기돼 있기도 하다. 특히 연도를 두 자리 숫자로 표기한 경우는 헷갈리기 쉬우니 주의해야 한다.

예) 26.07.24
→ 2024년 7월 26일까지(O)
2026년 7월 24일까지(X)

칠리 새우 만들기(feat. 칠리 크랩 소스)

❶ 냉동 새우(중간 크기 이상 20~30마리)를 깨끗이 씻은 다음, 체에 받쳐서 물기를 뺀다.

❷ 칠리 크랩 소스를 개봉한다. A 칠리 크랩 페이스트 B 엑스트라 핫 칠리 믹스 C 칠리 크랩 프리믹스

❸ C를 물 30ml에 풀어서 잘 섞는다.

❹ 달걀 2개를 볼에 풀어준다.

❺ 팬에 기름을 넉넉히 두르고, 다진 마늘 1큰술을 넣어 볶는다.

❻ 마늘이 노릇노릇해지면 ❶을 넣는다.

❼ 새우가 타지 않도록 중불에서 뒤적거리며 익히다가, 반쯤 익었을 때 칠리 크랩 소스 A를 넣는다.

❽ 물 400ml를 1/3씩 나누어 넣고 끓인 다음 칠리 크랩 소스 B를 넣는다. 매운맛이 강하므로 한꺼번에 다 넣지 말고 취향에 따라 조절한다.

❾ ❽에 ❸을 넣고 바닥에 눌어붙지 않게 잘 젓는다. 걸쭉해지면 풀어둔 달걀을 넣는다.

❿ 맛있는 칠리 새우 완성!

바삭한 시리얼 새우를 우리집에서

시리얼 새우 믹스 Cereal Prawns Mix

칠리 크랩에 곁들여 먹는 시리얼 새우는 누구에게나 호불호 없는 인기 음식이다.
시리얼 새우 믹스만 있으면 집에서도 간단히 만들 수 있으니 꼭 챙겨보자.

점보 시리얼 새우 믹스

점보 레스토랑에서 먹던 고소하고 바삭한 시리얼 새우의 맛을 완벽하게 구현했다. 아래 레시피를 따라 하면 누구나 실패 없이 만들 수 있으니 도전해보자.

싱롱 시리얼 새우 믹스

대부분의 슈퍼마켓에서 손쉽게 구할 수 있는 시리얼 믹스. 믹스의 양이 점보 시리얼 믹스에 비해 다소 적은 것이 아쉽다.

시리얼 새우 만들기(feat. 점보 시리얼 새우 믹스)

일부 재료는 구하기 쉬운 것으로 대체하면 된다.
카레 잎 → 월계수 잎, 칠리 파디 → 홍고추나 청양고추

❶ 냉동 새우(350g, 중간 크기 이상 20~30마리)를 깨끗이 씻은 후 물기를 뺀다.

❷ 씻은 새우에 옥수수 가루를 골고루 묻힌다.

❸ 웍에 식용유와 월계수 잎을 넣고 뜨겁게 달군 후에 ❷의 새우를 30초간 튀겨낸다.

❹ 튀긴 새우의 기름을 뺀다.

❺ 웍에 마가린(버터) 60g, 홍고추(청양고추) 2개를 넣고 약불로 볶는다.

❻ 풀어놓은 달걀노른자 1개를 넣는다.

❼ 달걀노른자의 수분이 날아가서 가루의 느낌이 날 때까지 한 방향으로 볶는다.

❽ 튀긴 새우와 시리얼 새우 믹스를 넣는다.

❾ 바삭한 느낌이 날 때까지 약불로 계속 볶는다.

❿ 바삭한 시리얼 새우 완성!

'요알못'이라도 문제없다

인스턴트 라면

레시피는 간편하고 감칠맛은 제대로! 요알못도 반기는 싱가포르 인스턴트 라면의 세계~

칠리 크랩 라면

Prima Taste Chilli Crab La Mian

칠리 크랩과 라면의 환상 조합! 매콤 칼칼한 국물 맛이 으뜸이다.

락사 라면

Prima Taste Singapore Wholegrain Laksa La Mian

고소하고 부드러운 국물 맛의 카통 락사를 재현했다. 어묵과 숙주나물을 넣어 끓이면 더욱 맛있다. 뉴욕 타임스가 선정한 '세계에서 가장 맛있는 라면' 2위!

'귀염뽀짝' 아기 하마 과자

킨더 해피 히포 Kinder Happy Hippo

우리나라에서는 온라인으로만 비싸게 판매되는 레어템. 현지에서도 품절일 때가 많으니 눈앞에 보일 때 구매해두자. 일반적으로 무스타파 센터가 가장 저렴하기는 하지만, 간혹 유통기한이 얼마 남지 않은 제품을 싸게 파는 경우도 있으니 유의할 것.

밀크앤코코아

해피 히포의 대명사. 바삭한 과자 속에 달콤한 카카오 크림을 넣고 코코아 크런치를 입혔다.

밀크앤헤이즐넛

카카오 크림 대신 헤이즐넛 향 크림을 넣었다.

중독성 주의!

로컬 스낵

봉지를 뜯는 순간 멈출 수 없는 싱가포르 로컬 스낵의 대표주자들.

솔티드 에그 감자칩
Salted Egg Yolk Potato Ridges Snacks

소금에 절인 달걀노른자를 입힌 오리지널 감자칩. 짭조름하면서 고소한 맛.

솔티드 에그 피시 스킨
Salted Egg Fish Skin Crunchy Crisps Snacks

그거 아세요? 생선껍질 튀김은 세상 바삭하다는 것!

솔티드 에그 새먼 스킨
Chilli Crab Seaweed Tempura Snacks

바삭한 연어 껍질에 다양한 양념을 입힌 스낵. 오늘 맥주 안주는 너로 정했다!

싱가포르의 국민 음료

마일로 Milo

코코아 분말로 만든 마일로는 싱가포르 사람들의 최애 음료다. 코피티암, 야쿤 카야 토스트, 패스트푸드점, 슈퍼마켓 등에서 다양한 형태로 판매한다. 우리나라에서도 살 수 있지만, 종류가 다양하지 않고 가격도 더 비싸다.

마일로 분말 리필 팩
Milo Active-Go Regular Powder Refill Pack

많이 달지 않고 고소한 맛!

: WRITER'S PICK :

마일로, 이렇게 즐기자!

❶ 1포씩 개별 포장된 스틱보다 리필 제품을 구매하는 게 더 경제적이다.

❷ 약간의 뜨거운 물이나 우유에 녹인 후 얼음을 넣어 시원하게 마신다. 기호에 따라 뜨겁게 마셔도 상관없다.

❸ 일반적으로 마일로 분말 6T(30g)에 200ml의 물이나 우유를 넣는 게 적당하다.

MUST-BUY 5

BEAUTY & MORE

뷰티 용품

S-뷰티가 궁금하다면?

싱가포르의 뷰티 시장은 어떨까? 이미 세계적으로 커져 버린 K-뷰티를 따라잡을 수는 없지만, 가끔 우리나라에서는 구할 수 없는 것들이 있으니 뷰티 마니아라면 눈여겨보자.

화장품에서 의약품까지

드럭스토어 Drugstore

우리나라와 마찬가지로 각종 뷰티 용품과 생활용품, 식료품 등을 취급하며, 간단한 의약품도 구매할 수 있다. 주요 드럭스토어는 왓슨스(Watsons)와 가디언(Guardian)이며, 대부분의 쇼핑몰에 입점해 있다.

WEB 왓슨스 watsons.com.sg
가디언 guardian.com.sg

세계 1위 뷰티 편집숍

세포라 Sephora

프랑스에서 시작된 세계적인 화장품 유통업체. 우리나라에서는 영업 부진으로 철수했지만, 싱가포르에서는 11개의 매장이 활발하게 운영되고 있다. 특히 아이온 오차드 지하 2층에 있는 플래그십 스토어는 동남아시아 최대 규모.

WEB sephora.sg

바디 케어의 모든 것

배스앤바디웍스 Bath & Body Works

바디 용품을 총망라한 미국 브랜드. 보습력과 향이 뛰어나고, 제품 패키징이 고급스러워서 인기가 높다. 바디 용품 외에 향초를 담은 캔들도 추천. 아직 우리나라에는 매장이 없으므로 싱가포르에 간 김에 구매하면 좋다. 3+1 또는 3+2 행사를 자주 진행한다.

WEB bathandbodyworks.com

란제리만 있는 건 아니다

빅토리아시크릿 Victoria's Secret

주력 상품인 속옷뿐 아니라 바디 용품이나 향수, 화장품 케이스, 팔찌 등 액세서리도 판매한다. 특히, 바디 미스트는 250ml의 넉넉한 용량에 끈적임 없이 촉촉하게 스며들고, 은은한 향도 오래 지속된다. 퓨어 시덕션(Pure Seduction)이나 러브 스펠(Love Spell)을 추천!

WEB victoriassecretsg.com

싱가포르에서는 옷보다 신발과 가방에 주목할 필요가 있다. 현지에서 구매하면 확실하게 이득 보는 알짜 패션 잡화 브랜드가 상당하기 때문이다.

싱가포르 최고의 가성비 브랜드

찰스앤키스 Charles & Keith

힙한 감성의 디자인과 합리적인 가격이 장점인 여성 패션 잡화 브랜드. 여행자들에게 어찌나 인기가 높은지 창이공항 출국장에서는 이 브랜드의 쇼핑백을 일행마다 하나씩은 볼 수 있을 정도다. 우리나라에도 매장이 있지만, 싱가포르에서 구매하는 것이 더욱 저렴하고 선택의 폭도 넓다. 1회 S$250 이상 구매 시 골드 회원 자격과 10% 할인 혜택이 주어진다.

WEB www.charleskeith.com

남성 라인을 찾는다면

페드로 Pedro

찰스앤키스의 패밀리 브랜드. 여성 잡화뿐 아니라 찰스앤키스에 없는 남성 라인까지 골고루 갖췄다. 우리나라엔 아직 매장이 없고, 트렌디한 디자인의 남성용 구두나 클러치 백 등을 10만원 이내로 구매할 수 있다. 다만, 가격이 저렴한 대신 평범한 소재를 사용한다.

WEB pedroshoes.com

신은 듯 안 신은 듯

파찌온 Pazzion

부드러운 송아지 가죽과 양가죽으로 만든 패션 잡화로 유명한 로컬 브랜드. 특히 플랫 슈즈는 폭신 폭신한 쿠션감이 우수하다. 그 밖에 로퍼와 샌들 등 다양한 종류의 신발을 선택할 수 있다. 찰스앤키스나 페드로보다는 가격대가 약간 높은 대신 품질이 더욱 좋다.

WEB pazzion.com

: WRITER'S PICK :

싱가포르에 저렴이 신발이 많은 이유

세상 모든 명품 브랜드가 모인 싱가포르에 유독 저가 신발 브랜드가 많은 이유는 날씨 탓이다. 적도에 걸쳐 있다시피 하여 일 년 내내 습하고 덥다보니 제아무리 명품 구두라고 해도 밑창이 금방 상하고 떨어지기 일쑤다. 그러니 어차피 오래 신을 수 없는 거라면 저렴하고 예쁜 신발을 사서 짧은 기간 신다가 교체하는 것이 싱가포리언들의 쇼핑 패턴이 된 것. 따라서 가성비 브랜드들의 제품도 내구성보다는 디자인에 초점이 맞춰져 있다.

싱가포르
여행
완벽 준비

WHEN TO TRAVEL

언제 떠날까? 여행 시기 정하기

싱가포르의 날씨는 전형적인 열대우림 기후로 우리나라 날씨와는 사뭇 다르다. 날씨에 따른 싱가포르의 시기별 특징을 알아보고 내게 맞는 최적의 여행 시기를 정해보자.

건기냐 우기냐, 그것이 문제로다!

싱가포르의 월평균 기온은 최고 30~32°C, 최저 23~25°C로 연중 큰 차이가 없지만, 강수량은 월별 편차가 크다. 통상적으로 11월부터 이듬해 1월까지를 우기로 치며, 이때는 천둥과 번개를 동반한 월 평균 200mm 이상의 비가 내린다. 하지만 소나기성 비인 스콜이 하루에 몇 차례 10~20분간 내리다가 금세 개는 식이어서 현지인들은 우기에도 우산을 갖고 다니지 않을 때가 많다. 길가의 2층짜리 숍 하우스의 처마 밑으로 다니면 비를 맞지 않을 수 있고, 인도마다 비와 햇볕을 피할 수 있는 쉘터(Shelter)도 흔하다.
건기에는 비가 자주 내리지 않아 맑고 깨끗한 하늘 아래 여행할 수 있다는 장점이 있는 반면, 심한 더위 탓에 컨디션 조절이 어렵다는 단점이 있다. 참고로 6~8월은 건기에 속하는데도 비가 꽤 자주 내리는 편. 그래도 우기인 겨울보다는 강수량이 적다.

일기예보를 보니 여행 내내 비가 온대요!

금	**31°**/26°		뇌우
토	**31°**/26°	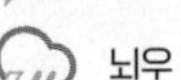	뇌우
일	**31°**/25°		뇌우
월	**30°**/25°		뇌우
화	**29°**/25°	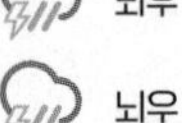	뇌우

포털 사이트에서 제공하는 싱가포르 주간 날씨 예보는 대개 비와 뇌우 일색이다. 열대지방이라 건기, 우기와 관계없이 사실상 매일 스콜성 비가 내린다고 해도 과언이 아니므로 틀린 예보라고 볼 순 없다. 다만, 그 빈도를 볼 때 건기에는 많아야 하루 1~2회 10분 내외로 내리는 정도이며, 우기에도 그 빈도가 높아질 뿐 종일 내리는 건 아니므로 크게 걱정할 필요는 없다.

: WRITER'S PICK :

창이공항의 번개 경보 Lightning Warning

싱가포르는 일 년의 거의 절반은 뇌우가 발생하는 나라다. 창이공항에도 종종 번개 경보가 발효되며, 이때는 안전을 위해 도착한 비행기의 수하물 처리를 비롯해 공항 주기장 내에서의 모든 작업이 금지된다. 번개 경보가 오래 지속되면 수하물을 찾는 데만 몇 시간이 소요되고, 심하게 지연될 경우 수하물을 추후 호텔에 직접 가져다주기도 한다. 특히 우기인 11~1월에는 번개 경보가 발효될 확률이 높으므로 만약에 대비해 꼭 필요한 물품은 기내용 가방에 넣어 탑승하는 게 좋다.

뜨겁다, 뜨거워

싱가포르의 2~7월은 일조시간이 가장 길고 일조량도 가장 많을 때다. 일조량이 많다는 것은 그만큼 구름이 없고 많은 직사광선이 내리쬔다는 뜻. 따라서 같은 건기여도 하반기보다는 상반기의 더위가 더 심하다. 싱가포르 학교의 여름 방학이 6월인 점도 이 때문이다.

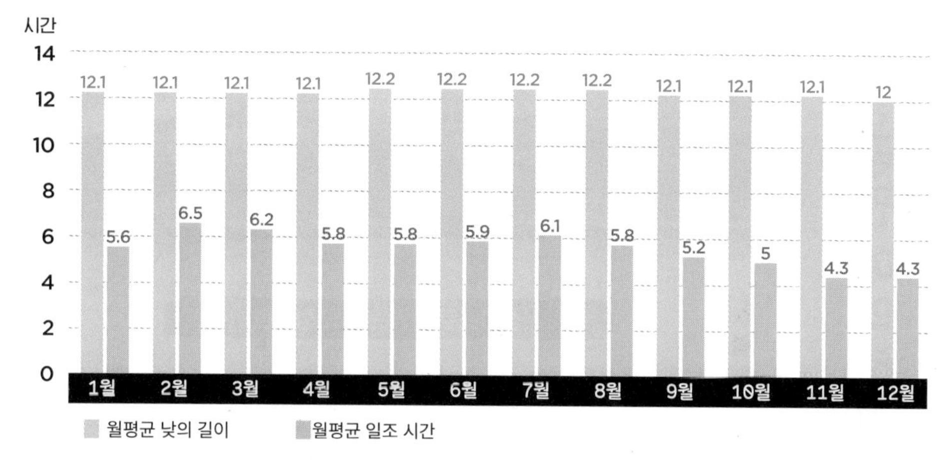

태풍이 비껴가는 나라

싱가포르는 자연재해가 발생할 확률이 매우 낮은 나라다. 태풍은 대개 싱가포르 위쪽의 필리핀이나 괌 등지에서 발생해 북상한다. 2001년 태풍 바메이가 이례적으로 싱가포르 근처에서 발생한 적이 있지만, 이는 100~400년에 한 번 일어날 정도의 일이라고. 또한, 싱가포르 주변을 에워싼 수마트라나 자바섬, 보르네오섬이 천연 제방 역할을 해서 쓰나미와 같은 재해도 일어나지 않는다.

헤이즈, 너만은 제발···

우리나라에 미세먼지가 있다면 싱가포르엔 헤이즈(Haze)가 있다. 헤이즈는 매년 건기에 인도네시아 수마트라섬에서 일어난 산불의 매연이 싱가포르를 비롯한 주변국까지 날아드는 현상을 말한다. 산불의 원인은 주로 밭을 태워 경작지를 확보하는 화전민들 때문이라고. 헤이즈가 날아오면 대기도 뿌옇고 공기 중에 탄 냄새가 나는 등 불쾌할 뿐 아니라, 호흡기에도 좋지 않다. 이 때문에 헤이즈가 심하면 각종 국제 행사도 취소하고 학교도 휴교령을 내리는 등 꽤나 심각하게 대처한다.

헤이즈는 예고 없이 수시로 발생하고 강도도 매년 다르므로 방역용 마스크를 미리 챙겨가는 게 좋다. 통상적으로 2~3년 주기로 심각한 헤이즈가 발생하며, 싱가포르 환경청 홈페이지(www.haze.gov.sg)에서 매일 헤이즈 수치를 대기오염지수(PSI-Pollutant Standards Index)로 공개한다. PSI 수치가 100을 넘으면 건강에 해롭다고 알려졌다.

FLIGHT BOOKING

항공편 예약하기

시간이냐 돈이냐 그것이 문제로다

싱가포르행 비행기는 서울과 부산에서 출발하며, 직항편과 경유편을 다양하게 선택할 수 있다. 소요 시간은 직항편 기준 6시간 30분 내외다.

싱가포르로 가는 주요 항공편

2025년 2월 현재 싱가포르의 국적 항공사인 싱가포르항공이 인천 국제공항에서 매일 4회 운항하는 것을 비롯해 대한항공과 아시아나항공도 싱가포르까지 직항 노선을 운항하고 있다. 이 밖에 싱가포르항공 계열 저비용 항공사인 스쿠트항공도 일부 항공편을 기존 타이베이 경유에서 직항으로 변경해 운항하고 있으며, 우리나라의 티웨이항공도 2024년 11월부터 하루 2회로 증편 운항하면서 가성비 좋은 선택지가 되고 있다. 경유편은 싱가포르까지의 운항 시간을 고려할 때 총 소요 시간이 10시간을 넘는 경유편은 추천하지 않는다.

■ 직항편(2025년 2월 기준)

항공사	출발 공항	운항 횟수	특징
싱가포르항공	인천	주 28회	오전, 오후, 야간 다양한 시간대 선택 가능. 신형기종(B787, A350) 투입
	김해	주 4회	부산에서 출발하는 유일한 FSC항공편
대한항공	인천	주 21회	창이공항 4터미널을 이용해 출입국 수속 빠름
아시아나항공	인천	주 14회	싱가포르항공과 같은 스타얼라이언스 회원사
티웨이항공(LCC)	인천	주 14회	대형기인 A330-300 운항(약 270석)
스쿠트항공(LCC)	인천	주 3회	싱가포르항공 계열, 신형기종(B787) 투입 (타이베이 경유편 주4회 별도 운항)
	제주	주 5회	제주에서 출발하는 유일한 직항편
제주항공(LCC)	김해	주 7회	부산에서 출발하는 유일한 LCC항공편

*LCC(Low Cost Carrier): 저비용 항공사

■ 경유편(2025년 2월 기준)

싱가포르항공 계열의 저비용 항공사인 스쿠트항공이 타이베이를 경유해 싱가포르를 왕복하는 항공편을 주 4회 운항하고 있다. 경유편이긴 하지만 타이베이 타오위안 공항에서 1시간 정도 대기하고, 바로 다시 탑승하기 때문에 소요 시간도 짧아 추천한다. 이 외에도 타이항공(방콕 경유), 에어 아시아(쿠알라룸푸르 경유), 베트남항공(호치민 경유) 등이 주 5~6회 운항하고 있다.

베트남항공

어떤 항공편이 좋을까?

❶ 직항편 VS 경유편

직항편은 갈아탈 필요 없이 일찍 도착한다는 장점이 있고, 경유편은 상대적으로 항공권이 저렴한 데다 때에 따라 스톱오버가 가능하다는 장점이 있다. 여행 기간이 5일 이내라면 직항편으로 시간을 아끼는 게 좋고, 그보다 긴 일정이라면 경유편을 이용해 경유지에서 하루 정도 시티투어를 즐기는 것도 괜찮다.

■ 직항편과 경유편의 장단점

	직항편	경유편
장점	▶ 경유편보다 시간이 절약된다. ▶ 목적지까지 한 번에 도착한다. ▶ 환승에 따른 불안이 없다. - 환승 시 수하물 누락 - 촉박한 환승 시간	▶ 동일 수준의 항공사라면 직항편보다 저렴하다. ▶ 스톱오버를 이용하면 2개국 여행도 가능하다. ▶ 중간 경유지에서 장시간 비행의 지루함을 달랠 수 있다. ▶ 기내식을 두 번 먹을 수 있다. - 저비용 항공사는 유료
단점	▶ 경유편보다 항공권 가격이 높다.	▶ 공항 이용이 익숙하지 않을 경우 환승 절차에 어려움을 겪을 수 있다. ▶ 전체 이동 시간이 오래 걸린다.

❷ 우리나라 항공사 vs 외국 항공사

우리나라 국적 항공사는 익숙한 분위기에서 편안한 서비스를 받을 수 있다는 장점이 있지만, 상대적으로 저렴한 가격으로 외국 항공사를 이용하는 것도 꽤 괜찮은 선택이다. 외국 항공사를 이용하더라도 스카이팀, 스타얼라이언스, 원월드 등 항공사 동맹이 같을 땐 우리나라 항공사의 마일리지를 적립할 수 있으며(단, 항공권 등급에 따라 적립이 안 될 수 있음), 외국인 승무원과의 의사소통은 간단한 영어 단어만으로도 충분하다. 한국 출·도착편의 경우 한국인 승무원이 반드시 탑승하게 돼 있으므로 필요한 경우에 도움받을 수 있다.

싱가포르항공

■ 싱가포르에 취항하는 주요 항공사 동맹

스카이팀 SkyTeam	스타얼라이언스 Star Alliance	원월드 Oneworld
대한항공(Korean Air) 중화항공(China Airlines) 중국동방항공(China Eastern Airlines) 가루다 인도네시아(Garuda Indonesia) 베트남항공(Vietnam Airlines)	아시아나항공(Asiana Airlines) 싱가포르항공(Singapore Airlines) 중국항공(Air China) 전일본공수(All Nippon Airways, ANA) 에바항공(Eva Air) 타이항공(Thai Airways)	캐세이퍼시픽(Cathay Pacific) 일본항공(Japan Airlines) 말레이시아항공(Malaysia Airlines) 콴타스항공(Qantas Airlines)

❸ 오전 vs 오후 vs 밤 비행기

싱가포르에 도착하는 시간대를 언제로 할 것인가는 여행 전체 계획과 밀접한 연관이 있다. 노약자와 어린이를 동반한 여행이라면 컨디션에 무리가 되지 않는 항공편을 권한다.

*출·도착 시각은 직항편 기준

오전 도착 ★

한국에서 밤 비행기를 타고 출발하면 아침 5~6시쯤 싱가포르에 도착한다.
입국 수속을 마치고 시내 호텔에 도착하면 아침 7시쯤이 된다.

장점	▶ 도착 첫날부터 하루를 온전히 쓸 수 있다.
단점	▶ 호텔 얼리 체크인이 되지 않아 이른 아침부터 여행을 시작할 경우 매우 피곤하다.
Solution	호텔 얼리 체크인은 100% 보장돼 있지 않다. 노약자와 어린이를 동반한 여행이라면 이 시간대의 비행은 피하자. 왕복 항공편 중 한 번은 밤 비행기를 타고 싶다면 귀국편을 선택하는 것이 좋다.

오후 도착 ★★★

한국에서 아침 비행기(09:00 출발 싱가포르항공 SQ607 기준)를 타고 출발하면 오후 3시경 싱가포르에 도착한다.
입국 수속을 마치고 시내 호텔에 도착하면 오후 4~5시쯤이 된다.

장점	▶ 신체 리듬을 깨지 않고 정상 컨디션을 유지할 수 있다.
단점	▶ 첫날은 저녁 일정부터 가능하므로 시간 활용의 효율성이 떨어진다.
Solution	첫날은 올드 시티와 클락 키, 마리나 베이 등 가까운 시내 일정으로 계획해보자. 저녁 식사 후 싱가포르 분위기를 물씬 풍기는 멀라이언 파크-리버 크루즈-마리나 베이 샌즈 코스로 돌면 첫날도 알차게 보낼 수 있다.

밤 도착 ★★

한국에서 오후 비행기를 타고 출발하면 밤 10시 이후 싱가포르에 도착한다.
입국 수속을 마치고 시내 호텔에 도착하면 자정 무렵이 된다.

장점	▶ 도착하자마자 호텔에서 푹 쉬고 다음 날부터 산뜻하게 하루를 시작할 수 있다. ▶ 직장인의 경우 반차만 내고 출발할 수 있다.
단점	▶ 첫날 호텔 숙박비가 든다. ▶ 3~4일의 짧은 일정일 경우 선택하기 망설여진다.
Solution	전날 밤 충분히 쉰 다음 여행을 시작할 수 있어서 컨디션 관리에 좋다. 숙박비가 부담된다면 첫날에는 잠만 잘 수 있는 저가형 호텔을 추천. 이때 호텔에는 사전에 레이트(Late) 체크인을 꼭 알리자.

항공권 예약 꿀팁 총정리

❶ 방학이나 연휴 등 성수기가 아닌 경우 싱가포르 왕복 항공편의 적정 가격대는 직항편 60만원 내외, 경유편 40만원 내외이다. 직항편 50만원대, 경유편 30만원대의 항공편을 보았다면 고민 없이 질러도 좋다.

❷ 통상 출발 6주 전쯤 항공권 가격이 가장 저렴하다고 알려져 있으나, 최근에는 빨리 구매할수록 저렴한 경우가 점점 늘고 있다.

❸ 항공권 가격 비교 사이트와 여행사 홈페이지 외에 항공사 공식 홈페이지나 앱도 적극 활용하자. 저렴하게 항공권을 판매하는 프로모션이 꽤 자주 진행된다.

❹ 싱가포르항공 앱에서 진행하는 프로모션을 잘 활용하면 50만원대로도 왕복 티켓을 구매할 수 있다.

❺ 항공권이 저렴한 저비용 항공사라도 위탁 수하물 추가나 기내식 구매 등에 비용을 지출하다 보면 배보다 배꼽이 더 커질 수 있으니 전체 비용을 잘 따져봐야 한다.

❻ 외국 항공사를 이용할 땐 국내 항공사와 공유되는 마일리지 적립 프로그램을 이용하자.

❼ 경유지에서 스톱오버를 원한다면 스톱오버가 가능한 항공권인지를 꼭 확인한다.

❽ 경유편은 비교적 공항 환승 대기시간이 짧은 편을 선택한다.

싱가포르에는 지역별로 다양한 가격대의 호텔이 분포돼 있어서 선택의 폭이 매우 넓다. 많고 많은 호텔 중 내 취향에 딱 맞는 호텔을 예약할 수 있는 핵심 포인트를 짚어보자.

나만의 우선순위를 정하자

싱가포르의 호텔은 가성비를 따지기 어렵다. 숙박비가 비쌀수록 만족도가 높고, 저렴할수록 그만한 이유도 따라오도록 가격대가 형성돼 있기 때문이다. 또한, 코로나19 이후 싱가포르의 호텔비도 많이 상승했다. 싱가포르 호텔을 가격대별로 나누면 2인 기준 1박 요금이 특급은 50만원 이상, 고급은 30~50만원, 중급은 20~30만원, 저가형은 20만원 이하 정도다.
특급호텔을 선택한다면 모든 문제가 해결되겠지만, 그렇지 않다면 자신의 기준에 따라 가장 우선되는 조건 1~2가지 정도를 정하는 게 중요하다. 여행 타입에 따라 추천하는 호텔 우선순위는 아래와 같다.

위치가 좋을수록 여행 만족도도 UP!

짧은 여행에서는 시간이 곧 돈이다. 이동 시간을 최대한 줄이려면 호텔 위치가 특히 중요하다. 등급이나 시설이 우수한데도 가격이 저렴한 호텔이라면 MRT역에서 멀리 있는 등 위치가 좋지 않은 경우가 많으니 신중히 선택해야 한다.

추천 지역

MRT 시티홀역을 중심으로 하는 올드 시티 지역과 클락 키 정도면 어디를 이동하더라도 편리하다. 지역을 조금 더 넓힌다면 오차드 로드나 부기스, 차이나타운까지도 무난하다.

비추 지역

싱가포르 동부의 게일랑(Geylang) 지역은 숙박비가 저렴한 대신 정부에서 인정한 합법적인 홍등가가 있는 곳이다. 특히 여성이나 가족여행자라면 피하는 것이 좋다.

대중교통을 이용할 초보 여행자라면 MRT역 근처

택시나 그랩(차량 공유 서비스) 외의 대중교통도 적절히 이용할 계획이라면 MRT역에서 도보 5분 이내에 위치한 호텔을 추천한다. 초보 여행자는 시내버스보다 MRT를 이용하는 게 편리한데, 시설은 좋지만 가격이 저렴한 곳은 대개 MRT역에서 걸어가기 어려운 곳에 있는 경우가 많다. 이런 호텔들은 대개 투어 버스를 이용하는 패키지 여행객들이 묵는다. 여행자들을 위한 인기 명소와 맛집으로 이동하기 편리한 MRT역 8곳과 추천 호텔은 다음과 같다. 호텔에 관한 자세한 소개는 싱가포르 지역별 추천 호텔(439p) 참고.

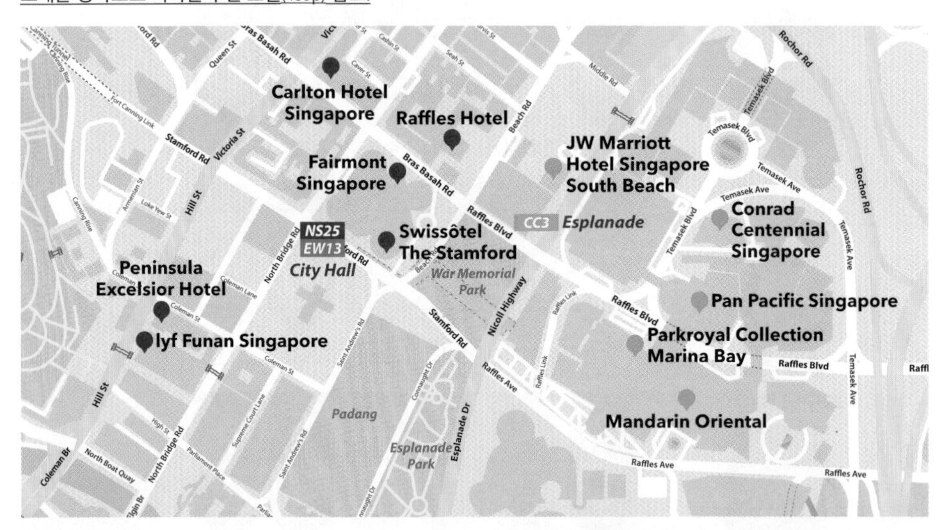

시티홀역 City Hall

올드 시티 중심부에 위치한 역. 초록색의 이스트 웨스트 라인과 빨간색의 노스 사우스 라인의 환승역으로, 교통이 편리하다. 래플스 시티와 차임스, 싱가포르 국립박물관 등이 바로 근처에 있다.

➡ 스위소텔 더 스탬포드 445p, 라이프 푸난 446p, 래플스 266p, 칼튼 호텔 446p, 페어몬트, 페닌슐라 엑셀시어 호텔

에스플러네이드역 Esplanade

대형 쇼핑몰인 선텍 시티 몰과 연결되고 래플스 시티도 가까워서 쇼핑과 식사가 편리하다. 전쟁기념공원이 바로 앞에 있고, 에스플러네이드 극장과 멀라이언 파크도 도보권이다.

➡ 콘래드 센테니얼 444p, 만다린 오리엔탈 441p, JW 메리어트 호텔 사우스 비치 445p, 파크로열 콜렉션 마리나 베이, 팬 퍼시픽

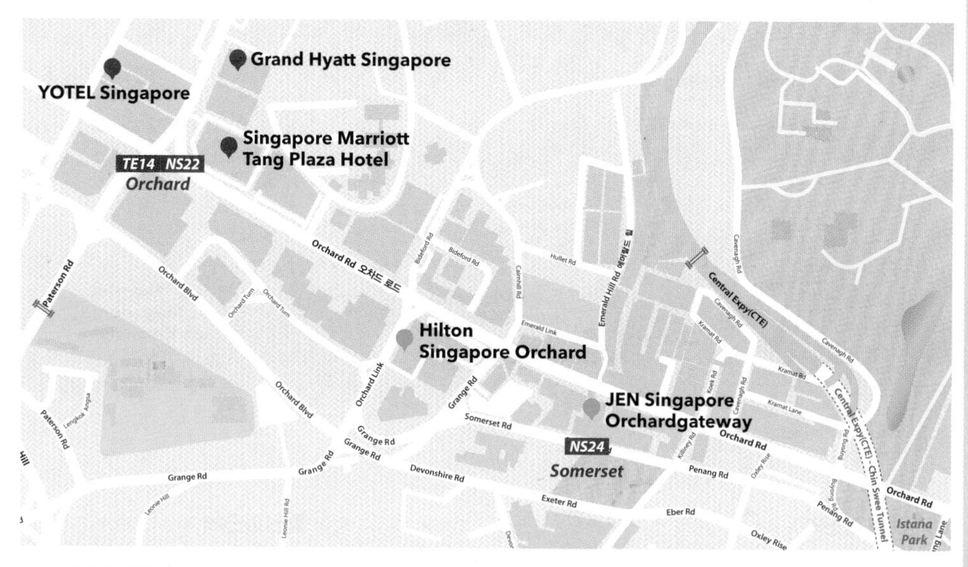

오차드역 Orchard

오차드 로드 중심부에 위치한 역. 대부분의 관광지와 편리하게 연결된다. 칠리 크랩의 성지인 뉴튼 푸드센터가 있는 뉴튼역과는 한 정거장 거리. 저가형 호텔은 거의 없다.

➡ 요텔 싱가포르 449p, 메리어트 탕 플라자 호텔, 그랜드 하얏트

서머셋역 Somerset

313 앳 서머셋, 오차드 게이트웨이, 오차드 센트럴 등 쇼핑몰 밀집 구역. 맥주 한잔하기 좋은 에메랄드 힐과도 가깝다.

➡ 젠 오차드게이트웨이 448p, 힐튼 싱가포르 오차드

Paradox Singapore Merchant Court
NE5 Clarke Quay
Park Regis Singapore
Merchant Rd
Eu Tong Sen St
New Bridge Rd
Havelock Rd
North Canal Rd
Hong Lim Park
Parkroyal Collection Pickering
Upper Hokien St
South Bridge Rd
Pickering St
Chinatown
DT19 NE4
Hotel Mono
Pagoda St
Mosque St
Amara Singapore
Temple St
Smith St
Cross St
Club St

클락키역 Clarke Quay

싱가포르 나이트 라이프의 중심인 올드 시티와 차이나타운으로의 이동이 편리하다. 송파 바쿠테 본점이 있는 보트 키 뒤편의 홍콩 스트리트 주변은 10만원 미만의 저가형 호텔 밀집 지구다.

➡ 패러독스 싱가포르 머천트 코트 443p, 파크 레지스 443p

차이나타운역 Chinatown

보라색의 노스 이스트 라인과 파란색의 다운타운 라인의 환승역. 대부분의 시내 관광지가 MRT 3~5 정류장 거리에 있다. 저가형 호텔이 많아 실속파 여행자들에게 추천.

➡ 파크로열 콜렉션 피커링 452p, 아마라 싱가포르 452p, 호텔 모노 453p

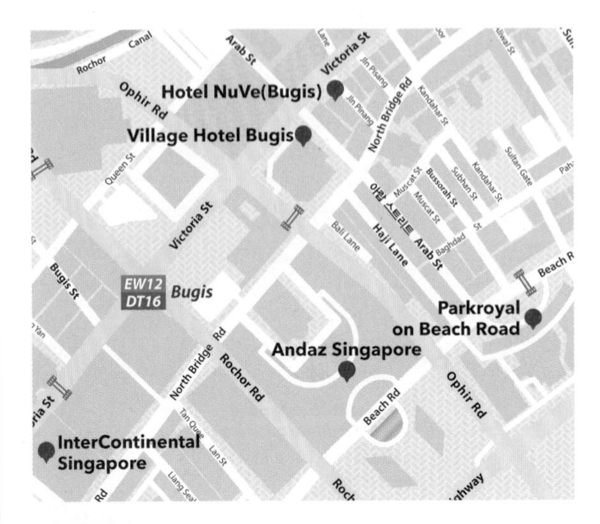

부기스역 Bugis

초록색의 이스트 웨스트 라인과 파란색의 다운타운 라인이 지나간다. 저가형 호텔부터 특급호텔까지 골고루 들어섰다. 하지 레인, 아랍 스트리트와도 가깝다.

➡ 파크로열 온 비치 로드 450p, 인터컨티넨탈, 빌리지 호텔 부기스, 안다즈, 호텔 누베(부기스)

패러파크역 Farrer Park

리틀 인디아 지역에 위치한 역. 대형 쇼핑몰인 시티 스퀘어 몰과 연결되며, 무스타파 센터도 가깝다. 비슷한 수준의 호텔이라도 시내 한복판보다 가격이 저렴하고, 도심 어디로든 이동하기 편리하다.

➡ 노보텔 싱가포르 온 키처너 447p, 원 패러 호텔

멋진 뷰는 호텔 밖에도 많다

싱가포르의 아름다운 전망을 호텔 룸에서도 감상하고 싶다면 마리나 베이 주변의 호텔을 선택하면 된다. 그러나 여행 중 호텔 룸에서 뷰를 보는 시간은 사실상 길지 않으므로, 호텔 리뷰에서 본 화려한 뷰에 마음을 빼앗긴 나머지 섣불리 비싼 숙박비를 지출하고 후회하는 일은 없도록 하자. 싱가포르에서는 루프탑 바, 싱가포르 플라이어, 마리나 베이 샌즈 스카이파크 등 호텔 룸 밖에서도 여유롭게 뷰를 감상할 수 있는 곳이 많다.

● 마리나 베이 주변의 전망 좋은 호텔

마리나 베이 샌즈 호텔, 스위소텔 더 스탬포드, 풀러튼 베이 호텔, 만다린 오리엔탈, 리츠 칼튼 밀레니아

리츠 칼튼 밀레니아

조식은 굳이 신청하지 않아도 OK

호텔 예약 시 반드시 조식 뷔페를 신청할 필요는 없다. 호커센터나 카야 토스트 전문점처럼 싱가포리언의 평범한 아침 식사 장소가 호텔 근처에 있다면 조식 뷔페보다 저렴한 가격에 이용할 수 있다. 푸드 리퍼블릭 등 쇼핑몰 내에 위치한 푸드코트들 또한 대부분 오전 10시면 영업을 시작하기 때문에 쇼핑몰에서 늦은 아침 식사를 할 수도 있다. 단, 체력이나 입맛을 고려해야 하는 부모님이나 어린이를 동반한 여행이라면, 이동할 필요가 없고 메뉴도 다양한 호텔 조식 뷔페를 추천한다.

맥스웰 푸드센터

● 호텔 조식 대신 선택할 수 있는 주변 식당

➡ 마리나 베이 샌즈

싱가포르 최고의 랜드마크 호텔이지만, 조식은 가격 대비로 썩 만족스럽지 못하다는 평이 많다. 더 숍스 앳 마리나 베이 샌즈의 푸드코트인 라사푸라 마스터즈나 근처의 토스트 박스 등을 이용하는 게 더 효율적이다.

➡ 차이나타운

맥스웰 푸드센터를 비롯해 차이나타운 콤플렉스 푸드센터, 홍림 마켓 & 푸드센터 등 아침 식사 장소로 선택할 수 있는 호커센터가 여러 곳 있다. 보통 아침 7~8시에 문을 연다.

➡ 오차드

각 쇼핑몰 내 입점한 야쿤 카야 토스트, 토스트 박스 등이 일찍 문을 열고, 아이온 오차드 맞은편의 럭키 플라자 내 럭키 푸드센터도 아침 8시면 문을 연다. 아이온 오차드 지하에 있는 푸드코트인 푸드 오페라도 오전 10시부터 이용할 수 있다.

➡ 아랍 스트리트

무르타박으로 유명한 잠잠 레스토랑이 아침 7시, 새우국수 맛집인 블랑코 코트 프론 미가 아침 7시 30분(화요일 휴무)에 문을 연다.

호텔 개수는 최대한 줄이자

싱가포르에는 다양한 컨셉의 호텔이 있으므로 여행 중 여러 곳의 호텔에 머무는 것도 재밌는 경험이다. 하지만 매번 짐을 쌌다 풀었다 하는 작업의 번거로움과 숙소 이동과 체크인·체크아웃에 드는 시간과 에너지를 고려하면 짧은 여행 일정 중의 잦은 호텔 이동은 상당히 피곤한 일이다. 3박일 경우엔 2박+1박, 4박일 경우엔 3박+1박 또는 2박+2박의 구성으로 호텔은 2곳 정도 고르는 게 적당하다.

마지막 밤은 시내 숙소에서

귀국 날 아침부터 공항으로 출발하기 전까지의 자투리 시간은 호텔 체크아웃 후 프론트 데스크에 짐을 맡겨두고 짤막한 시내 관광을 다녀오는 것으로 활용할 수 있다. 그런데 호텔이 시내에서 멀리 떨어진 센토사에 있다면 왕복하는 데만 꽤 많은 시간이 허비된다. 마지막 날을 센토사에서 보낼 계획이 아니라면 여행의 마지막 밤은 시내에 있는 숙소를 선택하자.

: WRITER'S PICK :

에어비앤비는 불법이다

싱가포르에서 에어비앤비와 같은 숙박 공유서비스를 이용하는 것은 불법이다. 무심코 이를 이용했다간 신고 정신 투철한 현지인의 신고로 아무런 보상 없이 쫓겨나거나, 심지어 경찰서에 출두해야 할 수도 있다. 2018년에 싱가포르 법원은 에어비앤비를 통해 아파트를 단기 임대한 호스트에게 5천만원에 달하는 벌금을 부과하기도 했다. 호텔 객실을 분양받은 개인이 에어비앤비를 통해 숙박 서비스를 제공하기도 하는데, 이때 문제가 생길 경우 호텔 측에서는 책임을 지지 않는다는 것도 알아두자.

만 12세 이하는 숙박비가 무료

싱가포르의 호텔은 대부분 만 12세 이하 아동에겐 숙박비를 받지 않는다(엑스트라 베드 신청 시 이용료 별도). 이를 위해 온라인 호텔 예약 페이지에서는 아동 포함 여부를 체크하고 아동의 나이를 입력하게 돼 있는데, 간혹 입력란이 없을 때도 있다. 이럴 땐 우선 성인 인원 기준으로 예약한 다음, 추가 요청사항에 아동 동반 사실과 아동의 나이를 기재하자. 그러면 추후 예약처에서 현지 호텔에 확인 후 예약 가능 여부를 알려준다. 단, 만약을 대비해 취소 가능한 객실로 예약할 것. 만 12세가 넘었다면 성인 인원 숫자에 포함된다.

+MORE+

엑스트라 베드 Extra Bed

호텔에서 예약 인원 이상 숙박 시 추가로 설치해주는 이동식 간이 침대다. 소파를 펴면 침대가 되는 소파베드 형식도 있다. 호텔 또는 룸 등급에 따라 무료일 때도 있지만, 대부분 비용을 받는다. 비용은 특급호텔 기준으로 1박에 S$100(서비스 차지 & 세금 포함 S$120) 정도다. 만 12세 이하의 아동은 숙박비는 무료지만, 엑스트라 베드는 유료다.

어디에서 예약할까?

여행 계획이 확정되면 되도록 빨리 호텔을 예약하는 것이 좋다. 항공편과 마찬가지로 호텔 또한 날짜가 임박할수록 요금이 점점 올라간다. 호텔을 예약할 땐 여러 가지 방법 중 취향에 맞는 것을 선택하되, 업체 간 가격은 꼭 비교해볼 것을 권한다.

	장점	단점	사이트
호텔 예약 대행 사이트	- 최저가 숙소를 찾을 확률이 높다. - 다양한 업체를 폭넓게 비교할 수 있다.	불만 사항이나 예약 취소 문의 등에 대한 답변이 늦을 수 있다.	아고다(www.agoda.com) 부킹닷컴(www.booking.com) 호텔스닷컴(kr.hotels.com) 호텔스컴바인(hotelscombined.co.kr) 트리바고(www.trivago.com)
국내 여행사	- 한글 홈페이지로 예약할 수 있어서 편리하다. - 불만 사항이나 예약 취소 문의 등에 대한 답변이 빠르다.	호텔 예약 대행 사이트보다 가격대가 높다.	하나투어(www.hanatour.com) 모두투어(www.modetour.com) 인터파크투어(tour.interpark.com) 참좋은여행(www.verygoodtour.com) 온라인투어(www.onlinetour.co.kr)
호텔 공식 홈페이지	예약 누락 등의 불상사가 발생할 일이 거의 없어서 안전하다.	가격이 제일 비싸다(최근엔 점차 낮아지는 추세, 자체 프로모션 진행 시 추가 혜택 있음).	각 호텔 공식 홈페이지

실전 호텔 예약법

❶ 비용 포함/불포함 사항을 확인하자

호텔 예약 대행사이트는 숙박비가 저렴하다는 점을 강조하기 위해 대부분 기본 가격만 표시한다. 세금과 서비스 차지, 조식 비용 등을 모두 합산한 금액으로 비교해야 한다.

❷ 취소 가능한 예약 상품으로 비교하자

보통 출발 2~3달 전에 호텔 예약을 한다는 점을 감안하면 비용을 좀 더 내더라도 취소 가능한 호텔을 예약해두는 편이 안전하다. 여행을 떠나기 직전까지는 어떤 변수가 생길지 알 수 없다.

❸ 숙박 후기는 참고만 하자

같은 호텔이라도 개인의 취향이나 그때그때 상황에 따라 숙박객의 만족도는 다를 수밖에 없다. 비슷한 내용의 후기가 꾸준히 나온다면 신뢰할 수 있지만, 그렇지 않은 후기는 참고만 하자.

❹ 호텔에 메일을 보내 예약 내용을 확인하자

예약을 완료하고 바우처를 받았더라도 호텔 측에 메일을 보내 한 번 더 확인하자. 현지에 도착해서야 예약 누락을 알게 돼 당황하는 일이 간혹 발생한다. 특히 예약 대행사이트나 여행사에서 예약 시 확인은 필수. 사전 통보 없이 늦은 밤 레이트(Late) 체크인을 하면 노쇼(No Show)로 간주해 예약이 취소될 수도 있으니 메일로 미리 알려두자. 회신은 1~2일 정도 걸리며, 스팸메일함에 들어가지 않았는지 잘 확인하자.

호텔에 보내는 예약 확인 메일 예문

밑줄 친 부분을 본인에게 맞게 수정해서 사용하면 된다.

Dear Sir or Madam,

I'm Gildong Hong from Korea and I have booked your hotel(호텔명을 적어도 좋다.) for three nights starting September 21, 2025.
I am writing e-mail to confirm my reservation so please make sure that everything is okay.

The details of my reservation are as follows,
-Booking Reference 또는 Hotel Confirmation No:(바우처에 나와 있는 예약번호 기재)
-Check-in/out: 21-SEP-2025~24-SEP-2025(3 Nights)
-Room: SUPERIOR(예약한 룸 등급 기재)
-2 adults, 1 child(female, 10 years)
-Breakfast Included
-Guest Request: NON-SMOKING, High Floor, 2 Beds(twin room)

Thank you for reading and please reply as soon as possible.

Best regards,
Gildong Hong

SCHEDULING A TRIP

내게 맞는 여행 일정 짜기

여행 시기를 결정하고 항공권과 호텔 예약까지 마쳤다면, 이제 드디어 여행 일정을 짤 차례다. 싱가포르의 특성을 고려한 아래의 몇 가지 원칙을 참고하면 여행지에서의 시행착오를 최대한 줄일 수 있다.

기억해요! 1·2·1 법칙

싱가포르는 날씨가 무덥기 때문에 일정을 너무 빡빡하게 짜면 컨디션을 해칠 수 있다. 비교적 덜 더운 오전에는 1개 정도의 야외 일정을 계획하고, 오후에는 더위를 피할 수 있는 실내 일정 1~2개, 저녁에는 야경을 즐길 수 있는 일정 1개를 기본으로 정한 다음, 나만의 추가 일정을 조금씩 덧붙여보자.

이 시간대엔 여기!

❶ 오전

멀라이언 파크, 보타닉 가든, 싱가포르 동물원, 버드 파라다이스, 유니버셜 스튜디오, 시티투어 버스

❷ 오후

쇼핑몰, 박물관, 가든스 바이 더 베이 실내 돔, 하지 레인, 워터파크, S.E.A. 아쿠아리움, 호텔 수영장, 차이나타운, 부기스 & 아랍 스트리트, 리버 원더스, 메가 어드벤처

❸ 저녁

리버 크루즈·팔라완 비치·뉴튼 푸드센터 등 호커센터, 스카이라인 루지, 멀라이언 파크, 스펙트라 쇼, 가든 랩소디, 윙스 오브 타임

❹ 밤

싱가포르 플라이어, 차임스, 루프탑 바, 클락 키, 나이트 사파리

유니버셜 스튜디오

가든스 바이 더 베이

싱가포르 플라이어에서 내려다본 야경

첫날은 몸도 마음도 가볍게

여행 첫날은 비행기 연착이나 수하물 처리 지연 또는 분실, 입국 심사 지연, 번개 경보 등 예상치 못한 갖가지 변수가 있을 수 있다. 따라서 창이공항 도착 후 첫 일정을 시작하기 전까지 여유 시간을 넉넉하게 잡자. 대개 공항 착륙 후 시내 호텔에 도착하기까지 2시간 정도 걸리지만, 여기에 1시간 정도 추가로 여유를 두는 것이 좋다. 특히 첫날에는 취소가 불가능한 식당이나 관광지 예약은 피하는 것이 좋다.

가고 싶은 곳은 몽땅 내 지도에 픽!

지역별로 가고 싶은 곳을 정했다면 구글맵 등 지도 앱에서 해당 장소를 검색한 후 미리 저장해두자. 온라인 지도 활용이 익숙하지 않다면 본 책에 첨부한 맵북에 빨간 펜으로 쓱~

이럴 땐 고민 말고 플랜 B

여행에는 여러 가지 변수가 있는 만큼 계획한 일정대로 안될 땐 플랜 B도 필요하다.
싱가포르 여행 중 마주치기 쉬운 상황별 대안을 준비해 보자.

1 이른 아침 싱가포르에 도착했는데 호텔 얼리 체크인이 안 돼요

➡ Solution

Option ❶ 추가 비용이 들더라도 유료 얼리 체크인 서비스를 받는다.

Option ❷ 수영장이 딸린 호텔이라면 프론트 데스크에 짐을 맡기고 수영장 선베드에서 쉰다.

Option ❸ 최고의 인기 명소 멀라이언 파크는 오전이 가장 한가한 편이므로 이곳부터 먼저 방문한다.

Option ❹ 이른 아침 개장하는 가든스 바이 더 베이 야외정원이나 보타닉 가든을 방문한다.

2 여행 도중에 갑자기 비가 쏟아져요

➡ Solution

Option ❶ 비는 보통 10~20분간 내리다 그칠 확률이 높으니 조금 기다렸다가 움직인다.

Option ❷ 가든스 바이 더 베이의 플라워 돔이나 클라우드 포레스트 등 실내 관광지를 방문한다.

Option ❸ 싱가포르 국립박물관, 아트 사이언스 뮤지엄, 내셔널 갤러리, 사이언스 센터 등 박물관이나 미술관을 방문한다.

Option ❹ 대형 쇼핑몰을 둘러본다. 특히 오차드 로드의 쇼핑몰들은 서로 연결돼 있어서 비를 맞지 않고 다닐 수 있다.

Option ❺ 카페에서 차와 브런치를 즐긴다.

든든한 식당 후보군이 필요해

미리 점 찍어둔 식당에 가려는데 갑자기 입맛이 당기지 않거나, 막상 가보니 기대했던 분위기가 아니었던 경험은 누구나 한 번쯤 있을 것이다. 이럴 때를 대비해 끼니마다 종목이 다른 2곳 정도를 후보지로 체크해두자. 반드시 가고 싶은 식당이라면 사전 예약을 추천. 가려는 곳이 인기 레스토랑이라면 웨이팅 시간을 아낄 수 있다. 예약은 해당 레스토랑 홈페이지에서 할 수 있지만, 싱가포르의 식당 예약 앱인 '촙(chope)'을 이용하면 더욱 편리하다.

뎀시 힐의 캔들넛

기본적인 이동 경로는 미리미리 체크

❶ MRT나 버스를 이용할 예정이라면 탑승 역과 하차 역의 출구 위치 등 간단한 경로 정보 정도는 휴대폰 메모앱이나 종이에 미리 적어 두는 게 좋다. 인터넷 사용이 어려울 때를 대비할 수 있고, 그때그때 검색하는 번거로움을 덜 수 있다.

❷ 싱가포르 현지교통편에서 안내한 교통 관련 앱(175p) 사용 방법을 알아두면 편리하다.

❸ 택시나 그랩만 주로 이용할 예정이더라도, 방문할 장소의 영문명과 주소 목록을 준비해두면 목적지를 검색할 때나 택시기사에게 알려줄 때 유용하다.

구글맵 위치 저장 따라하기

❶ '지도'라고 표시된 구글맵 아이콘을 누른다.

❷ '싱가포르 국립박물관'을 검색한 후 하단의 '저장'을 누른다.

❸ 기존 목록들과 섞이면 헷갈릴 수 있으니 '싱가포르 여행' 그룹을 새로 만들어보자. 상단의 '새 목록'을 누른 후 '완료'를 누른다.

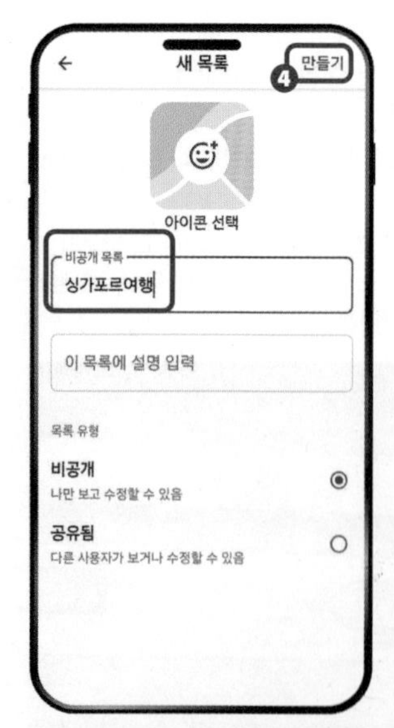

❹ '싱가포르 여행'을 입력한 후 '만들기'를 누른다.

❺ 새로 만든 '싱가포르 여행' 그룹에 '싱가포르 국립박물관'이 저장됐다.

❻ 하나 더 저장해보자. '싱가포르 플라이어'를 검색한 후 하단의 '저장'을 누른다.

❼ 새로 만든 '싱가포르 여행' 그룹 오른쪽에 체크 표시를 하고, 화면 상단 오른쪽의 '완료'를 누른다.

❽ 저장한 장소를 찾고 싶을 땐 구글맵 초기화면 하단의 '내 페이지'를 누르고,

❾ '싱가포르 여행'을 누르면 저장된 리스트가 나타난다.

촙Chope을 이용한 간단 예약 방법

❶ 안드로이드 기준, Play 스토어에서 'chope'을 검색한 후 다운받아 설치한다. 앱 실행 후 휴대폰 번호와 이메일 주소 입력 등 간단한 본인 확인 절차를 거친다.

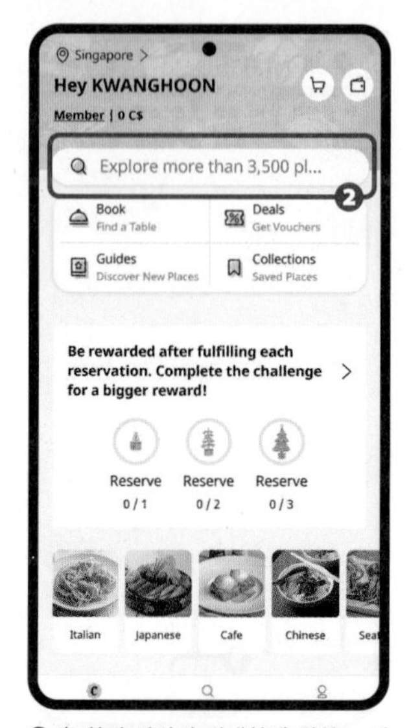

❷ 홈 화면 상단의 검색창에 원하는 레스토랑 이름을 입력한다. 하단의 'Profile' 메뉴는 현지 유심을 사용할 경우 현지 전화번호로 변경할 때 필요하다.

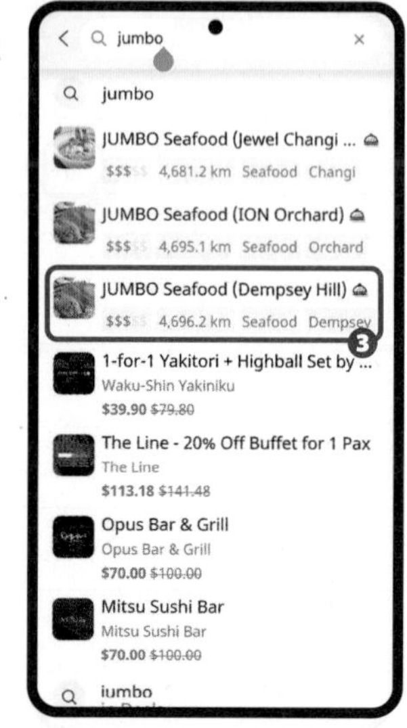

❸ 점보 레스토랑 뎀시힐점을 예약해보자. 검색창에 'jumbo'를 입력 후 하단의 매장 리스트 중 뎀시힐점을 선택한다.

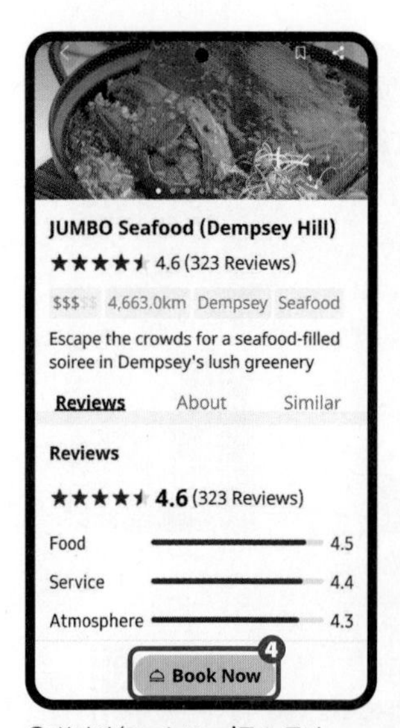

❹ 하단의 'Book Now'를 누른다.

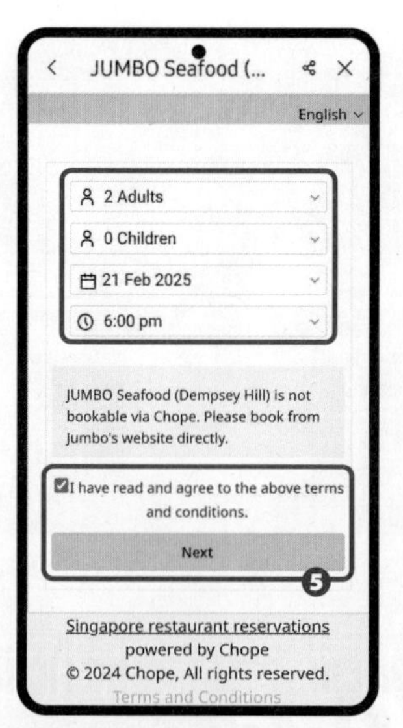

❺ 성인과 아동(만11세 이하) 인원수, 원하는 날짜와 시간을 선택한 다음 하단에 체크 표시를 하고 'Next'를 선택한다.

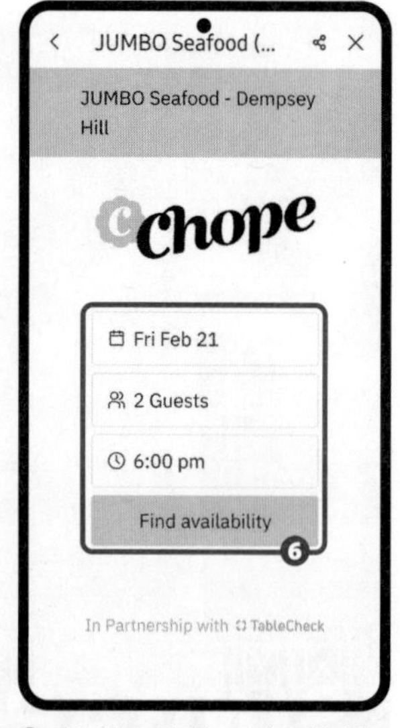

❻ 예약 날짜, 인원수, 시간을 확인하고 이상이 없으면 'Find availability'를 선택한다.

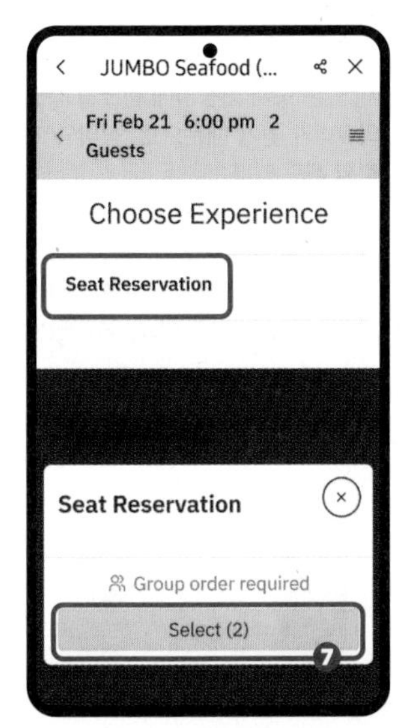

❼ 'Seat Reservation'을 선택하고 다음 화면에서 'Select'를 선택한다.

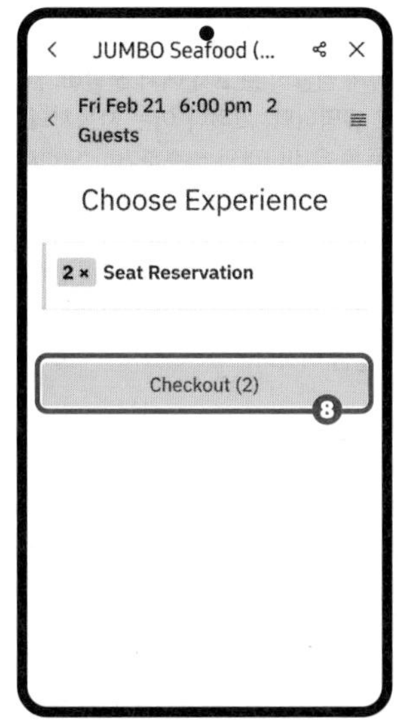

❽ 다음 화면에서 'Checkout'을 선택한다.

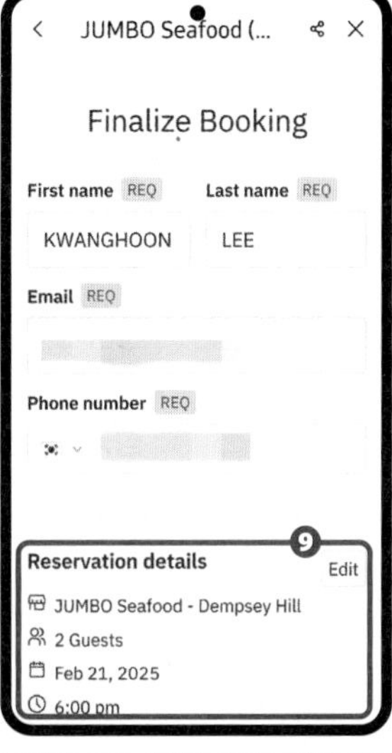

❾ 최종 인적 사항과 예약 내용을 확인한다.

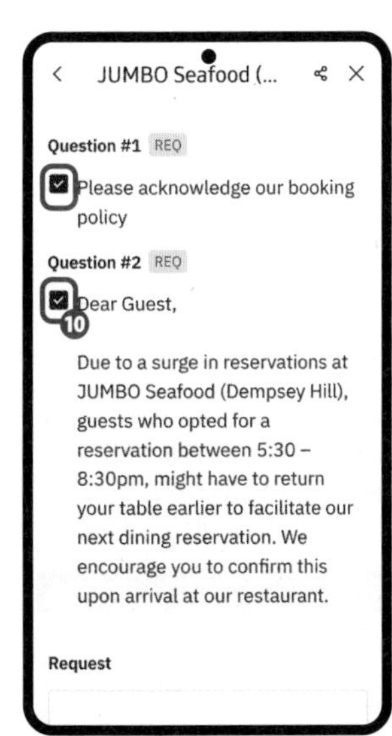

❿ 하단으로 내려와 Question 1(예약 정책), Question 2(레스토랑의 안내 사항)에 체크한다.

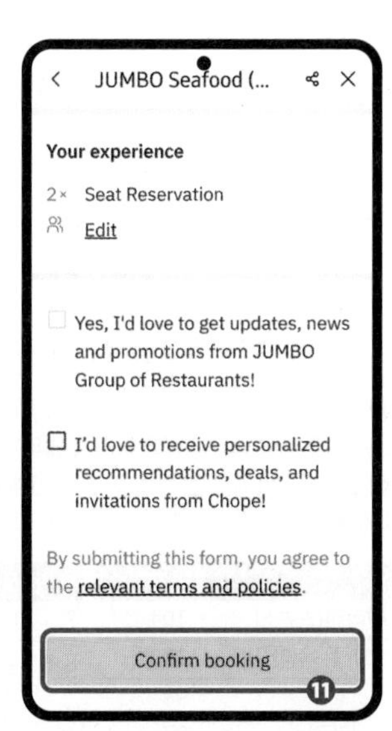

⓫ 하단 내용은 해당 레스토랑과 촙에서 제공하는 소식 수신 여부이므로, 관심이 없다면 체크 표시를 해제하고 'Confirm booking'을 선택한다.

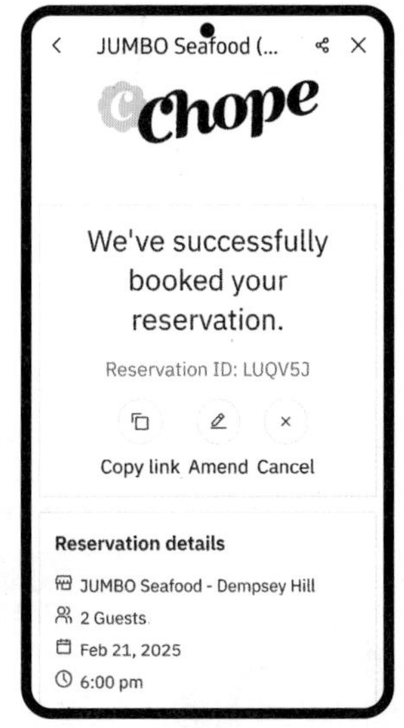

⓬ 예약이 완료되었다. 예약 ID를 확인하고 메일로 도착하는 내용도 확인하자.

STEP BY STEP 5 EXCHANGING CURRENCY

싱가포르 여행 경비 환전 팁

싱가포르 달러 환전하기

싱가포르의 물가 정보와 더불어 싱가포르 달러 환전 시 체크해야 할 사항을 알아보자.

싱가포르 물가

싱가포르는 매년 '세계 생활비 보고서'에서 생활비가 가장 많이 드는 도시 최상위에 랭크될 정도로 물가가 비싸기로 유명하다. 그러나 이는 자동차와 주택, 의료비가 높기 때문으로, 식비와 교통비, 서비스 요금 등은 우리나라와 비슷하거나 오히려 더 저렴할 때도 있다.
특히 식비는 어느 곳을 이용하느냐에 따라 차이가 매우 크다. 우리나라의 고급 레스토랑보다 두 배 이상 비싼 레스토랑이 있는가 하면, 한 끼에 우리 돈으로 3000~5000원 정도에 불과한 호커센터나 푸드코트도 있다. 슈퍼마켓에서 파는 채소나 과일은 우리나라보다 저렴한 편이다.
따라서 여행자 입장에서 체감하는 싱가포르 물가는 우리나라와 별 차이가 없다. 단, 주류와 담뱃값은 우리나라보다 훨씬 비싸다.

싱가포르의 물가 수준

S$1(SGD)=약 1075원(2025년 2월 매매기준율)

스타벅스 아메리카노/카페라테(Grande)
S$6(약 6450원)/S$7.4(약 7960원)
서울 5300원/5800원

맥도날드 빅맥 세트
S$8.75(약 9410원)
서울 7200원

코카콜라(320ml)
S$2.14(약 2300원)
서울 2100원
(350ml)

생수(1.5리터)
S$1.25(약 1340원)
서울 1600원

담배(말보로)	S$16(약 1만7200원)	서울 4500원
캔맥주(320ml)	S$3.2(약 3440원)	서울 2250원(355ml)
한국 컵라면(大)	S$3.6(약 3870원)	서울 1400원
지하철 기본요금(카드)	S$1.09(약 1170원)	서울 1400원(카드)
시내버스 기본요금(카드)	S$1.09(약 1170원)	서울 1500원(카드)
택시 기본요금	S$4.4(4730원)	서울 4800원

+MORE+

세계에서 가장 물가 비싼 도시 순위(2023년)

영국 시사주간지 <이코노미스트> 산하 경제분석기관인 EIU의 세계 생활비 보고서에 따르면, 싱가포르는 2014년 이후부터 줄곧 1위를 놓치지 않다가 2020년에 4위, 2021년에 2위로 내려갔으나, 2022년에 다시 공동1위로 올라선 후 2023년에도 공동1위를 유지했다. 참고로 서울은 2014년에 9위에 올라선 이후 줄곧 6~7위에 랭크되다가 2020년 이후 10위권 밖으로 하락했다.

순위	도시(국가)	물가지수
1	**싱가포르**, 취리히(스위스)	104
3	제네바(스위스), 뉴욕(미국)	100
5	홍콩(중국)	98
6	로스엔젤레스(미국)	97
7	파리(프랑스)	91
8	텔아비브(이스라엘), 코펜하겐(덴마크)	89
10	샌프란시스코(미국)	86

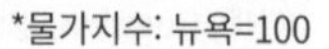

*물가지수: 뉴욕=100

싱가포르 달러 환전 3단계

예산을 잡는다

숙박비를 제외하고 성인 1인당 하루에 한화 10만 원 정도를 기준으로 예산을 잡으면 무난하다. 이용할 식사 장소나 교통수단, 관광지 입장권 사전구매 여부를 잘 따져보고 예산을 계획하자.

환전 금액은 전체 예산의 30%가 적정

현금과 신용카드의 사용 비율은 3:7이 적당하므로 환전은 전체 예산의 30% 정도로 한다. 싱가포르의 브런치 레스토랑 등은 신용카드만 받는 경우가 많고, 반대로 소규모 영업장과 호커센터는 현금만 받는 곳이 많다. 신용카드의 해외 사용 가능 여부와 해외 사용한도를 미리 확인해둘 것.

사전에 주거래은행을 통해 환전한다

공항 영업점은 시내 영업점보다 환율우대가 적고, 드물게는 싱가포르 달러가 충분하지 않아 원하는 만큼 환전할 수 없을 때가 있다. 사전에 주거래 은행 앱 등을 통해 환전 신청을 해 보다 높은 환율우대를 적용받자.

싱가포르 달러 사용 팁

❶ 공항에서 시내로 갈 때 이용할 택시요금 결제를 고려해 S$100짜리 외에 S$10짜리나 S$50짜리 지폐도 섞어서 환전한다. S$100짜리 지폐만 환전했다면 창이공항 입국장 면세점에서 사용해 작은 단위 지폐를 만드는 게 좋다.

❷ 남은 동전은 원화로 재환전하기 어려우니 귀국 전 공항에서 모두 소진한다. 동전을 먼저 낸 다음, 부족한 금액은 신용카드로 계산하면 된다.

싱가포르 달러 상식

싱가포르 달러=브루나이 달러

싱가포르 달러는 이웃 나라 브루나이의 달러와 1:1로 교환되며, 양쪽 나라 모두에서 상대국의 통화를 사용할 수 있다. 실제로 가끔 거스름돈을 브루나이 달러로 받을 때도 있다.

싱가포르 달러

브루나이 달러

싱가포르의 지폐 모델은 단 한 명!

1999년부터 지금까지 통용되고 있는 모든 싱가포르 달러 지폐 앞면에는 한 사람이 그려져 있다. 1965년 싱가포르가 말레이 연방에서 독립할 당시 선출된 초대 대통령 유솝 빈 이샥(Yusof bin Ishak)이 그 주인공으로, 1970년 사망할 때까지 대통령 직무를 수행했다.

: WRITER'S PICK :

싱가포르에서 삼성월렛을 사용할 수 있을까?

싱가포르에서도 NFC 마크가 있는 모든 가맹점에서 삼성월렛(삼성페이)을 사용할 수 있고, 해외 결제 수수료도 기존 신용카드와 동일하다. 현재는 마스터카드 로고가 있는 삼성·우리·롯데·농협·신한·국민카드와 VISA 로고가 있는 삼성·신한·국민카드를 사용할 수 있으며, 한국에서 미리 해외 결제 서비스에 사용할 카드를 삼성월렛에 등록해야 한다. 해외에서 현지 유심카드를 꽂은 후에는 오프라인 결제 기능만 사용할 수 있다. 삼성페이로 대중교통을 이용하려면 한국과 달리 휴대폰 잠금을 해제한 후 삼성월렛 앱에서 결제 카드를 선택하고 단말기에 태깅한다. 현대카드를 등록한 애플페이도 싱가포르에서 사용할 수 있으며(교통카드로도 사용 가능), 신한카드와 KB국민카드는 2025년 1분기 중 애플페이 도입을 준비중이다.

휴대폰 데이터 사용하기

로밍 vs 유심 vs 포켓와이파이 뭐가 더 좋을까?

싱가포르 여행 중 휴대폰 데이터를 사용하는 3가지 방법인 데이터 로밍, 포켓 와이파이, 현지 유심카드(이하 유심)를 소개하고 각각의 장단점을 짚어 보았다.

데이터 사용량이 적거나 한국에서 오는 전화를 꼭 받아야 한다면

데이터 로밍

국내 통신사의 데이터 로밍 상품을 이용해 해외에서도 휴대폰을 바로 사용하는 방법이다. 통신사마다 내놓은 다양한 로밍 상품 중 필요한 데이터의 양과 사용기간, 음성통화 사용 여부 등을 고려해 선택한다. 통신사에 따라 하루 1만1000원 정도로 이용할 수 있는 데이터 전용 로밍 상품도 있으나, 여행 내내 사용하다 보면 과다 지출이 발생하게 되므로 추천하지 않는다.

장점	단점
▶ 유심 교체를 하거나 별도 기기를 들고 다닐 필요가 없어서 간편하다. ▶ 전화번호가 바뀌지 않아, 한국에서 걸려 오는 전화나 문자를 받을 수 있다.	▶ 다른 방법보다 가격이 비싸다. ▶ 제공되는 데이터양이 제한돼 있어서 데이터 사용량이 많은 경우엔 불편하다.

■통신사별 데이터 로밍 추천상품

구분	SKT	KT	U+
요금제	Baro 3GB	함께 쓰는 로밍 아시아/미주	제로 라이트 3.5GB
이용 기간	최대 30일	15일	7일
데이터 용량	3GB(초과 시 최대 400kbps 속도로 계속 이용 가능)	4GB(초과 시 차단)	3.5GB(초과 시 차단)
음성통화	에이닷 이용 시 무료	지원하지 않음	무제한 제공
요금	2만9000원	3만3000원	3만3000원

3명 이상 같이 다니거나 한국에서 오는 전화를 받고 싶다면

포켓 와이파이

각국의 현지 통신사 신호를 Wi-Fi 신호로 바꿔주는 데이터 로밍 단말기를 휴대하고, 그 단말기의 Wi-Fi를 잡아서 이용하는 방식이다. 쓰던 전화번호 그대로 사용하므로 한국에서 걸려 온 전화나 문자를 받을 수 있다. 단말기 하나로 여러 명이 같이 사용할 수 있어서 일행이 많을 경우 로밍보다 저렴한 가격에 데이터를 쓸 수 있다.

장점	단점
▶ 전화번호가 바뀌지 않아, 한국으로부터 걸려 오는 전화나 문자를 받을 수 있다. ▶ 데이터 로밍 대비 저렴한 비용으로 충분한 양의 데이터를 쓸 수 있다. ▶ 단말기 하나로 일행 모두가 사용할 수 있다.	▶ 단말기를 항상 충전해서 갖고 다녀야 한다. ▶ 단말기를 가진 일행과 떨어지면 사용할 수 없다. ▶ 단말기 고장이나 장애가 생기면 사용할 수 없다. ▶ 단말기를 분실하거나 파손하면 변상해야 한다.

■포켓 와이파이 추천상품

구분	KT 로밍 에그	와이파이 도시락
데이터 용량	1일 1GB(초과 시 1Mbps 속도로 사용 가능)	1일 3GB(초과 시 512Kbps 이하 속도로 사용 가능)
이용 가능 기기	최대 5개	최대 5개
임대료	1일 5500원	1일 6900원
홈페이지	globalroaming.kt.com/product/data/ore.asp	wifidosirak.com/v3/index.aspx

: WRITER'S PICK :

포켓 와이파이 이용 시 주의점

포켓 와이파이 사용 전엔 휴대폰의 데이터 로밍을 반드시 꺼야 요금 폭탄을 맞지 않는다. 출발 전 통신사를 통해 데이터 로밍을 안전하게 차단해두자. 단말기는 최대 10시간 정도 사용할 수 있지만, 사용 인원이 늘어날수록 사용 가능 시간은 짧아진다. 또한, 배터리가 떨어질 경우를 대비해서 단말기는 숙소에서 미리 충분히 충전해두는 것이 좋다.

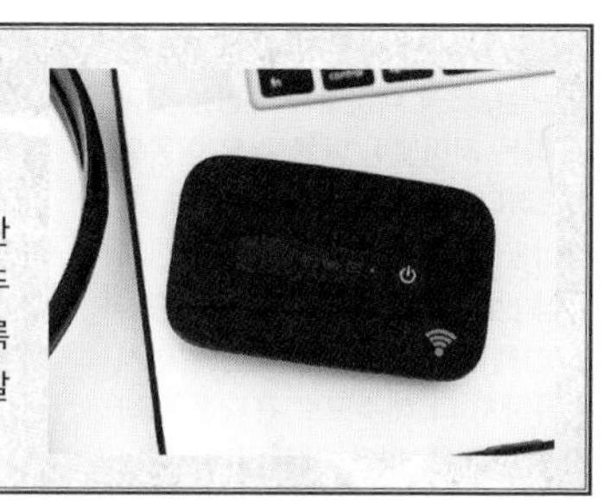

별도의 단말기 없이 데이터를 맘껏 사용하고 싶다면

현지 유심

휴대폰의 유심을 현지 통신사의 유심으로 교체해 사용하는 방식이다. 현지 유심을 끼우는 순간부터 현지 통신사 요금을 적용받게 되므로 로밍으로 인한 요금 폭탄을 걱정할 필요가 없고, 카카오톡을 포함한 기존의 휴대폰 설치 앱도 대부분 정상적으로 사용할 수 있다. 데이터 로밍보다 넉넉한 용량을 쓸 수 있으면서 가격은 훨씬 저렴하다는 점, 포켓 와이파이처럼 단말기를 들고 다닐 필요가 없다는 점도 장점이다. 한국에서 걸려 오는 전화나 문자를 꼭 받아야 하는 상황이 아니라면 가장 추천하는 방법이다.

장점	단점
▶ 유심만 교체하면 되므로 단말기를 충전해 들고 다닐 필요가 없다. ▶ 해외 데이터 사용 방법 중 데이터 용량(100GB)이 가장 크고 가격도 저렴하다. ▶ 현지 전화번호가 생성되므로 현지에서 식당을 예약하거나 그랩 이용 시 연락처를 기재할 수 있다. ▶ 테더링을 이용하면 2인 이상도 하나의 유심으로 데이터를 사용할 수 있다.	▶ 이용하는 동안 현지 통신사의 전화번호로 변경되므로 한국에서 걸려 오는 전화나 문자를 받을 수 없다. (카카오톡 등 메신저는 가능)

: WRITER'S PICK :

현지 유심도 쓰고, 전화도 받고!

데이터 로밍과 현지 유심의 장점을 모두 누리고 싶다면 메인 휴대폰 외에 공기계를 하나 더 준비하자. 공기계에 현지 유심을 끼운 후 핫스팟을 켜고, 메인 휴대폰을 이 공기계의 핫스팟에 연결하면, 한국으로부터 걸려 온 전화나 문자를 메인 휴대폰에서 받을 수 있다.

유심 선택 시 알아둘 점

Point 1 유심은 현지에서 구매하는 게 좋다.

국내에서 구매한 유심을 갖고 갔다가 현지에 도착해서야 불량임을 알게 되면 대처가 어렵다. 또한, 유심을 창이공항에서 찾는다 하더라도 구매한 바우처를 챙겨야 한다는 점, 도착 터미널과 유심을 찾아야 하는 터미널이 다를 경우 이동이 필요하다는 점 등이 번거롭다.
창이공항의 어느 터미널이든 현지 유심 판매처가 여럿 있고, 상품 종류를 선택하고 여권을 건네면 알아서 등록까지 다 해주므로 휴대폰을 바로 사용할 수 있다. 세븐일레븐이나 치어스 등 편의점에서 구매 시엔 스스로 등록해야 하며, 신여권의 경우 인식을 못하는 등 어려움을 겪는 일이 많으므로 추천하지 않는다.

Point 2 싱가포르의 3대 통신사

싱가포르의 3대 통신사인 싱텔, 스타허브, M1 모두 여행자를 위한 선불 유심(Prepaid SIM)을 판매한다. 등록 절차만 마치면 휴대폰의 유심을 교체하는 것만으로 바로 사용할 수 있으며, 100GB의 데이터를 제공한다. 가격은 S$12~30로 다양하지만, 단기 여행이라면 S$12짜리만으로도 충분하다. 단, 공항 판매처에는 S$12짜리 재고가 없을 확률이 높으므로, 공식 홈페이지에서 사전 구매 후 공항에서 수령하는 방법을 추천한다.

Point 3 부가 혜택도 꼼꼼히 챙기자.

싱텔의 유심 중 S$18짜리 투어리스트 유심은 S$12짜리와 동일한 혜택에 싱가포르의 대중교통을 이용할 수 있는 이지링크 카드 기능이 추가돼 있으며, S$3만큼의 교통비가 충전돼 있다. 이 유심을 구매하면 이지링크 카드를 별도로 구매할 때 드는 카드발급비 S$5를 아낄 수 있다. 유심칩을 분리한 후 나머지 카드 부분을 이지링크 카드로 사용하면 된다.

■현지 통신사별 유심 추천 상품

구분	싱텔 Singtel	스타허브 Starhub	M1
명칭	$12 hi!Tourist SIM	Travel SIM Cards S$12	$12 Tourist SIM
이용 기간	14일	14일	15일
음성통화(현지)	500분	500분	500분
데이터 용량	100GB	100GB	100GB
음성통화(국제)	30분	30분	30분
SMS(현지)	100개	100개	100개
로밍 데이터	3GB	3GB	3GB
가격	S$12	S$12	S$12
로밍 데이터 사용 가능 국가	호주, 인도네시아, 말레이시아, 태국	호주, 방글라데시, 브루나이, 캄보디아, 중국, 홍콩, 인도, 인도네시아, 일본, 마카오, 말레이시아, 뉴질랜드, 파키스탄, 필리핀, 한국, 스리랑카, 대만, 태국, 베트남	말레이시아, 인도네시아, 홍콩, 마카오, 태국
판매처	공항 트래블엑스(Travelex) 환전소, 시내 싱텔숍	공항 StarHub카운터 또는 Prosegur Change 환전소 시내 스타허브숍	지정된 세븐일레븐, 치어스 편의점
	공통: 세븐일레븐, 치어스(Cheers), 온라인 스토어		

현지 유심 구매하기

싱텔 유심은 트래블엑스(Travelex) 환전소에서, 스타허브 유심은 프로세구르 환전소(Prosegur Change)에서 구매한다. 두 환전소 모두 창이공항의 모든 터미널에 있다. 터미널에 따라 1층 입국장이 아닌 2층 출국장에 있는 경우도 있으니 유의. 여권을 제시하고 유심 이름만 말하면 되므로 영어가 서툴어도 어렵지 않다. 해당 환전소가 터미널마다 하나만 있는 것이 아니므로 원하는 심카드가 없다면 다른 환전소를 찾아가자.

현지 유심 사용 방법

❶ 등록을 마친 후(트래블엑스나 프로세구르 환전소에서 구매하면 직원이 알아서 해준다), 휴대폰의 전원을 끄고 유심을 교체한 뒤 전원을 다시 켠다. 기존 유심은 잃어버리지 않게 잘 보관한다.

❷ 모바일 데이터를 허용한다. 현지 유심을 끼운 휴대폰은 이제 한국 통신사와는 관계없으므로 요금 폭탄 걱정은 안 해도 된다.

❸ 안내 및 광고 문자 메시지들을 수신한 후 인터넷이나 앱 한두 개를 열어 잘 작동되는지 확인한다. 만약 이상이 있으면 구매처에서 교환해야 하므로 공항에서 반드시 확인하자.

❹ 현지 전화번호는 보통 유심 비닐 포장지 뒷면에 8자리(010 같은 식별번호 없음)로 기재돼 있다.

❺ 테더링을 허용하면 함께 온 일행도 데이터를 사용할 수 있다.

❻ 한국으로 국제전화를 걸 때는 통신사별로 앞에 3자리 숫자를 붙이고, 82(한국 국가번호), 지역번호(맨 앞의 0은 빼야 함), 전화번호 순으로 누른다.

한국의 휴대폰 010-1234-5678로 전화할 경우
- 싱텔: 019-82-10-12345678
- 스타허브: 018-82-10-12345678
- M1: 021-82-10-12345678

❼ 휴대폰에 설치된 앱들은 대부분 그대로 사용할 수 있다. 데이터가 충분하므로 카카오톡의 보이스톡이나 페이스톡 기능을 활용해 지인과 연락할 수 있다.

❽ 싱가포르 인근의 바탐섬(인도네시아)이나 조호바루(말레이시아)는 싱가포르 권외다. 따라서 이들 지역에서 데이터를 사용할 땐 휴대폰의 로밍을 켠 다음, 유심에 포함된 로밍 데이터로 사용해야 한다.

: WRITER'S PICK :

eSIM을 사용할 수 있는 휴대폰 기종

아이폰 XS 이후 출시 모델과 갤럭시 S23시리즈, 갤럭시 Z Fold4/Flip4 이후 출시 모델 유저라면 여행 전 미리 eSIM을 주문해 활용해보자. 한국 유심을 빼지 않아도 현지 도착 후 곧바로 사용할 수 있다. 다만 휴대폰 조작에 능숙하지 않을 경우 몇 가지 설정 작업이 어렵게 느껴질 수 있다. 또한, 셀룰러 데이터 전환 허용 기능을 끄지 않으면 해외 로밍 비용이 부과될 수 있으므로 출국 전 이용 통신사에 해외 로밍 차단을 신청하는 편이 안전하다.

요즘은 다 준비해 간다며?

할인 티켓 구매하기

할인 티켓은 주로 여행사나 할인 티켓 판매 전문업체의 홈페이지 또는 앱을 통해 구매할 수 있다. 대부분 티켓은 교환이나 환불이 안 되므로 날씨에 큰 영향을 받는 야외 어트랙션이나 방문 여부가 확실하지 않은 관광지 티켓은 미리 구매하지 않는 게 좋다.

할인 티켓은 온라인으로~

할인 티켓 업체의 홈페이지나 앱에서 상품마다 즉시 사용 가능 여부(대부분 번개 표시)를 확인할 수 있으며, 구매 즉시 사용 가능한 할인 티켓은 현지에서 바로 결제하는 것이 효율적이다. 이때 업체마다 가격이 다를 수 있으니 여러 곳을 비교해보고 선택하자.
티켓을 구매하면 대부분 30분에서 1시간 이내에 이메일로 e-티켓이나 바우처를 받아볼 수 있다. 간혹 스팸 메일함에 보관되는 경우도 있으니 잘 확인하자. 할인 티켓 중에는 바로 입장 가능한 것도 있지만, 티켓 오피스에서 실물 티켓으로 교환 후 입장해야 하는 것도 있으므로 안내 사항을 잘 읽어봐야 한다.

■주요 할인 티켓 온라인 판매업체

마이리얼트립
WEB myrealtrip.com

클룩
WEB klook.com/ko

와그
WEB waug.com/ko

니모투어
WEB nimotour.com

투어야
WEB smartstore.naver.com/touryatixs

오프라인에서 할인 티켓 사기

예전에는 씨휠트래블이나 헤리티지 호스텔 등 오프라인 할인 티켓 판매처들이 인기를 누렸으나, 코로나19로 인한 관광객 급감과 온라인 구매가 일반화되면서 지금은 대부분 할인티켓 판매 사업을 중단했거나 가격 경쟁력을 잃었다. 따라서 할인 티켓은 온라인으로 구매하자.

아는 만큼 보이는 싱가포르 이야기

젊은 나라 싱가포르의 출발

조그만 도시국가가 세계적인 선진국이 되기까지,
싱가포르가 탄생하고 걸어온 길을 알아보자.

근대 싱가포르의 시작, 영국 식민지 시대(1819~1941)

싱가포르는 서기 2세기경 지리학자 프톨레마이오스에 의해 세계사에 처음 등장했다. '바닷가 마을'이라는 뜻의 테마섹이라 불렸던 이 작은 섬나라는 13세기에 현재 인도네시아 수마트라 지역의 왕으로부터 싱가푸라라는 새로운 명칭을 얻었고, 16세기에 포르투갈, 17세기에는 네덜란드의 지배를 받았다.

본격적인 근대 싱가포르의 탄생은 1819년에 영국 동인도회사 소속의 토마스 스탬포드 래플스 경이 싱가포르에 상륙하면서부터 시작됐다. 래플스 경의 주도로 싱가포르는 영국의 무역 거점으로 성장하며 자유무역항이 됐고, 중국과 인도 등 주변 국가의 이민자들이 대거 모여들면서 아시아의 대표적인 다민족·다문화 국가로 발돋움했다. 이 시기에 래플스 경은 민족별 거주지를 구분하는 등 싱가포르 최초의 도시계획을 세우며 다문화 정책을 펼쳤는데, 이는 현대 싱가포르 정책의 발판이 됐다. 래플스 경은 200여 년의 짧은 싱가포르 역사에서 빼놓을 수 없는 중요한 인물이어서 지금도 싱가포르에서는 그의 이름을 딴 거리와 호텔, 건물 등을 쉽게 찾아볼 수 있다.

1824년 3월 17일, 싱가포르는 말레이시아의 페낭, 말라카와 함께 영국 해협 식민지(Straits Settlement)의 일원이 돼서 한때는 인도 식민지 정부의 지배를 받기도 했다. 당시 해협 식민지의 초대 총독으로는 로버트 풀러튼 경이 취임했다. 이후 성장을 거듭한 싱가포르는 1867년에 인도 식민지 정부 직할에서 벗어났고, 정식으로 영국 본국 정부의 직속 식민지로 편입돼 동서 간 자유무역의 거점으로 평화를 누리며 꾸준히 번영했다.

전쟁의 고통과 싱가포르 자치주의 탄생(1942~1964)

1942년 제2차 세계대전 중 싱가포르는 일본의 침공을 받았다. 일본은 싱가포르를 쇼난도(昭南島, 남쪽을 비추는 섬이라는 뜻)라는 이름으로 바꾸고 3년간 싱가포르를 지배했는데, 이 기간 동안 많은 중국인 화교가 학살당하는 등 큰 아픔을 겪었다. 1945년 전쟁이 끝나고 패전한 일본이 항복하자, 싱가포르는 다시 영국 본국의 직속 식민지로 되돌아갔다.

하지만 영국이 일본에 무력하게 패배했다는 점, 그로 인해 일본으로부터 많은 시련을 겪어야 했다는 점 등으로 싱가포르 국민들 사이에서는 영국에 대한 실망감과 반식민주의 정서가 확산했고, 영국도 싱가포르 국민의 자치 의지를 꺾을 수는 없었다. 이에 1958년 싱가포르에서는 싱가포르 자치주법(State of Singapore Act)이 통과됐고, 마침내 국방과 외교를 제외한 모든 내정 권한을 가진 자치주로 탈바꿈했다.

강제로 떠밀려 탄생한 도시국가(1959~1965)

1959년 총선거에서 인민행동당이 압승을 거두면서, 싱가포르에는 리콴유를 초대 총리로 하는 새로운 자치정부가 출범했다. 그러나 독자적인 생존의 길을 모색하기 어려웠던 싱가포르 정부는 1963년 말레이시아 협정(Malaysia Agreement)을 체결함으로써 말레이시아 연방의 일원이 됐다.
말레이시아 연방을 통틀어 가장 높은 비율을 차지한 중국계 화교들에 대해 말레이인들은 좋은 감정이 없었다. 말레이인들은 화교가 대다수인 싱가포르를 매우 위협적인 존재로 여기며 경계했다. 이에 말레이시아 연방정부는 말레이계 우대 정책을 취하며 싱가포르와 정치적 갈등을 일으켰고 엎친 데 덮친 격으로 싱가포르 내부에서는 인종 갈등으로 인한 유혈사태까지 벌어졌다. 결국 1965년에 싱가포르는 말레이시아 연방에서 축출되고 말았다. 면적, 인구, 자원 무엇 하나 가진 게 없는 싱가포르는 강제적으로 독립 국가가 돼 버리자 큰 곤경에 빠졌다. 말레이시아 연방에서 축출되자 눈물을 흘리며 안타까워하는 리콴유 총리의 모습은 지금까지도 싱가포르 사람들의 기억에 또렷이 새겨져 있다.

: WRITER'S PICK :

싱가포르 국기가 지닌 의미

싱가포르 국기는 1959년, 영국 연방 내 자치령 기였던 때부터 지금껏 줄곧 같은 모양이다. 국기의 빨간색은 범 세계적인 인류애와 인간에 대한 평등을 의미하고, 흰색은 영원한 순수와 미덕을 상징한다. 초승달은 승승장구하는 젊은 국가를 상징하며, 5개의 별은 각각 싱가포르의 민주주의, 평화, 진보, 정의, 평등의 이상을 나타낸다.

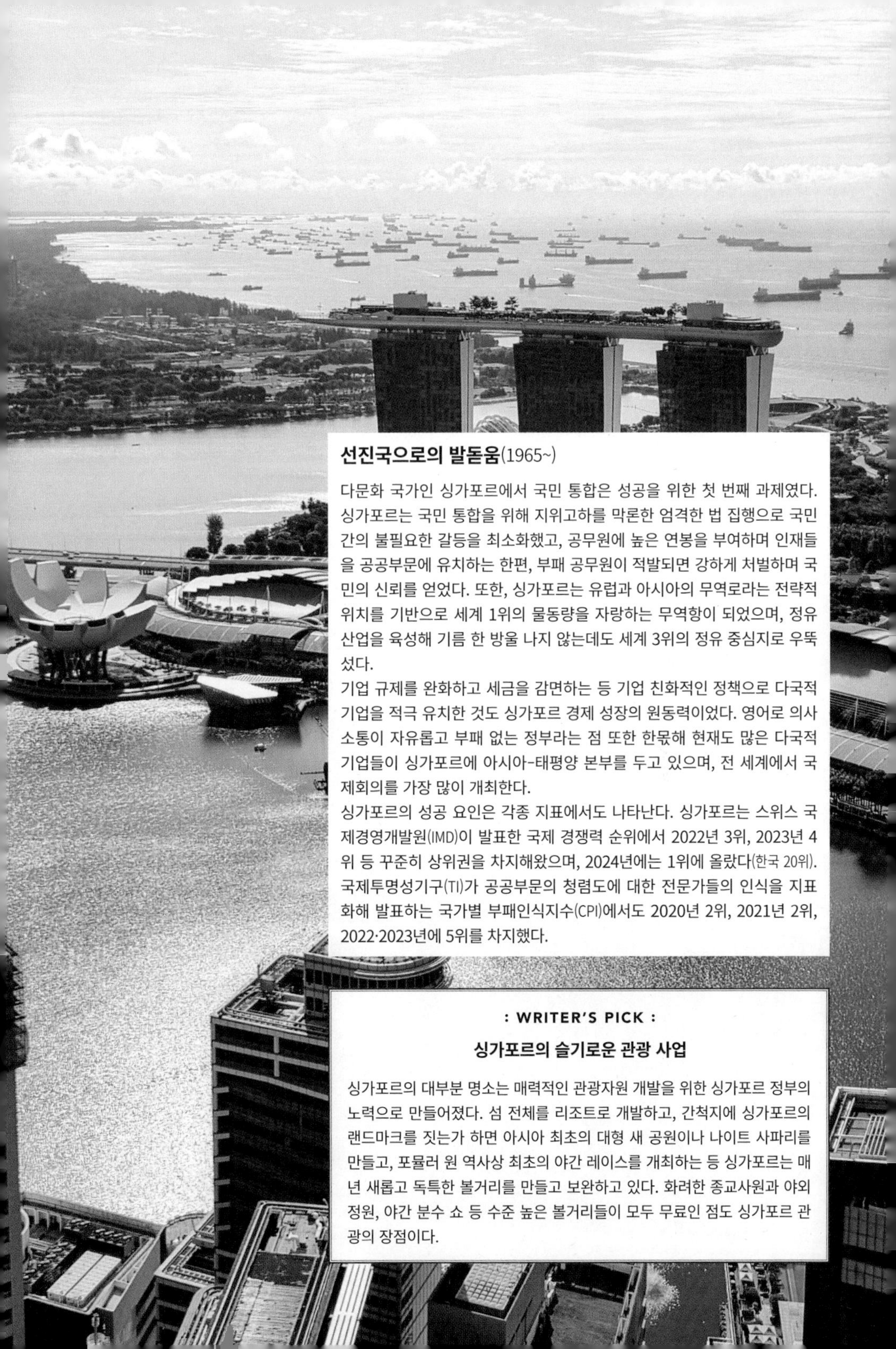

선진국으로의 발돋움(1965~)

다문화 국가인 싱가포르에서 국민 통합은 성공을 위한 첫 번째 과제였다. 싱가포르는 국민 통합을 위해 지위고하를 막론한 엄격한 법 집행으로 국민 간의 불필요한 갈등을 최소화했고, 공무원에 높은 연봉을 부여하며 인재들을 공공부문에 유치하는 한편, 부패 공무원이 적발되면 강하게 처벌하며 국민의 신뢰를 얻었다. 또한, 싱가포르는 유럽과 아시아의 무역로라는 전략적 위치를 기반으로 세계 1위의 물동량을 자랑하는 무역항이 되었으며, 정유 산업을 육성해 기름 한 방울 나지 않는데도 세계 3위의 정유 중심지로 우뚝 섰다.

기업 규제를 완화하고 세금을 감면하는 등 기업 친화적인 정책으로 다국적 기업을 적극 유치한 것도 싱가포르 경제 성장의 원동력이었다. 영어로 의사소통이 자유롭고 부패 없는 정부라는 점 또한 한몫해 현재도 많은 다국적 기업들이 싱가포르에 아시아-태평양 본부를 두고 있으며, 전 세계에서 국제회의를 가장 많이 개최한다.

싱가포르의 성공 요인은 각종 지표에서도 나타난다. 싱가포르는 스위스 국제경영개발원(IMD)이 발표한 국제 경쟁력 순위에서 2022년 3위, 2023년 4위 등 꾸준히 상위권을 차지해왔으며, 2024년에는 1위에 올랐다(한국 20위). 국제투명성기구(TI)가 공공부문의 청렴도에 대한 전문가들의 인식을 지표화해 발표하는 국가별 부패인식지수(CPI)에서도 2020년 2위, 2021년 2위, 2022·2023년에 5위를 차지했다.

: WRITER'S PICK :

싱가포르의 슬기로운 관광 사업

싱가포르의 대부분 명소는 매력적인 관광자원 개발을 위한 싱가포르 정부의 노력으로 만들어졌다. 섬 전체를 리조트로 개발하고, 간척지에 싱가포르의 랜드마크를 짓는가 하면 아시아 최초의 대형 새 공원이나 나이트 사파리를 만들고, 포뮬러 원 역사상 최초의 야간 레이스를 개최하는 등 싱가포르는 매년 새롭고 독특한 볼거리를 만들고 보완하고 있다. 화려한 종교사원과 야외 정원, 야간 분수 쇼 등 수준 높은 볼거리들이 모두 무료인 점도 싱가포르 관광의 장점이다.

싱가포르 교통 길라잡이

SG BUS
Moving Ahead Together

싱가포르 IN

우리나라에서 싱가포르로 가는 비행기는 인천 국제공항을 비롯해 부산, 제주 등에서 출발하는 직항편이 있다. 소요 시간은 약 6시간~6시간 30분.

싱가포르의 관문, 창이공항

우리나라에서 출발하는 모든 항공편이 도착하는 창이공항(Changi Airport)은 시내에서 동쪽으로 약 20km 떨어진 창이 지역에 있다. 창이공항은 전 세계 90개국, 180여 개 도시를 잇는 아시아의 대표 허브 공항으로, 매년 각종 공항 평가에서 상위권을 차지하고 있다. 총 4개의 터미널 중 한국을 왕복하는 항공편은 주로 터미널2·3·4를 이용한다. 싱가포르항공 한국 노선의 경우 2024년부터 이용 터미널이 터미널2로 통합됐다. 코로나19 이후 이용객 감소 및 시설 보수 및 확장 관계로 운영이 중단됐던 터미널2와 터미널4도 2022년 하반기부터 운영이 재개됐으며, 새로운 터미널인 터미널5도 2030년 개장을 목표로 공사 중에 있다.

WEB www.changiairport.com

창이공항 터미널3

+MORE+

창이공항 터미널별 이용 주요 항공사

터미널1(T1) 스쿠트타이거항공, 싱가포르항공, 일본항공, 에어차이나, 콴타스항공, 타이항공, 중국남방항공

터미널2(T2) 싱가포르항공, 말레이시아항공, 루프트한자항공, ANA

터미널3(T3) 아시아나항공, 티웨이항공, 싱가포르항공, 중화항공, 중국동방항공, 가루다인도네시아, 에바항공, 베트남항공

터미널4(T4) 대한항공, 제주항공, 캐세이퍼시픽항공, 에어아시아, 비엣젯항공

*분홍색은 한국 직항 항공편

입국 절차

❶ 입국 심사

2024년 5월부터 모든 외국인은 무인 자동입국 심사대를 이용해 신속한 입국 수속을 진행하고 있다. 비행기에서 내리면 'Arrival' 표지판을 따라 입국 심사장(Immigration Gate)으로 간다. 'Automated Immigration Lanes'라고 표시된 입국 심사장에 도착하면 줄을 서서 차례대로 입국 심사를 받는다. 전자입국신고서(160p)를 이상 없이 작성했다면 간단한 사진 촬영과 지문 등록만으로 끝난다. 모자와 선글라스, 마스크는 벗어야 한다.

■자동 입국 심사 절차

여권을 스캔한다(여권 커버는 미리 벗겨둔다). ➡ 유리문이 열리면 들어가서 발자국 모양에 맞춰 선다. ➡ 전면 카메라를 응시하여 얼굴을 촬영한다. ➡ 오른쪽 엄지손가락으로 지문 등록을 한다. ➡ 유리문이 열리면 나온다.

*정상적으로 진행되지 않을 경우 당황하지 말고 근처의 직원에게 도움을 청하자.

자동입국 심사대

❷ 위탁 수하물 찾기

입국 심사가 끝나면 'Baggage Claim' 표지판을 따라가서 짐을 찾는다. 모니터에서 타고 온 항공편의 수하물 벨트 번호를 확인한 후 해당 벨트로 가서 수하물을 찾는다.

❸ 입국장 면세점

수하물을 찾은 후 입국장 면세점에서 필요한 물품을 구매한다. 특히 타이거 맥주는 시내보다 훨씬 저렴한 데다, 시내에서는 밤 10시 30분부터 주류를 판매하지 않으므로 밤에 도착한 경우엔 이곳에서 구매해 가는 편이 좋다. 1인당 6캔까지 구매 가능.

❹ 세관 신고

수하물을 찾은 다음, 세관에 신고할 물품이 없을 경우 녹색의 'Nothing To Declare' 게이트를 통과하면 입국 절차가 끝난다. 신고 물품이 있다면 빨간색의 'Goods To Declare' 게이트로 가서 신고 후 입국한다.

❺ 유심 구매

입국 절차를 마치고 나오면 입국장 주변에서 유심을 판매하는 트래블엑스(Travelex)나 Prosegur Change 환전소를 쉽게 찾을 수 있다. 이곳에서 여행자용 유심(Tourist Sim)을 구매하되, 그 자리에서 바로 유심을 교체해 이상이 없는지 확인하자. 유심 교환용 핀은 대부분 준비돼 있다. 유심 관련 세부 사항은 147p 참고.

+MORE+

싱가포르 입국 시 면세 범위

❶ 주류(아래 A, B, C, D, E 중 하나에 해당하면 면세)

구분	양주(Spirit)	와인	맥주
A	1리터	1리터	
B	1리터		1리터
C	-	1리터	1리터
D	-	2리터	
E	-		2리터

*18세 미만이거나 말레이시아에서 입국하는 경우에는 면세가 되지 않는다./소주는 양주로 간주한다.

❷ 껌

싱가포르에서는 의사의 처방을 받아 약국에서 구매한 껌을 제외한 모든 종류의 껌을 반입하거나 씹는 것이 금지돼 있다.

❸ 담배

모든 담배는 세금을 내고 반입해야 한다. 19개비는 괜찮다고 알려져 있기도 하지만, 이는 관행적으로 허용하는 것에 불과하기 때문에 공항을 무사히 통과했다고 안심할 수 없다. 시내에는 수많은 사복 경찰관이 근무하고 있으며, 이들에게 적발될 시 벌금에서 벗어날 수 없다.

*싱가포르에서 유통되는 모든 담배에는 'SDPC(Singapore Duty Paid Cigarette)'라는 글자가 찍혀 있다. 이 글자가 없는 담배를 피울 경우 세금을 납부했다는 증빙을 별도로 소지해야 한다. 특히 전자담배는 반입과 사용 모두 엄격히 금지돼 있으며, 적발 시 S$10,000 이하 벌금 또는 6개월 이하 징역에 처해질 수 있다.

창이공항 내 터미널 간 이동 방법

창이공항의 4개의 터미널 중 T1·T2·T3는 환승 구역(Transit Area) 및 출국 심사 전 공용 구역(Public Area) 내를 스카이 트레인으로 이동할 수 있다. 싱가포르항공(한국 노선)은 T2, 아시아나항공은 T3, 대한항공은 T4를 사용한다. 또한, 복합 쇼핑몰인 주얼 창이 에어포트는 T1과 연결된다. 스카이 트레인 이용은 무료. 다소 떨어진 곳에 있는 T4는 별도로 독립된 건물이라 스카이 트레인이 아닌 셔틀버스로 T1 및 T2와 연결된다. 공용 구역뿐 아니라, T1-T3-T4간은 출국 심사 후 환승 구역에서도 셔틀버스로 연결된다.

스카이 트레인 탑승장

스카이 트레인

공항 셔틀버스

■ T1·T2·T3 스카이 트레인 운행정보

운행 시간 05:00~02:00/4분 간격 운행

■ 스카이 트레인 탑승장

터미널1(T1)

T2행: 공용 구역 2층 14번 카운터 근처/환승 구역 2층 D40 게이트 근처

T3행: 공용 구역 2층 1번 카운터 근처/환승 구역 2층 C2 게이트 근처

터미널2(T2)

T1행: 공용 구역 2층 1번 카운터 근처/환승 구역 2층 E1 게이트 근처

T3행: 공용 구역 2층 1번 카운터 근처/환승 구역 2층 E1, F50 게이트 근처

터미널3(T3)

T1행: 공용 구역 2층 11번 카운터 근처/환승 구역 2층 B5 게이트 근처

T2행: 공용 구역 2층 11번 카운터 근처/환승 구역 2층 A9, B5 게이트 근처

*탑승 게이트가 A13~A21일 경우 A9 게이트 앞에서 스카이 트레인 이용

창이공항 구조도

❶ 더 슬라이드 ➡ 166p
❷ 지하 2층 식당가 ➡ 166p
❸ 헤리티지 구역 ➡ 166p
❹ 더 원더폴 ➡ 166p
❺ 주얼 창이 에어포트 ➡ 167p

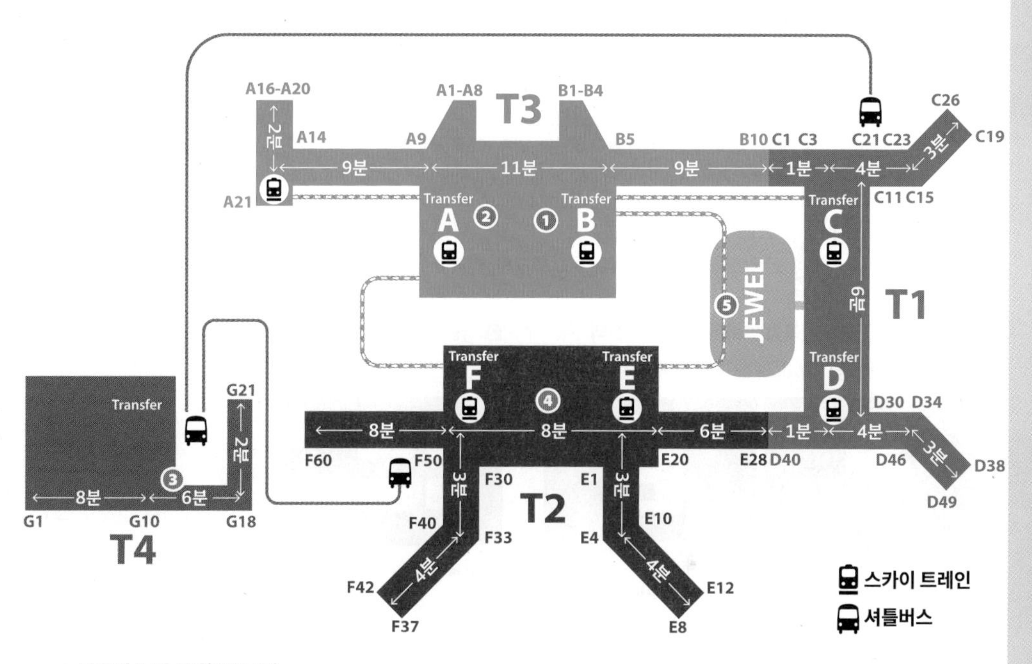

■ 셔틀버스 탑승장(공용 구역)

주·야간	**T1 ⇌ T4** **T1** 2층 Door 3 → **T4** 2층 Door 4 → **T4** 1층 Door 11 06:00~00:00/9~26분 간격 운행
	T2 ⇌ T4 **T2** 1층 Door 1 → **T4** 2층 Door 4 → **T4** 1층 Door 11 06:00~00:00/6~26분 간격 운행
심야	**T2 ⇌ T1 ⇌ T4** **T2** 1층 Door 1 → **T1** 2층 Door 3 → **T4** 2층 Door 4 → **T4** 1층 Door 11 00:00~06:00/31분 간격 운행

■ 셔틀버스 탑승장(환승 구역)

T1 ⇌ T3 ⇌ T4

T1 C21 게이트 → **T3** Arrival Immigration Hall A → **T4** Transfer Lounge

13분 간격 운행

*환승 구역 각 터미널 간 소요 시간

T1 → T4: 18분, **T1 → T3**: 6분, **T3 → T4**: 12분

싱가포르행 신속 통로

전자입국신고서, SG Arrival Card

싱가포르에 입국하려면 전자입국신고서인 SG Arrival Card를 필수로 작성해야 한다(종이 입국신고서 없음). 싱가포르 입국 3일 전부터 작성할 수 있으며, 싱가포르 창이공항에 도착해 입국 심사를 받기 전까지 싱가포르 이민국(ICA) 홈페이지 또는 앱에서 사전에 전자입국신고서를 작성해야 한다.

싱가포르 이민국(ICA)
WEB eservices.ica.gov.sg/sgarrivalcard **APP** MyICA Mobile
*SG Arrival Card를 작성, 제출하는 데에는 비용이 들지 않는다. 간혹 ICA를 사칭해 별도 비용을 요구하는 피싱 사이트가 있으니, 위 홈페이지 주소를 꼭 확인한다.

전자입국신고서 작성 요령(홈페이지 기준)

홈페이지 상단 우측에서 '한국어'를 선택해 진행할 수도 있지만, 번역이 부정확해 오히려 헷갈릴 수 있으니 영어로 진행하는 것이 좋다.

1 홈페이지 접속 후 왼쪽의 'Submit SGAC' 선택

수정할 때는 중간의 'Update SGAC' 선택

Submit SGAC
Provide your arrival details for your upcoming trip.

Update SGAC
Make changes to the arrival information.

2 다음 단계에서 오른쪽 'Foreign Visitors' 선택

Foreign Visitor /
In-Principle Approval Holder

3 개인 정보 입력

- **Date of Arrival:** 도착일

제시된 날짜 중 싱가포르 도착일을 선택
❶ 그룹으로 작성하려면 'Add Traveller'를 선택해 추가한다.
❷ 한국 출발일이 아닌 싱가포르 도착일을 선택해야 한다. 창이공항에 자정을 지나 도착할 경우 날짜가 바뀌는 것에 유의한다.

- **Personal Information:** 개인 인적 사항

❶ Full Name(In Passport) - 여권상의 성명 (이름+성 순서로 입력)
❷ Passport Number - 여권 번호
❸ Date of Passport Expiry - 여권 만료일(달력에서 선택)
❹ Sex as indicated in passport - 여권상의 성별(FEMALE 여성, MALE 남성 중 선택)
❺ Date of Birth(DD-MM-YYYY) - 생년월일(달력에서 선택)
❻ Nationality/Citizenship - 국적, 리스트에서 선택(KOREAN, SOUTH)
❼ Country/Place of Birth - 출생 국가 및 지역, 리스트에서 선택(REPUBLIC OF KOREA)
❽ Place of Residence - 현 거주지, 리스트에서 선택(예. SOUTH KOREA, SEOUL, SEOUL)
❾ Email Address - 메일 주소(오타에 유의)
❿ Country/Region Code - 국가 코드(한국은 +82)
⓫ Mobile Number - 휴대폰 번호(010의 앞 0은 빼고 - 없이 기재, 예: 1012345678)

■ **Others:** 기타 항목

Have you ever used a passport under a different name to enter Singapore?
과거에 다른 이름으로 싱가포르에 입국한 적이 있습니까?
➡ 'NO' 선택, 해당 사항이 있다면 'YES' 선택 후 아래 항목에 이전 이름 기재

■ **Health Declaration:** 건강 관련 항목

❶ Do you currently have fever, cough, shortness of breath, headache or vomiting?
현재 열, 기침, 호흡 곤란, 두통 또는 구토 증상이 있습니까?
➡ 'NO/YES' 중 선택

❷ Do you currently have rash?
현재 발진 증상이 있습니까?
➡ 'NO/YES' 중 선택

❸ Have you visited any of the listed countries in Africa or Latin America in the past 6 days prior to your arrival in Singapore?
싱가포르 도착일 기준 6일 이내에 아프리카나 남미에 있는 목록에 있는 국가를 방문한 적이 있습니까?
➡ 'NO/YES' 중 선택

*동행자가 있다면 하단의 'Add Traveller'를 선택한 후 추가 인적 사항 입력

4 여행 정보 입력

■ **Trip Information:** 여행 정보

❶ Last City/Port of Embarkation Before Singapore - 싱가포르에 오기 전 방문한 도시 리스트에서 선택 (예: SOUTH KOREA, SEOUL, SEOUL)

❷ Purpose of Travel – 여행 목적 ➡ 단순 여행일 경우 'Holiday/Sightseeing/Leisure' 선택

❸ Mode of Travel - 싱가포르로 올 때 이용한 교통편 ➡ 일반 항공편이면 'AIR' 선택

❹ Mode of Transport - 싱가포르로 올 때 이용한 교통편 ➡ 일반 항공편이면 'COMMERCIAL FLIGHT' 선택

❺ Flight Code - 이용 항공사 코드 ➡ 리스트에서 선택(KE, OZ, SQ 등)

❻ Flight Number - 항공 편명 뒤의 숫자(예. SQ607이면 607만 기재)

❼ Type of Accommodation in Singapore - 이용할 숙박 형태

❽ Name of Hotel - 이용할 호텔 이름 ➡ 리스트에서 첫날 묵을 호텔 선택

❾ Date of Departure From Singapore - 싱가포르 출국일(달력에서 선택)

❿ Next City / Port of Disembarkation After Singapore - 싱가포르 여행 후 다음 목적지 리스트에서 선택, 위 1번 항목과 같으면 'Same as Last City' 선택

*동행자의 여행 정보는 위 내용과 같을 경우, 'Same as Lead Traveller' 선택

5 작성한 내용이 출력되면 내용이 맞는지 확인

6 기재한 내용에 이상이 없으면 하단의 'I have read and agreed to the declaration (위 내용을 읽었고 이에 동의합니다).' 문장 왼쪽에 체크 후 'NEXT' 선택

7 'Security Verification'의 보안 숫자를 입력하고, 'Submit'을 선택하면 제출이 완료된다.

8 화면 하단의 'PDF Download'를 눌러 작성한 내용을 PDF로 다운받은 후 휴대폰에 저장해둔다. 카지노에 입장하거나 택스 리펀을 신청할 때 이 PDF를 보여주면 된다.

9 제출 후 오류가 발견되면 'Update SGAC'를 눌러 수정하거나 처음부터 다시 작성할 수 있다(3회까지 가능).

10 작성 완료 후 메일이 잘 도착했는지 확인한다. 영문 메일이니 스팸 메일함도 확인한다.

창이공항에서 시내로 이동하기

MRT(지하철)

터미널2와 터미널3에서 MRT 창이공항역으로 갈 수 있다. 터미널4에서는 24시간 운행하는 무료 셔틀버스를 타고 터미널2로 이동한 후 MRT역으로 간다. 'Train to City'나 'MRT'표지판을 따라가면 MRT 창이공항역에 도착하며, 이곳에서 열차를 탄 후 이스트 웨스트 라인 타나메라역 또는 다운타운 라인 엑스포역에서 환승한다. 요금은 최대 S$2 정도로 저렴하고, 시내까지 30분 정도면 도착한다. 단, 짐이 많으면 버거울 수 있다. 자세한 이용 방법은 168p 참고.

■ **주요 MRT역 첫차 및 막차 시간**

MRT역	첫차	막차
창이공항역(Tuas Link행)	월~토 05:31, 일·공휴일 05:59	23:18
타나메라역(Tuas Link행)	월~토 05:37, 일·공휴일 06:03	23:33
엑스포역(Bukit Panjang행)	월~토 05:36, 일·공휴일 05:54	23:40

택시

다른 교통수단보다 요금은 비싸지만, 가장 편한 이동 수단이다. 특히 인원이 3명 이상이라면 무조건 택시를 추천한다. 택시는 각 터미널의 도착층에 설치된 택시 스탠드에서 탈 수 있고, 스탠드마다 택시를 잡아주는 직원이 배치돼 있으므로 직원에게 몇 명이 탈 건지만 알려주면 된다. 시내까지 걸리는 시간은 약 30분, 요금은 스탠다드 택시 기준으로 S$30~40(할증료 포함)이다. 가격이 비싼 프리미엄 택시를 타고 싶지 않다면 택시 스탠드의 직원에게 "스탠다드 택시, 플리즈~"라고 얘기하자. 자세한 이용 방법은 174p 참고.

■ **공항 할증요금**

구분	할증요금
17:00~23:59	S$8
그 외 시간	S$6
심야 할증(00:00~06:00)	최종 요금의 50%
피크 시간(주중 06:00~09:29, 주말10:00~13:59, 매일 17:00~23:59)	최종 요금의 25%

택시 스탠드

차량 호출 서비스

그랩, 고젝, CDG Zig(컴포트델그로) 등 차량을 호출할 수 있는 차량 공유 서비스를 이용할 수 있다. 터미널에서 별도로 마련된 픽업 포인트에서 호출한다. 'Arrival Pick-up'은 지인이 데리러 오는 경우이고 'Ride-Hailing'은 그랩 등 호출 장소지만, 엄격히 구분하지는 않는다. 또한, 창이공항에선 택시 스탠드에서 쉽게 택시를 잡을 수 있으므로 굳이 호출 서비스를 이용할 필요가 없다. 요금은 약간 저렴할 수 있지만 거의 차이가 없고, 공항에 도착하자마자 앱을 설치하고 신용카드를 등록하느라 시간과 에너지를 낭비하게 된다. 자세한 이용 방법은 175p 참고.

■Arrival Pick-up 위치

터미널	픽업 포인트	터미널	픽업 포인트
터미널1	지하 1층 1~6번/7~12번 게이트	**터미널3**	지하 1층 1~5번 게이트
터미널2	1층 2~7번 게이트	**터미널4**	1층 4~8번 게이트

시티 셔틀버스

창이공항과 시내를 왕복하는 셔틀버스로, 시내 대부분의 호텔에 정차한다. 각 터미널 입국장에 있는 그라운드 트랜스포트 컨시어지(Ground Transport Concierge, GTC)에서 호텔 이름을 말하고 티켓을 구매한다. 무인발권기는 신용카드만 사용할 수 있고, 데스크에서 직접 구매 시 현금 사용 가능. 티켓 구매 후 받은 파란색 스티커를 가슴에 붙이고 기다리면 직원이 탑승을 도와준다. 단, 대기 시간이 있을 수 있다는 점, 여러 호텔을 경유하느라 시간이 걸린다는 단점이 있기 때문에 2명 이상일 경우엔 요금 차이가 거의 없는 택시를 타는 게 효율적이다. 또한, 인원이 많아 택시 1대로 이동이 불가능하다면 GTC에서 6인승 차량을 S$60으로 이용하는 것도 효율적이다.

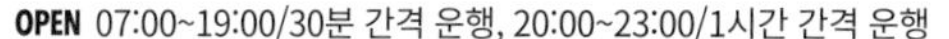

OPEN 07:00~19:00/30분 간격 운행, 20:00~23:00/1시간 간격 운행
PRICE S$10, 어린이(12세 미만) S$7

시내버스

각 터미널에서 시내까지 운행하는 시내버스를 탈 수 있다. 하지만 요금이 S$2.5~3 정도로 MRT보다 적지 않고, 소요 시간은 2배 이상 걸리므로 추천하지 않는다.

■시내버스 정류장 위치

구분	정류장 위치	운행 노선
터미널1·2·3	지하 Bus Bay	24번, 27번, 34번, 36번, 53번, 110번, 858번
터미널4	주차장 4B 옆	24번, 34번, 36번, 110번
	SATS 기내 케이터링 센터 1 근처	27번, 53번, 858번

지하 Bus Bay

싱가포르 OUT

귀국 날 창이공항에서 이뤄지는 출국 절차에 대해 알아보자.
공항에 도착하는 시간은 인천공항에서처럼 비행기 출발 2시간 30분~3시간 전이 적당하다.

Step 1. 택스 환급 신청

시내에서 쇼핑 후 택스 리펀 신청을 했다면 위탁 수하물을 부치기 전에 택스(GST) 환급 신청을 해야 한다. 직원에 따라 확인하지 않는 경우도 있지만, 해당 물품을 보여주는 게 원칙이다. 단, 물품을 기내 수하물에 넣어서 갖고 탈 경우엔 출국 심사를 받은 후 면세구역 내 창구에서 환급 신청을 하면 된다. 'GST Refund'라고 표시된 곳으로 가서 셀프 키오스크(한국어 선택 가능)로 신청하며, 현금 또는 신용카드로 환급받을 수 있다. 현금 선택 시 출국 심사를 받은 후 면세구역 내 'GST Cash Refund' 창구에서 현금을 돌려받는다. 자세한 택스 리펀 방법은 103p 참고.

터미널3 출국장

택스 리펀 창구

Step 2. 항공사 체크인 카운터 확인

터미널 출국장 곳곳에 있는 모니터를 통해 이용할 항공사의 체크인 카운터를 확인한다. 싱가포르항공은 항시 열려 있지만, 그 밖의 항공사 카운터는 보통 출발 3시간 전쯤 열린다.

: WRITER'S PICK :

보다 편리한 체크인 절차 3가지

❶ 온라인 체크인 Online Check-in
일부 항공사는 홈페이지나 앱을 이용한 온라인 체크인 서비스를 제공한다. 온라인으로 미리 체크인해두면 공항에선 짐만 부치면 되므로 시간이 절약된다. 온라인 체크인은 항공사에 따라 다르지만, 보통 출발 48시간 전부터 가능하다.

셀프 체크인 키오스크

❷ 빠른 체크인 FAST Check-in
터미널 출국장의 키오스크 기계로 셀프 체크인을 하면 좀 더 빠르게 체크인 할 수 있다. 여권을 스캔하면 탑승권과 위탁 수하물 표(Bag Tag)가 출력되며, 수하물 표를 캐리어에 감아 붙인 후 셀프 백 드롭 머신으로 위탁 수하물을 부치면 된다. 체크인 줄을 서지 않아도 되므로 이용을 추천하며, 잘 모를 땐 근처에 상주하고 있는 직원에게 도움을 요청하자.

❸ 얼리 체크인 Early Check-in
공항 면세점이나 근처의 주얼 창이 에어포트에서 여유로운 시간을 보내고 싶다면 정해진 시간보다 빨리 체크인 할 수 있는 얼리 체크인 서비스를 이용해보자. 한국행 싱가포르항공, 스쿠트항공 탑승객은 출발 3시간 전까지 주얼 창이 에어포트 1층에서 얼리 체크인이 가능하고, 아시아나항공 탑승객은 터미널 3에서 오후 3시부터 얼리 체크인을 할 수 있다.

Step 3. 항공권 발권 및 위탁 수하물 부치기

짐을 부치기 전에 위탁 수하물에 보조배터리나 라이터 등 금지 품목이 없는지 다시 한번 확인한다. 해당 항공사의 카운터에 여권을 제시해 탑승권을 발급받은 다음, 위탁 수하물을 부친다.

Step 3. 항공권 발권 및 위탁 수하물 부치기

Step 4. 출국 심사

요즘엔 심사관을 통하지 않고 셀프로 진행하는 자동 출국 심사가 보편적이다. 특히 출국 시엔 싱가포르 입국 때 등록해둔 지문으로 자동 출국 심사가 진행되기 때문에 한층 빠르고 편리하다.

❶ 여권 앞면의 바코드가 있는 페이지를 펼쳐 스캔한다.

❷ 유리문이 열리면 입장한 후 지문 스캐너에 오른쪽 엄지손가락을 스캔한다. 스캐너 윗부분부터 꽉 차도록 손가락을 올려야 지문 인식률이 높아진다.

❸ 스캔이 끝나고 유리문이 열리면 면세 구역으로 나온다.

Step 4. 출국 심사

Step 5. GST 환급금 수령 및 면세점 쇼핑

면세구역 내 'GST Cash Refund' 창구에서 세금 환급 영수증을 제시하고 현금을 돌려받는다. 기내에 가지고 탈 물품에 대한 세금 환급 신청은 면세구역 내 창구에서 신청하고 환급받는다.

면세구역 곳곳의 모니터와 표지판에서 탑승할 게이트 위치를 확인한 후 면세점을 구경한다. 면세점에서 액체류(카야 잼, 칠리 크랩 소스 등)를 구매했다면 탑승 전 게이트 앞 보안 검색에서 문제가 되지 않도록 반드시 밀봉 포장을 요청해야 한다(Seal it, please!). 이를 어기면 애써 구매한 물건이 폐기 처분될 수 있다. 육포는 우리나라에서 반입 금지 품목에 해당하므로 사지 말아야 한다.

Step 5. GST 환급금 현금 수령 창구

Step 6. 게이트 이동 및 보안 검색

창이공항 터미널1~3의 경우 인천공항과 다르게 탑승할 게이트 앞에서 보안 검색이 진행되기 때문에 비행기 출발 1시간 전부터 게이트가 열린다. 따라서 면세점 쇼핑을 하더라도 출발 1시간 전쯤엔 탑승할 게이트로 가자. 탑승 수속을 한 터미널과 다른 터미널에 있는 먼 게이트로 배정된 경우에는 스카이 트레인을 타고 이동한다. 보안 검색을 마친 후에는 안쪽의 대기 장소에서 기다린다.

Step 6. 보안 검색

Step 7. 비행기 탑승

대기 장소에서 기다리다가 탑승이 시작되면 직원에게 탑승권을 제시한 후 비행기를 탄다.

+MORE+

터미널4는 보안 검색 장소가 다르다

터미널4에서 탑승할 땐 인천공항과 마찬가지로 면세구역에 들어가기 전 보안 검색을 먼저 하게 된다. 면세구역의 게이트에서는 곧바로 비행기 탑승이 진행된다.

SPECIAL PAGE

놀라움으로 가득 찬

창이공항의 주요 시설

창이공항의 다양한 시설 중 여행자에게 유용한 곳들을 소개한다. 더 자세한 내용은 창이공항 홈페이지(changiairport.com) 참고.

터미널3 지하 2층 식당가

➡ 터미널3 공용 구역 지하 2층

푸드코트 코피티암과 대형 슈퍼마켓 페어 프라이스, 치킨 전문점 포 핑거스 크리스피 치킨 등이 입점했다. 야쿤 패밀리 카페도 있어 입국 후 또는 출국 전에 카야 토스트를 먹거나 카야 잼을 살 수 있다.

더 원더폴 The Wonderfall

➡ 터미널2 출국장(2층) 중앙

새롭게 태어난 창이공항의 랜드마크. 자연에서 영감을 받은 거대한 녹색 기둥과 실감 나게 쏟아지는 디지털 폭포가 어우러져 매혹적이고 차분한 광경을 연출한다. 배경 음악은 인간과 대자연의 조화를 나타낸 '자연의 리듬(Rhythms of Nature)'이다.

더 슬라이드 The Slide@T3

➡ 터미널3 1층 MRT 탑승 방향

세계에서 가장 높은 공항 내 슬라이드. 무려 12m 높이에서 미끄러져 내려와 아이들에게 인기 만점이다. 창이공항 홈페이지에서 창이 리워드 멤버십(Changi Rewards Membership)에 가입하면 회원당 1일 10회까지 이용 가능. 터미널3 지하 2층 고객 서비스 카운터에 창이 리워드 e-카드(Changi Rewards e-Card)를 제시하면 된다. 키 130cm 미만은 탑승 불가.

OPEN 12:00~22:30

헤리티지 구역 Heritage Zone

➡ 터미널4 출국수속 후 바로

전통적인 페라나칸 하우스를 재현한 공간. 박과 전문점 비첸향, 유명 베이커리 뱅가완솔로, 올드 창키 등이 있다. 싱가포르로 건너온 초기 이민자들과 동남아 여성 사이에서 태어난 후손인 페라나칸의 의복과 관습, 요리, 언어 문화를 전시한 페라나칸 갤러리도 들를 수 있다. 푹신한 소파에 앉아 비행기 탑승 전까지 쉬었다 가기에도 좋다.

빛과 사운드 쇼
캐노피 파크
HSBC 레인 보텍스
얼리 체크인 카운터

주얼 창이 에어포트 Jewel Changi Airport

➡ 창이공항 터미널1과 연결

2019년 오픈한 초대형 복합 쇼핑 문화 공간. 유리와 강철로 된 외관은 마리나 베이 샌즈를 설계한 모셰 샤프디가 이끄는 컨소시엄이 디자인했다. 300여 개의 식당과 상점이 입점했고 즐길거리도 많아 비행기 탑승 전 3~4시간쯤 여유를 두고 방문하길 권한다.

돔 모양의 구조물 최상층엔 다양한 엔터테인먼트 시설을 갖춘 캐노피 파크가 있으며, 실내 정원과 폭포도 대표적인 볼거리다. 시간이 허락한다면 실내 폭포에서 저녁마다 펼쳐지는 아름다운 빛과 사운드 쇼(Light & Sound Show)를 감상하며 여행을 멋지게 마무리해보자.

창이공항의 터미널1·2·3에서 링크 브리지로 연결되며, 터미널1과 바로 이어진다. 1층엔 항공사 얼리 체크인 카운터와 GST 환급 창구가 있다. 자세한 내용은 홈페이지(jewelchangiairport.com) 참고.

▶ 항공사 얼리 체크인

출발 터미널에 가지 않아도 주얼 창이 에어포트 1층 얼리 체크인 카운터에서 출발 3시간 전까지 얼리 체크인을 할 수 있다. 2025년 2월 현재 한국행 싱가포르항공과 스쿠트항공 탑승객이 이용 가능하며, 대상 항공사는 점차 확대될 것으로 전망된다.

▶ 주얼 레인 보텍스(Jewel Rain Vortex)

주얼 창이 에어포트의 상징. 40m 높이의 중심부 천장에서 떨어지는 물줄기가 장관이다. 매일 저녁 폭포를 배경으로 한 빛과 사운드 쇼를 볼 수 있다.

OPEN 11:00~22:00(금~일·공휴일 10:00~)
빛과 사운드 쇼 20:00·21:00(금~일·공휴일·공휴일 전날에는 22:00 추가)

싱가포르 시내 교통

싱가포르의 현지 교통편에 대해 자세히 소개한다.
어떤 교통편을 주로 이용할 것인가는 일정과 예산에
큰 영향을 끼치므로 꼼꼼히 살펴보고 여행을 계획하자.

빠르고 편리한 지하철, MRT

싱가포르에서는 지하철을 MRT(Mass Rapid Transit)라고 부른다. 역 간 거리가 짧고 배차 간격도 3분 내외여서 편하게 이동할 수 있다. 총 6개의 노선이 있으며, 그중 여섯 번째로 건설 중인 톰슨-이스트 코스트 라인은 단계별로 개통해 운영 중이다. 2030년까지 MRT 전체 노선의 길이는 현재의 2배까지 늘어날 예정. 우리나라의 경전철에 해당하는 LRT(Light Rail Transit)는 외곽에 개발된 신규 주거 지역만 운행한다.

WEB www.smrt.com.sg

MRT 노선

EW 이스트 웨스트 라인(East West Line)
서쪽의 투아스 링크(Tuas Link)부터 동쪽의 파시르 리스(Pasir Ris)와 창이공항을 연결하는 노선. 창이공항에 도착해서 시내로 갈 때 처음 이용한다.

NS 노스 사우스 라인(North South Line)
주롱 이스트(Jurong East)와 남쪽의 마리나 사우스 피어(Marina South Pier)를 연결하는 노선. 뉴튼, 오차드, 시티 홀, 래플스 플레이스 등 시내 주요 관광지를 통과하므로 여행자가 가장 많이 이용한다.

NE 노스 이스트 라인(North East Line)
북쪽의 풍골(Punggol)과 센토사로 들어가는 입구인 하버프론트(HarbourFront)를 연결하는 노선. 리틀 인디아, 차이나타운, 클락 키를 통과해 이용 빈도가 높다.

CC 서클 라인(Circle Line)
시 외곽을 순환하는 노선. 현재 미개통 구간인 마리나 베이(Marina Bay)와 하버프론트(Harbourfront) 사이의 구간은 2025년에 연결될 예정이다.

DT 다운타운 라인(Downtown Line)
창이공항 인근의 엑스포역(Expo)에서 출발해 시내를 관통한 후 부킷 판장(Bukit Panjang)까지 연결된다.

TE 톰슨-이스트 코스트 라인
(Thompson-East Coast Line)
북쪽의 우드랜즈 노스(Woodlands North)와 창이공항을 연결한다. 현재는 우드랜즈 노스와 카통 지역까지 운영 중이며, 2025년까지 전체 노선을 개통할 예정이다. 2022년 11월에 가든스바이더베이역까지 개통되면서 가든스 바이 더 베이의 접근성이 향상됐으며, 2024년 6월에는 카통 지역까지 개통돼 여행의 편의성이 크게 개선됐다.

MRT 개찰구와 플랫폼. 이용 방법은 우리나라와 비슷하다.

MRT 노선 & 주요 역

*자세한 노선도는 맵북 MAP ❷ 참고

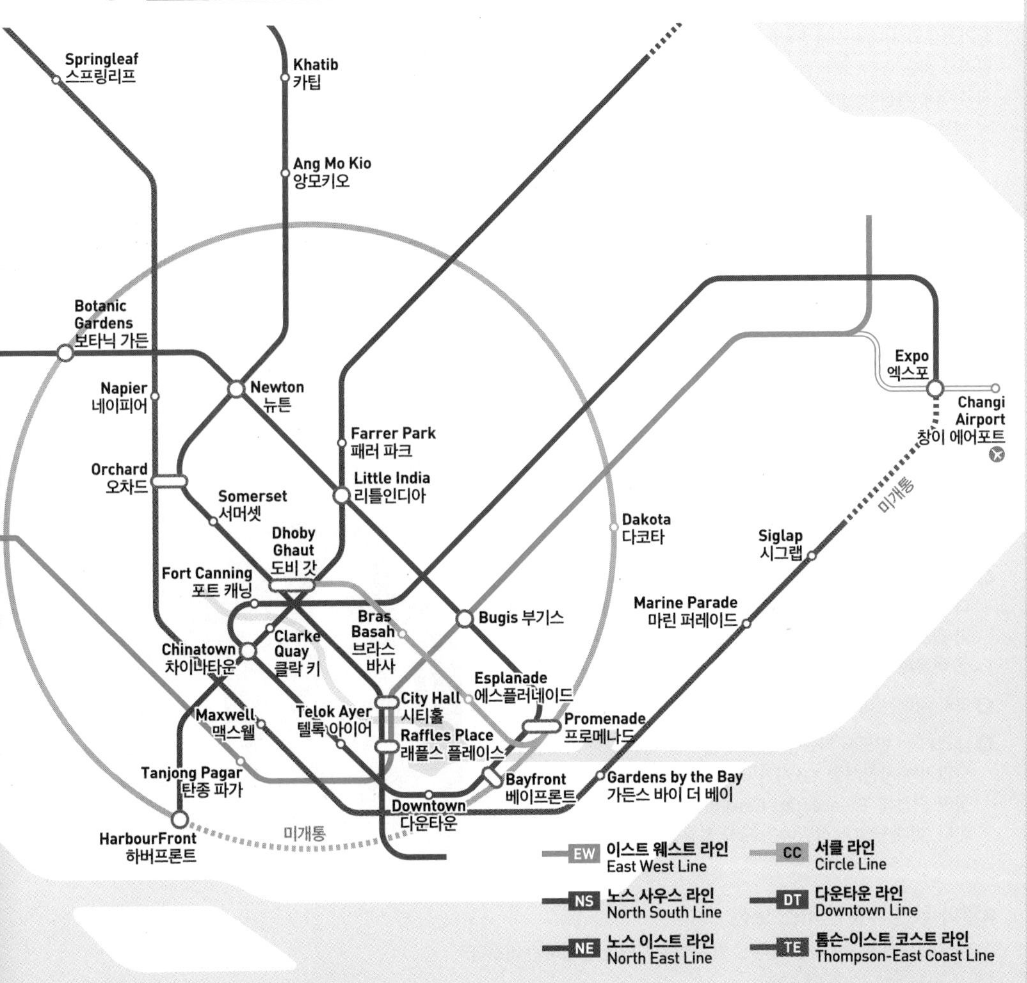

: WRITER'S PICK :

MRT 이용 시 주의할 점

❶ MRT역이나 객차 안에서 음식물(생수 포함)을 섭취하면 S$500의 벌금이 부과된다. 단, 음식물을 먹지 않고 그냥 갖고 다니는 건 괜찮다. 이는 시내버스 등 다른 교통수단의 경우도 마찬가지다.

❷ 에스컬레이터의 속도가 매우 빠르기 때문에 이용 시 반드시 가드레일을 잡아야 한다. 특히 어린이나 노약자는 넘어지지 않도록 주의하자.

❸ 싱가포르에서 에스컬레이터를 탈 땐 우리나라와 반대로 왼쪽에 줄을 서고, 오른쪽은 비워둬야 한다. 이는 MRT역뿐 아니라 쇼핑몰에서도 마찬가지다.

구석구석 알뜰하게 둘러보는, 시내버스

싱가포르의 시내버스는 우리나라와 마찬가지로 MRT가 닿지 않는 지역까지 구석구석 연결한다. 요금이 저렴하고 배차 간격도 짧은 데다, 쾌적한 분위기의 좌석에 앉아 바깥 풍경을 즐길 수 있다는 것도 장점. 특히 2층 버스를 타면 관광 효과가 더욱 커진다. 구간에 따른 요금은 보통 S$1~2.5, 짧은 시내 구간 이용 시 S$0.8~1.5다. MRT와 마찬가지로 차내에서 식음료 섭취는 금지돼 있다.

■ 이용 방법

우리나라의 시내버스와 이용 방법이 거의 비슷하다. 다른 점이라면 운행 방향이 왼쪽 차선이라는 것, 운전석이 오른쪽에 있어서 타고 내리는 문이 버스 왼쪽에 있다는 것 정도다.

❶ 앞문으로 탑승하고 뒷문으로 내린다.

❷ 탑승 시 카드 단말기에 카드를 댄다. 다인승 결제는 안 되고 무조건 1인 1 카드를 사용해야 한다.

❸ 현금 결제도 되지만, 거스름돈을 주지 않으므로 잔돈까지 정확히 계산해서 내야 한다. 현금 탑승 시엔 기사에게 목적지를 먼저 말한 후 해당 요금을 내고, 운전석 뒤쪽의 오렌지색 박스에서 나오는 영수증을 받아서 내릴 때까지 잘 보관한다.

❹ 대부분의 버스에서는 내릴 정류장을 알려주는 안내 방송이 없다. 전광판 서비스도 최근 확대되고는 있지만 아직은 없는 버스가 많으므로 휴대폰의 위치 정보를 켜고 구글맵이나 교통 앱 등을 이용해 내릴 정류장을 확인하자.

❺ 하차 시에는 미리 벨을 누른다.

❻ 내리기 전 반드시 카드 단말기에 승차할 때 태그한 카드를 댄다. 단말기에 사진처럼 X표시가 떠 있으면 카드를 댈 수 없고, 정류장에 근접해 'Please Tap Card'라는 문구가 나타난 후에 대야 한다. 이때 단말기 상단에는 도착 정류장이 함께 표시된다.

❹ 전광판
❺
❻ 카드 태그 불가
❻ 카드 태그 가능

■알아 두면 유용한 버스 노선

아래 버스 노선은 여행자들이 주로 방문하는 지역을 운행하는 버스다.

➡ **33번** 카통 ⇄ 라벤더역 ⇄ 술탄 모스크 ⇄ 부기스역 ⇄ 차임스 ⇄ 그랜드 파크 시티홀 호텔 ⇄ 올드 힐 스트리트 경찰서 ⇄ 클락키역 ⇄ 차이나타운역 ⇄ 우트럼파크역

➡ **100번** 파크로열 온 비치로드 호텔(하지 레인) ⇄ 래플스 호텔 ⇄ 에스플러네이드역 ⇄ 플러튼 스퀘어(멀라이언 파크) ⇄ 원 래플스 키(라우파삿 사테 거리) ⇄ 하버프론트역(비보시티)

➡ **145번** 술탄 모스크 ⇄ 시티홀역 ⇄ 내셔널 갤러리 ⇄ 보트 키 ⇄ 맥스웰 푸드센터(불아사) ⇄ 하버프론트역(비보시티) ⇄ 헨더슨 웨이브스

➡ **190번** 오차드역(탕 플라자) ⇄ 만다린 오차드 호텔 ⇄ 도비갓역 ⇄ 벤쿨렌역 ⇄ 차임스 ⇄ 그랜드 파크 시티홀 호텔 ⇄ 올드 힐 스트리트 경찰서 ⇄ 클락키역 ⇄ 차이나타운역

버스 정류장
2층 버스, 1층 버스 등 다양한 차량이 운행된다.

: WRITER'S PICK :

2층 버스를 잡아라!

2층 버스 맨 앞자리는 저렴한 비용으로 시티투어 버스를 타는 기분을 누릴 수 있는 명당이다. 'SG BusLeh' 앱을 이용하면 도착 예정 버스가 1층짜리인지 2층짜리인지 알 수 있다. 가로 막대 위에 표시된 숫자는 도착 예정 잔여 시간(분). 그 아래 'Double'이라고 표시된 버스가 2층 버스다.

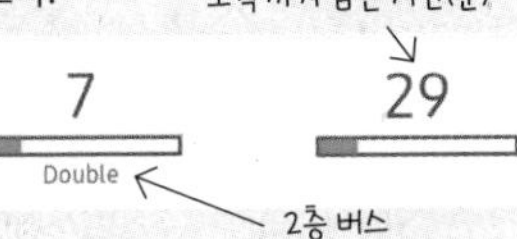

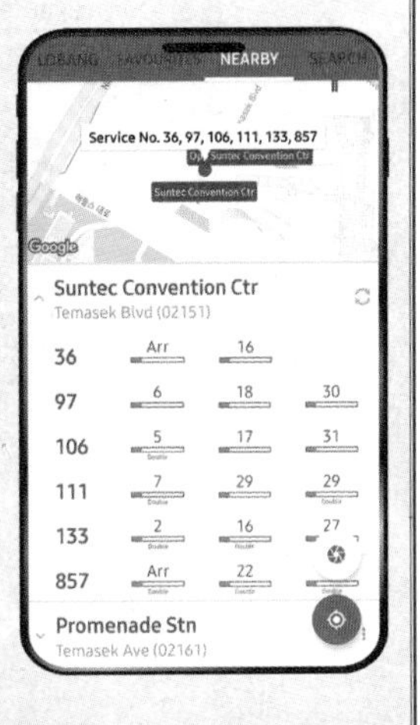

주요 관광 코스 중 2층 버스가 자주 운행하는 노선은 아래와 같다.

➡ **190번** 오차드 로드 ⇄ 차이나타운
➡ **145번** 부기스, 아랍 스트리트 ⇄ 차이나타운
➡ **174번** 보타닉 가든 ⇄ 차이나타운
➡ **147번** 차이나타운 ⇄ 리틀 인디아
➡ **106번** 보타닉 가든 ⇄ 마리나 베이 샌즈 호텔

대중교통 티켓의 종류

❶ 이지링크 카드 Ez-link Card

MRT, 시내버스, 센토사 익스프레스 등을 이용할 수 있는 충전식 교통카드. 대중교통을 주로 이용한다면 필수 카드다(1회용 교통카드인 스탠더드 티켓은 2022년 3월에 폐지). 편의점이나 일부 음식점에서 결제할 때도 사용할 수 있고, 각종 할인 혜택이 있다. 비슷한 기능을 가진 카드로 넷츠 플래시페이(NETS FlashPay)가 있으며, 금액과 사용법은 이지링크 카드와 같다. MRT역 승객 서비스 센터(PSC)나 편의점에서 살 수 있고, 가격은 S$10(카드 발급비 S$5 + 최초 충전금액 S$5). 카드 발급비는 보증금이 아니므로 환불받을 수 없다.

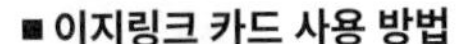

■ 이지링크 카드 사용 방법

❶ 우리나라와 같이 승강장 입구의 리더기에 갖다 대면 된다.
❷ 승차 지점부터 목적지까지의 요금만큼 금액이 충전돼 있어야 한다.
❸ 카드 잔액이 S$3 이하일 땐 이용할 수 없고, 충전이 필요하다.
❹ 1인 1 카드가 있어야 한다.
❺ 세븐일레븐이나 치어스 편의점에서도 카드를 충전할 수 있으나, 수수료 5%가 부과된다.
❻ 잔액은 대부분 싱가포르 은행 계좌가 있어야 환불받을 수 있으니, 남은 금액이 있다면 편의점에서 소진하자. 이지링크 카드의 유효기간은 5년이지만, 환불받은 카드는 재사용할 수 없다.

+ MORE +

어린이 할인 카드
Child Concession Card

MRT나 버스를 무료로 이용할 수 있는 어린이 전용 교통카드다. 키 90cm 이상의 미취학 아동(만 7세가 되는 해의 4월 30일까지 사용 가능)이 대상이다. 주요 MRT역의 트랜짓링크 티켓 오피스(TransitLink Ticket Office)에서 여권을 제시하고 발급받을 수 있다. 키가 90cm를 넘지 않고 만 7세 미만인 어린이는 보호자 동반 시 카드가 없어도 무료로 탑승할 수 있다.

■티켓 머신(General Ticketing Machine: GTM)을 이용해 이지링크 충전(Top-up)하는 법

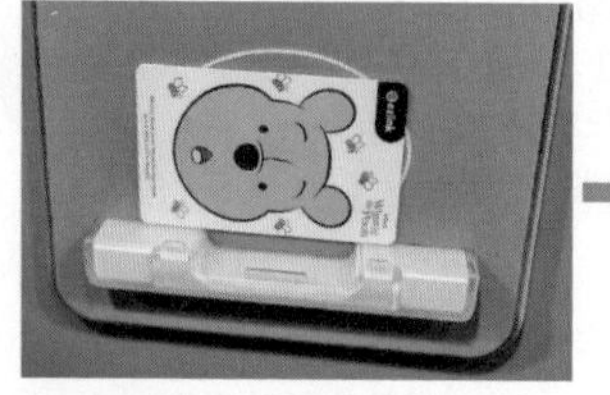

❶ 카드 올려놓는 곳에 이지링크 카드를 기계에 붙여서 올려놓는다(카드 잔액이 화면에 나타남).

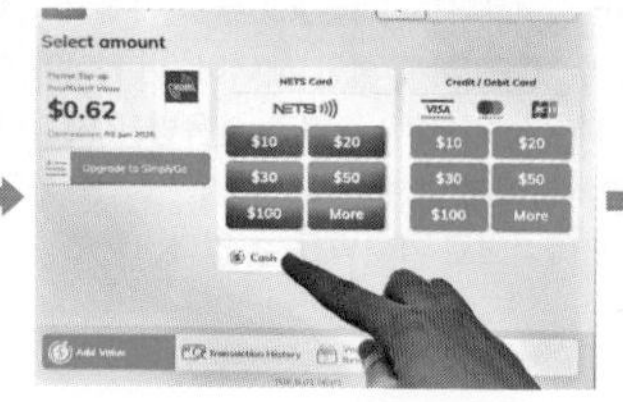

❷ 화면 중앙 하단의 'Cash' 버튼을 클릭한다.

❸ 지폐 투입구에 원하는 금액의 지폐를 투입한다(충전 단위는 S$2, S$5, S$10, S$50).

❹ 모니터에 나타난 금액을 확인하고 이상 없으면 하단의 'Confirm'을 클릭한다.

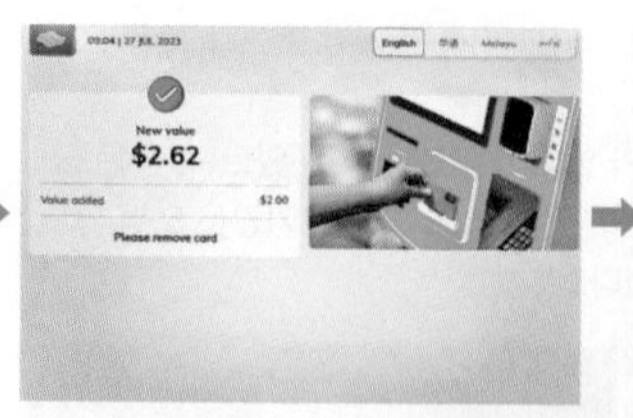

❺ 로딩이 끝나 화면에 충전 후 총 잔액이 뜨고 'Please remove card' 문구가 나오면, 올려둔 카드를 회수한다.

❻ 화면 하단의 Receipt 버튼을 누르면 영수증이 나온다.

❷ 컨택리스 신용카드 Contactless Card

해외 사용이 가능한 마스터카드 또는 비자카드 중 컨택리스 인디케이터가 있는 카드의 경우 싱가포르에서도 교통카드로 사용할 수 있다. 1일 S$0.6의 관리비가 추가로 발생하지만, S$5의 이지링크 카드 발급비를 부담하지 않아도 되므로 단기 여행일 때 유리하다.

■사용 방법

❶ 이지링크 카드와 마찬가지로 승·하차 시 모두 단말기에 태그한다.
❷ 해외 결제 차단 기능은 반드시 해제해야 한다.
❸ 1인 1 카드가 필요하다(가족 카드 사용 가능).
❹ 컨택리스 인디케이터가 있어도 교통카드 기능이 없는 카드도 있다. MRT역에 있는 티켓 머신에 카드를 올려놓았을 때 화면에 'Bank Card'라는 글자가 나오면 사용 가능한 카드다.

❸ 트래블월렛 카드 Travel Wallet / 트래블로그 Travlog

충전식 카드인 트래블 월렛, 트래블로그 카드도 컨택리스 카드처럼 교통카드로 사용할 수 있다. 사전에 싱가포르 달러로 환전·충전돼 있는 상태여야 하며, 트래블 월렛의 경우 1일 S$0.7의 수수료가 적용된다.

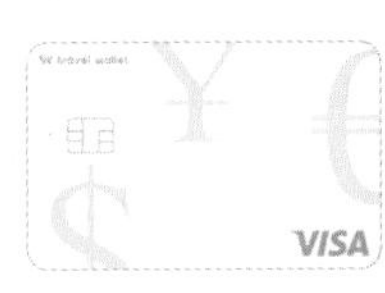

❹ 삼성페이 Samsung Pay

한국에서처럼 싱가포르에서도 삼성페이를 통해 대중교통을 이용할 수 있다. 현재는 삼성·우리·롯데·농협·신한·국민 마스터카드와 삼성·신한·국민 비자카드만 사용할 수 있다.

■사용 방법

❶ 국내에서 미리 삼성페이 해외 결제 서비스에 해당 카드를 등록한다.
❷ NFC가 켜진 상태에서 삼성페이 앱을 연 후, 지문·비밀번호로 인증하고 단말기에 태그한다.
❸ 해당 휴대폰은 데이터 통신이 원활한 상태여야 한다.

❺ 애플페이 Apple Pay

현대카드를 이용한 애플페이도 싱가포르에서 교통카드로 사용 가능하다. '익스프레스 모드'로 설정하면 따로 잠금 해제를 하지 않고 탭 만으로 빠르게 결제할 수 있다. 지원되는 카드를 애플 지갑에 추가하면 익스프레스 모드가 켜진다.

+MORE+

싱가포르 투어리스트 패스
Singapore Tourist Pass

MRT와 시내버스 등의 대중교통을 1·2·3일간 무제한 이용할 수 있다. 구매 시점부터 만료일의 대중교통 운행 종료 시점까지가 유효기간이므로 되도록 아침 일찍 구매해야 최대의 효과를 누릴 수 있다. 센토사 익스프레스, RWS8, 나이트 라이더 등 일부 특별 교통수단은 제외. 비슷한 유형의 다른 패스도 있지만, 이 패스가 더 효율적이다.

가격 1일권 S$17, 2일권 S$24, 3일권 S$29

판매처 창이공항, 베이프론트, 부기스, 차이나타운, 시티홀, 패러 파크, 하버프론트, 오차드, 래플스 플레이스를 비롯한 주요 MRT역 트랜짓링크 티켓 오피스(TransitLink Ticket Office). 역마다 운영시간이 다르므로 자세한 내용은 홈페이지(thesingaporetouristpass.com.sg) 참고.

안전하고 효율적인, 택시

싱가포르는 교통체증이 심하지 않은 데다 물가에 비해 택시비가 비싸지 않기 때문에 택시 이용이 매우 편리하고 효율적이다. 다만, 우리나라와 요금체계가 다르고, 일방통행 구간이 많으며, 할증요금도 다양하게 지정돼 있는 등 생소한 부분이 많아서 바가지요금으로 오해하는 경우도 있으니 기본적인 요금체계를 알아둘 필요가 있다. 그랩이나 CDG Zig(컴포트델그로)와 같은 호출 앱을 이용하면 한결 더 편리하다.

■이용 방법

❶ 택시는 지정된 승강장(Taxi Stand)에서만 탈 수 있다.
❸ 택시 승강장을 찾기 어려울 땐 주변의 쇼핑몰이나 호텔의 택시 스탠드를 이용한다.
❸ 싱가포르에서는 택시 기사가 바가지를 씌우는 경우가 드물지만, 혹시 바가지요금이 의심된다면 영수증(Receipt)을 요구하자. 영수증에는 요금 내역이 자세하게 기재돼 있어서 바가지요금일 경우 근거 자료가 된다.
❹ 대부분의 싱가포르 택시는 신용카드와 이지링크 카드(S$0.30 수수료 부과)로도 결제할 수 있다.

택시 승강장

■요금 체계

우리나라보다 택시 요금 체계가 다소 복잡하다. 택시회사나 차종에 따라 기본요금이 다른 데다 시간이나 지역에 따른 할증요금도 부과된다. 택시 미터기의 요금은 페어(FARE: 기본요금+주행요금)와 엑스트라(EXTRA: 기타 할증요금)로 구분돼 있다. 목적지에 도착하면 이 두 가지를 합산한 택시요금이 표시된다.

구분	내용
기본요금 (Flag-Down)	스탠더드(Standard) S$4.4~4.8, 프리미엄(Premium) S$4.8~5.5 *프리미엄은 주로 흰색, 은색, 검정색이 많은 편이다.
주행요금 (스탠더드 기준)	주행거리 10km 미만 : 400m마다 S$0.26
	주행거리 10km 이상 : 350m마다 S$0.26
	신호대기 등 정차 시 : 45초마다 S$0.26
ERP 요금	유료도로 통과 시 통행료 추가
시간 할증 (탑승 시각 기준)	**피크 타임**(미터 요금의 25%) 평일 06:00~09:29, 17:00~23:59, 주말 10:00~13:59, 17:00~23:59 **심야**(미터 요금의 50%) 00:00~05:59
지역 할증	**도심에서 출발** 탑승 시각 기준 17:00~23:59 S$3
	창이공항에서 출발 17:00~23:59 S$8, 나머지 시간 S$6
	가든스 바이 더 베이에서 출발 S$3
	만다이 야생동물 보호구역(싱가포르 동물원, 리버 원더스, 나이트 사파리, 버드 파라다이스 등)**에서 출발** 13:00~23:59 S$5
	마리나 베이 샌즈에서 출발 일·공휴일 06:00~17:00 S$3 (프리미엄 택시만 해당)
	센토사에서 출발 S$3
예약비	별도로 택시를 부를 경우(Call) 시간에 따라 S$2.3~2.5 추가 (피크타임에는 유동적) *피크타임 : 평일 06:00~09:29, 17:00~23:59/ 주말·공휴일 10:00~13:59, 17:00~23:59

+MORE+

ERP란?

싱가포르의 도로를 지나가다 보면 상단에 'ERP'라고 쓰인 구조물을 볼 수 있다. ERP(Electronic Road Pricing)란, 유료 도로를 지나는 차들에 자동으로 통행료를 부과하는 시스템으로, 차들이 별도로 설치된 요금소를 거칠 필요가 없기 때문에 차량 흐름이 끊기지 않는다. 택시의 경우에도 유료도로를 지나가면 ERP 통행료가 요금에 합산해 청구된다.

■ 싱가포르의 주요 택시

회사명	주요 색상
프리미어 택시 Premier Taxis(Silvercab)	은색
시티 캡 CityCab	노랑
컴포트 택시 Comfort Taxi	파랑
트랜스 캡 Trans-Cab	빨강
스마트 택시 SMRT Taxis	퍼플

프리미어 택시

트랜스 캡

스마트 택시

■ 택시 호출 앱

택시 호출 서비스를 이용하면 길에서 보내는 시간과 에너지를 아낄 수 있다. 택시가 잘 다니지 않는 곳에서는 더욱더 유용하므로 휴대폰에 1~2개쯤 깔아 두면 좋다.

❶ 그랩 Grab

싱가포르의 독보적인 차량 호출 서비스. 베트남을 비롯한 동남아시아 국가들에 특화돼 널리 쓰인다. 구글 맵과 연동되며, 택시뿐 아니라 개인 소유 차량의 활동량도 상당히 많아서 둘 중 어느 것이든 쉽게 이용할 수 있다. 개인 소유 차량은 택시보다 요금이 저렴한 편이지만, 이용객이 몰릴 땐 택시보다 비쌀 때도 있으니 잘 비교해보고 이용하자. 통상적으로 10분 거리는 S$5~15, 20분 거리는 S$15~25, 30분 거리는 S$25~35 정도가 적정 가격이다.

❷ CDG Zig

싱가포르 최대의 육상운송회사인 컴포트델그로(Comfortdelgro)에서 운영하는 택시 호출 앱이다. 싱가포르에서 가장 많은 차량을 보유한 택시 회사라서 호출하기 어렵지 않고 요금도 저렴하다. 요금은 미터 요금(By Meter)과 고정 요금(ComfortRIDE) 중 선택할 수 있으나, 통상적으로 고정 요금이 더 저렴하다. 그랩과 마찬가지로 6~7인승 차량도 선택할 수 있으나, 상대적으로 차량 대수가 적어 6~7인승은 그랩이 더 빨리 잡히는 편이다.

: WRITER'S PICK :

돈으로 시간을 산다?

일행이 3명 이상이라면, 특히 어린이나 노약자가 포함된 가족이라면 무조건 택시를 이용하자. MRT나 시내버스도 잘 돼 있긴 하지만, 택시를 이용하면 대중교통수단의 절반에 가까운 시간을 단축할 수 있다. 더운 나라이므로 한결 시원하고 편하게 이동할 수 있는 점은 물론이다. 여행 전체 일정을 놓고 보아도 대중교통 대비 택시를 이용할 때 추가로 필요한 금액은 일행 모두를 합쳐도 몇만 원 정도다.

여행자의 특권, 시티투어 버스

도시를 최대한 빠르고 편하게 둘러보는 방법으로는 시티투어 버스만 한 게 없다. 오픈탑 버스 2층에 편안하게 앉아 시원한 바람을 가르며 도심을 훑어보는 것은 시티투어 버스만의 묘미다. 출발점이 아닌 중간에 정차하는 정류장 어디에서나 타고 내릴 수 있고, 티켓을 미리 사지 않아도 버스 기사에게 즉석에서 현금으로 구매할 수 있다는 편리함도 여행자를 위한 맞춤형 서비스다.

시티투어 버스는 여행 중간보다는 여행 초반에 앞으로 여행할 곳들을 미리 훑어보거나, 여행 후반에 그동안 여행한 곳들을 돌아볼 목적으로 이용하면 더욱 효과적이다. 다만, 2층 탑승은 기온이 높고 햇빛이 강한 오후가 아닌 오전을 노릴 것. 너무 덥다면 1층으로 내려가 잠시 더위를 식히자. 싱가포르 시티투어계의 양대 산맥인 2군데 업체의 투어 프로그램을 비교해보고, 내가 타고 싶은 버스를 찜해보자.

장점	단점
▪ 주요 관광지를 버스에 앉아 편하게 돌아볼 수 있다. ▪ 뻥 뚫린 2층 좌석에서 시원한 개방감을 느낄 수 있다. ▪ 한국어 안내방송이 나온다.	▪ 가격이 비싸다. ▪ 너무 덥거나 비가 오면 2층을 이용할 수 없다.

❶ 빅 버스 & 덕 투어 BIG BUS & DUCK tours

세계 최대 시티투어 회사인 빅 버스가 현지의 덕 투어와 뭉쳤다. 빅 버스는 정해진 정류장이라면 어디서든 타고 내릴 수 있는 홉온홉오프(Hop-on Hop-off) 투어 버스로, 도심의 주요 명소를 통과하는 노란색 시티(City) 노선과 역사적 주요 명소를 돌아보는 빨간색 헤리티지(Heritage) 노선 등 2개 노선을 운행한다. 덕 투어는 배 모양의 수륙양용 버스를 타고 시티투어와 수상 관광을 모두 즐길 수 있는 상품이다. 영어로 설명해주는 가이드가 같이 탑승하며, 육지에서 물로 들어가는 짜릿한 경험을 할 수 있어서 여행자들에게 인기가 높다. 허브 정류장 위치가 기존의 MRT 에스플러네이드역 A출구 앞에서, 프로메나드역 C출구 근처 선텍시티 타워2 앞으로 변경됐다.

: WRITER'S PICK :

빅 버스 앱을 활용하자

'Big Bus Tours' 앱을 이용하면 할인 티켓 구매는 물론, 각 버스의 노선 및 정류장 위치, 버스 도착시간 등을 알 수 있다.

GOOGLE MAPS big bus & duck
MRT 프로메나드역 C출구에서 도보 5분
BUS 02159 Opp Suntec Convention Ctr
ADD 3 Temasek Boulevard #01-K8, Suntec City Mall Tower 2 Singapore 038983
TEL 6338 6877
PRICE **빅 버스** 디스커버 티켓(레드, 옐로 2개 노선) 온라인 S$53.1, 1개 노선(레드, 옐로 중 택1) 온라인 S$37
덕 투어 S$45/**콤보 상품** 덕 투어+ 빅 버스(2개 노선) 온라인 S$99/덕 투어+싱가포르 플라이어 온라인 S$81
WEB ducktours.com.sg

■ 빅 버스 운행 정보(각 노선별 1회 평균 1시간 운행)

레드	주요 경유지	리틀 인디아 - 아랍 스트리트 - 시티홀 - 보트 키 - 차이나타운 - 마리나 베이 샌즈
	운행시간	첫차 09:40, 막차 17:10/25~40분 간격 운행
옐로	주요 경유지	싱가포르 플라이어 - 마리나 베이 샌즈 - 풀러튼 호텔 - 시티홀 - 클락 키 - 보타닉 가든 - 오차드 로드 - 래플스 시티
	운행시간	첫차 09:30, 막차 17:20/25~40분 간격 운행

빅 버스

덕 투어

■ 덕 투어 운행 정보

주요 경유지	싱가포르 플라이어 - 가든스 바이 더 베이 - 에스플러네이드 극장 - 멀라이언 파크 - 마리나 베이 - 내셔널 갤러리 - 파당 - 전쟁기념공원 *싱가포르 플라이어~마리나 베이 구간은 수상 투어
운행시간	10:00~18:00/1시간 간격 운행(매시 정각에 출발)

❷ 시티 투어스 City Tours

펀비 버스(FunVee Bus)라고 불리는 시티투어 버스, 수륙양용 버스인 캡틴 익스플로러 덕 투어(Captain Explorer DUKW® Tour) 등 2가지 투어 프로그램을 운영한다. 펀비 버스와 캡틴 익스플로러 덕 투어 모두 빅 버스에서 운영하는 것과 외관과 코스가 거의 같으면서 가격은 더 저렴하다. 단, 한국어 오디오 가이드를 제공하는 빅 버스와 달리 펀비 버스는 영어와 중국어만 지원된다. 2가지 투어 모두 월요일은 운영하지 않는다.

GOOGLE MAPS city tours
MRT 에스플러네이드역 B출구에서 바로 연결(선텍 시티 몰 맞은편, 마리나 스퀘어 1층), 도보 3분
BUS 02089 Pan Pacific Hotel/02061 The Esplanade
ADD 6 Raffles Blvd, #01-207, Singapore 039594
TEL 6738 3338
PRICE **펀비 버스** 2개 노선 S$39(온라인 S$31)
캡틴 익스플로러 덕 투어 S$41(온라인 S$33)
WEB citytours.sg

펀비 버스

캡틴 익스플로러 덕 투어

■운행 정보

펀비 버스	**시티 사이트싱**(그린) : 싱가포르 플라이어 - 에스플러네이드 극장 - 멀라이언 파크 - 차이나타운 - 클락 키 - 포트 캐닝 파크 - 보타닉 가든 - 오차드 로드 - 브라스 바사 **마리나 사이트싱**(오렌지) : 마리나 베이 샌즈 - 가든스 바이 더 베이 - 차이나타운 - 리틀 인디아 - 아랍 스트리트
	시티 사이트싱(그린) 09:00~16:00/월요일 휴무 **마리나 사이트싱**(오렌지) 10:45~16:45/월요일 휴무
캡틴 익스플로러 덕 투어	09:00~11:00, 13:00~18:00(매시 정각 출발) /월요일 휴무

: WRITER'S PICK :

투어 버스 알뜰하게 이용하기

빅 버스나 펀비 버스 모두 1일권 구매 시 유효기간이 24시간이기 때문에 첫 탑승 시점을 잘 잡으면 이틀에 걸쳐 이용할 수 있다. 예를 들어, 오전 11시에 첫 탑승 시 다음 날 오전 10시에 다시 탑승할 수 있다.

싱가포르에서도 유용한 교통 앱

여행을 떠나기 전, 교통 관련 앱을 이용해 각 포인트 간의 이동 방법을 알아보자.

구글맵 Google Maps

전 세계를 모두 커버하는 지도 앱의 절대강자다. 출발지부터 목적지까지의 교통수단별 이동 방법 등 교통정보뿐 아니라 관광지나 식당의 영업시간, 메뉴와 리뷰까지 속속들이 알 수 있다. 관심 있는 장소는 사전에 즐겨찾기로 지정해두고, 인터넷 사용이 어려울 때를 대비해 미리 해당 지역의 지도를 저장해두면 오프라인 상태에서도 문제없이 쓸 수 있다.

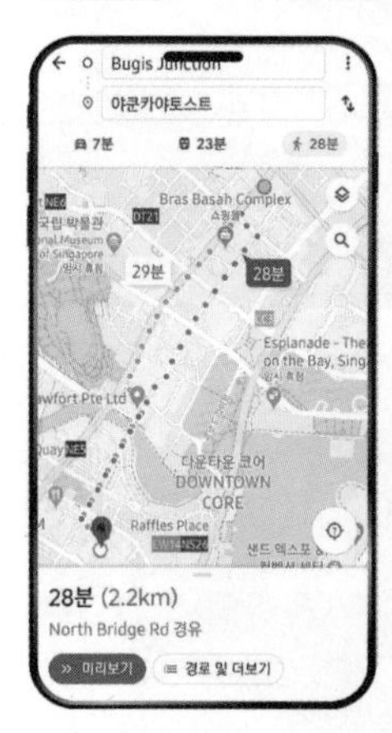

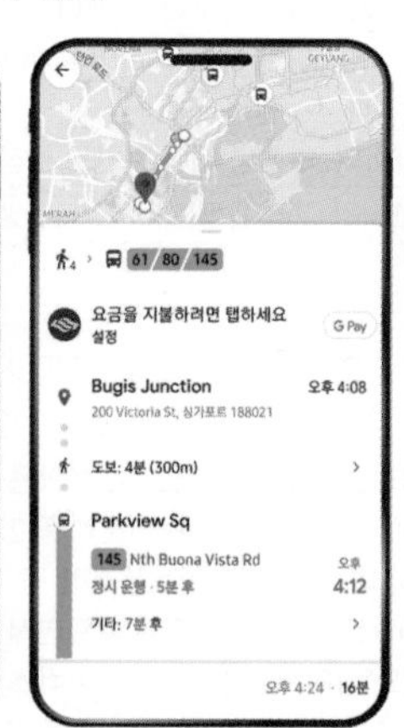

SG BusLeh

싱가포르의 시내버스 정보에만 집중한 심플한 앱. 휴대폰의 위치 정보를 켜 두면 내 주변 버스 정류장들이 눈에 띄는 색으로 나타나며, 정류장을 클릭하면 도착 예정인 버스 정보를 알 수 있다. 버스 번호를 누르면 현재 버스의 위치와 내 위치가 지도상에 실시간 표시된다. 특히 도착 예정 버스가 1층짜리인지 2층짜리인지까지 알려주므로 다른 교통 앱을 쓰면서 2층 버스 정보를 얻기 위한 수단으로 쓰기 좋다.

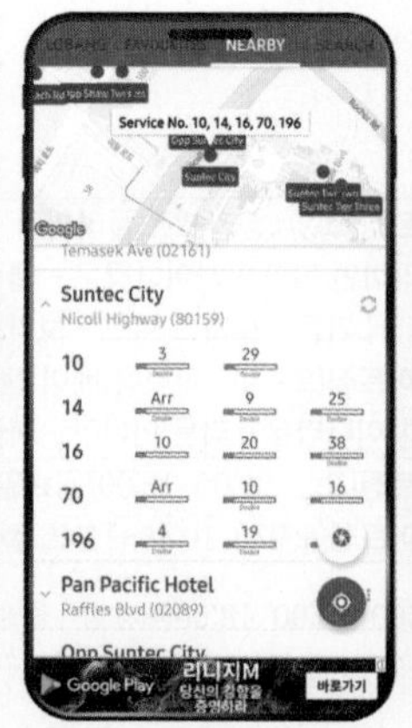

시티 맵퍼 Citymapper

싱가포르를 비롯한 세계 주요 도시의 교통 정보를 제공한다. 최초 설치 후 설정 메뉴에서 도시를 싱가포르로 설정하면 MRT, 시내버스 등 대중교통 정보를 볼 수 있고, 구글맵과 마찬가지로 출발지와 도착지를 설정하면 도보 또는 MRT와 시내버스를 조합한 이동 방법을 안내한다. 정류장 안내 서비스가 없는 시내버스를 탔을 때 그 진가를 발휘한다. 출발 정류장에서 목적지 사이의 모든 정류장 리스트에서 나의 현 위치를 보여주며, 도착 정류장에 근접하면 진동으로 알림 서비스까지 지원한다. 이것 하나만 있어도 충분할 정도로 매우 똘똘한 교통 앱!

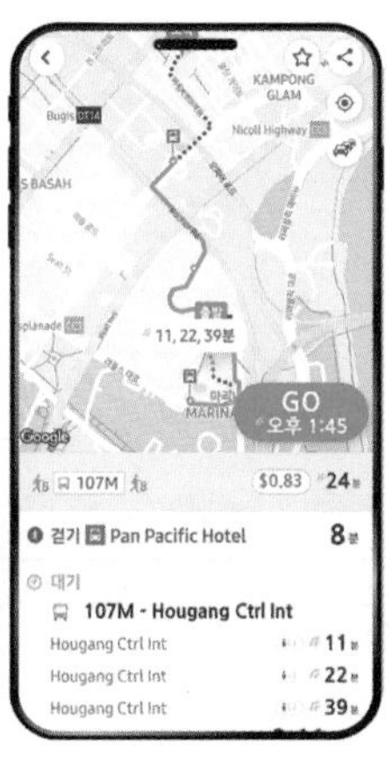

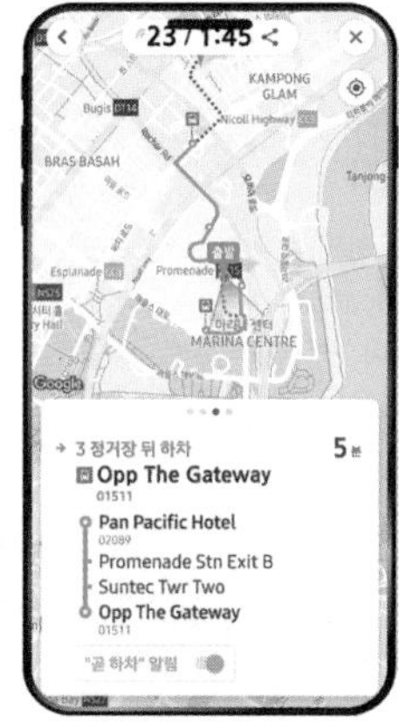

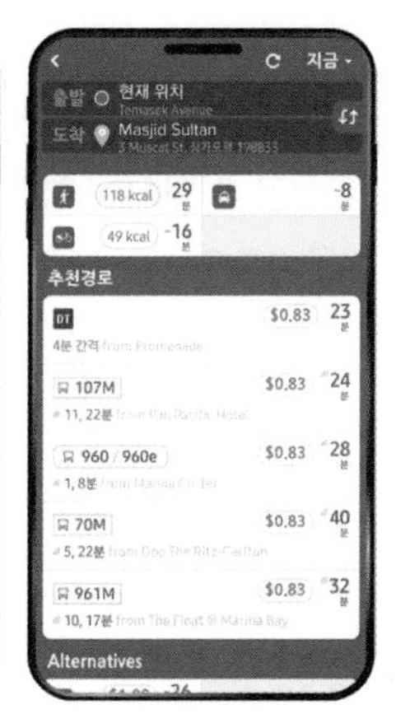

싱가포르 맵 Singapore Map

싱가포르와 말레이시아, 인도네시아, 필리핀, 홍콩의 대중교통 정보를 제공한다. 출발지와 목적지를 선택하면 4가지 이동 방법을 직관적으로 표시해주며, 이동 방법별 예상 요금도 안내한다. 이동 시간은 기본적으로 조회 시점이지만, 미래의 특정 시점을 기준으로 조회할 수도 있다. 'Bus' 메뉴에선 근처의 버스 정류장 위치와 버스 도착예정시간 등의 정보를 자세히 알 수 있으며, 지도에 표시된 버스 정류장 아이콘을 누르면 해당 정류장 기준의 정보를 알려주어서 편리하다. 특히 다른 교통 앱에서 제공하지 않는 MRT역의 출구 위치를 표시해 주기 때문에 출구 위치가 헷갈릴 때 유용하다.

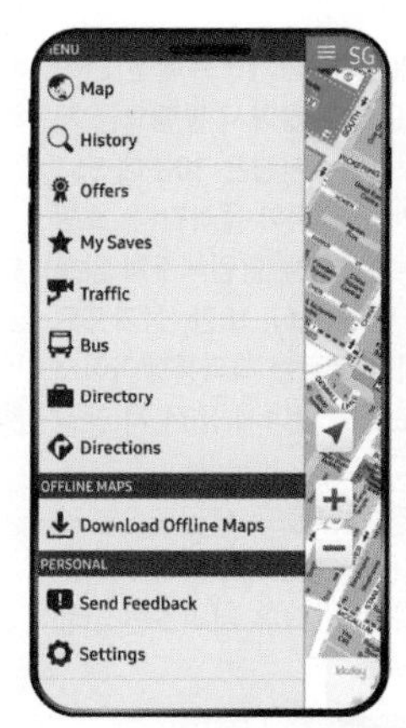

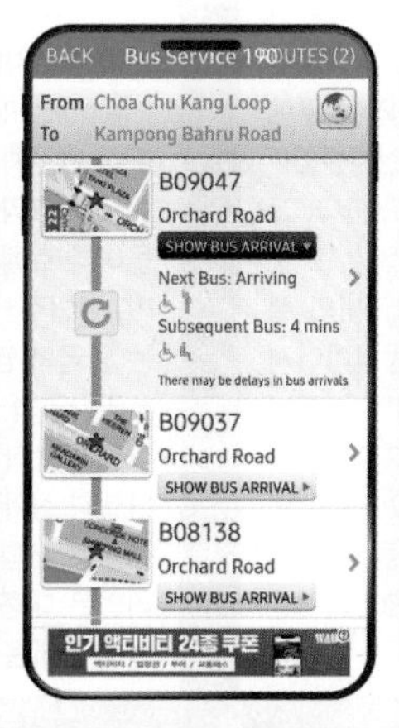

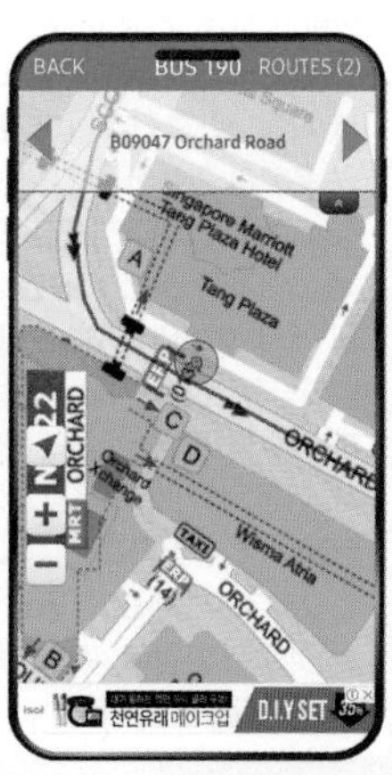

SINGAPORE STORY 5

아는 만큼 보이는 싱가포르 이야기

싱가포르의 교통 사정

싱가포르는 좁은 면적에도 불구하고 도심에서 교통 체증이 거의 일어나지 않는다.
이는 교통난을 해소하려는 강경한 정책의 결과로, 여행자들도 생생하게 체감할 수 있다.

자동차 증가율 0%에 도전!

싱가포르에서 자동차를 사려면 반드시 차량취득권리증(Certificate of Entitlement, COE)을 발급받아야 한다. 중요한 건 이 권리증의 취득비용이 엄청나다는 사실. 이는 싱가포르 정부가 시행 중인 자동차 대수 제한 정책의 일환으로, 극심한 교통 체증을 막고 기후변화에 대처하기 위한 목적이다. 2018년부터 현재까지 COE 발급 증가율을 0% 수준으로 유지하고 있다니, 사실상 이 정책은 '자동차 증가율 0% 정책'이라고 할 수 있다.

COE 취득비용은 차종에 따라 다르지만 2022년에 1억원을 넘으며 역대 최고가를 돌파했다. 웬만한 자동차 1대 가격보다 COE가 더 비싸니 배보다 배꼽이 더 큰 상황. 게다가 COE는 한 번 발급하면 끝이 아니라 10년의 유효기간이 경과되면 또다시 추가 요금을 내야 한다.

이러한 차량 구매비가 부담스러운 일부 싱가포리언들은 평일 오후 7시부터 다음 날 오전 7시까지와 주말에만 운행이 가능한 빨간색 번호판(Off-peak vehicles)을 구매하기도 한다. 그러나 어차피 초기 비용은 똑같고, 운행 개시 후 2년간 COE 발급비의 절반가량을 분할 환급받는 방식이어서 피부에 와 닿을 만큼의 혜택은 아니다. 다만, 싱가포르 육상교통청(LTA)이 COE가격 안정화를 위해 2026년 또는 2027년까지 COE 공급을 계속 늘릴 것으로 밝힘에 따라, COE 가격은 점차 하락할 전망이다.

렌트보다 대중교통

싱가포르 여행 시 차량 렌트는 권하지 않는다. 싱가포르에선 ERP(Electronic Road Pricing)라고 표시된 유료 도로가 많아서 통행요금 지출이 만만치 않고, 주차요금의 경우 도심 노상 주차장은 30분에 S$1 정도로 그리 비싸지 않지만, 관광 명소에서는 요금이 올라간다. 쇼핑몰이나 호텔 주차장도 고객이라고 해서 주차요금을 할인해주지 않으며, 불법주차 적발 시엔 S$100의 벌금을 내야 한다. 또한, 싱가포르는 영국의 영향을 받아 운전석이 오른쪽이고 도로는 좌측통행이어서 우리나라와 정반대다. 게다가 일방통행 도로도 많아서 운전 시 헷갈려서 당황하기 쉽다.

다행히 싱가포르는 구석구석 대중교통이 잘 발달했고, 요금도 S$1~2 정도로 저렴해 차가 없어도 불편하지 않다. 실제로 대부분의 싱가포리언은 대중교통을 주로 이용하며, 택시나 차량 공유 서비스인 그랩을 활용하는 데도 매우 능숙하다.

인사이드 싱가포르

연관검색어 ?

진짜 싱가포르 정보　최신 싱가포르 정보
싱가포르 맛집　싱가포르 각종 할인
싱가포르 프라이빗 가이드투어
싱가포르 자유여행 바이블

cafe.naver.com/insidesingapore

인사이드 싱가포르/싱가폴

진심으로 싱가포르를 사랑하는 사람들과 현직 여행작가들이 함께 만든 싱가포르 여행정보 커뮤니티, **대한민국에서 가장 빠르고 정확한 싱가포르 여행 정보를 만날 수 있는 곳**으로 일회성 필요에 의한 질문만 난무하는 여행카페가 아닌 실질적인 도움을 받을 수 있는 최고의 싱가포르 전문 여행 카페

가장 싱가포르한 순간

마리나 베이

MARINA BAY

전 세계 수많은 여행자의 발길을 싱가포르로 향하게 만드는 결정적인 이유, 바로 이곳 마리나 베이에 있다. 바다를 메운 광활한 땅을 야심차게 개발한 이 지역은 싱가포르의 랜드마크 호텔과 쇼핑몰, 인공 정원, 전망대, 관람차 등 다채로운 즐길거리로 여행자의 마음을 단숨에 빼앗는다. 부유한 도시국가 싱가포르의 지금을 그대로 보여주는 이곳에서, 가장 싱가포르한 순간을 느껴보자.

Access

MRT

베이프론트역 Bayfront : Circle Line/Downtown Line

- **마리나 베이 샌즈 호텔** C, D출구에서 도보 5분
- **더 숍스 앳 마리나 베이 샌즈** C, D출구와 바로 연결
- **가든스 바이 더 베이** B출구에서 지하보도 이용, 도보 10분
- **아트 사이언스 뮤지엄** D출구에서 도보 7분
- **헬릭스 브리지** C출구에서 더 숍스 앳 마리나 베이 샌즈 1층 출구, 도보 10분

가든스바이더베이역 Gardens by the Bay : Thompson-East Coast Line

- **플라워 돔/클라우드 포레스트** 1번 출구에서 직진 후 왼쪽, 도보 10분
- **가든 랩소디** 1번 출구에서 직진 후 왼쪽, 도보 15분
- **사테 바이 더 베이** 1번 출구에서 직진 후 왼쪽, 도보 5분
- **마리나 배라지** 1번 출구에서 직진 후 오른쪽, 도보 5분

프로메나드역 Promenade : Circle Line/Downtown Line

- **싱가포르 플라이어** A출구로 나오면 바로 보임

시내버스

⊙ **106번** 오차드 로드-래플스 호텔-선텍 시티-마리나 베이 샌즈(Bayfront Stn Exit B/Mbs)-탄종 파가

⊙ **133번** 아랍 스트리트-부기스-래플스 호텔-선텍 시티-마리나 베이 샌즈(Bayfront Stn Exit B/Mbs)-탄종 파가

MRT 베이프론트역

MRT 가든스바이더베이역

Planning

⊙ **총 소요 시간** 9시간
⊙ **총 입장료** 성인 기준 S$99

❶ 13:00 싱가포르 플라이어(40분)
⬇ 도보 15분
❷ 14:00 더 숍스 앳 마리나 베이 샌즈(점심 식사+쇼핑, 100분)
⬇ 도보 15분
❸ 16:00 가든스 바이 더 베이(플라워 돔 & 클라우드 포레스트, 100분)
⬇ 도보 5분
❹ 18:00 저녁 식사(쥬라식 네스트)
⬇ 도보 3분
❺ 19:45 가든 랩소디
⬇ 도보 20분
❻ 21:00 스펙트라 쇼
⬇ 도보 5분
❼ 21:20 헬릭스 브릿지 야경

*헬릭스 브리지 대신 마리나 베이 샌즈 호텔 루프탑 바인 세라비(204p)를 방문해도 좋다.

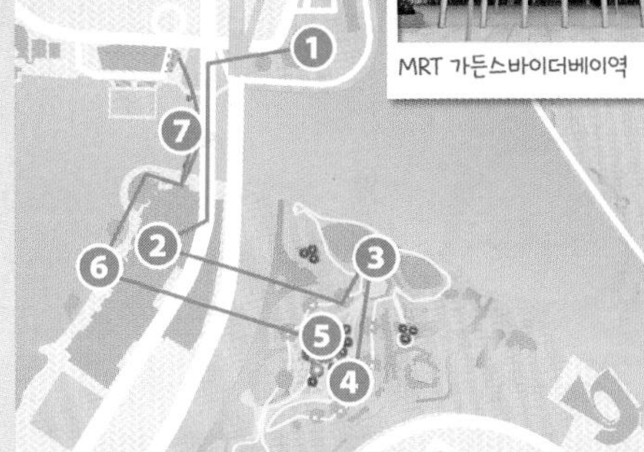

: WRITER'S PICK :

쇼 타임 일정 짜기

스펙트라 쇼와 가든 랩소디는 시간이 지정돼 있으므로 어느 타임에 쇼를 볼 것인지 결정한 후 시간을 역으로 산정해 투어 시작 시간을 정하면 된다. 19:45에 가든 랩소디를, 21:00에 스펙트라 쇼를 보면 무난하다. 20:00에 스펙트라 쇼, 20:45에 가든 랩소디를 봐도 되지만, 이동 루트를 정확히 파악하고 있지 않으면 시간이 빠듯하다.

⊙**스펙트라 쇼** 20:00, 21:00(금·토 22:00 추가)
⊙**가든 랩소디** 19:45, 20:45

#Walk

우리가 사랑한 그 정원
가든스 바이 더 베이

적도의 열기 따위 두렵지 않다. 별천지처럼 펼쳐지는 거대한 인공 정원 가든스 바이 더 베이가 우리를 기다리고 있으니. 온갖 희귀식물과 나무들이 살아 숨 쉬는 유리 온실, 웅장한 폭포와 산으로 꾸며진 실내 돔에서 한낮의 무더위를 싹 날려 버리자. 저녁에 펼쳐지는 무료 쇼를 잊지 말 것!

+MORE+

가든스 바이 더 베이 잘 찾아가는 법

❶ MRT 역에서

- **베이프론트역** → B출구에서 가든스 바이 더 베이 방향 지하보도를 따라 직진 → 지하보도 출구 → 드래곤플라이 호수 → 드래곤플라이 브리지 → 슈퍼트리 그로브 및 플라워 돔 & 클라우드 포레스트에 도착. 총 도보 15분
- **가든스바이더베이역** → 1번 출구에서 직진 후 좌회전. 총 도보 15분

❷ 더 숍스 앳 마리나 베이 샌즈에서

더 숍스 앳 마리나 베이 샌즈 중앙의 이벤트 플라자 쪽 입구 근처의 샤넬 매장 옆에서 가든스 바이 더 베이 방향 에스컬레이터 탑승 → 옥상에서 가든스 바이 더 베이 안내판 따라 진행 → 마리나 베이 샌즈 호텔을 통과해 직진 → 드래곤플라이 브리지 → 슈퍼트리 그로브 및 플라워 돔 & 클라우드 포레스트에 도착

❸ 마리나 베이 샌즈 호텔에서

1층 로비의 'Gardens By The Bay'라고 쓰인 출구(타워1·2를 연결하는 구름다리 근처)로 나가 좌회전 → 외부 엘리베이터를 타고 6층에서 하차 → 마리나 베이 샌즈 호텔을 통과해 직진 → 드래곤플라이 브리지 → 슈퍼트리 그로브 및 플라워 돔 & 클라우드 포레스트에 도착

꿈의 정원으로 어서 오세요

가든스 바이 더 베이

Gardens by the Bay

마리나 베이 샌즈 호텔 뒤편 매립지에 2012년 건설한 초대형 정원. 세계 최대 규모의 온실로 기네스 북에 오른 플라워 돔을 비롯해 또 하나의 온실인 클라우드 포레스트와 슈퍼트리 그로브 등 다양한 정원들에는 25만 종 이상의 식물들이 인공적인 느낌 없이 자연스럽게 배치돼 있다. 시원하고 쾌적한 2개의 실내 돔은 오후에 방문해 더위를 피하기 좋으며, 특히 매일 저녁에 무료로 즐길 수 있는 가든 랩소디는 무조건 봐야 한다. 가든 랩소디-스펙트라 쇼-헬릭스 브리지-싱가포르 플라이어로 구성하면 후회없는 야경 풀 코스 완성! **MAP ❹**

GOOGLE MAPS 가든스 바이 더 베이
MRT 186p MORE 참고
BUS 03371 Gdns by the Bay 또는 03509 Bayfront Stn Exit B/MBS 정류장 하차
ADD 18 Marina Gardens Dr, Singapore 018953
OPEN 야외 정원 05:00~02:00/어트랙션은 시설마다 다름(188p 참고)
PRICE 야외 정원 무료/어트랙션은 시설마다 다름(188p 참고)
WEB gardensbythebay.com.sg

+MORE+

가든스 바이 더 베이의 패스트푸드

플라워 돔 바로 앞에 있는 쉐이크쉑(Shake Shack)은 다양한 꽃과 식물로 장식돼 있어 초록초록한 분위기에서 쉬어가기 좋다. 가든스 바이 더 베이 택시 스탠드 근처에 자리한 맥도날드도 간편한 식사 장소로 인기다.

OPEN 쉐이크쉑 08:30~21:30/맥도날드 08:00~21:30

쉐이크쉑

■ 주요 시설의 운영시간 및 요금

시설	운영시간	요금
플라워 돔 & 클라우드 포레스트	09:00~21:00(마지막 입장 20:00)/월 1일 휴무 (2개의 돔 휴무일이 서로 다름)	S$32, 3~12세 S$18
플로럴 판타지	월~금 10:00~21:00	S$24, 3~12세 S$16
칠드런스 가든	목~일·공휴일 09:00~19:00(마지막 입장 18:00)/월~수 휴무(공휴일 제외)	무료
슈퍼트리 전망대	09:00~21:00(마지막 입장 20:30)	S$14, 3~12세 S$10
OCBC 스카이웨이	09:00~21:00(마지막 입장 20:30)	S$14, 3~12세 S$10
가든 랩소디 (슈퍼트리 쇼)	19:45/20:45	무료
셔틀버스	09:00~21:00(마지막 탑승 20:45)/10분 간격 운행 *운행구간: 베이프론트 플라자 ⇄ 플라워 돔	S$3(1회 왕복), 3세 이하 무료
그 밖의 야외 정원	05:00~02:00	무료

② 가까이 보아야 더 예쁜 드래곤플라이 호수(잠자리 호수) Dragonfly Lake

마리나 베이 샌즈 호텔과 가든스 바이 더 베이 사이에 놓인 호수. 가든스 바이 더 베이로 향하는 다리를 건너며 바라보는 풍경만으로도 충분히 예쁘지만, 가까이 내려가 보면 또 다른 매력을 발견할 수 있다. 특히 호수 주변으로 조성된 440m 길이의 산책로는 보석 같은 사진 촬영 명소. 아침이면 이 길을 따라 조깅하는 싱가포리언들을 볼 수 있다. 호숫가에 설치된 아름다운 잠자리 조각상은 놓치기 쉬우므로 유심히 살펴볼 것. 아침에 마리나 베이 샌즈 호텔 타워3이나 아트 사이언스 뮤지엄 쪽에서 접근하면 아직까지 잘 알려지지 않은 환상적인 풍경을 감상할 수 있다.

3 머물고 싶은 유리 온실
플라워 돔 Flower Dome

기네스북에도 오른 세계 최대 규모의 기둥 없는 유리 온실. 높이는 35m, 면적은 축구장의 약 1.7배에 달하는 1만2000m^2(약 3600평)로, 뒤에 소개하는 클라우드 포레스트보다 조금 더 넓다. 연중 23~25°C의 쾌적한 온도를 유지 중이며, 미국, 남미, 지중해, 호주, 아프리카 대륙 등 세계 각 지역을 테마로 한 9개 정원에서 화려하고 이색적인 꽃과 식물들을 볼 수 있다.
돔에 들어서면 우선 엄청난 스케일에 놀라게 된다. 입구 오른쪽으로는 <어린 왕자>로 우리에게 익숙한 초대형 아프리카 바오밥 나무가 있는데, 온실의 나무 중 가장 크고 무게 또한 32t이 넘는다. 입구 왼쪽에는 세계의 지역별 테마 정원이 있으며, 아래로 내려오면 예쁜 꽃이 만발한 플라워 필드(Flower Field)가 있다. 시즌별로 전시 테마가 바뀌어서 언제 가더라도 새롭다. 예상 소요 시간은 약 40분.

아프리카 바오밥 나무
클라우드 포레스트(왼쪽)와 플라워 돔(오른쪽)

+MORE+

가든스 바이 더 베이의 조각상

가든스 바이 더 베이 곳곳에는 전 세계에서 온 40개 이상의 조각상들이 식물에 둘러싸여 있다. 하나 하나 찾아보는 것도 소소한 재미다.

<독수리의 착륙>
<행성>
<씩씩한 황소>
<여행하는 가족>

<독수리의 착륙 The Eagle Has Landed**>** 사나운 하늘의 사냥꾼. 반질반질 윤이 나는 리치(Lychee) 나무 뿌리로 만들었다. - 플라워 돔

<씩씩한 황소 Magnificent Bull**>** 싱가포르의 경제 호황을 상징하는 황소 조각상. 미국의 유명 조각가 월터 마티아의 작품. - 골든 가든(택시 스탠드 근처)

<행성 Planet**>** 무게가 7t에 달하는 가든스 바이 더 베이의 시그니처 조각상. 조각가가 자신의 어린 아들을 모델로 만든 것으로 마치 공중에 떠 있는 듯한 착각을 불러 일으킨다. - 메도우 브리지 앞

<여행하는 가족 La Famille de Voyageurs**>** 가든스 바이 더 베이를 방문한 단란한 가족을 표현했다. 프랑스의 조각가 브루노 카탈라노의 작품. - 플라워 돔

4 기분까지 시원 촉촉
클라우드 포레스트
Cloud Forest

입구부터 높이 35m에 달하는 초대형 실내 인공 폭포가 내리꽂는 시원한 물줄기에 압도되는 곳. 동남아시아 및 중남미의 해발 1000~2000m 사이 열대 산악 지역의 시원하고 촉촉한 기후를 재현했으며, 폭포 뒤로 솟은 산의 난초, 양치류 등 다양한 열대 식물과 희귀한 꽃으로 뒤덮인 풍광이 신비로움을 더한다.

관람은 폭포를 지나면 보이는 엘리베이터를 타고 가장 높은 지대인 로스트 월드(Lost World)까지 올라간 후 길을 따라 내려오는 순서로 진행한다. 이때 약 2시간 간격으로 안개를 내뿜는 미스트 타임을 놓치지 말 것. 산 전체가 구름에 감싸인 듯한 환상적인 풍경이 펼쳐진다. 내부가 서늘하므로 긴팔 셔츠나 얇은 가디건을 준비하는 것이 좋다. 예상 소요 시간은 약 50분.

*미스트 타임: 10:00, 12:00, 14:00, 16:00, 18:00, 20:00

5 물놀이할 사람 여기 모여랏!
칠드런스 가든
Far East Organization Children's Garden

풍성한 식물로 둘러싸인, 가든스 바이 더 베이의 물놀이 명소다. 아이들과 함께 왔다면 먼저 2개의 돔을 둘러본 다음 이곳에서 신나는 물놀이를 즐겨보자. 움직임을 감지해 각기 다른 물줄기를 뿜어내는 수직 분수가 여럿 설치돼 있으며, 아이스크림 등 가벼운 간식과 스낵을 판매하는 칠드런스 가든 카페도 운영한다. 수영복과 수건은 꼭 가져갈 것. 월요일부터 수요일까지는 휴무(공휴일은 정상 영업)다.

6 컬러풀한 꽃들의 축제
플로럴 판타지 Floral Fantasy

근육질의 멀라이언도 찰칵!

꽃과 아트, 디지털 기술이 어우러진 가든스 바이 더 베이의 새로운 명소. 입구로 들어서면 빨강, 파랑, 초록, 분홍 등 색색의 꽃들로 가득 찬 공간이 펼쳐지며, 각기 다른 콘셉트의 정원이 꿈꾸듯 아름다운 장면을 연출한다. 다른 곳에서 볼 수 없는 식스팩 근육질의 멀라이언도 놓치지 말 것. 마치 잠자리가 된 듯 가든스 바이 더 베이를 날아다니는 4D 어트랙션 '잠자리의 비행(4D Ride: Flight of the Dragonfly)'도 놓치지 말자.

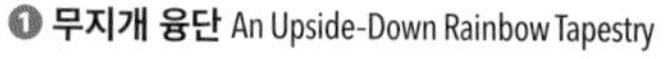

❶ 무지개 융단 An Upside-Down Rainbow Tapestry
거꾸로 매달린 1만5000여 송이의 꽃들이 반겨준다.

❷ 꽃들의 춤 The Dance of Flowers
원형으로 배열된 150개의 난초들이 물결처럼 잔잔하게 춤춘다.

❸ 아티스트 코너 Artist's Corner
지역 예술가들의 참신한 작품을 구경해 보자.

❹ 독특한 나무들 Trees of Unique Forms
흐르는 물과 바위 사이로 형형색색의 꽃과 나무들이 조화를 이룬다.

❺ 꽃 샹들리에 Hanging Floral Chandeliers
난초와 각종 꽃으로 장식되어 물 위에 매달려 있는 샹들리에를 볼 수 있다.

❻ 숲속 탐험 Explore a Rainforest
시원한 폭포수처럼 쏟아지는 물줄기를 느껴보자. 색다른 멀라이언도 만날 수 있다.

❼ 개구리 집 Poison Dart Frog Vivarium
녹색과 검은색, 노란색, 황금색 등 다양한 색을 띤 개구리들의 보금자리. 보기와는 달리 독성이 있다.

❽ 신비의 동굴 A Cave of Mystery
40종 이상의 양치류 식물 넝쿨이 커튼처럼 드리워져 있다.

❾ 잠자리의 비행 4D Ride: Flight of the Dragonfly
가든스 바이 더 베이를 통과하는 잠자리의 비행을 따라가는 여행

❿ 기념품 숍 Bayfront Gift Shop

⓫ 카페 애스터 Cafe Aster

OCBC 스카이웨이

7 이런 거대 나무는 처음이야! 슈퍼트리 그로브 Supertree Grove

가든스 바이 더 베이에 있는 18개의 거대한 슈퍼트리 중 12개가 모여 있는 곳. 높이 25~50m의 슈퍼트리 중에는 건물 16층 높이에 달하는 것도 있다. 슈퍼트리는 철근 콘크리트로 기둥을 세우고, 주변을 식물을 심기 위한 플랜팅 패널로 둘러싼 후 뒤집어진 우산처럼 생긴 캐노피를 씌워 만든 것이다. 상단에는 태양전지가 설치돼 있어서 해가 지면 형형색색의 불빛이 반짝인다. 하루 두 번 열리는 무료 쇼, 가든 랩소디를 놓치지 말자.

: WRITER'S PICK :

12월은 유료입니다만

슈퍼트리 그로브는 일 년에 딱 한 달, 12월이 되면 유료(S$9~13/온라인 기준, 날짜에 따라 다름) 입장으로 바뀐다. 이때는 화려한 조명과 먹거리가 가득한 크리스마스 원더랜드(Christmas Wonderland) 행사가 열리고, 쇼 말미에 눈을 뿌려주는 이벤트도 펼쳐진다. 무료가 아니라 아쉽지만, 볼거리는 더욱 풍성해진다. 현장 구매는 가격이 더 비싸고 매진될 수도 있으니, 온라인 예매를 추천한다.

Point 1 가든 랩소디(슈퍼트리 쇼) Garden Rhapsody

매혹적인 조명과 웅장한 사운드로 구성된 나이트 쇼. 흔히 '슈퍼트리 쇼'라 부르지만, 정식 명칭은 '가든 랩소디'다. 수준 높은 퀄리티임에도 무료(크리스마스 원더랜드 기간에는 유료)로 감상할 수 있어서 여행자는 물론 현지인도 즐겨 찾는다. 많은 사람이 슈퍼트리 아래에 누워서 쇼를 바라보는 모습은 그 자체로도 진풍경이다. 쇼의 배경 음악은 시즌마다 바뀐다. 지상 22m 높이의 OCBC 스카이웨이에서 보는 것도 추천!

OPEN 19:45, 20:45(15분간 진행)
PRICE 무료(12월은 유료)

Point 2 슈퍼트리 전망대 Supertree Observatory

슈퍼트리 그로브의 멋진 전경을 고공에서 감상할 수 있는 신상 어트랙션. 슈퍼트리 그로브에서 가장 높은 50m 높이에서 슈퍼트리 주위의 나뭇가지 모양 캐노피를 따라 360°로 설치된 야외 전망대에서는 유리로 막히지 않은 가든스 바이 더 베이의 생생한 풍경을 감상할 수 있다. 단, 계단을 통해 루프탑에 올라가야 시원한 개방감을 느낄 수 있다. 전망대 안쪽 실내에 자리한 소셜 키친(The Social Kitchen)에서는 시원한 맥주와 음료, 간단한 식사를 즐길 수 있다.

Point 3 OCBC 스카이웨이 OCBC Skyway

2개의 슈퍼트리를 연결해 조성한 높이 22m, 길이 128m의 공중 산책로. 마치 공중에 떠 있는 듯 짜릿한 기분을 느끼면서 슈퍼트리 그로브를 비롯한 가든스 바이 더 베이와 마리나 베이 스카이라인의 풍경을 파노라마 뷰로 즐길 수 있다. 오후에는 뜨거운 햇볕이 내리쬐므로 해 질 무렵에 올라가 선셋을 감상하는 것을 추천. 저녁에 펼쳐지는 가든 랩소디도 이곳에서 바라보면 아래에서 볼 때와는 또 다른 감동이 있어 인기가 높은데, 그만큼 방문객도 많아 늦게 가면 올라가지 못할 수도 있다.

8 잔디에서 뷰 보며 뒹굴뒹굴
마리나 배라지 Marina Barrage

가든스 바이 더 베이 동쪽 끝에 자리잡은 싱가포리언의 주말 나들이 명소. 싱가포르 플라이어, 마리나 베이 샌즈, 가든스 바이 더 베이, 그리고 싱가포르 중앙 비즈니스 구역의 스카이라인을 동시에 볼 수 있는 거의 유일한 곳이다. 본래 싱가포르강과 바다 사이를 댐으로 막아 홍수를 방지하고 담수를 저장하는 용도로 만들어졌지만, 너른 잔디밭에서 뒹굴거나 해변의 데크를 거닐며 마리나 베이 샌즈와 싱가포르강의 전망을 즐길 수 있는 장소로 각광받는다. 마리나 베이 샌즈를 배경으로 한 멋진 사진을 찍을 수 있는 곳이니 사진 촬영이 취미라면 삼각대를 꼭 준비할 것. 가든스 바이 더 베이의 칠드런스 가든에서 도보 8분 거리지만, 돌아갈 때는 이동 거리가 만만치 않으므로 택시나 그랩과 같은 호출 서비스를 이용하자. 댐 위의 길을 따라 강을 건너면 가든스 바이 더 베이의 베이 이스트(Bay East) 구역으로 이동할 수 있다. MAP ❸

GOOGLE MAPS 마리나 배라지
MRT 가든스바이더베이역 1번 출구에서 도보 5분
WALK 가든스 바이 더 베이 칠드런스 가든에서 도보 8분
BUS 03369 Marina Barrage 정류장 하차(400번)
ADD 8 Marina Gardens Dr, Singapore 018951
OPEN 24시간
PRICE 무료
WEB pub.gov.sg/marinabarrage/aboutmarinabarrage

+MORE+

또 다른 가든스 바이 더 베이

우리가 알고 있는 가든스 바이 더 베이는 정확하게는 '베이 사우스(Bay South)'에 해당한다. 현재는 베이 사우스에 방문객이 집중돼 있지만, '베이 이스트(Bay East)'와 '베이 센트럴(Bay Central)' 지역도 포함하는 명칭이다. 시민들의 조깅 코스로 사랑받는 베이 이스트에서는 싱가포르의 스카이라인을 즐길 수 있으며, 베이 센트럴에는 도시의 멋진 경치를 감상할 수 있는 3km의 해안 산책로가 조성될 예정이다.

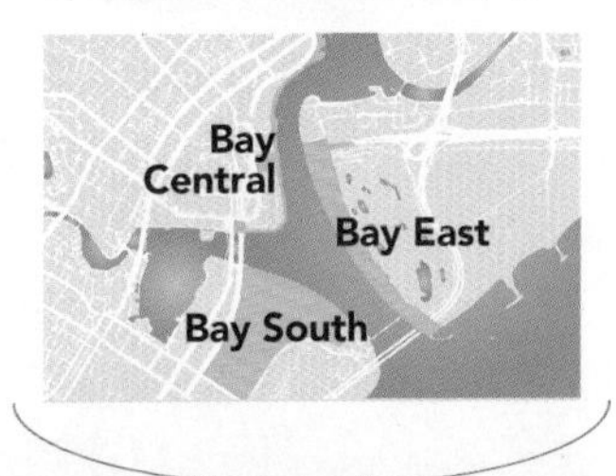

먹고 싶은 걸, 먹고 싶은 만큼

가든스 바이 더 베이의 주요 먹거리

가든스 바이 더 베이에도 다양한 식사 장소가 마련돼 있다. 플라워 돔과 클라우드 포레스트를 본 후 가든 랩소디를 관람하기 전, 굳이 더 숍스 앳 마리나 베이 샌즈까지 다녀오지 않고도 저녁 식사를 해결할 수 있으니 잘 활용해보자.

공룡과 함께 즐기는 미슐랭 맛집

쥬라식 네스트 Jurassic Nest

기존 슈퍼트리 푸드 홀을 쥬라기 분위기로 리노베이션해 2022년에 오픈한 푸드코트다. 차이나타운의 미슐랭 맛집인 호커 찬을 비롯해 일본의 라멘, 인도의 브리야니(인도식 볶음밥), 말레이시아의 나시 르막(코코넛 밀크로 지은 쌀밥에 반찬을 곁들인 요리) 등 다양한 문화권의 미슐랭 스타 레스토랑 음식을 한 자리에서 즐길 수 있다. 디저트와 음료를 판매하는 카페도 있다. MAP ❹

WALK 슈퍼트리 그로브에서 남동쪽으로 도보 3분
OPEN JN카페 09:00~21:00, 그 외 레스토랑 11:00~21:00 (L.O 20:30)

호커 찬의 간장 치킨 라이스

: WRITER'S PICK :

쥬라식 네스트 추천 맛집

- **호커 찬** Hawker Chan 호커 출신으로는 최초로 미슐랭 원 스타를 받은 곳. 간장 치킨 라이스(Soya sauce chicken rice)는 우리 입맛에도 실패 없는 메뉴다.
- **츠타** Tsuta 세계 최초로 미슐랭 스타를 받은 라멘 전문점. 화학조미료 대신 고급 천연 재료만 사용한다.
- **비스밀라 브리야니** Bismillah Briyani 인도식 정통 브리야니로 세계에서 유일하게 미슐랭 빕 구르망 등급을 받았다.
- **나시 르막 아얌 탈리왕** Nasi Lemak Ayam Taliwang 말레이시아 전통 요리인 나시 르막 전문점. 2021·2022년 미슐랭 가이드에 소개됐다.
- **툭라디** Took Lae Dee 태국의 인기 레스토랑 체인. 즉석에서 요리를 만들어 더욱 신선하다.
- **JN 카페** JN Café 와플이나 아이스크림 같은 디저트류에 더해 파스타, 샌드위치, 샐러드 등 간단한 식사까지 즐길 수 있는 카페. 아이와 함께 가기 좋다.

꼭꼭 숨은 로컬 음식 명소

사테 바이 더 베이 Satay by the Bay

싱가포르의 로컬 음식을 맛볼 수 있는 호커센터. 인기 꼬치요리인 사테뿐 아니라 칠리 크랩, 치킨 등 호커센터에서 주로 볼 수 있는 대부분의 음식을 선택할 수 있다. 관광객에게 유명한 라우파삿 사테 거리의 맛에 결코 떨어지지 않는 사테를 즐길 수 있으며, 다른 호커센터보다 이용객이 적어 조용한 분위기가 장점이다. 신용카드도 사용 가능. MRT 가든스바이더베이역에서 가깝다. MAP ❹

WALK 칠드런스 가든에서 마리나 배라지 방향으로 도보 3분
OPEN 11:30~22:00(음료 09:00~22:30)/토·일 09:00~22:30

2023년에 리노베이션해 훨씬 깔끔해졌다.

후미진 곳에 있으니 잘 찾아가야 한다.

#Walk

원픽! 싱가포르

마리나 베이 샌즈 & 싱가포르 플라이어

3개의 고층 빌딩 위에 뜬 기다란 배 한 척, 숨막히게 아름다운 전망을 뽐내는 인피니티 풀, 천천히 돌아가는 거대한 관람차, 밤하늘과 강물 위를 화려하게 수놓는 분수쇼…. 싱가포르 여행자를 두근두근 설레게하는 이 초현실적인 장면들이 이곳에선 모두 현실이 된다.

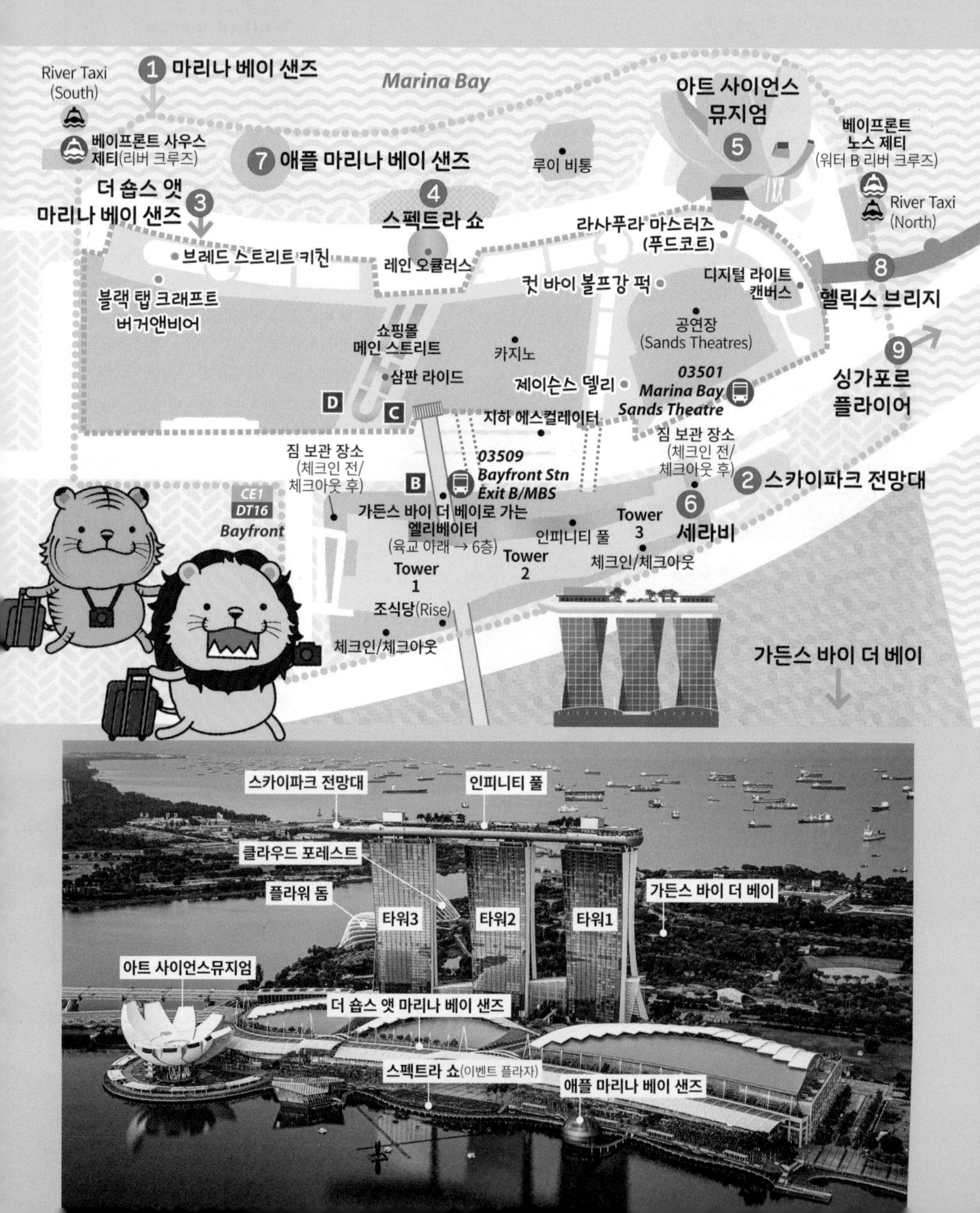

인피니티 풀

1 싱가포르 여행 끝판왕!
마리나 베이 샌즈 Marina Bay Sands

싱가포르 여행자들의 방문 1순위인 복합 리조트. 관광과 쇼핑은 물론, 카지노와 숙박까지 한데 모였다. 이스라엘의 건축가 모셰 샤프디가 설계하고 쌍용건설이 시공했으며, 2010년 완공 당시 혁신적인 디자인과 뛰어난 기술력으로 탄생한 걸작으로 세계를 놀라게 했다. 200m 높이의 호텔 건물 3동을 잇는 배 모양의 샌즈 스카이파크가 상징으로, 길이 343m, 폭 38m의 크기(축구장 약 2개 규모)에 전망대, 레스토랑, 스파 시설 등이 있다. 특히 호텔 투숙객만 이용 가능한 루프탑 수영장, 인피니티 풀에서 인생 사진을 찍고 야경을 즐기려는 방문객들로 2,500여 개가 넘는 객실이 거의 매일 풀 부킹된다.

이밖에 리조트에는 대형 쇼핑몰인 더 숍스 앳 마리나 베이 샌즈와 아트 사이언스 뮤지엄, 스펙트라 쇼, 디지털 라이트 캔버스, 삼판 라이드, 헬릭스 브리지 등 볼거리와 즐길 거리가 가득하다. 오후에 방문하면 더위를 피해 시원하게 실내 관광을 즐길 수 있으며, 해가 진 이후에는 헬릭스 브리지의 로맨틱한 야경까지 만끽할 수 있다. MAP 5

GOOGLE MAPS 마리나 베이 샌즈 싱가포르
ADD 10 Bayfront Ave, Singapore 018956
WEB marinabaysands.com

+MORE+

카지노를 즐기는 시간

마리나 베이 샌즈 카지노는 센토사섬의 리조트 월드 센토사 카지노와 더불어 싱가포르에 2개뿐인 카지노 중 하나다. 4개 층에 2300대가 넘는 슬롯머신을 갖춘 엄청난 규모로, 경험의 폭을 넓히는 차원에서 큰 욕심 없이 한 번쯤 방문해볼 만하다. 물과 커피, 쿠키 등의 간식을 무료로 제공하며, 흡연도 가능하다(2층은 금연). 24시간 오픈.

카지노 입장 시 주의할 점

- 21세 미만은 입장 불가
- 여권과 입국 심사 후 받은 메일 제시(메일 제목: Notification of Electronic Visit Pass)
- 카지노 내부는 촬영 금지!
- 부피가 큰 가방은 입구의 보관소에 맡겨야 한다.
- 철저히 통제하지는 않으나, 원칙적으로 슬리퍼, 민소매 셔츠, 반바지 차림은 입장 불가다.

인피니티 풀

② 싱가포르를 내 품안에
스카이파크 전망대 SkyPark Observation Deck

마리나 베이 샌즈 호텔 56층에 있는 루프탑 전망대. 투숙객이 아니어도 싱가포르의 전경을 파노라마로 즐길 수 있다. 사랑스러운 마리나 베이와 그 너머로 펼쳐진 시티뷰, 가든스 바이 더 베이부터 싱가포르 해협에 이르는 가든뷰까지 몽땅 볼 수 있다. 한낮이나 밤보다는 해 질 무렵 방문해 천천히 도시의 야경을 감상한 후 스펙트라 쇼 시간에 맞춰 내려오는 것이 요령.

MAP ⑤

GOOGLE MAPS 샌즈 스카이파크 전망대
MRT 베이프론트역 C출구에서 마리나 베이 샌즈 호텔 방향으로 직진. 도보 10분/마리나 베이 샌즈 호텔 1층 로비에서 타워3 끝 출입구 밖으로 나가서 왼쪽으로 돌아 지하 1층으로 내려가면 스카이파크 티켓 오피스가 나온다.
BUS 03509 Bayfront Stn Exit B/MBS 또는 03501 Marina Bay Sands Theatre 정류장 하차
ADD 10 Bayfront Ave, Singapore 018956
OPEN 오프피크 시간대 10:00~16:30(마지막 입장 16:00)/피크 시간대 17:00~22:00(마지막 입장 21:30)
PRICE 오프피크 시간대 S$32/피크 시간대 S$36/2~12세, 65세 이상 S$4 할인/패밀리 패키지(성인2, 어린이2) S$98/투숙객 무료입장
WEB marinabaysands.com/attractions/sands-skypark

: WRITER'S PICK :

전망대에서 바라보는 인피니티 풀

스카이파크 전망대에 입장하자마자 보이는 데크에 올라가면 마리나 베이 샌즈 호텔 인피니티 풀의 전경을 멀리서 바라볼 수 있다.

3 먹거리에 관광까지 다 잡은 쇼핑몰
더 숍스 앳 마리나 베이 샌즈
The Shoppes at Marina Bay Sands

마리나 베이 샌즈 앞바다를 차지한 대형 쇼핑몰. 루이비통과 애플 스토어, 싱가포르에서 가장 큰 샤넬 매장을 비롯해 남녀의류, 전자제품, 라이프스타일, 주얼리 등 300여 개의 숍이 입점했다. 푸드코트를 비롯한 다양한 가격대의 레스토랑과 카페가 있으며, 레인 오큘러스 폭포와 삼판 라이드, 스펙트라 쇼 등 볼거리와 놀거리 모두를 충족한다. 오후에 가든스 바이 더 베이와 연계해 방문하면 시원하고 쾌적하게 시간을 보낼 수 있다. 다만, 찰스앤키스 등 일부 브랜드를 제외한 대부분 매장이 명품 위주여서 중저가 쇼핑을 할 곳이 마땅치 않다는 점과 큰 규모에 비해 쉬어갈 수 있는 휴게 시설이 부족하다는 점이 아쉽다. 무작정 돌아다니기보다는 사전에 방문할 매장을 정해놓고 동선을 짜두는 게 효율적이다. MAP ⑤

GOOGLE MAPS 샵스 앳 마리나 베이 샌즈
MRT 베이프론트역 C 또는 D출구에서 도보 3분
BUS 03509 Bayfront Stn Exit B/MBS 또는 03501 Marina Bay Sands Theatre 정류장 하차
ADD 8 Bayfront Ave, Singapore 018956
OPEN 10:00~22:00/매장마다 조금씩 다름
WEB marinabaysands.com/shopping

■ 주요 매장

층	숍(괄호 안은 매장 번호)
1층 (L1)	겐조(18), 라메르(21), 르라보(36), 미우미우(38), 바오바오(17), 베르사체(41), 샤넬(59), 위블로(58), 제이슨스 델리(슈퍼마켓, 29)
지하 1층 (B1)	TWG(122), 구찌(109), 돌체앤가바나(138), 디올(26), 로에베(80), 루이비통(38), 몽클레르(141), 반클리프(41), 발렌시아가(31), 발렌티노(16), 보테가베네타(99), 브레드톡(01F), 샤넬(132 화장품), 셀린(29), 알렉산더 맥퀸(130), 에르메스(32), 제냐(73), 클로에(118), 톰브라운(116), 펜디(22)
지하 2M층 (B2M)	롤렉스(211), 리모와(218), 발리(220), 보스(222), 상하이탕(232), 오메가(206), 태그호이어(244), 티솟(245)
지하 2층 (B2)	TWG(65), 가디언(49), 그라프(71), 룰루레몬(42), 바샤커피(13), 배스앤바디웍스(60), 생로랑(32), 세포라(43), 애플스토어(06), 에스티로더(61A), 엠포리오아르마니(17), 오클리(K16), 왓슨즈(01B), 자라(08), 조말론(61), 젠틀몬스터(103), 찰스앤키스(96), 코치(40), 파찌온(91), 판도라(88A), 페드로(97), 프라다(69), 필라(59)

: WRITER'S PICK :

제이슨스 델리 Jason's Deli

베이프론트역 지하 2층에 세븐일레븐이 있지만, 이 넓은 호텔과 쇼핑몰에 슈퍼마켓은 이곳이 유일하다. 다양한 식품과 생활용품, 기념품까지 갖추고 있으며, 특히 마리나 베이 샌즈 호텔 투숙객은 이곳에서 미리 필요한 생수나 간식 등을 구매하는 것이 팁이다.

WHERE 더 숍스 1층의 겐조(Kenzo)와 미우미우(miumiu) 매장 사이 통로에서 마리나 베이 샌즈 호텔 방향으로 직진하면 맨 끝의 출입문 앞에 있다(L1-29).
OPEN 10:00~22:00(금~일 ~23:00)

더 숍스 관람 포인트 3

Point 1 삼판 라이드 Sampan Rides

더 숍스 내부의 수로를 따라 중국식 나룻배인 삼판 보트를 타는 이색 어트랙션. 삼판 보트란 이름은 광동어로 보트를 의미하는 '三板(sampan)'에서 따 왔는데, 한자 그대로 '3개의 판'을 뜻한다. 주로 강에서 수송용이나 고기잡이용으로 쓰이던 배로, 길이 3.5~4.5m의 비교적 평평한 바닥을 지닌 것이 특징이다. 탑승시간은 약 30분이며, 디지털 사진 파일이 별도로 제공된다. 더 숍스 입구의 레인 오큘러스 폭포수가 떨어지는 시간대에 타면 더욱 꿀잼이다.

WHERE 승선장: 지하 2층 찰스앤키스 매장 앞/매표소: 지하 2층 베이프론트역 근처 리테일 컨시어지 카운터
OPEN 11:00~21:00(마지막 티켓 판매 20:30)
PRICE S$15(샌즈 리워드 회원 S$10)/9세 미만은 보호자 동반 필수(키 85cm 미만 및 임산부는 승선 불가)
WEB marinabaysands.com/attractions/sampan-rides

Point 2 레인 오큘러스 Rain Oculus

더 숍스 앳 마리나 베이 샌즈 중앙을 장식하고 있는 폭포 구조물. 환경 예술가인 네드 칸이 마리나 베이 샌즈를 설계한 모셰 샤프디와 협력하여 만들었다. 지상에 설치된 지름 22m의 대형 아크릴 그릇에 빗물을 모아서 지하 2층까지 폭포수처럼 떨어뜨리는 형태의 작품으로, 지하 쇼핑몰의 채광 역할까지 겸한다. 분당 2만2000L의 엄청난 양이 하루에 7번 쏟아지니 이 순간을 놓치지 말 것!

WHERE 지하 2층 쇼핑몰 중앙(삼판 라이드 수로 끝)
OPEN 10:00, 13:00, 15:00, 17:00, 20:00, 23:00

Point 3 디지털 라이트 캔버스
Digital Light Canvas

바닥에 설치된 신비로운 LED 영상에 저절로 발길이 멈추는 곳. 머리 위로는 14m 높이의 크리스탈 조명이 반짝이고, 바닥에 발을 디딜 때마다 물고기 떼가 헤엄치고 꽃이 피어나는 등의 화려한 영상을 온몸으로 체험할 수 있어서 아이들이 특히 좋아한다. 푸드코트 앞에 있어서 식사 시간 전후에 잠시 들르기에도 제격이다.

WHERE 입구: 지하 2층 라사푸라 마스터즈 푸드코트 앞
매표소: 지하 2층 라사푸라 마스터즈 푸드코트 근처 리테일 컨시어지 카운터
OPEN 11:00~21:00
(마지막 티켓 판매 20:00)
PRICE S$12(샌즈 리워드 회원 S$8.55, 아트 사이언스 뮤지엄 퓨처 월드 티켓 소지자 S$7)/13세 미만은 보호자 동반 필수(2세 미만 무료입장)
WEB marinabaysands.com/attractions/digital-light-canvas

: WRITER'S PICK :

비밀스러운 휴식 공간

큰 규모와 많은 유동 인구에 비해 더 숍스에서는 쉴 공간이 마땅치 않다. 이럴 땐 아래 장소로 가보자.
❶ 쇼핑몰 1층, 아래에 삼판 라이드 물길이 내려다보이는 곳에서 호텔 방향 끝으로 가면 오른쪽에 'Origin + Bloom'이라는 테이크아웃 커피숍이 보인다.
❷ 여기에서 뒤를 돌아 긴 에스컬레이터를 타고 올라가면 의자들이 많은 널찍한 공간이 나타난다.
❸ 이곳에 자리한 같은 이름의 카페에서 커피와 빵을 즐기거나, 주문하지 않고 편안하게 앉아서 쉬어도 좋다. 카페 운영시간은 평일 08:00~19:00.

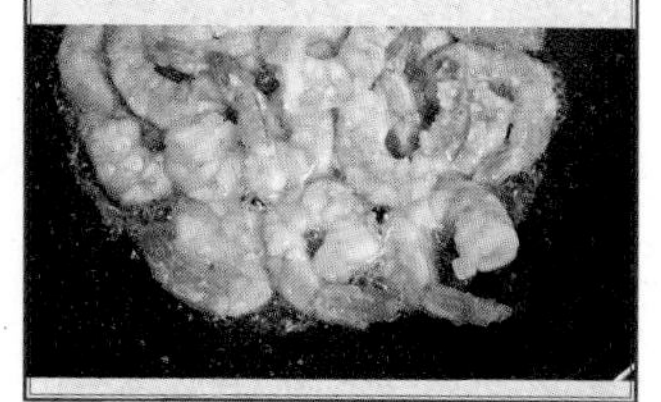

4 안 보시면 후회할 거예요
스펙트라 쇼 Spectra-A Light & Water Show

무료라는 게 믿기지 않을 만큼 수준 높은 퀄리티를 선보이는 레이저쇼. 더 숍스 앳 마리나 베이 샌즈 중앙의 이벤트 플라자에서 매일 밤 펼쳐진다. 싱가포르가 거대 도시로 변모하는 과정을 표현한 4개의 막으로 구성됐으며, 화려한 워터 스크린 영상과 웅장한 사운드, 솟구치는 분수, 마리나 베이 샌즈 호텔 꼭대기에서 쏟아지는 레이저 조명 등이 절묘하게 어우러진다. 풍부한 색감을 연출하기 위해 특별 개발한 LED 수중 조명을 사용하고, 고출력 스피커를 분수대 및 관람객 측면과 후면에 각각 설치해 실감 나는 몰입감을 선사한다. 늘 붐비기 때문에 쇼 시작 15~20분 전에는 도착해 자리를 잡는 것이 좋다. 광장 주변으로 늘어선 고층 빌딩의 야경도 훌륭한 관전 포인트. 단, 너무 앞에 앉으면 분수가 튀어 옷이 젖으니 주의하자. 쇼 시간은 15분. **MAP 5**

GOOGLE MAPS 싱가포르 스펙트라
WHERE 더 숍스 1층 중앙 외부의 이벤트 플라자(1층 샤넬 매장에서 밖으로 나가는 출입구 이용)
OPEN 20:00, 21:00(금·토 22:00 추가)
PRICE 무료
WEB marinabaysands.com/attractions/spectra

에스플러네이드 극장 루프 테라스에서 보는 스펙트라 쇼

멀라이언 파크

+MORE+

보고 또 보고, 1일 1분수쇼

스펙트라 쇼는 크게 영상과 사운드, 분수쇼, 쇼 후반 5분간 펼쳐지는 레이저쇼로 구성돼 있다. 쇼를 볼 기회가 딱 한 번뿐이라면 더 숍스 앳 마리나 베이 샌즈 앞의 이벤트 플라자에서 보는 게 정답이겠지만, 이곳에서는 쇼 후반부에 눈부시게 펼쳐지는 레이저쇼를 제대로 감상하기 어렵다는 단점이 있다. 따라서 스펙트라 쇼를 완벽하게 즐기고 싶다면 이벤트 플라자에서 한 번, 레이저쇼가 잘 보이는 마리나 베이 샌즈 맞은편에서 한 번, 이렇게 총 두 번 볼 것을 추천한다. 리버 크루즈 위에서 스펙트라 쇼를 보는 방법도 있지만, 배를 타는 시간과 쇼 타이밍을 맞추기 쉽지 않다.

- **Point 1 : 멀라이언 파크**(219p)
  - 멀라이언 상 앞에서 사진도 찍고, 스펙트라 쇼도 보는 일석이조 명당!
  - 사람이 많아서 좋은 자리를 차지하기 어렵다.

- **Point 2 : 풀러튼 파빌리온**(223p)
  - 누구나 갈 수 있는 루프탑. 붐비지 않는 조용한 분위기에서 탁 트인 마리나 베이 샌즈 호텔 전경을 즐기자.
  - 현지인의 숨은 명소인 만큼 멀라이언 파크에서 조금 걷는 수고가 필요하다.

- **Point 3 : 에스플러네이드 극장 루프 테라스**(227p)
  - 멀라이언 파크에서 주빌리 브리지만 건너면 바로 갈 수 있다. 호젓한 분위기가 Good!
  - 마리나 베이 샌즈 호텔이 약간 비스듬히 보이고, 삐죽이 솟은 야외 공연장 기둥이 다소 시야에 거슬린다.

- **Point 4 : 팜 비치 씨푸드 레스토랑**(221p)
  - 식사와 분수쇼를 동시에 즐길 수 있는 명당. 저녁 7시쯤 예약하면 8시 분수쇼를 여유롭게 볼 수 있다.
  - 야외 테라스 좌석에 앉아야 관람할 수 있다.

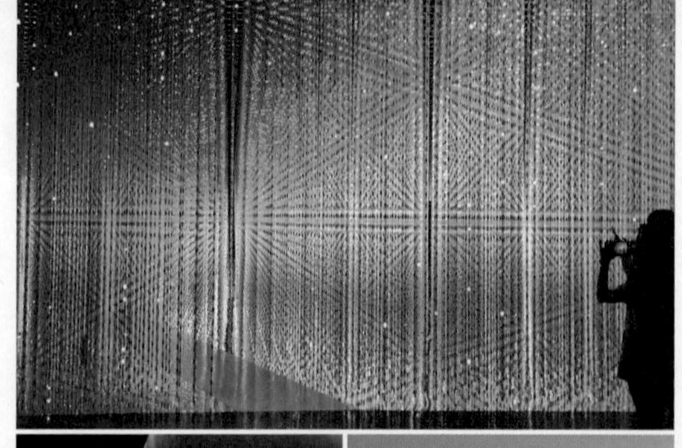

5 예술과 과학이 만났을 때
아트 사이언스 뮤지엄
Art Science Museum

예술과 과학을 테마로 한 멀티미디어 전시관. 마리나 베이의 문화적 상징물로, 마리나 베이 샌즈 호텔을 설계한 모셰 사프디의 작품이다. 10개의 손가락이 올려다보는 형상은 싱가포르를 환영하는 손을 뜻한다.

3층 규모의 전시장은 총 21개의 상설 및 특별 전시관으로 이뤄졌다. 상설 전시인 퓨쳐 월드(Future World: Where Art Meets Science)는 정원 속의 도시(City in A Garden), 안식처(Sanctuary), 공원(Park), 우주(Space) 등 4가지 테마를 양방향 멀티미디어로 다채롭게 보여주는 공간이다. 직접 그린 그림을 스캔해 그 자리에서 영상을 띄워주는 재미난 서비스는 아이들의 창의력과 사고력을 높여준다. 단, 초등학교 고학년 이상이라면 흥미가 떨어질 수 있다. MAP ❺

GOOGLE MAPS 싱가포르 아트 사이언스 뮤지엄
WALK 더 숍스 1층 중앙 밖에서 이벤트 플라자를 바라보고 오른쪽으로 도보 2분
ADD 6 Bayfront Ave, Singapore 018974
OPEN 10:00~19:00/마지막 입장 18:00
(금·토 10:00~21:00/마지막 입장 20:15)
PRICE S$30, 어린이(2-12세) S$25(퓨처 월드)
WEB marinabaysands.com/museum

+MORE+

퓨처 월드 티켓 프로모션

❶ 퓨처 월드 티켓을 제시하면 더 숍스 지하 2층의 디지털 라이트 캔버스 티켓을 S$7에 살 수 있다.
❷ 패밀리 패키지: 성인 2+어린이 2의 경우 어린이 1명 무료입장 가능.

스카이 바

6 놓치기 아까운 야경 맛집
세라비 CÉ LA VI Singapore

마리나 베이 샌즈 호텔 타워3 57층에 위치한 루프탑 바 & 레스토랑. 마리나 베이 샌즈 호텔에 묵지 않더라도 인피니티 풀이나 스카이파크 전망대에서 보는 것과 똑같은 야경을 감상할 수 있다. 레스토랑과 스카이 바, 클럽 라운지 등 3가지 형태로 운영되며, 싱가포르의 스카이라인으로 떨어지는 선셋과 함께 다양한 와인 및 칵테일을 즐기기에 완벽한 장소다. 인기가 매우 높기 때문에 최소 일주일 전에 예약하는 것이 좋다. MAP ❺

GOOGLE MAPS ce la vi singapore
WHERE 마리나 베이 샌즈 호텔 타워3 57층
OPEN 레스토랑: 브런치 토·일 12:00~15:00, 디너 매일 17:30~23:00/클럽 라운지: 12:00~01:00(수·금·토 ~04:00, 목·일 ~03:00)/스카이 바: 16:00~01:00
WEB celavi.com/en/singapore

7 세계 최초의 플로팅 애플 스토어
애플 마리나 베이 샌즈 Apple Marina Bay Sands

2020년 오픈한 싱가포르의 세 번째 애플 스토어이자, 세계 최초로 물 위에 떠 있는 애플 스토어다. 푸른 색 유리로 마감된 동그란 건물이 투명한 빛깔의 물과 만나 구슬처럼 반짝인다. 내부에서는 마리나 베이의 멋진 스카이라인을 탁 트인 360° 파노라마로 조망할 수 있으며, 로마의 판테온을 연상시키는 반투명 블라인드가 신비로운 분위기를 자아낸다. 더 숍스 지하 2층의 입구에서 에스컬레이터를 타고 입장할 수 있다. MAP ❺

GOOGLE MAPS 애플 마리나 베이 샌즈
WALK 더 숍스 지하 2층에서 'apple' 표지판을 따라 간다(1층에서 갈 경우 더 숍스 1층 중앙에서 밖으로 나가면 왼쪽에 보임).
OPEN 10:00~22:00
WEB apple.com/sg/retail/marinabaysands

8 로맨틱한 다리 산책
헬릭스 브리지 Helix Bridge

싱가포르에서 가장 긴 보행자 전용 다리. 멀라이언 파크나 싱가포르 플라이어에서 더 숍스 앳 마리나 베이 샌즈로 갈 때 주로 건너게 되는 길이 280m의 다리다. 다리를 둘러싼 2중 나선 철제 구조물은 DNA 구조를 상징한다. 다리 중간에 설치된 4개의 전망대에서는 마리나 베이의 멋진 전망을 바라볼 수 있는데, 특히 마리나 베이 샌즈 호텔을 찍으려는 전문 포토그래퍼들이 즐겨 찾는다. 낮보다는 해 진 후 조명이 켜질 때 건너야 황홀하고 로맨틱한 분위기를 제대로 느낄 수 있다. MAP ❺

GOOGLE MAPS 헬릭스 브리지
MRT 베이프론트역 D출구에서 더 숍스 앳 마리나 베이 샌즈 1층 북쪽 출구로 나간다. 도보 10분
BUS 03501 Marina Bay Sands Theatre 또는 02051 The Float @ Marina Bay 정류장 하차

9 세상 느긋한 싱가포르의 밤
싱가포르 플라이어 Singapore Flyer

세계 최대 크기를 자랑하는 관람차. 가장 높이 올라갔을 때의 높이가 건물 42층에 해당하는 165m에 달한다. 천천히 돌아가는 관람차 안에서 내려다보는 마리나 베이는 땅에서 볼 때보다 한층 여유로운 느낌. 에어컨이 가동되어 시원한 캡슐은 최대 28명까지 탑승 가능한 넉넉한 크기이며, 프레임에 단단히 고정돼 있어 흔들림 없이 안정적이다. 탑승 시간은 30~35분이다.
스펙트라 쇼와 시간대가 맞으면 관람차에 탄 채 먼발치에서 쇼를 구경하는 것도 가능하지만, 가능하면 더 숍스 앳 마리나 베이 샌즈 앞에서 20:00 스펙트라 쇼를 본 다음 헬릭스 브리지를 건너 플라이어에 탑승하는 일정으로 짜보자. 무엇 하나 버릴 것 없는 최고의 야경을 두 눈에 담을 수 있다. MAP ❸

GOOGLE MAPS 싱가포르 플라이어
MRT 프로메나드역 A출구에서 관람차를 바라보고 도보 10분
BUS 02101 AFT S'pore Flyer 정류장 하차
ADD 30 Raffles Ave, Singapore 039803
OPEN 10:00~22:00(마지막 입장 21:30)
PRICE S$40, 3~12세 S$25
WEB singaporeflyer.com

: WRITER'S PICK :
관람차 안에서 즐기는 다이닝

특별한 날이라면 관람차를 타며 싱가포르 슬링이나 샴페인, 코스 요리 등 다양한 다이닝 프로그램을 즐겨보자. 모든 상품에는 우선 탑승 혜택이 제공된다.

■ **싱가포르 슬링** Singapore Sling Experience
BONUS 오리지널 싱가포르 슬링 1잔 제공(18세 미만은 무알코올 음료 제공)
TIME 1회전(약 30분)
PRICE S$79, 3~12세 S$31
OPEN 16:30, 18:30, 19:30

■ **프리미엄 샴페인** Premium Champagne Experience
BONUS 샴페인 1잔 제공(18세 이상만 이용 가능)
TIME 1회전(약 30분)
PRICE S$79
OPEN 15:00, 17:00, 19:00, 20:00

■ **165 스카이 다이닝** 165 Sky Dining by Singapore Flyer
BONUS 4코스 요리 제공(채식 메뉴 선택 가능)
TIME 3회전(약 90분)
PRICE 2인 S$520
OPEN 19:00(체크인 18:30)

+MORE+

걸어서 싱가포르 플라이어까지

❶ 마리나 베이 샌즈 출발
더 숍스 앳 마리나 베이 샌즈 1층 북쪽 출구 → 헬릭스 브리지를 건너 직진 → 헬릭스 브리지 끝에서 우회전 → 사거리에서 싱가포르 플라이어 방향으로 직진. 총 10분 소요

❷ 멀라이언 파크에서 출발
주빌리 브리지를 건너 에스플러네이드 극장 앞에서 우회전 → 에스플러네이드 야외극장을 지나면 좌회전해 대로(래플스 애비뉴)로 진입 → 우회전해 직진 → 사거리에서 횡단보도를 건너 싱가포르 플라이어 방향으로 직진. 총 15~20분 소요

*The Float @ Marina Bay 앞길은 리노베이션 공사 중이라 통제되어 래플스 애비뉴로 돌아가야 한다.

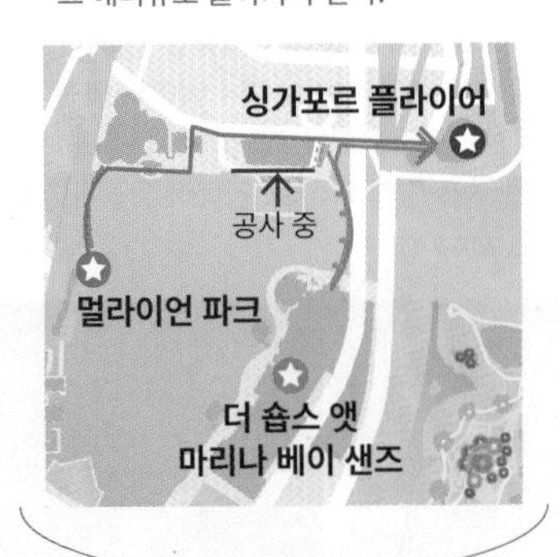

오직 마리나 베이에서만

더 숍스 먹킷리스트

마리나 베이 샌즈 호텔 쇼핑몰인 더 숍스 앳 마리나 베이 샌즈에는 저렴하고 맛있는 프랜차이즈와 푸드코트부터 고급 레스토랑까지 없는 게 없다. 여행자와 현지인 모두가 찾아가는 맛집 데이터 풀가동!

뭘 좋아할지 몰라서 다 준비한

라사푸라 마스터즈 Rasapura Masters

페퍼 키친의 소고기 페퍼 라이스(Beef Pepper Rice)

'맛(rasapura)의 달인'이라는 타이틀을 가진 대형 푸드코트. 전통적인 호커센터 분위기를 내면서도 실내에 있어서 쾌적하고, 칠리 크랩, 바쿠테, 치킨 라이스와 같은 로컬 음식은 물론 말레이시아, 필리핀, 태국, 일본, 한국, 베트남, 중국 등 아시아 각국의 음식과 음료, 디저트를 맛볼 수 있다. 인기 코너는 남녀노소 호불호 없이 즐길 수 있는 페퍼 키친(Pepper Kitchen). 한식당 고려정에서는 집 나간 입맛을 되찾을 수 있다. 먼저 빈 자리부터 잡은 다음 원하는 매장에 가서 주문하고 음식을 받아오는 시스템이며, 현금 결제만 가능하다. MAP 5

GOOGLE MAPS 라사푸라 마스터즈
WHERE 지하 2층 B2-50
OPEN 10:00~23:00(금 12:00~03:00, 토 11:00~03:00, 일·공휴일 11:00~)/ /페퍼 키친, 완탕 누들, 믹스드 베지터블 라이스 ~22:30/ 딤섬, 바쿠테, 로스티드 딜라이트, 용타우푸 및 음료 매장은 24시간
WEB marinabaysands.com/restaurants/rasapura-masters.html

맛있고든요, 고든 램지

브레드 스트리트 키친

Bread Street Kitchen Singapore

세계적인 스타 셰프 고든 램지가 운영하는 레스토랑. 런던, 두바이, 홍콩에 이어 4번째로 오픈한 매장으로, 마리나 베이의 뷰가 보이는 고급스러운 분위기는 덤이다. 시그니처 메뉴는 페이스트리 반죽으로 소고기를 얇게 감싸서 구워 낸 영국 요리인 비프 웰링턴(Beef Wellington)이며, 피시앤칩스도 맛있다. 주말에는 에그 베네딕트와 버터밀크 팬케이크 등으로 구성된 푸짐한 브런치를 추천. 런치 코스는 가성비가 썩 좋지 않다는 평이 대세이니 단품 주문을 권한다. MAP ❺

MENU 비프 웰링턴 S$68(싱글), 피시앤칩스 S$48, 단품 메인 메뉴 S$34~58/서비스 차지 및 세금 별도
GOOGLE MAPS 브레드 스트리트 키친
WHERE 1층 L1-81
OPEN 12:00~21:30(목·금 ~22:30, 토 11:30~22:30, 일 11:30~21:30)
WEB marinabaysands.com/restaurants/bread-street-kitchen.html

비프 웰링턴

양에 놀라고 맛에 반하는

블랙 탭 크래프트 버거앤비어

Black Tap Craft Burgers & Beer

아시아 1호점으로 상륙한 뉴욕의 버거 맛집. 두툼한 패티로 입맛을 다시게 하는 수제 버거와 달콤한 셰이크, 생맥주와 칵테일이 맛있기로 소문났다. 추천 버거는 정통 스타일의 올 아메리칸 버거(All-American Burger, S$23)와 와규 패티 위에 하우스 버터밀크-딜 소스와 블루치즈, 루꼴라를 얹고 소프트 포테이토 번으로 감싼 그렉 노먼 버거(Greg Norman Burger, S$28). 패티는 굽기 정도를 선택할 수 있으며, 여러 가지 토핑도 추가할 수 있다. 셰이크를 주문할 땐 일반적인 클래식 셰이크(S$12)도 좋지만, 이왕이면 엄청난 양과 구성에 입이 떡 벌어지는 크레이지 셰이크에 도전해 보자. 수제맥주도 20여 종 갖추고 있다. MAP ❺

MENU 수제 버거 S$21~29, 크래프트 버거 샐러드 S$21~27, 스낵 S$12~18, 크레이지 셰이크 S$18~25, 수제 맥주 S$18, 병 맥주 S$14, 칵테일 S$21/서비스 차지 및 세금 별도
GOOGLE MAPS 싱가포르 블랙 탭 크래프트
WHERE 1층 L1-80
OPEN 11:30~22:15(토·일·공휴일11:00~)
WEB marinabaysands.com/restaurants/black-tap.html

그렉 노먼 버거
올 아메리칸 버거 +토핑 추가
웨이팅을 피하려면 식사 시간대를 살짝 비껴 가야 한다.

오늘은 고기 좀 썰어볼까?

컷 바이 볼프강 퍽
CUT by Wolfgang Puck

미국의 셰프 겸 식당 사업가인 볼프강 퍽이 운영하는 스테이크 전문점. 호주, 미국, 일본 등에서 엄선해온 소고기로 라스베이거스의 맛을 그대로 옮겨온 듯한 스테이크를 제공한다. 은은하고 차분한 인테리어와 친절한 서비스도 강점. 2016년 미슐랭 가이드에서 원 스타를 받았다. 수준급의 와인과 칵테일을 곁들여 마실 수 있고, 트레이에 담긴 여러 가지 식전 빵을 고르는 재미도 남다르다. 디저트 맛도 상당한 편. 다만, 스테이크의 양이 적고 가격이 다소 비싸다는 점이 아쉽다. MAP ❺

MENU 얼리 컷 S$125(~18:30, 금·토 ~18:00), 스테이크 S$88~295(일본산 와규 스테이크는 S$250~330), 디저트 S$24/서비스 차지 및 세금 별도
GOOGLE MAPS cut by wolfgang puck
WHERE 지하 1층 B1-71
OPEN 17:00~22:00(금·토 ~22:45)
WEB marinabaysands.com/restaurants/cut.html

실패 확률 0%! 돈코츠 라멘

잇푸도
IPPUDO

라사푸라 마스터즈 푸드코트 바로 옆에 있는 일본 라멘 전문점. 쇼유 라멘(Shoyu Ramen), 니쿠 소바(Niku Soba), 츠케멘(Tsukemen) 등으로 구성된 돈코츠 라멘(돼지 육수로 만든 후쿠오카식 라멘)을 여유로운 분위기에서 맛볼 수 있고, 볶음밥이나 교자, 일본식 디저트를 곁들이면 아이들도 맛있게 먹을 수 있다. 번이나 샐러드 같은 독특한 사이드 메뉴가 있는 것도 특징. S$2에 면을 추가할 수 있으며, 기호에 따라 여러 가지 토핑(S$2~4)을 선택할 수 있다. 면의 익힘 정도와 매운맛의 정도도 선택 가능. '보통'이면 무난하다. MAP ❺

MENU 라멘 S$18~27.5, 교자 S$10(5개), S$18(10개), 사이드 메뉴 S$9~23/서비스 차지 및 세금 별도
GOOGLE MAPS ippudo marina bay
WHERE 지하 2층 B2-54
OPEN 11:00~23:00
WEB marinabaysands.com/restaurants/ippudo.html

+MORE+

여기도 체크!

❶ 딘타이펑 Din Tai Fung 鼎泰豐

MENU 샤오롱바오 등 딤섬, 볶음밥 등
WHERE 지하 1층 B1-01
OPEN 11:00~22:00(금~일 ~22:30)

❷ 팀호완 Tim Ho Wan 添好運

MENU 딤섬
WHERE 지하 2층 B2-02
OPEN 11:00~22:00(금~일 ~22:30)

❸ 점보 시그니처 JUMBO Signatures 珍寶海鮮

MENU 칠리 크랩 등 씨푸드를 비롯한 중식
WHERE 지하 1층 B1-01B
OPEN 런치 11:30~15:00(토·일 12:00~15:30), 디너 17:30~22:30

❹ 토스트 박스 Toast Box

MENU 카야 토스트, 락사, 커리 치킨, 나시 르막 등
WHERE 지하 1층 B1-01E
OPEN 07:30~21:30(금·토 07:30~22:00)

강물 따라 룰루랄라♪

클락 키 & 리버사이드

CLARKE QUAY & RIVERSIDE

마리나 베이 샌즈 호텔 맞은편의 멀라이언 파크부터 싱가포르강을 따라 클락키로 이어지는 리버사이드 일대는 싱가포르 여행의 핵심 지구다. 어디서든 쉽게 접근할 수 있는 편리한 교통 중심지로 관광 명소와 먹거리, 다양한 가격대의 호텔이 혼재하는 곳. 흐르는 강물을 따라가면서 현대적 도시로 변모해온 싱가포르의 과거와 현재의 모습을 동시에 느껴보자.

풀러튼 헤리티지 & 에스플러네이드
클락 키 & 강변 역사 지구

Access

MRT

래플스 플레이스역 Raffles Place : East West Line/North South Line

- **아시아 문명 박물관, 빅토리아 극장, 아트 하우스, 래플스 상륙지** H출구에서 오른쪽 강변 방향 → 강변에서 오른쪽 풀러튼 호텔 방향 → 카베나 브리지 건너편
- **멀라이언 파크, 풀러튼 호텔, 풀러튼 워터보트 하우스, 원 풀러튼, 팜 비치 레스토랑** H출구에서 오른쪽 강변 방향 → 강변에서 오른쪽 풀러튼 호텔 방향 → 풀러튼 호텔을 지나 원 풀러튼 방향으로 횡단보도 건너편
- **풀러튼 파빌리온, 풀러튼 베이 호텔(랜턴 바)** A출구에서 CIMB Plaza를 지나 직진 → OUE Link 건너편

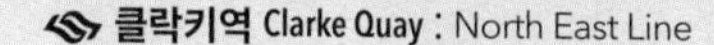

MRT 래플스 플레이스역

클락키역 Clarke Quay : North East Line

- **클락 키 메인 블록** G출구로 올라와 클락 키 센트럴 1층에서 강변으로 나온 후 왼쪽으로 직진 → 리드 브리지를 건너 직진
- **점보 씨푸드 리버사이드 포인트점** G출구로 올라와 클락 키 센트럴 1층에서 강변으로 나온 후 왼쪽으로 직진, 도보 7분
- **리버 크루즈 탑승장(클락 키 제티)** G출구로 올라와 클락 키 센트럴 1층에서 강변으로 나온 후 왼쪽 → 리드 브리지를 건너 오른쪽으로 직진, 도보 7분
- **송파 바쿠테 본점** E출구에서 횡단보도 건너편
- **올드 힐 스트리트 경찰서** E출구에서 왼쪽 → 콜먼 브리지 건너편

클락키역에서 클락 키 메인 블록으로 연결하는 리드 브리지

: WRITER'S PICK :

MRT 클락키역은 G출구!

많은 싱가포르 안내서와 블로그에서 리버 크루즈를 포함한 클락 키의 명소를 클락키역 C출구로 안내한다. 그러나 C출구는 90여 개의 계단을 걸어 올라가야 하므로 C출구보다는 G출구 이용을 추천한다. G출구에서 에스컬레이터를 타고 1층에 내리면 클락 키 센트럴 쇼핑몰이며, 쇼핑몰에서 강변 방향 게이트로 나오면 C출구로 나온 것과 위치가 같다.

시내버스

- **195번** 싱가포르 플라이어-시티홀역-클락 키(Clarke Quay)-티옹 바루
- **32번** 아랍 스트리트-부기스-시티홀역-클락 키(Clarke Quay)-포트 캐닝
- **100번** 하지 레인-에스플러네이드역-풀러튼 베이 호텔(OUE Bayfront)-하버프론트역/비보시티
- **131번** 리틀인디아역-래플스 호텔-풀러튼 베이 호텔(OUE Bayfront)-하버프론트역/비보시티
- **130번** 래플스 플레이스역-풀러튼 호텔/멀라이언 파크(Fullerton Sq)-굿 셰퍼드 성당-부기스역

Planning

⊙ **총 소요 시간** 약 6시간 30분
⊙ **총 입장료** S$50

❶ 래플스 플레이스역 G출구에서 출발
⬇ 도보 5분
❷ 캐피타 스프링 전망대(30분)
⬇ 도보 10분
❸ 풀러튼 파빌리온에서 마리나 베이 조망(10분)
⬇ 도보 5분
❹ 멀라이언 파크(20분)
⬇ 풀러튼 워터보트 하우스 앞 횡단보도 건너편. 도보 5분
❺ 풀러튼 호텔(5분)
⬇ 호텔을 지나 카베나 브리지 건너편. 도보 5분
❻ 아시아 문명박물관(90분)
⬇ 도보 3분
❼ 래플스 상륙지(10분)
⬇ 도보 10분
❽ 올드 힐 스트리트 경찰서(10분)
⬇ 도보 10분
❾ 식사(점보 씨푸드 리버사이드 포인트점 또는 송파 바쿠테 본점, 90분)
⬇ 도보 5분
❿ 싱가포르 리버 크루즈 탑승(60분)

멀라이언 파크

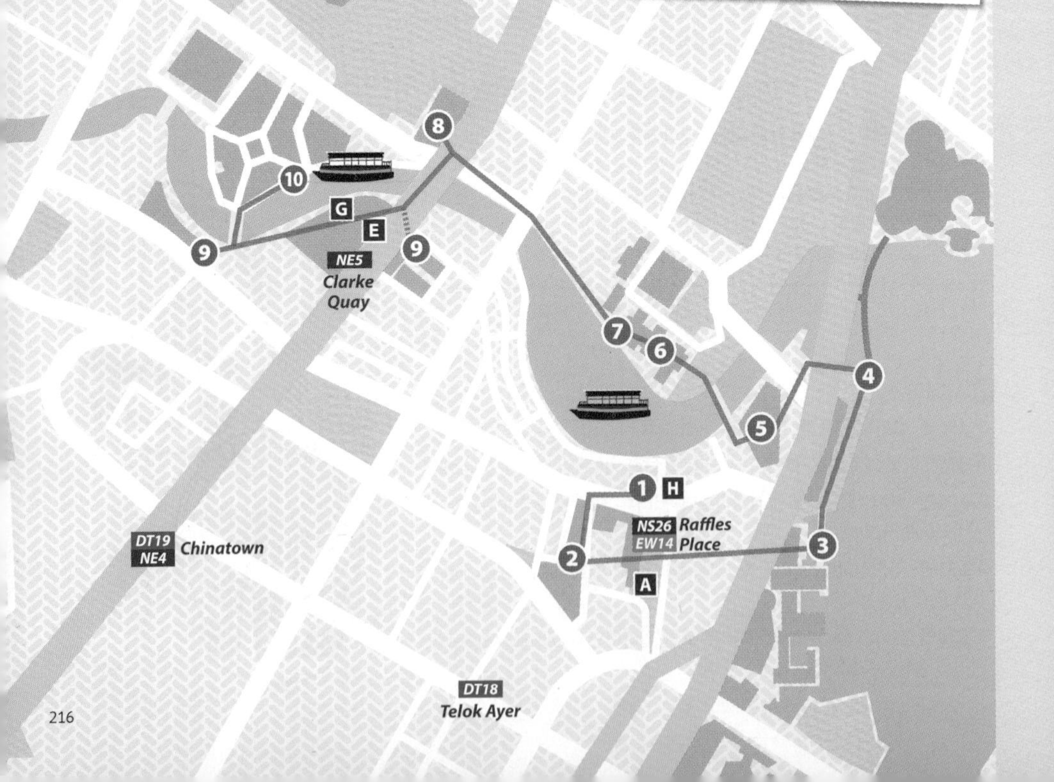

마리나 베이 지역과의 연계 코스

⊙ **총 소요 시간** 약 8시간
⊙ **총 입장료** S$53

❶ 래플스 플레이스역 G출구에서 출발
⬇ 도보 5분
❷ 캐피타 스프링 전망대(30분)
⬇ 도보 10분
❸ 멀라이언 파크(20분)
⬇ 택시 10분
❹ 점심 식사(점보 씨푸드 리버사이드 포인트점 또는 송파 바쿠테 본점, 90분)
⬇ 도보 5분
❺ 싱가포르 리버 크루즈 탑승(60분)
⬇ 택시 15분
❻ 가든스 바이 더 베이(플라워 돔 & 클라우드 포레스트, 90분)
⬇ 도보 15분
❼ 저녁 식사 및 쇼핑(더 숍스 앳 마리나 베이 샌즈, 90분)
⬇ 도보 5분
❽ 스펙트라 쇼(15분)
⬇ 도보 15분
❾ 가든 랩소디(15분)

초간단 코스

⊙ **총 소요 시간** 약 3시간 30분
⊙ **총 입장료** S$25

① 클락키역 G출구에서 출발
⬇ 도보 10분
② 저녁 식사(클락 키, 90분)
⬇ 도보 5분
③ 싱가포르 리버 크루즈 탑승(60분)
⬇ 택시 15분
④ 가든 랩소디(15분)
⬇ 도보 15분
⑤ 스펙트라 쇼(15분)

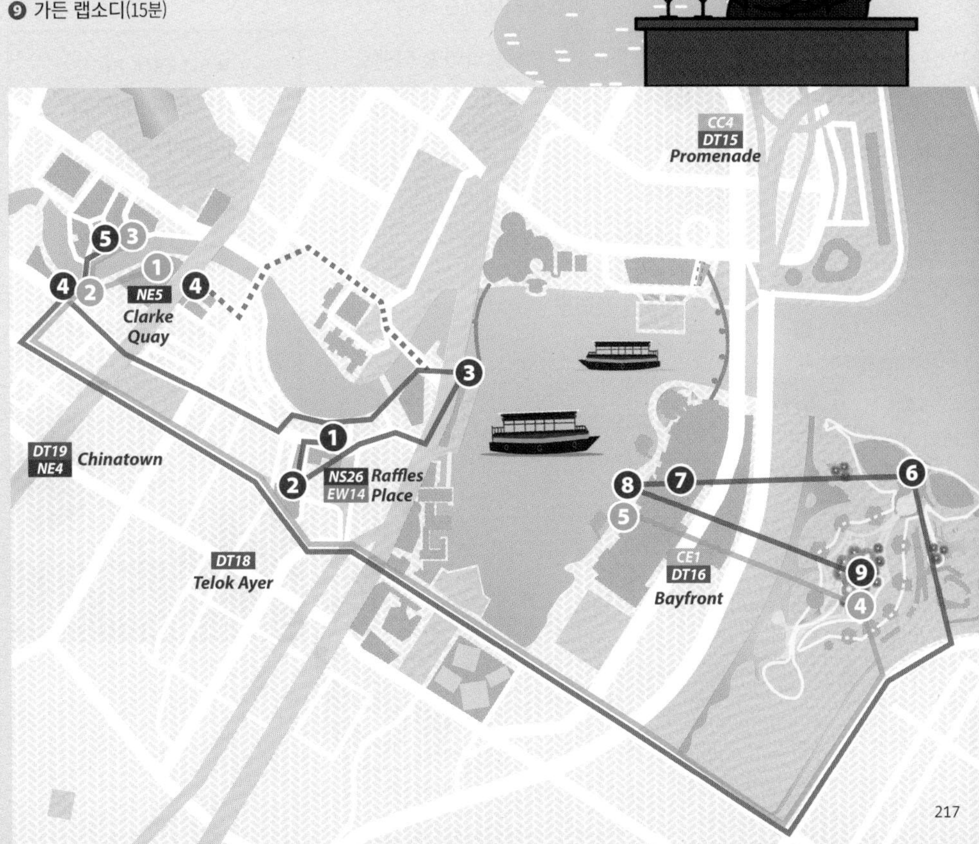

#Walk

모던 & 클래식 싱가포르

풀러튼 헤리티지 & 에스플러네이드

싱가포르의 상징인 멀라이언 조각상을 볼 수 있는 워터프론트 지구. 싱가포르 해협 식민지 초대 총독인 로버트 풀러튼의 이름을 딴 풀러튼 헤리티지 지역과 '강변의 산책로'라는 뜻을 지닌 에스플러네이드 지역에는 클래식한 양식의 건축물과 모던한 아트 센터, 공원 등이 늘어서 수변 지구의 낭만을 더한다.

CC3
Esplanade
전쟁기념공원
에스플러네이드 극장
세노타프
7
탄킴셍 분수
루프 테라스
서플라이 & 디맨드
에스플러네이드 파크 6
9 8
야외 극장
마칸수트라
글루턴스 베이
사우스브리지
림보승 기념비
더 플로트 앳
마리나 베이
풀러튼 워터보트
하우스
1 멀라이언 파크
3 팜 비치 씨푸드
풀러튼 호텔 4
2 원 풀러튼
H
래플스 플레이스
NS26 Raffles
EW14 Place
풀러튼 파빌리온
5
캐피타스프링 A
클리포드 피어
풀러튼 베이 호텔
랜턴
세관 사무소
레벨 33
0 100m

: WRITER'S PICK :

이사 온 멀라이언 상

최초의 멀라이언 상은 싱가포르에 온 여행자를 환영한다는 의미에서 풀러튼 워터보트 하우스 앞 싱가포르강 입구에 세워졌다. 그러나 1997년에 에스플러네이드 브리지가 완공되면서 멀라이언 상의 시야를 가리게 되자, 2002년에 원래 위치에서 약 120m 떨어진 현 위치로 옮겨졌다.

멀라이언 상의 처음 위치

싱가포르의 영원한 상징!
멀라이언 파크 Merlion Park

싱가포르의 신화적인 동물, 멀라이언을 테마로 한 조각상을 품은 해변 공원. 언제 가더라도 붐비는 싱가포르의 대표 명소로 멀라이언이 내뿜는 물줄기를 받아먹는 인증샷이 필수다.
멀라이언이란 이름은 'Mermaid(인어)'와 'Lion(사자)'를 합성한 것. 물고기 모양 하반신은 고대 싱가포르를 '테마섹(자바어로 '바닷가 마을'이라는 뜻)'이라고 칭했다는 점에서 항구 도시로서의 상징성을 띠고, 사자 모양 상반신은 싱가포르를 '싱가푸라(산스크리트어로 '사자의 도시'라는 뜻)'라고 칭했다는 점에서 남다른 의미를 지녔다. 싱가포르의 로컬 조각가인 림남셍의 작품으로 1972년 제작됐다. 높이 8.6m, 무게는 70t에 달하며, 몸통은 시멘트, 피부는 도자기판, 눈동자는 작은 붉은색 찻잔으로 만들어졌다. 얼굴의 방향은 번영을 가져다준다는 동쪽을 향하고 있다. 오리지널 멀라이언 상 뒤쪽으로는 '아기 멀라이언'이라고도 알려진 작은 멀라이언 상(정식 이름은 'Merlion Cub')도 있다. 이 때문에 오리지널 멀라이언 상을 '엄마 멀라이언'이라고 부르기도 하는데, 사실 싱가포르의 멀라이언 상은 모두 수컷이다. MAP ❻

GOOGLE MAPS 멀라이언 파크
WALK 마리나 베이 샌즈에서 헬릭스 브리지를 건너 좌회전, 에스플러네이드 극장을 지나 주빌리 브리지를 건넌다. 도보 15분
MRT 래플스 플레이스역 H출구에서 오른쪽 싱가포르강변에서 오른쪽으로 직진, 풀러튼 호텔을 지나 횡단보도를 건넌 후 원 풀러튼 아래로 직진. 도보 10분
BUS 03011 Fullerton Sq 또는 03019 OUE Bayfront 정류장 하차
ADD 1 Fullerton Rd, Singapore 049213
OPEN 24시간
PRICE 무료

아기 멀라이언

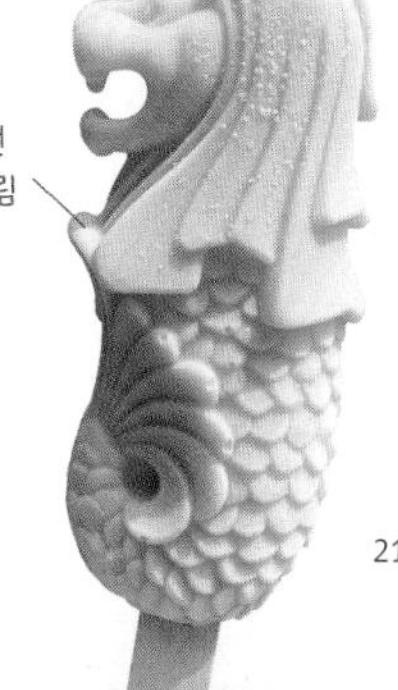

멀라이언 아이스크림

SPECIAL PAGE

여기도 있었네!

싱가포르의 멀라이언들

싱가포르의 멀라이언은 멀라이언 파크에 있는 것이 전부가 아니다. 싱가포르 관광청에서 공인한 멀라이언 상은 멀라이언 파크에 있는 2개 말고도 3개가 더 있다는 사실. 어느 곳에 '진정한' 멀라이언 상이 있는지 알아보자.

마운트 페이버 멀라이언
Mount Faber Merlion

마운트 페이버 파크(Mount Faber Park) 국립공원의 평화를 지키는 파수꾼으로 1998년 세워졌다. 높이는 3m. 케이블카를 타고 마운트 페이버 스테이션에 내린 다음 5분 정도 걸어 올라가면 산 정상에서 만날 수 있다. 대중교통 편이 없으므로 케이블카 하버프론트 스테이션에서 바로 센토사 방향으로 가기보다는 반대편 마운트 페이버 방향의 케이블카를 타고 이곳에 들렀다가 센토사로 가는 것이 효율적이다. MAP 16

GOOGLE MAPS faber point

관광청 멀라이언
Tourism Court Merlion

싱가포르 관광청 밖 택시 스탠드 근처에는 푸른 나무들에 둘러싸인 약 3m 높이의 멀라이언 상이 있다. 1995년 세워졌으며, 다른 멀라이언 상보다 다소 날씬한 모습. 참고로 로비에도 멀라이언 상이 있지만, 공식 승인을 받은 조각상은 로비가 아닌 관광청 바깥에 있는 멀라이언이다. MRT 오차드역에서 도보 10분.

GOOGLE MAPS tourism court

앙모키오의 쌍둥이 멀라이언
Ang Mo Kio Merlion

1998년에 앙모키오 주택위원회가 세운 멀라이언 한 쌍. 멀라이언에 대한 모든 저작권과 지적 재산권을 소유한 싱가포르 관광청의 허가를 받지 않고 만들었다는 이유로 강제 철거되었다가 관광청의 공인을 받은 후 다시 제자리로 돌아오는 우여곡절을 겪었다.

GOOGLE MAPS ang mo kio merlion

2 멀라이언 파크 바로 옆
원 풀러튼 One Fullerton

우아하고 현대적인 인테리어로 꾸며진 2층짜리 레스토랑 건물. 싱가포르 정통 요리와 수제 맥주부터 칠리 크랩, 이탈리안 파스타 등 세계 각지의 음식을 맛볼 수 있는 10여 곳의 식당과 카페가 입점해 있다. 우리에게 잘 알려진 팜 비치 씨푸드와 피에스 카페, 스타벅스를 비롯해, 수제 맥주로 유명한 브루웍스와 패스트 푸드인 모스버거 등도 자리 잡고 있다. 멀라이언 파크 바로 옆이어서 접근성이 좋고, 강변을 따라 놓인 야외 테이블에 앉으면 마리나 베이의 경치를 감상할 수 있다. **MAP 6**

GOOGLE MAPS one fullerton
WALK 멀라이언 파크 바로 옆
ADD 1 Fullerton Rd, Singapore 049213
WEB thefullertonheritage.com/properties#onefullerton

3 맛있는 크랩과 야경, 다 가졌다
팜 비치 씨푸드
Palm Beach Seafood

마리나 베이를 조망하는 원 풀러튼 1층 강변을 향해 있어서 최고의 뷰를 선사하는 인기 레스토랑이다. 최근 한국 예능 프로그램에 자주 등장하여 우리나라 여행자들 사이에서도 인기가 높다. 특히 홈페이지에서 저녁 8시에 야외좌석으로 예약하여 식사를 즐기면서 스펙트라 쇼의 레이저 조명을 감상하는 것이 이곳을 100% 활용하는 방법이다. 칠리 크랩과 블랙 페퍼 크랩, 랍스터 등 다양한 메뉴가 있으나, 음식 맛이 다소 강하고 다른 데보다 비싸다는 점이 아쉽다. 앞치마와 일회용 장갑은 무료, 물티슈는 유료다. **MAP 6**

MENU 칠리 크랩 kg당 S$100~120(매일 시세에 따라 변동, 크랩 1마리는 보통 1.6kg, 1.8kg, 2kg), 골든 아몬드 프론 S$25/35/45, 씨푸드 프라이드 라이스 S$22/34/44/서비스 차지 및 세금 별도
GOOGLE MAPS 팜 비치 시푸드 레스토랑
WHERE 멀라이언 파크 옆 원 풀러튼 1층 #01-09
OPEN 12:00~14:30, 17:30~22:30
WEB palmbeachseafood.com

실내는 에어컨이 가동되어 시원하지만, 전망을 위해서라면 역시 야외 좌석을 포기할 수 없다.

구석구석 풀러튼 헤리티지 지구 탐방

*풀러튼 헤리티지 통합 웹사이트: thefullertonheritage.com

진짜 세관 사무소는 아니에요

세관 사무소 Customs House

과거에 싱가포르 세관 사무소로 사용됐던 건물. 당시 세관원들은 23m 높이의 이곳 관제탑에서 24시간 내내 유류품을 밀반입하려는 작은 배들을 감시했다고. 지금은 고급 레스토랑과 바가 들어선 상업용 건물로 화려하게 변신했다. 마리나 베이의 스카이라인 감상 포인트 중 한 곳!

WALK 풀러튼 베이 호텔 옆(남쪽)
ADD 70 Collyer Quay, Singapore 049323

두말하면 입 아픈 인생 호텔

풀러튼 베이 호텔 The Fullerton Bay Hotel

마리나 베이의 물 위에 지어진 특급 호텔. 풀러튼 호텔을 소유한 풀러튼 호텔앤리조트가 2010년에 문을 열었다. 바닥부터 천장까지 이중 유리창으로 꾸며진 객실 내 개인 발코니에서 탁 트인 마리나 베이의 야경을 만끽할 수 있다. 호텔 6층의 루프탑 바 랜턴과 1층의 애프터눈 티 명소 랜딩 포인트는 여행자들이 애정하는 핫 플레이스. 호텔에 대한 자세한 내용은 442p 참고.

WALK 클리포드 피어 옆(남쪽)
ADD 80 Collyer Quay, Singapore 049326

Point 3
싱가포르 드림의 시작
클리포드 피어 Clifford Pier

중국, 인도 등에서 새로운 삶을 꿈꾸며 싱가포르로 온 초기 이민자들이 처음 도착한 역사적인 장소. 1933년에 선착장으로 만들어져 2006년까지 부두로 사용됐다. 지금은 럭셔리한 분위기로 리모델링 되었지만, 둥근 아치형의 뼈대는 옛 부두의 모습 그대로 남아있다. 시설 이용에 관계없이 누구나 자유롭게 내부 촬영을 할 수 있다.

WALK 풀러튼 파빌리온 바로 옆
ADD 80 Collyer Quay, Singapore 049326

Point 4
이건 진짜 비밀인데…
풀러튼 파빌리온
The Fullerton Pavilion

멀라이언 파크에서 원 풀러튼을 조금 지나면 만나게 되는 유리 돔 모양의 구조물. 이곳엔 누구나 올라갈 수 있는 무료 루프탑 전망대가 보물처럼 숨겨져 있다. 아무런 장애물 없이 마리나 베이의 전경을 바라볼 수 있는데다, 스펙트라 쇼의 후반부 레이저 조명까지 완벽하게 즐길 수 있어서 아는 사람만 찾아가는 시크릿 플레이스다. 더 유명해지기 전에 얼른 다녀오자. 1층에는 이탈리안 레스토랑 몬티(Monti)가 입점해 있다.

WALK 원 풀러튼에서 도보 3분 **ADD** 82 Collyer Quay, Singapore 049327

Point 5
싱가포르 금융 지구의 중심
래플스 플레이스 Raffles Place

싱가포르 초기인 1820년대에 토머스 스탬포드 래플스의 지시로 싱가포르 상업 구역의 허브 역할을 하기 위해 커머셜 스퀘어라는 이름으로 처음 개발됐으며, 1858년에 래플스를 기리기 위해 래플스 플레이스로 이름이 바뀌었다. 지금은 싱가포르의 금융 허브로 여러 주요 은행들이 자리 잡고 있다. 탄종 파가에 있는 구오코 타워(Guoco Tower, 283.7m)에 이어 싱가포르에서 두 번째로 높은 빌딩들인 리퍼블릭 플라자, UOB 플라자 원, 원 래플스 플레이스, 캐피타스프링이 들어선 곳이기도 하다(모두 280m).

+MORE+

바라만 봐도 그저 우아한, 풀러튼 워터보트 하우스 The Fullerton Waterboat House

마리나 베이 해안가에 우아하게 서 있는 아르데코 양식의 건축물. 1941년에 이곳으로 들어오는 배에 담수를 공급하기 위해 건축됐으며, 2002년에 상업용 건물로 변신했다. 에스플러네이드 브리지와 마리나 베이 앞의 빌딩 숲이 바라보이는 레스토랑과 편의점 등이 입점했다. **MAP ❻**

WALK 멀라이언 파크에서 도보 5분
ADD 3 Fullerton Rd, Singapore 049215

반원형의 타워와 풀러튼 로드를 향해 부드럽게 굽은 건물 정면의 곡선미가 돋보인다.

4 마리나 베이를 빛내는 일등공신
풀러튼 호텔 The Fullerton Hotel

싱가포르의 초특급 호텔이자 대표적인 문화유산. 고풍스러운 외관이 시선을 사로잡는다. 그리스 신전을 모티브로 설계한 건물로, 제1차 세계대전 연합국 승리와 영국 점령 100주년을 기념하여 1928년 완공됐다. 초창기엔 우체국, 환전소, 관공서 등으로 사용되다가 2차 세계 대전 후엔 정치 집회 장소로도 사용된 역사를 가졌다. 싱가포르의 가장 유명한 국보인 '싱가포르의 돌(Singapore Stone, 현재 국립박물관에 전시)'도 이곳에서 발굴된 것. 2001년 대규모 리모델링을 거쳐 400여 개의 룸으로 이루어진 5성급 럭셔리 호텔로 거듭났다. 호텔 아트리움 로비에 위치한 코트야드에서는 정통 영국식 애프터눈 티를 맛볼 수 있으며, 풀러튼 헤리티지 지구와 호텔 건물의 역사를 소개하는 1층의 풀러튼 헤리티지 갤러리는 투숙객이 아니어도 무료로 자유롭게 둘러볼 수 있다. MAP ❻

GOOGLE MAPS 더 풀러턴 호텔 싱가포르
WALK 멀라이언 파크에서 지하보도 이용/아시아 문명박물관에서 카베나 브리지 건너 바로
*멀라이언 파크에서 지하보도 이용 방법
원 풀러튼 쪽으로 직진 → 오버이지 레스토랑을 지나 우회전하여 작은 계단을 오름 → 계단을 올라온 후 왼쪽으로 직진 → 주차장 입구 왼편으로 보이는 스타벅스 옆의 에스컬레이터 탑승
MRT 래플스 플레이스역 H출구에서 오른쪽 싱가포르강변에서 오른쪽으로 직진. 도보 5분
BUS 03011 Fullerton Sq 또는 03019 OUE Bayfront 정류장 하차
ADD 1 Fullerton Sq, Singapore 049178
WEB fullertonhotels.com

풀러튼 헤리티지 갤러리

그린 오아시스

5 새롭게 탄생한 공짜 전망대
캐피타스프링 CapitaSpring

2021년에 완공된 주상 복합 건물. 기존 리퍼블릭 플라자, UOB 플라자 원, 원 래플스 플레이스 빌딩과 함께 280m 높이로, 싱가포르에서 두 번째로 높은 건물이다. 51층 루프탑에 조성된 스카이 가든(Sky Garden)은 마리나 베이를 포함한 싱가포르 전역을 조망할 수 있는 옥외 전망대로 오픈 즉시 관광 명소로 등극했다. '하늘 정원'이라는 이름에 걸맞게 곳곳에 심어진 푸릇푸릇한 식물들 또한 눈을 편안하게 해준다. 17~20층의 4개 층에 조성된 휴식 공간인 그린 오아시스(Green Oasis)도 놓치지 말 것. 풀과 나무가 우거진 데다 벤치까지 충분히 마련돼 있어 도심 한복판에서 조용히 힐링하기 좋다. 스카이 가든과 그린 오아시스는 둘 다 무료이며, 1층 로비에서 QR코드로 입장 등록을 한 후 전용 엘리베이터를 이용해 입장할 수 있다. 입장 등록은 당일 뿐 아니라 사전 등록도 가능하다. 단, 입장 시간이 정해져 있고 비 오는 날과 주말에는 운영하지 않는다. 빌딩 앞에는 % 아라비카 커피의 테이크아웃 매장이 있으며, 1층의 '호커센터(Hawker Centre)' 표지판을 따라가면 냉방 시설 빵빵한 호커센터에서 한 끼를 해결할 수 있다. MAP ❻

GOOGLE MAPS capitaspring
MRT 래플스 플레이스역 G출구에서 오른쪽으로 도보 3분
BUS 05319 OCBC Ctr, 03021 Prudential Twr 또는 03031 Raffles Pl Stn Exit F 정류장 하차
OPEN 08:30~10:30, 14:30~18:00/토·일·공휴일 휴무
ADD 88 Market St, Singapore 048948
WEB capitaland.com/sites/capitaspring 사전등록 naver.me/GB5Iaiak

일명 '응 카페'로 유명한
% 아라비카(1층, 일요일 휴무)

6 살며시 들러 봐요
에스플러네이드 파크 Esplanade Park

올드 시티 지역과 멀라이언 파크 사이에 있는 공원. 길이 500m 남짓의 작은 규모이지만, 역사적 의미가 남다른 공간이다. 1943년에 조성됐으며, 제1·2차 세계대전의 희생자를 기리는 기념물과 분수 등 국가 기념물로 지정된 중요한 유적들이 공원 곳곳에 배치돼 있다. 사진 찍기에도 좋은 장소이니 한 번쯤 들러볼 만한 곳. 올드 시티에서 에스플러네이드 극장이나 멀라이언 파크로 가는 길에 방문하면 따로 시간을 내지 않아도 된다. 남쪽에서는 앤더슨 브리지(Anderson Bridge)와 카베나 브리지(Cavenagh Bridge)를 통해 접근할 수 있다. MAP ❻

GOOGLE MAPS 에스플러네이드 파크
WALK 풀러튼 워터보트 하우스에서 앤더슨 브리지를 건너 바로/풀러튼 호텔 앞에서 카베나 브리지를 건너 바로
MRT 에스플러네이드역 E출구에서 도보 5분
BUS 02111 Esplanade Bridge 또는 02029 Aft Esplanade Stn Exit D 정류장 하차
ADD Connaught Dr, Singapore 179682
OPEN 24시간 **PRICE** 무료

+MORE+

에스플러네이드 파크 방문 포인트 4

❶ 전쟁기념공원 War Memorial Park

일본의 싱가포르 점령 시기(1942~1945년)에 희생된 5만여 명의 민간인을 추모하는 공원. 61m 높이의 우뚝 솟은 4개의 하얀 기둥들 때문에 현지인들에게 '젓가락(chopsticks)'이라 불리기도 한다. 이 기둥들은 각각 싱가포르의 4대 주요 민족인 중국, 말레이, 인도, 유라시아를 상징한다. 1967년 개장했으며, 매년 2월 15일이면 추모식이 열린다.

❷ 탄킴셍 분수 Tan Kim Seng Fountain

빅토리아 양식의 아름다운 분수대. 전쟁기념공원에서 에스플러네이드 파크로 접어들 때 볼 수 있다. 3단짜리 철제 분수대 상단에는 그리스의 과학, 문학, 예술의 여신 4명이 조각돼 있고, 그 아래에는 바다의 신 포세이돈이 각각 네 방향에서 물을 뿜어내고 있다. 1882년에 풀러튼 광장에 처음 설치되었다가 1925년에 이곳으로 옮겨졌다.

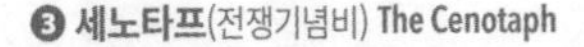

❸ 세노타프(전쟁기념비) **The Cenotaph**

제1차 세계대전 중 사망한 124명의 싱가포르 출신 영국 군인들을 기리기 위해 1922년에 세워진 화강암 기념비. 1951년에 제2차 세계대전 희생자를 추모하는 의미가 추가됐다. 청동 명판에는 희생자들의 이름이 쓰여 있고, 뒤쪽에는 '그들이 죽음으로써 우리가 살 수 있었다(They died that we might live)'라는 구절이 4개 국어로 쓰여 있다.

❹ 림보승 기념비 Lim Bo Seng Memorial

제2차 세계대전 당시 싱가포르의 반일 영웅이었던 림보승(1909~1944년)을 기리는 기념비. 림보승은 수많은 반일 운동을 이끌다가 동료의 배신으로 일본 비밀 경찰에게 붙잡혀 고문으로 숨을 거두었다. 3층짜리 청동 지붕을 얹은 기념비에는 그의 생애가 4개 국어(영어, 중국어, 자위어(말레이어), 타밀어)로 새겨져 있다.

7 두리안을 쏙 빼닮은 황금빛 아트 센터
에스플러네이드 극장
Esplanade–Theatres on the Bay

세계에서 가장 바쁜 아트 센터 중 하나. 콘서트 홀, 현대미술관, 드라마센터, 스튜디오, 도서관, 쇼핑몰 등으로 구성된 복합문화예술공간이다. 2002년 개장 이후 3000회가 넘는 미술 전시회와 연극, 무용, 콘서트 등의 공연이 열렸다. 유리 패널과 알루미늄으로 장식된 둥그런 외관이 열대과일 두리안을 닮았다고 하여 두리안이라는 별명을 갖고 있다. 밤에는 건물 전체가 금빛으로 반짝이며 싱가포르의 야경을 더욱 환하게 비춘다.
1~2층에 자리 잡은 에스플러네이드 몰에는 카페와 레스토랑, 편의점 등이 입점했고, 4층의 루프 테라스는 마리나 베이의 전망을 무료로 즐길 수 있는 야경 & 포토 스폿이다. 극장 앞 강변에 있는 야외 공연장에서는 주말과 공휴일마다 무료 공연이 열린다. MAP ❻

GOOGLE MAPS 에스플러네이드 시어터스
WALK 멀라이언 파크에서 주빌리 브리지를 건너 바로
MRT 에스플러네이드역 D출구에서 시티링크 몰을 따라 직진. 도보 7분
BUS 02061 The Esplanade, 02029 Aft Esplanade Stn Exit D 또는 02111 Esplanade Bridge 정류장 하차
ADD 1 Esplanade Dr, Singapore 038981
WEB esplanade.com

루프 테라스

: WRITER'S PICK :
에스플러네이드 극장 무료 관람 포인트 2

❶ 루프 테라스 Roof Terrace

마리나 베이와 싱가포르의 스카이라인을 파노라마뷰로 완벽하게 감상할 수 있는 무료 공간. 스펙트라 쇼의 숨은 관람 포인트로도 알려져 있다. 잔디밭과 나무들로 꾸며져 있어서 쉬어가기에도 좋다. 야외 극장을 등지고 에스플러네이드 극장 정면의 '에스플러네이드 몰'이라고 써 있는 문으로 들어가 직진, 왼쪽의 엘리베이터를 타고 4층에 내린 후 문 안쪽의 작은 계단을 따라 올라가면 루프 테라스가 나온다.

OPEN 10:00~21:00

❷ 야외 극장 Outdoor Theatre

마리나 베이 해변에 450석 규모로 조성된 야외 극장이다. 스탠딩 인원까지 합하면 600명까지 입장 가능. 주말이나 공휴일이면 싱가포르의 야경을 벗삼아 음악, 무용, 연극 등 다양한 무료 공연을 자유롭게 감상할 수 있어서 가족 또는 연인끼리 공연을 즐기러 온 현지인을 많이 볼 수 있다.

8 고르고 고른 최정예 맛집

마칸수트라 글루턴스 베이

Makansutra Gluttons Bay

싱가포르판 미슐랭 가이드인 <마칸수트라>에서 엄선한 식당 12곳을 모아 둔 호커센터다. 칠리 크랩, 사테, 치킨 라이스 등 싱가포르에서 꼭 먹어야 할 핵심 메뉴들을 맛볼 수 있다. 특히 홍콩 스트리트 올드 청키는 칠리 크랩을 먹기 위해 뉴튼 푸드센터까지 가기 어려울 때 좋은 대안이다. 칠리 크랩 외에 씨리얼 새우, 볶음밥 등 필수 사이드 메뉴들도 곁들여 먹어 보자. 분위기 있는 야경이 더해지는 밤에는 맥주 한 잔 즐기기에 제격이다. 다른 호커센터와 마찬가지로 먼저 자리를 확보한 후 음식을 주문해야 한다. 음료 및 맥주는 '글루턴스 바'에서 주문하고, 음식은 원하는 식당에서 주문 후 진동 벨을 받아오거나 알려준 시간에 찾으러 가는 시스템이다. 대부분 현금만 결제할 수 있다. 칠리 크랩을 먹을 예정이라면 물티슈와 일회용 장갑을 준비하자. **MAP ⑥**

GOOGLE MAPS 마칸수트라 글루턴스 베이
WALK 에스플러네이드 극장에서 마리나 베이 샌즈 방향 도보 2분
ADD 8 Raffles Ave, Singapore 039802
OPEN 16:00~23:00
WEB makansutra.com/eatery/gluttons-bay

: WRITER'S PICK :

추천 맛집

- **홍콩 스트리트 올드 청키**
  Hong Kong Street Old Chun Kee
  칠리 크랩/페퍼 크랩 S$55/100, 씨리얼 새우 S$25/35, 파인애플 볶음밥 S$8~15, 번 S$6(10개)
- **사이파 사테 Syifa' Satay**
  사테 세트 S$10~35
- **란 란 BBQ 치킨 윙**
  Ran Ran BBQ Chicken Wings
  BBQ 치킨 윙 1개 S$2(최소 3개 이상 주문), 캐롯 케이크 S$6/8
- **비비키아 스팅레이**
  BBKia Stingray
  BBQ 삼발 스팅레이(가오리) S$16/23

+MORE+

더 플로트 앳 마리나 베이(플로팅 플랫폼) **The Float @ Marina Bay**

마리나 베이에 있는 세계 최대 수상 경기장. 일반적인 축구 경기장보다 조금 더 큰 규모이며, 약 2만7000명의 관람객을 수용할 수 있는 스탠드를 갖췄다. 축구 경기뿐 아니라 F1 싱가포르 그랑프리 코스, 매년 8월 9일에 열리는 내셔널 데이 퍼레이드(NDP) 장소 등으로 활용되고 있다. 본래 칼랑에 자리한 국립 경기장의 재건축 기간에만 사용될 임시 경기장으로 지어졌으나, 해체가 예정됐던 2012년을 훌쩍 넘겨 최근까지 사용됐다. 현재 2027년 완공을 예정으로 리노베이션 중이며, 향후 수상 스포츠 및 커뮤니티 시설인 NS스퀘어(NS Square)로 재개관한다. **MAP ⑥**

예전 모습

현재 모습

9 호불호 없는 식사와 야경 맛집
서플라이 & 디맨드
Supply & Demand

에스플러네이드 몰에 있는 이탈리안 레스토랑이다. 멀라이언 파크 방문 전후로 식사하기 편한 위치이며, 피자, 파스타 등 대중적인 메뉴를 갖춰서 가족끼리 찾기에도 적당하다. 추천 메뉴는 평일 오후 3시까지 3가지 코스로 제공되는 런치 세트(S$29). 마리나 베이 샌즈를 비롯한 주변 풍경이 한눈에 들어오는 2층 루프탑 바는 이곳의 매력 포인트인데, 금·토요일에만 운영하니 되도록 시간을 맞춰서 방문해보자. 다른 때에도 직원에게 양해를 구하면 루프탑 바를 둘러보고 사진을 찍을 수 있다.

MAP 6

MENU 샐러드 S$19/23, 리조토 S$32~47, 파스타 S$16~32, 피자 S$29, 디저트 S$7~20/서비스 차지 및 세금 별도
GOOGLE MAPS supply & demand
WALK 에스플러네이드 극장에서 마리나 베이 샌즈 방향 도보 1분
ADD 8 Raffles Avenue. 01-13 Annexe, Esplanade Mall, Singapore 039802
OPEN 레스토랑 11:30~15:00, 17:30~22:30(토·일 브레이크타임 없음)/루프탑 바(금·토 한정) 11:30~02:00/월 휴무
WEB supplyanddemand.com.sg

깊은 밤 무르익는 싱가포르식 무드

루프탑 바

매혹적인 싱가포르의 밤을 오감으로 즐기기에는 루프탑 바 만한 곳이 없다. 꾸준히 인기를 끌고 있는 랜턴, 레벨 33을 비롯해 싱가포르의 힙한 루프탑 바를 알아보자. 야경이 잘 보이는 야외 테라스석에 앉으려면 예약은 필수. 드레스 코드는 보통 세미 캐주얼로 반바지나 민소매, 슬리퍼 차림은 입장이 거절될 수 있다.

맥주 맛의 레벨이 다르네!

레벨 33 LeVeL33

마리나 베이 파이낸셜 센터 타워1의 33층에 있는 루프탑 바. 매장에서 직접 질 좋은 하우스 맥주를 만들기 때문에 세계 최고 높이의 맥주 양조장으로도 알려졌다. 맥주 선택이 어렵다면 직원의 추천을 받거나 대표 맥주 5가지를 100mL씩 마셔볼 수 있는 샘플러 메뉴, 비어 테이스팅 패들(Beer Tasting Paddle, S$26.9)을 주문해 보자. 오후 2시 30분부터는 안주류를 비교적 저렴한 가격에 제공하는 소셜 다이닝(Social Dining) 메뉴도 선택할 수 있다.
수제 맥주 외에도 와인, 칵테일, 양주 등 종류별로 다양한 주류가 있고, 다른 루프탑 바보다 식사 메뉴의 가짓수가 많고 맛도 좋다. 유리창 없이 탁 트인 전망을 즐길 수 있는 테라스석은 예약 필수이고 미니멈 차지 S$100이 적용된다. 테라스석이 만석이어도 스탠딩으로 야경을 감상하며 사진을 찍는 것은 가능하다. MAP ❻

MENU 맥주 300mL S$11.9/500mL S$16.9(17:00 이후 300mL S$16.9/500mL S$19.9), 사이드 메뉴 S$12~16, 디저트류 S$10~16/서비스 차지 및 세금 별도
GOOGLE MAPS level33
WALK 세관 사무소에서 도보 10분/스펙트라 쇼가 열리는 이벤트 플라자에서 도보 15분
MRT 다운타운역 C출구에서 왼쪽 횡단보도를 건넌 후 왼쪽으로 직진 → MBFC Tower1(강변 끝에 스탠다드 차타드 은행 건물)로 들어감 → 1층 카운터 왼쪽으로 돌아가 전용 엘리베이터 이용
BUS 03391 Marina Bay Financial Ctr 또는 03529 Downtown Stn 하차
ADD #33-01 8 Marina Blvd, Marina Bay Financial Centre Tower 1, Singapore 018981
OPEN 12:00~23:00
WEB level33.com.sg

싱가포르의 밤을 밝히는 빛

랜턴 Lantern

풀러튼 베이 호텔 옥상에 위치한 풀 사이드 루프탑 바. 다른 루프탑 바들보다 높이는 낮지만, 초록빛 나무로 둘러싸인 여유롭고 고급스러운 분위기에서 탁 트인 파노라마뷰로 마리나 베이를 감상할 수 있다. 바 앞으로 펼쳐진 풀러튼 베이 호텔의 수영장이 한층 이국적인 분위기를 더한다.

스펙트라 쇼의 레이저 조명을 막힘 없이 가장 가깝게 감상할 수 있다는 것과 아이를 동반하는 데에도 부담이 없다는 것도 이곳의 큰 장점. 바 이름은 과거 선착장이었던 이 지역에 배를 안내하기 위한 빨간 등(Red Lantern)이 매달려 있었던 것을 기념하는 뜻에서 지어졌다. 미니멈 차지는 따로 없으며 물과 견과류 믹스는 무료로 제공된다. 인기가 높은 곳이므로 편안한 좌석에 앉으려면 예약은 필수다. MAP ❻

MENU 칵테일·와인·양주 S$20~30, 맥주 S$17~22, 싱가포르 슬링 S$32, 식사 메뉴 S$30~50/서비스 차지 및 세금 별도
GOOGLE MAPS lantern
MRT 래플스 플레이스역 A출구에서 CIMB Plaza를 지나 직진. 도보 10분
BUS 03019 Oue Bayfront 또는 03011 Fullerton Sq 정류장 하차
ADD 80 Collyer Quay, Singapore 049326
OPEN 15:00~01:00(금·토·공휴일 전날 ~02:00)
WEB fullertonhotels.com/fullerton-bay-hotel-singapore/dining/restaurants-and-bars/lantern

싱가포리언이 사랑하는 히든 플레이스

사우스브리지 Southbridge

드라마 <작은 아씨들>의 촬영지인 보트 키에 자리 잡은 루프탑 바. 아담한 5층짜리 건물이지만, 다른 곳보다 저렴한 가격에 로맨틱한 강변뷰를 막힘없이 즐길 수 있어서 가성비가 뛰어난 곳이다. 싱가포르강의 고즈넉한 밤 풍경과 보트 키의 고층 빌딩에서 뿜어져 나오는 화려한 불빛들이 대비를 이룬다. 다양한 종류의 맥주와 와인, 칵테일을 제공하며, 시그니처 메뉴는 칠리, 갈릭, 민트 등의 소스로 요리한 생굴 요리. 평일 오후 해피 아워(17:00~20:00)에는 더욱 저렴하게 즐길 수 있다. 엘진 브리지에서 조금만 내려오면 왼쪽으로 '80 Boat Quay'라고 쓰인 입구가 보인다. 클락 키 지역에 있다.

MAP ❻

MENU 진·칵테일 S$18~26, 맥주 S$12~20, 시그니처 오이스터 S$30, 기타 스낵류 S$16~28/서비스 차지 및 세금 별도
GOOGLE MAPS southbridge
WALK 엘진 브리지 남단에서 도보 1분
MRT 클락 키역 E출구에서 길을 건넌 후 송파 바쿠테 본점 왼쪽 길로 직진. 도보 10분
BUS 05029 Boat Quay 또는 04239 Opp Clarke Quay Stn 정류장 하차
ADD 80 Boat Quay, Rooftop, Level 5 Singapore 049868
OPEN 17:00~00:00
WEB southbridge.sg

SPECIAL PAGE

그때 그 시절 강변 이야기

<강변의 사람들> 조각 시리즈

'People of the River' Sculpture Series

싱가포르강변에는 강을 따라 벌어졌던 역사적인 장면을 묘사한 4개의 조각상이 여행객을 맞이하고 있다.

<제1세대 The First Generation>

제작 연도: 2000년

작가: 총파청(Chong Fah Cheong)

<강변의 사람들> 시리즈 중 가장 유명한 작품. 싱가포르 이민 1세대 시절, 이 지역에 살던 소년들이 쓰레기로 가득한 더러운 강물에도 아랑곳하지 않고 행상 보트들을 피해 가며 물놀이를 즐기던 일상을 묘사했다. 1983년 싱가포르강 정화사업이 시작되면서 이들의 모습은 더 이상 보이지 않게 되었지만, 이 조각품은 싱가포르가 과거와 달리 얼마나 많이 변화했는지를 보여준다. 리버 크루즈를 타고 풀러튼 호텔 앞의 카베나 브리지를 지날 때 오른쪽을 유심히 보면 찾을 수 있다.

WHERE 풀러튼 호텔 앞

ADD 1 Fullerton Square, Singapore 049178

<강변의 상인들 The River Merchants>

제작 연도: 2002년
작가: 오티홍(Aw Tee Hong)

19세기 싱가포르강 주변의 상인과 노동자의 일상을 묘사한 작품. 짐을 싣고 있는 인도인·중국인 짐꾼들과 조금 떨어진 곳에서 스코틀랜드 출신의 싱가포르 사업가 알렉산더 로리 존스턴이 상인들과 협상하고 있다. 그는 당시 싱가포르 비즈니스계의 핵심 인물로, 싱가포르 상공회의소 초대 회장을 역임하기도 했다. 작품이 놓인 곳은 한때 그의 회사가 있던 자리인데, 현재는 32층짜리 대형 은행 건물이 들어서 있어서 싱가포르의 변화를 한층 실감하게 한다.

WHERE 메이뱅크 타워(Maybank Tower) 앞
ADD 2 Battery Rd, Maybank Tower, Singapore 049907

<체티아에서 금융가까지 From Chettiars to Financiers>

제작 연도: 2002년
작가: 천리안션(Chern Lian Shan)

싱가포르 금융의 역사를 보여주는 작품. 1820년대 인도 남부에서 싱가포르로 건너온 대부업자들인 '체티아'들이 성공적인 대부 사업을 펼치고, 싱가포르강을 따라 많은 무역 회사와 금융 업체가 활동하며 번영했던 과거를 표현했다. 여성 주식 거래자가 현대식 옷을 입고 있다는 점이 흥미롭다.

WHERE 아시아 문명박물관 앞
ADD 1 Empress Place, Singapore 179555

<위대한 상점 A Great Emporium>

제작 연도: 2002년
작가: 맬컴 코(Malcolm Koh)

식민지 시절 열악한 환경 속에서 무역업에 종사했던 노동자들을 묘사한 작품. 명칭은 1819년 싱가포르에 도착한 래플스 경이 "우리의 목표는 영토가 아니라 무역, 즉, 위대한 상점이 되는 것이다."라고 말한 데서 유래됐다. 머리를 길게 땋은 중국인 노동자와 터번을 쓴 인도인 노동자가 강가에서 무역상과 협상하는 모습을 생생하게 표현했다.

WHERE 아시아 문명박물관 앞

#Walk

부둣가의 멋과 맛

클락 키 & 강변 역사 지구

150년 이상 싱가포르의 경제 성장을 주도한 이 강변 지구는 박물관, 극장, 역사 유적 등을 통해 20세기 초 동서양 문화의 중심지였던 과거의 향수를 느끼게 한다. 리버 크루즈를 타면 싱가포르의 백만불짜리 야경을 코 앞에서 감상할 수 있는 데다, 크랩 요리와 바쿠테 맛집도 있으니 안 가보고는 못 배기는 곳!

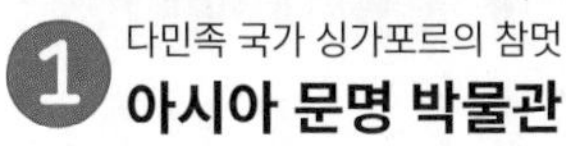

다민족 국가 싱가포르의 참멋

1 아시아 문명 박물관

Asian Civilisations Museum(ACM)

중국 및 아시아 여러 나라의 유물과 문화를 소개하는 박물관. 기독교, 불교, 힌두교, 이슬람교와 관련된 각국의 유물과 미술품을 한 자리에서 볼 수 있으며, 특별 전시도 수시로 진행된다. 3층 규모의 박물관은 1867년 지어져 정부 청사로 사용된 역사적인 건축물 엠프레스 플레이스 빌딩(Empress Place Building)을 개조한 것. 구석구석 버릴 데 없이 짜임새 있는 공간 활용이 돋보이는 곳으로, 플래시만 터뜨리지 않는다면 내부 촬영도 자유롭게 할 수 있다. 1층의 당나라 난파선 갤러리가 특히 볼만하며, 차임스의 유명 맛집 프리베(Privé)와 광동식 레스토랑 엠프레스(Empress), 각종 기념품을 판매하는 슈퍼마마(Supermama) 등이 있다. MAP ❻

GOOGLE MAPS 아시아 문명 박물관
MRT 래플스 플레이스역 H출구에서 풀러튼 호텔 앞에서 카베나 브리지를 건넌다. 도보 5분
BUS 02181 Supreme Ct 또는 04249 Opp The Treasury 또는 03011 Fullerton Sq 정류장 하차
ADD 1 Empress Place, Singapore 179555
OPEN 10:00~19:00(금요일은 10:00~21:00)
PRICE S$25, 6세 이하 무료(관광객은 상설·특별전 통합권만 구매 가능)
WEB nhb.gov.sg/acm

역사와 예술을 품은 휴식 공간

2 빅토리아 극장

Victoria Theatre

싱가포르에서 가장 오래된 공연장. 중앙에 우뚝 솟은 시계탑이 두 개의 건물을 연결하고 있는 구조로 1862년에 타운 홀(Town Hall, 현재 극장)이 먼저 지어졌고, 1905년에 빅토리아 여왕을 기념한 빅토리아 기념관(Victoria Memorial Hall, 현재 콘서트홀)이 추가로 지어졌다. 제2차 세계대전 당시에는 병원으로 쓰였다가 종전 이후에는 전쟁 범죄 재판 장소로도 사용되는 등 싱가포르의 역사와 함께한 주요 건축물 중 하나다. 600여 석 규모의 극장과 콘서트홀에서는 싱가포르 심포니 오케스트라를 비롯한 지역 및 국제 예술가와 단체들의 공연이 수시로 열린다. 극장 밖 중앙에는 래플스 경의 오리지널 동상이 서 있으며, 하얀 극장 건물과 푸른 잔디밭이 어우러지는 색감이 아름다워 사진을 찍기 좋은 장소다. MAP ❻

GOOGLE MAPS victoria theatre
WALK 아시아 문명 박물관 바로 옆. 도보 1분
ADD 9 Empress Pl, Singapore 179556
OPEN 10:00~21:00
WEB artshouselimited.sg/vtvch

3 사진 찍고 싶은 기념비
달하우지 오벨리스크 Dalhousie Obelisk

아시아 문명박물관과 빅토리아 극장 앞에 있는 기념비. 달하우지 후작이자 인도 주재 영국 총독이었던 제임스 앤드류 경의 싱가포르 방문을 기념하기 위해 세워졌다. 1851년에 세워진 싱가포르 최초의 공공 기념물로 몇 번의 이동 끝에 1891년에 현재 위치로 옮겨졌다. 유명 건축가 존 턴불 톰슨이 런던 템스강 변에 있는 '클레오파트라의 바늘(Cleopatra's Needle)'을 본떠 설계했으며, 양쪽에 자위어, 중국어, 타밀어, 영어로 새겨진 비문이 있다. 주변이 아름답고 조용하여 사진 찍기 좋은 포토 포인트다. **MAP 6**

GOOGLE MAPS 달후지 오벨리스크
WHERE 아시아 문명박물관과 빅토리아 극장 앞

작지만 품격 있는 아름다움
아트 하우스(구 국회의사당) The Arts House

싱가포르의 국가 기념물로 지정된 유서 깊은 건축물. 1828년에 싱가포르 최초의 건축가인 조지 D. 콜먼의 설계로 지어졌다. 한때 법원과 국회의사당 등으로 사용되었으나, 1999년에 새로운 국회의사당 건물이 완공됨에 따라 2004년부터는 예술작품 전시와 문화행사를 주관하는 아트 하우스로 운영되고 있다. **MAP 6**

GOOGLE MAPS 더 아츠 하우스
WALK 빅토리아 극장 뒤. 도보 1분
ADD 1 Old Parliament Ln, Singapore 179429
OPEN 10:00~21:00
PRICE 무료
WEB artshouselimited.sg/tah

싱가포르의 시작
래플스 상륙지 Raffles' Landing Site

싱가포르 건국의 상징인 토마스 스탬포드 래플스 경이 처음 싱가포르에 상륙한 지점이다. 아시아 문명 박물관 앞쪽 강변에 자리 잡고 있으며, 위엄 있고 자신감 넘치는 모습의 래플스 경 조각상이 세워져 있다. 싱가포르 교역소 설립 150주년을 기념해 1972년 영국의 조각가 토마스 울너의 작품가 만든 것으로, 1887년 제작된 오리지널 동상을 복제한 것이다. 눈부시게 새하얀 대리석상의 자태가 지나가는 이들의 시선을 한 번에 사로잡으면서 오리지널 조각상보다 더 유명해졌다. 참고로 래플스 경의 오리지널 동상은 빅토리아 극장 앞에서 볼 수 있다. 원래 근처의 파당(Padang) 경기장에 있었으나, 동상이 축구공에 자주 부딪히고 사람들이 동상 기단에 올라앉는 등 부적절한 사례가 발생함에 따라 싱가포르 교역소 설립 100주년인 1919년에 빅토리아 극장 앞으로 옮겨졌다. **MAP 6**

GOOGLE MAPS raffles landing site
WALK 아시아 문명박물관 앞 싱가포르강을 따라 왼쪽으로 도보 3분

찰칵! 빨주노초파남보

6 올드 힐 스트리트 경찰서 Old Hill Street Police Station

927개의 무지개색 창문으로 시선을 압도하는 6층짜리 건물. 클락 키로 가는 도중 콜먼 브리지 앞에서 볼 수 있다. 1934년 전형적인 영국식 신고전주의 스타일을 따라 당시 싱가포르에서 가장 큰 정부 건물로 만들어졌고, 이후 경찰서로 쓰이다가 1980년경부터 정보통신예술부 건물로 사용되고 있다. 부서의 이름을 딴 MICA빌딩 등 여러 명칭으로 불려 왔지만, 현재는 건물 앞 도로가 힐 스트리트고, 과거 경찰서였다는 뜻에서 올드 힐 스트리트 경찰서라고 불린다. 내부 입장은 어려우며, 길 건너편에서 인증 사진을 찍는 것이 포인트다. 다양한 색이 빛을 발하는 야경 또한 놓치지 말 것! MAP ❻

GOOGLE MAPS old hill street police
MRT 클락 키역 E출구로 나오거나 송파 바쿠테 본점에서 콜먼 브리지를 건너면 바로 보인다. 도보 5분
BUS 04223 Old Hill St Police Stn 또는 04229 High St Ctr 또는 04211 Clarke Quay 정류장 하차
ADD 140 Hill St, Singapore 179369

클락키역에서 바로!

7 클락 키 센트럴 Clarke Quay Central

싱가포르강변에 자리 잡은 쇼핑몰. 클락키역과 연결돼 있다는 게 최대 강점이다. 가성비 높은 스테이크로 유명한 아스톤즈를 비롯해 스타벅스, 야쿤 카야 토스트, 24시간 운영하는 치어스 편의점 등이 입점해 있지만 관광객 입장에서 뚜렷한 특색이나 볼거리는 없다. 싱가포르강을 사이에 두고 바로 맞은편에는 싱가포르 리버 크루즈 클락 키 선착장이 있다. MAP ❻

GOOGLE MAPS 클락키 센트럴
MRT 클락 키역 G출구 나와 에스컬레이터를 타고 올라오면 바로
BUS 04211 Clarke Quay, 04239 Opp Clarke Quay Stn 또는 04222 Clarke Quay Stn Exit E 정류장 하차
ADD 6 Eu Tong Sen St, Singapore 059817
OPEN 11:00~22:00/매장마다 조금씩 다름
WEB fareastmalls.com.sg/Clarke-Quay-Central

■ **주요 매장**

층	숍(괄호는 매장 번호)
3층	아스톤즈(85)
2층	8 코리언 BBQ(90)
1층	가디언(55, 10:00~22:00), 버거 킹(23, 08:00~23:00, 금·토~00:00), 찰스앤키스(51), 치어스(05, 07:00~23:00), 써브웨이(66, 10:00~22:00), 스타벅스(29, 07:30~22:00/금·토 ~00:00), 야쿤 카야 토스트(31, 07:00~19:00)
지하 1층	돈돈 돈키(11, 10:00~00:00), 만만 재패니즈 우나기 레스토랑(52)

*쇼핑몰과 영업시간이 다른 곳만 오픈 시간을 표시함

SPECIAL PAGE

배도 둥둥 기분도 둥둥
떠나요! 리버 크루즈 & 워터 B

한편의 예술작품과도 같은 아름다운 싱가포르의 야경!
리버 크루즈라면 짧은 시간 안에 편하고 쾌적하게 몽땅 돌아볼 수 있다.

워터 B(포트 캐닝)
싱가포르 리버 크루즈 (클락 키)
올드 힐 스트리트 경찰서
점보 씨푸드 리버사이드 포인트점
워터 B(유통센)
콜먼 브리지
클락 키 센트럴
리드 브리지
NE5 Clarke Quay
엘진 브리지
임시 휴업 중인 선착장
싱가포르 국회의사당
래플스 상륙지
아시아 문명 박물관
보트 키
Raffles Place NS26 EW14

가성비 쏟아지는 필수 어트랙션

싱가포르 리버 크루즈 Singapore River Cruise

1987년부터 운항을 시작한 싱가포르의 대표 관광 크루즈. 싱가포르강을 따라 역사적인 건축물이나 멀라이언 파크, 마리나 베이 샌즈 호텔 등 싱가포르의 랜드마크들을 여유롭게 둘러보며 핵심 야경을 즐길 수 있다. 1980년대 초기에 싱가포르강 정화사업이 펼쳐지면서 기존의 행상 보트들이 장사를 접고 관광으로 업종을 변경하여 운항하게 된 것이 그 시작으로, CO_2 배출이 없는 전기 구동 배로 운항한다.
클락 키 제티(Jetty, 선착장)에서 출발해 한 바퀴 도는 데 약 40분이 소요된다. 오후 8시까지는 더 숍스 앳 마리나 베이 샌즈 앞의 베이프론트 사우스 제티에서도 승선할 수 있다. MAP ❻

GOOGLE MAPS 7RRW+2C 싱가포르
MRT 클락 키 선착장: 클락 키역 G출구와 연결된 클락 키 센트럴 1층에서 강변으로 나와 리드 브리지를 건넌 후 강을 따라 오른쪽으로 직진. 도보 7분
BUS 04211 Clarke Quay, 04239 Opp Clarke Quay Stn 또는 04222 Clarke Quay Stn Exit E 정류장 하차
ADD 3D River Valley Rd, Singapore 179023
OPEN 11:00~22:00(금·토·일·공휴일 10:00~22:30)/매시 정각 기준으로 티켓을 예약하지만, 예약한 시간과 관계없이 탑승이 가능하며 손님이 모이면 수시로 출발한다.
PRICE S$28, 3~12세 S$18
ROUTE 클락 키 → 리드 브리지 → 보트 키 → 풀러튼 → 멀라이언 파크 → 베이프론트 사우스(마리나 베이 샌즈) → 에스플러네이드 극장 → 클락 키
(프로메나드 제티는 루트에는 있으나 실제로는 운항하지 않음)
WEB rivercruise.com.sg

+MORE+

리버 크루즈 탑승 전 꼭 알아두자!

❶ 코로나19 이전에는 모든 선착장에서 자유롭게 타고 내릴 수 있어 여행 루트를 효율적으로 짤 수 있었으나, 아쉽게도 지금은 일부 선착장에서만 승·하선할 수 있다.

❷ 낮 풍경보다는 야경이 백만 배 더 예쁘다. 골든 타임은 일몰 직전인 19:00~19:30. 이때 탑승하면 노을부터 야경까지 제대로 즐길 수 있다.

❸ 리버 크루즈의 명당은 지붕 없이 오픈 된 맨 뒤편 좌석이다.

또 하나의 리버 크루즈

워터 B Water B

크루즈의 운항 경로는 싱가포르 리버 크루즈와 거의 같지만, 더 숍스 앳 마리나 베이 샌즈의 아트 사이언스 뮤지엄 옆 베이프론트 노스(Bayfront North)를 비롯한 포트 캐닝, 유통센, 멀라이언 파크 등 선착장에서도 탑승할 수 있다. 싱가포르 리버 크루즈보다 덜 혼잡해서 상대적으로 쾌적하며, 베이프론트 노스에서 타면 선착장 위치상 저녁 시간에 스펙트라 쇼나 가든스 바이 더 베이의 가든 랩소디 쇼와 연계해 일정을 짤 수 있어 편리하다. 운항 시간은 약 40분. **MAP 6**

GOOGLE MAPS 7VP5+HQ 싱가포르
MRT 베이프론트역 C출구에서 더 숍스 앳 마리나 베이 샌즈 1층 북쪽으로 직진. 도보 3분
BUS 03509 Bayfront Stn Exit B/MBS 또는 03501 Marina Bay Sands Theatre 정류장 하차
ADD 6 Bayfront Ave, Singapore 018974
OPEN 14:00~21:00(30분 간격 운항)
PRICE S$28, 3~12세 S$18
ROUTE 베이프론트 노스 → 래플스 상륙지 → 포트 캐닝 → 유통센(클락 키 센트럴) → 래플스 플레이스 → 클리포드 피어 → 베이프론트 노스
(프로메나드 제티는 루트에는 있으나 실제로는 운항하지 않음)
WEB waterb.com.sg

워터 B

워터 B 선착장

에스플러네이드 극장
마칸수트라 글루턴스 베이
에스플러네이드 브리지
주빌리 브리지
더 플로트 앳 마리나 베이
헬릭스 브리지
앤더슨 브리지
카베나 브리지
풀러튼 호텔
멀라이언 파크
워터 B
(베이프론트 노스)
<제1세대> 조각
워터 B
(멀라이언 파크)

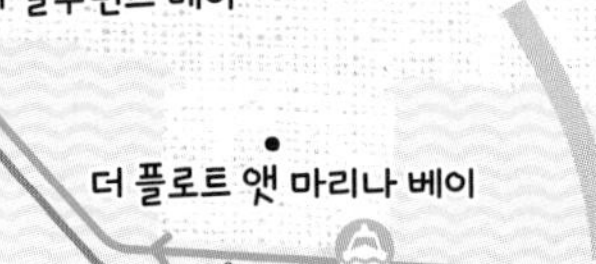

마리나 베이 샌즈

풀러튼 베이 호텔
싱가포르 리버 크루즈
(베이프론트 사우스)

싱가포르 리버 크루즈

SPECIAL PAGE

밤이 되면 알록달록
싱가포르강의 예쁜 다리들

리버 크루즈를 타고 지나가게 되는 싱가포르강의 다리들.
그 매력적인 겉모습 뒤에 감춰진 역사를 알아보자.

리드 브리지 Read Bridge

클락 키의 중심지에 놓인 다리. 싱가포르 여행 중 누구나 한 번쯤 건너게 된다. 명칭은 싱가포르의 명예 치안판사였던 윌리엄 헨리 매클로드 리드의 이름에서 유래했다. 1889년 완공되었다가 1990년대 초에 840만 달러가 투입된 프로젝트를 통해 복원됐다.

Ord Bridge

Clemenceau Bridge

콜먼 브리지 Coleman Bridge

1840년에 지어졌다. 원래는 벽돌 다리였다가 목조 다리로 교체되었고, 목조 다리가 낡고 흔들리자 다시 철제 다리로 교체하는 등 180여 년의 세월 동안 철거와 시공이 여러 차례 반복됐다. 현재의 다리는 1990년에 완공된 것이다.

엘진 브리지 Elgin Bridge

인도 총독이었던 제임스 브루스 엘진 경의 이름을 따서 1862년에 지어졌다. 현재의 다리는 교통량 증가로 기존 다리를 철거한 후 1929년에 새로 개통된 것. 철제 기둥은 이탈리아의 조각가이자 건축가인 카발리에리 루돌프 놀리가 설계했으며, 기둥 아래에 그의 서명이 새겨져 있다. 2009년에 보존이 필요한 다리로 지정됐다.

카베나 브리지 Cavenagh Bridge

현존하는 싱가포르강의 다리 중 가장 오래된 다리. 영국인 건축가의 설계로 1869년에 완공됐다. 명칭은 인도가 임명한 마지막 해협 식민지 총독인 윌리엄 카베나 경의 이름에서 유래한 것. 20세기 초부터 보행자 전용 다리가 됐으며, 다리 입구에는 지금도 '3cwts(약 51kg) 이상의 물품과 소, 말'에 대한 출입 금지를 알리는 표지판이 남아 있다.

에스플러네이드 브리지 Esplanade Bridge

1997년에 개통된 261m 길이의 다리. 싱가포르강 입구를 가로지르며 북쪽의 에스플러네이드 극장과 남쪽의 멀라이언 파크를 연결한다.

주빌리 브리지 Jubilee Bridge

싱가포르의 독립 50주년을 맞아 2015년에 완공된 보행자 전용 다리. 싱가포르강의 다리 중 가장 막내격이다. 220m 길이의 다리 위에는 동시에 2000명의 사람이 올라가도 견딜 수 있다고. 에스플러네이드 극장과 멀라이언 파크를 연결하는 다리로, 관광객이라면 누구나 한 번쯤 건너게 되는 다리다.

Bayfront Bridge

Helix Bridge

앤더슨 브리지 Anderson Bridge

1910년 지어진 싱가포르 최초의 철제 다리. 한때 싱가포르를 점령한 일본군이 참수한 현지인의 목을 매달아 놓아 공포의 상징이 되기도 했으나, 1950~1970년대에는 연인들의 저녁 데이트 장소로 사랑받았고, 음력 설날이면 여성들이 좋은 남편을 얻기를 바라며 강으로 오렌지를 던진 것에 유래하여 '연인의 다리(Lovers' Bridge)'라고 알려지기도 했다.

이 맛은 못 참지!

클락 키 주변 맛집 올스타전

우리나라 여행자들이 즐겨 찾는 점보 씨푸드와 송파 바쿠테를 비롯한 수많은 식당과 바가 넘쳐나는 클락 키!
저녁이면 화려한 불빛 아래 나이트 라이프를 즐기려는 현지인들이 삼삼오오 모여든다.

백전백승 씨푸드 전문점

점보 씨푸드 리버사이드 포인트점 Jumbo Seafood-Riverside Point 珍寶海鮮

싱가포르에 있는 6곳의 점보 씨푸드 매장 중에서 가장 인기 높은 지점. 야외 테이블에서 싱가포르강의 야경과 더불어 식사한 후, 리버 크루즈 등 어트랙션을 즐기는 코스를 추천한다. 호커센터보다는 당연히 비싸지만, 합리적인 가격에 호불호 없는 대중적인 씨푸드를 먹을 수 있다. 늘 손님으로 가득 차 여유 있는 분위기를 느끼기 어렵다는 것이 단점. 맛에는 차이가 없으므로 좀 더 조용한 분위기를 원한다면 다른 지점으로 가도 무방하다. 물 티슈와 일회용 장갑은 무료로 제공된다. MAP ❻

MENU 머드 크랩 1kg S$118, 해물볶음밥 S$22/33/44, 씨리얼 새우 S$26/39/52/서비스 차지 및 세금 별도
GOOGLE MAPS 점보 시푸드 리버사이드 포인트
WALK 리드 브리지 남단에서 다리를 등지고 바로 오른쪽에 보인다./리버 크루즈 클락 키 선착장에서 도보 5분/클락 키 센트럴에서 도보 3분
ADD 30 Merchant Rd, #01-01/02 Riverside Point, Singapore 058282
OPEN 11:30~23:00
WEB jumboseafood.com.sg/en/riverside-point

식당 앞 리드 브리지의 야경

국물 한 사발 추가요~

송파 바쿠테 본점 Song Fa Bak Kut Teh 松發肉骨茶

바쿠테

매년 미슐랭 가이드 빕 구르망에 이름을 올리는 바쿠테 전문점. 1969년 길거리의 카트에서 시작하여 지금은 싱가포르에만 13곳의 매장이 있다. 마치 서울시 송파구가 연상되는 상호의 'Song(松)'은 창업자인 송여응의 성에서 따온 것이고, 'Fa(發)'는 번영의 의미를 담고 있다. 바쿠테는 돼지 갈비를 마늘, 백후추와 함께 푹 끓여낸 일종의 갈비탕이다. 뜨끈한 국물 맛이 일품인 이곳의 바쿠테는 부드럽게 뜯어지는 살코기가 맛있고 국물 향도 강하지 않아 한국인의 입맛에 잘 맞는다. 작은 접시에 나오는 홍고추에 간장과 칠리소스를 담아 고기를 찍어 먹으면 더욱 맛있다. 직원이 돌아다니면서 국물을 계속 리필해주는 것도 장점. 본점 웨이팅이 너무 길면 바로 옆에 아들이 운영하는 분점으로 가자. 맛은 동일하며, 에어컨이 나오는 실내라서 오히려 쾌적하게 식사할 수 있다. MAP ❻

MENU 바쿠테(Pork Ribs Soup) S$8.8, 유티아오(Dough Fritters) S$2.3, 카이란(Kai Lan) S$5.2, 흰쌀밥(Plain Rice) S$1.4/서비스 차지 및 세금 별도
GOOGLE MAPS 송파 바쿠테 본점
WALK 클락 키역 E출구에서 횡단보도를 건너면 왼쪽에 바로 보인다. 도보 3분
ADD 11 New Bridge Rd, Singapore 059383
OPEN 10:00~21:15
WEB songfa.com.sg

바쿠테의 전통은 우리가 잇는다

레전더리 바쿠테

Legendary Bak Kut Teh 發传人肉骨茶

가족이 3대째 이어가는 숨은 바쿠테 맛집. 노르스름한 색에 마늘향이 나는 국물은 담백한 맛의 송파 바쿠테보다 좀 더 진한 맛이며, 고기도 잡내 없이 부드럽고 양이 더 많다. 깔끔한 분위기에 에어컨이 가동된다는 것도 장점이다. 고추가 든 간장을 따로 주는데, 고추는 요청하면 더 준다. 성룡, 이연걸, 그룹 신화, 황치열 등 한쪽 벽면을 장식한 유명인의 사인이 맛집 인증! 성시경이 유튜브에서 소개한 이후 웨이팅이 필수가 됐으니 식사 시간을 살짝 비껴가는 것이 좋다. **MAP ❻**

MENU 바쿠테 S$11.5~14.5, 유티아오(Fried Dough Fritters) S$3, 공기밥(Rice) S$1.5/서비스 차지 및 세금 별도
GOOGLE MAPS legendary bak kut teh at south bridge
WALK 엘진 브리지 남단에서 도보 3분
ADD 46 South Bridge Rd, Singapore 058676
OPEN 11:00~22:00
WEB legendarybkt.com

이른 아침에 즐기는 커피와 브런치

커먼 맨 커피 로스터즈

Common Man Coffee Roasters(CMCR)

티옹 바루 베이커리 등 싱가포르의 유명 카페에 최고 등급의 아라비카 원두를 공급하는 CMCR이 자체적으로 운영하는 카페다. 커피 자체도 훌륭하지만, 식사 메뉴와 케이크, 크루아상 같은 베이커리 류도 다양하게 준비되어 있어 아침식사 장소로도 손색이 없다. 신용카드로만 결제가능. 아이온 오차드(278p), 센토사 코브(436p)와 카통의 주 치앗 로드에도 매장을 운영 중이다. **MAP ❻**

MENU 필터 커피 S$7.5(콜드 브루 S$8.5), 브랙퍼스트(~16:00) S$18~36, 메인 메뉴 S$24~34, 디저트 S$14~18/서비스 차지 및 세금 별도
GOOGLE MAPS common man coffee roasters - martin road
WALK 리드 브리지 북단에서 강변을 따라 서쪽으로 직진, 알카프 브리지 앞에서 우회전. 도보 12분
ADD 22 Martin Rd, Singapore 239058
OPEN 07:30~18:00
WEB commonmancoffeeroasters.com

마실수록 당기는 하우스 맥주

브루웍스 리버사이드 포인트점 Brewerkz

싱가포르강변에 있는 프리미엄 수제 맥주 전문점. 자체 양조장에서 생산하는 수준 높은 하우스 맥주를 마실 수 있다. 해질 무렵이면 싱가포르강의 야경과 더불어 맥주와 식사를 즐기려는 사람들로 늘 붐비는 곳. 맥주 종류가 워낙 많으므로 대표 맥주 4종으로 구성된 샘플러(S$26)를 먼저 맛본 후 입맛에 맞는 맥주를 추가 주문하는 것이 요령이다. 맥주뿐 아니라 버거와 파스타, 피자, 치킨 등 식사 메뉴도 괜찮다. 런치 타임(월~금 12:00~15:00)에는 4 코스(애피타이저, 메인 디쉬, 디저트, 소프트 드링크)로 구성된 런치 세트를 S$28에 맛볼 수 있으며, 키즈 메뉴(S$16)도 준비돼 있다. MAP ❻

MENU 맥주 S$12~, 파스타 S$22~29, 와규 비프 립아이 S$72, 버거 S$23~29, 피자 S$24~38/서비스 차지 및 세금 별도
GOOGLE MAPS brewerkz riverside point
WALK 리드 브리지 남단에서 점보 씨푸드 리버사이드 포인트점을 바라보고 강을 따라 오른쪽으로 도보 3분
ADD 30 Merchant Rd, #01-07 Riverside Point, Singapore 058282
OPEN 12:00~00:00
WEB brewerkz.com/outlet/riverside-point

시그니처 맥주인 오트밀 스타우트. 골든 에일과 필스너, 다크 초콜릿 향을 느낄 수 있는 흑맥주다.

테라스석에서 바라본 풍경

올드 시티
모든 여행자가 모이는 곳

OLD CITY

올드 시티는 싱가포르의 심장이다. MRT 시티홀역 주변으로 오래된 유럽풍 건축물과 현대적인 고층빌딩이 어우러진 이곳은 싱가포르 정치와 행정의 중심지이자, 핵심 관광지구다. 국립박물관과 대형 쇼핑몰, 맛집과 더불어 싱가포르에서 가장 높은 호텔인 스위소텔 더 스탬포드를 비롯한 다양한 호텔이 밀집된 곳. 동서양의 매력을 동시에 품은 이곳에서 싱가포르의 과거와 현재를 만나보자.

Access

MRT

시티홀역 City Hall : East West Line/North South Line

- **차임스** B출구에서 대각선 방향, A출구에서 래플스 시티 통과 후 길 건너
- **래플스 호텔** A출구에서 래플스 시티를 왼쪽으로 끼고 좌회전 후 직진
- **래플스 시티/스위소텔 스탬포드 호텔** A출구와 바로 연결
- **세인트 앤드류 성당** B출구와 바로 연결
- **내셔널 갤러리** B출구에서 도보 10분

브라스바사역 Bras Basah : Circle Line

- **싱가포르 국립박물관** D출구에서 직진 후 사거리에서 좌회전, 도보 5분
- **굿 셰퍼드 성당** B출구에서 길 건너

에스플러네이드역 Esplanade : Circle Line

- **선텍 시티 몰/부의 분수** A출구에서 바로 연결
- **마리나 스퀘어** B출구에서 연결

시내버스

- **16번** 오차드 로드-래플스 호텔(Raffles Hotel)-선텍 시티(Opp Suntec City)-카통
- **32번** 아랍스트리트-부기스-세인트 앤드류 성당(Aft City Hall Stn Exit B)-클락 키
- **80번** 아랍스트리트-부기스-세인트 앤드류 성당(Aft City Hall Stn Exit B)-차이나타운-하버프론트역
- **195번** 싱가포르 플라이어-에스플러네이드 극장-세인트 앤드류 성당(Aft City Hall Stn Exit B)-클락 키-티옹 바루

Planning

- **총 소요 시간** 약 8시간
- **총 입장료** 성인 기준 S$41

1. 브라스바사역 D출구
   ⬇ 도보 5분
2. 싱가포르 국립박물관(90분)
   ⬇ 도보 5분
3. 굿 셰퍼드 성당(20분)
   ⬇ 도보 5분
4. 페라나칸 박물관(60분)
   *싱가포르 어린이 박물관도 선택 가능
   ⬇ 도보 10분
5. 내셔널 갤러리(60분)
   ⬇ 도보 5분
6. 세인트 앤드류 성당(20분)
   ⬇ 도보 5분
7. 차임스에서 인생 사진 찍기(30분)
   ⬇ 도보 3분
8. 래플스 시티에서 쇼핑 후 간식 & 커피(90분)
   ⬇ 도보 3분
9. 래플스 호텔(20분)
   ⬇ 도보 5분
10. 선텍 시티 몰(30분)
    ⬇ 도보 3분
11. 부의 분수에서 소원 빌기(30분)

싱가폴에서 가장 오래된 중앙 소방서

#Walk

마법 같은 시간 여행

힐 스트리트 박물관 & 역사 지구

싱가포르의 역사를 한눈에 알아볼 수 있는 국립박물관과 남중국에서 온 이주민의 후예인 페라나칸의 문화를 엿볼 수 있는 페라나칸 박물관, 새롭게 태어난 싱가포르 어린이 박물관, 동남아시아 각국의 예술품이 한데 모인 내셔널 갤러리 등 다양한 성격의 박물관을 가까이에서 모두 만날 수 있어 취향에 따라 선택하는 재미가 있는 곳이다. 오후의 박물관 투어는 더위를 피할 수 있는 현명한 방법이기도 하다.

: WRITER'S PICK :

싱가포르 국립박물관의 건축 양식

최초 싱가포르 국립박물관의 건물(현재 박물관의 맨 앞쪽 건물)은 식민지 시대의 엔지니어인 헨리 맥칼럼이 설계했다. 건물 양 끝의 기둥을 덮은 삼각형의 페디먼트(Pediments)를 장식한 빅토리아 여왕의 문장이 관람 포인트. 왼쪽은 잉글랜드를 상징하는 사자, 오른쪽은 스코틀랜드를 상징하는 유니콘이다.

1 역사가 한눈에 쏙 싱가포르 국립박물관

National Museum of Singapore

싱가포르에서 가장 크고 오래된 국립박물관. 1887년 완공된 새하얗고 웅장한 신고전주의 양식의 건물이 독보적인 매력을 뿜어내는 싱가포르의 랜드마크 중 하나다. 상설 전시실에는 영국 식민지 시절과 일본 점령기는 물론, 동서양의 무역거점으로 성장해온 싱가포르의 700년 역사와 문화를 살펴볼 수 있는 유물과 예술품을 전시한다. 11대 국가 보물이 전시된 역사 갤러리에는 10~14세기 때 만들어진 것으로 추정되는 신비의 보물, 싱가포르의 돌(The Singapore Stone)이 전시돼 있다. 터치스크린이나 증강현실, 3D 디지털 아트 등 최신 디지털 기술을 활용한 전시 시설과 흥미로운 주제의 특별전시는 물론, 일 년 내내 다채로운 무료 페스티벌과 공연이 펼쳐지니 지루할 틈이 없는 박물관이다. 아이들과 함께 가기에도 좋다. 2023년 하반기부터 리노베이션을 위해 휴관 중인 전시가 있으니 참고하자. **MAP ❻**

GOOGLE MAPS 싱가포르 국립박물관
MRT 브라스바사역 D출구 또는 벤쿨렌역 C출구에서 도보 5분
BUS 04121 SMU 정류장 하차
ADD 93 Stamford Rd, Singapore 178897
OPEN 10:00~19:00
PRICE 상설전 S$10~, 60세 이상 S$7/특별전 진행 시 전시에 따라 요금 추가
WEB www.nhb.gov.sg/nationalmuseum

+MORE+

포트 캐닝 파크 Fort Canning Park

싱가포르 국립박물관 뒤편, 48m 높이의 작은 언덕에 자리한 공원. 싱가포르의 역사와 함께 한 유서 깊은 장소로, 14세기에 이 지역을 지배했던 왕들의 궁전터로 알려졌다. 영국의 지배 당시에는 총독 관저, 영국군 극동 사령부(배틀 박스)와 영국군 막사로 사용되기도 했다. 지금의 보타닉 가든이 조성되기 전 래플스 경이 조성한 싱가포르 최초의 식물원도 이곳에 있었다. 9개의 고즈넉한 정원과 호텔, 레스토랑 등이 있어서 잠시 쉬어가기에도 좋다. MRT 도비갓역과 포트캐닝역, 올드 힐 스트리트 경찰서 등과 가깝다. **MAP ❻**

포트 캐닝 파크 트리 터널

포트 캐닝 파크 트리 터널 Fort Canning Park Tree Tunnel

싱가포르의 떠오르는 SNS용 포토 스폿. 포트 캐닝 파크 북쪽에 있으며, 나선형의 계단 아래에서 올려다보는 전망이 압권이다. 이른 아침에 방문해야 오래 줄 서지 않고 사진을 찍을 수 있다.

GOOGLE MAPS fort canning park tree tunnel
MRT 도비갓역 B출구에서 도보 5분
BUS 08031 Dhoby Ghaut Stn Exit B 정류장 하차
ADD 51 Canning Rise, Singapore 179872

싱가포르 국립박물관 관람 포인트

층별 안내도

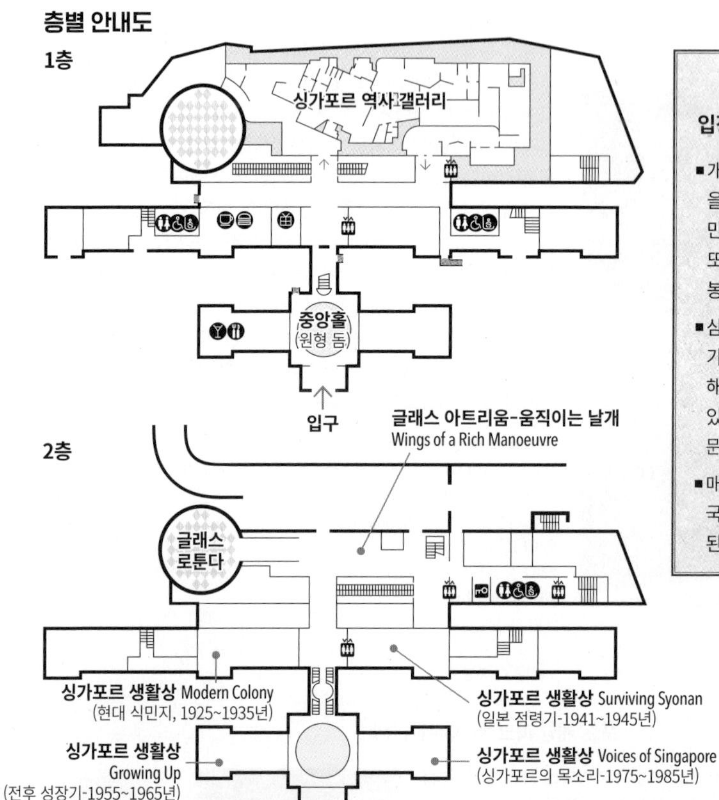

: WRITER'S PICK :

입장 시 알아둘 몇 가지 사항

- 개인적 또는 비상업적인 사용을 위한 사진 촬영은 가능하지만, 영상 촬영은 불가능하다. 또한, 플래시와 삼각대, 셀카봉은 사용할 수 없다.
- 삼각대, 배낭, 캐리어 등 부피가 큰 물건은 반입할 수 없다. 해당 물건은 지하 또는 2층에 있는 보관함에 맡겨야 한다(방문객 서비스 카운터에 문의).
- 매월 둘째 목요일 11:30에 한국어 무료 가이드 투어가 실시된다.(약 1시간 소요)

Point 1

원형 돔 Rotunda

1층 중앙 홀

1층을 웅장하게 장식한 27m 높이의 원형 돔. 물고기 비늘 모양의 타일 3,000개로 외벽을 덮고 내부는 스테인드글라스 패널로 장식했으며, 외부로부터 자연스러운 채광을 끌어들인다. 로툰다(Rotunda)는 원형을 뜻하는 라틴어 로툰두스(Rotundus)에서 파생된 단어로, 보통 상부가 돔 형태로 이루어진 원형 건물이나 원형 홀 등을 말한다.

Point 2

움직이는 날개 Wings of a Rich Manoeuvre

신관(3번째 건물) **2층 글래스 아트리움**

싱가포르 예술가인 수잔 빅터가 만든 조각품. 8개의 샹들리에가 마치 노래를 부르듯 공중에서 빛을 내며 우아하게 흔들린다. 각 샹들리에는 스테인리스로 제작됐으며, 정밀하게 커팅된 스와로브스키 조각이 LED 조명을 받아 반짝인다.

글래스 로툰다 Glass Rotunda

신관(3번째 건물) **2층 왼쪽 끝**(2024년 하반기부터 휴관 중)

감각적인 디지털 아트를 감상할 수 있는 상영관. 총 2개의 작품 중 일본의 디지털 아트 팀랩(teamLab)이 만든 애니메이션 <숲의 이야기(Story of the Forest)>가 압권이다. 깜깜한 어둠 속, 사방에서 흩날리는 총천연색 꽃잎들과 숲속의 낮과 밤이 생생한 사운드와 함께 마법처럼 펼쳐진다. 또 다른 작품은 싱가포르의 예술가인 로버트 자오가 만든 <싱가포르, 아주 오래된 나무(Singapore, Very Old Tree)>로, 17그루의 나무 사진을 대형 스크린으로 감상할 수 있다. 2층에서 입장한 후 다 보고 내려오면 1층의 역사 갤러리로 돌아오게 되므로 2층의 다른 전시물을 모두 관람한 후 마지막에 둘러보자.

싱가포르 역사 갤러리 Singapore History Gallery

신관(3번째 건물) **1층**

싱가포르의 초기 역사부터 현대사에 이르기까지 700년간 걸어온 싱가포르의 발자취를 각종 유물과 사진, 조형물, 영상과 사운드로 보여주는 곳이다. 다양한 전시물과 멀티미디어를 활용하여 싱가포르의 역사를 쉽게 이해할 수 있다.

1구역(싱가푸라)-1300~1800년대
2구역(영국 식민지)-1819~1941년
3구역(일본 점령기)-1941~1945년
4구역(싱가포르)-1945~1980년대

+MORE+

싱가포르의 돌(싱가포르 스톤) Singapore Stone

과거 싱가포르강의 입구(현재 풀러튼 호텔 부근)에 세워졌던 커다란 비석의 파편이다. 10~14세기에 제작된 것으로 추정되며, 1819년 래플스 경을 비롯한 영국인들이 싱가포르에 도착했을 때 발견됐다. 아쉽게도 1843년 요새 건설 과정에서 폭파된 후 현재 '싱가포르 스톤'으로 불리는 일부만 남았다. 고대 자바어와 산스크리트어로 작성된 비문 역시 극히 일부만 남은 탓에 해독되지 못한 상태. 2006년 싱가포르의 국보로 지정됐으며, 싱가포르 역사 갤러리에 입장하면 가장 먼저 만날 수 있다.

싱가포르 생활상 Life in Singapore: The Past 100 Years

본관 및 별관 2층(2023년 9월부터 휴관)

1925~1985년 근현대 시기 싱가포르인의 생활상을 들여다볼 수 있는 전시관이다. 시기별로 4개의 전시실이 구분돼 있으며, 의복, 주거, 문화, 오락 등 다양한 소품을 통하여 과거 싱가포르의 일상을 엿볼 수 있다.

현대 식민지(Modern Colony)
1925~1935년

전후 성장기(Growing Up)
1955~1965년

2 마음이 차분해지는 곳

굿 셰퍼드 성당 Cathedral of the Good Shepherd

1847년 건축된, 싱가포르에서 가장 오래된 로마 가톨릭 성당. 르네상스 양식으로 지어진 아담하고 소박한 외관, 전통적인 도리아식 기둥과 십자가 문양이 고풍스럽다. 제2차 세계 대전 중에는 응급 병원으로 사용되었으며, 1973년 국가 기념물로 지정됐다. 3년간의 대규모 보수공사와 복원 작업을 거쳐 한층 더 견고하고 깔끔해졌다. 경건하고 엄숙한 분위기가 흐르는 내부는 싱가포르에서 가장 오래된 파이프 오르간을 비롯한 갖가지 유물이 놓여 있어서 역사의 향기를 느낄 수 있다. MAP ❻

GOOGLE MAPS cathedral of the good shepherd
WALK 싱가포르 국립박물관에서 도보 5분
MRT 브라스바사역 B출구에서 길 건너. 도보 3분
BUS 04151 Cath Of The Good Shepherd 또는 04179 Aft Bras Basah Stn Exit A 정류장 하차
ADD A Queen St, Singapore 188533
OPEN 10:00~19:00(미사 시간, 월~금 13:15, 토 18:00, 일 08:30·10:30·18:00)
WEB cathedral.catholic.sg

: WRITER'S PICK :

조선시대에 얽힌 성당의 사연

'선한 목자(Good Shepherd)'라는 뜻의 성당 이름은 1821년 싱가포르에 도착한 최초의 신부이자, 조선에서 순교한 성 로랑 엥베르 주교를 기리기 위해 지어졌다. 조선시대 천주교 조선교구 2대 교구장이었던 엥베르 주교는 당시 조선의 천주교 박해 탓에 신도들이 몰살당하는 것을 막고자 2명의 동료 신부에게 항복을 권하는 편지를 썼는데, 이때 편지에 요한복음 10장 11절의 '선한 목자는 양들을 위하여 목숨을 버린다'는 구절을 인용했다고 한다. 이후 1839년 3명의 신부는 참수당했고, 순교 소식을 전해들은 싱가포르에서는 이들을 기리며 성당을 지었다.

3 다름이 낳은 새로움

페라나칸 박물관 Peranakan Museum

페라나칸의 문화를 한눈에 볼 수 있는 박물관. 1912년 지어져 중국인 학교와 아시아 문명박물관 등으로 사용되던 건물을 개조한 것으로, 대규모 리노베이션을 거쳐 2023년 재오픈했다. 말레이어로 '현지에서 태어난 사람'을 뜻하는 페라나칸은 싱가포르로 이주해온 외국인 이민자(주로 중국인)와 동남아시아 여성 사이에서 태어난 후손을 지칭한다. 서로 다른 민족이 결합하여 새로운 문화로 발전한 페라나칸만의 생활, 의복, 혼례, 음식, 종교 관련 전시품을 만나볼 수 있다. MAP ❻

GOOGLE MAPS peranakan museum
WALK 싱가포르 국립박물관 또는 굿 셰퍼드 성당에서 각각 도보 5분
MRT 브라스바사역 B출구에서 퀸 스트리트를 따라 오른쪽으로 직진. 도보 5분
BUS 04143 Stamford Ct 또는 04149 Grand Pk City Hall 정류장 하차
ADD 39 Armenian St, Singapore 179941
OPEN 10:00~19:00(금 ~21:00)
PRICE S$18, 60세 이상·학생 S$12(6세 이하 무료)/
특별전 진행 시 상설전+특별전 통합권만 구매 가능
WEB peranakanmuseum.org.sg

SPECIAL PAGE

알수록 재미난 페라나칸 이야기

페라나칸은 15세기 무렵부터 새로운 기회를 찾아 말레이 반도로 이주해온 중국 남부 출신의 남성과 현지 여성 사이에서 탄생한 문화와 인종을 일컫는 말이다. 이후 페라나칸의 수는 급속히 증가해 현재 싱가포르를 비롯하여 말레이시아, 인도네시아, 태국 등에 걸쳐 총 800만 명에 이를 것으로 추산된다.

싱가포르의 페라나칸 역사

싱가포르에는 영국의 래플스 경이 싱가포르를 자유무역항으로 개발하기 시작한 1819년 이후 중국인 이민자들이 중국 본토와 주변국으로부터 대거 유입됐다. 중국인 특유의 부지런함은 페라나칸에게도 자연스레 이어졌고, 이들은 싱가포르 초기부터 지금까지 대부분 중산층 이상의 계층으로 살아가고 있다. '싱가포르 건국의 아버지'로 불리는 리콴유 초대 총리도 중국 하카 혈통의 페라나칸이었으며, 의사 및 사회 운동가였던 림분켕 박사와 저명한 상인이자 자선가였던 탄톡셍 등도 페라나칸이다.

페라나칸의 문화

페라나칸은 현지 발음으로 '뻐라나깐'이라고 부르며, 남자는 바바(Baba), 여자는 논야(Nyonya)라고 부른다. 이들은 주택과 의복, 음식 등 다양한 분야에서 중국과 현지의 문화가 결합한 그들만의 하이브리드 문화를 만들고 계승해왔다. 지금도 오차드 로드의 에메랄드 힐, 카통의 페라나칸 전통 지구, 차이나타운 아래의 탄종 파가 등 싱가포르 여러 곳에서 화려한 페라나칸 주택들을 볼 수 있으며, 싱가포르의 대표적인 전통 음식 중 하나인 락사(Laksa) 또한 중국과 말레이시아 음식이 결합한 페라나칸 요리라고 할 수 있다.

락사

페라나칸 박물관 2층 'Home'

페라나칸 박물관 2층 'Home'

페라나칸 박물관 3층 'Style'

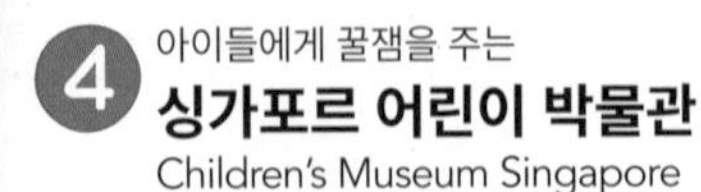

4 아이들에게 꿀잼을 주는 싱가포르 어린이 박물관
Children's Museum Singapore

옛 우표박물관 건물을 리노베이션해 2022년 개관한 싱가포르 최초의 어린이 전용 박물관이다. 총 2층 중 1층은 싱가포르의 역사와 생활상을 테마로 한 상설 전시관, 2층은 매년 주제가 바뀌는 특별 전시관으로 꾸며졌다. 아이들이 참여할 수 있는 다채로운 활동과 게임을 도입해 싱가포르 역사를 재미나고 쉽게 배울 수 있도록 했으며, 어린이의 시선으로 디자인한 건물 외관과 인테리어도 흥미롭다. 주로 5세부터 초등학교 저학년까지 이용하기 좋은 시설들이고, 유아(2~4세)를 위한 놀이 공간인 플레이 팟(Play Pod)도 마련돼 있다. 모든 방문객은 사전에 홈페이지를 통해 시간을 예약해야 하며, 성인은 어린이를 동반해야 입장할 수 있다. **MAP ❻**

GOOGLE MAPS childrens museum singapore
WALK 페라나칸 박물관에서 도보 3분
ADD 23-B Coleman St, Singapore 179807
OPEN 09:00~17:45(09:00, 11:00, 14:00, 16:00에 입장)/월 휴무
PRICE S$15, 어린이(12세 이하) S$10, 패밀리 패키지(성인2, 어린이2) S$40
WEB nhb.gov.sg/childrensmuseum

5 '멋쁨'이 묻어나는 촬영 명소 아르메니안 교회
Armenian Apostolic Church of St. Gregory the Illuminator

싱가포르에서 가장 오래된 기독교 교회. 싱가포르 초기 역사상 가장 화려하고 완성도 높은 건축물 중 하나로 손꼽힌다. 구 국회의사당(현재 아트 하우스)과 차임스 내에 있는 콜드웰 하우스 등을 설계한 식민지 시대의 유명 건축가인 조지 D. 콜먼의 설계로 1836년 완공됐다. 1909년 최초로 전기 조명과 팬을 설치한 싱가포르 건물 중 하나이며, 1973년 국가 기념물로 지정됐다. 예배는 중요한 행사가 있거나 아르메니아 사제가 방문한 경우에만 이루어진다. 웨딩 촬영 등 사진 촬영지로도 인기 있는 장소다. **MAP ❻**

GOOGLE MAPS armenian apostolic church
WALK 싱가포르 어린이 박물관에서 도보 2분
BUS 04142 Armenian Ch 또는 04149 Grand Pk City Hall 정류장 하차
ADD 60 Hill St, Singapore 179366
OPEN 10:00~18:00
WEB armeniansinasia.org

: WRITER'S PICK :

싱가포르의 아르메니안

튀르키예 동쪽 국경에 접한 아르메니아는 우리에게는 다소 생소하지만, 싱가포르와는 꽤 인연이 깊은 나라다. 1819년 근대 싱가포르가 시작되면서 많은 아르메니안이 싱가포르를 비롯한 주변국으로 이주해왔으며, 이들 중에는 부지런하게 부를 축적하며 싱가포르에 영구 정착하는 이들이 많았다고 한다. 그들은 초기에 대부분 상인으로 활동했지만, 이후 점차 다양한 분야에서 명성을 쌓았다. 대표적인 인물로는 싱가포르의 주요 신문사인 스트레이츠 타임스(The Straits Times)의 공동 설립자인 캐칙 모세(Catchick Moses), 래플스 호텔의 설립자인 사키스(Sarkies) 형제가 있다.

시내 중심부에 있지만 관광객의 발길이 뜸해서 고즈넉한 분위기를 즐길 수 있다.

실내에 설치된 자전거 도로

클라임 센트럴 푸난(지하 2층)

6 확 바뀐 모습으로 컴백! 푸난 몰 Funan Mall

1985년 문을 열었다가 리노베이션을 거쳐 2019년 새롭게 재개장한 쇼핑몰. 시티홀역과 200m 정도로 가까운 데다 현대적인 시설과 트렌디한 브랜드들이 대거 입점해 있다. 유명 브랜드보다는 잘 알려지지 않은 로컬 브랜드들이 많다는 점도 주목할 만하다. 쇼핑몰에 입점한 식당들은 근처 호텔에서 머무를 때 조식 뷔페 대신 이용하기 좋은 식사 장소다. 신개념 아파트 호텔로 화제를 모은 라이프 푸난 싱가포르(lyf Funan Singapore)가 같은 건물에 있다. 쇼핑몰 실내를 관통하는 자전거 도로도 이색적이다. MAP 6

GOOGLE MAPS funan
WALK 세인트 앤드류 성당의 남서쪽 정문을 등지고 오른쪽 대각선 방향에 있다. 도보 2분
ADD 107 North Bridge Rd, Singapore 179105
OPEN 10:00~22:00
WEB capitaland.com/sg/malls/funan

■ 주요 매장

층	숍(괄호 안은 매장 번호, 파란색은 식당)
1층	쌤소나이트(24), 언더아머(09), 오클리(27), 맥도날드(16)
지하 1층	페어프라이스 슈퍼마켓(10), 왓슨스(07), 토스트 박스(27), 파라다이스 다이너스티(01), 아줌마 한식당(31)
지하 2층	가디언(16), 싱텔(27), 누들스타K(23), 던킨 도넛(05), 써브웨이(10), 올드 창 키(K06), 비젠 오카야마 와규 스테이크하우스(22), 야쿤 카야 토스트(06)

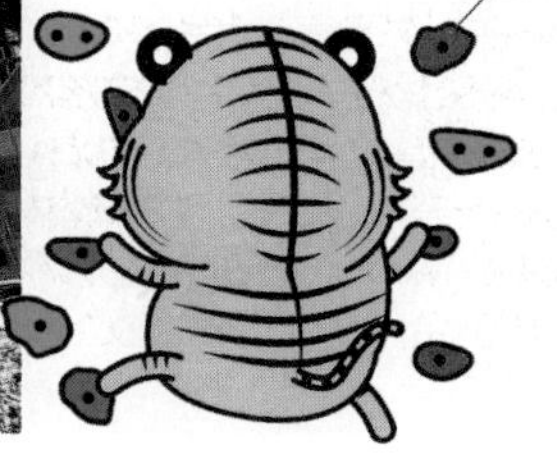

7 포근포근 도심 속 안식처
세인트 앤드류 성당 St. Andrew's Cathedral

뾰족하게 솟은 첨탑과 눈부시게 새하얀 외관이 돋보이는 성당. 싱가포르에서 가장 오래된 영국 성공회 성당이다. 식민지 시대 건축가 조지 D. 콜먼의 설계로 1836년에 완공됐으며, 국가 기념물로 지정됐다. 번개에 2번이나 맞는 바람에 철거 후 재건됐는데, 재건 당시 건물 외벽에 조개 석회, 달걀흰자, 설탕, 코코넛 껍데기 등을 섞어 발라 희고 윤기 있는 빛깔을 띤다. 인도인 죄수들이 성당 재건축에 참여해 건물 여기저기에서 인도식 건축기법이 슬쩍 엿보이는 것도 독특하다. 잘 관리된 잔디밭은 휴식 공간으로 안성맞춤! 성당 안에는 카페도 운영한다. MAP ❻

GOOGLE MAPS 세인트 앤드류 성당
WALK 푸난 몰에서 도보 3분
MRT 시티홀역 B출구와 바로 연결된다.
ADD 11 St Andrew's Rd, Singapore 178959
OPEN 07:00~20:00
WEB cathedral.org.sg

8 동남아시아 아트의 성지
내셔널 갤러리 National Gallery Singapore

동남아시아 최대 규모의 미술관. 19세기부터 현재에 이르기까지 싱가포르를 포함한 동남아시아 각국의 창의적이고 진보적인 예술품이 한데 모였다. 1920~30년대 시청과 대법원으로 쓰이던 2개의 건물을 개조했으며, 그 의미를 살려 각각 시티홀 윙(City Hall Wing)과 슈프림 코트 윙(Supreme Court Wing)으로 구분돼 있다. 건물 사이를 연결하는 4층의 링크 브리지에 서면 건축미를 감상할 수 있고, 6층 전망대에서는 싱가포르 시내가 한눈에 내려다보인다. 일본 점령기 때 일본군 본부로 쓰였던 곳이자, 제2차 세계대전 때 싱가포르 지역 일본군이 항복한 역사적인 장소이기도 해서 건물 전체가 국가 기념물로 지정돼 있다. 미술품 전시는 물론, 다양한 이벤트와 행사가 연중 열리는 곳. 카페와 레스토랑도 잘 갖춰져 있다. MAP ❻

GOOGLE MAPS 내셔널 갤러리 싱가포르
WALK 푸난 몰에서 도보 4분. 파당 경기장 맞은편에 입구가 있다. 도보 5분
ADD 1 St Andrew's Rd, Singapore 178957
OPEN 10:00~19:00
PRICE 상설전 S$20, 7~12세·60세 이상 S$15(여권 등 증빙 필요), 특별전 제외
WEB nationalgallery.sg

HOME
No Entry

#Walk

쇼핑과 먹방, 다 잡았다!

차임스 & 선텍 시티 주변

힐 스트리트 양옆에 주요 박물관들이 자리 잡고 있다면, 북쪽과 동쪽은 유명 쇼핑몰들이 대거 밀집한 중심가다. 차임스와 마주 보고 있는 래플스 시티, 비보시티(VivoCity)가 오픈하기 전까지 싱가포르에서 가장 큰 쇼핑몰이었던 선텍 시티 몰이 자리 잡고 있으며, 구경거리와 먹거리도 다양해 지루하지 않다. 게다가 싱가포르의 상징인 래플스 호텔을 필두로 한 매력적인 호텔들과 차임스 등 전통적인 관광명소까지 골고루 갖춘 이곳! 지금 바로 떠나보자.

1 유럽의 광장에 온 기분
차임스 Chijmes

고딕 양식의 어여쁜 예배당을 중심으로 아담한 유럽풍 건축물들이 늘어선 복합 상업단지. 담장으로 둘러싸인 4300평 규모의 널찍한 공간과 중앙 잔디밭에는 28개의 레스토랑과 카페, 바, 펍이 입점해 있다. 조명이 켜지는 해 질 무렵이면 싱가포르를 대표하는 다이닝 스폿으로 변신하는 곳. 야외 분수대 옆 테이블에 앉아 맥주 한 잔을 기울이다 보면 싱가포르가 아니라 유럽에 온 듯한 착각을 불러일으킨다.

차임스는 1850년대부터 가톨릭 여학교와 수녀원, 보육원 등으로 사용되다가 1996년 지금의 상업 시설로 탈바꿈했으며, 2002년 유네스코 아시아 태평양 문화유산으로 선정됐다. 반짝이는 스테인드글라스와 코린트식 기둥으로 장식된 차임스 홀(Chijmes Hall)은 과거 예배당이었으나, 지금은 결혼식과 이벤트 장소로 사랑받는다. 1903년에 지어진 차임스 홀은 1842년에 지어진 차임스 내 최초의 건물인 칼드웰 하우스(Caldwell House)와 함께 차임스를 대표하는 건물이며, 국가 기념물로 지정돼 있다. MAP ❻

GOOGLE MAPS 차임스
WALK 래플스 시티에서 노스 브리지 로드 건너 바로
MRT 시티홀 역 B출구에서 대각선 방향으로 길을 건넌다. 도보 3분
BUS 04159 Aft Chijmes 또는 04151 Cath Of The Good Shepherd 정류장 하차
ADD 30 Victoria St, Singapore 187996
OPEN 10:00~24:00/가게마다 조금씩 다름
WEB chijmes.com.sg

차임스 홀

놓칠 수 없는 차임스 맛집

트러플 머쉬룸 스위스 버거

Best 1

이 구역에선 내가 제일!

프리베 차임스 Privé Chijmes

여행자들의 찬사를 한몸에 받는 브런치 레스토랑. 추천 메뉴는 에그 베네딕트와 팬케이크, 버거류로 구성된 브런치 세트로 각종 수상 경력을 자랑한다. 그 밖에 수프나 피시 앤칩스, 디저트, 페스트리 등 다양한 메뉴가 준비돼 있다. 차임스의 레스토랑들 중 가장 많은 야외 테이블을 보유한 것도 장점. 낮에는 눈앞에 펼쳐진 푸르른 잔디밭을 여유롭게 만끽할 수 있고, 밤에는 아름다운 조명 아래에서 식사를 즐길 수 있다. 도시 곳곳에 매장이 있지만, 가장 인기 있는 곳은 역시 차임스점이다. 해피 아워(16:00~20:00)에는 칵테일, 맥주 등 음료가 할인된다. **MAP ❻**

MENU 브랙퍼스트(~17:00) S$14~23, 수프·샌드위치·샐러드 S$12~, 버거 S$19~, 파스타 S$19~, 피자 S$20~, 디저트 S$9~/서비스 차지 및 세금 별도
GOOGLE MAPS prive chijmes
WHERE 차임스 #01-33
OPEN 11:30~22:30(금 ~23:00, 토 10:30~23:00, 일·공휴일 10:30~)
WEB privechijmes.com.sg

지점 정보 : 클락 키 & 리버사이드-아시아 문명박물관(#01-02), 오차드 로드-휠록 플레이스(Wheelock Place, #01-K1), 파라곤 쇼핑센터(#01-37), 313 앳 서머셋(#01-28), 티옹 바루(57 Eng Hoon St, #01-88), 주얼 창이 에어포트(#05-204)

갈릭 베이크드 크랩

Best 2

이 크랩 저 크랩, 다 먹어주겠다

뉴 우빈 씨푸드 차임스
New Ubin Seafood Chijmes

합리적인 가격으로 크랩을 맛볼 수 있는 곳. 싱가포르 동부 풀라우 우빈(Pulau Ubin)섬에서 작은 가족 레스토랑으로 시작해 본섬으로 이전 후 싱가포르의 크랩 맛집으로 자리매김했다. 라이브 머드 크랩은 조리 방법에 따라 칠리 크랩, 페퍼 크랩, 버터크림 크랩 등 다양한 맛을 선택할 수 있는데, 그 중에서도 구운 마늘 향이 솔솔 풍기는 갈릭 베이크드(Garlic Baked)크랩은 매콤한 맛이 강한 칠리 크랩과는 또 다른 풍미가 있어 추천한다. 다른 맛의 크랩을 주문한 다음 칠리 크랩 소스만 별도로 주문해 먹는 것도 방법. 크랩 외에는 프리미엄 양갈비(Premium NZ Lamb Rack)를 추천한다. 싱가포르 북쪽의 발레스티어 로드에도 매장이 있지만, 접근성은 이곳 차임스점이 더 낫다. **MAP ❻**

MENU 라이브 머드 크랩 800g S$116, 프리미엄 양갈비 1개 S$13, 클래식 칠리 크랩 소스 S$18/서비스 차지 및 세금 별도
GOOGLE MAPS new ubin seafood chijmes
WHERE 차임스 #02-01B/C
OPEN 11:00~01:00
WEB newubinseafood.com

2 당신은 한 번쯤 이곳에 들르게 된다
래플스 시티 Raffles City

시티홀역과 연결된 대규모 복합 상업 시설. 1986년 오픈했으며 쇼핑몰, 오피스 타워, 컨벤션 센터, 스위소텔 더 스탬포드 호텔과 페어몬트 싱가포르 호텔로 구성돼 있다. 이 중 쇼핑몰은 지하 2층부터 지상 3층까지이며, 중저가 패션 잡화 브랜드를 비롯한 슈퍼마켓, 서점, 문구점 등 200여 곳 이상의 매장이 입점해 있다. 지하에 자리 잡은 식당들도 가격대별·장르별 선택의 폭이 넓으며, 인근에 차임스, 세인트 앤드류 성당, 래플스 호텔 등 유명 관광지와 호텔이 많아서 여행 도중 한 번쯤은 방문하게 되는 곳이다. MAP ❻

GOOGLE MAPS 래플스 시티
WALK 세인트 앤드류 성당의 북쪽 길 건너편에 있다. 도보 2분
MRT 시티홀역 A출구에서 바로 연결
BUS 02049 Raffles Hotel 또는 04167 City Hall Stn Exit B 정류장 하차
ADD 252 North Bridge Rd, Singapore 179103
OPEN 10:00~22:00
WEB capitaland.com/sg/malls/rafflescity

■ **주요 매장**

층	숍(괄호 안은 매장 번호, 파란색은 식당)
3층	푸드 플레이스(The Food Place, 푸드코트)(15), 피에스 카페(37)
2층	MUJI(20), 망고(39), 유니클로(41), 찰스앤키스(11), 컨버스(01), 페드로(36A) 스타벅스(34), 푸티엔(18)
1층	COS(32), 디올(화장품, 02B), 딥티크(05), 록시땅(43A), 룰루레몬(11), 바샤 커피(38), 샤넬(화장품, 03), 세포라(20), 스와로브스키(09), 조말론(44) 파리바게뜨(46)
지하 1층	CS프레쉬(01, 슈퍼마켓), TWG(K13), 가디언(02), 막스앤스펜서(44E), 벵가완솔로(02A), 브레드톡(44A), 비첸향(59), 세븐일레븐(03), 유얀상(44H), 왓슨스(42), 쿠키 뮤지엄(K4), 타이청 베이커리(58) 남남(47), 딘타이펑(08), 토스트 박스(44A), 야쿤 카야 토스트(80), 티옹 바루 베이커리(11), 향토골(74)

래플스 시티에서 뭐 먹지?

티옹 바루까지 안 가도 돼요

티옹 바루 베이커리 Tiong Bahru Bakery

한국 관광객에게도 입소문이 자자한 티옹 바루 베이커리를 여기서도 만날 수 있다. 시그니처인 크루아상은 기본부터 아몬드, 그린 티 등 여러 맛을 선택할 수 있으며, 야채와 햄, 치즈 등을 넣은 크루아상 샌드위치도 실패 없는 아이템이다. 현지 음식 적응에 실패한 경우 대안이 될 수 있으며, 아침 7시 30분부터 영업하므로 근처 호텔에서 숙박 시 조식 장소로도 손색이 없다. 근처 푸난 몰(#04-22)에도 지점이 있다.

MENU 크루아상 S$4.2~8, 플랫 화이트 S$6/8, 아이스 롱블랙 S$6.5/서비스 차지 및 세금 별도
WHERE 지하 1층 #B1-11
OPEN 07:30~22:00

Pick 2

한식의 자부심

향토골 Hyang-To-Gol

우리나라의 웬만한 식당에 버금갈 정도로 훌륭한 한식을 맛볼 수 있는 곳. 한국인이 직접 운영하며 찌개, 탕, 구이, 비빔밥과 같은 기본적인 요리부터 한국식 중화요리까지 메뉴도 다양하다. 각종 정식이나 찌개에는 공기밥과 3가지 반찬이 포함돼 있다. 한국인뿐 아니라 현지인에게도 인기 있는 한식집이므로 한식이 그리울 때 믿고 찾을 만하다.

MENU 정식(불고기, 고등어구이, 오징어볶음) S$17~18, 찌개류S$16~25, 돌솥비빔밥 S$15, 김치볶음밥 S$16, 짜장면 S$14/세금 별도
WHERE 지하 1층 #B1-74
OPEN 11:30~21:00

Pick 3 냠냠~ 베트남 길거리 음식
남남 NamNam

베트남 출신 셰프인 남(Nam)이 선보이는 베트남 요리 전문점. 국물 맛이 깔끔한 쌀국수와 가벼운 한 끼 식사로 좋은 반미 샌드위치, 각종 디저트와 베트남 커피 등 대표적인 베트남 스트리트 푸드를 제공한다. 향신료 맛이 강하지 않아서 우리 입맛에도 잘 맞고 가격도 저렴한 편. 한국에서 먹는 쌀국수 맛과 비슷한 메뉴는 P3 호주산 소고기 슬라이스 & 볼 포(Pho Australian Beef Slices & Balls)다. 오후 2시까지는 쌀국수와 샐러드, 베트남 커피가 제공되는 런치 세트를 선택할 수 있다. 오차드 로드의 휠록 플레이스(#B2-02)와 타카시마야 백화점(#B204-4)에도 매장이 있다.

MENU 런치 세트(평일 10:00~14:00) S$13.9, 쌀국수 S$9.9~35.5, 반미 S$11.9~14.9, 디저트류 S$6.5~7.5/세금 별도(서비스 차지 없음)
WHERE 지하 1층 #B1-47
OPEN 10:00~22:00

테이블에 놓인 주문표에 체크한 후 카운터에서 미리 결제하는 시스템이다.

+MORE+

빈티지한 분위기에서 칵테일 한 잔
더 바 앳 15 스탬포드 The Bar at 15 Stamford

래플스 시티 쇼핑몰에서 대각선 방향, 우아하고 고풍스러운 분위기를 풍기는 캐피톨 켐핀스키 호텔(The Capitol Kempinski Hotel) 1층의 칵테일 바다. 호텔은 싱가포르 최초의 미국 영사였던 조셉 발레스티어의 저택이 있던 자리에 세워져 있는데, 발레스티어가 자신의 농장에서 현지인들과 함께 파인애플과 사탕수수를 재배하고 직접 럼주를 만들었기 때문인지 칵테일 바에서는 160종 이상의 럼주를 사용한 칵테일을 맛볼 수 있다. 시그니처 칵테일은 쿠바 스파이스드 럼에 파인애플, 시트러스, 사탕수수 시럽을 믹스한 플랜테이션 1840(Plantation 1840). 럼에 판단, 시나몬, 너트멕을 넣은 페라나칸 올드 패션(Peranakan Old Fashion)도 맛있다. 관광객보다는 싱가포르에 거주하는 서양인이 많이 찾는 곳으로, 차분하고 빈티지한 인테리어로 꾸며진 실내에 앉아 있으면 유럽 어디쯤 와 있는 것 같은 기분이 든다. 조용하게 대화하기 좋은 데다 시간제한 등 까다로운 조건이 없는 것도 장점이다. **MAP ❻**

MENU 플랜테이션 1840 S$24, 페라나칸 올드 패션 S$22, 럼 콜렉션 S$16~, 스낵류 S$14~/서비스 차지 및 세금 별도
GOOGLE MAPS bar at 15 stamford
OPEN 16:00~00:00
WEB kempinski.com/en/singapore/the-capitol-singapore/

3 싱가포르 호텔계의 영원한 대부
래플스 호텔 Raffles Hotel

싱가포르를 상징하는 최고급 호텔. 전 세계에서 얼마 남지 않은 19세기 호텔 중 하나다. 새하얀 외관과 섬세한 조각이 새겨진 기둥, 높은 천장 등은 영국의 건축양식인 콜로니얼 스타일을 따랐고, 여러 차례의 복원 작업을 거쳐 2019년에 재개장했다. 115개의 객실은 모두 스위트 룸으로 객실마다 고급스러운 가구와 대리석으로 된 욕실 등이 우아하게 꾸며졌다. 1박당 가격은 100만원 이상으로 비싼 편.

1887년 아르메니아 출신 형제들이 처음 문을 열었을 때는 방갈로 스타일의 객실 10개짜리 작은 호텔이었다. 지금의 웅장한 본관이 완성된 것은 1899년으로, 이후 엘리자베스 여왕을 포함한 각국의 정상들은 물론, 마이클 잭슨, 어니스트 헤밍웨이, 서머셋 모옴 등 세계적인 명사들이 찾으면서 싱가포르를 대표하는 호텔이자 랜드마크가 됐다. 싱가포르를 대표하는 칵테일인 싱가포르 슬링이 탄생한 롱바(Long Bar)를 비롯한 9개의 레스토랑과 바가 운영 중이다. 비투숙객이어도 레스토랑과 쇼핑 아케이드 등은 이용할 수 있다. MAP ⑥

GOOGLE MAPS 래플즈 호텔
WALK 래플스 시티에서 브라스 바사 로드(Bras Basah Rd) 건너 바로
MRT 에스플러네이드역 F출구에서 직진, 도보 3분
BUS 02049 Raffles Hotel 또는 01611 Raffles Hotel 또는 01619 Esplanade Stn Exit F 정류장 하차
ADD 1 Beach Rd, Singapore 189673
WEB raffles.com

래플스 호텔의 매력둥이들

Point 1 도어맨

턱수염을 기르고 흰 터번을 둘러쓴 도어맨은 이곳의 명물이다. 호텔에 투숙 예정이라면 도어맨과의 기념 사진을 놓치지 말자.

Point 2 그랜드 로비 The Grand Lobby

잔잔한 하프 연주를 라이브로 들으며, 영국식 정통 애프터눈 티와 하이 티를 우아하게 즐겨보자.

Point 3 래플스 코트야드 Raffles Courtyard

1층 쇼핑 아케이드 중앙에 자리한 안뜰. 야자수가 드리워진 낭만적인 정원에서 이탈리아 요리와 와인, 칵테일을 맛보자.

Point 4 롱 바 Long Bar

싱가포르 고유의 칵테일인 싱가포르 슬링이 탄생한 곳이다. 래플스 호텔의 2층에 식민지 시대의 고풍스러운 장식으로 꾸며졌으며, 가벼운 분위기에서 부담 없이 시간을 보낼 수 있다. 바석의 길이가 무척 길어 'Long Bar'라는 이름이 붙여졌다고. 이곳의 슬링은 진 기반의 칵테일로 파인애플 주스, 라임 주스, 석류 즙, 체리 브랜디 등을 이용하여 만드는데, 알코올도수가 17도 정도로 꽤 높으니, 술을 잘 못한다면 무알코올 슬링을 마시자. 예약은 불가능하고 선착순으로만 입장할 수 있으며, 안주로 무한 제공되는 땅콩을 먹고 껍질을 그냥 바닥에 버리는 것으로도 유명하다. 아마도 싱가포르에서 쓰레기를 바닥에 막 버려도 되는 유일한 장소이지 않을까?

GOOGLE MAPS long bar
WALK 래플스 호텔 래플스 아케이드 2층
OPEN 11:00~22:30(목~토 ~23:30)
PRICE 오리지널 싱가포르 슬링 S$41, 래플스 1915 진 슬링 S$35/서비스 차지와 세금 별도
WEB raffles.com/singapore/dining/long-bar

4 YY 카페이 디안 YY Kafei Dian

두툼하고 폭신한 카야 토스트 맛집

싱가포르식 카페 '코피티암' 음식을 선보이는 현지인 맛집. 성시경의 유튜브 채널에 소개되면서 한국인에게도 유명해졌다. 두툼하고 폭신한 빵, 카야 잼이 조화로운 카야 토스트가 대표 메뉴. 에그타르트도 촉촉한 필링이 일품이다. 아이스 아메리카노 주문 시엔 "코삐 오 꼬송 삥(Kopi O Kosong Bing(冰))"이라고 말하자. 주문 후 자리에 앉아 진동벨이 울리면 토스트를 받고, 음료와 수란은 직원이 갖다준다. 다양한 로컬 푸드는 입구 왼쪽 카운터에서 오전 10시부터 주문 가능하고 붐비는 시간대는 피하는 것이 좋다. 현금 계산만 가능. **MAP ❻**

MENU 카야 토스트 S$1.7, 수란 S$1.7, 아이스커피 S$2, 에그타르트 S$2.2, 치킨파이 S$2.8
GOOGLE MAPS yy kafei dian
WALK 래플스 호텔에서 도보 3분
ADD 37 Beach Road, 01-01, Singapore 189678
OPEN 07:30~19:00(토·일·공휴일 08:00~)/매월 둘째·넷째 월요일 휴무
WEB facebook.com/yykafeidian

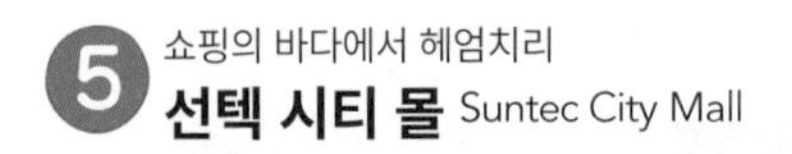

5 선텍 시티 몰 Suntec City Mall

쇼핑의 바다에서 헤엄치리

비보시티에 이어 싱가포르에서 2번째로 큰 쇼핑몰. 호텔, 오피스 타워, 컨벤션 센터 등이 결합한 대규모 복합 상업 시설인 선텍 시티 안에 자리 잡고 있다. 선텍 시티는 풍수를 고려하여 독특하게 설계됐는데, 쇼핑몰을 포함한 5개의 건물과 컨벤션 센터는 공중에서 내려다보면 왼손처럼 보이도록 배치됐고, 쇼핑몰 지하 1층에 있는 부의 분수(Fountain of Wealth)는 이 손바닥에 놓인 황금 반지를 상징한다.

쇼핑몰은 크게 웨스트 윙(West Wing), 노스 윙(North Wing), 이스트 윙(East Wing)과 지하 1층 부의 분수 주변으로 식당이 밀집한 파운틴 코트(Fountain Court)로 구성됐으며, 주요 쇼핑 장소는 MRT 에스플러네이드역과 곧장 연결되는 웨스트 윙에 몰려 있다. 규모가 상당하므로 가고 싶은 매장이나 식당의 위치를 미리 파악하고 다니는 게 좋다. **MAP ❻**

GOOGLE MAPS 선텍 시티
MRT 에스플러네이드역 A출구로 나오면 바로 연결된다.
BUS 80159 Suntec City 또는 80151 Opp Suntec City 정류장 하차
ADD 3 Temasek Blvd, Singapore 038983
OPEN 10:00~22:00
WEB sunteccity.com.sg

부의 분수

+MORE+

비나이다~비나이다~ 부(富)의 분수 Fountain of Wealth

황금빛 반지 모양을 한 초대형 분수. 농구장 4개보다 넓은 560여 평 면적에 설치된 높이 13.8m의 기둥 4개가 지름 21m의 고리를 떠받친 형태로, 1998년판 기네스북에 세계에서 가장 큰 분수로 등재됐다. 물줄기가 바깥쪽이 아니라 안쪽으로 쏟아지도록 만든 이유는 부의 유지를 위해서라고. 분수 가운데 설치된 미니 분수에 손을 넣고 시계 방향으로 3바퀴를 돌면 부자가 된다는 재미난 속설이 있다. 단, 물을 만질 수 있는 터치 워터 세션(Touch Water Session) 시간에만 입장할 수 있다. 분수 앞쪽으로는 식당도 많아서 식사 겸 들르기에 제격이다.

GOOGLE MAPS 파운틴 오브 웰스
WHERE 선텍 시티 타워4 지하 1층, 콜드 스토리지 슈퍼마켓 방향
OPEN 터치 워터 세션: 10:00~12:00, 14:00~16:00, 18:00~19:30(우천 시 미운영)
PRICE 무료

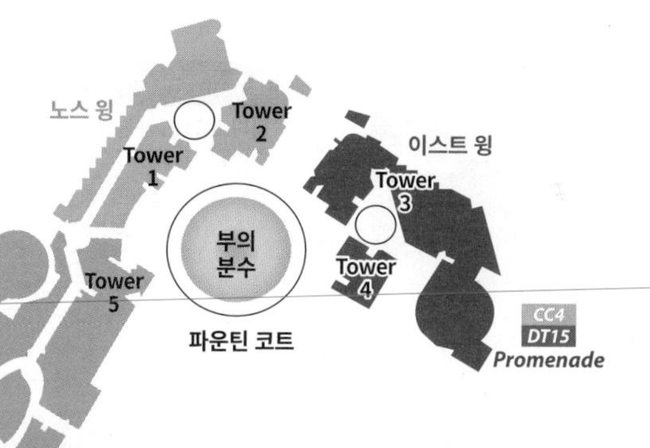

■ 주요 매장

구역	숍(괄호 안은 매장 번호, 파란색은 식당)
웨스트 윙 West Wing	**2층** : 돈돈 돈키(379), 왓슨스(420), 딘타이펑(302), 야쿤 카야 토스트(349) **1층** : H&M(307), 나이키(375), 뉴발란스(325), 레고(305), 리바이스(348), 아디다스(323, 324), 유니클로(382), 코튼온(406), 찰스앤키스(338), 쿠키뮤지엄(313), 판도라(355), 페드로(339), 스타벅스(433), 쉐이크쉑(357) **B1층** : 숍 레스토랑(127)
노스 윙 North Wing	**1층** : Big Bus & Duck(K8, 타워2), 쌤소나이트(476)
이스트 윙 East Wing	**3층** : 버거킹(371) **2층** : 가디언(705), 유얀상(702), 크록스(717), 토이저러스(713), 맥도날드(732), 스타벅스(613) **1층** : 컴포즈 커피(623) **B1층** : 두끼 떡볶이(107), 아스톤즈(161), 야쿤 카야 토스트(104)
파운틴 코트 Fountain Court	**B1층** : 콜드 스토리지 슈퍼마켓(156), 송파 바쿠테(132), 토스트 박스(167), 파라다이스 다이너스티(110), 푸드 리퍼블릭 푸드코트(115),), 홍콩반점(108A)

6 쇼핑에 식사까지 한방에
마리나 스퀘어 Marina Square

선텍 시티와 에스플러네이드 극장 사이에 있는 쇼핑몰. 만다린 오리엔탈 호텔 및 파크 로열 콜렉션 마리나 베이 호텔(구 마리나 만다린 호텔)과 접해 있어서 이들 호텔 투숙객이이라면 더욱 유용한 장소다. 200여 곳의 중저가 위주 쇼핑 브랜드와 식당이 있으며, 특히 2층으로 올라가면 바로 찾을 수 있는 터틀(Turtle)은 선물 및 라이프 스타일 스토어로, 참신한 아이디어가 돋보이는 문구류, 인형, 속옷, 장난감, 미용, 장식품 등 다양한 상품이 준비돼 있어 인기가 높다. 1층에는 시티투어 버스인 펀비 버스 허브 정류장이 있다. **MAP 6**

GOOGLE MAPS 마리나 스퀘어
MRT 에스플러네이드역 B출구와 바로 연결
BUS 02089 Pan Pacific Hotel 또는 02061 The Esplanade 정류장 하차
ADD 6 Raffles Boulevard, Singapore 039594
OPEN 10:00~22:00
WEB marinasquare.com.sg

■ 주요 매장

층	숍(괄호 안은 매장 번호, 파란색은 식당)
3층	다이소(111), 세븐일레븐(206), 서울 가든(210), 스타벅스(217), 아스톤즈(145), 피자 헛(211)
2층	샤인코리아 슈퍼마켓(218A), 쌤소나이트(281), 왓슨스(212), 터틀(109), BHC치킨(332), 달콤 커피(272), 맥도날드(156), 버거킹(105), 야쿤 카야 토스트(207A), 푸티엔(205)
1층	세븐일레븐(206), 시티투어 허브정류장(207) 하이디라오핫팟(19)

34
FBF 9578 K

SINGAPORE STORY 6

아는 만큼 보이는 싱가포르 이야기
싱가포르의 정치와 경제

눈부신 경제성장에 비해 싱가포르의 정치상황에는 늘 비판적 평가가 뒤따른다. 독립한 지 60년에 가깝지만 총리가 3번 밖에 바뀌지 않은 싱가포르는 인민행동당이 독립이래 줄곧 압도적인 다수당 위치를 차지하고 있으며, 민주주의와 언론의 자유는 국민들의 관심사에서 벗어나 있다. 아이러니하게도 이 때문에 여행자들에게는 싱가포르 사회가 매우 안정적으로 느껴지며, 따라서 큰 장점으로 어필되기도 한다.

오랜 세월 굳건한 집권 세력

싱가포르는 의원내각제를 채택하고 있으며, 5년마다 치르는 총선으로 선출된 국회가 총리를 선출하고 정부를 구성한다. 대통령은 6년마다 직접 투표로 뽑히지만, 이는 상징적인 의미의 국가원수일 뿐, 대부분의 실권은 총리에게 있다. 국부(國父)로 불리는 리콴유(李光耀)가 초대 총리로, 말레이시아로부터 독립하기 전인 1959년부터 1990년까지 30년 이상 총리직을 수행했다. 이후 고촉통(吴作栋)에 이어 리콴유의 아들인 리셴룽(李顯龍)이 2004년부터 총리직을 맡았으나, 2024년 5월 재임 20년만에 로렌스 웡 부총리에게 총리직을 넘겼다.
자유민주주의를 내세우고 있긴 하지만, 1981년 이전에는 선거에서 야당 국회의원이 단 한 명도 당선된 적이 없을 정도로 선거제도가 인민행동당에 유리하게 설계돼 있다. 이 때문에 인민행동당은 총선마다 90% 이상의 의석을 차지해 왔다.

언론의 자유는 어디로?

국경 없는 기자회가 2024년 발표한 세계언론자유지수에서 싱가포르는 180개국 중 126위(한국은 62위)에 불과할 정도로 언론에 대한 감시와 통제가 심한 나라다. 정부가 대부분의 언론 매체를 소유하고 있기 때문에 정부에 비판적인 기사나 불리한 사건·사고가 보도되기 어렵다. 2015년에는 유튜브에서 리콴유를 비난한 유명 블로거가 미국으로 망명하여 화제를 모으기도 했다.

행복을 위한 양보

일부에서는 리콴유 전 총리를 '아시아의 히틀러'라고 부르기도 하고, 부자간 총리 세습을 조롱하여 싱가포르를 '잘사는 북한'이라고 폄하하기도 하지만, 안전한 치안과 높은 소득 수준 덕분에 정부에 대한 국민의 지지도는 늘 높은 편이다. 주택이나 취업, 복지 문제에 관해 현실적인 정책을 마련하여 국민의 신뢰를 얻었고, 공무원 부패를 척결했으며, 정치적 갈등에 따른 사회적 비용을 최소화하는 등 긍정적인 결과 또한 상당하기 때문. 특별한 자원이 없는 조그만 국가로서 살아남기 위해서는 국민들이 권리를 일정 부분 포기하고 다 함께 한 방향으로 나가는 것이 불가피한 선택이라는 견해도 있다.

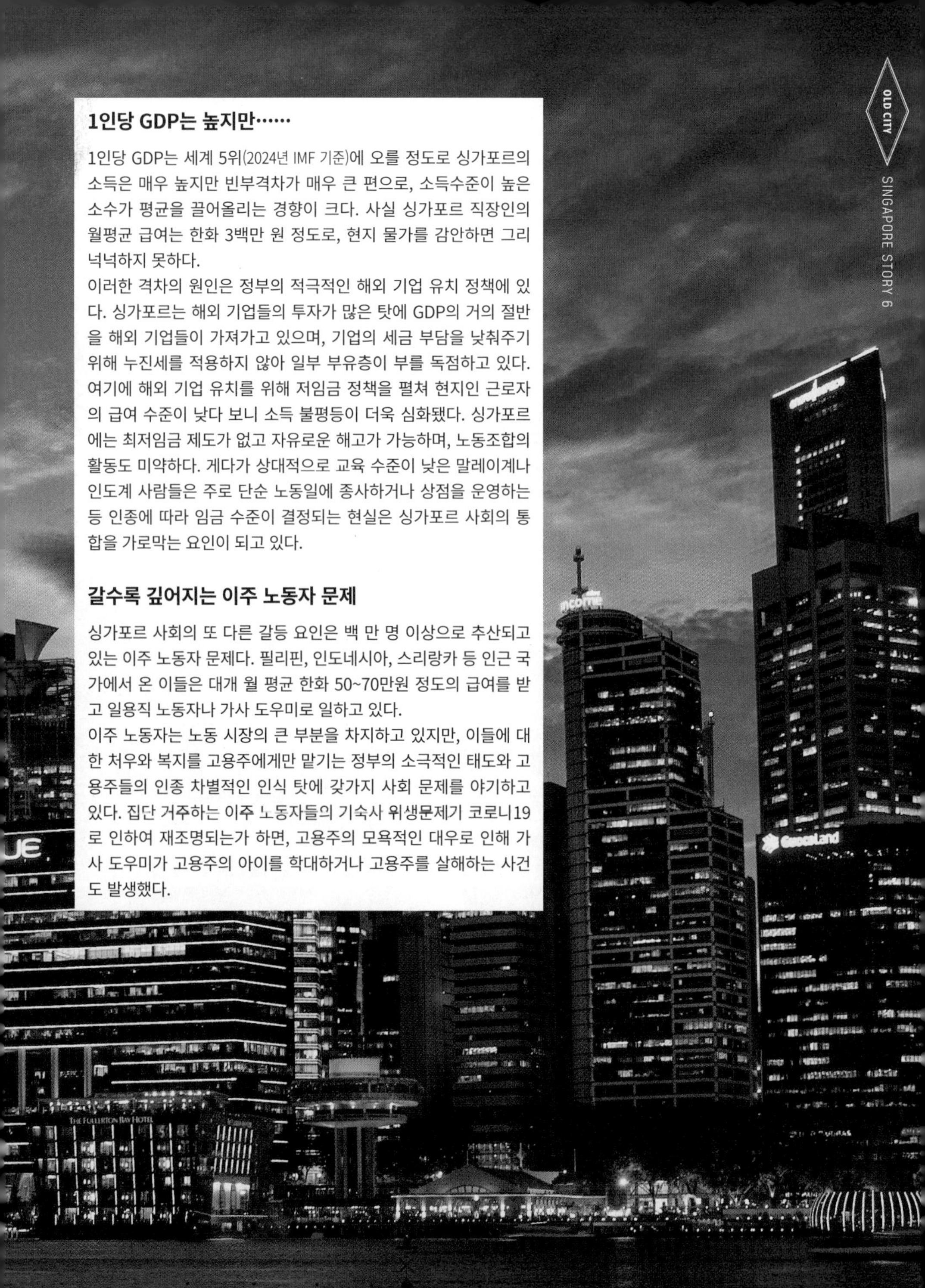

1인당 GDP는 높지만……

1인당 GDP는 세계 5위(2024년 IMF 기준)에 오를 정도로 싱가포르의 소득은 매우 높지만 빈부격차가 매우 큰 편으로, 소득수준이 높은 소수가 평균을 끌어올리는 경향이 크다. 사실 싱가포르 직장인의 월평균 급여는 한화 3백만 원 정도로, 현지 물가를 감안하면 그리 넉넉하지 못하다.
이러한 격차의 원인은 정부의 적극적인 해외 기업 유치 정책에 있다. 싱가포르는 해외 기업들의 투자가 많은 탓에 GDP의 거의 절반을 해외 기업들이 가져가고 있으며, 기업의 세금 부담을 낮춰주기 위해 누진세를 적용하지 않아 일부 부유층이 부를 독점하고 있다. 여기에 해외 기업 유치를 위해 저임금 정책을 펼쳐 현지인 근로자의 급여 수준이 낮다 보니 소득 불평등이 더욱 심화됐다. 싱가포르에는 최저임금 제도가 없고 자유로운 해고가 가능하며, 노동조합의 활동도 미약하다. 게다가 상대적으로 교육 수준이 낮은 말레이계나 인도계 사람들은 주로 단순 노동일에 종사하거나 상점을 운영하는 등 인종에 따라 임금 수준이 결정되는 현실은 싱가포르 사회의 통합을 가로막는 요인이 되고 있다.

갈수록 깊어지는 이주 노동자 문제

싱가포르 사회의 또 다른 갈등 요인은 백 만 명 이상으로 추산되고 있는 이주 노동자 문제다. 필리핀, 인도네시아, 스리랑카 등 인근 국가에서 온 이들은 대개 월 평균 한화 50~70만원 정도의 급여를 받고 일용직 노동자나 가사 도우미로 일하고 있다.
이주 노동자는 노동 시장의 큰 부분을 차지하고 있지만, 이들에 대한 처우와 복지를 고용주에게만 맡기는 정부의 소극적인 태도와 고용주들의 인종 차별적인 인식 탓에 갖가지 사회 문제를 야기하고 있다. 집단 거주하는 이주 노동자들의 기숙사 위생문제기 코로니19로 인하여 재조명되는가 하면, 고용주의 모욕적인 대우로 인해 가사 도우미가 고용주의 아이를 학대하거나 고용주를 살해하는 사건도 발생했다.

Dior
LOUIS VUITTON
BMW i PAVILION

오차드 로드

나의 설레는 싱가포르식 쇼핑

ORCHARD ROAD

싱가포르에서 가장 액티브한 쇼핑을 즐기고 싶다면 이 거리로 향하자. 과수원길이라는 뜻의 이름처럼 과거에는 과수원과 농장뿐이었지만, 오늘날 이곳은 MRT 오차드역에서 도비갓역까지 길게 뻗은 2.2km 거리에 대형 쇼핑몰이 줄지어 늘어선 쇼핑 성지가 됐다.

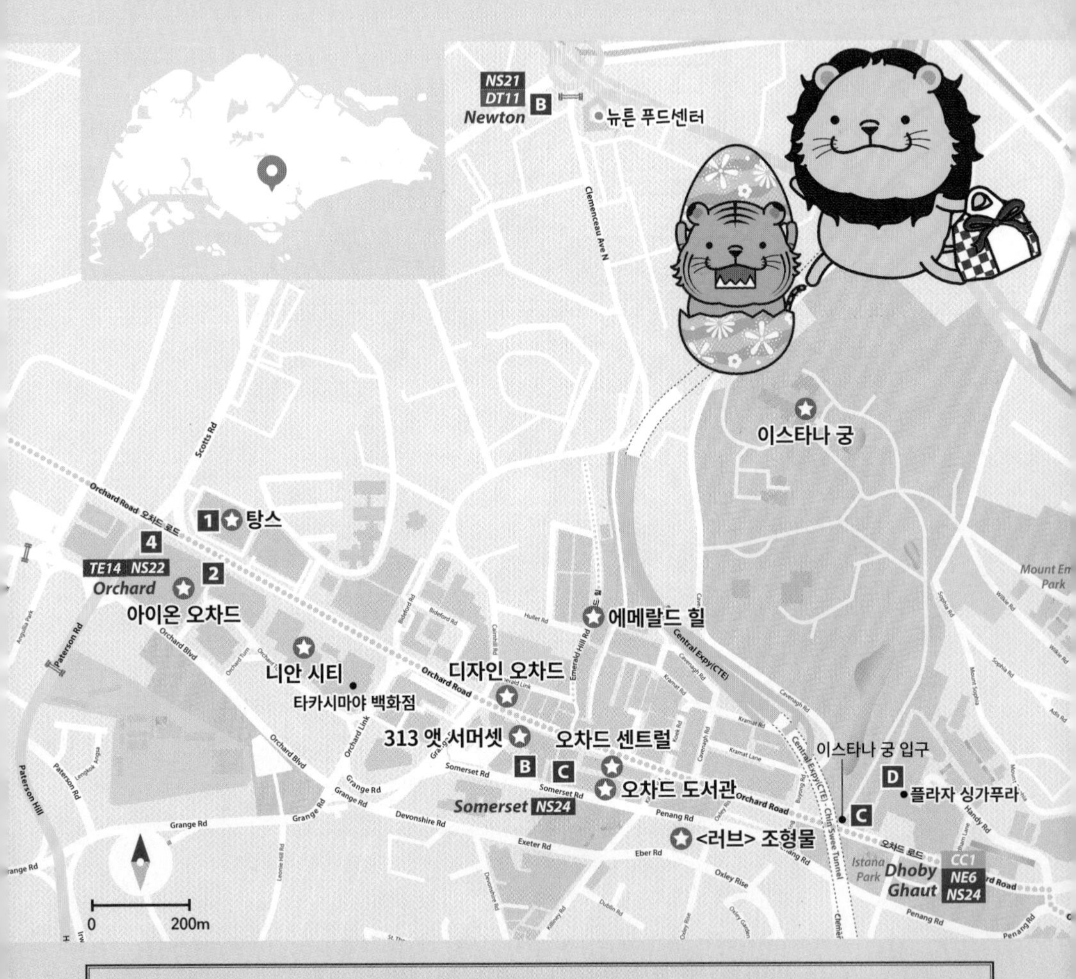

: WRITER'S PICK :

오차드 로드의 필리핀 데이?

주말마다 홍콩 센트럴 지역에서는 필리핀계 여성들이 인도를 가득 메운 일명 '필리핀 데이'가 펼쳐진다. 비싼 집값 탓에 주택을 작게 짓는 홍콩에서는 가족끼리 모이는 주말마다 머물 곳이 없어진 가사도우미들이 거리로 나와서 시간을 보내기 때문이다. 홍콩만큼은 아니지만, 싱가포르에서도 주말엔 가사도우미들에게 휴식을 주어야 하므로, 아이온 오차드부터 니안 시티, 길 건너 탕 플라자나 럭키 플라자 앞에 동남아시아 출신 가사도우미들이 가득 모여 있는 광경을 볼 수 있다.

Access

MRT

오차드역 Orchard: : North South Line
- **아이온 오차드** 4번 출구에서 연결
- **탕스 백화점** 1번 출구에서 연결
- **니안 시티·타카시마야 백화점** 2번 출구에서 오른쪽 방향

서머셋역 Somerset : North South Line
- **313 앳 서머셋** B출구에서 연결
- **오차드 센트럴** C출구에서 연결
- **에메랄드 힐** B출구에서 길 건너

도비갓역 Dhoby Ghaut: : North South Line/North East Line/Circle Line
- **플라자 싱가푸라** D출구에서 연결
- **이스타나 궁** C출구에서 도보 5분

뉴튼역 Newton: : North South Line/Downtown Line
- **뉴튼 푸드센터** B출구에서 정면 육교를 건넘

시내버스

- **124번** 하버프론트역-차이나타운-클락 키-도비갓역(Dhoby Ghaut Stn Exit B)-오차드역(Opp Orchard Stn/ION)-뉴튼역(Newton Stn Exit A)
- **143번** 뉴튼역(Newton Stn Exit B)-오차드역(Orchard Stn/Tang Plaza)-차이나타운-하버프론트역
- **174번** 보타닉가든-오차드역(Orchard Stn/Tang Plaza)-도비갓역(Dhoby Ghaut Stn)-시티홀역
- **190번** 오차드역(Orchard Stn/Tang Plaza)-도비갓역(Dhoby Ghaut Stn)-차임스-클락 키-차이나타운

Planning

- **총 소요 시간** 약 8시간
- **총 입장료** 성인 기준 S$41

1. 오차드역 4번 출구에서 출발
   ⬇ 도보 3분
2. 아이온 오차드/아이온 스카이(120분)
   ⬇ 도보 3분
3. 니안 시티/타카시마야 백화점(60분)
   ⬇ 도보 5분
4. 디자인 오차드(20분)
   ⬇ 도보 5분
5. 313 앳 서머셋/오차드 센트럴(60분)
   ⬇ 도보 5분
6. LOVE 조형물(20분)
   ⬇ MRT 15분
7. 뉴튼 푸드센터(90분)

*위 동선에 따라 원하는 쇼핑몰을 선택해 방문

1 차원이 다른 쇼핑몰을 만나다
아이온 오차드 ION Orchard

오차드 로드의 쇼핑몰 중 딱 한 곳만 간다면 이곳을 추천. MRT 오차드역과 바로 연결되는 편리함과 300개 이상의 매장 수를 자랑한다. 지하 4~1층은 중저가 브랜드, 지상 1~3층은 글로벌 명품 브랜드 위주로 입점해 있다. 우리나라 여행자들에게 인기인 찰스앤키스는 지하 3층, 뷰티 브랜드는 지하 2층에 주로 있으며, 지하 4층에는 세계 각국의 먹거리가 한데 모인 푸드코트가 있다. 56층에 있는 아이온 스카이 전망대는 쇼핑몰 내 매장에서 S$50 이상 구매하면 입장할 수 있다. 해가 진 뒤엔 쇼핑몰 외벽을 장식한 유리에 조명이 켜지면서 화려한 스크린으로 변신하는 등 환상적인 뷰가 펼쳐진다. MAP ❼

GOOGLE MAPS 아이온 오차드
MRT 오차드역 4번 출구로 나오면 지하 2층으로 바로 연결된다.
BUS 09023 Opp Orchard Stn/ion 또는 09047 Orchard Stn/tang Plaza 정류장 하차
ADD 2 Orchard Turn, Singapore 238801
OPEN 10:00~22:00
WEB ionorchard.com

+MORE+

오차드 로드 인증샷 명소

아이온 오차드 1층 야외에 전시된 <도시의 사람들(Urban People)>은 오차드 로드의 인기 촬영 명소다. 빨강, 초록, 퍼플, 라임, 장미 및 노란색의 밝은 색상을 한 6명의 사람은 바쁘게 살아가는 현대의 도시인을 상징한다. 스위스 조각가 커트 로렌츠 메출러의 작품.

■ 주요 매장

층	숍(괄호 안은 매장 번호, 파란색은 식당)	층	숍(괄호 안은 매장 번호, 파란색은 식당)
3층	COS(23), 투미(09), 휴고(12A), 레이디M(13B)	지하 2층	딥티크(30), 록시땅(39), 망고(16), 배스앤바디웍스(50), 샤넬(42), 세포라(09), 세븐일레븐(72), 스미글(55), 알도(19), 에스티로더(40), 자라(03), 조말론(31), 타이포(18)
2층	그라프(17), 디올(12), 위블로(08), 루이비통(14), 프라다(15), TWG(20)		
1층	구찌(05), 디올(22), 펜디(10), 루이비통(23), 반클리프(26), 발렌티노(08), 생로랑(06), 셀린(04), 젠틀 몬스터(13), 프라다(01), 바샤 커피(15)	지하 3층	자라(05), 컨버스(57), 찰스앤키스(58), 크록스(64), 페드로(10), 스타벅스(59), 파이브가이즈(24)
지하 1층	라메르(17), 룰루레몬(11), 캘빈클라인(08), 타미힐피거(24), 티솟(21), 판도라(25), 파리바게뜨(15B), 플레인바닐라(06A)	지하 4층	가디언(02), 다이소(47), 림치관(37), 아디다스(25), 유얀상(31), 왓슨스(12), 벵가완솔로(38), 제이슨스 델리 슈퍼마켓(01), 야쿤카야토스트(49), 토스트박스(03D), 푸드오페라(03, 푸드코트)

0 100m

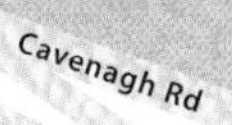

Emerald Hill

⑨ 에메랄드 힐

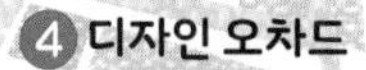

313 앳 서머셋 ⑤

케이 쿡 코리언 바비큐 뷔페

타이포

Orchardgateway ⑦

⑥ 오차드 센트럴

레이디 M 오차드 센트럴

오차드 도서관

Somerset NS23

Orchard Road

이스타나 헤리티지 갤러리

Penang Rd

⑧ <러브> 조형물

Exeter Rd

Exeter Rd

Edinburgh Rd

Clemenceau Ave

이스타나 궁 입구

플라자 싱가푸라

팀호완

CC1 NE6 NS24 Dhoby Ghaut

올드 시티 →

Killiney Rd

다시지아 빅 프론 미

<도시의 사람들>

+MORE+

아이온 오차드에선 뭘 먹을까?

쇼핑몰 안에는 가격대별, 취향별 다양한 식당이 입점해 있다. 이 중 뛰어난 가성비로 소문난 푸드코트인 푸드 오페라(지하 4층)는 현지인과 여행객 모두에게 사랑받는 식사 장소. 다만 항상 붐비기 때문에 좀처럼 자리를 확보하기 어렵다는 점이 아쉽다.

■ 주요 매장

층	번호	상점	운영시간	메뉴
4층	09	점보 씨푸드	11:30~22:30	칠리 크랩 등 씨푸드
	12	푸티엔	11:30~22:00	중식
3층	05	임페리얼 트레저 파인 떠쥬 쿠진	11:30~15:00, 18:00~23:00	중식
2층	20	TWG 티 살롱 & 부티크	10:00~22:00	차와 디저트
1층	15	바샤 커피	09:30~22:00	커피와 디저트
지하 1층	06A	플레인 바닐라	10:00~20:00	티옹 바루의 그 컵케이크
	15B	파리바게뜨	08:00~22:00	빵과 디저트
지하 3층	24	파이브가이즈	11:00~22:00	미국 정통 버거
	59	스타벅스	08:00~21:00(금·토 ~22:00)	커피와 디저트
지하 4층	03	푸드 오페라	10:00~20:00	푸드코트
	03D	토스트 박스	08:00~20:00	카야 토스트
	36	올드 창키	10:00~22:00	커리 퍼프 등 간식
	49	야쿤 카야 토스트	07:30~22:00	카야 토스트

쇼핑하면 전망이 공짜, 아이온 스카이 Ion Sky

아이온 오차드 56층에 위치한 아이온 스카이는 마리나 베이를 비롯한 싱가포르 시내를 파노라마로 감상할 수 있는 218m 높이의 전망대다. 쇼핑몰 내 구매 금액(식당 포함) S$50당 입장 티켓 1장을 받을 수 있어서 여행자들이 즐겨 찾는다. 입장 후 싱가포르의 역사에 관한 영상을 먼저 본 다음 스크린이 올라가면 바깥을 전망할 수 있는 시스템이다. 마리나 베이의 전망 명소들과는 달리 야경은 그리 인상적이지 않으므로 낮에 가는 것을 추천. 4층 컨시어지에 영수증을 제시한 후, 옆에 있는 아이온 아트 갤러리 앞 전용 엘리베이터를 타고 갈 수 있다. 55층에 있는 1-Atico 라운지에서 무료 웰컴 드링크를 제공한다(12:00~16:00).

GOOGLE MAPS ion sky **OPEN** 12:00~16:00 (관람 시간 45분) **WEB** ionorchard.com/en/ion-sky

2 오차드 로드의 서막
탕스 Tangs

오차드 로드를 세계적인 쇼핑 스트리트로 이끈 최초의 백화점. 창업주인 C.K. 탕은 중국에서 건너온 이주민으로, 1958년 당시 주변의 만류에도 불구하고 중국인 공동묘지만 덩그러니 놓인 오차드 로드에 탕스 백화점을 오픈하면서 오차드 로드의 역사를 열었다. 아이온 오차드 맞은편의 청록색 기와를 얹은 탕스 백화점은 나날이 변화해가는 최신 쇼핑몰들 사이에서도 여전히 빛을 발하는 중. 다른 쇼핑몰보다 규모는 작지만, 싱가포르 로컬 브랜드를 적지 않게 만날 수 있다는 것이 강점이다. 1층에 티옹 바루 베이커리 분점이 있다. 탕스 백화점과 매리어트 호텔이 자리한 건물 명칭이 탕 플라자(Tang Plaza)이므로 헷갈리지 말 것. MAP 7

GOOGLE MAPS tangs at tang plaza
MRT 오차드역 1번 출구로 나오면 바로 보인다.
BUS 09047 Orchard Stn/Tang Plaza 또는 09219 Far East Plaza 정류장 하차
ADD 310 Orchard Rd, Singapore 238864
OPEN 10:30~21:30(일 11:00~21:00)
WEB tangs.com

티옹 바루 베이커리

3 쇼핑몰인데 호텔 느낌!
니안 시티 & 타카시마야 백화점
Ngee Ann City & Takashimaya Department Store

오차드 로드에서 가장 큰 쇼핑몰 중 하나. 아이온 오차드를 나와 서머셋역 쪽으로 걷다 보면, 고급스러운 붉은 대리석으로 된 높다란 쌍둥이 빌딩이 시선을 사로잡는다. 도시 속의 도시(city-within-the-city)를 추구하는 이 쇼핑몰에는 일본의 타카시마야 백화점과 키노쿠니야 서점 등이 입점해 있다. 지하층은 중저가 위주의 매장들과 식당가, 1~3층은 패션 잡화 브랜드로 구성됐으며, 가볼 만한 식당들은 주로 4~5층과 지하 2층에 있다. 쇼핑몰을 마주보았을 때 왼쪽이 타카시마야 백화점, 오른쪽이 주로 명품 단독 매장이 입점해 있는 타카시마야 스페셜티 스토어다. MAP ❼

GOOGLE MAPS ngee ann city
MRT 오차드역 3번 출구에서 313 앳 서머셋역 방향으로 도보 5분
BUS 09048 Orchard Stn/lucky Plaza 또는 09011 Opp Ngee Ann City 정류장 하차
ADD 391A Orchard Rd, Singapore 238873
OPEN 10:00~21:30
WEB ngeeanncity.com.sg

: WRITER'S PICK :

니안은 무슨 뜻?

니안(Ngee Ann, 義安)은 광동, 호키엔, 하카와 함께 싱가포르 화교를 구성하는 중국 본토 출신 4개 지역그룹 중 하나인 '조주(Chaozhou, 潮州)'의 옛 이름이다. 현재 니안 시티가 위치한 곳에는 원래 조주 출신 화교들의 권익과 복지를 위해 설립된 단체인 니안 콩시(Ngee Ann Kongsi, 義安公司)가 운영하던 공동묘지가 있었는데, 이를 다른 곳으로 이전하고 니안 빌딩이 건축되었으며, 다시 이 빌딩을 허물고 새로 지은 건물이 현재의 니안 시티이다.

■ **주요 매장**(괄호 안은 매장 번호, 파란색은 식당)

층	타카시마야 백화점	스페셜티 스토어
4층	스포츠 의류 및 용품, 돈키치(24)	키노쿠니야 서점(20), 크리스탈 제이드 팰리스(19), 임페리얼 트레저 파인 상하이 쿠진(22)
3층	여성의류, 남성의류, 언더웨어	룰루레몬(12B), 상하이탕(05)
2층	슈즈 및 가방, TWG 티 살롱 & 부티크	루이비통(12B), 반클리프(07), 샤넬(12), 티파니앤코(05), 펜디(12P)
1층	시계, 화장품, 주얼리	고야드(11), 디올(07), 루이비통(20), 샤넬(25), 셀린(05)
지하 1층	주방용품, 인테리어 소품, 커피 머신, 스타벅스(01), 바샤 커피	딥티크(32), 배스앤바디웍스(10), 세포라(05), 조말론(43), 찰스앤키스(25), 파찌온(39)
지하 2층	TWG, 고디바, 벵가완솔로, 비첸향, 콜드 스토리지(슈퍼마켓), 타이청 베이커리, 남남 누들바, 바샤 커피, 야쿤 카야 토스트	가디언(15), 왓슨스(06), 크리스탈 제이드 홍콩 키친(37A)

4 전망을 즐기며 쉬어 가자
디자인 오차드 Design Orchard

니안 시티에서 서머셋 쪽으로 걷다 보면 옥상에 점점이 펼쳐진 파라솔들이 인상적인 작은 건물이 보이는데, 이곳이 바로 디자인 오차드다. 싱가포르 관광청과 중소기업의 사업을 지원하는 엔터프라이즈 싱가포르가 함께 만든 곳으로, 디자인 공모를 통해 지어진 건축미가 돋보인다. 1층은 60여 개의 로컬 브랜드 상품 전시 및 판매장으로 꾸며졌고, 제법 전망이 괜찮은 루프탑 가든이 무료 개방돼 있어서 싱가포리언과 여행자들의 휴식처가 돼준다. 시원한 아이스 커피 한 잔을 손에 들고 파라솔 밑에서 잠시 쉬어 가기 좋은 곳이다. MAP ❼

GOOGLE MAPS design orchard
WALK 니안 시티에서 313 앳 서머셋 방향으로 도보 5분
ADD 250 Orchard Rd, Singapore 238905
OPEN 루프탑 가든 09:00~21:45, 1층 매장 10:30~21:30
WEB designorchard.sg

5 싱가포르의 MZ세대 집합소
313 앳 서머셋 313@Somerset

20대를 타깃으로 한 트렌디한 쇼핑몰. 명품보다는 중저가 브랜드 위주로 구성돼 있고, 망고, 자라 등 젊은 층이 선호하는 SPA 브랜드들이 입점해 있다. 인기 로컬 브랜드인 찰스앤키스와 스미글 등도 찾아볼 수 있다. 5층에는 대형 푸드코트인 푸드 리퍼블릭이 있고, 지하 3층~지상 1층은 토스트 박스를 비롯해 부담 없는 맛집으로 가득하다. MAP ❼

GOOGLE MAPS 313@somerset
MRT 서머셋역 B출구와 바로 연결된다.
BUS 08121 Somerset Stn 또는 09038 Opp Somerset Stn 정류장 하차
ADD 313 Orchard Rd, Singapore 238895
OPEN 10:00~22:00(금·토 ~23:00)/매장마다 운영시간이 다름
WEB 313somerset.com.sg

■ 주요 매장

층	숍(괄호 안은 매장 번호, 파란색은 식당)
5층	푸드 리퍼블릭(01)
4층	아이런(스포츠용품, 05), 하이디라오핫팟(23)
3층	치차산첸(41, 밀크티)
2층	망고(23), 자라(01), 페드로(10), 찰스앤키스(46), 스타벅스(38)
1층	레이밴(09), 세븐일레븐(35), 스미글(30), 오클리(21), 자라(01), 타이포(18), 프리베(28), % 아라비카(14)
지하 1층	자라(01)
지하 2층	라미(52), 무지(38), 브레드톡(33), 캔디엠파이어(20), 코튼 온(34), 토스트 박스(31)
지하 3층	가디언(13), 고려마트(16), 올드 창키(24)

키 큰 소녀

6 쇼핑몰이지만 에스컬레이터 타러 갑니다
오차드 센트럴 Orchard Central

싱가포르에서 가장 높다란 쇼핑몰. 지하 2층, 지상 12층 규모이며, 한 번에 4층까지 올라가는 '슈퍼 에스컬레이터'로 유명하다. 입점 매장은 서머셋의 다른 쇼핑몰들과 마찬가지로 젊은 층을 타깃으로 한 브랜드가 주를 이룬다. 지하 2층에는 일본의 대형 할인점인 돈키호테의 싱가포르 버전인 돈돈 돈키가 24시간 영업한다. 먹거리도 다양한데, 크레페 케이크로 입소문이 자자한 디저트 전문점인 레이디 M을 비롯해 7층에는 크랩 맛집인 댄싱 크랩과 한국식 고기구이집인 케이 쿡 코리언 바비큐 뷔페 등이 자리 잡고 있다. MAP ❼

GOOGLE MAPS 오차드 센트럴
MRT 서머셋역 C출구와 바로 연결된다.
BUS 08121 Somerset Stn 또는 09038 Opp Somerset Stn 정류장 하차
ADD 181 Orchard Rd, Singapore 238896
OPEN 11:00~22:00
WEB fareastmalls.com.sg/Orchard-Central

+MORE+

키 큰 소녀

오차드 센트럴 1층에는 건물 천장까지 닿을 듯 키가 큰 소녀 조형물인 <키 큰 소녀(Tall Girl)>가 서 있다. 지름은 겨우 1m인데 높이는 20m에 달하는 이 조형물은 싱가포르에서 가장 높은 쇼핑몰인 오차드 센트럴의 높이를 상징한다. 1층에서는 소녀가 신은 빨간 부츠만 보이고, 4층에 올라서야 소녀의 얼굴까지 볼 수 있다. 4명의 독일 아티스트 그룹인 잉어스 이데의 작품.

7 1일 1책 하고파
오차드 도서관 Library@orchard

곡선형으로 된 화이트 톤 서가와 편안한 휴식 공간이 돋보이는 도서관. 서울 코엑스에 있는 별마당 도서관의 모델이 된 곳이기도 하다. 서머셋역과 바로 연결되는 오차드 게이트웨이(Orchardgateway) 3~4층에 있어서 접근성이 뛰어나다. 10만여 권의 도서와 다양한 디지털 자료를 보유하고 있으며, 아이와 함께라면 잠시 쉬어 가기도 좋은 곳이다. 현재 리노베이션 공사로 휴관 중이며, 2026년 하반기에 재개장할 예정이다. MAP ❼

GOOGLE MAPS 오차드 도서관
MRT 서머셋역 C·D출구에서 오차드 게이트웨이 쇼핑몰 3층으로 올라간다.
BUS 08121 Somerset Stn 또는 09038 Opp Somerset Stn 정류장 하차
ADD 277 Orchard Rd, Orchard Gateway, #03-12/#04-11, Singapore 238858
OPEN 11:00~21:00/공휴일 휴무
PRICE 무료
WEB nlb.gov.sg

8 싱가포르에도 있다네
<러브> 조형물 <LOVE> Sculpture

전 세계가 사랑하는 인기 조형물. 서울과 뉴욕, 필라델피아, 도쿄를 넘어서 싱가포르에서도 만날 수 있다. 미국의 아티스트 로버트 인디애나가 1964년 크리스마스 카드용으로 디자인한 것이 인기를 끌자 1976년 미국 필라델피아에 최초의 조형물이 완성됐다. 오차드 로드에서 가까운데도 의외로 인적이 드문 장소에 있기 때문에 주위 눈치를 볼 필요 없이 마음껏 인생샷을 남길 수 있다. **MAP ❼**

GOOGLE MAPS love sculpture
WALK 오차드 센트럴 남쪽의 서머셋 로드에서 쇼핑몰을 등지고 왼쪽 사거리에서 대각선 방향으로 길을 건너 윈스랜드 하우스(Winsland House) 앞에서 우회전, 첫 번째 사거리에서 좌회전해 조금만 가면 왼쪽에 있다(윈스랜드 하우스 뒤쪽). 도보 5분
BUS 08111 Winsland Hse/08138 Concorde Hotel S'pore 정류장 하차
ADD Eber Rd, Singapore

9 우연히 마주친 골목에 반하다
에메랄드 힐 Emerald Hill

1900년대 초에 지어진 페라나칸 하우스가 늘어선 골목. 당시 사회적으로 영향력 있는 부유한 페라나칸들이 모여 살던 곳이다. 한때 바와 레스토랑 등으로 개조되면서 싱가포르의 핫 플레이스에 올라섰지만, 지금은 그 명성이 많이 사라진 편. 복잡한 도심에서 현대적인 오차드 로드와는 상반된 분위기를 음미하며 운치 있는 산책을 즐기기 좋은 곳이다. **MAP ❼**

GOOGLE MAPS 에메랄드 힐
WALK 313 앳 서머셋에서 오차드 로드 건너 애시드 바(Acid Bar) 앞의 골목으로 올라간다. 도보 1분
ADD 10 Emerald Hill Rd

10 대통령 관저에서 느긋느긋
이스타나 궁 The Istana

싱가포르 대통령의 집무실과 거주지로 사용되는 궁. 외국 고위 인사들과의 접견 장소로도 쓰인다. 영국 식민지 시절인 1869년 식민지 총독의 관저로 처음 지어졌으며, 1990년대에 대규모 리노베이션을 거쳤다. 비정기적으로 진행되는 오픈 하우스 행사 시에만 일반인의 입장이 가능하며, 잘 조성된 푸른 잔디밭과 기자회견실과 접견실 등을 볼 수 있다. 오픈 하우스는 보통 음력 설, 노동절, 하리 라야 푸아사, 독립기념일, 디파발리 등 공휴일에 진행되나 코로나19 이후에는 일정 변동이 잦으므로 정확한 일정 및 입장료는 사전 홈페이지 확인 필수. 이스타나 궁에서 오차드 로드를 건너면 도심 속의 휴식 공간인 이스타나 파크가 나타나는데, 이곳에는 식민지 시절 총독 관저에서 현재까지 이스타나 궁의 변천사를 볼 수 있는 이스타나 헤리티지 갤러리가 있다. 이스타나 파크와 헤리티지 갤러리는 오픈 하우스와 관계없이 입장할 수 있다. MAP ❼

GOOGLE MAPS 이스타나 왕궁
WALK 오차드 센트럴에서 오차드 로드를 따라 동쪽으로 도보 8분/플라자 싱가푸라에서 도보 3분
MRT 도비갓역 C출구에서 도보 5분
BUS 08057 Dhoby Ghaut Stn 또는 08031 Dhoby Ghaut Stn Exit B 정류장 하차
ADD 35 Orchard Rd, Singapore 238823
OPEN 이스타나 궁: 오픈 하우스 날에만 입장 가능/이스타나 파크: 24시간/이스타나 헤리티지 갤러리: 10:00~18:00, 수 휴무
WEB istana.gov.sg

문구 덕후 책 덕후 모여라

도서, 문구 & 완구

문구 덕후와 책 덕후들에게 싱가포르는 기회의 땅이다. 우리나라와는 또 다른 분위기의 현지 문구용품 매장들과 서점을 둘러보며, 질 좋고 예쁜 아이템 사냥에 나서보자.

싱가포르에서 가장 큰 서점

키노쿠니야 Kinokuniya

일본에서 건너온 대형 서점 체인. 오차드 로드 타카시마야 백화점에 입점한 싱가포르 본점은 일본 현지의 웬만한 매장보다 큰 규모라서 일본인들도 놀랄 정도다. 대부분 영어 서적이므로 우리나라에서는 구할 수 없는 원서를 찾을 확률이 높고, 최신 일본 잡지나 가이드북, 만화 등을 갖춘 일본 서적 코너와 중국어 서적 코너도 충실하다. 노트와 펜 등 실용적인 문구용품을 발견하는 즐거움도 챙길 수 있는 곳.

STORE 오차드 로드-타카시마야 백화점(#04-20) 10:00~21:30 / 부기스-부기스 정션(#03-09) 10:30~21:30)
WEB kinokuniya.com.sg

우리 아이 원픽 학용품

스미글 Smiggle

우리나라에서도 인기가 높은 호주의 문구 브랜드. 초등학생들이 즐겨 쓰는 필통과 가방 등은 컬러풀한 색감과 올록볼록 입체적인 디자인이 감각적이고 하드 케이스라서 실용적이다. 싱가포르 매장은 우리나라보다 제품 라인이 다양하고 가격도 저렴한 편이어서 가족 여행자들이 즐겨 찾는다.

STORE 오차드 로드-아이온 오차드(#B2-55) 10:00~22:00 / 오차드 로드-플라자 싱가푸라(#B1-02) 10:00~22:00 / 리틀 인디아-시티 스퀘어 몰(#01-39) 10:00~22:00 / 하버프론트-비보시티(#02-17) 10:00~22:00
WEB smiggle.sg

지름신이 몰려온다

타이포 Typo

문구용품은 물론, 주방용품과 인테리어 소품까지 온갖 품목을 취급하는 라이프스타일 숍. 매장에 들어서는 순간 곳곳에 진열된 심플하면서도 유니크한 디자인의 잡화들에 마음을 빼앗겨 좀처럼 빠져나오기 어렵다. 방문 전 홈페이지에서 미리 사고 싶은 물건을 찜해놓고 가면, 시간도 아끼고 충동구매도 줄일 수 있다.

STORE 오차드 로드-아이온 오차드(#B2-18) 10:00~22:00 / 오차드 로드-플라자 싱가푸라(#02-30) 10:00~22:00 / 오차드 로드-313@서머셋(#01-18) 10:00~22:00/ 하버프론트-비보시티(#02-39) 10:00~ 22:00
WEB cottonon.com/SG/typo

먹고 쇼핑하고 또 먹고

오차드 로드's 식신 로드

화려하고 다양한 먹거리가 펼쳐진 오차드 로드. 아이온 오차드의 푸드코트를 비롯하여 서머셋역 인근의 오차드 센트럴과 오차드 게이트웨이 쇼핑몰 등 쇼핑몰마다 선택할 수 있는 맛집들이 가득하다.

미슐랭 셰프의 딤섬

팀호완 Tim Ho Wan 添好運

홍콩에서 시작된 딤섬 레스토랑의 싱가포르 진출 1호점. 세계에서 가장 저렴한 미슐랭 스타 레스토랑으로 유명하다. 베스트 메뉴는 새우 딤섬인 하가우. 달콤하고 짭조름한 차슈가 든 중국식 찐빵 차슈바오도 호불호 없이 즐길 수 있다. 딤섬 종류가 매우 다양하니 우선 2~3가지만 주문해서 맛본 후 추가 주문을 해보자. 자세한 정보는 080p 참고. MAP 7

MENU 차슈바오(Baked BBQ Pork Buns) 3개 S$8.5, 하가우(Shrimp Dumplings) 4개 S$8.3, 슈마이(Pork & Shrimp Dumplings) 4개 S$8
GOOGLE MAPS tim ho wan
MRT 도비갓역 D출구와 연결되는 플라자 싱가푸라 1층에 있다.
ADD 01-29A/52, Plaza Singapura, 68 Orchard Road, Singapore 238839
OPEN 11:00~21:30(토·일 10:00~)
WEB timhowan.com

하가우
차슈바오

한 그릇 뚝딱, 치킨 라이스

채터박스 ChatterBox

복잡한 호커센터 대신 시원하고 고급스러운 레스토랑에서 프리미엄 치킨 라이스를 먹을 수 있는 곳. 닭고기 두께도 일반 식당보다 두툼하지만, 그만큼 가격도 더 비싸다. 치킨 라이스 외에 락사, 바쿠테, 나시 고랭 등 다양한 로컬 음식을 선택할 수 있다. MAP 7

MENU 만다린 치킨 라이스 S$25, 로작 S$15, 치킨 윙 S$13, 바쿠테 S$26, 랍스터 락사 S$38, 나시 고랭 S$22, 씨푸드 호키엔미 S$26/ 서비스 차지와 세금 별도
GOOGLE MAPS chatterbox
WALK 아이온 오차드에서 니안 시티 방향 첫 사거리에 위치한 힐튼 싱가포르 오차드 호텔 5층에 있다.
ADD #05-03 333 Orchard Road, Hilton Singapore Orchard, Singapore 238867
OPEN 런치 11:30~16:30, 디너 17:30~22:30(금~일 ~23:00)
WEB chatterbox.com.sg

홍콩 에그타르트를 여기서 먹어보네!

타이청 베이커리 Tai Cheong Bakery 泰昌餅家

홍콩 센트럴 지역에서 즐기던 70년 전통의 에그타르트 맛집. 이곳의 에그타르트는 말랑말랑하고 달콤한 쿠키 도우로 만든 홍콩식으로, 페스트리 반죽을 사용해 바삭하게 구워낸 포르투갈식 에그타르트와 차별화된 맛을 느낄 수 있다. 홍콩 전통 스타일의 번과 쉬폰 케이크도 판매한다. 래플스 시티, 비보시티 등에도 매장이 있다. 테이크 아웃만 가능. MAP 7

MENU 에그타르트 S$2.4, 판단 타르트 S$2.6, 코코넛 타르트 S$3
GOOGLE MAPS tai cheong bakery (takashimaya)
WHERE 타카시마야 백화점 지하 2층 (#B2-46)
OPEN 10:00~21:30
WEB taicheong.com.sg

맛있는데 가격까지 착한 곳

케이 쿡 코리언 바비큐 뷔페

K. COOK Korean BBQ Buffet

저렴하고 푸짐한 한식 고기 뷔페. 소고기, 돼지고기, 닭고기는 물론, 씨푸드까지 제공된다. 잡채, 떡볶이, 김치전, 잔치국수 같은 단품부터 달걀 프라이와 햄, 김치 볶음을 넣고 흔들어 먹는 추억의 양은 도시락까지, 평일 런치 타임에 방문하면 S$18.9라는 놀라운 가격에 모두 먹을 수 있다. 주말과 공휴일, 디너 타임 등에는 LA갈비와 양념 등심, 새우와 훈제오리 등이 추가된다. **MAP ❼**

MENU 런치 S$18.9, 어린이 S$10.9(토·일·공휴일 S$28.9, 어린이 S$16.9)/디너 S$28.9, 어린이 S$16.9(금~일 및 공휴일 전날 & 공휴일 S$30.9, 어린이 S$16.9)/서비스 차지 및 세금 별도/어린이는 1~1.3m 기준
GOOGLE MAPS k. cook
WHERE 오차드 센트럴 7층(#07-01)
OPEN 런치 11:30~15:00(토·일·공휴일 ~17:00)/
디너 17:30~22:00(금~일·공휴일 전날·공휴일 17:00~)
WEB facebook.com/kcooksg

완벽한 한 끼를 만들어줄 한식 고기 뷔페

서울 레스토랑 Seoul Restaurant

최고의 한국 요리와 숯불 바비큐를 맛볼 수 있는 정통 한식당. 아마라 호텔 푸드코트 내 작은 매장으로 시작해 지속적으로 성장, 지금은 콘래드 호텔에서 젊은 한국인 2대 사장님이 운영하고 있다. 와규와 이베리코 돼지고기를 사용한 최고급 바비큐, 다양한 일품요리, 40종 이상의 메뉴로 구성된 뷔페, 선택의 폭이 다양한 세트 메뉴 등과 함께 5성급 호텔에 어울리는 완벽한 다이닝 분위기를 제공한다. 어르신을 모시는 식사 장소로 제격이며, 보타닉 가든이나 오차드 로드 일정 전후에 방문하기 좋다. **MAP ❼**

MENU 뷔페: 런치 S$59, 디너 S$89/세트: S$45~57/단품: 김치찌개, 된장찌개, 육개장, 뚝불고기, 돌솥비빔밥, 떡볶이 S$22/서비스 차지 및 세금 별도
GOOGLE MAPS seoul restaurant
WHERE 콘래드 싱가포르 오차드 3층(#03-02)
ADD 1 Cuscaden Rd, #03-02 Conrad, Singapore 249715
OPEN 12:00~15:00 / 18:00~22:30
WEB seoul.com.sg

뉴욕의 맛, 크레페의 맛

레이디 M 오차드 센트럴 Lady M Orchard Central

뉴욕에서 시작된 크레페 케이크 전문점. 20장 이상 겹겹이 쌓은 얇은 수제 크레페에 페스트리 크림을 바르고 황금색 캐러멜로 장식한 밀 크레페가 인기다. 녹차, 장미, 밤, 캐러멜 등 다양한 맛 중에서 선택 가능. 2명 이상 방문한다면 크레페 케이크 2개에 음료 2잔이 곁들여진 세트 메뉴가 경제적이다. 싱가포르에 있는 5곳의 매장 중 오차드 센트럴점은 통유리창에 둘러싸여 분위기가 화사하고 고급스럽다. 선텍 시티 몰 맞은편의 사우스 비치 및 주얼 창이 에어포트에도 매장이 있다. MAP ❼

MENU 크레페·케이크류 1조각 S$12, 초콜릿 타르트 S$13, 커피 등 음료 S$4~8, 케이크 세트(조각 케이크 2+음료 2) S$36/서비스 차지 및 세금 별도
GOOGLE MAPS lady m @ orchard central
WHERE 오차드 센트럴 2층(#02-07)
OPEN 11:00~22:00
STORE 올드 시티-사우스 비치(26 Beach Rd, #01-17), 주얼 창이 에어포트(#02-253)
WEB ladym.com.sg

'성시경의 먹을텐데', 그 새우국수 맛집

다시지아 빅 프론 미 大食家大大大蝦麵

하지 레인의 블랑코 코트 프론 미 새우국수를 못 먹어서 아쉬웠다면 이곳으로 가보자. 2021·2022년 연속으로 미슐랭 가이드 빕 구르망에 선정된 이곳의 인기 메뉴는 담백하게 볶아낸 면과 통통한 새우가 어우러진 볶음 새우국수(601·602번, Wok-Fried Big Prawn White Bee Hoon). 기름지지 않고 탄력 있는 비훈 면과 먹기 좋게 손질된 새우가 맛깔난다. 볶음 새우국수뿐 아니라 진하면서도 깔끔한 국물 맛이 일품인 국물 새우국수도 추천. 면 종류는 포만감을 원한다면 노란색의 달걀 면(Yellow Noodle)을, 깔끔한 식감을 원한다면 흰색의 비훈 면(Thin Bee Hoon)을 선택하자. 국수만으로 뭔가 아쉽다면 '겉바속촉'의 식감을 자랑하는 튀김 새우 롤(Beancurd Skin Prawn Roll)을 곁들여보자. 새우국수 외에 닭고기나 돼지고기 요리도 다양하다. MAP ❼

MENU 볶음 새우국수 S$19.6/22.9, 국물 새우국수(다시지아 프론 누들) S$7.5(Regular)/18.5(Large) S$22.9(Extra-Large)/가격은 새우 크기의 차이로 나뉨
GOOGLE MAPS dashijia big prawn mee
WALK 오차드 센트럴 동쪽 끝에서 우회전 후 직진, 도보 5분
ADD 89 Killiney Rd, Singapore 239534
OPEN 11:00~22:00
WEB dashijiabigprawnmee.oddle.me/en_SG

호커센터의 대명사

뉴튼 푸드센터 Newton Food Centre

100여 개의 점포가 늘어선 인기 만점 호커센터. 영화 <크레이지 리치 아시안>의 촬영지이자, 우리나라 여행자들에게는 가성비 높은 칠리 크랩을 맛볼 수 있다고 알려진 곳. 2023년 리뉴얼 오픈해 더욱 쾌적한 환경을 자랑하며, 뉴튼역 바로 앞에 있어서 찾아가기도 쉽다. 다른 호커센터와 다르게 지붕이 없는 야외 형식이어서 답답하지 않지만, 비가 내리면 식사 가능한 좌석이 대폭 줄어든다. 햇살이 뜨겁고 무더운 낮보다는 저녁에 방문하는 게 좋다. **MAP ⑦**

GOOGLE MAPS 뉴턴 푸드센터
MRT 뉴튼역 B출구에서 오른쪽 로터리에 보이는 육교 건너 바로. 도보 5분
BUS 40031 Newton FC 또는 40189 Newton Stn Exit B 정류장 하차
ADD 500 Clemenceau Avenue North, Singapore 229495
OPEN 12:00~02:00/가게마다 다름

▪ **주요 식당**

매장 번호	식당	운영시간	대표 메뉴
12번	**비헹** Bee Heng	12:00~00:00/목 휴무	BBQ Prawn S$2 (5개 이상 주문)
22번	**베스트 사테** Best Satay	15:00~23:30/월 휴무	세트 A S$28(치킨 10개+양/쇠고기 10개+새우 6개)/라우파삿 사테 거리의 베스트 사테와 동일
27번	**알리앙스 씨푸드** Alliance Seafood	13:30~22:30/월 휴무	크랩 세트(칠리 또는 페퍼 크랩+씨리얼 새우+볶음밥+번) S$75
28번	**헹 캐롯 케이크** Heng Carrot Cake	18:00~23:00/화 휴무	캐롯 케이크 S$5/7/10
31번	**헹헹 BBQ** Heng Heng BBQ	12:00~22:30	크랩 세트(칠리 또는 페퍼 크랩+씨리얼 새우+볶음밥+번) S$69
53번	**구안키 그릴드 씨푸드** Guan Kee Grilled Seafood	11:00~00:00	BBQ 삼발 스팅레이(가오리) S$15/20/25
69번	**순와 피시볼 콰티아오 미** Soon Wah Fishball Kway Teow Mee	18:00~21:30/수·일 휴무	피시볼 누들 S$4
73번	**훕키 프라이드 오이스터 오믈렛** Hup Kee Fried Oyster Omelette	18:00~00:00/월·일 휴무	프라이드 오이스터 오믈렛 S$8/10/12

여유 한 스푼 솔솔

보타닉 가든 & 뎀시 힐

BOTANIC GARDENS & DEMPSEY HILL

아직 더위가 찾아오지 않은 이른 아침, 싱가포르 최대 규모 식물원인 보타닉 가든을 거닐며 푸르름을 만끽해보자. 다음 코스는 아늑한 잔디 언덕 위에 자리 잡은 뎀시 힐! 싱가포르 최고의 숲속 브런치를 즐길 수 있다.

Access

MRT

보타닉가든역 Botanic Gardens : Circle Line/Downtown Line

- **보타닉 가든 부킷 티마 게이트** A출구로 나오면 바로

네이피어역 Napier : Thomson-East Coast Line

- **보타닉 가든 탕린 게이트** 1번 출구에서 길을 건넌 후 우회전, 도보 3분

보타닉가든역 A출구

시내버스

- **7번** 부기스-싱가포르 경영대학(SMU)-도비갓역-오차드역-보타닉 가든(Opp S'pore Botanic Gdns)-뎀시 힐(CSC Dempsey Clubhse)
- **106번** 베이프론트역-에스플러네이드-도비갓역-오차드역-보타닉 가든(Opp S'pore Botanic Gdns)-뎀시 힐(CSC Dempsey Clubhse)
- **123번** 비치역(센토사)-티옹 바루역-서머셋역-오차드역-보타닉 가든(Opp S'pore Botanic Gdns)-뎀시 힐(CSC Dempsey Clubhse)
- **174번** 우트럼파크역-클락키역-도비갓역-오차드역-보타닉 가든(Opp S'pore Botanic Gdns)-뎀시 힐(CSC Dempsey Clubhse)

Planning

- **총 소요 시간** 약 6시간
- **총 입장료** 성인 기준 S$51

❶ 보타닉가든역 A출구로 나와 출발
⬇ 도보 3분
❷ 보타닉 가든 부킷 티마 게이트
❸ 보타닉 가든(120분)
❹ 보타닉 가든 탕린 게이트
⬇ 택시 5분
❺ 아이스크림 박물관(60분)
⬇ 도보 5분
❻ 피에스 카페 앳 하딩 로드(90분)
⬇ 도보 5분
❼ 뎀시 힐 쇼핑 및 산책(60분)

*❽ MRT 네이피어역을 이용할 경우, ❽-❹-❸-❹-❺-❻-❼ 순서로 이동 가능

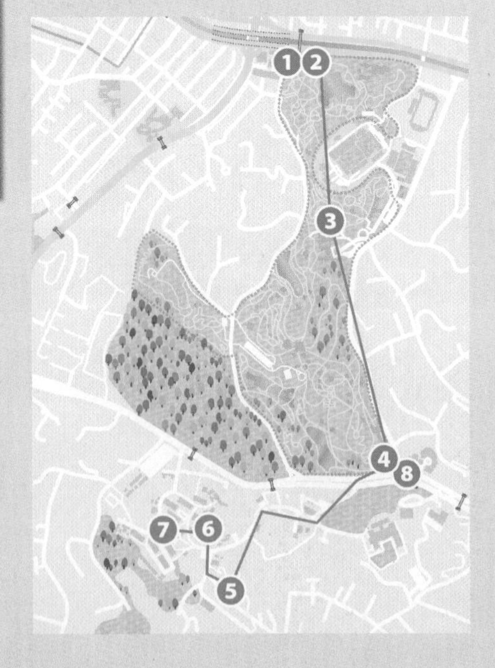

보타닉 가든 추천 코스 ❶(탕린 게이트 진입)

⊙ 1시간 30분~2시간 소요

탕린 게이트 → 스완 레이크 → 진저 가든 → 내셔널 오키드 가든(국립 난 정원) → 밴드 스탠드 → 템부수 나무 → 보타닉 가든 박물관 → 탕린 게이트

* 날씨가 더워 쉽게 지칠 수 있으니 일반적인 경우에는 이 코스를 추천한다.

보타닉 가든 추천 코스 ❷(부킷 티마 게이트 진입)

⊙ 2시간 30분~3시간 소요

부킷 티마 게이트 → 에코 레이크 → 풀리지 가든 → 힐링 정원 → 비지터 센터 → 내셔널 오키드 가든(국립 난 정원) → 진저 가든 → 밴드 스탠드 → 보타닉 가든 박물관 → 템부수 나무 → 스완 레이크 → 탕린 게이트

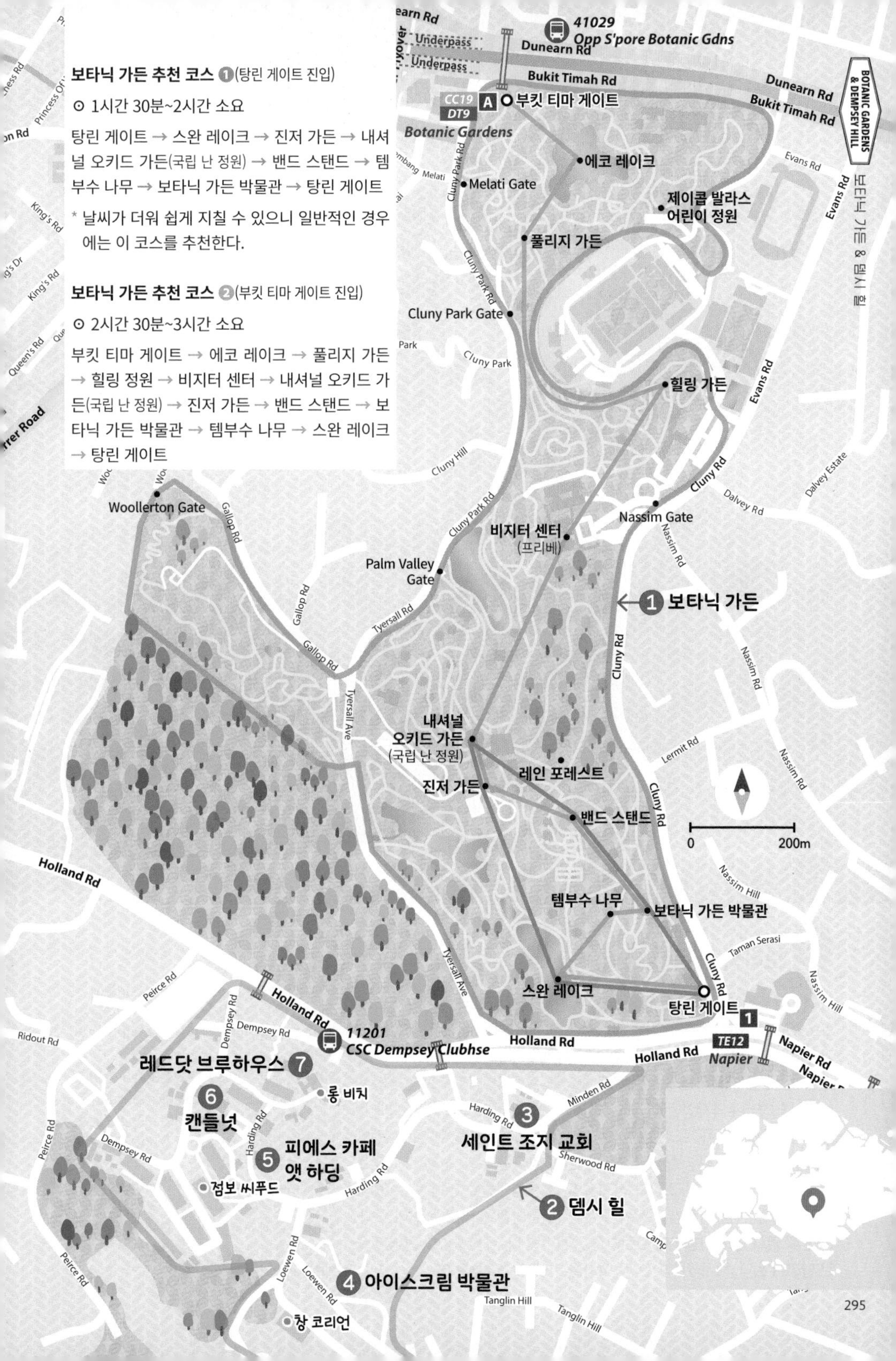

1 감성 피크닉을 떠나봐요
보타닉 가든 Botanic Gardens

160년 역사를 지닌 거대한 야외 식물원. 여행자들의 오래된 필수 명소로 2015년 싱가포르 최초의 유네스코 세계문화유산에 등재됐다. 번잡한 시가지를 벗어나 느긋한 휴식을 즐기기에 최적의 장소. 내셔널 오키드 가든(국립 난 정원)을 제외하면 모두 무료로 둘러볼 수 있다. 싱가포르 건국의 아버지이자 자연주의자였던 래플스 경이 1822년 지금의 포트 캐닝 힐에 식물원과 실험용 정원을 조성하면서 시작됐으며, 1859년 현 위치로 이전했다. 식물원 안은 온갖 식물이 심어진 정원과 커다란 호수, 산책로가 잘 조성돼 있어서 매일 아침 조깅과 산책을 나선 현지인들을 만나볼 수 있다. 야외 공간인 만큼 더위가 시작되기 전인 이른 아침 둘러보는 것이 좋다. 관람 후 뎀시 힐로 이동하여 브런치를 즐긴다면 나무랄 데 없이 완벽한 오전 일정이 된다. 뎀시 힐까지는 꼭 택시를 이용할 것. MAP ❽

GOOGLE MAPS singapore botanic gardens
MRT 부킷 티마 게이트-보타닉가든역 A출구에서 바로 연결 / 탕린 게이트-네이피어역 1번 출구에서 도보 3분
BUS 부킷 티마 게이트-41021 Botanic Gdns Stn 또는 41029 Opp Botanic Gdns Stn 정류장 하차 / 탕린 게이트-13011 Opp S'pore Botanic Gdns 또는 13019 S'pore Botanic Gdns 정류장 하차
ADD 1 Cluny Rd, Singapore 259569
OPEN 05:00~00:00/일부 정원 및 박물관은 다름
PRICE 무료/내셔널 오키드 가든(국립 난 정원) S$15(12세 미만 무료)
WEB nparks.gov.sg/sbg

내셔널 오키드 가든(국립 난 정원)

: WRITER'S PICK :

보타닉 가든 가뿐하게 돌기

❶ 아침 일찍 출발하기

싱가포르의 더위는 생각보다 강력하다. 아침 식사를 일찍 마치고 늦어도 오전 8시 30분까지는 도착하길 권한다.

❷ 탕린 게이트(Tanglin Gate) **에서 시작하기**

내셔널 오키드 가든(국립 난 정원)을 비롯한 대부분의 명소는 남쪽의 탕린 게이트 주변에 집중돼 있다. 북쪽의 부킷 티마 게이트에서 내셔널 오키드 가든에 이르는 1km가량의 구간에는 특별한 볼거리가 없어서 걷다가 더위에 지칠 수 있으므로, MRT 네이피어역을 이용하거나 택시를 타고 탕린 게이트로 진입하여 '추천 코스 1'을 따라 가는 게 좀 더 수월하다.

탕린 게이트

■ 주요 시설의 오픈 및 요금

정원	운영시간	추가 정보
내셔널 오키드 가든(국립 난 정원) National Orchid Garden	08:30~19:00	티켓 S$15 (60세 이상 S$3, 12세 미만 무료)
제이콥 발라스 어린이 정원 Jacob Ballas Children's Garden	08:00~19:00	월 휴무/14세 이하만 입장 (12세 이하는 성인 동반 필수)
힐링 정원 Healing Garden	07:00~19:00	화 휴무/약용 식물 400여 종 전시
레인 포레스트 Rain Forest	07:00~19:00	314종의 열대 우림 식물 자생
보타닉 가든 박물관 SBG Heritage Museum	09:00~18:00	매월 마지막 월 휴무/정원의 유산을 설명하는 대화식 전시
기타 야외 정원	05:00~00:00	-

보타닉 가든 박물관

구석구석 보타닉 가든 탐방!

스완 레이크
Swan Lake

탕린 게이트에서 5분 정도 걷다 보면 나타나는 아름다운 호수. 1866년 만들어진 4500여 평 규모의 오래된 호수다. 이름이 말해주듯 우아하게 헤엄치는 백조들을 볼 수 있으며, 호수 한가운데에는 백조들이 힘차게 날갯짓하는 조형물, <백조의 비행(Flight of Swans)>이 전시돼 있다.

내셔널 오키드 가든(국립 난 정원)
National Orchid Garden

보타닉 가든에서 가장 높은 언덕 위에 자리 잡은 정원. 가든 내 유일하게 입장료를 지불해야 하는 곳이지만, 돈이 아깝지 않을 만큼 향기로운 꽃과 식물로 가득한 힐링 명소다. 1995년 개장 이래 총 3000종의 난이 자라고 있으며, 그 중 600여 종을 공개하고 있다. 노무현 대통령과 배우 배용준을 비롯하여 넬슨 만델라, 다이애나 왕세자비, 엘튼 존 등 유명인사들의 방문을 기념하여 이름 붙인 난도 색다른 볼거리다. 입구의 작은 기념품 숍은 더위를 식히며 구경하기 좋다.

Point 3 밴드 스탠드
Bandstand

1930년에 세워진 팔각형 전망대. 최초의 모습 그대로를 간직한, 보타닉 가든의 랜드마크다. 과거에는 이곳에서 군악대 밴드 공연이 펼쳐졌기 때문에 밴드 스탠드라는 이름이 붙여졌다. 지금은 공연장 대신 싱가포리언의 웨딩 촬영 명소이자 여행자의 포토 스폿으로 사랑받고 있다.

Point 4 제이콥 발라스 어린이 정원
Jacob Ballas Children's Garden

아시아 최초의 어린이 전용 정원. '식물에 의존하는 지구에서의 삶'을 주제로 어린이들에게 자연의 소중함을 일깨워주기 위해 만들어졌다. 트램펄린과 짚라인 등이 갖춰진 모험 놀이터, 농장, 과수원, 작은 폭포와 연못 등이 예쁘게 꾸며져 있고, 그늘막이 드리워진 곳에서는 더위를 피할 수 있다. 14세 이하만 입장 가능하며(12세 이하는 성인 동반 필수), 성인은 아이와 동반 시에만 들어갈 수 있다.

Point 5 템부수 나무
Tembusu Tree

보타닉 가든을 대표하는 오래된 나무. 국가 유산으로 지정돼 있어서 문화유산 나무(Heritage Tree)라고도 불린다. 이곳에 정원이 만들어지기 전부터 있었던 것으로 추정되며, 30m 높이의 큰 키를 자랑한다. 동남아 특산종인 템부수 나무는 내구성이 뛰어나서 예부터 도마를 만드는 데 주로 사용됐는데, 싱가포르 시인들은 이 나무를 '연인의 단단한 마음'에 비유하기도 했다. 싱가포르 지폐 5달러짜리의 뒷면에도 이 나무가 그려져 있다. 탕린 게이트로 진입해서 안내도의 공중화장실 왼쪽으로 조금만 가면 볼 수 있다.

Tang Yan Song / Shutterstock.com

: WRITER'S PICK :

이것만 주의하세요!

❶ 야생동물에게 먹이 주지 않기
보타닉 가든에는 야생 닭처럼 자유롭게 돌아다니는 동물들이 있다. 이때 신기하고 귀엽다며 동물에게 과자나 빵 조각 등 먹이를 주는 행위는 절대 하지 말 것. 싱가포르는 장소불문하고 야생동물에게 먹이를 주는 행위가 금지돼 있으므로, 신고가 들어가면 벌금을 낼 수 있다.

❷ 바람이 많이 불 때는 큰 나무 밑은 피하기
열대 기후에서 자라는 나무들은 줄기의 성장 속도가 빠른 반면 뿌리는 그리 깊지 않아서 거센 바람에 쓰러질 때가 종종 있다. 바람이 심하게 부는 날에는 큰 나무 밑을 피하고 넓은 공간으로 이동하여 혹시 모를 사고를 방지하자.

2 꿈에 본 언덕
뎀시 힐 Dempsey Hill

보타닉 가든에 인접한 카페 및 레스토랑 밀집 지구. 나지막한 잔디 언덕에 평화롭게 자리 잡은 유럽풍의 건물들에 식당 외에도 갤러리, 골동품 가게, 가구점 등 트렌디한 숍들이 들어서 있다. 원래 이곳에는 1860년대부터 영국군의 캠프가 있었으나, 막사나 무기고로 쓰이던 군 시설을 2000년대 초반에 개조하여 아늑한 분위기의 상업 지구로 업그레이드했다. 보타닉 가든과 가깝지만, 더위 때문에 걸어가기는 어려우니 택시로 이동하는 것을 추천. 뎀시 힐이라는 명칭은 제2차 세계대전 중 영국의 2군 사령관으로 노르망디 상륙작전에서 활약했던 크리스토퍼 뎀시 경(1896~1969)의 이름을 따서 지어진 것이다. **MAP ❽**

3 작지만 우아한 아름다움
세인트 조지 교회
St George's Church

댐시 힐의 동쪽 초입, 보타닉 가든 남쪽에 세워진 작은 교회다. 1860년대 영국군 수비대가 처음 지었으며, 1911년 지금의 건물로 재건됐다. 첨탑이 없는 직사각형 건물은 전형적인 중세 시대 교회 양식. 붉은 벽돌과 하얀 창문이 단아한 멋을 풍긴다. 1971년 영국군이 철수하자 싱가포르 성공회 교구로 통합됐고, 다양한 인종과 국적을 가진 이들의 예배 장소로 쓰였다. 조용한 주변 환경과 더불어 지친 사람들을 위로하는 안식처 역할을 한다. **MAP ❽**

GOOGLE MAPS 싱가포르 세인트 조지 교회
WALK 보타닉 가든 탕린 게이트에서 도보 10분
MRT 네이피어역 1번 출구에서 도보 10분
BUS 13021 Aft Min Of Foreign Affairs 정류장 하차 후 도보 7분
ADD 44 Minden Rd, Singapore 248816
PRICE 무료
WEB stgeorges.org.sg

+MORE+

행방불명된 스테인드 글라스

세인트 조지 교회의 스테인드 글라스는 원래 지금의 것이 아니었다. 제2차 세계대전 당시 이 교회의 목사는 아름다운 스테인드 글라스가 일본군의 공격으로 깨질까 봐 모두 떼어 낸 뒤 땅에 묻었는데, 이틀 뒤 영국이 일본에 항복하자 일본군에 포로로 잡혀 목숨을 잃고 말았다. 전쟁이 끝난 후 대대적인 수색을 벌였지만, 아직까지도 스테인드 글라스의 행방은 수수께끼로 남아 있다.

4 달콤하고 시원한 아이스크림 세상
아이스크림 박물관
Museum of Ice Cream Singapore

2021년 미국을 제외한 다른 나라에서는 최초로 오픈한 아이스크림 박물관이다. 아이스크림을 테마로 한 다양한 놀이기구와 아이스크림 무제한 제공 코너가 마련돼 있고, 온통 핑크빛이 감도는 실내는 SNS 감성 피드에 올리기 제격이다. 아이스크림은 하겐다즈 컵 아이스크림, 소프트아이스크림 콘, 네모난 막대 아이스크림, 아이스크림 샌드위치 등이 섹션별로 제공된다. 하이라이트는 관람 마지막 순서에 등장하는 아이스크림 토핑 모양의 대형 볼풀! 아이뿐 아니라 어른까지도 동심의 세계로 돌아가 즐길 수 있다. 홈페이지에서 티켓을 예매한 다음 전송받은 이메일에 표시된 QR코드로 입장하며, 입장 시각은 30분 단위로 선택할 수 있다. 에어컨이 빵빵한 실내에서 아이스크림을 먹다 보면 자칫 추울 수 있으므로, 얇은 겉옷을 챙기는 게 팁. 보타닉 가든이나 뎀시 힐의 브런치와 함께 연계하면 효율적이나, 접근성이 다소 떨어지므로 택시 이용을 추천한다. MAP ❽

GOOGLE MAPS museum of ice cream singapore
WALK 세인트 조지 교회에서 도보 10분
ADD 100 Loewen Rd, Singapore 248837
OPEN 10:00~19:00
PRICE S$47/온라인 예매 수수료(S$4) 포함/2세 이하 무료
WEB museumoficecream.com/singapore

5 초록 초록한 분위기 맛집
피에스 카페 앳 하딩
PS. Café at Harding

싱싱한 열대나무와 잔디에 둘러싸인 카페 겸 레스토랑. 피에스 카페는 검증된 핫 플레이스에만 매장을 내는 인기 프랜차이즈여서 어딜 가도 수준급이지만, 분위기로 따지면 여기를 따라갈 곳이 없다. 커피와 차 등 음료부터 가벼운 디저트, 버거, 샌드위치, 파스타, 브런치 등 식사 메뉴도 충실하다. 언제 가더라도 대부분 만석인데다 테이블 간격도 좁은 편이므로 되도록 주말을 피해 예약하는 것이 안전하다. 주말에는 오후 6시부터만 예약할 수 있다. **MAP ⑧**

MENU PS 빅 브랙퍼스트(~16:00) S$29, PS 버거 S$32, PS 클럽 샌드위치 S$28, 스파이시 킹 프론 알리오 올리오 S$30/서비스 차지 및 세금 별도
GOOGLE MAPS ps.cafe harding road
WALK 아이스크림 박물관에서 도보 5분
BUS 11201 CSC Dempsey Clubhse 정류장 하차 후 도보 6분
ADD 28B Harding Rd, Singapore 249549
OPEN 08:00~22:00(금·토·공휴일 전날 ~22:30)
STORE 더 숍스 앳 마리나 베이 샌즈, 래플스 시티, 원 풀러튼, 파라곤 쇼핑센터 등
WEB pscafe.com/pscafe-at-harding-road

6 우아하게 즐기는 페라나칸 요리
캔들넛 Candlenut

2016년부터 2021년까지 연속으로 미슐랭 가이드 별 하나를 받은 페라나칸 레스토랑. 개방감이 있는 높은 층고와 천장에 매달린 조명들이 이국적이다. 고급스러운 분위기만큼 직원들의 서비스도 수준급이라 격식 있는 레스토랑에서 귀한 대접을 받는 듯한 느낌. 런치와 디너 코스를 운영하며, 단품으로도 주문 가능하다. 스타터로는 돼지고기, 새우, 버섯 등을 유부로 감싸 바싹 튀겨낸 응오히앙이 인기이며, 비프 렌당, 크랩 커리 등도 실패 없는 메뉴다. 가격대는 다소 높지만 만족도는 매우 높은 편. 예약하고 가는 것을 추천한다. **MAP ⑧**

MENU 런치 코스 S$115, 디너 코스 S$145, 응오히앙 S$22, 비프 렌당 S$48, 크랩 커리 S$48/서비스 차지 및 세금 별도
GOOGLE MAPS candlenut
BUS 11201 CSC Dempsey Clubhse 정류장 하차 후 도보 5분
ADD Block 17A Dempsey Rd, Singapore 249676
OPEN 런치 12:00~15:00, 디너 18:00~22:00
WEB comodempsey.sg/restaurant/candlenut

7 숲속에서 마시는 수제 맥주
레드닷 브루하우스 RedDot Brewhouse

매장 내 브루어리에서 직접 만드는 수제 맥주를 즐길 수 있는 펍 레스토랑이다. 시그니처 맥주는 스피룰리나의 엽록소 추출물로 만들어 녹색을 띠는 몬스터 그린 라거. 일반적인 맥주보다 가볍고 청량한 느낌이다. 이밖에 체코 필스너(Czech Pilsner), 섬머 에일(Summer Ale), 쾰쉬(Kölsch), 바이젠(Weizen), 인디아 페일 에일(India Pale Ale) 등 다양한 맥주를 선택할 수 있다. 맥주 외에 위스키와 칵테일, 논알코올 음료 등도 있으며, 버거, 피자, 파스타를 비롯한 식사 메뉴도 다양하다. 무성한 열대 숲에 둘러싸인 아늑한 분위기도 장점. **MAP 8**

MENU 수제 맥주 S$13~15, 사테 S$29, 버거류 S$25/27, 피자 S$26~29, 파스타 S$23~30, 디저트류 S$8~18, 키즈 메뉴 S$15/
서비스 차지 및 세금 별도
GOOGLE MAPS reddot brewhouse
BUS 11201 CSC Dempsey Clubhse 정류장 하차 후 도보 5분
ADD 25A Dempsey Road, #01-01, Singapore 247691
OPEN 11:30~22:30(월 ~22:00, 금·토 ~23:00)
WEB reddotbrewhouse.com.sg

+MORE+

그 밖의 추천 레스토랑

■롱 비치 Long Beach Dempsey
블랙 페퍼 크랩을 탄생시킨 바로 그 곳. 067p 참고. **MAP 8**

GOOGLE MAPS long beach @ dempsey hill
ADD 25 Dempsey Rd, Singapore 249670
OPEN 런치 11:00~15:00, 디너 17:00~23:00(토·일·공휴일 11:00~23:00)
WEB longbeachseafood.com.sg/outlets-dempsey

■점보 씨푸드 Jumbo Seafood Dempsey Hill
한국인에게 인기가 높은 크랩 맛집. 242p 참고. **MAP 8**

GOOGLE MAPS jumbo seafood - dempsey hill
ADD Block 11 Dempsey Road #01-16 Dempsey Hill, Singapore 249673
OPEN 런치 11:30~14:30, 디너 17:30~22:30
WEB jumboseafood.com.sg/en/dempsey-hill

■창 코리언 BBQ Chang Korean BBQ
푸짐하고 맛있는 한식 파인 다이닝. **MAP 8**

GOOGLE MAPS chang korean charcoal bbq restaurant
ADD 71 Loewen Rd, #01-01, Singapore 248847
OPEN 런치 12:00~15:00, 디너 18:00~22:00
WEB changbbq.com.sg

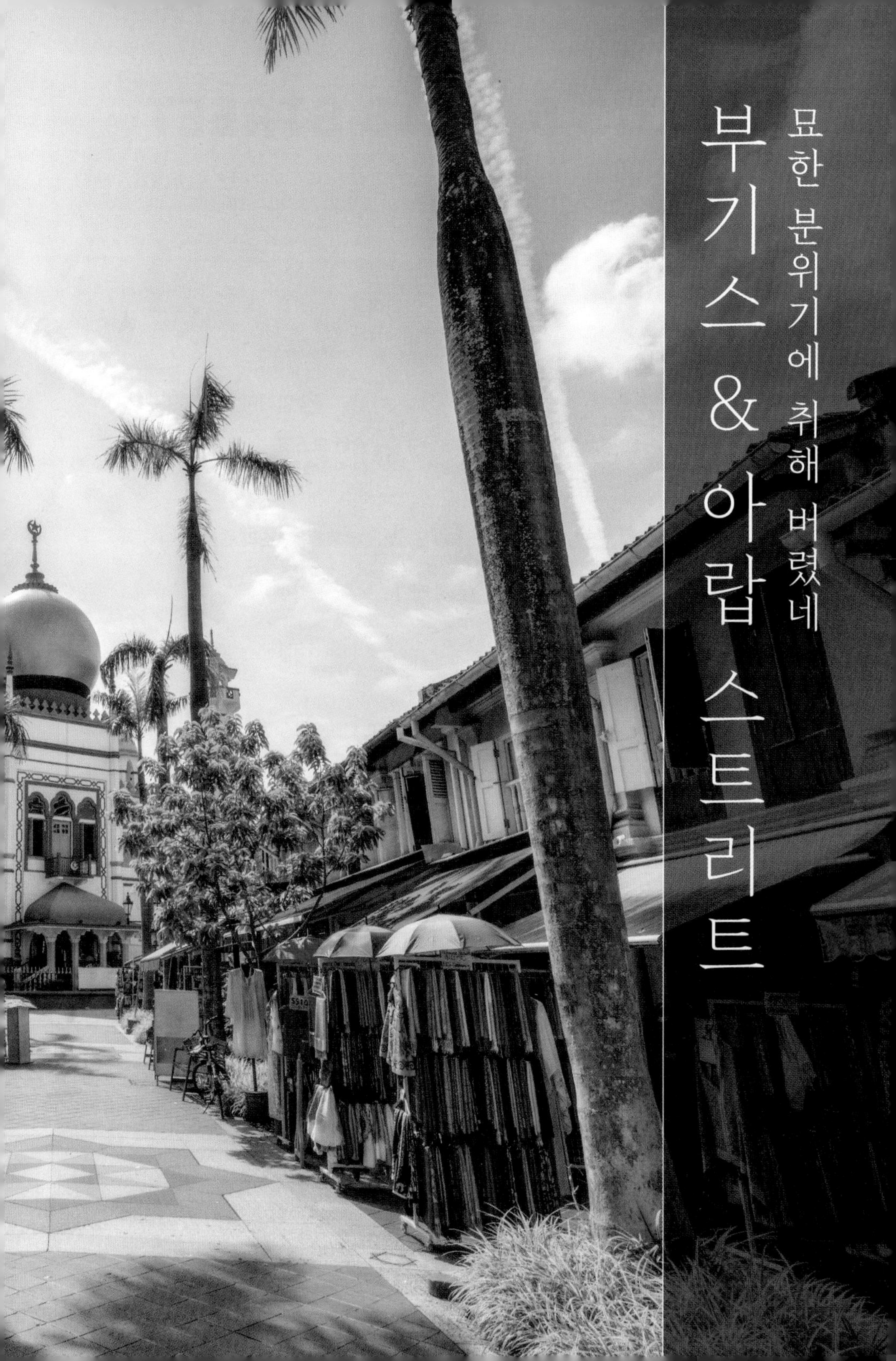

부기스 & 아랍 스트리트

묘한 분위기에 취해 버렸네

BUGIS & ARAB STREET

황금빛 술탄 모스크와 허름하지만 어딘가 묘한 거리 분위기가 잘 정돈된 싱가포르의 이미지와 사뭇 대조적인 지역이다. 한때 말레이인과 부기스인, 아랍인의 거주지였지만, 지금은 젊은 층이 즐겨 찾는 편집숍과 현대적인 쇼핑몰, 오래된 시장이 한데 어우러진 이색 관광지다.

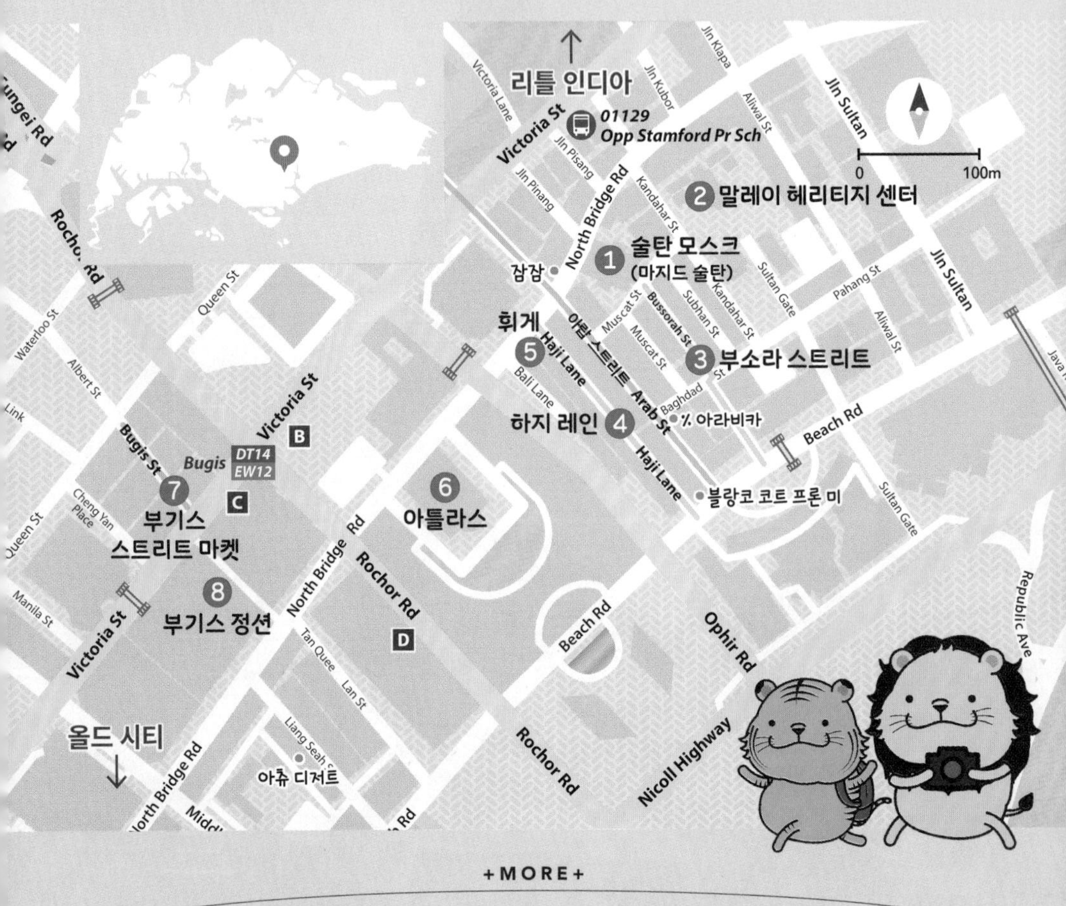

+MORE+

부기스는 무슨 뜻?

부기스는 인도네시아의 보르네오섬 동쪽에 위치한 술라웨시(Sulawesi)섬에 살던 민족을 일컫는 말이다. 바다낚시를 주로 하면서 명예를 중시하고 사나운 성격을 지닌 부기스인들은 18세기 이후 조호르 술탄국의 정치에 개입하면서 많은 사람이 현재 인도네시아의 리아우(Riau)섬에 정착하게 됐다. 이후 네덜란드 세력을 피해 자유로운 무역 거래를 위해 싱가포르로 넘어와 캄퐁 글램에서 로처강까지 뻗어 있는 지역에 정착했는데, 그곳이 지금의 부기스 지역이다.

캄퐁 글램 Kampong Glam

말레이 헤리티지 센터와 술탄 모스크를 비롯한 그 일대를 일컬어 '캄퐁 글램'이라 부른다. '캄퐁'은 '마을'이란 뜻이다. '글램'에 대해서는 2가지 설이 있는데, 하나는 옷감이나 배를 만들고 식재료나 약재로 사용한 카제풋(Cajeput) 나무의 말레이어 이름인 '겔람(Gelam)'에서 유래했다는 설과, 이 지역에서 뱃사공으로 일한 '오랑 겔람(Orang Gelam, 겔람 사람)'에서 유래했다는 설이 있다.

Access

MRT

부기스역 Bugis : East West Line/Downtown Line

- **술탄 모스크, 부소라 스트리트, 말레이 헤리티지 센터, 잠잠 레스토랑** B출구에서 래플스 병원 앞쪽으로 우회전, 길 끝에서 노스 브리지 로드를 따라 왼쪽으로 직진, 도보 8분
- **하지 레인, 블랑코 코트 프론 미, % 아라비카 커피** D출구에서 우회전 후 비치 로드에서 좌회전, 도보 7분
- **부기스 정션** C출구에서 지하로 연결
- **부기스 스트리트** 부기스 정션 1층에서 길 건너

시내버스

⊙ **12번** 차이나타운-클락 키-차임스-**부기스역**(Opp Bugis Stn Exit C)-**술탄 모스크**(Stamford Pr Sch)-라벤더역

⊙ **130번** 풀러튼 호텔-굿 셰퍼드 성당-**부기스역**(Bugis Stn Exit A)-**술탄 모스크**(Stamford Pr Sch)

⊙ **133번** 라벤더역-**술탄 모스크**(Opp Stamford Pr Sch)-**부기스역**(Bugis Stn Exit B)-래플스 호텔-선텍 시티-베이프론트역(마리나 베이 샌즈)-다운타운역

Planning

⊙ **총 소요 시간** 약 6시간
⊙ **총 입장료** 없음

❶ 부기스역 B출구에서 출발
⬇ 도보 8분
❷ 술탄 모스크(30분)
⬇ 도보 3분
❸ 부소라 스트리트(30분)
⬇ 도보 3분
❹ 블랑코 코트 프론 미(40분)
⬇ 도보 2분
❺ % 아라비카 커피(60분)
⬇ 도보 2분
❻ 하지 레인(40분)
⬇ 도보 10분
❼ 부기스 스트리트 마켓(60분)
⬇ 도보 3분
❽ 부기스 정션(60분)

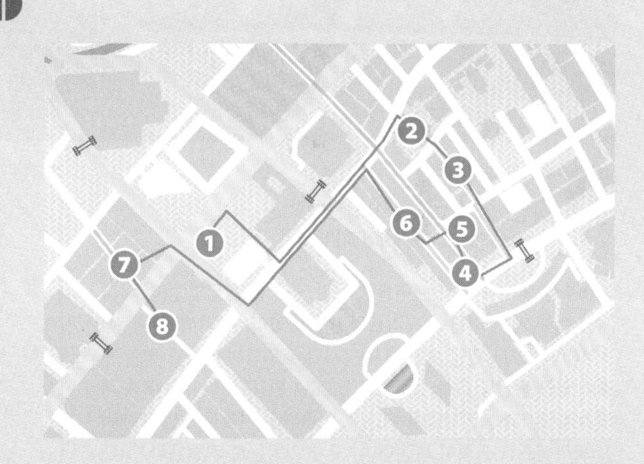

: WRITER'S PICK :

이렇게 일정 짜면 좋아요!

동선상 맨 위의 술탄 모스크부터 시작하여 하지 레인, 부기스역 순서대로 내려오는 것이 효율적이다. 하지 레인의 경우 평일에는 오전 11시쯤은 돼야 가게들이 문을 열기 시작하니 시간을 잘 맞출 것. 스폿 간 거리는 걸어서 갈 수 있는 정도지만, 처음 시작하는 술탄 모스크의 경우 부기스역에서 8~10분 정도 걸어야 하므로 MRT보다는 시내버스를 타는 게 더 편할 수 있다. 말레이 역사에 관심이 있다면 술탄 모스크 옆의 말레이 헤리티지 센터를 둘러보는 것도 좋다.

1 감탄을 부르는 모스크

술탄 모스크(마지드 술탄)

Sultan Mosque(Masjid Sultan)

200여 년 역사에 빛나는 이슬람 사원. 웅장한 황금빛 돔이 어디서든 눈에 띄는 아랍 스트리트의 랜드마크다. 테마섹(싱가포르의 옛 명칭)의 통치자였던 술탄 후세인 샤가 주도하여 래플스 경의 협조와 영국 동인도 회사의 기부로 1826년 완공됐고, 이후 두 차례의 보수공사와 복원작업을 거쳤다. 아름다운 기하학 문양이 새겨진 아라베스크 양식이 특징이며, 국가 기념물로 지정됐다. 최대 5000명까지 수용 가능한 넓은 기도실에서는 금요일 정오마다 이슬람교도들의 기도 시간을 알리는 '아잔' 소리가 울려 퍼진다.

MAP ⓽

GOOGLE MAPS 술탄 모스크
MRT 부기스역 B출구에서 래플스 병원 앞쪽으로 우회전, 길 끝에서 노스 브리지 로드를 따라 왼쪽으로 직진, 도보 8분
BUS 01121 Stamford Pr Sch, 01229 Bef Sultan Mque 또는 01129 Opp Stamford Pr Sch 정류장 하차
ADD 3 Muscat St, Singapore 198833
OPEN 10:00~12:00, 14:00~16:00/금 휴무
PRICE 무료
WEB sultanmosque.sg

: WRITER'S PICK :

술탄 모스크 입장 시 주의사항

❶ 방문객은 5번 게이트(부소라 스트리트 방향)로 입장해야 한다.
❷ 아래 복장 규정을 지켜야 하며, 필요할 경우 카운터에서 무료로 빌려주는 가운을 착용해야 한다.
남성: 긴 바지 착용. 민소매 금지
여성: 긴 팔 상의, 발목까지 내려오는 긴 바지 또는 치마 착용. 트임 금지
❸ 신발은 벗고 입장한다.
❹ 기도하는 사원이므로 쉿!
❺ 본당 및 2층 기도실에는 입장 불가.
❻ 플래시를 사용하지 않는다면 사진을 찍을 수 있으나, 동영상 촬영은 승인이 필요하다.

2 싱가포르의 뿌리를 캐보자
말레이 헤리티지 센터 Malay Heritage Centre

말레이 민족의 문화와 역사를 소개한 전시관. 과거에는 말레이 왕족이 거주하던 '이스타나 캄퐁 글램(Istana Kampong Gelam, 캄퐁 글램 궁)'이었는데, 2005년 대규모 리노베이션을 거쳐 지금의 전시관으로 재탄생했다. 왕궁을 구경하는 기분으로 말레이 민족의 유물과 전시물, 멀티미디어를 감상하다 보면 말레이 문화에 대한 이해도를 높일 수 있다. 싱가포르의 뿌리라고 해도 좋은 싱가포르 말레이 커뮤니티의 중요한 문화유산 기관으로, 다양한 이벤트나 특별전도 열린다. MAP 9

GOOGLE MAPS 말레이 헤리티지 센터
WALK 머스캣 스트리트에서 술탄 모스크를 바라보고 오른쪽 길 건너
ADD 85 Sultan Gate, Singapore 198501
OPEN 리노베이션 공사로 휴관(2026년 재개장 예정)
PRICE S$6, 5세 이하 무료
WEB malayheritage.org.sg

3 아랍의 낭만이 넘치는 거리
부소라 스트리트 Bussorah Street

이국적인 분위기로 가득 찬 상점가. 술탄 모스크 입구에서 쭉 뻗은 좁고 기다란 길 양쪽으로 알록달록한 2층짜리 숍하우스가 이어진다. 중동 스타일의 카페와 레스토랑은 물론, 옷가게나 기념품점 등을 둘러보는 즐거움이 그득그득. 이곳은 과거 인근 국가에서 싱가포르로 건너온 순례자들이 메카로 떠날 배를 기다리며 머물던 곳이었기에 '순례자의 마을'을 뜻하는 캄퐁 카지(Kampong Kaji)라고 불리기도 했다. 한 블록 남쪽으로 가면 한때 아랍 상인들이 활발히 무역을 펼쳤던 아랍 스트리트가 이어지는데, 이곳 역시 화려한 직수입 카펫들이 늘어선 패브릭 전문점이나 기념품점, 음식점 등 볼거리가 많다. MAP 9

GOOGLE MAPS bussorah st
WALK 술탄 모스크 입구를 등지고 앞으로 뻗은 거리
ADD Bussorah St, Singapore 199448
OPEN 11:00~22:00/가게마다 조금씩 다름

④ 홍대, 가로수길 말고 여기 어때?
하지 레인 Haji Lane

술탄 모스크 남쪽, 아랍 스트리트와 어깨를 나란히 한 상점가. 오래된 창고들만 줄지어 있던 허름한 골목이 트렌디한 카페와 유럽풍의 펍, 개성 있는 편집숍이 밀집한 젊음의 거리로 다시 태어났다. 보물찾기하듯 산책하다가 건물 외벽에 그려진 멋진 벽화들을 배경 삼아 인증샷을 찍는 재미는 덤. 평일은 11:00쯤부터 상점들이 문을 열기 시작하는 점을 참고해 방문하자. MAP ⑨

GOOGLE MAPS 하지 레인
WALK 술탄 모스크에서 부소라 스트리트를 따라 내려오다 첫 사거리에서 우회전, % 아라비카 커피 맞은편 골목으로 진입
ADD Haji Ln, Singapore 189234
OPEN 11:00~21:00/가게마다 조금씩 다름

: WRITER'S PICK :

하지 레인은 무슨 뜻?

'하지(Haji)'란 이슬람교의 성지인 메카로의 '성지순례' 또는 '성지순례를 다녀온 사람'을 뜻한다. 과거 이 지역은 메카로 떠나는 순례자들이 잠시 머물던 장소였는데, 이 순례자들은 여비를 마련하기 위해 싱가포르와 자바 등 인근 섬에 거주하는 무슬림을 대상으로 순례를 위한 가이드 및 브로커 역할을 많이 했다고 한다. 레인(Lane)은 영어로 '길'을 뜻하므로 '하지 레인'은 '성지순례 길'로 해석할 수 있다.

⑤ 아기자기한 기념품 가게
휘게 Hygge

하지 레인의 기념품 쇼핑 명소. 가게에 들어서면 세심하게 큐레이션 된 각종 액세서리, 가방, 인형을 비롯해 싱가포르만의 특성이 묻어난 접시, 쟁반, 서적 등 다양한 콜렉션을 만날 수 있다. 가게의 이름인 '휘게'는 '편안함, 따뜻함, 안락함'을 뜻하는 덴마크어로, 가게에 찾아오는 모든 손님이 축복받기를 소원하는 주인장의 바람이 담겨 있다고. 모든 제품은 소량으로 제작되고 수시로 변경되므로 언제나 새로운 아이템을 구경하는 재미가 있다. 하나를 사더라도 제대로 된 기념품을 챙기고 싶다면 추천. MAP ⑨

GOOGLE MAPS hygge
WALK 하지 레인 끝의 노스 브리지 로드와 만나는 지점
ADD 672 North Bridge Rd, Singapore 188803
OPEN 11:30~18:30(월·화 ~17:00)/일 휴무
WEB shophygge.sg

아틀라스 마티니(ATLAS Martini)

6 스케일로 압도하는 아틀라스 ATLAS

우아한 클래식 칵테일의 명소. 싱가포르의 유명한 건물 중 하나인 파크뷰 스퀘어 1층에 자리한다. 매장 한복판에 앤티크하면서 웅장하게 설치된 8m 높이의 진 타워(Gin tower)에는 전 세계에서 공수한 1300개 이상의 진 콜렉션이 보관돼 있으며, 250종 이상의 샴페인도 준비돼 있다. 대표 칵테일은 런던 드라이 진을 베이스로 한 아틀라스 마티니로, 부드러운 맛과 오렌지 향이 특징이다. 향긋한 허브가 곁들여지는 진 토닉과 상큼하고 샤프한 맛의 아틀라스 김렛(ATLAS Gimlet)도 인기다. 종류가 너무 많아 고르기 힘들면 원하는 취향을 바텐더에게 말하고 추천받아보자. 런치와 디너 및 핑거 푸드도 제공한다. 2017년 오픈 이후 매년 세계 50대 바 리스트 상위권에 꾸준히 이름을 올리는 곳이니 칵테일 애호가라면 놓치지 말자. MAP ❾

MENU 칵테일·음료 S$25~, 안주·식사류 S$34~
GOOGLE MAPS atlas
WALK 술탄 모스크 뒤편에서 노스 브리지 로드를 따라 내려오다 파크뷰 스퀘어 빌딩 뒤편으로 진입, 도보 7분
ADD Ground floor, 600 North Bridge Rd, Parkview Square, Singapore 188778
OPEN 12:00~00:00(월 15:00~, 금·토 ~02:00), 런치 12:00~14:30, 디너 18:00~22:00/일 휴무
WEB atlasbar.sg

: WRITER'S PICK :

방문 전 알아두자

❶ 워크인도 가능하지만, 웨이팅을 피하려면 홈페이지를 통해 예약(신용 카드 필요)하는 것이 좋다.

❷ 테이블 석보다 바 석이 자리 잡기 수월하다.

❸ 17:00부터는 스마트 캐주얼 드레스 코드가 적용돼 반바지나 슬리퍼 형태의 신발로는 입장할 수 없다.

❹ 이용 시간은 2시간을 원칙으로 하나, 엄격하게 적용하지는 않는다.

7 이 맛에 시장에 간다 부기스 스트리트 마켓 Bugis Street Market

남대문시장을 닮은 스트리트 마켓. 의류와 신발, 액세서리, 생활용품, 식당 등 600여 개에 달하는 상점이 거리를 가득 메운다. 미로와 같은 시장 골목을 누비면서 가게를 구경하는 재미가 있다. 단, 품질을 보장하기 어렵기 때문에 가벼운 기념품 쇼핑 장소로 둘러보는 것을 추천한다. 차이나타운의 파고다 스트리트를 갈 예정이라면 이곳은 슬쩍 둘러보기만 해도 된다. 여행자가 선호하는 티셔츠와 선글라스는 S$3~10. 마켓 초입의 주스 가게에서는 즉석에서 갈아 만든 싱싱한 열대과일 주스를 단돈 S$2 내외로 마실 수 있다. MAP ❾

GOOGLE MAPS 부기스 스트리트 마켓
WALK 부기스 정션 앞 빅토리아 스트리트를 건너 'BUGIS STREET'라 적혀 있는 곳으로 들어간다.
ADD 3 New Bugis St, Singapore 188867
OPEN 10:00~22:00/가게마다 조금씩 다름
WEB capitaland.com/sg/malls/bugis-street/en/stores-at-bugis-street

8 의외로 알찬 쇼핑몰
부기스 정션 Bugis Junction(BHG 백화점)

본래 부기스 정션은 오래된 상점가를 재개발해 백화점과 사무실, 호텔 등이 들어선 복합 상업 시설이지만, 일반적으로는 그중 BHG(Beijing Hualian Group) 백화점을 부기스 정션이라고 부른다. 실용적인 중저가 브랜드 위주로 입점한 데다 시내 중심부와 가까워 젊은 층이 즐겨 찾는 곳. 건물과 건물 사이에 유리 천장을 설치해 시원한 에어컨 바람도 쐬고, 파란 하늘도 올려다보며 다니는 즐거움이 남다르다. 찰스앤키스, 파찌온, 벵가완솔로 등 한국인이 선호하는 브랜드가 많고, 대형 서점 키노쿠니야도 입점해 있다. 지하에는 슈퍼마켓 체인인 콜드 스토리지가 있다. MRT 부기스역과 지하로 연결되며, 링크 브리지를 통과하면 바로 옆의 부기스 플러스(Bugis+) 쇼핑몰로 이어진다. MAP 9

GOOGLE MAPS bugis junction
WALK 술탄 모스크 뒤편에서 노스 브리지 로드를 따라 도보 7분
MRT 부기스역 C출구와 바로 연결
BUS 01112 Opp Bugis Stn Exit C 또는 01119 Aft Bugis Stn Exit C 정류장 하차
ADD 200 Victoria St, Singapore 188021
OPEN 10:00~22:00
WEB capitaland.com/sg/malls/bugisjunction

■ 주요 매장

층	숍(괄호 안은 매장 번호, 파란색은 식당)
3층	다이소(01, 27), 무지(10F), 인생네컷(12B), 키노쿠니야 서점(09)
2층	아디다스(13), 왓슨스(29), 조말론(17), 지오다노(18), 컨버스(19), 코튼온(15), 파찌온(07), 서울가든(52)
1층	나이키(112), 리바이스(52), 알도(39), 언더아머(77), 조말론(100), 찰스앤키스(06), 판도라(62), 페드로(03) 맥도날드(66), 스타벅스(106), 토스트 박스(67)
지하 1층	벵가완솔로(03A), 유얀상(03), CS 프레쉬(슈퍼마켓)(17) KFC(09), 써브웨이(25A), 야쿤 카야 토스트(11), 올드 창키(13), 크리스탈 제이드(04A), 크리스피크림(03B), 파리바게뜨(24)

오감을 자극하는

#부기스 #아랍스트리트 #맛집

이슬람식·인도식부터 중국식·일본식까지 다채로운 맛으로 즐기는
부기스 & 아랍 스트리트 미식 로드!

맛이 대박인 무르타박!

잠잠 Zam Zam Singapore

싱가포르에서 가장 인기 있는 인도-무슬림 레스토랑. 1908년 문을 열어 100년이 훌쩍 넘은 노포이며, 인도식 볶음밥인 브리야니와 고기, 해산물 요리 등 저렴하고 맛있는 요리들을 선보인다. 하지만 이곳을 유명하게 만든 건 단연코 이슬람식 전병인 무르타박(Murtabak)이다. 무르타박은 아랍어로 '접힌'이라는 뜻으로, 얇은 반죽에 다진 고기와 달걀, 채소 등을 채운 후 사방을 접어 바싹하게 튀겨내는데, 커리 향과 더불어 각종 향신료가 식욕을 돋운다. 같이 내오는 커리에 찍어 먹는 게 포인트다. 다양한 고기소 중에 닭고기나 소고기가 우리 입맛에 잘 맞는다. 양이 푸짐해서 성인이라도 스몰 사이즈로 충분하다. 직원들의 서비스도 수준급이다. MAP 9

MENU 무르타박 S$7~24(사이즈·고기소 종류에 따라 다름), 브리야니 S$9~22, 미고랭·나시 고랭 S$7/11
GOOGLE MAPS 잠잠
WALK 술탄 모스크 뒤쪽, 노스 브리지 로드와 아랍 스트리트가 만나는 지점
ADD 697-699 North Bridge Rd, Singapore 198675
OPEN 07:00~23:00
WEB zamzam.sg

무르타박. 사슴고기가 가장 비싸고, 양고기, 소고기, 닭고기, 정어리 순으로 저렴해진다.

브리야니

밖에서 보면 규모가 작아 보이지만, 계단을 올라가면 에어컨이 가동되는 넓은 공간이 펼쳐진다.

미리 자리를 확보한 후 카운터에서 주문하는 시스템. 주문할 때 테이블 번호를 알려주면 직원이 음식을 가져다준다.

새우+국수는 언제나 옳다

블랑코 코트 프론 미 Blanco Court Prawn Mee

하지 레인 초입에 있는 새우국수 맛집. 추천 메뉴는 고소하고 진한 국물에 크고 오동통한 타이거 새우를 올린 점보 새우국수(2번)로, 비주얼도 맛도 끝내준다. 면발은 쌀국수 면인 비훈 면(하얀색)과 밀가루 반죽에 달걀을 섞은 호키엔 면(노란색)을 섞어서 주기 때문에 얇고 찰진 호키엔 면과 찰기 없이 두툼한 비훈 면의 식감을 동시에 느낄 수 있으며, 원하면 한 가지 면만으로 주문할 수도 있다. 07:30부터 오픈해 아침 식사 장소로 좋지만, 일찍 문 닫고 화요일은 쉰다. MAP ⑨

MENU 2번 새우국수(점보-새우만) S$12.8, 3~5번 새우+돼지갈비(S/M/L) S$7/9.8/12.8, 6번 새우국수(보통-새우만) S$7/점보와 보통은 새우 크기에 따라 나뉨
GOOGLE MAPS 블랑코 코트 프라운 미
WALK 비치 로드에서 하지 레인으로 진입하기 전 골목 입구에 있다.
ADD 243 Beach Rd, #01-01, Singapore 189754
OPEN 07:30~16:00/화 휴무

: WRITER'S PICK :

Prawn과 Shrimp의 차이

싱가포르에서는 새우를 지칭할 때 쉬림프(Shrimp)보다는 프론(Prawn)을 더 많이 사용한다. 엄밀히 따지면 프론은 징거미새우과, 쉬림프는 자주새우과로 나뉘며, 생김새와 번식 방법도 다르다. 그러나 이러한 차이는 학술적인 이야기일 뿐, 싱가포르에서는 보편적으로 작은 새우를 쉬림프, 큰 새우를 프론이라고 부른다.

어쩐지 교토보다 더 잘 어울려

% 아라비카 % Arabica

교토에서 시작된 글로벌 커피 전문점. 하와이 직영 커피 농장에서 재배한 최상급 원두를 매장에서 직접 로스팅한다. 우리나라 여행자들에게는 % 표시를 빗댄 '응 카페'로 익숙하다. 시그니처 커피는 연유를 넣어 부드럽고 달달한 교토 라테. 모든 커피는 1가지 품종의 원두만 사용한 싱글 오리진(Single Origin)과 여러 가지 원두를 블렌딩한 블렌드(Blend) 중 선택할 수 있다. 오차드의 313 앳 서머셋, 캐피타 스프링 빌딩 앞, 주얼 창이 에어포트에도 매장이 있다. MAP ⑨

MENU 교토 라테 S$8.2~, 말차 라테 S$8.9~
GOOGLE MAPS % 아라비카 아랍스트리트
WALK 술탄 모스크에서 부소라 스트리트로 내려오다 첫 사거리에서 우회전
ADD 56 Arab St, Singapore 199753
OPEN 08:00~18:00(금·토 ~20:00)
WEB arabica.coffee/en/location/arabica-singapore-arab-street

아이 원츄! 중국식 디저트

아츄 디저트 Ah Chew Desserts, 阿秋甜品

입소문 단단히 난 중국식 디저트 전문점. 중국의 전통과 현대의 맛을 접목한 50가지 이상의 달콤한 디저트를 저렴한 가격에 즐길 수 있다. 추천 메뉴는 망고와 야자나무 전분으로 만든 사고(Sago) 등을 넣은 망고 포멜로 사고. 달걀 푸딩처럼 부드러운 후레시 밀크 스팀 에그, 초콜릿 쿠키나 단팥 등을 토핑한 버전도 선택할 수 있다. 우리에게 익숙한 단팥죽(레드빈 페이스트)도 그냥 지나치기 아쉬운 맛. 가게 안은 창업주 아츄의 개인 소장품인 중국식 전통 가구와 수공예품 등으로 클래식하게 꾸며져 있다. 밤 11시에 가도 웨이팅이 있을 정도로 붐비는 곳으로, 저녁보다는 점심 때나 오후에 가면 자리 잡기가 수월하다. 미리 자리를 확보한 후 카운터에 가서 주문하고 진동벨이 울리면 받아오는 시스템이다. **MAP ❾**

망고 포멜로 사고

MENU 망고 포멜로 사고(S2, Mango sago with pomelo) S$5.2,
후레시 밀크 스팀 에그(E1, Fresh milk steamed egg) S$3.8, 레드빈 페이스트(P1, Red bean paste with Lilly bulb) S$3.3/3.8,
기타 사고 디저트류 S$4~5.2, 두리안 디저트류 S$4.4~7.2
GOOGLE MAPS ah chew desserts
WALK 부기스 정션 뒤쪽(노스 브리지 로드 쪽)으로 나가 부기스 큐브 쇼핑몰 왼쪽 골목으로 들어가 조금만 가면 오른쪽에 있다. 도보 2분
ADD 1 Liang Seah St, #01-10/11 Liang Seah Place Singapore 189032
OPEN 12:30~00:00(금 ~01:00, 토 13:30~01:00, 일·공휴일 13:30~)
WEB ahchewdesserts.com

후레시 밀크 스팀 에그
레드빈 페이스트

리틀 인디아

재스민 향 품은 인도 거리

LITTLE INDIA

리틀 인디아는 이름 그대로 싱가포르 속 작은 인도다. MRT 리틀인디아역부터 패러파크역을 지나 이어지는 세랑군 로드와 레이스 코스 로드를 중심으로, 힌두교 사원과 쇼핑몰, 인도 음식 전문점이 포진해 있는 거리를 걷다 보면 마치 인도에 온 듯한 기분을 느낄 수 있다. 단, 늦은 밤 홀로 외진 곳을 돌아다니는 일은 피하자.

Access

MRT

리틀인디아역 Little India : North East Line/Downtown Line

- **텍카 센터** C출구에서 바로 보임
- **리틀 인디아 아케이드, 인디안 헤리티지 센터** E출구에서 왼쪽 버팔로 로드를 지나 세랑군 로드를 건넘
- **스리 비라마칼리암만 사원** E출구에서 왼쪽 버팔로 로드로 직진 후 세랑군 로드에서 좌회전
- **탄텡니아 하우스** E출구에서 뒤로 돈 후 처음 만나는 골목에서 우회전 후 직진
- **바나나 리프 아폴로** E출구에서 뒤쪽 방향으로 레이스 코스 로드를 따라 직진

패러파크역 Farrer Park : North East Line

- **무스타파 센터** G출구에서 세랑군 로드를 따라 우측으로 내려가다 사이에드 알위 로드로 좌회전
- **시티 스퀘어 몰** I출구와 바로 연결됨
- **힐만 레스토랑** G출구에서 대각선 방향으로 길을 건넌 후 왼쪽으로 직진

시내버스

⊙ **56번** 싱가포르 플라이어-에스플러네이드 극장-래플스 호텔-**리틀인디아역**(Little India Stn Exit A)

⊙ **131번** 비보시티-탄종 파가-풀러튼 호텔-차임스-**텍카 센터**(Tekka Ctr)-**패러파크역**(Farrer Pk Stn Exit A)

⊙ **166번** 비보시티-차이나타운-클락 키-싱가포르 국립 박물관-**리틀인디아역**(Little India Stn Exit A)

리틀 인디아 풍경

Planning

⊙ **총 소요 시간** 약 6시간

⊙ **총 입장료** S$8

❶ 리틀인디아역 C출구에서 출발
⬇ 도보 2분
❷ 텍카 센터(20분)
⬇ 도보 3분
❸ 리틀 인디아 아케이드(30분)
⬇ 도보 1분
❹ 인디안 헤리티지 센터(60분)
⬇ 도보 5분
❺ 탄텡니아 하우스(10분)
⬇ 도보 5분
❻ 스리 비라마칼라암만 사원(20분)
⬇ 도보 10분
❼ 바나나 리프 아폴로(60분)
⬇ 도보 5분
❽ 무스타파 센터(60분)
⬇ 도보 5분
❾ 시티 스퀘어 몰(60분)

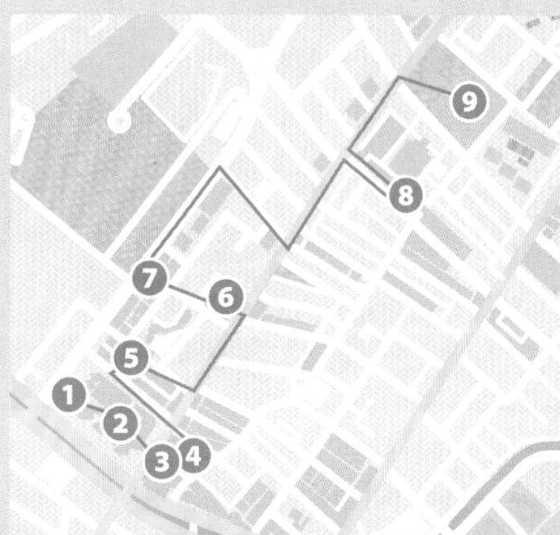

: WRITER'S PICK :

이렇게 일정 짜면 좋아요!

리틀인디아역부터 시작하여 세랑군 로드를 따라 패러파크역 쪽까지 올라가자. 힌두교 사원은 싱가포르에서 가장 오래된 스리 비라마칼리암만 사원 하나만 보면 충분하고, 역사에 크게 관심이 없다면 인디안 헤리티지 센터는 과감히 패스해도 좋다. 위 코스와 반대로 패러파크역 쪽에서 내려오는 것도 괜찮다.

1 인도인의 장바구니 엿보기
테카 센터 Tekka Centre

호커센터와 재래시장이 어우러진 2층짜리 쇼핑센터. 리틀 인디아의 랜드마크라고 할 수 있다. 1층에는 인도, 중국, 말레이 등 다양한 아시아 음식을 판매하는 호커센터와 스리랑카산 크랩 등 수산물, 육류, 채소 등을 판매하는 시장이 있다. 2층에는 저렴한 캐주얼 의류나 인도 전통 의상, 종교 관련 물품을 판매하는 잡화점들이 있다. 관광객보다는 현지인들의 쇼핑 장소다. MAP ⑩

GOOGLE MAPS tekka centre
MRT 리틀인디아역 C출구로 나오면 바로 보인다.
BUS 07031 Tekka Ctr 또는 40011 Little India Stn Exit A 정류장 하차
ADD 665 Buffalo Roads, Singapore 210665
OPEN 06:30~21:00

<리틀 인디아의 전통무역>

2 컬러풀한 SNS 사진 명당
탄텡니아 하우스 Tan Teng Niah 陳東嶺

텍카 센터에서 버팔로 로드 건너편 상점가 중간 골목으로 들어가면 나타나는 원색 건물이다. 1900년에 지어진 이 오래된 주택은 당시 세랑군 로드를 따라 사탕 제조공장을 여러 개 소유했던 중국인 사업가 탄텡니아의 집을 복원한 것으로, 리틀 인디아에 마지막으로 남아 있는 중국식 주택이다. 총 8개의 방이 있으며, 원래 흰색 바탕의 평범한 외관이었다가 1980년대에 다채로운 색감으로 복원되면서 리틀 인디아의 컬러풀한 랜드마크이자 포토 스폿이 됐다. MAP ⑩

GOOGLE MAPS former house of tan teng niah
WALK 인디안 헤리티지 센터에서 세랑군 로드를 건너 오른쪽 버팔로 로드로 직진, 왼쪽 텍카 센터 주차장 입구 조금 못미처 오른쪽 골목으로 우회전
ADD 37 Kerbau Rd, Singapore 219168

+MORE+

리틀 인디아의 명물 벽화

탄텡니아 하우스 정면을 등지고 오른쪽으로 가다 보면 우측 벽면에 그려진 <리틀 인디아의 전통무역(Traditional Trades of Little India)>이 보인다. 로컬 아티스트 사이풀(Psyfool)이 그린 이 거대한 벽화는 과거 리틀 인디아에서 이뤄졌던 전통 무역을 묘사한 것으로, 화환 만들기, 앵무새 점성술, 빨래하는 여인 등이 그려져 있다.

3 조용히 인도를 만나는 시간
인디안 헤리티지 센터
Indian Heritage Centre

싱가포르에 정착한 인도인들의 문화와 역사를 소개한 곳. 2015년 문을 연 4층짜리 건물은 전통적인 인도 건축 양식에 현대적인 기법을 더한 독특한 형태를 띠며, 반투명으로 반짝이는 외벽은 밤마다 색색의 조명이 켜진다. '싱가포르 인도인들의 과거와 현재'라는 주제의 3·4층 상설전에서는 연대순으로 배열된 5개 테마를 통해 인도 대륙과 동남아시아의 관계 및 동남아시아에서 살아온 인도인의 생활, 싱가포르에 공헌한 인도인들에 관한 이야기 등을 알아볼 수 있다.

MAP ⑩

GOOGLE MAPS indian heritage centre
WALK 세랑군 로드에서 리틀 인디아 아케이드 왼쪽 골목으로 들어가면 보인다.
ADD 5 Campbell Lane, Singapore 209924
OPEN 10:00~18:00/가이드 투어(영어) 화~금 11:00, 토·일·공휴일 14:00/월 휴무
PRICE S$8, 60세 이상·학생 S$5(6세 이하 무료), 5인 가족 패키지 S$24(성인은 3명까지)
WEB indianheritage.gov.sg

+MORE+

리틀 인디아의 유래

온통 인도 식당과 상점이 즐비해 싱가포르를 한순간에 인도로 변신시키는 이 지역은 1840년대부터 인근 경마장에서 경마를 즐기던 유럽인들이 모이던 곳이었다. 그러다 소 거래가 활발해지면서 소 거래업계를 장악하고 있던 인도인들이 몰리게 됐고, 이들을 위한 힌두 사원이 설립되는 등 자연스레 인도인 커뮤니티가 형성됐다. MRT 리틀인디아역에서 패러파크역 쪽으로 향하는 도로명이 경주를 뜻하는 레이스 코스 로드(Race Course Road)인 것과, 텍카 센터 뒤 도로명이 소를 뜻하는 버팔로 로드(Buffalo Road)인 것은 이런 이유 때문이다.

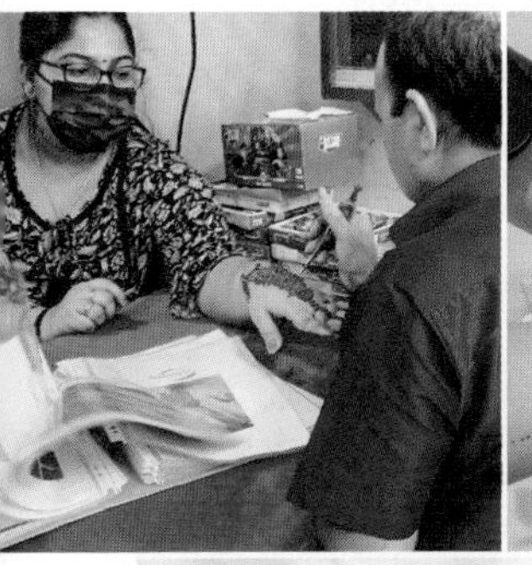

4 이 참에 헤나 한 번 해보나?
리틀 인디아 아케이드 Little India Arcade

리틀 인디아 초입에 있는 쇼핑센터. 1920년대 지어진 노란색 2층 건물로, 화려한 인도 의상과 액세서리를 파는 가게들이 시선을 사로잡는다. 인도풍 기념품 쇼핑 장소로도 괜찮은 곳이나, 간혹 바가지요금을 씌우는 곳이 있으니 유의할 것. 기념품 쇼핑 외에 헤나 숍이 많아서 헤나 체험하기에 좋은 곳이기도 하다. 안으로 들어가면 "헤나, 헤나!"하고 외치는 호객행위가 펼쳐지는데, 우리나라 여행자들에게 검증받은 곳은 셀비스(Selvi's, 1층 17호)다. 헤나 비용은 도안에 따라 S$5~20. 1시간 정도 말리면 1~2주가량 지속된다. MAP ⑩

GOOGLE MAPS 리틀 인디아 아케이드
MRT 리틀인디아역 E출구에서 버팔로 로드를 따라 직진 후 세랑군 로드에서 길 건너, 도보 5분
BUS 07031 Tekka Ctr 또는 07539 Opp Rochor Stn 정류장 하차
ADD 48 Serangoon Rd, Singapore 217959
OPEN 09:00~22:00/가게마다 조금씩 다름
WEB littleindiaarcade.com.sg

5 싱가포르에서 만나는 남인도 스타일
스리 비라마칼리암만 사원
Sri Veeramakaliamman Temple

1855년에 세워진 싱가포르 초기의 사원. 시바의 아내이자 '악의 파괴자'인 칼리 여신에게 헌정됐다. 칼리 여신은 인간의 무지를 없애고 세계 질서를 유지하는 신이자 힌두교도들의 수호신으로 알려졌는데, 19세기 중반 싱가포르로 이주해온 1만3000여 명의 인도인들은 낯선 땅에서 보호받기 위해 그녀에게 의지했다고 한다. 남인도의 타밀 나두(Tamil Nadu)주에서 흔히 볼 수 있는 스타일로 지어졌으며, 우뚝 솟은 고푸람을 장식한 화려하고 정교한 조각상과 여러 힌두 신들의 조각과 그림으로 화려하게 꾸민 내부가 눈길을 사로잡는다. 몇 차례의 보수 및 복원 작업을 거쳐 싱가포르의 멋진 볼거리 중 하나로 손꼽힌다. 민소매, 슬리퍼, 반바지 착용 금지 등 복장 제한이 있으며, 신발은 입구에서 벗고 들어가야 한다. MAP ⑩

GOOGLE MAPS 스리 비라마칼리암만 사원
WALK 텍카 센터 또는 리틀 인디아 아케이드에서 세랑군 로드를 따라 도보 3분
MRT 리틀인디아역 E출구에서 왼쪽 버팔로 로드를 따라 직진 후 세랑군 로드에서 좌회전, 도보 5분
BUS 07111 Broadway Hotel 정류장 하차
ADD 141 Serangoon Rd, Singapore 218042
OPEN 05:30~12:00, 17:00~21:00
PRICE 무료
WEB srivkt.org

: WRITER'S PICK :

칼리는 어떤 여신?

칼리 여신은 죽음, 시간, 종말을 나타내는 힌두교 신이다. 사원 안에서 볼 수 있는 그녀의 모습은 끔찍하고 폭력적이지만, 역설적으로 그녀는 모든 것을 파괴하고 다시 태어나도록 하는 우주의 어머니로 여겨지며, 강한 어머니 또는 어머니의 사랑을 상징한다. 즉, 모든 악으로부터 아이(힌두교도)를 보호하는 수호신이라고 할 수 있다.

6 방심하면 캐리어가 터질지도
무스타파 센터 Mustafa Centre

싱가포르의 가성비 쇼핑 성지로 이름난 곳. 엄청나게 큰 규모와 다양한 상품, 저렴한 가격이 장점이다. 지하 2층, 지상 4층의 규모로 타이거 밤이나 멀라이언 쿠키, 히말라야 립밤, 해피 히포 초콜릿 등 인기 기념품은 물론, 각종 식료품 및 가전제품, 의약품, 문구류, 가구, 의류, 가방, 생활용품 등 없는 품목이 없을 정도이다. 히말라야 립밤 등 화장품 종류는 1층에, 기념품, 과자, 초콜릿, 캐리어 등은 2층에 주로 모여 있다. 신용카드 결제도 가능하며, 구매액이 S$100을 넘을 경우 지하 2층 창구에서 택스 리펀을 신청할 수 있다. 24시간 영업해 언제든지 갈 수 있지만, 오후에는 무척 붐비니 되도록이면 오전에 가자. MAP ⑩

GOOGLE MAPS 무스타파 센터
WALK 스리 비라마칼리암만 사원에서 패러파크역 쪽으로 세랑군 로드를 따라 도보 6분
MRT 패러파크역 G출구에서 사거리에서 대각선 방향으로 길을 건넌 후 세랑군 로드를 따라 직진, 왼쪽 첫 번째 골목으로 들어가면 간판이 보인다. 도보 5분
BUS 07231 Bef Tai Hoe Hotel 또는 07111 Broadway Hotel 정류장 하차
ADD 145 Syed Alwi Rd, Singapore 207704
OPEN 24시간
WEB mustafa.com.sg

: WRITER'S PICK :

무스타파 센터 이용 팁

❶ 큰 가방은 입장할 때 입구를 봉해 버리므로 지갑 정도만 가지고 가자.

❷ 구매할 품목을 정해 해당하는 가게의 위치를 알고 가면 시간을 아낄 수 있다.

❸ 구조가 복잡하고 붐비므로 아이와 함께라면 각별히 신경 쓰자.

❹ 한화 2만원 대로도 꽤 괜찮은 기내용 캐리어를 살 수 있다.

❺ 계산을 마치면 비닐 쇼핑백을 케이블 타이로 묶어준다. 추가로 쇼핑하더라도 밖으로 나갈 때까지 이 케이블 타이를 풀면 안 된다.

❻ 해피 히포 초콜릿 하나 때문에 무스타파 센터까지 갈 필요는 없다. 쇼핑할 물건이 많지 않다면 가까운 슈퍼마켓을 이용하자.

■ 층별 안내

층	주요 품목	참고사항
4층	자동차용품, 문구류, 서적, 미술용품	-
3층	여성 의류, 침구류, 주방, 욕실, 생활용품	-
2층	초콜릿, 비스킷, 스낵류, 커피, 차, 기념품, 가방, 캐리어, 식료품	부엉이 커피, 킨더 히포 초콜릿, 멀라이언 초콜릿, 칠리 크랩 소스, 카야잼 등
1층	의약품, 전자제품, CD, DVD, 건강식품, 화장품, 목욕용품, 향수, 시계, 환전	여행자들이 주로 찾는 물건은 에스컬레이터 주변의 22~27열과 51~60열에 몰려 있음
지하 1층	의류, 신발, 언더웨어, 아기용품	타이거 밤, AXE 오일, 히말라야 립밤, 달리 치약/히말라야 관련 상품은 6·7번 코너
지하 2층	택스 리펀 창구, 우체국, 카메라, 전화기, 컴퓨터, 전자제품 등	GST Refund 데스크에서 영수증 내고 환급 신청/공항에서 현금 수령

에어존

7 리틀 인디아의 모던한 쇼핑몰
시티 스퀘어 몰 City Square Mall

리틀 인디아에서 가장 크고 현대적인 쇼핑몰. 친환경 건축자재로 지어졌으며, 전기 자동차 전용 주차 공간과 이산화탄소 배출 방지 에어컨을 설치하는 등 환경 친화적인 쇼핑몰을 지향한다. 층마다 다양한 식당이 입점했고, 지하3층에는 푸드코트인 푸드 리퍼블릭이 있으며, 아스톤즈, 딘타이펑, 토스트 박스, 야쿤 카야 토스트 등 검증된 프랜차이즈도 많아 먹거리 선택의 폭이 넓다. 지하 1·2층과 지상 4층에는 다양한 식당이 입점해 있어서 선택의 폭이 넓지만, 푸드코트(푸드 리퍼블릭) 내 식당은 페퍼 런치를 빼고는 맛이 그리 좋은 편이 아니므로, 아스톤즈, 딘타이펑 등 검증된 프랜차이즈나 야쿤 카야 토스트 등을 이용하는 편이 좋다. 지하 1층에는 페어프라이스 슈퍼마켓, 지하 2층에는 일본의 대형 소매점인 돈돈 돈키가 입점해 있어서 간단히 쇼핑하기 좋다. MAP ⑩

GOOGLE MAPS 시티 스퀘어 몰
WALK 무스타파 센터에서 도보 5분
MRT 패러파크역 I출구와 바로 연결
BUS 07211 Aft Farrer Pk Stn Exit G 또는 07231 Bef Tai Hoe Hotel 정류장 하차
ADD 180 Kitchener Rd, Singapore 208539
OPEN 10:00~22:00
WEB citysquaremall.com.sg

+MORE+

쇼핑몰 안 놀이터, 에어존 Airzone

쇼핑몰 공중에 설치된 그물 놀이터. 볼풀 공 4만 개로 가득 찬 볼 핏(Ball Pit), 짜릿한 공중 슬라이드를 경험할 수 있는 에어존 슬라이드, 그물로 엮인 미로 탈출 게임인 에어존 미로 등 다양한 섹션이 준비돼 있다. 위험천만해 보이지만, 그물은 대형 버스 2대를 올려도 될 정도로 안전하다고. 훈련된 직원들이 늘 지켜보며 관리한다. 교육 시간을 포함하여 세션(1시간) 단위로 이용할 수 있으며, 현장에서 티켓 구매 시 신용카드나 NETS 등을 이용해야 한다. 원하는 시간에 이용하지 못할 수 있으니 홈페이지에서 예매하고 가는 것을 추천한다.

■ 주요 매장

층	숍(괄호 안은 매장 번호, 파란색은 식당)
3층	아디다스(03), 푸마(10), 라이라이 타이완 캐주얼 다이닝(39), 와타미 재패니즈 다이닝(53)
2층	유니클로(41), 토이저러스(25), 웍 마스터(51)
1층	리바이스(14), 브레드톡(41), 스미글(39), 지오다노(27), 찰스앤키스(34), 코튼온(06), 딘타이펑(10), 스타벅스(38), 맥도날드(19), 토스트 박스(42)
지하 1층	가디언(18), 유얀상(12A), 왓슨스(11), 페어프라이스 슈퍼마켓(09), KFC(29), KOI카페(K6), 야쿤 카야 토스트(K18), 올드 창키(K5)
지하 2층	VALU$(37), 돈돈 돈키(05), 리치&굿 케이크 숍(21), 모스버거(04), 미스터코코넛(18A)
지하 3층	미향원(03), 써브웨이(02), 푸드 리퍼블릭(04)

8 대불이 어마어마 하네!

사캬무니 부다가야 사원
Sakya Muni Buddha Gaya Temple

건물 안을 꽉 채운 거대 불상이 압도적인 사원. 1927년 태국의 한 스님이 고국에서 가져온 불상을 보관하고자 임시로 세운 판잣집이 기원으로, 1930년 타이거 밤 창립자인 오분호와 오분파 형제의 기부를 받아 지금의 건물이 완성됐다. 'Sakya Muni'는 '석가모니'를, 'Buddha Gaya'는 석가모니가 깨달음을 얻은 보리수나무 아래를 의미한다. 중앙에 있는 높이 15m, 무게 300t의 대불 주변을 수많은 조명이 둘러싸고 있는 탓에 '1000개의 빛 사원'이라고도 불린다. 불상 맨 아래에는 부처의 생애 중 일어난 사건들을 묘사한 프레스코화를 볼 수 있으며, 작은 불상들과 보리수나무 껍질, 불교 미술품 등도 전시돼 있다. 싱가포르의 부처님 오신 날인 베삭 데이(Vesak Day)에는 작은 불상에 금박을 붙이는 행사가 열린다. MAP ⑩

GOOGLE MAPS sakya muni buddha gaya temple
MRT 패러파크역 B출구에서 우측으로 직진 후 Race Course Rd 표지판 위치에서 좌회전. 도보 7분
BUS 07221 Sri Vadapathira K Tp 정류장 하차
ADD 366 Race Course Rd, Singapore 218638
OPEN 08:00~16:30
PRICE 무료

9 중국 본토의 멋 그대로

룽산시(용산사) Leong San See 龍山寺

싱가포르에서 가장 화려한 불교 사원 중 하나. 한자 이름을 그대로 번역해 '드래곤 마운틴 템플'이라고도 부른다. 항아리 하나와 관음상만 가지고 싱가포르에 도착한 춘우 스님에 의해 1917년 창건됐으며, 1926년 상인이자 자선가인 탄분리아트의 기부로 재건립됐다. 건축 자재는 중국에서 들여왔다. 공자를 모시는 제단이 있어서 자녀를 동반한 부모들이 지성과 효를 빌러 온다. 지붕에 장식된 조각상이 매우 아름다우며, 내부에 전시된 화려한 불교 예술품도 시선을 사로잡는다. 사캬무니 부다가야 사원과 마주 보고 있으므로 두 곳을 엮어서 둘러보기 좋다. MAP ⑩

GOOGLE MAPS leong san see temple
WALK 사캬무니 부다가야 사원 맞은편
ADD 371 Race Course Rd, Singapore 218641
OPEN 08:00~16:00
PRICE 무료
WEB leongsanseetemple.com

Let 'EAT' go!

리틀 인디아로 먹으러 가자

리틀 인디아에는 인기 있는 인도 음식 전문점은 물론, 가성비 좋은 딤섬 맛집이나 페이퍼 치킨 맛집 등
추천할 만한 아시아 각국의 먹거리가 상당하다.
시티 스퀘어 몰에 입점한 레스토랑까지 합하면 선택지가 더욱 넓어지니 골고루 맛보자.

바나나 잎의 놀라운 변신

바나나 리프 아폴로 The Banana Leaf Apolo

리틀 인디아에서 둘째가라면 서러운 인도 음식 맛집. 1974년 문을 연 이곳에서는 싱가포르의 대표 음식 중 하나인 피시 헤드 커리를 비롯한 맛있는 커리를 맛볼 수 있고, 탄두리 치킨 등 치킨류나 해산물 요리도 다채롭다. 인도 전통 방식을 따라 갓 자른 싱싱한 바나나 잎을 개인 앞접시로 사용한다. 바나나 잎은 음식의 맛과 풍미를 더해주는 데다 환경 친화적이며, 한 번 사용한 잎은 다시 쓰지 않아서 위생적이다. MAP ⑩

MENU 아폴로 피시 헤드 커리 S$33/39/44, 탄두리 치킨 S$20.4/36.7, 씨푸드 프라이드 라이스 S$17.8, 난 S$4.2~8.5/서비스 차지 및 세금 별도
GOOGLE MAPS the banana leaf apolo
WALK 스리 비라마칼리암만 사원 왼쪽 벨리리오스(Belilios) 로드를 따라 직진, 삼거리가 나오면 마주 보이는 건물 왼쪽을 끼고 레이스 코스 로드로 나옴. 도보 3분
ADD 54 Race Course Rd, Singapore 218564
OPEN 10:30~22:30
WEB thebananaleafapolo.com

피시 헤드 커리는 이곳에서

무투스 커리 Muthu's Curry

바나나 리프 아폴로 근처의 또 다른 인도 음식 전문점. 2019년 미슐랭 가이드 빕 구르망에 오른 곳으로, 피시 헤드 커리의 대명사로 불린다. 커다란 생선 머리가 통째로 들어가는 요리로, 국물이 얼큰하고 살코기도 푸짐해서 먹을수록 중독성이 강하다. 깔끔한 실내 인테리어와 편리한 전자식 주문 시스템도 이곳을 찾게 되는 이유 중 하나. 피시 헤드 커리 외 치킨, 씨푸드, 볶음밥, 케밥 등 다양한 인도 요리를 먹을 수 있으며, 이곳 역시 바나나 잎을 앞접시로 사용한다. 간이 다소 센 편이니 밥을 추가 주문하거나, 4가지 종류의 난으로 구성된 난 바스켓(S$24)을 곁들여 먹자. **MAP ⑩**

MENU 피시 헤드 커리 S$36, 마살라 치킨 S$17, 버터 치킨 S$20, 커리 피시 S$17, 난 S$4~6.5/서비스 차지 및 세금 별도
GOOGLE MAPS muthu's curry
WALK 스리 비라마칼리암만 사원 왼쪽 벨릴리오스(Belilios) 로드를 따라 직진, 삼거리가 나오면 마주 보이는 건물 오른쪽을 끼고 레이스 코스 로드로 나온 후 우측으로 직진. 도보 5분
ADD 138 Race Course Rd, #01-01, Singapore 218591
OPEN 10:30~22:30
WEB muthuscurry.com

: WRITER'S PICK :

반가운 한국말이 이곳에?

지나는 사람들의 외모부터 생소하게 느껴지는 리틀 인디아지만 알고 보면 반가운 부분이 있다. 싱가포르로 이주한 인도인은 대부분 인도 남부의 타밀 나두(Tamil Nadu) 지역 출신인데, 이들이 쓰는 타밀어가 놀랍도록 우리말과 비슷하기 때문이다. 엄마-암마, 아빠-아빠, 언니-안니, 나-나, 너-니, 나라-나르, 싸우다-사우다, 아파-아파 등 발음뿐 아니라 어순까지 똑같다는 사실. 언어뿐 아니라 공기놀이, 윷놀이, 막걸리 등 음식과 놀이 문화도 한국과 비슷한 점이 많다.

딤섬이 그렇게 싸고 맛있다죠

스위춘 Swee Choon 瑞春

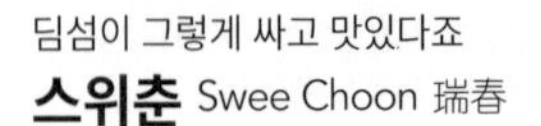

현지인이 손꼽는 딤섬 전문점. 1962년 문을 연 이래 60여 년간 한결 같은 맛을 선보인다. 대부분의 딤섬 메뉴가 S$2~5 정도로 저렴하고 한국인의 입맛에도 잘 맞는다. 저렴한 만큼 양이 적은 편이라 여러 가지 메뉴를 선택해 맛볼 수 있다는 것도 장점. 무스타파 센터와 가까운 데다 새벽까지 영업하므로 늦은 시간에 들르기 좋다. 테이블에 있는 QR 코드를 스캔한 후 휴대전화로 주문하는 시스템. 최근 여행자들에게도 입소문이 난 탓에 웨이팅이 길어졌다는 점, 현금만 사용할 수 있다는 게 단점이다. MAP ⑩

MENU 251번 상하이 샤오룽바오 S$5.9(4개), 107번 하가우 S$3.9(2개), 106번 슈마이 S$2.9(2개), 103번 류사바오(Salted Egg Yolk Custard Bun) S$5.8(3개), 162번 에그타르트 S$4.4(2개), 803번 망고 포멜로 사고 S$4.8/서비스 차지 및 세금 별도
GOOGLE MAPS swee choon
WALK 무스타파 센터를 바라보고 오른쪽으로 걷다 보면 우측 코너에 있음. 도보 5분
ADD 183/185/187/189/191/193 Jalan Besar, Singapore 208882
OPEN 07:00~15:00(토·일 ~16:00), 18:00~04:00/화 휴무
WEB sweechoon.com

나만 알고 싶은 딤섬 맛집

섬 딤섬 Sum Dim Sum 心點心

스위춘 옆에 위치한 딤섬 전문점. 스위춘보다 좀 더 깨끗하고 아늑한 분위기인 데다 맛도 뒤지지 않는다. 이국적인 향이 거의 없어 한국인의 입맛에도 잘 맞는 편이고, 가격도 스위춘과 비슷하다. 다른 곳에서는 볼 수 없는 파란색 피로 감싼 하가우(Tiffany Blue XL Prawn Dumpling)가 이색적이며, 팀호완에서 볼 수 있는 포크번은 판단 잎이 추가되어 녹색으로 만날 수 있다. 튀긴 쌀국수에 신선한 새우와 돼지고기, 야채가 어우러진 프래그런트 비훈(Fragrant Bee Hoon)도 강력 추천. 1층보다 넓고 쾌적한 2층을 추천하며, 신용카드 결제도 가능하다. MAP ⑩

MENU A1 샤오룽바오 S$5.7(3개), A2 차슈바오 S$5.7(3개), A5 류사바오 S$4.7(3개), A11 하가우 S$5.1(3개), A12 티파니 블루 하가우 S$6.3(3개), C1 포크 번 S$6.3(3개)/서비스 차지 및 세금 별도
GOOGLE MAPS 섬 딤섬
WALK 스위춘을 바라보고 왼쪽으로 도보 1분
ADD 161 Jalan Besar, Singapore 208876
OPEN 11:30~15:00, 17:00~00:00(토·일 10:30~)
WEB sumdimsum.oddle.me/en_SG

한 개씩 까먹으니 더 꿀맛

힐만 레스토랑 Hillman Restaurant 喜臨門大飯店

리틀 인디아에서 제대로 된 중국 요리를 선보이는 몇 안 되는 곳 중 하나다. 중국 광동성에서 온 부부가 1963년 오픈한 정통 중식당으로, 시그니처 메뉴는 양념을 재워 숙성한 뼈 없는 닭고기를 파라핀 종이로 감싸서 튀겨낸 페이퍼 치킨. 한입에 쏙 들어가는 크기에 풍부한 육즙, 짭조름한 양념 덕에 아이들도 맛있게 먹으며, 1인분 정도 되는 5조각 단위로 판매한다. 두부를 주재료로 만든 해피 빈커드 등 다른 메뉴들도 한국인의 입맛에 잘 맞고, 에어컨이 설치된 쾌적한 분위기도 장점. 다만 식사 때는 웨이팅이 있으므로 전화(+65 6221 5073)로 예약하고 가는 것이 좋다. **MAP ⑩**

MENU 81번 페이퍼 치킨 S$12.5/25/37.5/50(5/10/15/20개), 221번 해피 빈커드 S$18/30/36, 271번 볶음밥 S$9/16/24, 305번 호펀 위드 믹스드 미트 S$9/16/24
GOOGLE MAPS hillman restaurant
WALK 시티 스퀘어 몰에서 키처너 로드를 따라 직진하면 오른쪽에 보인다. 도보 2분
ADD 135 Kitchener Rd, Singapore 208518
OPEN 11:45~14:00, 17:45~22:00
WEB hillmanrestaurant.com

페이퍼 치킨
해피 빈커드

아는 사람만 찾아가는 힙한 카페

체셍후앗 하드웨어
Chye Seng Huat Hardware(CSHH) 再成發五金

이런 건물에 카페가 있을까 싶을 정도로 눈에 잘 띄진 않지만, 알 만한 사람은 다 아는 커피 맛집이다. 옛 철물점을 개조한 매장에서 로스팅한 수준 높은 커피가 손님들의 발길을 끈다. 즉석에서 내린 드립 커피와 에스프레소, 콜드 브루 등 커피뿐 아니라 다양한 브런치와 디저트까지 준비돼 있어 아침 식사 장소로도 좋다. 브랙퍼스트 메뉴는 오후 4시까지 주문 가능하며, 테이블에 앉아 QR코드로 주문하고 결제하는 방식이다. 직접 로스팅한 다양한 산지의 원두도 구매할 수 있다. **MAP ⑩**

MENU 드립커피 S$8, 롱블랙 S$6, 카푸치노/라테/플랫 화이트 S$6/7, 콜드 브루 S$7.5~8.5, 브랙퍼스트 메뉴 S$14~26
GOOGLE MAPS chye seng huat hardware
WALK 시티 스퀘어 몰에서 키처너 로드를 따라 직진, 잘란 베사르 플라자(Jalan Besar Plaza) 중간쯤에서 왼쪽의 티릿 로드(Tyrwhitt Rd)를 따라 직진(잘란 베사르 스타디움 다음 골목). 도보 10분
ADD 150 Tyrwhitt Rd, Singapore 207563
OPEN 08:30~22:00/매월 첫째 월요일 휴무
WEB cshhcoffee.com

SINGAPORE STORY 7

아는 만큼 보이는 싱가포르 이야기

아시아 최대의 다민족·다문화 국가

세계 각국에서 유입된 싱가포리언들이 그들만의 고유한 문화를 지켜가며 살아가는 모습을 지켜보는 것은 싱가포르 여행에서 놓칠 수 없는 재미다.

서로를 존중하는 샐러드볼 사회

약 604만 명(2024년 기준)의 싱가포르 인구 중 싱가포르 국적자(Singapore Citizen, SC)는 약 364만 명, 영주권자(Permanent Resident, PR)가 약 54만 명이고, 장기 체류 외국인은 약 186만 명이다. 국민(싱가포르 국적자+영주권자) 중 중국계가 74%로 절대다수를 차지한다. 이들은 19세기 후반부터 중국으로부터 새로운 기회를 찾아 싱가포르로 건너온 사람들의 후손으로 복건(福建 Hokkien), 조주(潮州 Teochew), 광동(廣東 Canton), 객가(客家 Hakka), 해남(海南 Hainan) 등지에서 왔다.

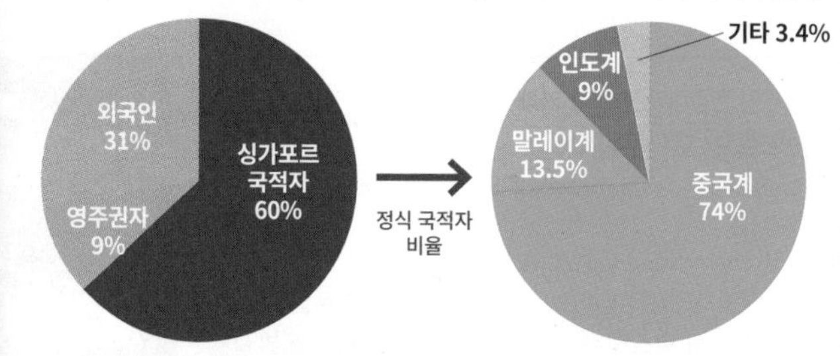

각각의 문화가 융합돼 하나로 다시 태어나는 사회를 의미하는 멜팅 팟(Melting Pot)과 달리 싱가포르는 다양한 문화가 조화롭게 고유의 모습을 그대로 유지하는 샐러드볼 사회(Salad Bowl Society)다. 지금은 민족별 거주지로서의 의미가 많이 퇴색되기는 했지만, 차이나타운, 리틀 인디아, 아랍 스트리트 등에서는 여전히 각 민족을 대표하는 종교 사원과 음식 문화 등을 체험할 수 있다. 이들은 가정에서 해당 민족의 언어를 사용하는 등 민족 고유의 명절과 풍습을 지켜 나가고 있다.

다양한 신이 모여 사는 곳

싱가포르에는 여러 종교가 공존하며 각각의 다양성이 보장돼 있다. 불교도가 약 31%로 가장 많고, 가톨릭과 개신교를 합한 기독교도가 약 19%, 그 다음으로 이슬람교 15.6%, 도교 8.8%, 힌두교 5%의 순서이며, 각 종교의 중요한 기념일은 모두 공휴일로 지정돼 있다. 불아사와 같은 불교 사원을 비롯하여 세인트 앤드류 성당이나 굿 셰퍼드 성당, 술탄 모스크, 스리 마리암만 사원, 티안혹켕 사원 등 다양한 종교별 사원들을 모두 볼 수 있다는 것도 싱가포르의 매력이다.

+MORE+

잭슨 플랜 Jackson Plan

1819년 싱가포르에 도착한 스탬포드 래플스 경이 필립 잭슨에게 지시해 1828년 완성한 도시계획. 도심, 특히 싱가포르강 주변 지역의 개발에 초점을 맞췄으며, 싱가포르의 좁은 땅을 효율적으로 사용하고 각 민족별로 땅을 적절히 배분하고 관리해 사이좋은 다민족 국가를 이루는 것을 목표로 했다. 래플스 타운 플랜(Raffles Town Plan)이라고도 부르는 이 계획으로 싱가포르는 민족별로 주거지가 나뉘었고, 그 형태는 오늘날까지 이어지고 있다.

이웃 나라들과의 관계

1965년 독립 전까지 말레이시아 연방국이었던 싱가포르는 지금도 말레이시아와 밀접한 관계다. 생산 시설이 부족한 싱가포르는 식료품이나 생필품, 심지어 물까지 말레이시아에서 수입하고 있으며, 많은 말레이시안이 싱가포르로 출퇴근하고 있다. 이렇듯 긴밀한 사이인 만큼 양국은 여러 분쟁도 겪어 왔는데, 그 중 대표적인 것은 싱가포르 해협 끝에 있는 페드라 브랑카 섬에 대한 영유권 분쟁이다. 독립 후 이 섬을 꾸준히 관리해온 싱가포르와, 역사적으로 자신들의 영토임을 주장하는 말레이시아는 여러 차례 충돌을 일으켰다. 2008년 국제사법재판소가 싱가포르의 손을 들어주면서 일단락됐으나, 언제든 충돌이 재발할 우려가 있다. 이밖에 양국 사이에 흐르는 조호르 해협의 항구 관할 영역을 두고도 갈등이 있다.

남쪽으로 인접한 인도네시아와는 불법 체류자 문제와 매년 싱가포르로 날아오는 헤이즈(Haze)로 골머리를 썩인다. 헤이즈는 인도네시아 수마트라섬의 화전민들이 경작을 위해 지르는 불로 인해 발생하는 매연으로, 헤이즈가 날아오면 대기가 탁해지고 매캐한 냄새도 나서 해로울 뿐 아니라 여행에도 지장을 초래한다. 이에 싱가포르 정부는 인도네시아 정부와의 협의를 통해 헤이즈를 줄이려고 노력하고 있지만, 해결이 쉽지 않은 실정이다.

헤이즈로 뒤덮인 멀라이언 파크

여전히 남아 있는 영국의 흔적

오랜 시간 영국의 영향권 아래에 있었던 만큼 싱가포르인의 마음속에는 아직도 영국이라는 나라가 크게 자리 잡고 있다. 싱가포르의 도로명에서는 영국의 지명과 이곳을 스쳐 간 영국인들의 흔적을 쉽게 찾을 수 있으며, 사람들은 잉글랜드 프리미어 리그에 열광하고, 애프터 눈 티를 즐긴다. 혹자는 싱가포르 사람들은 겉은 아시안이지만 속은 영국인이라고 말한다. 이것이 간혹 레스토랑 등에서 같은 아시안임에도 인종차별을 당했다는 우리나라 여행자들의 볼멘소리를 유발하는 요인이 되기도 한다.

차이나타운

차이 나는 싱가포르 여행

CHINATOWN

과거 우차수(牛車水)라 불리던 차이나타운은 범선을 타고 싱가포르로 향한 수많은 중국인들이 첫발을 내디딘 땅이다. 북쪽의 텔록 아이어(Telok Ayer)부터 남쪽의 탄종 파가(Tanjong Pagar)까지 아우르는 싱가포르 최대의 활기찬 역사 지구에서, 클래스가 다른 여행을 즐겨보자.

Access

MRT

차이나타운역 Chinatown : North East Line/Downtown Line

- **차이나타운 스트리트 마켓**(파고다 스트리트) A출구로 나오면 바로
- **스리 마리암만 사원** A출구에서 직진, 파고다 스트리트 끝에 위치
- **동방미식** A출구에서 뒤돌아 나온 후 큰 길에서 우회전
- **미향원** A출구에서 뒤돌아 나온 후 큰 길에서 좌회전
- **차이나타운 포인트몰** E출구로 나오면 바로

맥스웰역 Maxwell : Thomson-East Coast Line

- **불아사** 1번 출구로 나오면 왼쪽에 바로
- **맥스웰 푸드센터, 싱가포르 시티 갤러리** 2번 출구에서 도보 1~2분
- **한식당 거리** 2번 출구에서 왼쪽으로 직진, 도보 5분

텔록아이어역 Telok Ayer : Downtown Line

- **라우파삿 사테 거리** A출구에서 오른쪽으로 직진
- **티안혹켕 사원** A출구에서 왼쪽, 사거리에서 좌회전 후 직진
- **야쿤 카야 토스트 본점** B출구에서 횡단보도를 건너 더 클랜 호텔 방향으로 직진, 첫 사거리에서 우회전 후 직진

시내버스

- **143번** 뉴튼역-오차드역-**차이나타운**(Chinatown Stn Exit E)-비보시티
- **145번** 아랍 스트리트-부기스-시티홀역-보트 키-**차이나타운**(Maxwell Rd FC)-비보시티
- **190번** 오차드역-도비갓역-차임스-클락키역-**차이나타운**(Chinatown Stn Exit E)

MRT 차이나타운역

Planning

- **총 소요 시간** 약 5시간
- **총 입장료** S$6

① 차이나타운역 A출구에서 출발
⬇ 도보 1분
② 차이나타운 스트리트 마켓(파고다 스트리트, 30분)
⬇ 도보 3분
③ 스리 마리암만 사원(20분)
⬇ 도보 5분
④ 불아사(40분)
⬇ 도보 5분
⑤ 맥스웰 푸드센터(60분)
⬇ 도보 1분
⑥ 싱가포르 시티 갤러리(30분)
⬇ 택시 5분
⑦ 피너클 앳 덕스턴 스카이 브리지(40분)
⬇ 버스 10분
⑧ 라우파삿 사테 거리(60분)

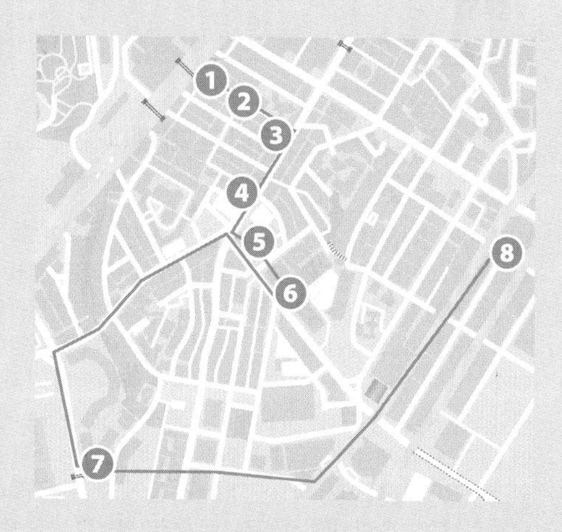

: WRITER'S PICK :

이렇게 일정 짜면 좋아요!

위 추천 코스를 기본으로 하되, 식사는 차이나타운역 근처의 동방미식에서 미리 마친 후 출발하거나 맥스웰 푸드센터에서 하길 권한다. 피너클 앳 덕스턴 스카이 브리지에서 일몰과 야경을 감상하려면 오후 3시쯤 일정을 시작하는 게 좋다. 이후 라우파삿 사테 거리에서 사테와 함께 맥주 한 잔으로 하루를 마무리하면 금상첨화다. 한식이 먹고 싶다면 피너클 앳 덕스턴에서 멀지 않은 한식당 거리로 가자.

1 기념품 쇼핑의 성지
차이나타운 스트리트 마켓(파고다 스트리트)
Chinatown Street Market(Pagoda Street)

MRT 차이나타운역 A출구 앞에 형성된 대규모 상점가. 파고다 스트리트를 중심으로 이와 연결된 트렝가누 스트리트, 템플 스트리트에 이르기까지 기념품 가게들이 즐비하다. 과거 아편 흡연 구역으로 유명했고, 중국인·인도인 숙소를 중심으로 인력시장이 형성돼 있었으나, 20세기 중반부터 상업 지구로 재탄생해 지금은 핫플레이스가 됐다. 파고다는 사원이나 사찰의 '탑'을 뜻하는데, 길 끝에 탑(고푸람)이 세워진 스리 마리암만 사원이 있다는 데서 길 이름이 붙여졌다. 열쇠고리, 마그넷, 티셔츠 등 각종 기념품들은 세트 단위로 저렴하게 판매해 선물용으로 좋고, 쟁쟁한 박과 브랜드들도 많다. 상점마다 비슷한 물건을 팔기 때문에 가격 비교는 필수. 흥정은 잘 안 먹히니 가격표에 적힌 가격으로 잘 따져보자. MRT 역에서 멀어질수록 저렴할 확률이 높다. 대부분 11:00부터 문을 연다. MAP ⑪

GOOGLE MAPS 파고다 스트리트
MRT 차이나타운역 A출구에서 바로
BUS 05039 New Bridge Ctr 또는 05013 Chinatown Stn Exit C 정류장 하차
ADD Pagoda St, Singapore 059212
OPEN 09:30~21:00/매장마다 다름

<삼수이 우먼>

+MORE+

<삼수이 우먼 Samsui Women>

파고다 스트리트와 그 주변을 걷다 보면 머리에 네모난 모자를 쓴 여성의 인형이나 동상을 자주 만날 수 있다. '삼수이 우먼'이라 불리는 이들은 주로 중국 광둥성 싼수이(Sanshui, 광둥어로는 삼수이) 지역 출신의 여성 이민자를 말한다. 1920년대까지 싱가포르의 중국인 이민자는 대부분 남성이었는데, 1928년 영국 식민지 정부가 성비 개선을 목적으로 중국인 남성 이민자에 대한 입국을 제한하기 시작했고, 1930년대부터 여성 이민자가 싱가포르에 대거 입국했다. 당시 싱가포르에 들어온 삼수이 우먼은 약 20만 명에 이르렀는데, 이들은 주로 차이나타운에 거주하면서 주석 광산, 고무 농장, 건설 현장의 노동자로 일하며 초기 싱가포르의 기반 시설을 만드는 데 기여했다. 삼수이 우먼의 트레이드 마크인 원색의 네모난 모자는 눈에 잘 띄어 공사장에서 안전사고 방지는 물론, 열대의 햇빛을 가리거나 담배, 성냥, 돈과 같은 물품을 보관하는 용도로도 사용됐다고 한다.

② 볼수록 기묘한 탑
스리 마리암만 사원
Sri Mariamman Temple

처음엔 목조로 지어졌다가 1843년 회반죽과 벽돌을 사용하여 재건축됐다.

싱가포르에서 가장 오래된 힌두교 사원. 1827년 인도 남부 출신 이민자들의 예배 장소로 지어졌으며, 질병 치유 능력이 뛰어난 마리암만 여신을 기린다. 이곳의 명물은 사원 입구에 놓인 15m 높이의 고푸람(Gopuram, 타밀어로 '탑'이라는 뜻). 본래 1800년대 후반에 만들어졌지만, 1962년 6단으로 구성된 정교한 인물 조각상이 추가되어 보는 이로 하여금 탄성을 자아내게 한다. 매년 10월경 힌두교 최대의 축제인 디파발리(Deepavali) 때면 불 위를 걷는 의식인 '파이어 워킹 축제'가 열리며, '은빛 전차 행렬(Silver Chariot Procession)'도 이곳에서 출발한다. 신발은 사원 입구에 벗어 놓고 들어가야 하며, 민소매와 반바지, 짧은 치마 등은 제한된다. MAP ⑪

GOOGLE MAPS 스리 마리암만 사원
WALK 차이나타운역 A출구에서 파고다 스트리트를 따라 직진하면 길 끝에 있다. 도보 5분
ADD 244 South Bridge Rd, Singapore 058793
OPEN 06:00~12:00, 18:00~21:00
PRICE 무료
WEB smt.org.sg

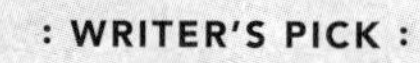

: WRITER'S PICK :
차이나타운의 또 다른 이름

❶ 우차수 牛車水 차이나타운 곳곳에서 볼 수 있는 '우차수(牛車水)'라는 이름은 과거 이 지역을 부르던 명칭이다. 19세기부터 20세기 초까지 지금의 차이나타운과 그 주변 지역 사람들이 근처의 안시앙 힐(Ann Siang Hill)에 있는 우물 물을 길어 소가 끄는 수레에 실어 날랐다는 데서 유래했다. 물 수레(Water Cart)를 뜻하는 말레이어인 크레타 아이어(Kreta Ayer) 역시 이 지역을 일컫는 말이다.

❷ 텔록 아이어 Telok Ayer 텔록은 말레이어로 '만(灣)'을 뜻하는 말. 현재 MRT 텔록아이어역을 관통하는 텔록 아이어 스트리트 역시 과거 해안 도로라서 붙은 이름이다. 지금은 간척 사업을 통해 육지가 된지 오래지만, 옛날 사진을 보면 라우파삿 사테 거리에 위치한 텔록 아이어 마켓이 바다에 맞닿아 있는 모습을 볼 수 있다.

3 부처의 치아 사리가 이곳에?!
불아사
Buddha Tooth Relic Temple & Museum 佛牙寺

1층부터 옥상까지 볼거리로 가득한 불교 사원. 당나라 시대 건축 양식을 살려서 2007년 완공됐으며, 인도 쿠시나가르에 있는 다비장에서 발굴한 부처의 치아 사리가 전시돼 있다. '불아'라는 이름도 '부처의 치아'라는 뜻. 엘리베이터를 이용해 루프탑부터 관람하면서 내려오는 게 효율적이며, 치아 사리는 4층 신성한 빛의 홀(Sacred Light Hall)에 자리한 사리탑에 보관돼 있다. 무게 3.5t의 이 육중한 탑을 만들기 위해 무려 320kg에 달하는 금이 사용됐다고. 4층에서 이어진 계단 위에 조성된 옥상 정원에는 한 번 돌리면 불교 경전을 한 번 읽은 것과 같다는 원통형의 불교 도구인 마니차와 만불상을 볼 수 있다. MAP ⑪

GOOGLE MAPS 불아사
WALK 스리 마리암만 사원 입구를 바라보고 왼쪽으로 도보 2분
BUS 05269 Maxwell Rd FC 또는 05189 Opp Sri Mariamman Tp 정류장 하차
ADD 288 South Bridge Rd, Singapore 058840
OPEN 07:00~17:00
PRICE 무료
WEB buddhatoothrelictemple.org.sg

■ **층별 안내**

옥상	옥상 정원/마니차 & 만불상
4층	신성한 빛의 홀-부처의 치아 사리 보관(모자와 신발을 벗고 입장해야 하며, 사진 촬영 금지)
3층	불교문화박물관 (부처 관련 유물 다수 소장)
2층	기획 전시실
1층	대웅전(백룡보전)

1층 대웅전 앞에서는 누구든 무료로 향을 피우며 소원을 빌 수 있어서 여행자들이 즐겨 찾는다.

마니차

한눈에 훑어보는 미니어처 싱가포르

4 싱가포르 시티 갤러리

Singapore City Gallery

싱가포르 도시 디자인을 흥미롭게 살펴보는 체험형 갤러리. 3층 규모 건물 안에 나뉜 10개의 테마 전시 공간은 최신 디지털 기술을 동원해 흥미롭게 꾸며져 있다. 2층에 전시된 미니어처는 싱가포르 중심지를 1:400 크기로 축소한 것으로, 빛과 소리를 통해 도심 풍경을 생생하게 표현한 전시관 최대 볼거리다. 이 밖에도 와이드 스크린으로 펼쳐지는 파노라마 쇼 등 갖가지 볼거리로 싱가포르의 도시화 과정과 미래 계획을 보여준다. 무료입장이므로 차이나타운 구경 중 에어컨을 쐬며 쉬어가기 좋고, 맥스웰 푸드센터 바로 앞이어서 식사 후 들르기에도 적합하다. 플래시, 셀카봉, 삼각대는 사용할 수 없다. MAP ⑪

GOOGLE MAPS 싱가포르 시티 갤러리
WALK 불아사에서 도보 5분(맥스웰 푸드센터 맞은편)
MRT 맥스웰역 2번 출구에서 도보 2분
BUS 05269 Maxwell Rd FC 정류장 하차
ADD 45 Maxwell Rd, The URA Centre, Singapore 069118
OPEN 09:00~17:00/일·공휴일 휴무
PRICE 무료
WEB ura.gov.sg/Corporate/Singapore-City-Gallery

바다의 여신에게 기도를

5 티안혹켕 사원

Thian Hock Keng Temple 天福宮

1840년 텔록 아이어 스트리트에 세워진 중국식 사원. 과거 사원 앞이 바다였던 때, 중국에서 거센 파도를 헤치고 온 이민자들이 이곳에서 바다의 여신 마주(Mazu, 媽祖)에게 감사 기도를 드렸고, 중국으로 귀향하는 이들 역시 이곳에서 안전한 항해를 빌었다고 한다. 중국에서 가져온 자재들을 못 없이 조립하는 팀버프레임 공법으로 지었다. 기와 위의 정교한 용과 봉황 조각품, 입체적인 기둥도 걸작으로, 1973년 국가 기념물로 지정됐다. 사원 근처에는 맛있는 한식당이 꽤 많다. MAP ⑪

GOOGLE MAPS thian hock keng temple
WALK 불아사 또는 싱가포르 시티 갤러리에서 도보 10분
MRT 텔록아이어역 A출구에서 왼쪽 사거리에서 좌회전 후 직진. 도보 3분
BUS 03041 Telok Ayer Stn Exit A 정류장 하차
ADD 158 Telok Ayer St, Singapore 068613
OPEN 07:30~17:00
PRICE 무료
WEB thianhockkeng.com.sg

: WRITER'S PICK :

싱가포르 어디에나 있다! 자반 마이너 Javan Myna

싱가포르를 다니다 보면 우리나라의 비둘기보다 더 자주 출몰하는 새가 있다. 검은색 또는 진회색 몸통에 부리와 다리는 밝은 노란색이라 눈에 확 띄는 이 새는 한국어로 자바뿔찌르레기 또는 자바굴뚝새라 불리는 자반 마이너다. 원래 인도네시아 자바섬과 발리에서 서식했지만, 지금은 싱가포르를 중심으로 한 동남아시아 전역에 서식한다. 싱가포르 도심과 주택가 등지에서 찾아볼 수 있으며, 호커 센터의 테이블 위에 올라앉아 남은 음식을 쪼아먹는 모습도 종종 눈에 띈다.

6 반전 주의! 시크릿 전망 명소
피너클 앳 덕스턴 스카이브리지
The Pinnacle@Duxton Skybridge

차이나타운 남쪽에 있는 50층짜리 고급 공공 주택. 7개 동을 연결하는 2개의 긴 스카이 브리지 중 50층이 일반인에 개방돼 있다. 엘리베이터에서 내리면 탁 트인 파노라마 전망에 탄성이 절로 나오는데, 여기까지 찾아온 노력이 하나도 아깝지 않을 정도다. 다른 루프탑 전망대에 비하면 유리나 나무 등으로 가려지지 않은 시원스러운 뷰도 좋고, 붐비지 않는 호젓한 분위기에서 저렴한 가격에 고공 전망을 즐길 수 있는 것도 장점이다. 오후 6시쯤 올라가서 일몰 전후 풍경을 모두 감상하는 것이 포인트이며, 중간중간 벤치들이 놓여 있고 공원도 조성돼 있어서 시원한 바람을 맞으며 쉬기도 좋다. 입장 인원수 제한(동시 50명, 하루 150명)이 있지만, 찾는 사람이 많지 않아 못 올라갈 걱정은 안 해도 된다. MAP ⑪

GOOGLE MAPS the pinnacle sky garden 50th storey skybridge
WALK 불아사를 마주 보고 왼쪽으로 닐 로드(Neil Road)를 따라 계속 직진, 피너클 앳 덕스턴 건물이 끝나는 사거리에서 좌회전 후 직진. 불아사에서 도보 15분
MRT 맥스웰역 3번 출구에서 직진 후 피너클 앳 덕스턴 건물이 끝나는 사거리에서 좌회전, 도보 10분
BUS 05521 Maritime Hse, 05519 Opp Maritime Hse 또는 05431 Tower 15 정류장 하차
ADD 1G Cantonment Rd, Singapore 085601
OPEN 09:00~21:30(마지막 입장 21:00, 21:45에 모든 출구가 자동으로 잠김)
PRICE S$6(이지링크, 넷츠플래시페이, 투어리스트 패스 등 전자지갑 카드 필수)
WEB pinnacleduxton.com.sg

: WRITER'S PICK :

스카이 브리지 입장 방법

❶ G동 1층 입구로 들어가 사무실(Blk 1G, Level 1 MA Office) 직원에게 전자지갑 카드를 제시한다. 해당 카드는 입장 등록을 위해서 필요한 것이고, 비용지급은 1인당 S$6을 현금으로 해야 한다.
❷ 직원이 전자지갑 카드에 입장 등록을 해준다.
❸ 전자지갑 카드를 받은 후 뒤쪽 엘리베이터(A 또는 B)를 타고 50층에 내린다.
❹ 스카이 브리지 입구의 카드 리더기에 등록한 전자지갑 카드를 터치한 후 회전 개찰구를 통과한다.
- 전자지갑 카드는 1인당 1장이 있어야 한다.
- 1층에서 등록한 후 1시간 이내에 스카이 브리지에 입장해야 한다.

1층 사무실로 가는 통로

: WRITER'S PICK :

여행의 피로를 개운하게 풀어주는 마사지숍
펑타이 헬스 센터 Fengtai Health Center

차이나타운에 자리한 전통 중국식 마사지숍. 조용한 분위기에서 합리적인 가격으로 전문 테라피스트의 마사지를 받을 수 있다. 전신 마사지는 물론 발, 어깨, 목 등 여러 부위를 고를 수 있고, 마사지 시간도 30분부터 1시간까지 다양해 상황과 예산에 맞게 선택할 수 있다. 뭉치고 결린 곳을 집중적으로 풀어주는 마사지 스킬이 으뜸. 샤워 시설이 없어서 오일 마사지는 권하지 않는다. 차이나타운 중심의 피플스 파크 콤플렉스에 있어 방문하기에도 편하다. **MAP ⑪**

GOOGLE MAPS fengtai health center
MRT 차이나타운역 C출구에서 연결
BUS 05013 Chinatown Stn Exit C 또는 05039 New Bridge Ctr 정류장 하차
ADD 1 Park Road, #03-25/26 People's Park Complex, Singapore 059108
OPEN 10:00~22:00
PRICE 전신 1시간 S$45, 발 1시간 S$30, 콤보(발+전신) S$40~65
WEB fengtaiwellness.com

+MORE+

피너클 앳 덕스턴 찾아가는 방법

워낙 큰 건물이라 차이나타운 어디서나 잘 보이지만 막상 찾아가려면 쉽지 않다. 스카이브리지 입구는 피너클 앳 덕스턴 7개 동 중 가장 끝에 있는 G동에 있다. 아래 방법 중 상황에 맞게 선택하자.

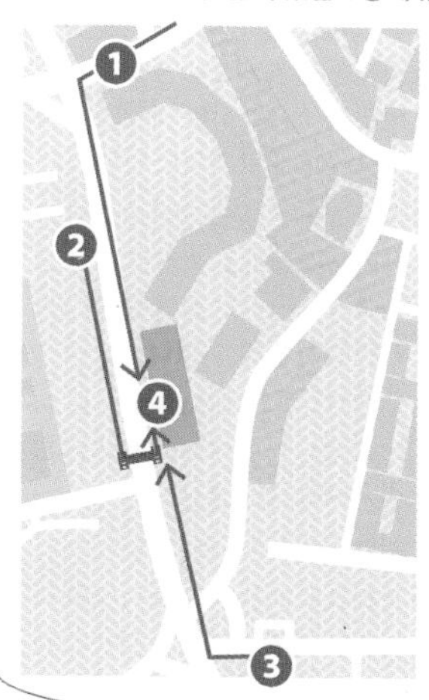

❶ MRT 맥스웰역이나 차이나타운 불아사 쪽에서 오는 방법. 해당 경로에 적절한 버스 노선이 없어 걸어와야 하는데 맥스웰역에서는 도보 10분, 불아사에서는 도보 15분 정도다. 아침이나 저녁에는 괜찮으나 한낮에는 무더워서 권하지 않는다.

❷ 05521 Maritime Hse 버스 정류장(75·167·196번 버스)에 내려서 이동하는 방법이다. 버스에서 내린 후 뒤쪽으로 직진한 다음 육교를 건넌다. 버스 운행 간격이 다소 긴 것이 흠이다.

❸ 05431 Tower 15 버스 정류장에 내려 이동하는 방법이다. 부기스, 시티홀, 클락 키, 차이나타운 등을 거쳐 오는 80·145번 버스를 이용하면 되므로 가장 추천한다. 버스에서 내려 앞쪽으로 직진 후 우측 횡단보도를 건넌다.

❹ 05519 Opp Maritime Hse 버스 정류장(75·167·196번 버스)에 내려서 이동하는 방법. 정류장 바로 앞이 스카이브리지 입구여서 가장 가깝지만, 싱가포르 외곽에서 오기 때문에 사실상 이용할 일이 없다. 대신 스카이브리지 구경 후 이 정류장에서 버스를 타면 라우파삿 사테 거리나 멀라이언 파크로 한 번에 이동할 수 있다.

집 나간 입맛이 돌아와요

푸드 스트리트 & 호커센터

차이나타운 일대는 저렴한 로컬 음식점이 어디부터 가야 할지 모를 정도로 여기저기 널렸다. 탄종 파가의 한식당 거리도 현지 음식에 적응하지 못한 이들에게 매우 고마운 장소다.

사테는 다 모아봄!

라우파삿 사테 거리

Lau Pa Sat Satay Street

저녁마다 도로를 통제하고 조성되는 야외 식당 거리. 평일 저녁 7시가 되면 낮 동안 차량이 부지런히 오가던 분탓 스트리트(Boon Tat Street)에 테이블과 의자가 깔리고, 여기저기 사테 굽는 연기와 냄새가 거리를 가득 메운다. 숯불로 구운 사테도 맛있지만, 빌딩 숲 사이의 도로에 앉아 맥주를 즐기는 이색적인 분위기와 현지인과 여행자가 한데 어우러진 활기에 더욱 매료된다. 오후 7시부터 테이블이 깔리기 시작하므로 10분 전쯤 미리 도착해 빠르게 자리를 확보하는 것이 요령이다. **MAP ⑪**

GOOGLE MAPS boon tat st
MRT 텔록아이어역 A출구에서 오른쪽으로 직진, 길 건너 우측으로 팔각형의 라우파삿 페스티벌 마켓이 보이면 우회전. 도보 5분/셴톤웨이역 6번 출구에서 도보 5분
BUS 03059 One Raffles Quay 또는 03041 Telok Ayer Stn Exit A 정류장 하차
OPEN 19:00~01:00(토·일·공휴일 17:30~01:30)/라우파삿 페스티벌 마켓은 24시간
WEB laupasat.sg

: WRITER'S PICK :

라우파삿 사테 거리 이용 방법

❶ 단품 주문도 가능하지만, 치킨, 양고기/소고기, 새우로 구성된 세트 메뉴를 시키는 것이 일반적이다.

❷ 처음부터 많이 주문하기보다는 조금 적은 듯 주문하고 모자라면 단품으로 추가하자. 2명이면 SET A, 3명이면 SET B 정도면 무난하다.

❸ 사테만 먹기 아쉽다면 바로 옆의 라우파삿 페스티벌 마켓의 메뉴도 주문해 같이 먹어도 된다.

❹ 사람이 많고, 사테 굽는 연기와 냄새가 진동하므로 복잡한 곳을 싫어하거나 아이와 함께 온 여행자라면 맞지 않을 수 있다.

❺ 원칙적으로는 맥주나 음료 등 외부 음료는 반입 불가다. 맥주는 타이거 맥주 유니폼을 입고 돌아다니는 직원에게 주문한다.

❻ 물티슈를 파는 사람들이 돌아다니지만, 필요하면 바로 옆 편의점에서 구매하는 것이 경제적이다.

한국인에게 소문난 사테 맛집

베스트 사테 Best Satay

우리나라 여행자들 사이에서 7번, 8번집으로 통하는 곳. 한국 예능 프로그램에 소개된 후로 폭발적인 인기를 얻기 시작했는데, 사장이나 직원들도 웬만한 주문은 한국어로 받을 정도로 한국인 관광객들이 많이 찾는다. 테이블 회전율이 높아 항상 갓 구워낸 신선한 사테를 맛볼 수 있다. 단품보다는 세트 메뉴를 주문하는 것이 일반적이며, 새우는 등껍질을 깐 상태로 제공돼 먹기 편하다. '단짠단짠'의 정석을 보여주는 사테 자체도 맛있지만, 곁들여져 나오는 고소한 땅콩소스에 찍어 먹으면 훨씬 맛있다. 인기가 너무 높은 탓에 일부 스톨에서 "우리가 7번, 8번집!"이라며 거짓 호객하는 경우도 있으니 반드시 'Best Satay 7&8'이 적힌 빨간 유니폼 차림의 직원을 찾자. **MAP ⑪**

MENU SET A S$28(치킨 10개+양고기 또는 소고기 10개+새우 6개), SET B S$44(치킨 15개+양고기 또는 소고기 15개+새우 10개), SET C S$70(치킨 25개+양고기 또는 소고기 25개+새우 15개)

+MORE+

라우파삿 페스티벌 마켓 Lau Pa Sat Festival Market

라우파삿 사테 거리 옆, 24시간 운영하는 대형 호커센터. 라우파삿 페스티벌 마켓 또는 텔록 아이어 마켓(Telok Ayer Market)으로 불린다. 로컬 푸드 스톨을 필두로 다양한 음식을 파는 스톨이 늘어서 있어서 사테 거리에서 이곳의 음식을 주문해 사테와 같이 먹어도 된다. 식민지 초기 건축가 조지 D. 콜먼의 설계로 지어졌다가 철거 후 1894년 맥리치 저수지로 유명한 제임스 맥리치가 설계해 재건축했다. 팔각형 지붕의 건물은 그 역사적, 건축적 가치를 인정받아 국가 기념물로 지정됐다. 실내에 사테를 파는 스톨이 있긴 하지만, 야외 테이블에서 먹는 사테 거리의 노점과는 다른 곳이니 헷갈리지 말자. **MAP ⑪**

맛집만 모인 여긴 어디야?

맥스웰 푸드센터

Maxwell Food Centre

최근 몇 년간 싱가포르에서 가장 인기를 모으는 호커센터다. 차이나타운 불아사와 가까워서 여행자들이 접근하기 쉬운데다 가격도 저렴하다. 무엇보다 좋은 점은 티안 티안 치킨 라이스를 비롯한 인기 스톨들이 잔뜩 모여 있다는 것! 유명세만큼 늘 붐비지만, 규모가 크기 때문에 자리 확보는 어렵지 않다. 대부분 현금 계산만 가능. **MAP ⓫**

GOOGLE MAPS 맥스웰 푸드센터
WALK 불아사 입구를 바라보고 왼쪽으로 조금만 가면 길 건너에 있다. 도보 3분
MRT 맥스웰역 2번 출구로 나오면 왼쪽에 바로 보인다.
ADD 1 Kadayanallur St, Singapore 069184
OPEN 08:00~02:00/매장마다 조금씩 다름

주문 폭주! 서두르세요

티안 티안 하이난 치킨 라이스

Tian Tian Hainanese Chicken Rice 天天海南雞飯

맥스웰 푸드센터를 인기 호커센터로 이끈 일등공신. 향긋한 밥과 담백한 닭고기 맛이 탁월한 치킨 라이스로 최근 연속 미슐랭 가이드 빕 구르망에 선정됐다. 항상 긴 줄이 늘어서 있지만, 테이블 회전이 빠른 덕에 웨이팅이 길지는 않다. 단, 재료가 소진되면 일찍 문을 닫는 점에 유의할 것. 치킨 라이스 외에 닭고기만 따로 팔기도 하며, 찜(Steamed)과 구운 것(Roasted) 중 선택할 수 있다.

WHERE 10/11호
MENU 치킨 라이스 S$5(로스티드 치킨)/6/9, 청경채 볶음 S$4~, 닭고기 반 마리 S$17/한 마리 S$32
OPEN 10:00~19:30/월 휴무

원조에 버금가는 맛

아타이 하이난 치킨 라이스

Ah Tai Hainanese Chicken Rice 阿仔海南雞飯

티안 티안 하이난 치킨 라이스에서 20여 년간 경력을 쌓은 셰프가 2012년 오픈한 식당. 넷플릭스 <필이 좋은 여행, 한 입만> 싱가포르 편에서 맛집으로 소개된 곳이다. 맛은 티안 티안에 뒤지지 않는데도 유명세가 덜한 탓에 웨이팅이 적다. 티안 티안과 달리 청경채 볶음이 포함된 세트 메뉴를 선보인다.

WHERE 7호
MENU 치킨 라이스 S$5/6/7, 치킨 라이스 세트 S$6/8
OPEN 11:00~19:30/화 휴무

: WRITER'S PICK :

티안 티안 vs 아타이, 어디로 가야 할까?

아타이의 닭고기는 부드럽고 촉촉한 반면, 티안 티안은 담백한 편이다. 또한 아타이의 밥맛은 다소 건조하고 거칠지만, 티안 티안의 밥맛은 향이 있고 부드럽다는 의견이 중론이다. 따라서 촉촉한 닭고기를 좋아하고 기다리기 싫다면 아타이로, 담백한 닭고기를 좋아하고 줄을 서더라도 가장 유명한 치킨 라이스를 먹어보고 싶다면 티안 티안으로 가자. 어느 곳을 가더라도 후회하지 않을 것이다.

'겉바속촉' 튀김 간식

맥스웰 푸조우 오이스터 케이크 Maxwell Fuzhou Oyster Cake

전통 레시피로 만든 수제 푸조우 오이스터 케이크를 맛볼 수 있는 곳. 쌀가루 반죽 안에 다진 고기와 싱싱한 새우, 굴 등으로 만든 소를 넣어 하나 하나 튀겨냈다. 칠리소스와 함께 먹으면 더욱 맛있다.

WHERE 5호
MENU 오이스터 케이크 S$2.5
OPEN 09:00~20:00/일 휴무

따끈따끈 속 편한 한 그릇

젠젠 포리지 Zhen Zhen Porridge 真真粥品

싱가포르식 죽 요리인 포리지 맛집. 오랜 시간 끓여내어 부드럽고 담백한 죽은 부담 없는 아침 식사로 제격이다. 홍콩의 죽 요리인 콘지를 좋아한다면 입맛에 맞을 확률 100%. 생선살을 얹은 피시 포리지도 있지만, 우리 입맛엔 닭고기가 더 잘 맞는다. 스몰 사이즈로 시켜도 한 끼 식사로 충분!

WHERE 54호
MENU 피시·치킨 포리지 S$4/5
OPEN 05:30~14:00/화·목 휴무

요거 먹을 배는 남겨두자

로작, 포피아 & 코클 Rojak, Popiah & Cockle

맥스웰 푸드센터에서 유일하게 로작과 포피아를 맛볼 수 있는 곳. 로작은 잘게 썬 밀가루 반죽 튀김에 여러 가지 채소와 과일을 섞어 만든 샐러드의 일종이고, 포피아는 채소와 달걀, 두부 등을 얇은 밀가루 전병에 넣어 돌돌 만 스프링 롤이다. 둘 다 우리 입맛에 잘 맞으니 한 개씩 맛보자.

WHERE 56호
MENU 로작 S$4/5/8/10, 포피아 S$3.4
OPEN 11:30~20:30/수 휴무

보들보들 두유 푸딩

라오반 소야 빈커드 Lao Ban Soya Beancurd 老伴豆花

두유 맛이 나는 고소한 중국식 디저트 소야 빈커드를 맛볼 수 있다. 추천 메뉴는 담백한 맛의 오리지널 소야 빈커드. 싱가포르 곳곳의 호커센터에 입점해 있지만 관광객의 동선에서 찾아가기 편한 곳은 여기뿐이다.

WHERE 91호
OPEN 11:00~15:00, 17:30~19:30(일 11:00~19:30)
MENU 오리지널 소야 빈커드 S$2, 아몬드 소야 빈커드 S$2.5

한식은
가슴이 시킨다

한식당 거리

MRT 탄종 파가역 A출구에서 조금만 걷다 보면, 탄종 파가 로드를 따라 늘어선 한식당 거리가 나타난다. 한국식 치킨이나 중화요리, 고깃집 등이 밀집해 일종의 타운을 형성한 이곳은 향수를 달래려는 교민은 물론, K-푸드를 좋아하는 현지인들의 단골 명소다. 한국에서 먹던 맛 그대로이기 때문에 현지 음식이 입맛에 맞지 않을 때 찾아가기 좋다. 가격은 우리나라보다 비싼 편이다. **MAP ⑪**

GOOGLE MAPS 오빠짜장(주변 일대)
MRT 탄종 파가역 A출구 또는 맥스웰역 1번 출구에서 도보 5분
BUS 05429 Bef Craig Rd 또는 05421 Aft Craig Rd 정류장 하차

파주 콩이 왜 거기서 나와?

북창동 순두부 SBCD Korean Tofu House

파주산 콩으로 만든 부드러운 순두부를 비롯해 고기류, 돌솥비빔밥, 제육볶음, 떡갈비 등 수준 높은 한식을 선보이는 곳이다. 돈가스와 치킨가스 등 아이들 입맛에 잘 맞는 키즈 메뉴도 준비돼 있다. 단, 붐비는 시간대는 웨이팅이 필요하고, 다른 곳보다 가격대가 높다. 프로메나드역 B출구 바로 앞 밀레니아 워크에도 매장이 있다. **MAP ⑪**

MENU 순두부 찌개 S$21.9, 돌솥비빔밥 S$21.9, 전 S$27.9, 제육볶음 S$29.9, 키즈 메뉴 S$14.9/서비스 차지 및 세금 별도
GOOGLE MAPS sbcd korean tofu house
MRT 탄종파가역 A출구 방향으로 나와 구오코 타워 지하 1층
ADD 7 Wallich St, #B1-01 Guoco Tower, Singapore 078884
OPEN 11:30~15:00, 17:00~22:00(토·일 11:30~22:00)
WEB sbcd.com.sg

해물쟁반짜장 S$30(2인분)

불맛 제대로 살린 한국식 중국집

오빠 짜장 O.BBa Jjajang

깔끔한 인테리어로 젊은 층이 선호하는 한국식 중화요리집. 중화요리만 헤아려도 가짓수가 엄청난데, 찌개, 파전, 족발, 보쌈 등 식사와 안주류까지 갖췄다. 불맛을 제대로 살린 해물쟁반짜장이 인기 메뉴며, 세트 구성이 다양해 선택의 폭이 넓다. 이곳 역시 식사때는 웨이팅이 필요하다. **MAP ⑪**

MENU 짜장면 S$15.9, 짬뽕 S$19.9, 새우볶음밥 S$17.9, 탕수육 S$30~, 김치볶음밥 S$15, 떡볶이 S$24/서비스 차지 및 세금 별도
GOOGLE MAPS o.bba jjajang
WALK 맥스웰 푸드센터 앞에서 탄종 파가 로드 방향으로 직진. 도보 3분/피너클 앳 덕스턴에서 나와 왼쪽으로 직진, 사거리에서 좌회전 후 다음 사거리에서 다시 좌회전. 도보 10분
ADD 77 Tanjong Pagar Rd, Singapore 088498
OPEN 11:30~15:30, 17:00~23:00(토·일 브레이크타임 없음)

싱가포르에서 만나는 토종 고깃집

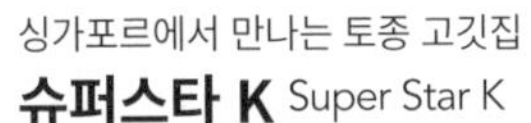

슈퍼스타 K Super Star K

한국인과 싱가포르인 모두가 즐겨 찾는 바비큐 맛집. 고기의 질도 뛰어나지만, 직원이 가장 맛있는 상태로 직접 구워 주는 서비스로 만족도를 더욱 높인다. 고기 외에 각종 찌개, 돌솥비빔밥, 육개장, 칼국수 등 식사 메뉴도 다양하며, 새벽 1시 30분까지 영업이라 야식 장소로도 훌륭하다. 주류는 23:59까지만 주문 가능. MAP ⑪

MENU 양념 갈비(250g) S$45.9, 와규 등심(200g) S$55.9, 흑돼지 삼겹살(200g) S$29, 블랙 페퍼 닭구이(230g) S$23, 해물파전 S$28, 돌솥비빔밥 S$16.8, 김치찌개 S$15, 칼국수 S$15.8/서비스 차지 및 세금 별도
GOOGLE MAPS Super Star K
WALK 오빠 짜장 옆 건물
ADD 75 Tanjong Pagar Rd, Singapore 088496
OPEN 12:00~01:30

현지인이 더 좋아하는 한식당

신 만복 Sin Manbok

한국의 고깃집이나 포장마차를 빼닮은 인테리어는 물론, 한국인의 정이 느껴지는 친절하고 푸근한 사장님 덕분에 현지인에게 호평받는 곳. 김치치즈덮밥과 계란찜이 제공되는 BBQ 세트가 인기 메뉴이고, 그 외 다양한 고기류와 안주류, 분식, 한식 메뉴가 준비돼 있다. 고기는 직원이 직접 구워주며, 김치찌개, 된장찌개, 순두부찌개가 S$13으로 저렴하고 김치, 콩나물, 어묵볶음, 오이무침 등 반찬도 맛깔나서 한 끼 식사 장소 로도 제격. 새벽 3시까지 영업해서 야식을 먹기에도 좋다. MAP ⑪

MENU BBQ세트 S$108/95/78(김치치즈덮밥, 계란찜, 각종 야채 포함), 분식 S$13~28, 찌개 S$13~45, 김치전 S$20, 보쌈 S$40, 간장게장 S$35/서비스 차지 및 세금 별도
GOOGLE MAPS Sin Manbok
WALK 맥스웰 푸드센터 앞에서 탄종 파가 로드 방향으로 직진. 도보 5분
ADD 81 Tanjong Pagar Rd, Singapore 088502
OPEN 11:30~03:00

맛으로 선 넘네!

차이나타운 식탐 투어

차이나타운에서는 정통 중국 음식은 물론 중국식 차와 카야 토스트 등 갖가지 디저트를 즐길 수 있다. 야쿤 카야 토스트 본점도 이곳에 있다는 사실! 볼거리만큼 다양한 싱가포르의 먹거리를 느껴보자.

차이나타운 필수 방문 각

동방미식

Oriental Chinese Restaurant 东方美食

양도 많고 맛있는데 가격까지 착한 중식당. 2007년 차이나타운 중심부에 문을 열었다. 동남아 음식 특유의 향신료가 거의 느껴지지 않아서 한국인의 입맛에도 거부감 없이 맛있게 먹을 수 있다. 찹쌀 탕수육인 꿔바로우는 아이들에게 인기 만점이다. 연중 무휴에 밤샘 영업하는 것도 장점. 단, 저녁때는 웨이팅이 필수이며, 세심하고 친절한 서비스는 기대하기 어렵다.

MAP ⓫

MENU 315번 고추잡채 S$11, 336번 꿔바로우 S$13.8, 406번 씨리얼 새우 S$17.8, 615번 꽃빵 S$1, 609번 볶음밥 S$5.5/서비스 차지 별도(세금은 포함)
GOOGLE MAPS 동방미식
WALK 파고다 스트리트 입구에서 뉴 브리지 로드를 따라 북쪽으로 조금 걸으면 보인다.
ADD 195 New Bridge Rd, Singapore 059425
OPEN 11:00~06:00
WEB facebook.com/dongfangmeishisg

: WRITER'S PICK :

동방미식 이용 팁

❶ 항상 문을 열어 두기 때문에 냉방이 원활하지 않다. 낮보다는 선선한 저녁 방문을 추천.

❷ 양이 많은 편이니 적당히 주문하고, 모자라면 추가로 주문하자.

❸ 저녁때는 아이들도 1인 1메뉴 주문이 원칙이다. 다행히 가격이 저렴한 볶음밥이나 꽃빵도 1메뉴에 포함된다.

❹ 음식 가짓수가 너무 많아서 고르기 어려울 수 있으니 미리 검색하고 가자.

❺ 꽃빵은 크기가 큰 편이므로 둘이서 1개만 시켜도 충분하다.

싱가포르에서 맛보는 수타 짜장면

란조우 라미엔 Lan Zhou La Mian

차이나타운에서 정통 중식 요리를 맛볼 수 있는 곳. 1970년대 호텔 주방부터 시작해 오랜 세월 음식을 만들어 온 사장님이 직접 만드는 수타면이 쫄깃하고 맛있다. 한국 관광객의 인기 메뉴는 짜장라미엔(Minced Pork w/Bean Sauce Noodles, 炸醬拉麵). 우리나라 짜장면과 흡사한 비주얼이지만, 좀 더 담백하고 덜 달다. 치킨 누들(Chicken Chop Noodles)은 아이들이 좋아하는 메뉴. 면 요리 외에도 샤오룽바오 등 딤섬 종류와 볶음밥 등 다양한 메뉴가 있다. 현금만 가능. MAP ⑪

MENU 짜장라미엔(1번) S$9.8, 치킨 누들(2번) S$9.8, 치킨 볶음밥(9번) S$10.8, 군만두(13번) S$12.8, 샤오룽바오(14번) S$12.8/서비스 차지 및 세금 별도
GOOGLE MAPS Lan Zhou La Mian
WALK 스리 마리암만 사원에서 불아사 방향으로 한 블록, 구 차이나타운 푸드 스트리트 중간. 도보 3분
ADD 22 Smith St, Singapore 058936
OPEN 12:00~15:00, 18:00~21:00

달콤하게 쌓아 올린 빙수 탑

메이홍위엔(미향원) 디저트 본점

Mei Heong Yuen Desserts 味香园甜品

20가지 맛이 넘는 빙수로 유명한 미향원 본점. 우리나라 여행자들이 가장 칭찬하는 메뉴는 노랗고 달콤한 망고를 가득 품은 부드러운 빙수 맛이 감동 그 자체인 망고 빙수(101번)다. 현지인들은 코코넛 밀크와 팥, 판단 젤리 등을 넣어 만든 첸돌 빙수(115번)를 제일로 꼽는다. 자리를 확보한 후 카운터로 가서 주문하고 테이블 번호를 알려주는 방식이며, 양이 푸짐해서 두 명이 빙수 1개면 충분하다. 가까운 차이나타운 포인트(Chinatown Point) 쇼핑몰 지하에도 매장이 있지만, 본점이 제일 맛있고 양도 많다. MAP ⑪

MENU 빙수(Snow Ice)-망고·녹차·두리안 S$8, 첸돌(Chendol) S$9 망고 푸딩 S$4
GOOGLE MAPS mei heong yuen dessert
WALK 파고다 스트리트 입구에서 뉴 브리지 로드를 따라 남쪽으로 한 블록 내려오면 보인다.
ADD 63-67 Temple St, Singapore 058611
OPEN 12:00~22:00/월 휴무
WEB meiheongyuendessert.com.sg

망고 포멜로 사고나 푸딩 등 다양한 디저트류가 있다.

첸돌 빙수. 테이블에 놓인 브라운 슈거 시럽을 잊지 말고 뿌려 먹을 것.

싱가포르식 에그타르트는 어떤 맛?

통헹 Tong Heng 東興

싱가포르가 자랑하는 에그타르트 전문점. 홍콩에 타이청 베이커리가 있고, 마카오에 로드스토우가 있다면, 싱가포르에는 통헹이 있다. 바삭한 쿠키 베이스의 홍콩식이 아닌 페스트리 베이스의 포르투갈식에 가까워서 부드럽고 바삭한 식감이 매력적. 에그타르트를 다이아몬드 모양으로 하나 하나 정성껏 손으로 빚은 것이기에 모양이 조금씩 다르다. 화사하게 리모델링된 내부도 쾌적해서 쉬어갈 겸 들르기 좋다.

MAP ⑪

MENU 에그타르트 개당 S$2.4, 코코넛 에그타르트 개당 S$2.6
GOOGLE MAPS tong heng traditional cantonese pastries
WALK 불아사 입구를 등지고 길 건너편 왼쪽으로 도보 1분
ADD 285 South Bridge Rd, Singapore 058833
OPEN 09:00~18:00
WEB tongheng.com.sg

여왕이 된 기분으로

티 챕터 Tea Chapter 茶淵

소박하고 우아한 분위기의 중국식 전통 찻집. 엘리자베스 2세 여왕이 다녀간 곳으로도 알려졌다. 총 3층 규모 건물의 1층은 기념품으로 구매하기 좋은 차와 다기를 판매하는 숍, 2~3층은 차를 마실 수 있는 티 하우스로 꾸며져 있다. 녹차, 우롱차, 홍차, 보이차, 재스민차 등 20여가지의 차를 고를 수 있으며, 티 마스터가 차를 고르고 마시는 방법에 대해서 친절하게 알려준다. 엘리자베스 여왕이 마신 차는 우롱차 종류인 '어용황금계(御用黄金桂, Imperial Golden Cassia)'. 진한 녹차 쿠키나 찻물로 끓인 달걀 등 간단한 티 푸드를 곁들여서 마시면 좋다. **MAP ⑪**

MENU 차를 마실 때에는 차 종류로만 S$9의 미니멈 차지가 적용됨/추가요금: 2층의 테이블 좌석 S$5, 엘리자베스 2세 여왕이 앉았던 자리 S$10
GOOGLE MAPS 티 챕터
WALK 불아사 입구를 바라보고 왼쪽으로 직진. 진릭샤 스테이션 앞에서 횡단보도를 건넌 후 오른쪽. 도보 2분/맥스웰 푸드센터가 있는 사거리에서 도보 3분
ADD 9 Neil Rd, Singapore 088808
OPEN 11:00~21:00(금·토 ~22:30)
WEB teachapter.com

카야 토스트의 원조

야쿤 카야 토스트 본점

Ya Kun Kaya Toast 亞坤

숯불에 구운 얇은 식빵 사이에 버터 조각을 끼우고 카야 잼을 바른 카야 토스트를 대중화한 주인공. 창업한 지 수십 년이 넘은 지금은 싱가포르를 넘어 아시아 각국에 매장을 둔 대형 프랜차이즈로 발돋움했다. 이곳은 본점이라는 상징성 때문에 많은 여행자가 방문하지만, 주변에 볼거리도 없고 메뉴와 맛도 다른 매장들과 동일하기 때문에 굳이 일부러 찾을 필요까지는 없다. 평일은 16:00, 주말은 15:00까지만 영업하니 유의하자. 추천 메뉴는 카야 토스트와 반숙 달걀, 커피가 같이 제공되는 세트 A다. 자세한 이용법은 069p 참조. **MAP ⑪**

MENU 카야 토스트 세트(Kaya Toast with Butter Set) S$6.3(카야 토스트+반숙달걀+커피·우유·차 중 택1, 아이스커피는 S$0.9 추가)
GOOGLE MAPS 야쿤카야토스트
MRT 텔록아이어역 B출구에서 횡단보도를 건너 더 클랜 호텔 방향으로 직진, 첫 사거리에서 우회전 후 직진. 도보 3분
BUS 03041 Telok Ayer Stn Exit A 정류장 하차
ADD 18 China St, #01-01 Far East Square, Singapore 049560
OPEN 07:30~16:00(토·일 ~15:00)
WEB yakun.com

카야 토스트 백 년 식당

동아 이팅 하우스 Tong Ah Eating House 東亞餐室

1939년 문을 연 카야 토스트 노포다. 소박하고 예스러운 분위기의 동네 식당이지만, 그 만큼 현지인의 삶에 깊숙이 들어가볼 수 있는 곳. 그릴에서 바싹 구운 토스트는 얇게 썬 버터와 잘 어울리고, 많이 달지 않은 카야 잼이 더해져 프랜차이즈보다 담백한 맛을 선보인다. 타이거 맥주잔에 담아주는 아이스커피도 색다르다. 오래된 로컬 식당이어서 영어는 통하지 않지만 그림 메뉴판 덕분에 주문하기 어렵지 않다. 보통 반숙 달걀과 커피가 토스트와 함께 제공되는 콤보 세트를 선택하는데, 성인 남성에겐 양이 다소 부족할 수 있으므로 토스트 단품을 추가하는 것이 좋다. 아침 일찍부터 영업하므로 숙소가 근처일 때 조식 장소로도 적당하다. 날씨가 더워서 아이스 아메리카노를 주문하고 싶다면 '코삐 오 꼬송 삥(Kopi-O-kosong peng)'을 외치자. **MAP ⑪**

MENU 콤보A S$6.2, 콤보B(Crispy Thin Toast) S$6.8, 콤보C(French Toast) S$8.2
GOOGLE MAPS tong ah eating house
WALK 파고다 스트리트 입구에서 뉴 브리지 로드를 따라 남쪽으로 직진 후 케옹섹 로드 쪽으로 좌회전, '東亞'라는 글자가 새겨진 건물 오른쪽으로 직진하면 우측에 보인다. 도보 10분
ADD 35 Keong Saik Rd., Singapore 089142
OPEN 07:00~22:00
(수 ~14:00)
WEB facebook.com/tongaheatinghouse

: WRITER'S PICK :

동아 이팅 하우스가 남긴 영광의 흔적

동아 이팅 하우스는 현재 포테이토 헤드 바가 들어선 골목 입구의 건물에서 오랫동안 영업하다가 2013년 지금의 위치로 이전했다. 과거 동아 이팅 하우스가 있었던 아르데코 양식의 이 건물은 2개의 골목이 갈라지는 한 가운데 자리 잡고 있어 동네 주민이 식사하며 담소를 나누기 좋았다. 바가 들어선 지금도 건물 정면에선 여전히 '동아(東亞)'라는 글자를 볼 수 있다.

SPECIAL PAGE

고즈넉한 분위기가 매력적인

티옹 바루 Tiong Bahru

차이나타운에서 가까운 티옹 바루는 여행자들의 발길이 뜸해 조용한 현지인의 일상을 엿볼 수 있는 동네다. 대형 쇼핑몰이나 화려한 상점가는 없지만, 번잡한 관광지와 다른 고즈넉한 분위기를 오롯이 느낄 수 있다.

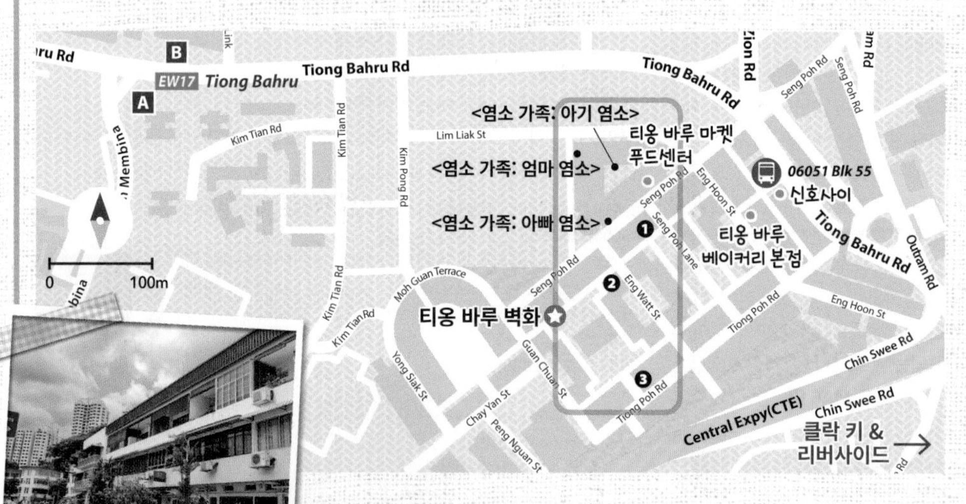

티옹 바루 풍경

따스함이 묻어나는 옛 싱가포르

티옹 바루 벽화 Tiong Bahru Murals

티옹 바루 걷기의 즐거움 중 하나는 거리 곳곳에 그려진 멋진 벽화들에 있다. 싱가포르의 옛 풍경을 위트 있고 정겹게 그려낸 이들 벽화는 이 지역 출신 아티스트인 입유총(Yip Yew Chong)의 작품. 그는 나름의 정체성을 가지고 오랫동안 보존돼온 티옹 바루가 싱가포르의 과거를 그리기에 적합한 장소라고 생각했고, 어릴 적 이곳에서 뛰놀던 추억을 떠올리며 벽화 작업에 돌입했다. 하루 평균 12시간씩 벽화 작업에 몰두한 끝에 <새 노래 코너>는 1.5일, <집>은 2일, <시장과 점쟁이>는 4.5일 만에 완성했다는 사실이 놀랍다. 입유총의 벽화 외에도 티옹 바루 마켓 푸드센터의 외벽을 따라 로컬 아티스트인 어니스트 고(Ernest Goh)의 <염소 가족(Goat Family) 시리즈>도 볼 수 있다. **MAP ⑫**

<염소 가족: 엄마 염소>

GOOGLE MAPS <집> : 7RMJ+4X 싱가포르
<새 노래 코너> : 7RMM+P4 싱가포르
<시장과 점쟁이>: 7RMJ+FR 싱가포르
<염소 가족 시리즈>: Tiong Bahru Market
WALK 티옹바루역 B출구에서 도보 10분
BUS 06051 Blk 55 정류장 하차
OPEN 24시간
PRICE 무료

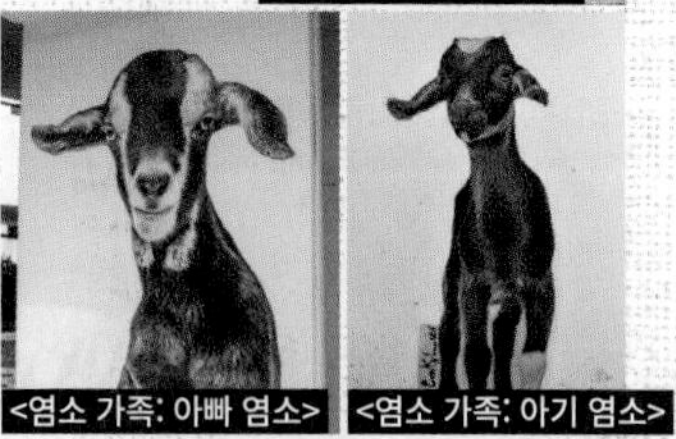
<염소 가족: 아빠 염소> <염소 가족: 아기 염소>

: WRITER'S PICK :

티옹 바루 이름의 유래

티옹 바루(Tiong Bahru)란 '죽음' 또는 '끝'을 뜻하는 호키엔 단어인 '티옹(tiong)'과 '새로운'을 뜻하는 말레이어 '바루(bahru)'를 합친 것으로 '새로운 묘지'라는 뜻이다. 이는 과거 이 지역에 기존의 중국인 묘지를 대체하는 새 묘지가 자리 잡고 있었기 때문이다. 지금은 모든 묘가 부킷 브라운 묘지(Bukit Brown Cemetery)로 이전되었지만, 티옹 바루라는 이름 속에는 여전히 이곳의 역사가 남아 있다.

<새 노래 코너>
Bird Singing Corner

과거 티옹 바루에 있었던 '새 노래 코너'의 추억을 그린 작품. 새 노래 코너는 새를 사랑하는 사람들이 모여 여러 종의 새들을 둘러보며 지저귐을 듣거나, 새장과 새장 관련 액세서리를 구매하던 장소로, 50년 이상 조류 애호가들의 사랑을 받았다고 한다.

<시장과 점쟁이>
Pasar and the Fortune Teller

과거 싱가포르의 시장 풍경을 그린 작품. 왼편에 그려진 점 보는 풍경은 원래 별도의 작품으로 만들고자 했으나, 비용 절감 문제로 시장 풍경과 합쳐 그렸다고 한다. 그림을 완성한 후 작가는 작품의 실제 모델이었던 점쟁이를 찾았지만, 안타깝게도 점쟁이는 이미 세상을 떠난 뒤였다고 한다.

<집>
Home

1970년대 싱가포르의 전형적인 가정을 묘사한 작품. 티옹 바루에 있었던 싱가포르 최초의 공공 주택단지 중 한 곳의 내부를 그대로 그려냈다. 그림 속 달력의 날짜는 1979년 1월 12일을 가리키며, TV에서는 당시 인기를 끌었던 코미디 듀오의 모습이, 신문에는 리콴유 전 총리의 모습이 그려져 있다.

깨끗하고 맛있으니 더 바랄 게 없네

티옹 바루 마켓 푸드센터

Tiong Bahru Market Food Centre

모던한 인테리어와 쾌적한 환경을 갖춘 대형 호커센터. 1951년 셍포 마켓(Seng Poh Market)이라는 이름으로 문을 연, 싱가포르 최초의 시장이다. 1층에는 식료품을 비롯한 각종 상점이 들어섰고, 80여 개의 스톨로 구성된 호커센터인 티옹 바루 푸드센터는 2층에 있다. 스톨 수가 많은 만큼 메뉴 선택의 폭이 넓고, 사방으로 탁 트여서 통풍이 잘 되기 때문에 냄새도 거의 나지 않는다. 소문난 맛집들도 꽤 있는데, 티옹 바루 하이나니즈 본리스 치킨 라이스는 거의 매년 미슐랭 빕 구르망에 이름을 올리는 곳이다. MAP ⑫

GOOGLE MAPS tiong bahru market
WALK <새 노래 코너> 벽화를 바라보고 오른쪽 길 끝 건너에 보인다. 도보 1분
ADD 52 Tiong Bahru Rd, Singapore 168716
OPEN 09:00~20:00 / 매장마다 다름

+MORE+

주요 스톨

홍헝 프라이드 소통 프론 미
Hong Heng Fried Sotong Prawn Mee

WHERE 1호
MENU 호키엔미 S$5/6/7
OPEN 10:30~14:30, 16:30~18:00 (토 10:30~18:00)/일·월 휴무

지안보 수이쿠에
Jian Bo Shui Kueh

WHERE 5호
MENU 수이쿠에 5개 S$3.5
OPEN 06:00~20:00

티옹 바루 프라이드 퀘이 티아오
Tiong Bahru Fried Kway Teow

WHERE 11호
MENU 차퀘티아오(Char Kway Teow) S$3/4
OPEN 11:00~22:00/화·수·목 휴무

종유유안 완탕 누들
Zhong Yu Yuan Wei Wanton Noodles

WHERE 30호
MENU 완탕면 S$6/8
OPEN 07:00~13:00/월·화·금 휴무

티옹 바루 하이나니즈 본리스 치킨 라이스
Tiong Bahru Hainanese Boneless Chicken Rice

WHERE 82호
MENU 치킨 라이스 S$3.5/4.5, 청경채 볶음 S$3
OPEN 10:00~16:00/월·화 휴무

현지인이 먼저 찜한 재야의 크랩

신호사이

Sin Hoi Sai 新海山

30년 넘도록 현지인의 사랑을 듬뿍 받는 씨푸드 전문점. 모든 해산물은 살아 있는 상태에서 조리돼 싱싱함을 보장하며, 가격도 저렴하다. 다른 곳보다 덜 달면서 매콤한 맛이 중독성 강한 칠리 크랩과 블랙 페퍼 크랩도 빼놓을 수 없는 인기 메뉴. 단, 관광객보다는 현지인의 입맛에 맞춰져 있기 때문에 취향에 따라 조금 짜고 자극적으로 느껴질 수 있다. 티옹 바루 베이커리 바로 뒤에 있어서 찾기 쉽고, 밤샘 영업을 하므로 늦은 시간에 방문하기 좋은 곳. 카통에도 같은 이름의 가게가 있으나, 여기와는 전혀 관계없는 곳이니 유의하자. MAP ⑫

PRICE 크랩 S$80~100/1kg
GOOGLE MAPS 신호사이
WALK 티옹 바루 베이커리 본점을 바라보고 왼쪽 골목을 따라 가면 큰길 바로 앞 왼쪽에 있다. 도보 1분
ADD 55 Tiong Bahru Rd, #01-59, Singapore 160055
OPEN 16:00~04:00

뭘 골라도 빵~빵~ 터지는

티옹 바루 베이커리 본점

Tiong Bahru Bakery

티옹 바루에 왔다면 결코 지나칠 수 없는 프렌치 베이커리. 프랑스의 스타 파티셰 곤트랑 쉐리에와 싱가포르의 외식 기업 스파 에스프리 그룹이 협업하여 2012년 오픈한 곳으로, 햇살이 스며드는 넓은 테이블에 앉아 갓 구운 빵과 페스트리를 커피와 함께 즐길 수 있다. 꼭 먹어봐야 할 메뉴는 프랑스 정통 레시피로 만든 크루아상이며, 고소한 아몬드 크루아상이나 크루아상 샌드위치도 맛있다. 버터, 설탕을 넣은 반죽으로 둥글게 만든 프랑스 전통 페스트리인 퀸아망과 브리오슈가 이 곳의 시그니처 메뉴. 래플스 시티와 탕스 백화점, 푸난 몰 등 시내 쇼핑몰 안에도 입점해 있지만, 분위기는 역시 이곳 본점이 제일이다. MAP ⑫

MENU 크루아상 S$4.2~, 퀸 아망 S$5.8, 플랫 화이트 S$6/8, 아이스 롱블랙 S$6.5/서비스 차지 및 세금 별도
GOOGLE MAPS 티옹바루 베이커리
WALK 티옹 바루 마켓 푸드센터를 등지고 앞으로 난 길로 직진, 도보 1분
ADD 56 Eng Hoon St, #01-70, Singapore 160056
OPEN 07:30~20:00(토·일 08:00~)
STORE 래플스 시티(#B1-11), 푸난 몰(#04-22), 탕스(#01-16B), 위즈마 아트리아(#03-35/#B1-K5), 비보시티(#01-188B)
WEB tiongbahrubakery.com

행복이 샘솟는 동물원
만다이 야생동물 보호구역

MANDAI WILDLIFE RESERVE

울창하고 푸르른 자연과 더불어 살아가는 야생동물로 가득한 자연 친화적인 관광 지구다. 싱가포르 동물원, 리버 원더스, 나이트 사파리와 더불어 2023년 5월 과거 주롱 새 공원을 대체하는 버드 파라다이스까지 개장하면서, 하나의 지역에서 모든 종류의 동물 테마파크를 볼 수 있게 되었다. 기존의 동물원 콘셉트에서 벗어나, 한층 높은 수준의 보살핌을 받으며 편안하게 지내는 동물들의 천국. 동물이 행복한 동물원, 우리가 모두 꿈꾸는 동물원의 미래를 경험해보자.

+MORE+

만다이 프로젝트 Mandai Project

싱가포르 북부의 만다이 지역을 야생동물을 중심으로 한 자연 친화적인 지역으로 통합, 전환하고자 진행 중인 프로젝트다. 현재 운영되고 있는 싱가포르 동물원, 리버 원더스, 나이트 사파리 외에 서쪽 지역에 과거 주롱 새 공원을 이전해 버드 파라다이스를 조성했고, 열대우림 공원을 새롭게 만들 계획이며, 동물들이 안전하게 동쪽과 서쪽을 오갈 수 있도록 돕는 다리 역할을 할 에코 링크(Ecolink), 여행자들의 편의를 고려한 숙소인 만다이 레인포레스트 리조트도 만들어진다. 2025년까지 단계적으로 완료 예정.

Access

MRT

- **카팁역** Khatib : North South Line ➡ 만다이 카팁 셔틀(Mandai Khatib Shuttle) 이용
- **앙모키오역** Ang Mo Kio : North South Line ➡ 138번 시내버스 이용
- **스프링리프역** Springleaf : Thomson-East Coast Line ➡ 138번 시내버스 이용

시내버스

⊙ **138번** 앙모키오역-스프링리프역-**버드 파라다이스**(Aft Mandai Road)-**싱가포르 동물원**(S'Pore Zoo)

만다이 카팁 셔틀 Mandai Khatib Shuttle

운행 시간 첫차-MRT 카팁역 08:30/막차-만다이 야생동물 보호구역 00:00

운행 간격 15분(23:00~00:00에는 20분)

소요 시간 만다이 야생동물 보호구역까지 20분

요금 편도 S$2.5(이지링크, 넷츠플래시페이, 마스터/비자 컨택리스 카드 필수), 7세 미만 무료

: WRITER'S PICK :

만다이 시티 익스프레스
Mandai City Express

빅버스 투어에서 제공하는 신규 셔틀 버스 서비스로, 출발 장소가 맞을 경우 만다이 지역까지 한 번에 편리하게 이동할 수 있다. 단, 목~일요일 하루 5회만 운행하므로 시간을 잘 맞춰야 한다. 오차드 호텔, 휠록 플레이스, 힐튼 오차드, 오차드 플라자, 랑데뷰 호텔, 래플스 호텔, 선텍 허브에서 탑승한다.

PRICE 편도 S$8(3세 미만 무료)/온라인 사전 예약 필수(현금 탑승 불가)
WEB 예약 affiliates.bigbuspartners.com/en?r=mandaicityexpress22

카팁역 : 만다이 카팁 셔틀

MRT 카팁역 A출구에서 왼쪽에 있는 Passenger Pick-up Point 정류장에서 탑승. 동물원까지 약 20분 소요.

앙모키오역 : 138번 버스

MRT 앙모키오역 C출구로 내려온 후, 앙모키오 버스 인터체인지에서 138번 버스 탑승. 동물원까지 약 50분 소요.

스프링리프역 : 138번 버스

MRT 스프링리프역 3번 출구에서 오른쪽에 있는 버스 정류장(56091 Springleaf Stn Exit 3)에서 138번 버스 탑승. 동물원까지 약 40분 소요.

만다이 야생동물 보호구역의 동서간 이동 방법

버드 파라다이스와 레인 포레스트의 입구 역할을 하는 만다이 와일드라이프 웨스트(Mandai Wildlife West)와 싱가포르 동물원, 리버 원더스, 나이트 사파리가 위치한 만다이 와일드라이프 이스트(Mandai Wildlife East)를 왕복하는 방법은 다양하다.

❶ **만다이 카팁 셔틀**(Mandai Khatib Shuttle) 약 5분 소요(무료)

❷ **시내버스** 138번 또는 927번 이용
West → East: 48111 Aft Mandai Rd → 48131 S'Pore Zoo
East → West: 48131 S'Pore Zoo → 48119 Bef Mandai Rd

❸ **도보** 약 15분 소요

만다이 카팁 셔틀

Planning

Option 1.

⊙ **총 소요 시간** 약 5시간
⊙ **총 입장료** S$90
⊙ **싱가포르 동물원**에 오전 10시 입장

① 싱가포르 동물원(120분)
⬇ 도보 1분
② 점심 식사 및 휴식(60분)
⬇ 도보 3분
③ 리버 원더스(120분)

Option 2

⊙ **총 소요 시간** 약 5시간 30분
⊙ **총 입장료** S$97
⊙ **리버 원더스**에 오후 3시 입장

❶ 리버 원더스(120분)
⬇ 도보 3분
❷ 점심 식사 및 휴식(60분)
⬇ 도보 5분
❸ 나이트 사파리(150분)

*리버 원더스 대신 싱가포르 동물원을 선택해도 되지만, 날씨가 무더운 오후에는 실내 시설이 많은 리버 원더스를 추천한다.

Option 3

⊙ **총 소요 시간** 약 5시간
⊙ **총 입장료** S$90
⊙ **버드 파라다이스**에 오전 10시 입장

① 버드 파라다이스(120분)
⬇ 셔틀 5분
② 점심 식사 및 휴식(60분)
⬇ 도보 5분
③ 리버 원더스(120분)

*Option 2와 Option 3의 경우 리버 원더스 대신 싱가포르 동물원을 선택해도 되지만, 날씨가 무더운 오후에는 실내 시설이 많은 리버 원더스를 추천한다.

: WRITER'S PICK :

이렇게 일정을 짜면 좋아요!

❶ 싱가포르 동물원, 리버 원더스의 관람 소요 시간은 각각 1시간 30분~2시간으로 잡는 게 적절하다. 나이트 사파리의 경우 제대로 보려면 2시간 30분 정도 걸린다.

❷ 리버 원더스는 실내 관람 공간이 있으므로 점심 이후에 가도 괜찮으며, 나이트 사파리는 관람 후 숙소로 돌아오는 시간을 감안해 첫 타임인 오후 7시 15분에 입장하자. 입장하는 데 오래 기다리지 않으려면 6시 30분까지는 줄을 서야 한다.

❸ 싱가포르 동물원, 리버 원더스, 나이트 사파리 3곳은 콘셉트도 비슷한 데다 야외 활동이 필요한 곳들이므로 3곳을 하루에 모두 돌아보기 어렵다. 싱가포르 동물원, 리버 원더스, 나이트 사파리 중 2곳만 선택하자.

❹ 택시를 타면 이동 시간을 절반 이하로 줄일 수 있다. 3명 이상이라면 고민 말고 택시를 이용하자.

이것만은 꼭 준비하자

❶ 자외선 차단제를 충분히 바르고, 탈수 증상을 막기 위해 생수를 넉넉히 준비하자. 휴대용 선풍기도 유용하다. 관람 중간 중간 실내 공간에서 휴식하는 시간을 갖자.

❷ 관람 전 모기 기피제를 노출된 피부에 발라두는 것이 좋다. 벌레 물린 데 바르는 약도 준비하자.

❸ 접이식 우산을 챙기자. 비가 오거나 햇볕을 가릴 때 사용하면 좋다.

1 보고 싶은 동물은 여기 다 있ZOO~
싱가포르 동물원 Singapore Zoo

세계적 수준을 자랑하는 대형 동물원. 울타리와 철창이 없는 개방적이고 자연 친화적인 시스템으로 유명하다. 총 300종 이상, 4200여 마리의 동물들이 야생 서식지와 유사한 환경에서 살고 있다. 울타리는 없지만 구덩이와 개천, 바위 등 자연물이 경계를 이루고 있으므로 안전하게 관람할 수 있다. 동물들과 사진을 찍거나 먹이 주기 등 다양한 체험을 할 수 있으며, 물놀이장도 갖추고 있다. 1일 2회씩 열리는 4가지 동물 쇼도 강력 추천! 무제한 탑승 가능한 트램을 타고 한 바퀴 돌고 난 후 관심 있는 구역을 찾아가서 동물들과 어울리면 된다. MAP ⓭

GOOGLE MAPS 싱가포르 동물원
ADD 80 Mandai Lake Rd, Singapore 729826
OPEN 08:30~18:00(마지막 입장 17:00)
PRICE S$50, 3~12세 S$35(트램 포함, 온라인으로만 구매 가능)
WEB mandai.com/en/singapore-zoo

■ 싱가포르 동물원·리버 원더스·나이트 사파리·버드 파라다이스 통합패스

2개 패스 모두 싱가포르 동물원·나이트 사파리·버드 파라다이스 트램 포함

❶ **ParkHopper Plus** 4개 파크 모두 각 1회 입장, 리버 원더스 아마존 리버 퀘스트 포함. S$110, 3~12세 S$80

❷ **2-Park Admission** 4개 파크 중 2곳 선택

구분	요금
•싱가포르 동물원 & 나이트 사파리 •리버 원더스 & 나이트 사파리 •나이트 사파리 & 버드 파라다이스	S$90 3~12세 S$60
•싱가포르 동물원 & 리버 원더스 •싱가포르 동물원 & 버드 파라다이스 •리버 원더스 & 버드 파라다이스	S$80 3~12세 S$50

: WRITER'S PICK :

트램으로 돌아보는 애니멀 로드

동물원 전체를 시계 반대 방향으로 돌기 때문에 편안하게 돌아볼 수 있다. 출발 지점을 포함하여 총 4곳의 정류장에서 타고 내릴 수 있으며, 막차는 출발 지점에서 17:30에 출발한다. 트램에서는 오디오 가이드를 지원하며, 6번 채널에 맞추면 한국어 설명도 들을 수 있으니 이어폰을 준비하자. 단, 일부 트램은 영어만 지원한다. 과거에는 트램 티켓을 따로 구입해야 했으나, 지금은 입장권에 포함돼 있어서 마음껏 타도 된다.

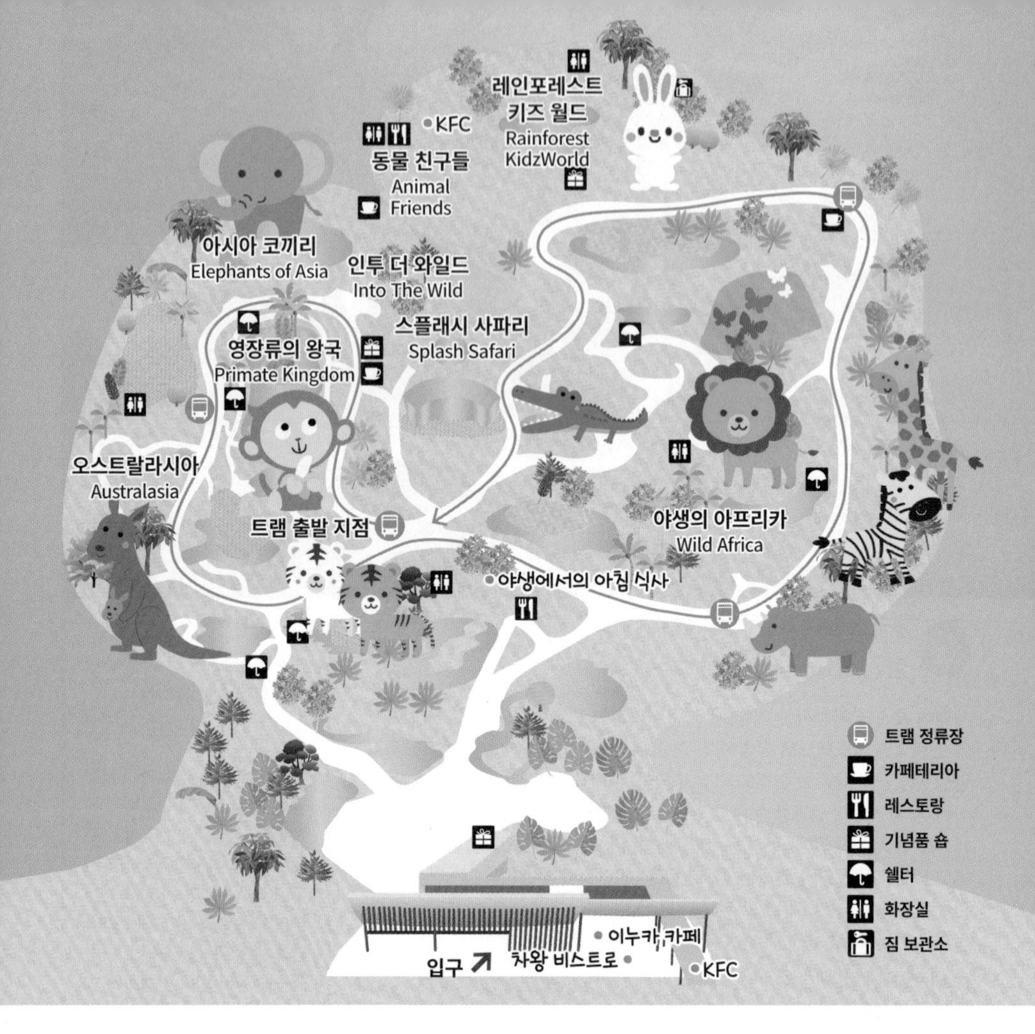

+MORE+

먹이 주기 체험 Feed the Animals

동물에게 직접 먹이를 줄 수 있는 프로그램이다. 먹이는 현장에서 S$5 정도에 구매할 수 있으며 수익금은 모두 야생동물 보호 기금으로 사용된다. 인원이 제한돼 있으므로 홈페이지를 통해 예약한 다음 시작 시각 15분 전까지는 도착하는 것이 좋다.

동물	시간	장소
코끼리	09:30, 11:45, 16:30	Elephants of Asia
기린	10:45, 13:50, 15:45	Wild Africa
흰코뿔소	13:15	Wild Africa
거북이	13:15	Reptile Kingdom
얼룩말	10:15, 14:15	Wild Africa

싱가포르 동물원의 주요 구역 5

Area 1 영장류의 왕국
Primate Kingdom

다람쥐원숭이, 검은손거미원숭이, 두크원숭이 등 39종의 영장류가 푸른 나무와 더불어 사는 개방형 공간.

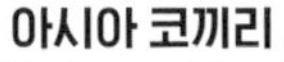

Area 2 아시아 코끼리
Elephants of Asia

조용한 분위기에서 5마리의 암컷 코끼리를 관람하며 셀레타 저수지의 전망까지 즐길 수 있다.

Area 3 오스트랄라시아
Australasia

'오스트랄라시아'는 호주와 뉴질랜드 등 오세아니아를 일컫는 말이자 '아시아의 남쪽'을 뜻하는 말이다. 캥거루와 왈라비 등 유대류를 비롯해 몸집이 커서 날지 못하는 화식조나 덤불멧돼지도 만나볼 수 있다.

Area 4 야생의 아프리카
Wild Africa

아프리카의 다양한 초식 동물과 육식 동물이 한데 어우러진 구역. 얼룩말, 기린, 사자, 치타, 미어캣은 물론이고, 지구상에서 코끼리 다음으로 큰 육상동물인 흰코뿔소도 있다.

Area 5 레인포레스트 키즈월드
Rainforest KidzWorld

토끼와 기니피그, 고슴도치 등 귀여운 동물들과 어울릴 수 있는 곳. 뒤쪽에는 물놀이장이 설치돼 있다.

스플래시 사파리
Splash Safari

장난꾸러기 캘리포니아 바다사자의 귀여운 재주를 볼 수 있는 인기 만점 쇼. 앞에 앉은 관객들은 물세례를 받을 수 있다.

WHERE Shaw Foundation Amphitheatre
OPEN 10:30/17:00

동물 친구들
Animal Friends

고양이와 개 등 우리에게 친근한 동물과 함께하는 쇼. 동물을 직접 만져보며 놀 수 있어서 아이들이 특히 좋아한다. 아이를 동반하지 않는다면 패스해도 된다.

WHERE Animal Buddies Theatre, KidzWorld
OPEN 11:00/14:00

©Mandai Wildlife Group

: WRITER'S PICK :

쇼 관람 팁

이곳의 쇼들은 강제 훈련으로 동물에게 재주를 부리도록 한 것이 아니라, 각각의 동물을 소개하고 그들의 능력을 자연스럽게 보여주는 데 의의를 두고 있다. 따라서 큰 재미는 없지만 아이들과 마음 편하게 관람할 수 있다는 것이 장점이다. 쇼 타임 20분 전에 입장해야 좋은 좌석을 선점할 수 있으며, 쇼 시간은 20분이다. 대개 쇼가 끝나면 동물들과 사진을 찍을 수 있는 시간이 주어지는데, 동물들이 놀랄 수 있으니 플래시는 꼭 끄고 찍자.

©Mandai Wildlife Group

인투 더 와일드
Into The Wild

열대 우림에 사는 오랑우탄이나 원숭이, 수달, 공작 등 10여 종의 동물이 등장해 위기에 빠진 숲을 구하기 위한 쇼를 펼친다. 용기가 있다면 무대로 나가 대형 뱀을 만져보자.

WHERE Shaw Foundation Amphitheatre
OPEN 12:00/14:30

싱가포르 동물원 추천 먹거리 4

©Mandai Wildlife Group

Point 1 야생에서의 아침 식사
Breakfast in the Wild

뷔페를 맛보며 동물들을 구경하고 기념사진도 찍을 수 있는 레스토랑. 아이들의 반응은 좋지만, 어른의 경우에는 뷔페 음식의 질이 평이하고 동물과 보내는 시간이 짧아 실망할 수 있다. 예약이 꽉 차 자리가 없을 수 있으므로 홈페이지를 통해 예약 후 방문하자.

WHERE Ah Meng Restaurant(테라스)
OPEN 09:00~10:30(동물 관람 09:15~10:00)
PRICE S$47, 6~12세 S$37

Point 2 KFC

동물원 입구와 물놀이장 안에 각각 매장이 있다.

WHERE 동물원 입구, 레인 포레스트 키즈 월드
OPEN 동물원 입구: 10:00~19:00(토·일·공휴일 09:00~)/레인 포레스트 키즈 월드: 10:30~17:30(토·일·공휴일 10:00~ 18:00)

Point 3 이누카 카페
Inuka Café

카야 토스트 등 가벼운 식사 메뉴가 마련된 카페.

WHERE 동물원 입구
OPEN 08:00~18:00

Point 4 차왕 비스트로
Chawang Bistro

핫도그, 파스타, 케이크 등 캐주얼한 이탈리안 음식을 맛볼 수 있다.

WHERE 동물원 입구
OPEN 11:00~18:00

② 강 따라 동물 따라 세계여행
리버 원더스 River Wonders

강을 테마로 한 야생 동물 공원. 콩고강, 나일강, 갠지스강, 메콩강, 메리강, 양쯔강 등의 전 세계 주요 강의 주변 환경을 재현한 공간에서 각각의 강을 터전으로 살아가는 7500여 마리 동물과 400여 종의 식물을 볼 수 있다. 수상동물과 육상동물을 한자리에서 볼 수 있다는 점, 실내 공간이 많아서 오후에도 시원하게 관람할 수 있다는 점 등이 장점. 배를 타고 동물을 구경할 수 있는 어트랙션 '아마존 리버 퀘스트(Amazon River Quest)', 세계 최대의 담수 수족관인 '아마존 플러디드 포레스트(Amazon Flooded Forest)'는 절대 놓치지 말자. 입구에 표시된 화살표를 따라가며 관람하면 모든 구역을 쉽게 돌아볼 수 있으며, 탐방로 주변에서 다람쥐나 원숭이 같은 귀여운 동물을 만나볼 수 있다. MAP ⑬

GOOGLE MAPS 리버 원더스
ADD 80 Mandai Lake Rd, Singapore 729826
OPEN 10:00~19:00(마지막 입장 18:00)
PRICE S$43, 3~12세 S$31(온라인으로만 구매 가능)
WEB mandai.com/en/river-wonders

타고, 보고, 즐기는 리버 원더스 TOP 3

아마존 리버 퀘스트
Amazon River Quest

배를 타고 가며 아마존강에서 서식하는 동물들을 볼 수 있는 어트랙션. 엘리베이터처럼 위로 올라간 후 급하강하는 스릴도 느낄 수 있다. 브라질 테이퍼, 재규어, 개미핥기, 홍학 등을 가까이에서 지켜볼 수 있지만, 때에 따라 동물들이 보이지 않을 수도 있다. 예약이 필요 없는 선착순 탑승이지만, 리버 원더스 티켓에 포함돼 있지 않으므로 별도로 티켓을 구매(홈페이지를 통한 온라인 구매만 가능)해야 한다. 임산부와 신장 106cm 이하는 탑승할 수 없으며, 악천후로 인해 운행이 중지될 경우 구내 기념품 숍이나 음식점에서 티켓 금액만큼 사용할 수 있다.

PRICE S$5

©Mandai Wildlife Group

원스 어폰 어 리버
Once Upon a River

보트 플라자에서 진행되는 무료 쇼. 약 20분간 동물과 환경을 주제로 한 스토리텔링 세션이 진행된다. 어린이를 동반한다면 한 번쯤 관람할 가치가 있으며, 쇼 관람 인원은 최대 50명으로 제한된다. 사전에 홈페이지를 통해 좌석 예약을 해야 한다.

OPEN 11:30, 14:30, 16:30

자이언트 판다 포레스트
Giant Panda Forest

중국에서 온 자이언트 판다인 카이카이와 찌아찌아 커플이 사는 양쯔강 구역의 어트랙션. 2021년에 태어난 아기 판다 레레도 볼 수 있다. 바위가 무성하고 물이 흐르는 쾌적한 환경이 특징이며, 너구리를 닮아 귀여운 레드 판다(Red Panda)도 놓칠 수 없는 볼거리.

레드 판다

3 신비로운 밤의 정글 속으로
나이트 사파리 Night Safari

세계 최초의 야행성 동물 테마파크. 100여 종, 900여 마리 동물들이 살고 있다. 동물들의 활발한 야간 활동을 방해하지 않기 위해 달빛과 유사한 조명이 설치돼 있어 밤의 정글을 탐험하는 기분을 느낄 수 있다. 한국에서는 접해보기 어려운 독특한 경험이어서 어린이를 동반한 가족 여행객이 특히 즐겨 찾지만, 나이트 사파리에 대한 이해가 부족할 경우 만족도가 떨어질 수 있다. MAP ⑬

GOOGLE MAPS 나이트 사파리
ADD 80 Mandai Lake Rd, Singapore 729826
OPEN 19:15~00:00(마지막 입장 23:15), 기념품 숍·레스토랑 17:30~
PRICE S$56, 3~12세 S$39/트램 포함(온라인으로만 구매 가능)
WEB mandai.com/en/night-safari

©Mandai Wildlife Group

: WRITER'S PICK :

나이트 사파리는 동물을 '보러' 가는 곳이 아니다

트램 옆으로 기린과 얼룩말 같은 동물들이 불쑥 지나가는 모습이 뚜렷하게 보이는 홍보 자료 속 사진과 다르게, 실제 나이트 사파리에서는 동물을 가까이에서 자세히 보기 어렵다. 사람이나 트램을 발견하면 숨을 곳부터 찾는 것이 동물의 본능적인 습성이기도 하고, 조명이 달빛보다 조금 더 밝은 수준이어서 설령 동물이 바로 앞에 있더라도 알아채지 못할 경우가 많다. 여기에 동물이 관람객에게 접근할 수 없도록 안전장치까지 돼 있으므로, 동물을 가까이에서 보는 것은 생각보다 쉽지 않다. 따라서 나이트 사파리는 동물의 발소리나 냄새 등 청각과 후각을 느끼며 정글을 탐험해보는 야생 체험 프로그램이라 할 수 있다. 운이 좋으면 밤하늘을 향해 고개를 쳐들고 힘차게 울부짖는 늑대의 하울링을 들을 수도 있다.

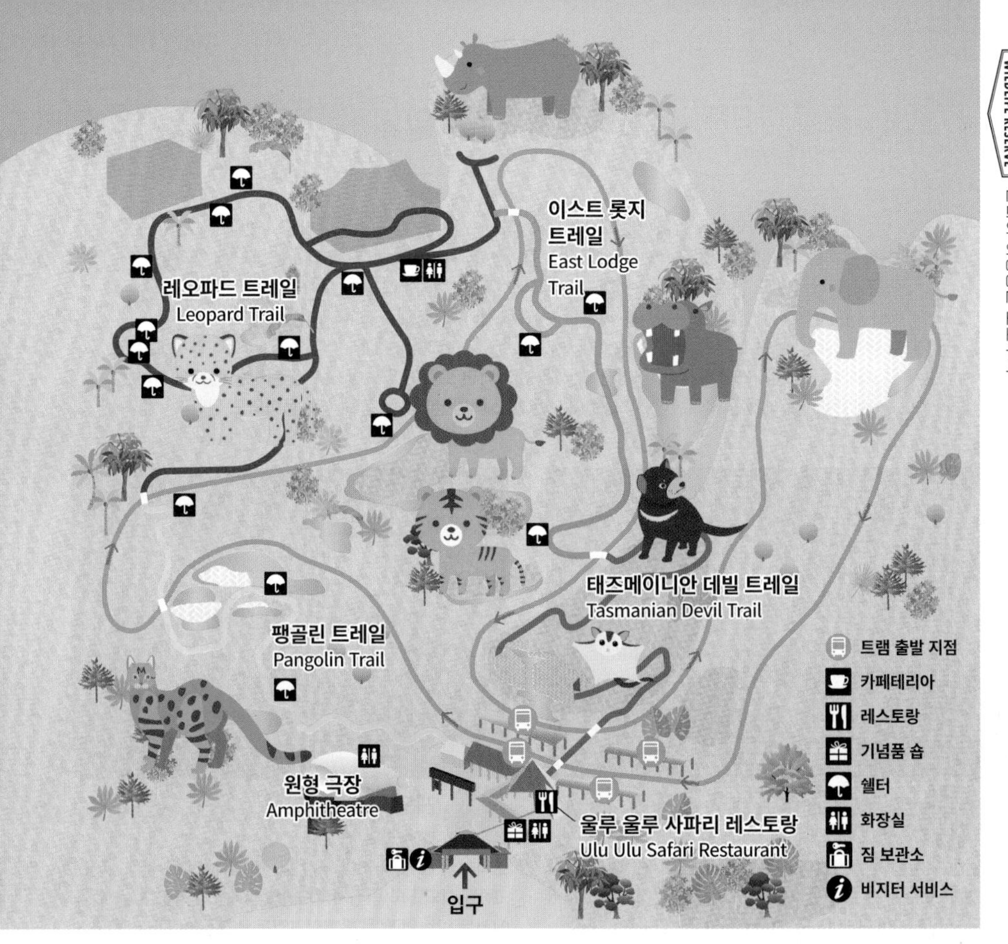

: WRITER'S PICK :

나이트 사파리를 힘들지 않게 시작하려면?

❶ 첫 타임(19:15)에 입장하자.

트램을 타고, 워킹 트레일을 걸어보고, 쇼도 보려면 첫 타임에 입장해도 시간이 넉넉하지 않다. 따라서 첫 타임을 놓치게 되면 나이트 사파리를 충분히 즐길 수 없게 되고, 숙소로 돌아가는 시간도 늦어지기 쉽다.

❷ 티켓은 온라인으로 미리 구매하고, 시간을 꼭 지정하자.

시간대마다 입장 인원이 제한돼 있으므로 첫 타임에 입장하려면 반드시 사전에 시간을 지정해둬야 한다. 현장에서 티켓을 구매하고 시간을 지정하려면 첫 타임은 물론이고, 성수기에는 두 번째 타임도 매진일 수 있다. 나이트 사파리 공식 홈페이지에서는 티켓 구매 시 시간 지정까지 할 수 있다. 할인 티켓 판매처에서 구매할 경우 되도록 시간 지정이 가능한 티켓을 구매하는 게 좋다. 만약, 시간 지정이 돼 있지 않은 오픈 티켓을 구매했다면 바우처에 있는 콜렉션 코드를 확인한 후 아래 홈페이지에서 추가로 시간을 지정할 수 있다. 시간 지정 후 바우처는 꼭 재출력해서 가져가자.

WEB 시간 지정 reseller.wrs.com.sg/ticketstore/guestbooktimeslot

❸ 늦어도 오후 6시 30분 전에 도착하자.

첫 타임으로 시간을 지정했어도 안심할 수 없다. 입장 순서대로 트램을 탈 수 있으므로 늦어도 6시 전에는 도착해 티켓 오피스나 무인 발권기에서 실물 티켓으로 교환한 후 최대한 빨리 입장하는 줄을 서야 한다. 늦을 경우 긴 대기 줄에서 흐르는 땀을 닦으며 밀려오는 짜증을 감내해야 한다.

나이트 사파리 트레일 4

나이트 사파리에는 동물의 종과 서식지에 따라 구분된 4개의 워킹 트레일이 있다. 간혹 트램을 타고 한 바퀴 돌면 다 본 것이라 착각하는 경우도 있는데, 트램 코스만 둘러보는 것은 나이트 사파리의 반도 돌아보지 않은 것과 같다. 따라서 우선 트램을 탑승해 오디오 가이드를 들으면서 대략적인 정보를 얻고 분위기를 파악한 후, 트램 탑승 지점으로 돌아와 안내도를 보면서 시계 방향으로 팽골린 트레일, 레오파드 트레일, 이스트 롯지 트레일, 태즈메이니안 데빌 트레일 순으로 워킹 트레일을 경험해볼 것을 추천한다. 만약 시간이 없다면 트램이 깊숙이 닿지 않는 팽골린 트레일과 레오파드 트레일만 걸어본 후 이스트 롯지 트램 스테이션에서 트램을 타고 돌아와도 된다.

Trail 1

팽골린 트레일
Pangolin Trail

멸종 위기종인 고기잡이 살쾡이(Fishing Cat)를 비롯해 빈투롱(Binturong), 천산갑(Pangolin), 사향고양이(Palm Civet) 등 동남아시아의 토착 동물들을 만날 수 있다.

레오파드 트레일
Leopard Trail

스리랑카 표범, 아시아 사자 같은 스타급 동물부터 귀여운 고슴도치와 날다람쥐까지 찾아볼 수 있다. 맹그로브 워크에서는 박쥐의 날개가 퍼덕거리는 소리를 들을 수 있다.

이스트 롯지 트레일
East Lodge Trail

아프리카사자나 말레이호랑이 같은 맹수류와 느림보곰(Sloth Bear), 살쾡이의 일종인 서벌(Serval), 얼룩무늬하이에나 등 아프리카와 아시아의 다양한 동물들이 어우러져 살고 있다.

태즈메이니안 데빌 트레일
Tasmanian Devil Trail

호주, 뉴질랜드, 뉴기니 등에 서식하는 야생동물들이 살고 있다. 세계에서 가장 큰 육식성 유대류인 태즈메이니안 데빌을 비롯해 캥거루과의 일종인 왈라비(Wallaby), 유대하늘다람쥐(Sugar Glider) 등 이색적인 동물을 만나보자.

Show 1 밤의 동물 쇼
Creatures of the Night Show

수달, 빈투롱, 사향고양이 등 여러 동물이 갖가지 재능을 펼치는 쇼. 나이트 사파리에서 가장 인기 있는 쇼이므로 제대로 보려면 조금 일찍 도착하는 것이 좋다. 대형 아나콘다를 직접 들어보는 체험도 할 수 있다. 약 25분 소요. 홈페이지 좌석 예약 필수로, 쇼 시작 2시간 전부터 예약 가능하다.

WHERE 원형극장(Amphitheatre)
OPEN 19:30, 20:30, 21:30

©Mandai Wildlife Group

Show 2 트와일라이트 퍼포먼스
TwiLIGHT Performance

형형색색의 LED로 밤을 밝히는 화려한 공연. 약 5분 소요.

WHERE 나이트 사파리 입구(Night Safari Entrance Courtyard)
OPEN 20:00, 21:00

공중 원형극장

4 새롭게 탄생한 새들의 천국
버드 파라다이스 Bird Paradise

싱가포르의 인기 관광지였던 주롱 새 공원이 2023년 1월 3일에 운영을 종료했고, 이를 대체할 버드 파라다이스가 만다이 야생동물 보호구역 내에 조성되어 2023년 5월에 개장했다. 전 세계의 다양한 생태계를 반영하는 '자연주의적인 혼합 종 서식지'를 특징으로 하는 버드 파라다이스는 새들의 자연스러운 행동을 관찰할 수 있도록 세심하게 설계됐다. 울창한 아프리카 열대우림부터 남미 습지, 동남아시아의 논, 건조한 호주 유칼립투스 숲 등에 이르기까지 전 세계 각종 서식지에서 영감을 받은 8개의 대형 워크인 새장을 포함한 10개 구역으로 나뉜다. 400종 이상, 3500여 마리의 새 중 24%가 멸종 위기종이라고 한다. MAP ⑬

GOOGLE MAPS 버드 파라다이스
ADD 20 Mandai Lake Rd, Singapore 729825
OPEN 09:00~18:00(마지막 입장 17:00)
PRICE S$50, 3~12세 S$35(온라인으로만 구매 가능)
WEB mandai.com/en/bird-paradise

+MORE+

버드 파라다이스 쇼

❶ 세계의 날개 Wings of the World
아름다운 앵무새들의 특별한 재능을 찾아볼 수 있는 시간. 약 20분 소요.

WHERE 공중 원형극장(Sky Amphitheatre)
OPEN 12:30, 17:00

❷ 날개달린 포식자 Predators on Wings
먹이사슬의 최상위에 있는 독수리를 비롯한 맹금류의 위용을 감상해보자. 약 20분 소요.
WHERE 공중 원형극장(Sky Amphitheatre)
OPEN 10:30, 14:30

세계의 날개

날개달린 포식자

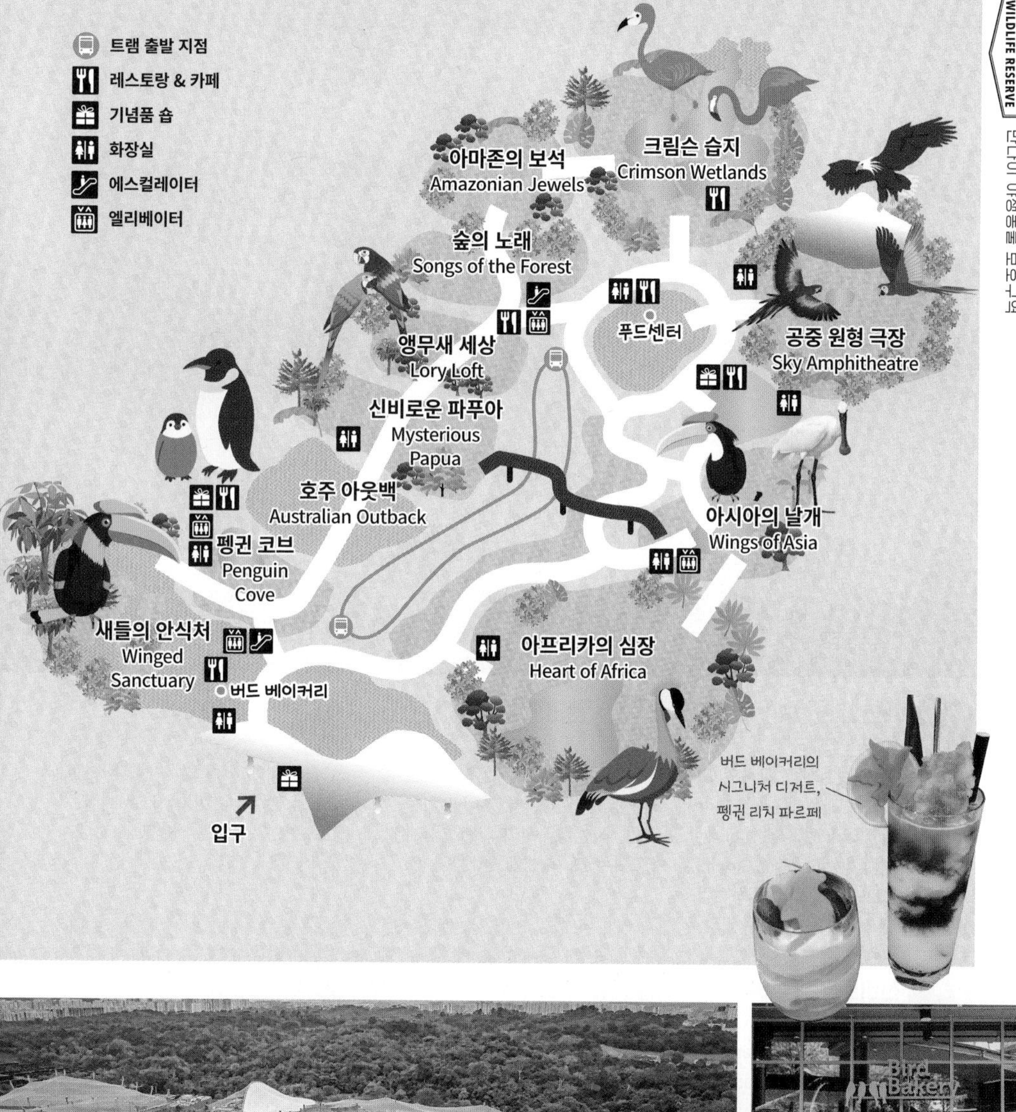

버드 베이커리의 시그니처 디저트, 펭귄 리치 파르페

버드 파라다이스 전경 ©Mandai Wildlife Group

버드 베이커리

푸드 센터

Point 1 새들의 안식처 Winged Sanctuary

멸종 위기에 처한100종 이상의 새들을 집중적으로 관리하는 곳. 브라미니 찌르레기(Brahminy Starling), 산타크루즈 비둘기(Santa Cruz Ground Dove), 말레오(Maleo), 필리핀 독수리(Philippine Falconet) 등을 볼 수 있다.

Point 2 펭귄 코브 Penguin Cove

새들의 안식처 바로 옆에 자리한 펭귄 구역. 귀여운 펭귄들이 차가운 바닷물 속을 헤엄치며 자연스럽게 생활할 수 있도록 설계됐다.

Point 3 호주 아웃백 Australian Outback

멸종 위기에 처한 앵무새를 비롯한 다양한 앵무새와 비둘기가 서식하는 건조한 숲의 환경을 재현했다.

Point 4 신비로운 파푸아 Mysterious Papua

남방 화식조(Southern Cassowary), 북파푸아왕 앵무새(North Papuan King Parrot), 야자 앵무새(Palm Cockatoo) 등 파푸아에서 온 새들을 가까이에서 관찰할 수 있다.

Point 5 앵무새 세상 Lory Loft

울창한 숲속의 캐노피 사이를 날아다니는 아름다운 앵무새를 볼 수 있다. 과즙이 담긴 컵으로 유인해 새들이 손목과 어깨에 앉도록 하는 이색 체험도 할 수 있다.

Point 6 숲의 노래 Songs of the Forest

아시아의 새들이 서식하는 대형 워크 인 새장. 동남아시아의 강과 숲을 떠올리게 하는 커다란 나뭇잎과 반짝이는 개울 등으로 이뤄진 평화로운 안식처에서 새들의 노래를 들을 수 있다.

펭귄 코브

앵무새 세상

크림슨 습지

아마존의 보석
Amazonian Jewels

숲이 우거진 아마존 정글 깊숙이 들어가서 아마존 벌잡이 파랑새(Amazon Motmot) 및 밤귀 아라사리(Chestnut-eared Aracari)와 같은 독특한 새들을 만나고, 열대우림의 나무를 볼 수 있다.

크림슨 습지
Crimson Wetlands

남미의 수상 마을에서 영감을 받은 습지 구역. 주홍 따오기(Scarlet Ibises)와 장밋빛 저어새(Roseate Spoonbill)의 놀랍도록 화려한 비행에 매료된다. 멋진 폭포는 과거 주롱 새 공원에 있던 폭포를 재현한 것이다.

아시아의 날개
Wings of Asia

동남아시아의 대나무숲과 계단식 논을 재현한 서식지. 덤불 속에 숨은 꿩과 나무에서 코뿔새(hornbill)를 찾아보자. 발리에서 영감을 받은 스플릿 게이트, 수중 음향 조각 등 재밌는 문화적 요소들도 있다.

아프리카의 심장
Heart of Africa

8개의 워크 인 새장 중 가장 큰 곳. 높이 솟은 나무와 다채로운 새들이 서식하는 아프리카의 숲과 계곡을 재현했다. 곤충잡이에 나선 벌새를 관찰할 수 있는 '벌새의 절벽(Bee-eater's Cliff)'과 콩고 전시관, 전망이 멋진 캐노피 워크 등으로 꾸며졌다.

숲의 노래

아시아의 날개

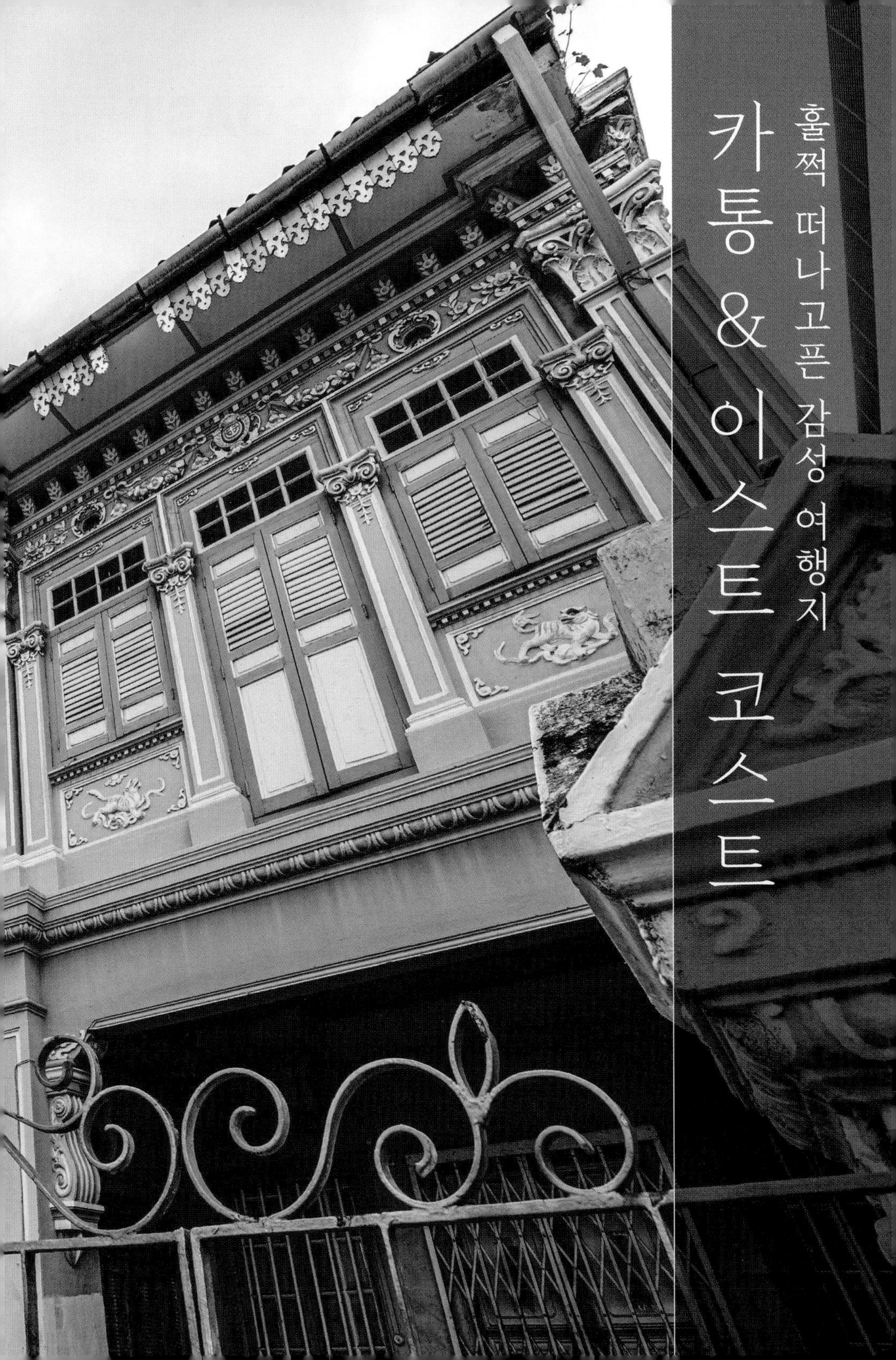
훌쩍 떠나고픈 감성 여행지
카통 & 이스트 코스트

KATONG & EAST COAST

복잡한 관광지와 빌딩숲에서 벗어나 진짜 싱가포르의 여유를 즐기고 싶다면 싱가포르 도심 동쪽으로 가보자. 레크리에이션 클럽과 고급 호텔, 부자들의 저택, 알록달록한 페라나칸 숍하우스, 해변을 따라 조성된 이스트 코스트 파크 등이 들어선 이 지역은 싱가포르 현지인들의 인기 주말 휴양지로 손꼽힌다.

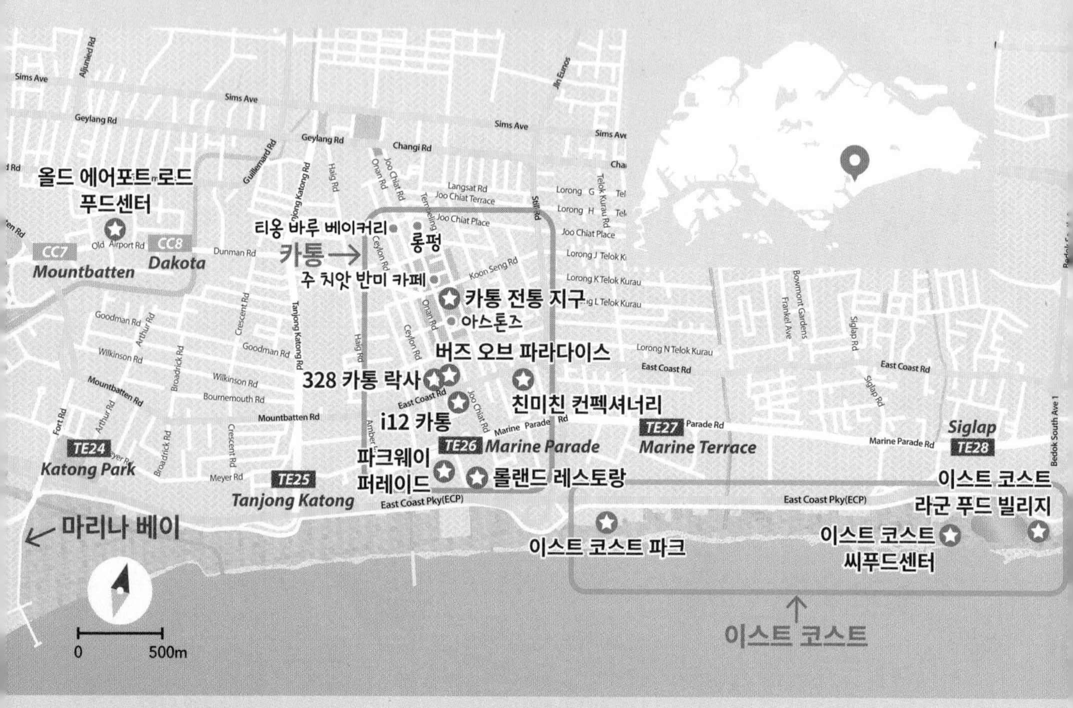

Access

MRT

마린퍼레이드역 Marine Parade : Thomson-East Coast Line

- **카통 전통 지구** 3번 출구에서 직진 → 큰 길(주 치앗 로드)에서 좌회전 후 직진
- **328 카통 락사** 2번 출구에서 그랜드 머큐어 록시 호텔을 끼고 우회전 후 직진
- **파크웨이 퍼레이드** 1번 출구로 나와 뒤돌아 길을 건넘

시그랩역 Siglap : Thomson-East Coast Line

- **이스트 코스트 씨푸드 센터, 이스트 코스트 라군 푸드 빌리지** 1번 출구에서 직진 → 양 갈래길에서 왼쪽방향으로 직진 → 이스트 코스트 파크로 건너가는 지하보도 이용

시내버스

- **10번** 비보시티-래플스 플레이스-풀러튼 호텔-선텍 시티-**다코타역**(Dakota Stn Exit A/Blk 99)-**카통**(Opp Roxy Sq)
- **16번** 티옹 바루-오차드 로드-래플스 호텔-선텍 시티-**다코타역**(Dakota Stn Exit A/Blk 99)-**카통**(Opp Maranatha Hall)
- **33번** 티옹 바루-차이나타운-클락 키-차임스-부기스-**다코타역**(Dakota Stn Exit A/Blk 99)-**카통**(Opp Maranatha Hall)

Planning

⊙ **총 소요 시간** 약 4시간
⊙ **총 입장료** 없음

❶ 마린퍼레이드역 3번 출구에서 직진 후 주 치앗 로드에서 좌회전
⬇ 도보 10분
❷ 카통 전통 지구(20분)
⬇ 도보 10분
❸ 328 카통 락사(30분)
⬇ 도보 5분
❹ i12 카통(60분)
⬇ 도보 15분
❺ 이스트 코스트 파크(30분)
⬇ 택시 10분
❻ 이스트 코스트 씨푸드센터 또는 이스트 코스트 라군 푸드 빌리지(60분)

카통 전통 지구

: WRITER'S PICK :

이렇게 일정을 짜면 좋아요

❶ 오전보다는 오후

카통 지역 관광은 오전보다 오후에 하는 것이 좋다. 오후 2시쯤 시작해서 카통 전통 지구를 들러보고, '328 카통 락사'에서 그 유명하다는 락사를 경험해보자. i12 카통에서 쇼핑과 커피 한잔을 즐기며 더위를 식힌 후, 해변 쪽으로 난 지하도를 건너면 이스트 코스트 파크로 이어진다. 이곳에서 바닷가를 거닐며 여유를 만끽하다 보면 마치 현지인이 된 것만 같다. 근처의 자전거 대여점에서 자전거를 빌려 짧은 라이딩을 경험하는 것도 재미있다. 돌아오는 길은 근처의 주차장(Car Park) 번호로 그랩을 호출하거나 택시를 타고 이스트 코스트 씨푸드센터나 이스트 코스트 라군 푸드 빌리지에서 바다를 배경으로 저녁 식사를 즐겨보자.

❷ 주말과 공휴일이라면

주말과 공휴일에는 시내버스 401번이 MRT 베독역에서 출발해 이스트 코스트 파크 양쪽을 운행한다. 따라서 i12 카통 쪽에서 이스트 코스트 파크에 진입한 후 이스트 코스트 씨푸드센터 쪽을 갈 때 또는 반대 방향으로 이동할 때도 이용할 수 있다. 하지만 버스 정류장까지의 도보 이동이 쉽지 않으므로 가급적 그랩 같은 택시 호출서비스를 이용하길 권한다.

- 401번 버스: 베독역 출발 첫차 토 14:00, 일·공휴일 10:00/배차 간격 20분

❸ 자전거 대여

- **GoCycling**(Car Park C4 주차장 근처 자전거 대여점)

ADD 1030 East Coast Parkway Singapore 449893
OPEN 08:00~22:00
PRICE 1인용 1시간 S$10, 4인용 1시간 S$40(현금 보증금 S$50 필수)

#Walk

싱가포르의 재발견
카통

페라나칸 하우스가 밀집한 전통 지구를 거닐어 보고, 현대적인 쇼핑몰에서 한낮의 더위를 식혀보자. 중독성 강한 락사의 맛에 푹 빠져 보고, 호커센터에서 맛있는 해산물 요리로 저녁 식사를 하면 하루가 꽉 찬다.

1 예쁜 사진 한번 남겨 볼까?
카통 전통 지구
Katong Traditional District

1920년대 지어진 여러 채의 페라나칸 숍하우스가 줄줄이 늘어선 지역. 알록달록한 파스텔 톤 외벽에 장식된 페라나칸 특유의 꽃무늬나 신화적인 동물, 기하학적인 무늬의 타일들은 언뜻 비슷해 보이면서도 각기 다른 매력을 지녔다. 대부분 현지인이 실제 거주하고 있어서 내부를 들여다볼 수는 없지만, 화려하고 이국적인 분위기를 자랑해 SNS 명소로 손꼽힌다. 카통의 중심을 가로지르는 쿤셍 로드와 주치앗 로드가 만나는 지점에 자리 잡고 있다. MAP ⑭

GOOGLE MAPS peranakan houses
MRT 마린퍼레이드역 3번 출구에서 직진 후 주 치앗 로드에서 좌회전, 도보 10분
BUS 82131 Opp Maranatha Hall 또는 82141 Aft Koon Seng Rd 정류장 하차
ADD 287 Joo Chiat Rd, Singapore 427540
OPEN 24시간 **PRICE** 무료

: WRITER'S PICK :

숍하우스 Shophouse 란?

1820~1970년대에 지어진 싱가포르의 전통가옥인 숍하우스는 1층은 상점, 위층은 주거 목적으로 지어진 2~3층 규모의 작은 건물을 말한다. 지붕이 인도 쪽으로 돌출되게 지어져 보행자가 햇빛과 비를 피하며 걸을 수 있는데, 이러한 양식을 중국어로는 '오각기(五脚基)', 영어로는 'Five foot way'라고 한다. 19세기 중반 이후부터는 태국과 필리핀 등 다른 동남아시아 국가 및 일부 동아시아에도 전파됐다. 식민지 시대 이후에는 낡아서 방치되거나 토지 개발로 인해 많이 사라졌지만, 현존하는 숍하우스들은 그 문화적 가치를 인정받아 보호받고 있다.

+MORE+

카통 전통 지구 주변 추천 식당

카통 전통 지구 앞 주 치앗 로드 양쪽으로는 현지인이 즐겨 찾는 식당들이 많다. 그중 베트남 음식이 맛있기로 소문난 식당 2곳을 소개한다.

숨은 베트남 쌀국수 맛집

롱펑 Long Phung - Vietnamese Cuisine

베트남식 토종 쌀국수를 맛볼 수 있는 곳. 짜지 않으면서도 진한 국물에 부드러운 면, 넉넉하게 넣어주는 잡내 없는 고기가 만족스럽다. 덜 익힌 고기는 2번, 잘 익힌 고기는 3번을 선택할 것. 국물 없는 버전(30번)도 맛있다. 추천 메뉴는 월남쌈에 스프링롤과 새우튀김이 곁들여진 세트(53번)로, 쌀가루 반죽에 각종 해산물과 채소들을 넣어 부쳐낸 반세오(86번)도 실패 없는 메뉴다. 메뉴판에 사진이 있고 벽에 그림도 붙어있어서 주문이 편리하며, 현금만 가능. 최근 차이나타운 미향원 근처에 분점을 오픈했다. **MAP ⑭**

GOOGLE MAPS long phung - vietnamese cuisine
ADD 159 Joo Chiat Road, Singapore 427436
OPEN 12:00~23:00
PRICE 포 남(3번, Well-done beef noodle soup) S$10.5, 월남쌈/스프링롤/새우튀김(53번, Spring rolls. Prawns, Rolled Salad) S$14, 반세오(86번, banh Xeo) S$12
WEB facebook.com/people/Long-Phung-Vietnamese-Restaurant/100063491175041/

다양한 맛의 베트남 샌드위치

주 치앗 반미 카페
Joo Chiat Banh Mi Ca Phe

바게트로 만든 베트남식 샌드위치인 반미 전문점. 편안한 분위기와 저렴한 가격으로 반미와 베트남식 드립 커피를 즐길 수 있다. 정통과 퓨전 스타일로 구성된 총 7가지 반미 중 시그니처 메뉴는 레몬그라스 그릴드 비프 패티(4번, $8.5)로, 갓 구운 바게트에 아삭한 양상추, 샐러드, 고수, 칠리, 호이신 소스를 곁들인 구운 소고기 패티 등이 들었다. 닭고기에 야채를 곁들이고 양념한 닭고기를 잘게 부순 플로스(floss)를 뿌린 클래식 치킨 콜드 컷 위드 플로스(1번, S$6.5)은 보다 전통적인 반미의 맛을 느낄 수 있다. **MAP ⑭**

MENU 반미 S$6.5~9.5, 나시 르막 S$3, 고등어 오타 S$1.5, 베트남 커피 S$3~4.9
GOOGLE MAPS Joo Chiat Banh Mi Ca Phe
ADD 263 Joo Chiat Road, Singapore 427517
OPEN 09:00~19:00(토·일 ~20:00)
WEB joochiatcaphe.com

② 싱가포르 락사의 지존
328 카통 락사 328 Katong Laksa

싱가포르인의 소울 푸드인 락사를 제대로 맛볼 수 있는 식당. 매년 미슐랭 가이드 빕 구르망에 오르는 인기 맛집으로 우리나라 여행 예능 프로그램에도 여러 차례 소개되었다. 코코넛 밀크를 넣은 부드러운 맛의 국물에 수저로 떠먹을 수 있도록 잘게 끊어진 쌀국수 면, 어묵, 조갯살, 새우 등을 넣어 감칠맛을 더한다. 함께 제공되는 삼발소스를 뿌려 먹으면 더욱 맛있으며, 바나나 잎에 싼 매운 어묵인 오타(Otah)를 추가로 주문해 곁들여 먹으면 느끼한 맛을 덜 수 있다. 신선한 라임 주스도 락사와 잘 어울린다. MAP ⑭

MENU S$7.3/9.3, 오타 S$2, 라임 주스 S$3
GOOGLE MAPS 328 katong laksa
MRT 마린퍼레이드역 2번 출구에서 그랜드 머큐어 록시 호텔을 끼고 우회전 후 직진, 도보 8분
BUS 92111 Opp Roxy Sq 또는 92119 Roxy Sq 정류장 하차
ADD 51 East Coast Rd, Singapore 428770
OPEN 09:30~21:30
WEB 328katonglaksa.sg

: WRITER'S PICK :

락사의 기원

페라나칸식 국수인 락사는 밀가루나 쌀가루로 만든 면에 닭고기, 새우, 생선 등을 곁들인 요리다. 크게 코코넛 밀크를 넣어 부드러운 맛을 내는 락사 르막(Laksa Lemak)과 타마린드를 넣어 새콤한 맛을 강조한 아삼 락사(Assam Laksa)로 나뉘며, 이 외에도 수십 가지의 변형된 종류가 있다. 이름의 유래는 락사 재료 중 하나인 건새우의 식감 때문에 '맛있는 모래'라는 뜻의 호키엔 단어 'Luak Sua(辣沙)'에서 왔다는 설이 지배적이다. 락사는 15세기 명나라 때 정화의 동남아시아 원정으로 전해졌다는 설도 있지만, 그보다 훨씬 이전부터 동남아시아 여러 나라에 정착한 중국인들에 의해 전해졌고, 이후 현지인 사이에서 태어난 페라나칸들에 의해 현지화됐다는 것이 통설이다.

③ 젤라토에 놀라고, 콘에 반하고
버즈 오브 파라다이스 Birds of Paradise

허브, 과일, 꽃 등 자연에서 온 천연 재료로 아이스크림을 만드는 곳. 2019년 미슐랭 가이드에도 이름을 올렸다. 딸기 바질(Strawberry Basil), 판단(Pandan), 하얀 국화(White Chrysanthemum) 등이 인기 메뉴며, 달지 않고 건강한 맛을 낸다. 이 외에도 망고, 피스타치오, 리치 라즈베리, 얼 그레이 등 다양한 맛이 있다. 컵과 콘 중에서는 반드시 콘을 고를 것. 향긋한 허브인 타임을 첨가해 즉석에서 구워낸 콘은 아이스크림의 인기를 뛰어넘는다. 탄종 파가와 하지 레인 근처의 비치 로드, 주얼 창이 에어포트에도 매장이 있다. MAP ⑭

MENU 싱글 컵S$5.5/콘S$6.8, 더블 컵S$9/콘S$10.3
GOOGLE MAPS birds of paradise gelato boutique
WALK 328 카통 락사를 바라보고 오른쪽으로 도보 2분
ADD 63 East Coast Rd, 01-05, Singapore 428776
OPEN 12:00~22:00(금·토 ~22:30)
WEB birdsofparadise.sg

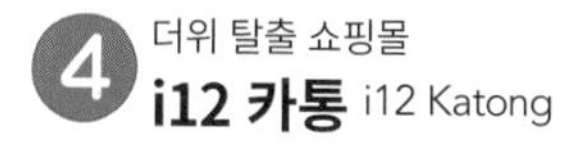

4 더위 탈출 쇼핑몰 **i12 카통** i12 Katong

카통을 대표하는 종합 쇼핑몰. '아이 원 투 카통'이라 부르는 재치있는 이름이 인상적으로 112번지인 이곳의 주소를 영어의 'I want to Katong'으로 재해석했다. 총 6개 층에 상점과 슈퍼마켓, 식당들이 입점해 있으나, 우리나라 여행자에게 주목받는 브랜드는 별로 없는 편. 더위를 식힐 겸 가볍게 구경하면서 커피나 간식을 즐기는 장소 정도로 생각하면 된다. 1층에 있는 홍콩의 유명 딤섬 레스토랑인 팀호완을 비롯해 주목할 만한 매장은 대체로 1층과 지하 1층에 자리 잡고 있다. MAP ⑭

GOOGLE MAPS i12 카통
MRT 마린퍼레이드역 3번 출구에서 도보 6분
BUS 92189 Opp 112 Katong/92181 112 Katong 정류장 하차
ADD 112 East Coast Rd, Singapore 428802
OPEN 10:00~22:00
WEB 112katong.com.sg

> **: WRITER'S PICK :**
>
> **'카통 Katong'의 유래**
>
> '카통'은 자바어로 '바다 신기루'를 뜻하는데, 과거 이 지역 해안선에서 일곤 했던 아름다운 바다 물결에서 이름 붙여졌다는 설이 있다. 매우 낭만적인 이름이지만, 아쉽게도 지금은 매립으로 인해 해안선에서 멀어지면서 더 이상 바다 물결을 볼 수 없게 됐다. 과거 이 지역에서 종종 발견됐다가 멸종된 바다거북 '카통'에서 지역명이 유래했다는 설도 있다.

5 알음알음 소문난 카야 토스트 **친미친 컨펙셔너리** Chin Mee Chin Confectionery 眞美珍

'진정한 아름다운 보물'이라는 뜻의 카야 토스트 가게. 빵 배달부터 시작해 1925년 문을 연, 오랜 역사를 간직한 동네 맛집이다. 2018년 후계자가 없는 상황에 일손마저 부족해 문을 닫았지만, 설립자인 'Tan' 가족의 오랜 친구가 운영을 맡게 돼 2021년 다시 문을 열었다. 다른 곳과 달리 동그란 번 모양의 빵을 그릴에 구워 사용하는데, 두께감이 있어 바삭함은 덜하지만 고소하게 씹는 맛이 있다. 아는 사람은 다 아는 노포이므로 카통에 간다면 들러보길 권한다. 하늘색 건물이 눈에 확 띄어 쉽게 찾을 수 있다. 금·토요일은 저녁에도 문을 연다. MAP ⑭

MENU 카야 토스트 세트 S$5.4, 브라운 번 S$2.2
GOOGLE MAPS chin mee chin confectionery
MRT 마린퍼레이드역 6번 출구에서 도보 2분
BUS 92121 Opp The Holy Family Ch 또는 92129 The Holy Family Ch 정류장 하차
ADD 204 East Coast Rd, Singapore 428903
OPEN 08:00~16:00(토·일 ~17:00, 금·토 18:00~22:00연장 영업)/월 휴무
WEB chinmeechin.sg

6 이게 원조 칠리 크랩 맛!
롤랜드 레스토랑 Roland Restaurant

칠리 크랩 레시피를 최초로 개발한 셰 얌 티안의 아들, 롤랜드 림(Roland Lim)이 어머니의 레시피를 이어받아 운영하는 레스토랑. 셰 얌 티안과 그의 남편은 1950년대 중반부터 강가 손수레에서 칠리 크랩을 팔다가 1962년에 팜 비치라는 이름의 식당을 오픈했는데, 이후 레스토랑 이름을 현재의 팜 비치 씨푸드에 넘겼지만 레시피는 넘기지 않았다고 한다. 다소 접근성이 떨어지는 싱가포르 동부 카통에 자리해 관광객보다는 현지인에게 소문난 맛집. 2025년 2월 현재 프로모션으로 두 마리에 S$118이라는 착한 가격에 원조 칠리 크랩을 맛볼 수 있어서 일부러 찾아갈 이유가 충분하다. MAP ⑭

MENU 칠리 크랩 S$118(두 마리), 게살 볶음밥 S$16/24/32, 아몬드 시리얼 새우 S$22/32/44/서비스 차지 및 세금 별도
GOOGLE MAPS roland restaurant
MRT 마린퍼레이드역 1번 출구에서 오른쪽, 주차장 빌딩 앞 골목으로 직진, 도보 3분
BUS 92049 Parkway Parade또는 92041 Opp Parkway Parade정류장 하차
ADD 89 Marine Parade Central, #06-750, Singapore 440089
OPEN 11:30~14:30, 18:00~22:00(일·공휴일 11:00~14:45, 18:00~22:00)
WEB rolandrestaurant.com.sg

블랙페퍼크랩

아몬드 시리얼 새우

스파이시 프래그런트 라라(바지락 볶음)

스터 프라이드 스캘롭(가리비관자 볶음)

7 카통에서 쇼핑은 이곳을 주목!
파크웨이 퍼레이드 Parkway Parade

1984년에 지어진 싱가포르 최초의 교외 쇼핑몰 중 하나. 줄여서 'PP'라고도 부른다. i12 카통에 비해 규모가 크고 우리에게 익숙한 브랜드들을 많이 볼 수 있다. 총 17층 중 쇼핑몰은 7층까지 분포돼 있지만, 여행자들이 둘러볼 만한 매장은 지하 1층부터 지상 3층까지 입점해 있다. 콜드 스토리지 계열의 CS Fresh와 페어 프라이스 등 대형 슈퍼마켓 체인이 2곳이나 들어와 있는 것이 특징이며, 다이소도 입점해 있어 필요한 물건을 사기에 편리하다. 2층에는 토이저러스와 영국의 패션 브랜드 막스앤스펜서 등이 입점해 있다. 먹거리는 주로 1층과 지하 1층에 있다. MAP ⑭

GOOGLE MAPS parkway parade
MRT 마린퍼레이드역 1번 출구로 나온 후 뒤돌아서 길을 건넘, 도보 2분
BUS 92041 Opp Parkway Parade 또는 92049 Parkway Parade정류장 하차
ADD 80 Marine Parade Rd, Singapore 449269
OPEN 10:00~22:00
WEB parkwayparade.com.sg

■ **주요 매장**

층	숍(괄호 안은 매장 번호, 파란색은 식당)
3층	유얀상(26A), 페어프라이스슈퍼마켓(28), 다이소(26B)
2층	막스앤스펜서(28), 스미글(24), 토이저러스(33), 크록스(37), 펀 토스트(K3)
1층	뉴발란스(27), 샤넬(뷰티)(20), 세븐일레븐(16A), 코튼온(80), 리바이스(41), 유니클로(83), 버거킹(11), 딘타이펑(15), KFC(11A), 야쿤 카야 토스트(14B), 올드 창키(14), 스타벅스(10A)
지하 1층	가디언(147), 브레드톡(47), CS Fresh슈퍼마켓(84), 벵가완솔로(78), 왓슨스(14), 비첸향(88), 미스터코코넛(83J), 커피빈(83H)

: WRITER'S PICK :

현지 음식이 안 맞을 땐?

카통 지역에서 현지 음식이 입에 안 맞을 경우 무난하게 먹을 수 있는 식당은 다음과 같다.

❶ i12 카통

- 중식당(딤섬): 크리스탈 제이드 라미엔 샤오룽바오(#02-21)
- 피자: 고피자(#B1-32)
- 브런치 카페: 피에스 카페(#01-01)

❷ 티옹 바루 베이커리

다른 매장보다 손님이 많지 않아 여유 있게 식사할 수 있다. 카통 전통 지구 앞 주 치앗 로드에서 우회전, 5분 직진 후 크레인 로드 쪽으로 좌회전

ADD 7 Crane Rd, Singapore 429356
OPEN 08:00~19:00

❸ 아스톤즈 ASTONS Specialities

가성비 갑 스테이크 전문점. i12 카통 앞 사거리에서 대각선 방향으로 길을 건넌 후 주치앗 로드를 따라 왼쪽으로 직진

ADD 359 Joo Chiat Rd, Singapore 427604
OPEN 11:30~22:00

8 싱가포리언이 애정하는 호커센터
올드 에어포트 로드 푸드센터
Old Airport Road Food Centre

싱가포르를 대표하는 호커센터 중 하나. 1973년에 오픈했으며 170여 곳 이상의 스톨에서 음식을 맛볼 수 있다. 싱가포르 라디오 방송국에서 선정한 최고의 호커센터에서 2위보다 2배나 많은 득표수로 1위에 오를 정도로 현지인에게 인기가 높다. '올드 에어포트 로드'라는 이름은 근처에 싱가포르의 첫 민간 공항인 칼랑 공항이 있었던 데서 유래했다.

MAP ⑭

GOOGLE MAPS old airport road food centre
MRT 다코타역 B출구에서 육교를 건너 왼쪽으로 직진. 도보 5분
BUS 81171 Blk 39 또는 81179 Blk 22 정류장 하차
ADD 51 Old Airport Rd, Singapore 390051
OPEN 06:00~22:30/매장마다 조금씩 다름

■ 올드 에어포트 로드 푸드센터 주요 스톨

호수	스톨
12호	**라오푸지 프라이드 퀘티아오 Lao Fu Zi Fried Kway Teow** **OPEN** 11:45~22:00/수 휴무 **PRICE** 차퀘티아오 S$5/8/10
32호	**남싱 호키엔 프라이드 미 Nam Sing Hokkien Fried Mee** **OPEN** 10:00~18:00/월 휴무 **PRICE** 호키엔미 S$5/8
107호	**라오반 소야 빈커드 Lao Ban Soya Beancurd** **OPEN** 09:30~21:30 **PRICE** 오리지널 빈커드(두유 푸딩) $1.9~
108호	**토아파요 로작 Toa Payoh Rojak** **OPEN** 12:00~19:00/일 휴무 **PRICE** 로작 S$3/4/5
126호	**왕왕 크리스피 커리 퍼프 Wang Wang Crispy Curry Puff** **OPEN** 10:00~17:00/월 휴무 **PRICE** 커리 퍼프 S$1.4

라오 푸 지 프라이드 퀘티아오
라오반 소야 빈커드
왕왕 크리스피 커리 퍼프

#Walk

해변에서 잠시 숨 고르기
이스트 코스트 파크

싱가포르 최대 규모의 해변 공원에서 현지인과 함께 여유를 부려보자. 푸른 바다 위에 점점이 떠 있는 선박을 바라보고, 해 질 무렵이면 시원한 바닷바람이 불어오는 야외 테이블에 앉아 신선한 해산물과 맥주 한잔을 즐기는 시간!

1 바닷가 공원에서 느긋하게 **이스트 코스트 파크** East Coast Park

싱가포르에서 가장 큰 해변 공원. 총길이 15km에 이르는 기다란 공원에서 식사, 바비큐, 캠핑, 자전거, 인라인스케이트, 수상 스포츠 등 다양한 액티비티를 즐길 수 있다. 이스트 코스트 라군 푸드 빌리지 근처에 위치한 250m 길이의 베독 제티는 낚시꾼들의 인기 명소. 동쪽에서 서쪽으로 가면서 A~H의 8개 구역으로 나뉘며, 주요 시설과 명소는 B~F 구역 사이에 있다. 야자수 그늘에 누워 여유를 부리는 사람들부터 활기찬 레크리에이션을 즐기는 사람들까지 다양한 현지인의 모습을 엿볼 수 있다. MAP ⓮

GOOGLE MAPS 이스트 코스트 공원
WALK i12 카통 쇼핑몰에서 도보 15분(이스트 코스트 파크 C구역)
ADD East Coast Park Service Rd, Singapore
OPEN 24시간
PRICE 무료

: WRITER'S PICK :

카통에서 이스트 코스트 파크까지 걸어가기

❶ i12 카통 쇼핑몰 앞에서 해변 방향으로 10분 정도 직진한다.

❷ 사진 끝에 보이는 건물 앞에서 우회전한다.

❸ 건물 끝에서 왼쪽으로 보이는 지하보도 입구로 내려가 계속 직진한다.

❹ 지하보도 끝에서 계단을 올라오면 이스트 코스트 파크 C구역이다.

이스트 코스트 파크까지는 제일 가까운 버스 정류장에서도 도보 10분 이상이 걸리므로 가급적 택시를 이용하기를 추천한다. 토·일·공휴일에는 베독역(Bedok) C출구 쪽 베독 인터체인지 정류장에서 출발하는 401번 버스(20분 간격 운행)를 탄 후, 가고 싶은 구역과 까운 정류장에 내리면 된다. 이스트 코스트 파크 내에서 이동할 때도 멀리 떨어진 구역으로 갈 땐 택시나 그랩을 이용하자. C구역에서 E구역까지 걸어서 간다면 족히 30분 이상은 걸린다. 택시나 그랩은 파크 곳곳에 있는 주차장(Car Park) 번호로 호출하면 편리하다.

Area 1 C구역

다른 구역보다 조용한 분위기가 특징이다. i12 카통 쪽에서 지하도를 통해 넘어왔을 때 오른쪽으로는 스타벅스를 비롯한 카페와 상점이 있는 파크랜드 그린이, 왼쪽으로는 커피빈과 로컬 푸드 레스토랑 등이 있는 마린 코브가 있고, 파크랜드 그린 앞에는 바다를 조망할 수 있는 전망대인 앰버 비컨 타워(Amber Beacon Tower)가 서 있다. 자전거 대여점인 고 사이클링(GoCycling)은 마린 코브 옆 C4주차장 앞에 있다.

MRT 마린퍼레이드역 3번 출구에서 도보 10분
BUS 92041 Opp Parkway Parade/92189 Opp 112 Katong 정류장 하차/401번 버스(주말만 운행) 92251 Opp Parkland Green 또는 92289 Marine Cove 정류장 하차

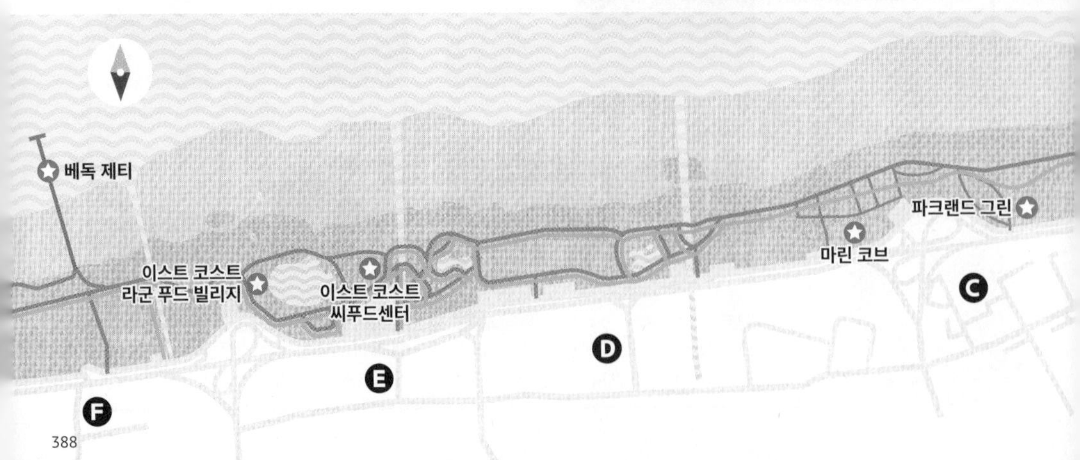

Area 2 E구역

점보 씨푸드, 롱비치 레스토랑 등이 위치한 이스트 코스트 씨푸드센터와 대형 호커센터인 이스트 코스트 라군 푸드 빌리지가 있어 현지인과 관광객들이 많이 찾는 활기찬 구역이다. 웨이크 보드를 즐길 수 있는 싱가포르 웨이크 파크(Singapore Wake Park)와 자전거 대여점(Coastline Leisure)도 있다.

MRT 시그랩역 1번 출구에서 도보 15분
BUS 93031 Opp Victoria Sch 정류장 하차/401번 버스(주말만 운행) 93159 Cable Ski Pk 정류장 하차

F구역

낚시 애호가들로 늘 붐비는 베독 제티가 있는 구역이다. 스케이트보드를 즐길 수 있는 익스트림 스케이트 파크(Xtreme SkatePark)도 조성돼 있다.

MRT 베이쇼어역 5번 출구에서 도보 15분
BUS 93041 Hua Xin Ct 정류장 하차/401번 버스(주말만 운행) 93159 Cable Ski Pk 정류장 하차

2 해변에서 먹으면 두 배로 맛있지!
이스트 코스트 씨푸드센터
East Coast Seafood Centre

칠리 크랩을 비롯해 페퍼 크랩, 미고랭 등 다양한 싱가포르 로컬 푸드를 맛볼 수 있는 곳. 점보 씨푸드와 롱 비치 레스토랑이 입점해 있다. 다소 비싼 가격이 흠이지만, 해변에 자리 잡고 있다는 지리적 이점과 낭만적인 분위기로 여행자뿐 아니라 싱가포르 현지인들에게도 사랑받는다. 해 질 무렵 시원한 바닷바람이 불어오는 야외 테이블에 앉아 신선한 해산물과 시원한 맥주를 맛보자. MAP ⑭

GOOGLE MAPS 이스트 코스트 시푸드 센터
MRT 시그랩역 1번 출구에서 도보 15분
BUS 93031 Opp Laguna Park 정류장 하차/토·일·공휴일에는 다코타역 B출구에서 버스 정류장(81189 Old Airport Rd, Blk 62)에서 401번 버스 탑승 후 93161 Bef CP E1 정류장 하차
ADD 1206 East Coast Parkway, Singapore 449883

점보 씨푸드

롱 비치 씨푸드 레스토랑

■ **주요 레스토랑**

호수	스톨 정보
#01-07/08	**점보 씨푸드 Jumbo Seafood** **OPEN** 11:30~15:00, 16:30~23:00(토·일·공휴일 11:00~23:00) **WEB** jumboseafood.com.sg/en/east-coast-seafood-centre
#01-04	**롱 비치 UDMC Long Beach UDMC** **OPEN** 11:00~15:00, 17:00~23:00 (토·공휴일 전날 11:00~23:30, 일·공휴일 11:00~23:00) **WEB** longbeachseafood.com.sg/outlets-udmc

풍경도 맛도 GOOD!
이스트코스트 라군 푸드 빌리지
East Coast Lagoon Food Village

해변에 자리 잡은 호커센터. 바다 풍경을 즐기며 부담 없이 식사하기 좋은 장소다. 좌석도 넓고 화장실도 깔끔한 편으로 혼자 여행을 왔거나, 이스트 코스트 씨푸드센터의 높은 가격이 부담스러울 경우 찾기 딱 좋다. 식사 후 여유가 된다면 가까운 베독 제티에서 낚시를 즐기는 사람들을 구경하며 제티를 따라 바다로 나가보자. MAP ⑭

GOOGLE MAPS 이스트 코스트 라군 푸드 빌리지
MRT 시그랩역 1번 출구에서 도보 15분
BUS 93131 Opp Eastern Lagoon II 정류장 하차
ADD 1220 East Coast Parkway, Singapore 468960
OPEN 16:00~22:45(월 ~22:30, 금 11:00~, 토·일 10:00~)/매장마다 조금씩 다름

+MORE+

이스트코스트 라군 푸드 빌리지 주요 스톨

아휘 BBQ 치킨
Ah Hwee BBQ Chicken

숯불에서 구워낸 부드러운 바비큐 치킨 윙을 맛볼 수 있다. 칼라만시 즙을 뿌려서 칠리소스에 찍어 먹는 것이 포인트.

WHERE 14호
OPEN 15:00~22:00/수 휴무
PRICE 치킨 윙 S$1.4(최소 3개 이상 주문)

송키 프라이드 오이스터
Song Kee Fried Oyster

굴 튀김 전문점. 약간의 전분을 첨가해 달걀 반죽의 바삭함과 굴의 부드러운 식감을 동시에 맛볼 수 있다.

WHERE 15호
MENU 오이스터 에그 S$7/9/11, 프라이드 오이스터 S$5/7/9/11
OPEN 16:30~21:30(금 24시간)/수 휴무

라군 페이머스 캐롯 케이크
Lagoon Famous Carrot Cake

새우 2개를 넣어 통째로 구운 화이트 버전, 달콤한 다크소스를 발라 구운 블랙 버전 2가지 메뉴가 있다.

WHERE 40호
MENU 크리스피 캐롯 케이크(화이트 버전) S$5/6/7, 스위트 딜리셔스 캐롯 케이크(블랙 버전) S$5/6/7
OPEN 12:00~22:00(토·일·공휴일 08:30~)/화 휴무

스팅레이 포에버 BBQ 씨푸드
Stingray Forever BBQ Seafood

가오리에 삼발소스를 듬뿍 발라 바나나 잎에 싸서 구운 그릴 요리. 동남아식 새우젓인 신칼록(Cincalok) 소스가 감칠맛을 더한다.

WHERE 43호
MENU 핫티스트 스팅레이 S$12/15/24
OPEN 16:00~23:30

하롱 사테 & 치킨 윙
Haron Satay & Chicken Wing

사테 맛집. 숯불에 구워낸 닭고기, 소고기, 양고기 사테는 함께 제공되는 크림 땅콩소스와 환상의 궁합을 자랑한다.

WHERE 55호
MENU 사테 1개당 S$0.9
OPEN 15:00~20:00(금·토 ~21:00/월·화 휴무

SINGAPORE STORY 8

아는 만큼 보이는 싱가포르 이야기

모든 국민이 내 집을 가지는 나라

작은 면적의 국토를 효율적으로 활용하고자 싱가포르 정부는 대부분의 토지를 국유화해 공공주택을 건설했다. 그 결과, 2024년 기준 싱가포르 인구의 76%가 주택개발위원회(Housing and Development Board, HDB) 소유의 공공 장기임대주택에 거주하고 있다. 임대주택이라고는 하지만 임대 기간이 99년이므로 사실상 내 집이나 마찬가지다.

싱가포르의 공공주택 정책

HDB 아파트는 우리나라의 주공 아파트 개념이라고 보면 쉽다. 싱가포르 직장인들은 이곳에 입주하기 위해 우리나라의 국민연금과 같은 중앙연금기금(Central Provident Fund, CPF)을 매월 납부한다. CPF는 월급의 20%는 근로자가, 16%는 고용주가 납부하게 돼 있으며, 적립금에 대해서 2.5% 이상의 이자를 지급한다. 즉, 싱가포르의 공공주택 정책은 CPF(연금)와 HDB(주택) 두 기관이 긴밀하게 연관을 맺고 진행하고 있는 것. 덕분에 싱가포르 통계청이 발표한 2024년 기준 싱가포르의 주택 자가소유비율은 93.2%로 세계 최고 수준에 이르렀다.
이러한 높은 주택 보급율은 HDB 아파트의 낮은 입주 조건과 관련이 있다. 입주자는 총 분양 금액의 20%만 내면 입주할 수 있는데다, 나머지 80%의 금액도 최장 25년간 CPF를 통해 2.5% 내외의 낮은 이율로 장기대출을 받을 수 있기 때문이다. 물론 CPF 납입금에 따라 선택할 수 있는 주택 규모가 결정되므로 납입금이 적을 경우 작은 아파트를 선택할 수밖에 없고, 콘도 등 민간주택에 비해 주택 수준이 다소 떨어지는 단점은 있으나, 적어도 주택 구매로 인한 사회적 비용을 줄이고, 거의 모든 국민이 자기 집을 소유하게 된 것은 독립 이후부터 추진된 싱가포르 정부의 '주택자가소유정책'의 결실이라고 할 수 있다.

눈여겨 볼만한 싱가포르의 멋진 주택

싱가포르 정부는 동일한 디자인으로는 건축 허가를 내주지 않을 정도로 건축물을 통해 도시 미관을 아름답게 만드는 데 주력하고 있다. 이는 오피스 빌딩뿐 아니라 시민들이 거주하는 주택도 마찬가지인데, 이 때문에 싱가포르에는 창의적인 디자인으로 눈길을 사로잡는 멋진 주택들이 많다. 이중 대표적인 주택 단지 2곳을 소개한다.

❶ 디 인터레이스 콘도 The Interlace Condo

독일의 건축가 올레 스히렌이 설계한 독창적인 디자인의 콘도미니엄 단지. 언뜻 보면 31개의 아파트 블록이 아무렇게나 쌓아 올린 것 같이 겹쳐 있지만, 각 블록을 서로 다른 각도로 놓아 세대 간의 사생활을 보장하고 각기 다른 조망을 즐길 수 있도록 설계됐다. 미술에 관심이 있다면 근처에 있는 현대미술단지인 길먼 배럭스(Gillman Barracks)와 연계해 둘러보아도 좋다.

GOOGLE MAPS the interlace
ADD 180 Depot Rd, Singapore 109684
MRT 하버프론트역 E출구에서 비보시티 앞 버스 정류장(14141 Harbourfront Stn/vivocity)에서 57번 버스 탑승, 14369 The Interlace 정류장(8 정류장) 하차

❷ 스카이 해비타트 Sky Habitat

싱가포르 교외의 비샨역 근처에 자리 잡은 38층짜리 고층 주거 단지. 마리나 베이 샌즈와 주얼 창이 에어포트 등을 설계한 건축가 모셰 샤프디의 작품이다. 계단식으로 설계돼 풍부한 자연광을 확보했고, 2개의 동은 3개의 스카이 브리지로 연결돼 있다. 맨 위의 스카이 브리지에는 수영장이 있어서 마치 공중에서 수영하는 기분을 느낄 수 있다. 그 밖에 개인 발코니, 야외 이벤트 공간, 테니스 코트, 산책로 등이 있다.

GOOGLE MAPS sky habitat
ADD 7 Bishan St. Singapore 573908
MRT MRT 비샨 역 D출구에서 도보 10분

The Interlace Condo, Photo by Hongbin

센토사 & 하버프론트

하루 종일 엔터테인먼트 즐기기

SENTOSA & HARBOURFRONT

싱가포르 본섬 남쪽에 자리한 센토사는 해변과 리조트, 유니버설 스튜디오, 골프장 등 다양한 즐길 거리가 있는 관광 섬이다. 말레이어로 '평화'와 '고요함'을 뜻하는 이름처럼 아름답고 환상적인 섬에서 잊지 못할 하루를 보내보자. 센토사로 향하는 관문인 하버프론트의 숨은 명소를 둘러본다면 더욱 알찬 일정을 완성할 수 있다.

Access

❶ 하버프론트(페이버산 공원, 헨더슨 웨이브즈) 가기

택시

하버프론트역 C출구로 나와 비보시티 1층 택시 스탠드에서 택시 탑승

시내버스

⊙ **131번** 리틀인디아역-래플스 호텔-풀러튼 호텔-**하버프론트역/비보시티**(HarbourFront Stn/Vivocity)-**헨더슨 웨이브스**(Aft Telok Blangah Hts)

⊙ **145번** 아랍 스트리트-시티홀역-차이나타운-**하버프론트역/비보시티**(HarbourFront Stn/Vivocity)-**헨더슨 웨이브스**(Aft Telok Blangah Hts)

케이블카 & 센토사 익스프레스 노선도

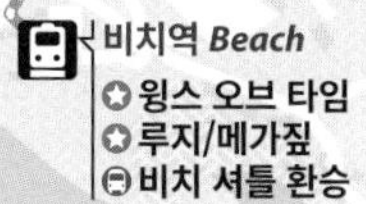

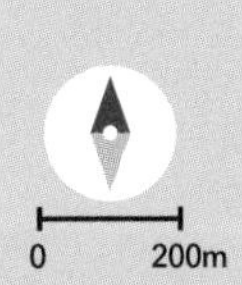

❷ 센토사 가기

케이블카

MRT 하버프론트역 B출구에서 링크브리지 건너 하버프론트타워 2의 케이블카 하버프론트역에서 케이블카를 탑승할 수 있다. 매표소는 1층에 있고, 탑승은 15층에서 한다.

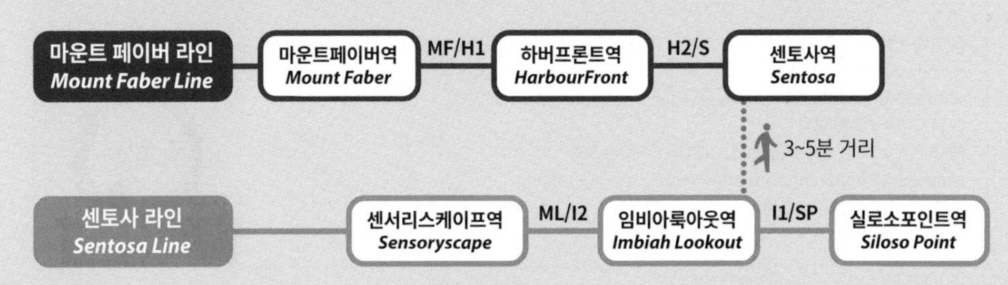

마운트 페이버 라인

센토사 라인

● 요금 체계

케이블카 티켓은 다음의 3종류가 있다. 모두 1일권이며, 1개 라인을 편도로만 구매할 수는 없다. 센토사 라인은 센토사 내에서만 운행하므로 본섬에서 케이블카로 센토사에 들어가려면 스카이 패스 또는 마운트 페이버 라인 티켓을 구매해야 한다.

■ 스카이 패스 Sky Pass(마운트 페이버 라인+센토사 라인)
S$40, 4~12세 S$30/스카이오브 케빈(편도만) S$46.5(주말 S$50), 4~12세 S$37.5(주말 S$40)/무제한 탑승권 S$45, 4~12세 S$35

■ 마운트 페이버 라인
S$33, 4~12세 S$22/무제한 탑승권 S$43, 4~12세 S$32

■ 센토사 라인
S$17, 4~12세 S$12/무제한 탑승권 S$27, 4~12세 S$22

● 이용 방법

케이블카 티켓은 왕복(Round Trip)으로만 판매한다. 티켓을 구매한 해당 라인의 3개 역을 한 번씩만 왕복할 수 있으며, 동일한 구간을 중복해서 탑승하는 것은 불가능하다. 1일 무제한 티켓도 있지만, 가격이 비쌀뿐더러 한 번 이상 탑승은 굳이 권하지 않는다.

● 운행 시간

08:45~22:00(마지막 탑승 21:30)

+MORE+

같은 값으로 케이블카 오래 즐기기

대부분 여행자는 하버프론트역에서 곧장 센토사 방향 케이블카에 탑승하는데, 이렇게 하면 10~15분 만에 센토사에 도착하게 돼 조금 아쉽다. 따라서 케이블카를 좀 더 오래 즐기고 싶다면 하버프론트-마운트 페이버-하버프론트-센토사 순으로 탑승하는 마운트페이버역 방향을 추천한다. 왕복 티켓이므로 추가 비용이 들지 않으며, 각 역에서 케이블카 문이 열리면 앉은 채로 티켓만 직원에게 보여주고 다시 받으면 된다. 물론 마운트페이버역에서 내렸다가 인근 페이버산 공원 등을 구경한 후 다시 탑승해도 된다.

스카이오브 케빈 SkyOrb Cabin

2024년에 출시된 크롬으로 마감된 캐빈이다. 현재 마운트 페이버 라인에 7개가 운행 중이며, 투명한 유리 바닥으로 멋진 풍경을 내려다볼 수 있다. 스카이 패스나 마운트 페이버 라인 티켓 소지자는 현장에서 1인당 S$15(편도)를 추가로 내고 탈 수 있다.

: WRITER'S PICK :

특별한 날을 보다 특별하게, 스카이 다이닝 Sky Dining

프러포즈를 준비하거나 특별한 날을 기념하고 싶다면 케이블카 안에서 로맨틱한 식사를 즐길 수 있는 스카이 다이닝 프로그램을 이용해보자. 프로그램은 시즌마다 변경되므로 상세 내용 및 예약은 홈페이지 참고. 세금 및 서비스 차지 별도.

COURCE 웰컴 드링크(Dusk@Mount Faber Peak-마운트 페이버역) → 식사(마운트 페이버 라인 2회 탑승, 약 1시간) → 디저트(The Mirabilis Bar-마운트 페이버역)
ADD 109 Mount Faber Road, Mount Faber Peak, Singapore 099203
OPEN 17:30~18:30 출발
PRICE 1인당 2코스 S$98, 3코스 S$108, 키즈 메뉴 S$38
WEB mountfaberdining.com/pages/cable-car-sky-dining
E-MAIL guestrelations@mflg.com.sg
TEL 6361 0088

센토사 익스프레스(모노레일)

하버프론트역 E출구에서 비보시티 3층의 비보시티역(VivoCity Station)에서 모노레일을 이용한다.

택시/그랩

요금 외에 센토사 입장료 S$6이 부과된다(11:30~13:30/17:01~06:59에는 S$2). 택시는 성인 기준 4명까지 탑승 가능하며, 인원에 관계없이 같은 요금이 적용된다.

시내버스

⊙ 123번

보타닉 가든-오차드 로드-포트 캐닝-티옹 바루-**리조트 월드 센토사**(Resorts World Sentosa)-**비치역**(Beach Station Bus Terminal)

도보

비보시티 1층 로비(Lobby F) 외부에서 센토사까지 이어진 길이 약 700m의 센토사 보드워크(Sentosa Boardwalk)를 통해 걸어서 센토사에 갈 수 있다. 소요 시간은 약 15분. 원래 S$1의 비용을 부과했으나, 현재는 받지 않고 있다. 지붕이 있고 무빙워크도 설치돼 있지만, 더위 탓에 쉽게 지칠 수 있으므로 그리 추천하지는 않는다.

❸ 센토사 내에서 이동하기

센토사 익스프레스로 비보시티역에서 출발할 때 내는 요금(S$4)을 제외하고 아래 소개한 센토사 내 모든 교통수단을 무료로 이용할 수 있다.

센토사 익스프레스

MRT 하버프론트역과 센토사를 연결하는 모노레일. 우리나라 대구도시철도공사의 현지법인인 디트로 싱가포르(DTRO Singapore)가 2019년부터 운영을 맡고 있다.

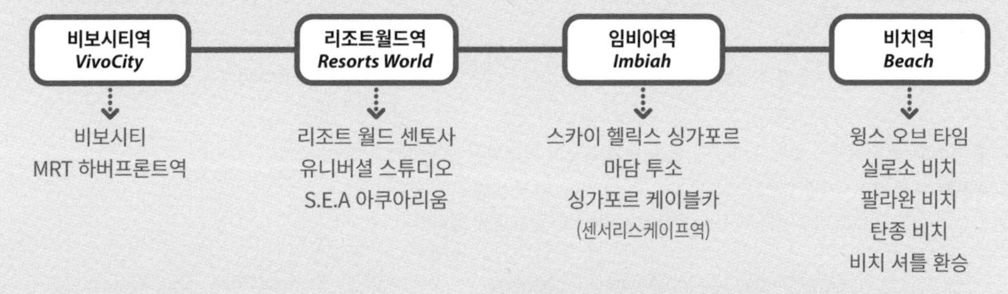

● 요금 체계 및 이용 방법

비보시티역에서 출발 시 요금은 S$4(이지링크 카드 사용 가능). 센토사 내에서의 이동 또는 센토사에서 본섬으로 나올 때는 무료로 이용할 수 있다. 센토사에 들어갈 때 어떤 교통수단을 사용했는지와 상관없이 무료로, 센토사 내의 모든 역(비보시티역 제외)에 아예 티켓이나 카드를 찍는 개찰구가 없으니 안심하고 이용하면 된다.

● 운행 시간

각 역에서 첫차 07:00, 막차 00:00/3~5분 간격 운행

센토사 버스

● **버스 A** 비치역에서 출발해 센토사 서쪽 끝의 실로소 포인트를 거쳐 유니버셜 스튜디오가 있는 리조트 월드 센토사까지 왕복하는 노선이다.

■ **운행 시간** 07:00~00:10(비치역 출발 막차 00:10)/15분 간격 운행

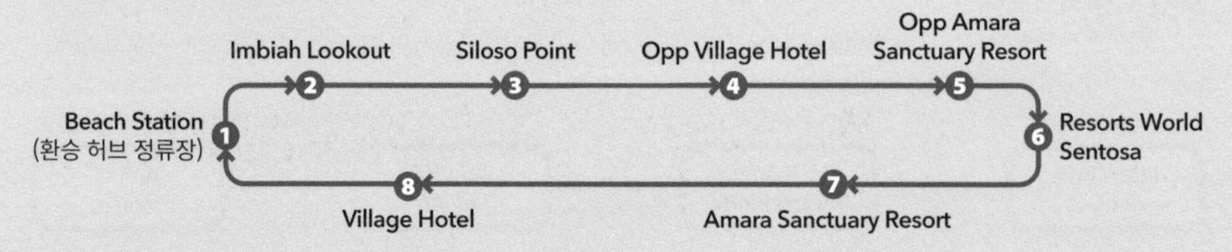

● **버스 B** 비치역에서 출발해 센토사 동쪽 끝의 센토사 코브까지 왕복하는 노선이다.

■ **운행 시간** 07:00~00:10(비치역 출발 막차 00:10)/15분 간격 운행.
22:00 이후에는 W Hotel/Quayside Isle 정류장에 정차하지 않는다.

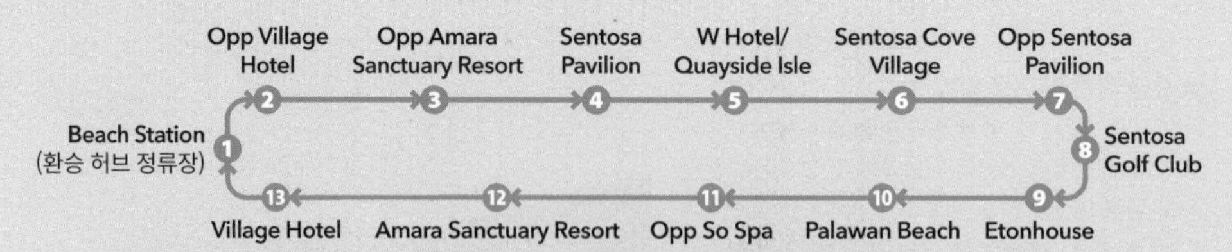

🚌 비치 셔틀

과거에 비치 트램으로 불렸던 비치 셔틀은 센토사의 3대 해변인 실로소 비치, 팔라완 비치, 탄종 비치를 왕복하는 효율적인 교통수단이다. 기차처럼 생긴 트램뿐 아니라, 미니버스를 비롯한 다양한 형태의 차종으로 운행된다.

운행 시간

09:00~22:00(토 ~23:30)(비치역 출발 기준)/15~25분 간격 운행

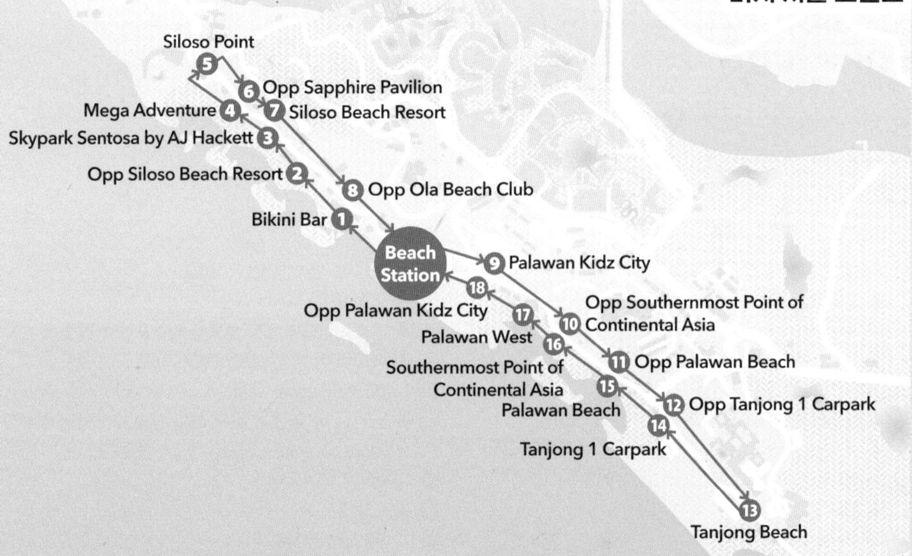

Planning

Option 1.
유니버셜 스튜디오를 포함한 여유만만 1박 2일

유니버셜 스튜디오를 중심으로 이틀간 여유를 즐기는 코스다.

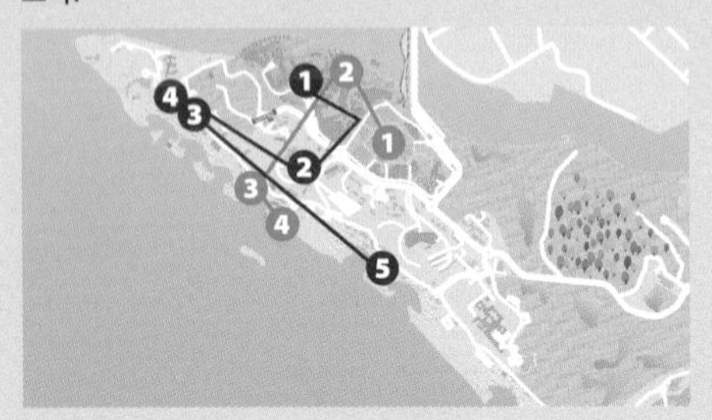

⊙ **Day 1**

❶ **10:00** 유니버셜 스튜디오 싱가포르
⬇ 도보 5분
12:30 점심 식사(유니버셜 스튜디오 내)
⬇ 도보 5분
❷ **16:00** S.E.A. 아쿠아리움
⬇ 리조트월드역에서 센토사 익스프레스 탑승
⬇ 비치역 하차 후 도보 3분
❸ **18:00** 저녁 식사(코스테즈)
⬇ 도보 1분
❹ **19:40** 윙스 오브 타임

⊙ **Day 2**

❶ **10:00** 어드벤처 코브 워터파크
⬇ 도보 8분
⬇ 리조트월드역에서 센토사 익스프레스 탑승
⬇ 임비아역 하차 후 맞은편 에스컬레이터 탑승 후 도보 1분
❷ **14:00** 스카이 헬릭스/마담 투소
⬇ 도보 5분, 케이블카 임비아룩아웃역 맞은편에서 센토사 버스A 탑승
⬇ 실로소 포인트 하차 후 도보 5분
❸ **16:00** 메가 어드벤처
⬇ 도보 1분
❹ **17:00** 저녁 식사(트라피자)
⬇ 메가 어드벤처 앞에서 비치 셔틀 탑승 후 5번째 정류장(Opp Southernmost Point of Continental Asia) 하차, 도보 3분
❺ **18:30** 아시아 대륙 최남단 전망대

Option 2.
다채로운 코스로 즐기는 1박 2일

체류 시간이 긴 유니버셜 스튜디오 대신 센토사 내 다른 어트랙션들을 폭넓게 즐기는 코스다.

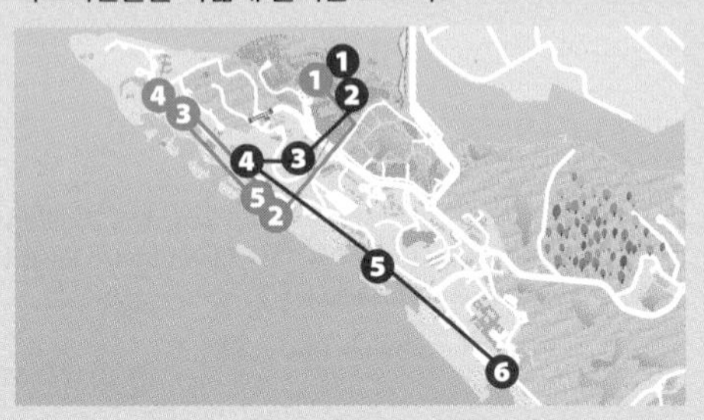

⊙ **Day 1**

❶ **10:00** 어드벤처 코브 워터파크
⬇ 도보 8분
⬇ 리조트월드역에서 센토사 익스프레스 탑승
⬇ 비치역 하차 후 실로소 비치 방향 도보 3분
❷ **14:00** 스카이라인 루지
⬇ 비키니 바 앞에서 비치 셔틀 탑승 후 3번째 정류장(Mega Adventure) 하차
❸ **16:00** 메가 어드벤처
⬇ 도보 1분
❹ **17:00** 저녁 식사(트라피자)
⬇ 비치 셔틀 탑승, 비치역 하차 후 도보 2분
❺ **19:40** 윙스 오브 타임

⊙ **Day 2**

❶ **10:00** S.E.A. 아쿠아리움
⬇ 도보 5분
❷ **12:00** 점심 식사(리조트월드센토사)
⬇ 도보 5분, 리조트월드역에서 센토사 익스프레스 탑승 후 임비아역 하차, 맞은편 에스컬레이터 탑승 후 도보 1분
❸ **13:30** 스카이 헬릭스/마담 투소
⬇ 에스컬레이터를 타고 내려와 도보 2분
⬇ 임비아역에서 센토사 익스프레스 탑승
⬇ 비치역 하차 후 실로소 비치 방향으로 도보 5분
❹ **16:00** 올라 비치 클럽
⬇ 탄종 비치 방향의 비치 셔틀 탑승, 3번째 정류장(Opp Southernmost Point of Continental Asia) 하차
❺ **18:00** 아시아 대륙 최남단 전망대
⬇ 탄종 비치 방향의 비치 셔틀 탑승, 3번째 정류장(Tanjong Beach) 하차 후 도보 1분
❻ **19:00** 저녁 식사(탄종 비치 클럽)

Option 3.
유니버셜 스튜디오를 포함한 센토사 핵심 1일

섬에서 1박하지 않고 유니버셜 스튜디오를 다녀오고 싶을 때 추천하는 코스다. 유니버셜 스튜디오를 어드벤처 코브 워터파크로 대체해도 된다.

❶ **10:00** 유니버셜 스튜디오 싱가포르
⬇ 도보 5분
12:30 점심 식사(유니버셜 스튜디오 내)
⬇ 도보 5분
❷ **16:00** S.E.A. 아쿠아리움 또는 메가 어드벤처
⬇ 리조트월드역에서 센토사 익스프레스 탑승
⬇ 비치역 하차 후 도보 3분
❸ **18:00** 저녁 식사(코스테즈)
⬇ 도보 1분
❹ **19:40** 윙스 오브 타임

Option 4.
센토사 곳곳을 알차게 돌아보는 센토사 1일

짧은 시간 동안 센토사 곳곳을 알차게 즐길 수 있는 코스다. 메가 어드벤처는 스카이라인 루지로 대체할 수 있다.

❶ **10:00** S.E.A. 아쿠아리움
⬇ 도보 5분
❷ **12:00** 점심 식사(리조트월드센토사)
⬇ 도보 5분
⬇ 리조트월드역에서 센토사 익스프레스 탑승
⬇ 비치역 하차 후 실로소 비치 방향 비치 셔틀 탑승
⬇ 3번째 정류장(Mega Adventure) 하차
❸ **14:00** 메가 어드벤처
⬇ 비치 셔틀 탑승 후 5번째 정류장(Opp Southernmost Point of Continental Asia) 하차
⬇ 도보 3분
❹ **16:00** 아시아 대륙 최남단 전망대
⬇ 실로소 비치 방향 비치 셔틀 탑승, 4번째 정류장(Bikini Bar) 하차 후 도보 1분
❺ **17:00** 저녁 식사(코스테즈)
⬇ 도보 1분
❻ **19:40** 윙스 오브 타임

: WRITER'S PICK :

이렇게 일정을 짜면 좋아요

크게 리조트 월드 센토사, 임비아, 3대 비치(실로소 비치, 팔라완 비치, 탄종 비치)로 나누어 일정을 계획하되, 센토사 내의 센토사 익스프레스와 비치 셔틀, 센토사 버스 등 교통수단 이용을 고려해 동선을 짜야 한다. 스카이라인 루지나 메가짚 등은 임비아 룩아웃보다는 실로소 비치 쪽에서 접근하는 것이 좀 더 편하고 앞뒤 일정과 연결하기에도 유리하다.
유니버셜 스튜디오나 어드벤처 코브 워터파크는 기본적으로 4~6시간을 투자해야 하므로 이곳들을 포함할 건지 여부에 따라 일정이 크게 달라지며, 야외 일정만 짜게 될 경우 날씨가 더워서 포기하거나 일정을 변경해야 할 가능성이 높으므로 실내에서 할 수 있는 액티비티도 적절히 끼워 넣는 것이 좋다.

윙스 오브 타임

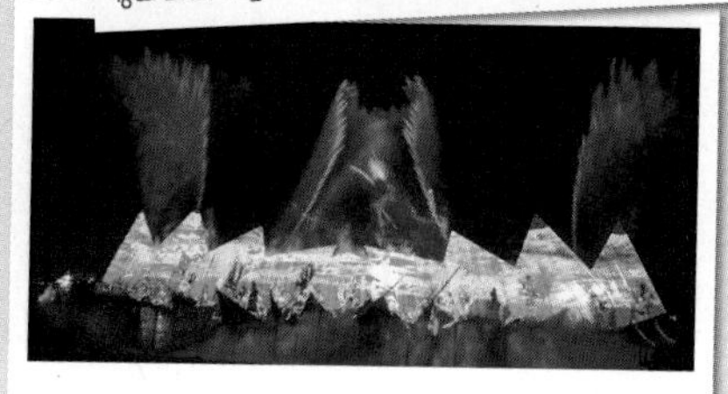

: WRITER'S PICK :

잘만 이용하면 혜택이 쏠쏠한 센토사 펀 디스커버리 패스 Sentosa Fun Discovery Pass

센토사섬의 다양한 어트랙션과 액티비티를 합리적인 가격에 즐길 수 있는 패스다. 최대 80개의 어트랙션을 이용할 수 있으며, 각 어트랙션 이용 시 해당되는 토큰 수만큼 차감된다.

WEB sentosa.com.sg/en/deals/fun-discovery-pass

¤ 이런 점이 좋아요!

❶ 60, 95, 130토큰 중 필요에 따라 선택할 수 있다.
❷ 유효기간이 구매일로부터 180일로 넉넉하므로 기상 변화 등에 유연하게 대처할 수 있다.
❸ 비보시티역에서 센토사 익스프레스를 탑승하거나, 택시/그랩 등을 이용할 때 센토사 게이트웨이에서 QR 코드를 스캔하면 2회까지 무료로 통과할 수 있다.
❹ 2명 이상이 하나의 패스를 연속으로 스캔하고 입장할 수 있다.

¤ 이용 방법

❶ 원하는 토큰 수의 패스를 구매한다.
❷ 이메일 또는 모바일 앱으로 바우처를 수령한다.
❸ 이용하려는 어트랙션 입구에서 바우처에 있는 QR코드를 스캔하고 입장한다.
❹ 토큰을 다 썼을 경우 센토사 고객서비스 센터에서 S$5로 5토큰 충전이 가능하다.

*센토사 고객서비스 센터 – 센토사 익스프레스 비보시티역(비보시티 3층), 리조트 월드역, 비치역 / 센서리 스케이프 티켓 카운터(임비아역 근처)

¤ 가격

60토큰 S$60/95토큰 S$90/130토큰 S$120

*온라인 할인 티켓 판매처에서 조금 더 저렴하게 구매 가능
*가끔 카드사나 할인 티켓 판매처에서 1+1 토큰 프로모션 진행

¤ 주요 어트랙션별 필요 토큰

➡ **메가짚**(2회, 폰 파우치 포함) 100토큰
➡ **윙스 오브 타임** 15토큰
➡ **어드벤처 코브 워터파크** 35토큰
➡ **해리 포터: 비전 오브 매직** 40~75토큰
➡ **싱가포르 케이블카**(스카이 패스) 30토큰
➡ **스카이 헬릭스 센토사** 15토큰

¤ 주의 사항

❶ 일부 어트랙션은 예약제이므로 홈페이지 확인.
❷ 패스 구매 후 취소, 환불 불가.
❸ 센토사에서 보내는 시간을 고려하여 패스 종류 선택.
❹ 1+1 프로모션이 아니라면 정상 티켓 가격과 별 차이가 없다.

#Walk

센토사의 보석 **하버프론트**

케이블카를 타고 언덕에 올라 센토사를 한눈에 내려다보자. 해 질 무렵 언덕을 내려오면 로맨틱한 보행자 전용 다리가 당신을 기다리고 있다. 쇼핑과 먹거리는 물론, 문화생활까지 챙길 수 있는 비보시티에 들르는 일도 잊지 말 것!

1 해변보다 더 감동! **페이버산** Mount Faber

싱가포르 도심과 센토사가 한눈에 내려다보이는 언덕. 정상인 페이버 포인트에 오르면 케펠 항구의 전망과 싱가포르의 도시 경관을 파노라마로 감상할 수 있으며, 싱가포르 관광청이 승인한 5개의 공식 멀라이언 중 하나인 높이 3m의 멀라이언 상도 볼 수 있다. 센토사까지 연결되는 케이블카 마운트페이버역도 이 언덕에 자리 잡고 있다. 날씨가 더우므로 케이블카를 탑승할 때 들르거나 택시를 이용하기를 추천한다. 마운트페이버역에서 도보 3분 거리인 MA2 Shop@Hilltop에 가면 음료나 생수 자동판매기를 이용할 수 있다. 정상에서 서쪽으로 내려오면 헨더슨 웨이브즈 다리와 연결된다. MAP ⑯

GOOGLE MAPS 마운트 페이버 공원
MRT 하버프론트역 C출구에서 131·145번 버스 이용
BUS 14141 HarbourFront Stn/Vivocity 정류장에서 131·145번 버스를 타고 14051 Aft Telok Blangah Hts 정류장 하차 후 도보 15분
ADD Mount Faber Rd, Singapore
OPEN 24시간 **PRICE** 무료
WEB nparks.gov.sg

+MORE+

행복의 종
Poland's Bells of Happiness

케이블카 마운트페이버역에서 조금만 걸어 올라가면 '행복의 종'을 볼 수 있다. 원래 폴란드의 대형 선박인 다르 포모자(Dar Pomoza)호에 있던 것으로 1992년에 센토사에 기증됐으나, 2012년에는 페이버산으로 옮겨졌다. 연인이나 부부가 함께 이 종을 울리면 영원한 행복의 축복을 받는다고 전해진다.

공식 멀라이언

행복의 종

: WRITER'S PICK :

페이버산으로 가는 쉽고 효율적인 방법

❶ 케이블카를 이용할 경우

비보시티 옆의 케이블카 하버프론트역에서 마운트 페이버 방향 케이블카에 탑승해 마운트페이버역에 내리면 된다. 이 곳에서 정상인 마운트 페이버 파크까지는 도보 10분 정도면 갈 수 있다.

마운트페이버역 Mount Faber Station
ADD 109 Mount Faber Rd, Singapore 099203

❷ 케이블카를 이용하지 않을 경우

택시로 마운트 페이버 역에 내린 후 도보로 마운트 페이버 파크에 올라 전망을 즐긴다. 올라간 반대쪽으로 내려오면 헨더슨 웨이브즈를 만날 수 있다.

마운트페이버역

2 로맨틱한 순간을 선물합니다
헨더슨 웨이브즈 Henderson Waves

로맨틱한 야경을 즐길 수 있는 보행자 전용 다리. 페이버산과 텔록 블랑아 힐 파크(Telok Blangah Hill Park)를 연결한다. 높이 36m, 길이 274m의 이 다리는 싱가포르에서 가장 높은 보행자 전용 다리로 알려졌는데, 물결 모양 곡선으로 구성된 예술적이고 독특한 모양을 띤다. 특히 저녁 7시쯤부터 펼쳐지는 노을이 매우 아름다우며, 다리 위에 조명이 켜지면 로맨틱한 분위기가 한껏 더해져 연인들의 데이트 장소로 주목받는 인기 명소다. MAP ⑯

GOOGLE MAPS 헨더슨 웨이브즈
MRT 하버프론트역 C출구에서 131·145번 버스 이용
BUS 14141 HarbourFront Stn/Vivocity 정류장에서 131·145번 버스를 타고 14051 Aft Telok Blangah Hts 정류장 하차 후 도보 12분
ADD Henderson Rd, Singapore 159557
OPEN 24시간(조명 타임 19:00~07:00)
PRICE 무료
WEB nparks.gov.sg

: WRITER'S PICK :

헨더슨 웨이브즈까지 쉽게 가는 방법

페이버산과 연계할 경우 택시를 타고 케이블카 마운트 페이버역에 내린 다음 페이버산을 거쳐 헨더슨 웨이브즈로 내려오면 되지만, 헨더슨 웨이브즈만 가보려면 택시로 텔록 블랑아 힐 파크 주차장에 내려서 가는 것이 가장 편하다. 택시에서 내려 약간의 경사면을 올라가면 바로 헨더슨 웨이브즈이며, 다리를 건너 계단으로 내려오면 비보시티행 버스를 탈 수 있는 버스 정류장이 있다. 택시 기사들이 잘 모르는 경우도 의외로 많으므로 아래 목적지와 주소를 꼭 보여주도록 하자. 버스로 가도 되지만, 내리자마자 길을 건너 가파른 계단을 올라야 하므로 추천하지 않는다.

▸ 택시 목적지: Telok Blangah Green Carpark 1, 10 Telok Blangah Green, Singapore 109178

댄싱 크랩

3 이 쇼핑몰에선 뭐든지 다 가능!
비보시티 VivoCity

2006년 문을 연 싱가포르에서 가장 큰 복합 쇼핑몰. 일본의 유명 건축가인 이토 토요(Ito Toyo)가 설계를 맡았으며, 하버프론트에 위치한 점에 착안해 파도를 형상화했다. 중저가 위주의 매장 구성으로 부담 없이 쇼핑할 수 있으며, 다양한 먹거리와 문화 공간이 마련돼 있다. 2019년에는 3층에 도서관도 오픈했다. 3층에는 센토사 익스프레스의 출발역인 비보시티역도 자리 잡고 있는데, 케이블카 하버프론트역으로도 연결돼 센토사로 향하는 관문 역할을 맡고 있다. MAP ⑯

GOOGLE MAPS 비보시티
MRT 하버프론트역 C, E출구와 바로 연결
BUS 14141 HarbourFront Stn/Vivocity/14119 Opp Vivocity 정류장 하차
ADD 1 Harbourfront Walk, Singapore 098585
OPEN 10:00~22:00
WEB vivocity.com.sg

+MORE+

댄싱 크랩 Dancing Crab

이름부터 활기찬 분위기가 느껴지는 흥겨운 크랩 요리 전문점. 커다란 비닐봉지에 요리를 담아와 비닐 식탁보 위에 그대로 쏟아내는 서빙 방식이 매우 독특하다. 합리적인 가격에 여러 가지 맛의 크랩 요리를 즐길 수 있다. 매운 걸 잘 못 먹는 경우에는 맵지 않은 소스를 선택하면 된다. 비보시티 외에 오차드 센트럴에도 매장을 운영 중이다.

OPEN 11:30~15:00/17:30~22:00
WEB dancingcrab.com.sg

푸드 리퍼블릭

푸드 리퍼블릭

페어프라이스 엑스트라

■ **주요 매장**

층	숍(괄호는 매장 위치 번호)
3층	하버프론트 도서관(05)
2층	가디언(79), 뉴발란스(72), 다이소(41), 바디샵(233A), 스미글(17), 세븐일레븐(216C), 찰스앤키스(184), 코튼온(40), 타이포(39), 탕스(189), 토이저러스(183), 파찌온(188A), 페드로(186)
1층	H&M(18), 나이키(58), 라코스테(191), 록시땅(188D), 리바이스(67), 망고(72), 막스앤스펜서(46), 배스앤바디웍스(203A), 빅토리아시크릿(134), 샤넬(화장품, 198), 세포라(71), 아디다스(73), 알도(201), 자라(28), 치어스(23), 크록스(64), 케이트스페이드(127), 코치(195), 키플링(K32), 탕스(187), 판도라(K29), 페어프라이스 엑스트라(슈퍼마켓)(23)
지하 1층	러쉬(04), 오클리(09), 필라(12)
지하 2층	브레드톡(34), 유얀상(11), 왓슨스(15), 타이청 베이커리(02), 페어프라이스 엑스트라(슈퍼마켓)(23)

■ **주요 식당**

층	식당(괄호는 매장 위치 번호)	소개
3층	푸드 리퍼블릭(01)/ 토스트 박스(01)	푸드코트
	댄싱 크랩(10)	합리적인 가격의 실패 없는 크랩 요리
2층	본가(123)	백종원의 우삼겹 전문점. 식사 메뉴 있음
	아스톤즈(113)	가성비 좋은 스테이크 레스토랑
	몬스터 커리(126)	커리, 포크 카츠
	푸티엔(131)	중국 복건성 기반의 중국 요리
1층	크리스털 제이드 파빌리온(112)	광둥식 딤섬
	쉐이크쉑(163)	패스트푸드점
	스타벅스(43)	커피 & 디저트
	티옹바루 베이커리(188B)	커피와 크루아상
지하 2층	KFC(32), 맥도날드(40)	패스트푸드점
	돈카츠 엔비톤(27)	일본식 돈까스 전문점
	야쿤 카야 토스트(26)	카야 토스트의 원조
	토스트 박스(34)	카야 토스트 및 로컬 푸드

#Walk

24시간이 모자라

리조트 월드 센토사

Resorts World Sentosa

사방이 즐길 거리 천지인 이곳에서는 하루 종일 놀아도 시간이 부족하다. 동남아시아 유일의 유니버셜 스튜디오부터 세계에서 가장 큰 아쿠아리움, 짜릿한 슬라이드와 돌고래들이 손짓하는 워터 파크까지! 놀이의 엑기스만 모아, 모아서!

우리나라엔 왜 없어?!

유니버셜 스튜디오 싱가포르

Universal Studios Singapore

할리우드의 영화를 테마로 한 세계적인 놀이공원. 2010년 개장한 동남아시아 최초이자 유일한 유니버셜 스튜디오다. 중앙의 호수를 중심으로 헐리우드, 뉴욕, 사이 파이(Sci-fi) 시티, 고대 이집트, 잃어버린 세계, 머나먼 왕국 등 6개의 테마 존으로 구성돼 있다. 여타 유니버셜 스튜디오에 비해 작은 규모이긴 하지만, 다양한 어트랙션과 거리 공연, 기념품숍으로 알차게 꾸며져 있다. 외부 음식은 반입할 수 없으며, 2024년 6월부터 유니버셜 스튜디오 퇴장 시 재입장할 수 없게 정책이 변경돼 점심은 공원 내 식당을 이용해야 한다. MAP ⑰

GOOGLE MAPS 유니버셜 스튜디오 싱가포르
MONORAIL 리조트월드역 하차 후 도보 5분
ADD 8 Sentosa Gateway, Singapore 098269
OPEN 10:00~20:00(영업시간은 매월 바뀌므로 홈페이지에서 확인 후 방문)
PRICE 원데이 패스 S$83, 4~12세 S$62
WEB rwsentosa.com/en/play/universal-studios-singapore

: WRITER'S PICK :

원데이 패스 = 자유이용권

원데이 패스로 모든 어트랙션을 제한 없이 이용할 수 있다. 별도의 입장권이나 Big 5 같은 티켓은 없다. 워터월드는 입장 시간이 정해져 있으니 꼭 확인하자.

유니버셜 스튜디오를 꼭 가야 할까?

여행에 정답이란 없다. 유니버셜 스튜디오에서 하루를 즐겁고 재미나게 보내는 사람도 많겠지만, 어르신을 모시고 가거나 놀이기구를 잘 타지 못하는 사람이라면 의외로 덥기만 하고 인파에 떠밀려 힘든 하루를 보낼 수도 있다. 최소 4시간 이상은 투자해야 하는 곳이므로, 내키지 않는다면 그 시간을 센토사의 다른 여러 곳에서 보내는 것도 나쁘지 않다.

도전! 유니버셜 스튜디오 도장 깨기

©Universal Studios Singapore

Area 1 할리우드 Hollywood

유니버셜 스튜디오에 입장해 가장 먼저 들르게 되는 구역. 어트랙션보다는 기념품숍과 편의시설이 몰려 있다. 직진해 오른쪽으로 돌기 전에 보이는 호수 주변에서는 토요일과 공휴일 저녁마다 불꽃놀이가 펼쳐진다.

Area 2 뉴욕 New York

뉴욕의 거리를 재현해 놓은 구역. 재난영화 속의 한 장면 같은 특수효과를 선보이는 '라이트, 카메라, 액션!(Light, Camera, Action!)', 엘모와 함께 우주선을 타고 날아가 보는 어린이용 체험 어트랙션인 '세서미 스트리트 스파게티 스페이스 체이스(Sesame Street Spaghetti Space Chase)'를 즐길 수 있다.

Area 3 사이 파이 시티 Sci-Fi City

최고의 인기 어트랙션인 트랜스포머와 배틀스타 갤럭티카가 모여 있는 인기 구역. 회전 컵 놀이기구인 액셀러레이터(Accelerator)도 조금 어지럽긴 하지만 타볼 만하다.

● 트랜스포머 더 라이드 Transformers The Ride

3D 안경을 쓰고 롤러코스터를 탄 채로 트랜스포머 주인공들과 함께 악당을 물리쳐보자. 지구를 구하는 히어로가 된 듯한 뿌듯함을 느낄 수 있다. 롤러코스터를 못 타는 사람은 다소 무서울 수 있다. 신장 102cm 이상만 이용 가능.

● 배틀스타 갤럭티카 Battlestar Galactica

유니버셜 스튜디오에서 가장 스릴 있는 어트랙션. 빨간색 트랙(인간 Human)과 회색 트랙(외계인 Cylon) 중 선택할 수 있는데, 14층 높이에서 내리꽂는 속도감을 즐기려면 빨간색을, 트위스트와 회전 및 급하강과 같은 스릴을 즐기려면 회색을 선택하자. 발이 바닥에 닿지 않는 회색 트랙이 좀 더 짜릿하다는 평. 2개의 트랙이 동시에 출발해 서로 부딪힐 듯한 아슬아슬함을 선사한다. 신장 125cm 이상만 이용 가능.

Area 4 고대 이집트 Ancient Egypt

군데군데 대형 석상들이 놓여 있어 마치 고대 이집트로 시간 여행을 떠나온 듯한 착각을 불러일으키는 구역. 미라의 복수와 트레저 헌터 2가지 어트랙션을 놓치지 말자.

● 미라의 복수 Revenge of the Mummy

거대한 피라미드 안에서 화염과 풍뎅이, 미라 군단을 마주치는 스릴을 만끽할 수 있는 롤러코스터. 컴컴한 암흑 속을 질주하므로 더욱 짜릿하다. 소지품은 로커에 맡겨야 하는데, 트랜스포머가 있는 사이 파이 시티에 1시간가량 무료로 보관할 수 있는 로커가 있으므로 미리 맡기고 오는 편이 좋다. 신장 122cm 이상만 이용 가능.

● 트레저 헌터 Treasure Hunters

모터로 움직이는 지프 자동차를 직접 운전하며 고대 이집트의 보물을 찾아 나서는 어트랙션. 대단한 스릴은 없지만, 아이들과 가볍게 타기에 적당하다. 신장 122cm 미만은 보호자 동반 탑승 필수.

Area 5 잃어버린 세계 The Lost World

영화 <쥬라기 공원>과 <워터월드>를 재현한 2개의 테마로 꾸며진 구역. 날아가는 새의 눈높이에서 내려다보며 활강하는 미니 롤러코스터인 '캐노피 플라이어(Canopy Flyer)'가 어린이들에게 인기다. 신장 92cm 이상만 이용 가능.

● 쥬라기 공원 래피드 어드벤처 Jurassic Park Rapids Adventure
에버랜드의 아마존 익스프레스와 비슷한 인기 어트랙션. 빙글빙글 돌면서 급류에 떠내려가는데, 중간에 갑자기 나타나는 티라노 사우르스가 가슴을 쓸어내리게 한다. 물을 엄청나게 맞게 되므로 우비를 미리 준비해 가는 것이 좋다. 입구에서 판매하는 일회용 우비는 가격이 비싼 편이다. 신장 107cm 이상만 이용 가능.

● 워터월드 Water World
폭탄이 터지고 비행기가 날아가는 영화 <워터월드> 속 장면을 생생하게 재현해낸 본격 스턴트 쇼. 물을 맞는 정도에 따라 좌석 색깔이 다른데(파란색-많이 젖음, 초록색-물이 다소 튐, 빨간색-물을 거의 맞지 않음), 앞자리에 앉아 고스란히 물을 뒤집어쓰는 것도 나름 재미있다. 쇼가 끝나면 출연 배우들과 함께 사진을 찍을 수 있다. 비가 오거나 올 가능성이 있는 날씨에는 쇼를 진행하지 않는다.

+MORE+

워터월드 쇼 제대로 즐기기

입장하자마자 양쪽에 있는 안내장 진열대에서 쇼 시간표를 받은 후 워터월드 관람 시각을 결정한다. 워터월드 쇼 시간은 보통 13:00, 15:15. 17:15 기준이지만, 진행 횟수 및 시간은 요일에 따라 수시로 변경되므로 사전에 꼭 확인하자. 쇼 타임 30분 전에는 줄을 서야 쇼를 관람하기 좋은 자리에 앉을 수 있다.

Area 6 머나먼 왕국 Far Far Away

<슈렉>을 테마로 한 어트랙션 구역. 동화에 나올 법한 커다란 성 안에서 즐기는 '슈렉 4D 어드벤처'를 비롯해 당나귀 동키와 함께 노래를 부르며 즐기는 '동키 라이브(Donkey LIVE)', 작은 롤러코스터를 타고 여행을 떠나는 '인챈티드 에어웨이즈(Enchanted Airways)' 등 여러 어트랙션을 만날 수 있다. 성 건너편에는 사진 찍기 좋은 포토존이 있다.

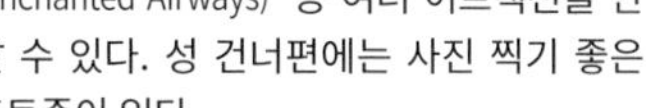

● 슈렉 4D 어드벤처 Shrek 4D Adventure
슈렉과 피오나 공주, 동키 등 영화 속 주인공들을 영상과 특수효과로 만나보는 4D 영화. 더위를 피하며 즐길 수 있어서 가족 여행자들에게 인기다.

Area 7 미니언 랜드 Minion Land

기존 마다가스카르 테마 구역에 2025년 2월 새롭게 들어선 미니언 테마 구역. 이곳에서만 볼 수 있는 미니언 테마 회전목마를 포함한 다양한 놀이기구와 다이닝 체험을 즐겨보자.

● 그루의 마을 Gru's Neighborhood
그루의 슈퍼 악당 실험실을 테마로 모험을 즐기는 놀이기구 'Despicable Me Minion Mayhem'을 체험할 수 있으며, 직접 미니언으로 변신하는 특별한 경험도 할 수 있다.

● 슈퍼 실리 펀 랜드 Super Silly Fun Land
미니언의 댄스 파티를 테마로 한 회전목마 버기 부기(Buggie Boogie), 하늘을 날아오르며 멋진 풍경을 감상할 수 있는 어트랙션인 실리 스월리(Silly Swirly), 다양한 미니언 테마 음식과 음료를 즐길 수 있는 슈퍼 헝그리 푸드 스탠드(Super Hungry Food Stand)가 들어서 지루할 틈이 없다.

©Universal Studios Singapore

SPECIAL PAGE

천기누설!
유니버셜 스튜디오 꿀팁 모음집

유니버셜 스튜디오에 가기 전, 꼭 알고 가야 할 꿀팁들을 엄선했다.
모르고 갈 때보다 만족도가 훨씬 높아지는 정보들이니 꼼꼼히 챙겨 읽자.

¤ 입장은 이렇게 해요

- 개장 30분 전에는 도착해 티켓팅 한 후 개장 시각에 맞춰 입장한다. 늦게 입장하면 어트랙션 앞에서 훨씬 더 오래 기다려야 한다. 입구에 있는 유니버셜 지구본을 배경으로 한 기념사진은 퇴장하면서 찍자.
- 일행 중 그달에 생일이 있다면 입장 후 왼쪽의 게스트 서비스 센터로 가서 기념 마그넷과 할인 쿠폰을 받을 수 있다. 쿠폰은 무료 팝콘, 식음료 15% 할인, 기념품 15% 할인 쿠폰 등 3가지이며, 각 한 번만 사용할 수 있다.

¤ 보다 여유롭게 어트랙션을 즐기려면

- 게이트를 통과해 직진 후 오른쪽으로 돌면 트랜스포머다. 이곳부터 시작해 반시계 방향으로 돌면서 어트랙션을 이용한다.
- 각종 어트랙션은 상대적으로 덜 혼잡한 오전에 최대한 이용한다. 점심 식사를 마치고 재입장한 후에는 대기 시간이 길지 않은 어트랙션을 이용하고, 기념품숍 구경과 쇼핑 위주로 진행한다.
- 유니버셜 스튜디오 앱을 다운받으면 어트랙션별 대기시간을 알 수 있다.
- 일정상 오전에 유니버셜 스튜디오에 들를 수 없다면, 인파가 절정에 달하는 점심때 보다는 아예 늦게 가는 것을 추천한다. 폐장 시간 2시간 전쯤부터라면 웬만한 어트랙션은 오래 기다리지 않고 탈 수 있다.
- 혼자 간다면 싱글 라이더를 활용하자. 빈자리가 한 개 남았을 때 우선 탑승할 수 있는 시스템이다. 어트랙션에 따라 별도의 싱글 라이더 줄이 있는데, 싱글 라이더 줄이 따로 없는 어트랙션이라면 줄을 섰다가 직원이 희망자를 부르면 손들고 나가면 된다.
- 대부분의 관람객이 인기 어트랙션부터 타려고 트랜스포머가 있는 오른쪽으로 간다. 인기 어트랙션에 관심이 없을 경우 왼쪽으로 가서 시계 방향으로 돌면 한산하게 즐길 수 있다.

¤ 익스프레스 티켓 구매 가이드

별도의 줄을 통과해 일반 입장객보다 어트랙션에 빨리 탑승할 수 있는 티켓. 인기 어트랙션의 경우 최소 40분에서 1시간 이상 기다려야 한다는 점을 감안하면 이 티켓은 거의 필수라고 할 수 있다. 다만, 익스프레스 티켓이라고 해서 줄을 안 서는 것은 아니며, 사람이 정말 많을 때는 이 티켓을 가지고 있어도 어느 정도 대기 시간이 걸린다. 티켓은 어트랙션 별로 한 번씩만 이용할 수 있는 유니버셜 익스프레스와 이용 횟수에 제한이 없는 유니버셜 익스프레스 언리미티드로 나뉜다.

❶ 할인 티켓 판매처를 적극 활용하기

과거에는 익스프레스 티켓을 유니버셜 공식 홈페이지와 현장에서만 살 수 있었으나, 요즘엔 클룩, 와그, 투어야 등 온라인 할인 티켓 판매처에서도 판매하고 있으므로 가격 비교 후 원하는 곳에서 구매하면 된다. 익스프레스 티켓은 입장 인원이 많을수록 가격이 올라가기 때문에 자칫 원데이 티켓보다 오히려 더 비싸져 배보다 배꼽이 커질 수 있다. 따라서 성수기가 아니라면 필요에 따라 현장에서 구매하는 것을 추천한다. 익스프레스 티켓 가격은 시기에 따라 다르고 S$60~110 정도다.

❷ 현장에서 구매할 때는 이렇게!

만약 익스프레스 티켓 구매가 망설여진다면 일단 익스프레스 티켓을 사지 않고 입장한 후 맨 최대한 빨리 트랜스포머를 먼저 즐겨보자. 그 후 사람이 많아 익스프레스 티켓이 필요하다고 판단되면, 근처의 기념품 숍에서 익스프레스 티켓을 구매한다. 이렇게 하면 익스프레스 티켓을 이용해 트랜스포머를 한 번 더 탈 수 있다.

대형 수족관에서 더위를 식히자

2 S.E.A. 아쿠아리움 S.E.A. Aquarium

서로 다른 50곳의 서식지에서 온 1,000종 이상의 해양 동물 10만여 마리가 살고 있는 대형 수족관. 입구부터 이어지는 수중 터널이 관람객의 시선을 단번에 사로잡는다. 수족관의 하이라이트인 오픈 오션(Open Ocean)은 단일 수조로는 세계 최대 규모로, 높이 8.3m, 가로 36m의 유리로 한쪽 벽면을 가득 채워 마치 바닷속에 들어온 듯한 기분을 느낄 수 있다. 이 밖에도 200여 마리가 넘는 상어가 머리 위를 헤엄치는 모습이 장관인 샤크 씨(Shark Seas)와 전문 다이버들이 물속에서 펼치는 쇼, 불가사리와 같은 작은 해양 동물을 만져보는 체험 등 다양한 즐길 거리가 있다. 유니버셜 스튜디오에 다녀온 후 더위를 식힐 겸 들르기 좋은 실내 관광지다. **MAP ⑰**

GOOGLE MAPS s.e.a. aquarium
MONORAIL 리조트월드역 하차 후 도보 7분
ADD 8 Sentosa Gateway, Singapore 098269
OPEN 10:00~19:00(영업시간이 유동적이므로 홈페이지에서 확인 후 방문)
PRICE S$44, 4~12세 S$33
WEB rwsentosa.com/en/play/sea-aquarium

+MORE+

S.E.A. 아쿠아리움의 데일리 쇼

S.E.A. 아쿠아리움에서는 매일 다채로운 쇼가 펼쳐진다. 쇼 시간은 수시로 변경되므로 방문 전 홈페이지를 통해 확인하고 가자.

❶ 오픈 오션 탐험
Open Ocean Discovery
오픈 오션의 환상적인 풍경을 감상하고, 이곳에 서식하는 쥐가오리와 자이언트 그루퍼 등 해양 동물에 대해 알아보자.

WHERE Open Ocean
OPEN 매일 13:15(소요 시간 10분)

❷ 난파선에서 먹이 주기
Dive Feeding @ Shipwreck
바다에 가라앉은 난파선으로 몰려오는 물고기들에게 먹이를 주는 다이버를 비롯해 가오리, 상어 등을 관찰할 수 있다.

WHERE Shipwreck
OPEN 10:30(목~화)

❸ 난파선 발견
Shipwreck Unravelled
난파선에서 서식하는 해양 동물에 대한 미스터리를 밝혀보자.

WHERE Shipwreck
OPEN 토·일·공휴일 16:30(소요 시간 10분)

❹ 놀라운 상어 Sensational Sharks
갑옷을 입은 다이버가 웅장한 상어 무리에게 먹이를 주는 모습을 볼 수 있다.

WHERE Shark Seas
OPEN 14:00(화·목)

③ 상상 그 이상의 워터파크
어드벤처 코브 워터파크 Adventure Cove Waterpark

해양생물과 함께 신나는 물놀이를 할 수 있는 워터파크. 워터 슬라이드를 타며 스릴을 즐기고, 유수 풀에서 느긋하게 튜브에 몸을 맡기고, 열대어와 스노클링을 하며 행복한 시간을 보낼 수 있다. 우리나라의 워터파크와 달리 길게 줄을 서지 않고도 여러 가지 슬라이드를 쉽게 탈 수 있다는 것도 빼놓을 수 없는 매력이다. MAP ⑰

GOOGLE MAPS 어드벤처 코브 워터파크
MONORAIL 리조트월드역 하차 후 도보 7분
ADD 8 Sentosa Gateway, Singapore 098269
OPEN 10:00~17:00(운영시간은 유동적이므로 홈페이지에서 확인 후 방문)
PRICE S$40, 4~12세 S$32
WEB rwsentosa.com/en/play/adventure-cove-waterpark

+MORE+

더 베이 레스토랑
The Bay Restaurant

간단하게 즐길 수 있는 캐주얼 레스토랑이다. 치킨버거(S$16), 그릴드 치킨라이스(S$15), 미트볼 파스타(S$15), 피시앤칩스(S$16) 등과 음료(S$4~5)를 판매한다. 주문하면 즉석에서 음식을 그릇에 담아 준다.

: WRITER'S PICK :

어드벤처 코브 워터파크 이용 가이드

❶ 샤워실에 샴푸·바디 겸용 젤이 비치돼 있으나, 수건은 챙겨가야 한다. 바닥이 딱딱하고 뜨거워 화상을 입을 수 있으므로 아쿠아 슈즈나 아쿠아 삭스를 준비하자. 구명조끼와 튜브(성인용)를 제외한 기타 물놀이용품은 미리 준비해야 하는데, 미처 준비하지 못했다면 입장 후 오른쪽에 있는 기념품숍에서 구매하면 된다.

❷ 선베드는 무료로 이용할 수 있다. 입장하자마자 파도 풀 쪽의 선베드를 선점하면 근처에 있는 락커와 샤워실과 화장실, 간식 파는 곳, 파도 풀 앞의 키즈 전용 샤워실 등을 더욱 편리하게 이용할 수 있다.

❸ 락커는 입장하자마자 왼쪽에 마련돼 있지만, 파도 풀 쪽의 선베드와 락커를 이용할 예정이라면 그냥 지나치자. 비용은 크기에 따라 S$10, S$20이며, 현금 전용과 카드 사용이 가능한 곳으로 나뉜다. 결제는 화면의 안내에서 한국어를 선택한 후 진행하면 되는데, 번역이 어색해 헷갈릴 수 있다. 화면 왼쪽의 '임대 사물함'은 처음 사용을 시작할 때, 오른쪽의 '재개장 사물함'은 중간 또는 사용을 끝낼 때 선택하면 된다.

❹ 어트랙션 이용 시 모자나 선글라스 등은 착용할 수 없다. 어트랙션마다 설치된 보관함에 보관 후 탑승하자.

❺ 폭우나 내리거나 번개가 칠 경우에는 모든 놀이시설의 운영이 중지된다.

❻ 외부 음식은 반입할 수 없지만 생수 정도는 가능하다. 생수는 미리 얼려서 가져가면 좋다. 식사는 워터파크 내부의 레스토랑을 이용하자.

워터파크 인기 어트랙션 TOP 5

블루워터 베이

블루워터 베이와 듀엘링 레이서 & 립타이드 로켓

어드벤처 리버

듀엘링 레이서 Dueling Racer

레이싱 매트 위에 엎드린 채로 긴 슬라이드를 질주하는 어트랙션. 2인이 함께 탈 수 있어 서로 경주하듯이 내려가는 맛이 짜릿하다. 신장 107cm 이상 탑승 가능(신장 122cm 이하는 보호자 동반 필수).

립타이드 로켓 Riptide Rocket

롤러코스터처럼 급격한 오르막과 급강하, 무시무시한 뒤틀림과 회전이 결합해 정신을 차릴 수 없게 하는 어트랙션. 파도 풀 오른쪽에 있다. 신장 107cm 이상 탑승 가능(신장 122cm 이하 보호자 동반 필수/1인승은 체중 115kg 이하, 2인승은 합산 체중 180kg 이하 탑승 가능).

어드벤처 리버 Adventure River [유수 풀]

튜브를 타고 강을 따라 느긋하게 떠내려가면서 울창한 정글과 신비로운 동굴, 가오리를 비롯한 멋진 물고기들을 구경할 수 있다. 길이가 길어 아쉽지 않게 즐길 수 있다. 신장 122cm 이하 보호자 동반 필수.

블루워터 베이 Bluwater Bay [파도 풀]

거대한 인공 파도 풀. 우리나라의 대형 워터파크보다 상대적으로 작기는 하지만, 가족 단위로 즐기기에는 부족함이 없다. 10분 운영 후 10분 휴식하는 시스템이다. 신장 122cm 이하 보호자 동반 필수.

Top 5 레인보우 리프 Rainbow Reef [스노클링]

스노클 장비를 착용하고 2만여 마리의 열대어와 함께 스노클링을 할 수 있는 곳. 참가자는 수영을 할 수 있어야 하며, 안전요원이 장비 착용 및 방법 등을 가르쳐주므로 깊은 물에 대한 공포만 이겨낸다면 부담 없이 시도해 볼 수 있다. 어드벤처 코브 워터파크 입장권에 포함된 어트랙션이므로 별도 비용 없이 이용할 수 있다. 스노클 장비는 제공되지만, 원한다면 개인 장비를 가져가도 무방하다. 신장 107cm 이상 이용 가능(신장 122cm 이하 보호자 동반 필수).

돌핀 아일랜드 관람 포인트

돌고래와 함께하는 다양한 프로그램을 경험할 수 있다. 어드벤처 코브 워터파크 티켓은 필수로 구매해야 하며, 각 체험에 따른 비용은 추가로 내야 한다. 모험을 즐긴다면 돌핀 어드벤처를, 무난한 것을 원한다면 돌핀 디스커버리와 돌핀 인카운터를 선택하자. 개별 사진 촬영은 불가능하며, 체험이 끝난 후 포토그래퍼가 촬영한 앨범(사진 10장)과 원본 파일을 S$298에 구매할 수 있다. 돌핀 어드벤처와 돌핀 디스커버리는 온라인으로도 예약할 수 있으며, 체험 시간 45~60분전까지는 돌핀 아일랜드 입구에 도착해야 한다. 요금에는 어드벤처 코브 워터파크 또는 S.E.A. 아쿠아리움 원데이 티켓이 포함된다.

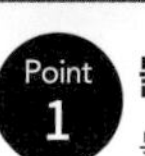

돌핀 어드벤처 Dolphin Adventure

돌고래가 발을 밀어주는 신기하고 짜릿한 경험을 할 수 있는 프로그램. 돌고래와 함께 수영할 수 있는 흔치 않은 기회다. 13세 이상, 신장 115cm 이상 수영 가능자만 이용 가능.

OPEN 11:00, 14:00, 15:00
PRICE +S.E.A. 아쿠아리움 S$188,
+어드벤처 코브 워터파크 S$184

Point 2

돌핀 디스커버리 Dolphin Discovery

성인 허리 높이의 물에서 트레이너와 함께 돌고래의 행동을 관찰하고 어울릴 수 있는 프로그램. 수영을 못해도 참가할 수 있으며, 돌고래와 뽀뽀나 포옹을 하는 등 다양한 체험을 할 수 있어서 어린이들이 매우 좋아한다. 4세 이상, 신장 110cm 이상 이용 가능.

OPEN 10:00, 12:00, 13:00, 16:00, 17:00
PRICE +S.E.A. 아쿠아리움 S$144, 4~12세 S$133/
+어드벤처 코브 워터파크 S$140, 4~12세 S$132

돌핀 인카운터 Dolphin Encounter

물에 들어가지 않고 가까이에서 돌고래를 관찰할 수 있는 프로그램이다. 13세 미만은 보호자 동반 필수.

OPEN 10:00~17:00/1시간 간격 진행
PRICE +S.E.A. 아쿠아리움 S$84, 4~12세 S$73/
+어드벤처 코브 워터파크 S$80, 4~12세 S$72

돌핀 옵저버 Dolphin Observer

일행 중 일부가 돌핀 아일랜드 프로그램에 참여할 때, 그늘에 있는 의자에 앉아 참관할 수 있는 티켓.

PRICE S$61, 4~12세 S$53

돌핀 아일랜드

#Walk

쿨잼 액티비티 대격전!

임비아 룩아웃 & 실로소 비치

센토사의 여러 다양한 어트랙션들이 모여 있는 핵심 구역이다. 대부분의 스폿은 센토사 익스프레스 임비아역과 비치역을 통해서 접근 가능하며, 이 외에 케이블카와 무료 교통수단인 비치 셔틀을 이용하면 편리하다. 임비아라는 이름은 메가짚 출발 장소가 있는 임비아산(Mount Imbiah)에서 따온 것이며, 역명 중 임비아역(Imbiah)은 모노레일인 센토사 익스프레스의 역이고, 임비아룩아웃역(Imbiah Lookout)은 센토사 내를 운행하는 케이블카 센토사 라인의 역이므로 헷갈리지 말자. 센토사의 메인 해변이라고 할 수 있는 실로소 비치를 따라서도 여러 어트랙션과 레스토랑들이 이어져 있다.

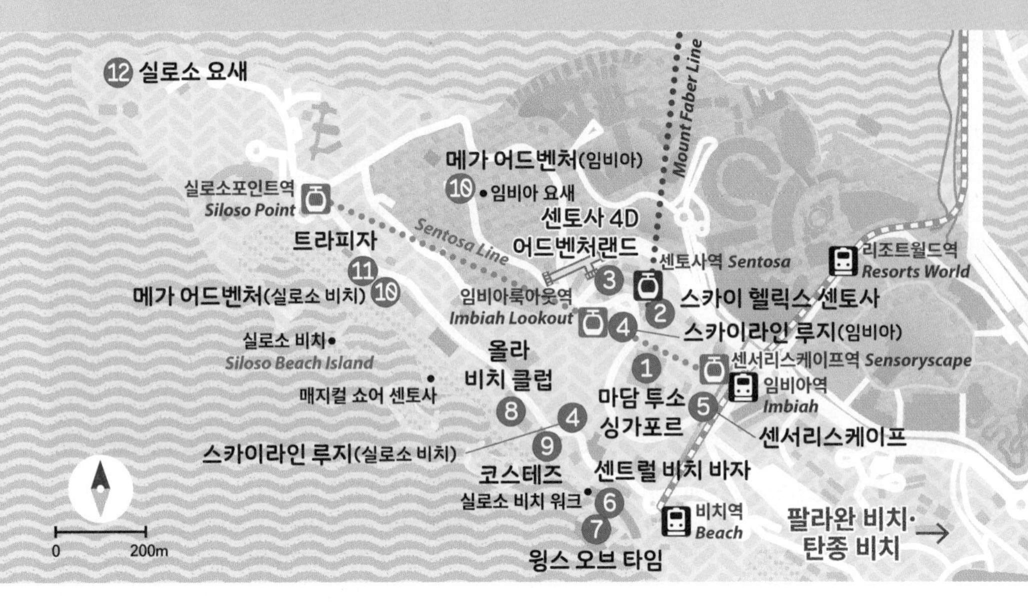

1 진짜 같은 밀랍 인형에 4D 영화까지
마담 투소 싱가포르 Madame Tussauds Singapore

유명인을 본떠 만든 밀랍 인형 전시관. 프랑스의 밀랍 조각가 마리 투소에 의해 시작된 이 전시관은 현재 싱가포르를 비롯한 세계 20여 곳에 자리 잡고 있다. 싱가포르의 마담 투소에는 싱가포르가 오늘날 국제적인 도시로 성장하기까지의 역사와 문화를 밀랍 인형과 각종 최신 조명과 음향으로 소개해주는 어트랙션인 '이미지 오브 싱가포르(Images of Singapore)', 싱가포르의 상징물들을 배를 타고 가며 즐기는 '스피릿 오브 싱가포르 보트 라이드(Spirit of Singapore Boat Ride)'와 같은 특별한 즐길 거리가 마련돼 있다. 최근에는 마블의 히어로들을 만나보는 '마블 4D 시네마'의 반응도 뜨겁다. MAP 18

GOOGLE MAPS 마담 투소 싱가포르
MONORAIL 임비아역 하차 후 맞은편 에스컬레이터를 타고 끝까지 올라간다.
CABLECAR 마운트 페이버 라인 센토사역 1층에서 왼쪽으로 도보 3분
ADD 40 Imbiah Rd, Singapore, 099700
OPEN 10:00~19:00(마지막 입장 18:00)
PRICE S$44 3~12세 S$32/온라인 구매 시 스탠다드 티켓, 디지털 사진 포함
WEB madametussauds.com/singapore

② 새롭게 탄생한 고공 어트랙션
스카이 헬릭스 센토사
SkyHelix Sentosa

2021년 오픈한 신상 어트랙션. 해발 79m에서 시원한 음료를 마시며 센토사와 남쪽 섬의 숨 막히는 경치를 감상할 수 있는 수직 개방형 곤돌라다. 독특한 모양의 나선형 구조로 센토사 어디에서나 눈에 띈다. 오르내리는 시간을 제외하고 공중에 머물러 있는 시간은 10분이며, 공중에서 천천히 회전하므로 파노라마 전망을 즐길 수 있다. 마치 자이로드롭처럼 보이지만 상승과 하강 속도가 빠르지 않고, 아래를 내려다보지 않으면 크게 무섭지 않으므로 가족 단위로 즐기기에도 부담이 없다. 현장 매표소에서 티켓을 구매할 수도 있지만, 원하는 시간에 좌석이 있다는 보장이 없으므로 온라인에서 미리 구매하는 것이 좋다. 공식 홈페이지와 기타 온라인 할인 티켓 판매처에서 살 수 있으며, 구매 시 이용일을 지정해야 한다. MAP ⑱

GOOGLE MAPS 스카이헬릭스 센토사
MONORAIL 임비아역 맞은편의 에스컬레이터를 타고 끝까지 올라간다. 마담 투소를 지나 케이블카 센토사역 앞
CABLECAR 마운트 페이버 라인 센토사역 바로 앞
ADD 41 Imbiah Rd, Sentosa, Singapore 099707
OPEN 10:00~21:30
PRICE S$25, 4~12세 S$22(신장 1.05m 이상. 1.05~1.2m, 12세 이하는 보호자 동반 시 탑승 가능)/음료 또는 기념품 포함
WEB mountfaberleisure.com/attraction/skyhelix-sentosa

③ 4D로 즐기는 스릴 만점 체험
센토사 4D 어드벤처랜드
Sentosa 4D AdventureLand

가족 여행자에게 추천하는 4D 극장. 시원한 실내에서 각종 특수효과로 구성된 실감 나는 4D 영상과 게임을 즐길 수 있다. 가장 최근에 추가된 유령 광산의 질주(Haunted Mine Ride)를 비롯한 총 4가지의 영상과 게임이 준비돼 있다. 부모도 아이도 모두 재미난 시간을 보낼 수 있는 다이내믹한 장소다. MAP ⑱

GOOGLE MAPS 센토사 4d 어드벤처랜드
MONORAIL 임비아역 하차 후 맞은편의 에스컬레이터를 타고 끝까지 올라간다. 마담 투소와 케이블카 센토사역을 지나 왼쪽(케이블카 센토사 라인 임비아룩아웃역 맞은편)
CABLECAR 마운트 페이버 라인 센토사역 1층에서 스카이라인 루지 탑승장을 지나 오른쪽으로 직진 도보 3분, 센토사 라인 임비아룩아웃역 맞은편
ADD 51B Imbiah Rd, Singapore 099708
OPEN 12:00~19:00
PRICE 4-In-1 Combo(4가지 체험 모두 포함) S$44.9, 3~12세 S$35
WEB 4dadventureland.com.sg

©Sentosa 4D AdventureLand

④ 아이부터 어른까지 고고씽!
스카이라인 루지 Skyline Luge

특수 제작된 카트를 타고 트랙 위를 질주하는 액티비티. 조작법이 간단하고 드라이빙 코스도 무난해 아이부터 어른까지 누구나 쉽게 탈 수 있다. 탑승 전 조작법에 대한 간단한 교육을 받으며, 코스는 총 4개이지만 출발 지점(임비아 룩아웃)과 도착 지점(실로소 비치)은 같다. 두 개의 지점은 스키장 리프트처럼 생긴 스카이라이드로 연결되는데, 임비아 룩아웃에서 시작하면 루지를, 실로소 비치에서 시작하면 스카이라이드를 먼저 타게 된다. 스카이라이드를 타면 센토사의 전경이 훤히 내려다보이지만, 고소공포증이 있다면 다소 힘들 수 있으니 참고하자. 더운 한낮보다는 해 질 무렵 이후에 탑승하는 것을 추천하며, 윙스 오브 타임 전후 일정으로 잡으면 효율적이다. 탑승 소요 시간은 1회당 30분 정도이나, 성수기나 주말에는 조금 더 걸릴 수 있다. MAP ⑱

루지

GOOGLE MAPS 스카이라인 루지
MONORAIL 임비아 룩아웃에서 시작할 경우: 임비아역 하차 후 맞은편 에스컬레이터를 타고 끝까지 올라간다. 케이블카 센토사역에서 길을 건너면 보인다./실로소 비치에서 시작할 경우: 비치역 하차 후 도보 5분
CABLECAR 마운트 페이버 라인 센토사역 길 건너
ADD 임비아 룩아웃: 1 Imbiah Rd, Singapore 099692/실로소 비치: 45 Siloso Beach Walk, Singapore 099003
OPEN 10:00~19:30(금·토 ~21:00)(종료 1시간 전 입장 마감)
PRICE 스카이라인 루지 이용 팁 참고
WEB sentosa.skylineluge.com

스카이라인 루지 이용 팁

Tip. 1 요금

루지 & 스카이라이드 콤보	2회	3회	4회	5회
정상 티켓(Fixed)	S$30	S$33	S$36	S$44
Off-peak 티켓(10:00~12:00)	S$28	S$29	S$30	없음
어린이 더블링 티켓	횟수와 관계없이 S$12			

*5회 티켓에는 디지털 포토 포함

*어린이 더블링은 하나의 루지에 보호자 1인과 어린이 1인이 같이 타는 것을 말한다.

루지 어린이 더블링

Tip. 2 연령 및 신장에 따른 탑승 제한

- **루지**: 6세 이상 & 신장 110cm 이상(연령이나 신장 조건에 미달할 경우 어린이 더블링 티켓을 구매해 어른과 같이 탑승할 수 있으나, 신장이 85cm 이상이어야 한다.)
- **스카이라이드**: 신장 135cm 이상. 신장 85cm 이상은 어른과 같이 탑승 가능
- 안전을 위해 임산부는 탑승 불가능

스카이라이드

Tip. 3 어느 탑승장으로 가야 좋을까?

임비아 룩아웃 탑승장

실로소 비치 탑승장

❶ 임비아 룩아웃 탑승장

- 케이블카를 타고 센토사역에 내릴 경우
- 마담 투소, 4D 어드벤처랜드 등 인근 어트랙션과 연계해서 돌아보고자 할 경우

*임비아 룩아웃에서 2회권으로 시작할 경우, 루지 → 스카이라이드 → 루지 → 스카이라이드 순서로 타게 돼 마지막에 다시 임비아 룩아웃으로 올라오게 되는데, 루지 이후 일정이 실로소 비치 쪽이라면 마지막에 루지를 타고 내려온 후 올라가는 스카이라이드를 타지 않으면 된다.

❷ 실로소 비치 탑승장

- 센토사 익스프레스를 이용할 경우
- 실로소 비치, 팔라완 비치 및 윙스 오브 타임 등 인근 어트랙션과 연계하고자 할 경우

센티드 스피어

심포니 스트림스

글로우 가든

5 센토사의 새로운 야경 명소
센서리스케이프 Sensoryscape

2024년 3월, 센토사 익스프레스 임비아역과 비치역 사이 350m를 연결해 개장한 센토사의 새로운 야경 명소다. 임비아역 앞의 룩아웃 루프(Lookout Loop)의 고층 정원에서는 주변 풍경을 한눈에 내려다볼 수 있고, 길을 따라 내려오면 텍타일 트렐리스(Tactile Trellis), 센티드 스피어(Scented Sphere), 심포니 스트림스(Symphony Streams) 등 3개의 대형 원형 구조물이 매력을 발산한다. 마지막 비치역 근처에 다다르면 계단을 따라 조성된 꽃 조명들이 로맨틱한 분위기를 자아내는 글로우 가든(Glow Garden)을 만날 수 있다. 매일 19:50~21:40에는 조명 쇼, 디지털 프로젝션, 증강 현실 서비스 등으로 구성된 이매지나이트(ImagiNite)가 진행된다. 'ImagiNite' 앱을 다운로드하면 해양생물과 나비가 매혹적인 가상 세계에서 춤추는 생생한 조명 쇼와 비디오를 감상할 수 있다. MAP ⑱

GOOGLE MAPS Sentosa Sensoryscape
MONORAIL 임비아역 바로 옆
CABLECAR 센토사 라인 센서리스케이프역에서 하차
ADD 3 Siloso Rd, #01 3, Singapore 098977
WEB sensoryscape.sentosa.com.sg

6 3가지 즐거움을 한 곳에서
센트럴 비치 바자 Central Beach Bazaar

2022년 9월에 개장한 센토사의 신명소. 80m 높이의 대형 분수인 센토사 스카이젯을 비롯해 센토사 음악 분수, 런던과 도쿄 등 전 세계 도시의 길거리 음식을 맛볼 수 있는 인터내셔널 푸드 스트리트(11:00~21:00) 등으로 구성된다. MAP ⑱

GOOGLE MAPS central beach bazaar
MONORAIL 비치역 하차 후 실로소 비치 방향으로 도보 3분
CABLECAR 센토사 라인 센서리스케이프역에서 하차, 센토사 익스프레스로 환승 후 비치역 하차
ADD 60 Siloso Beach Walk, Singapore 098997
WEB mountfaberleisure.com/attraction/central-beach-bazaar

인터내셔널 푸드 스트리트

+MORE+

센트럴 비치 바자 관람 포인트

■센토사 스카이젯 Sentosa SkyJet

건물 24층 높이에 해당하는 초대형 분수로, 밤에는 화려한 LED 조명이 빛을 발한다. 무료로 관람할 수 있으며, 센토사 음악 분수와 윙스 오브 타임 공연시간에는 운영하지 않는다.

OPEN 10:00~15:00, 15:30~22:00

■센토사 음악 분수 Sentosa Musical Fountain

1980년대에 센토사의 인기 어트랙션이었던 센토사 음악 분수를 현대적으로 재해석했다. 오후 4시부터 2개의 쇼가 번갈아 공연되며, 각 쇼의 길이는 5분이다. 무료입장.

- **Show1**: 1980년대에 시작된 센토사 음악 분수에 대한 오마주로, 과거 분수 쇼의 오리지널 사운드트랙 사용
  OPEN 16:00, 17:00, 18:00
- **Show2**: 싱가포르의 가장 큰 기념일인 독립 기념일(National Day)을 기리기 위해 제작된 인기 테마곡 3개 메들리
  OPEN 16:30, 17:30

©Mount Faber Leisure Group

*2025년 2월 현재 유지 보수로 인해 센토사 스카이젯, 센토사 음악분수는 임시 휴업 중이다.

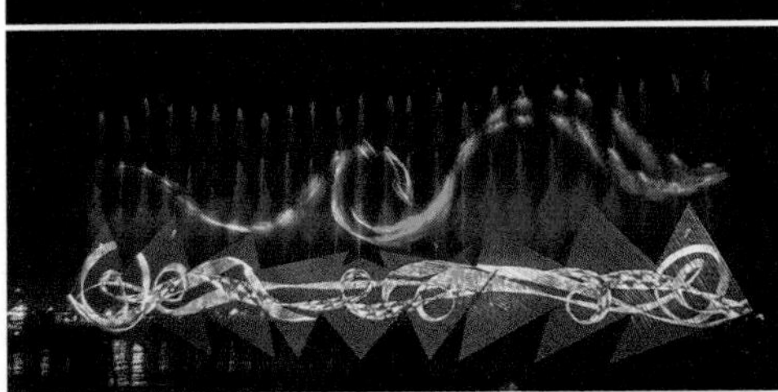

불꽃놀이로 화룡점정!

7 윙스 오브 타임 Wings Of Time

호기심이 많은 레이철과 소심한 펠릭스가 선사시대로 시간여행을 떠나며 벌어지는 다양한 에피소드를 그린 멀티 엔터테인먼트 쇼. 산업 혁명과 실크로드 시대, 이집트의 피라미드, 수중세계 및 아프리카 사바나를 거치며 시간을 가로지르는 여정을 거대한 워터 스크린 영상, 레이저, 분수 등으로 화려하게 보여준다. 특히 쇼 말미에 쏘아대는 불꽃놀이가 압권이다. 티켓은 좋은 시야가 확보되고 등받이가 있는 좌석이 제공되는 프리미엄과 일반석인 스탠더드로 나뉘는데, 시간 여유를 가지고 입장한다면 스탠더드 티켓으로도 충분히 즐길 수 있다. 소요 시간 약 20분.

MAP ⑱

GOOGLE MAPS 윙스 오브 타임
MONORAIL 비치역 하차 후 실로소 비치 방향으로 도보 3분
CABLECAR 센토사 라인 센서리스케이프역에서 하차, 센토사 익스프레스로 환승 후 비치역 하차
ADD 50 Beach View, Singapore 098604
OPEN 19:40, 20:40
PRICE 프리미엄 S$24, 스탠더드 S$19(4세 미만 무료)
WEB mountfaberleisure.com/attraction/wings-of-time

8 바다에선 역시 수상 레포츠죠
올라 비치 클럽 Ola Beach Club

실로소 비치에서 제트 블레이드나 바나나 보트, 카약 등 수상 레포츠를 즐겨보는 프로그램. <나 혼자 산다> 등 TV 예능 프로그램에도 소개돼 유명세를 치르고 있는데, 수상 레포츠뿐 아니라 하와이풍 음식과 칵테일을 맛보며 해변의 카바나나 선베드에서 휴양을 즐길 수 있다. 해가 진 이후에는 DJ가 진행하는 흥겨운 쇼타임도 열려 해변의 분위기를 만끽할 수 있다. MAP ⑱

GOOGLE MAPS ola beach club
MONORAIL 비치역 하차 후 실로소 비치 방향으로 도보 5분(비키니 바 옆)
CABLECAR 센토사 라인 센서리스케이프역에서 하차, 센토사 익스프레스로 환승 후 비치역 하차
ADD 46 Siloso Beach Walk, Singapore 099005
OPEN 수상스포츠: 09:00~19:00, 레스토랑: 10:00~21:00(금 ~22:00, 토 09:00~22:00, 일 09:00~), Magical Shores 쇼: 19:30~22:30(금~일만 진행)
WEB olabeachclub.com

: WRITER'S PICK :

올라 비치 클럽 이용 팁

■최저 이용 요금
토·일·공휴일: 테이블 및 선베드 성인 1인당 S$50,
잔디밭(Lawn Area) 테이블당 S$400, 카바나 테이블당 S$600

■수상 레포츠의 종류와 비용
참가 전 홈페이지를 통해 예약하는 것이 좋다. 모든 수상 스포츠에는 구명조끼가 제공된다.

❶ **바나나 보트** 동시에 10명까지 탑승할 수 있는 보트. 바다 위를 미끄러지거나 물속으로 점프하는 스릴을 느낄 수 있다. 소요 시간 약 15분, 요금 1인당 S$25.

❷ **카약** 1·2인승 카약을 타고 실로소 비치를 돌아보는 액티비티다. 요금 시간당 1인승 S$25, 2인승 S$30.

❸ **도넛 라이드** 도넛 모양의 튜브에 엎드려 타는 수상스키. 소요 시간 약 15분, 요금 S$25/1인.

❹ **패들보드** 작은 보드에 올라서서 노를 저으며 실로소 비치를 즐기는 프로그램. 요금 S$35/1시간.

9 한번쯤 가고픈 해변 레스토랑
코스테즈 Coastes

햄버거, 피자, 파스타 등 대중적인 메뉴를 다양하게 즐길 수 있는 캐주얼 레스토랑. 매장을 찾은 고객이라면 누구든지 해변에서 선베드를 이용할 수 있다. 테이블에 놓인 QR코드로 주문하는 형식이며, 식기류와 소스는 셀프 서비스다. 무더운 한낮보다는 해 질 무렵의 저녁 식사 장소로 추천하나, 부득이하게 점심에 찾게 된다면 실링 팬이 있는 안쪽 자리에 앉자. 현금 결제가 안 되므로 신용카드 지참이 필수다. MAP ⑱

MENU 샌드위치 S$22~25, 파스타/리조토 S$22~28, 버거 S$22~32, 피자 S$25~34
GOOGLE MAPS 코스테스
WALK 스카이라인 루지 실로소 비치 탑승장에서 도보 3분
ADD 50 Siloso Beach Walk, Singapore 099000
OPEN 11:00~21:00(금 ~22:30, 토 09:00~22:30, 일·공휴일 09:00~)
WEB coastes.com

⑩ 이런 짜릿함, 감당할 수 있겠어요?
메가 어드벤처 Mega Adventure

메가짚

메가짚

메가클라임

메가바운스

집라인을 비롯한 다양한 액티비티를 즐길 수 있는 곳. TV 프로그램에도 소개돼 싱가포르를 찾는 여행자의 필수 코스가 됐다. 우리에게 잘 알려진 메가짚 외에도 번지점프와 비슷한 메가점프, 어린이도 즐길 수 있는 메가바운스 등의 프로그램이 준비돼 있다. 2가지 이상의 프로그램에 참여한다면 패키지 티켓을 구매하는 것도 요령. 메가짚 출발 지점인 임비아 룩아웃의 메가 어드벤처 파크에서는 메가짚, 메가점프, 메가클라임, 메가점프를 즐길 수 있고, 메가짚 도착 지점인 실로소 비치에서는 메가바운스 프로그램에 참여할 수 있다. 언덕을 올라야 하는 메가 어드벤처 파크보다는 실로소 비치 티켓 오피스로 가야 체력을 아낄 수 있고, 이후 일정과 연계하기에도 효율적이다. 실로소 비치에서 메가짚 출발 지점까지는 버기 카로 데려다준다. MAP ⑱

GOOGLE MAPS 메가어드벤처-싱가포르
WALK 실로소 비치: 비치역에서 실로소 비치 방향 비치 셔틀 탑승, 4번째 정류장(Mega Adventure) 하차/임비아 룩아웃: 케이블카 센토사역에서 임비아룩아웃역을 지나 임비아 로드(Imbiah Road) 방향으로 직진, 4D 어드벤처랜드와 버스 정류장을 지나 표지판을 따라간다. 도보 10~15분
ADD 10A Siloso Beach Walk, Singapore 099008
OPEN 11:00~18:30(마지막 입장: 메가짚 18:30, 메가클라임 17:45, 메가바운스 18:30)
PRICE 싱글 티켓: 메가짚 S$66, 메가클라임 S$66, 메가바운스 S$20/콤보 티켓: 메가짚+메가클라임 S$99, 메가짚+메가바운스 S$80
WEB sg.megaadventure.com

+MORE+

이것도 저것도 메가급! 메가 어드벤처 TOP 3

❶ 메가짚 MegaZip
메가 어드벤처에서 가장 인기 있는 어트랙션. 임비아 힐의 언덕에서 실로소 비치까지 연결된 450m 길이의 로프를 시속 60km의 속도로 하강한다. 3개의 와이어가 연결돼 있어서 일행이 있다면 3명까지 동시에 하강할 수도 있다. 타기 전에는 두려울 수 있지만, 막상 타고 나면 대부분 한 번 더 타고 싶어 할 정도로 짜릿한 스릴과 성취감을 느낄 수 있다. 짐을 가지고 탈 수 없으므로 실로소 비치 쪽에서는 로커에 짐을 맡긴 후 버기 카를 이용해 출발 지점으로 올라가게 되며, 임비아 힐의 출발 지점으로 갔다면 짐을 실로소 비치의 도착 지점으로 내려보내준다. 내려가며 휴대폰으로 사진을 찍고 싶다면 목걸이형 방수팩 안에 넣어 가져가야 한다. 업체에서 찍어주는 사진을 구매하는 방법도 있다.

▶ **탑승 조건**: 신장 90cm 이상, 체중 30kg 이상 140kg 이하/체중이 30kg 미만이지만 신장이 90cm 이상인 경우 보호자와 동반 탑승 가능

❷ 메가클라임 MegaClimb
높이 5~15m의 유칼립투스 나무로 우거진 정글에서 나무와 나무 사이를 연결한 로프를 타는 고공 어드벤처. 군대의 유격 훈련을 떠올리게 하는 아슬아슬한 스릴을 맛볼 수 있으며, 훈련된 전문 요원의 교육을 통해 안전하게 진행된다. 높이에 따라 1~3 단계의 레벨 중 2가지를 선택할 수 있는데, 강심장이 아니라면 1~2단계가 적당하다. 운동화와 양말 착용이 필수다.

▶ **탑승 조건**: 신장 120cm 이상, 체중 120kg 이하

❸ 메가바운스 MegaBounce
실로소 비치에서 이뤄지는 액티비티. 로프로 몸의 양쪽을 트램펄린과 연결한 상태에서 원형 트램펄린 위를 점프한다. 어른보다는 어린이를 겨냥한 액티비티지만, 점프해서 올라가는 높이가 생각보다 높으므로 겁이 많은 아이에게는 추천하지 않는다. 이용 시 양말을 착용해야 하며, 준비하지 못했다면 카운터에서 구매할 수 있다.

▶ **탑승 조건**: 체중 10kg 이상 90kg 이하

11 장작불에 구운 따끈따끈 화덕 피자
트라피자 Trapizza

실로소 비치 끝에 자리한 정통 이탈리안 피자 레스토랑. 샹그릴라 라사 센토사 리조트에서 운영한다. 넓고 깔끔한 공간에서 이탈리안 셰프가 구워낸 얇고 바삭한 화덕 피자를 맛볼 수 있으며, 짭조름한 국물이 매력적인 봉골레 파스타도 좋은 선택이다. 한국인 직원이 있어서 의사소통이 편리하다는 것도 장점. 메가짚 도착 지점 바로 옆에 있다. MAP ⑱

MENU 피자 S$23~29, 파스타/리조토 S$21~30, 샐러드 S$17~24
GOOGLE MAPS 트라 피자
WALK 해변을 마주 보고 메가 어드벤처(실로소 비치)에서 오른쪽으로 1분
ADD 10 Siloso Beach Walk, Singapore 098995
OPEN 12:00~21:00(금·토·일·공휴일 11:00~22:00)
WEB shangri-la.com/singapore/rasasentosaresort/dining/restaurants/trapizza

센토사의 과거로 떠나보자
실로소 요새 Fort Siloso

영국 식민지 시절에 해안 방어를 위해 세워진 요새. 현재까지 잘 보존돼 전쟁의 역사와 아픔을 전하고 있다. 요새 내에 자리한 군사 박물관에는 총과 해안포를 비롯한 제2차 세계대전 당시 유물, 일본군과 영국군 병사의 밀랍 인형 등이 전시돼 있다. 1942년 일본에 대한 영국의 항복 장면이 생생하게 묘사된 이곳은 1945년까지 일본이 싱가포르를 점령하는 동안 포로수용소로 사용되기도 했다. 실로소 요새로 가려면 엘리베이터(스카이 워크 리프트)를 타고 스카이 워크에 오르게 되는데, 건물 11층 높이에 길이가 181m에 달하는 이 브리지에 서면 탁 트인 실로소 비치와 하버프론트의 전경이 시원하게 펼쳐진다. 스카이 워크 리프트가 운영하지 않는 시간대엔 계단을 통해 스카이 워크에 오를 수 있다. MAP ⑱

실로소 요새

스카이 워크에서 바라본 전망

GOOGLE MAPS fort siloso/ 포트 실로소 스카이워크
SHUTTLE 비치역에서 실로소 비치 방향의 비치 셔틀을 타고 5번째 Siloso Point 정류장 하차
ADD Siloso Rd, Singapore 099981
OPEN 10:00~18:00 (스카이워크 리프트 09:00~22:00)
PRICE 무료
WEB sentosa.com.sg/en/things-to-do/attractions/fort-siloso

실로소 비치

#Walk

여유롭게 쉬어가요

팔라완 비치·탄종 비치

Palawan Beach·
Tanjong Beach

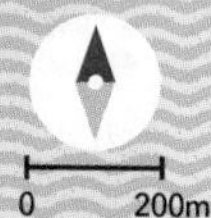

팔라완 비치는 싱가포르에서 지중해 분위기를 느껴볼 수 있는 장소다. 해변 클럽에서 식사와 수영을 즐기고, 싱가포르 최남단 전망대에서 해 질 녘 노을을 감상하며 쉬어가는 시간.

1 황홀한 선셋을 책임질게 아시아 대륙 최남단 전망대 Southernmost Point of Continental Asia

센토사 앞 바다가 한눈에 내려다보이는 전망대. 이곳이 아시아 대륙의 최남단이라고 하기에는 여러 가지 모순이 있지만, 센토사에서 가장 황홀한 선셋을 즐길 수 있는 장소 중 하나다. 2개의 전망대가 브리지로 연결돼 있어서 양쪽의 전망대를 모두 올라가 볼 수 있다. 팔라완 비치에서 전망대로 넘어가는 지점에 놓인 흔들 다리를 건너는 재미도 쏠쏠하다. 한낮보다는 해 질 녘 전망대에 올라 아름다운 노을을 감상할 것을 추천한다. MAP ⑰

GOOGLE MAPS southernmost point of continental asia
SHUTTLE 비치역에서 탄종 비치 방향의 비치 셔틀을 타고 2번째 정류장(Opp Southernmost Point of Continental Asia) 하차
ADD Palawan Beach, Singapore
OPEN 09:00~19:00
PRICE 무료
WEB sentosa.com.sg/en/things-to-do/attractions/palawan-beach

전망대

흔들 다리

전망대에서 바라본 팔라완 비치

팔라완 비치

2 새롭게 태어난 흥미진진 액티비티
팔라완 앳 센토사 The Palawan @ Sentosa

2023년 7월에 개장한 라이프스타일 엔터테인먼트 공간. 수상 아쿠아 파크인 하이드로대쉬(HydroDash), 실내 전기 고카트 경기장인 하이퍼드라이브(HyperDrive), 18홀 미니 골프를 즐길 수 있는 울트라골프(UltraGolf) 등 어트랙션이 있으며, +트웰브(+Twelve), 스플래쉬 트라이브(Splash Tribe) 등 2개의 비치클럽과 팔라완 푸드 트럭(The Palawan Food Trucks) 등 먹거리도 갖춰서 가족 단위로 하루를 즐기기에 충분하다. 주말과 공휴일은 대부분 시설의 티켓 요금이 오르니, 평일에 방문하는 것이 요령이다. MAP ⑰

GOOGLE MAPS the palawan @ sentosa
SHUTTLE 비치역에서 탄종 비치 방향 비치 셔틀을 타고 첫 번째 정류장(Palawan Kidz City) 하차
ADD 54 Palawan Beach Walk, Singapore 098233
WEB thepalawansentosa.com

스플래쉬 트라이브

하이퍼드라이브

: WRITER'S PICK :

팔라완 앳 센토사에서 쉬어가기

■+트웰브 +Twelve
해변에 누워 탁 트인 바다를 감상할 수 있는 야외 비치 클럽. 풀사이드 바가 있는 메인 풀과 12개의 카바나가 있다. 피크닉 테이블과 선베드, 라운지에는 파라솔이, 각 카바나에는 캐노피가 설치돼 있다. 해변의 캐주얼한 공간, 풀사이드 데이베드, 라운지 또는 테라스의 고급 카바나 중 선택할 수 있고 16세 이상 이용 가능.

OPEN 11:00~21:00(금·토·일·공휴일 09:30~22:30)

■팔라완 푸드 트럭 The Palawan Food Trucks
캐주얼하게 식사를 즐길 수 있는 공간. 베트남식 샌드위치 반미와 롤, 호주식 피시 앤 칩스를 비롯해 타코, 퀘사디아, 버거, 오코노미야키, 타코야키, 한국식 스트리트 푸드 등을 선택할 수 있다. 와인, 칵테일, 아이스크림을 파는 트럭도 있다. 컨택리스 카드나 각종 페이, 이지링크 카드 등으로만 계산 가능.

OPEN 12:00~19:00(토·일·공휴일 12:00~20:00)

Area 1 하이드로대쉬 HydroDash

싱가포르 최초이자 유일한 수상 아쿠아파크. 물 위에 떠 있는 대형 튜브의 장애물 코스를 정복하면서 신나게 놀 수 있는 어트랙션으로, 체력과 흥미에 따라 자유롭게 즐길 수 있는 다양한 난이도의 플로트가 특징이다. 6세 이상, 신장 1.1m 이상 이용 가능.

OPEN 12:00~18:00(토·일·공휴일·방학 기간 10:00~)
PRICE 1시간 S$19~, 2시간 S$21~(토·일·공휴일·방학 기간 1시간 S$22~, 2시간 S$40~)

Area 2 하이퍼드라이브 HyperDrive

아시아 최초의 실내 전기 고카트(Go-Kart) 서킷. 루지와 달리 에어컨이 딸린 시원한 실내에서 실제 경주 및 가상 경주 게임을 즐길 수 있다. 3층 규모에 총길이 308m, 14개 코너 구간으로 된 실내 트랙에서 인체공학적인 시트와 프로 수준의 스티어링 휠을 갖춘 전기 고카트를 타고 질주하는 일은 잊지 못할 경험이다. 듀얼 카트를 타면 어린이와 함께 탑승 가능. 하이퍼드라이브 카페에서는 간단한 스낵을 판매한다.

OPEN 12:30~21:00(토·일·공휴일·방학 기간 10:00~)
*Off-Peak 시간대: 월~금 12:30~13:50(공휴일 및 방학 기간은 제외)

구분	가격			
속도	초급 레벨(30km/h)			고급 레벨(50km/h)*
카트 유형	주니어 카트 9세 이상, 키130cm 이상	시니어 카트 9세 이상, 키 140cm 이상	듀얼 카트 운전자: 18세 이상, 키 140cm 이상 승객: 키 90cm 이상	시니어 카트
고카트 레이스	S$40	S$45/86/122 (1/2/3 세션)	S$50	S$45
카트 게임	-	S$55	-	-

*고급 레벨 조건: 자동차 또는 오토바이 면허 필수, 18세 이상, 초급 레벨에서 랩 타임 34.5초 이하 달성

Area 3 울트라골프 UltraGolf

곡선형 그린이 있는 18홀 해변 코스로 구성된 미니 골프장. 750m의 플레이 길이를 자랑하는 경기에 적합한 코스를 갖췄으며, 숙련도에 따라 선택할 수 있는 2개의 티 포지션이 있다.

OPEN 12:30~21:00(토·일·공휴일·방학 기간 10:00~)
PRICE S$22, 3~12세 S$18

Area 4 스플래쉬 트라이브 Splash Tribe

가족 단위로 즐기기에 좋은 비치 클럽. 워터 슬라이드를 갖춘 수영장과 플레이 존, 인피니티 풀 등에서 물놀이와 일광욕을 즐기면서 하루를 보낼 수 있다. 일반 메뉴 외에 브런치 메뉴, 키즈 메뉴, 케이크 메뉴 등 다양한 음식을 선택할 수 있다. 실내 공간이 없는 대신 베드마다 파라솔이 설치돼 있다. 수건 제공.

OPEN 10:00~19:00(토·일·공휴일 09:30~22:30)
PRICE 1인당 입장료 S$10(5세 이상, 17:00부터 입장료 면제)/이용 시설별로 아래 미니멈 차지 적용

구분	최대인원	미니멈 차지(최소 지출)	
		월~금	토·일·공휴일
가제보(Gazebo)*	8명	S$400	S$600
데이베드(Daybed)*	4명	S$100	S$150
피크닉 테이블	6명	S$50	S$100
풀사이드 데크	2명(어린이 2명 추가 가능)		
다이닝 테이블	4명		

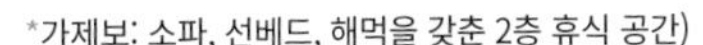

*가제보: 소파, 선베드, 해먹을 갖춘 2층 휴식 공간)
*데이베드: 수영장 주위 4인용 베드

3 생생하게 체험하는 현실 속 직업 세계
키자니아 싱가포르
KidZania Singapore

2020년에 코로나 팬데믹으로 문을 닫았던 키자니아 싱가포르가 2024년 새로운 모습으로 재개장했다. 스트레이츠 타임스, 말레이시아 항공, Shopee, H&M 등 기업의 후원을 통해 아이들이 소방관, 경찰관 등 여러 직업을 체험하는 시설로, 영어 능력과 상관없이 재미있게 참여할 수 있다. 7세 이하 어린이는 모든 활동에 성인이 함께해야 한다. 식사는 구내식당을 이용하고 외부 음식 반입 불가. 다양한 체험에 흠뻑 빠져서 놀다 보면 예상보다 시간이 더 많이 소요될 수 있으니 여유를 두는 것이 좋다. **MAP ⑰**

GOOGLE MAPS 키자니아 싱가포르
SHUTTLE 비치역에서 탄종 비치 방향의 비치 셔틀을 타고 1번째 Palawan Kidz City 정류장 하차
ADD 31 Beach View Road, #01-01/02, Singapore 098008
OPEN 10:00~18:00
PRICE 4~17세 S$60~120, 2~3세 S$29~58, 성인(18세 이상) S$38~73/세금 별도
WEB kidzania.com.sg

4 남다른 감성 휴양지
탄종 비치 클럽 Tanjong Beach Club

휴양지에 온 기분으로 식사와 수영을 즐길 수 있는 곳. 팔라완 비치 동쪽에 자리한 탄종 비치 해변에 있다. 간단한 버거류부터 격식 있는 요리까지 다양한 메뉴와 더불어 샤워실과 탈의실도 겸비돼 있다. 테이블에서 식사할 경우에는 최소 주문 금액이 없으나, 해변이나 수영장 근처의 데이베드나 풀 라운지를 이용하려면 평일 기준 S$100 이상 식사나 음료를 주문해야 한다. 2025년 2월 현재 리노베이션 공사로 휴업 중이며, 2025년 1분기 중 재오픈 예정이다. MAP ⑰

MENU 브런치 S$16~30, 트러플 프라이 S$19, 샐러드 S$23/26 탄종 버거 S$30
GOOGLE MAPS tanjong beach club
SHUTTLE 비치역에서 탄종 비치 방향의 비치 셔틀을 타고 5번째 Tanjong Beach 정류장 하차
WALK 아시아 대륙 최남단 전망대에서 도보 12분
ADD 120 Tanjong Beach Walk, Singapore 098942
OPEN 10:00~20:00(토·일·공휴일 ~21:00)/비치 데이베드 & 풀사이드 데이베드 & 풀 라운지: 10:00~14:00, 15:00~20:00(토·일·공휴일 ~21:00)
PRICE 미니멈 차지: 비치와 풀사이드 데이베드당 S$100, 풀 라운지: S$100(평일 기준. 자세한 사항은 홈페이지 참고)
WEB tanjongbeachclub.com

멋진 오션뷰와 맛난 씨푸드
팬아메리카나 Panamericana

센토사 골프클럽 내 해안에 자리한 씨푸드 레스토랑. 아메리카 대륙을 종단하는 팬 아메리카 하이웨이(Pan-American Highway)를 따라, 해당 지역 최고의 맛을 재현한다. 실내 가마에서 오랫동안 구워내 풍부한 육즙을 자랑하는 BBQ를 비롯한 각종 씨푸드는 스타터와 메인 요리 중 어느 것을 선택해도 후회 없다. 추천 메뉴는 훈제 향을 입혀 향긋하고 부드러운 맛의 콜롬비아 치킨(Colombian Chicken). 고급스러운 분위기에서 다양한 와인 셀렉션과 칵테일을 곁들이며 여유를 즐기기 좋은 곳으로, 오션 뷰가 예쁜 테라스석이 인기다. 홈페이지를 통한 사전 예약 추천. MAP ⑰

MENU 엉클 찰스 프라이드 치킨 슬라이더 S$24, 차드 서보이 캐비지 S$20, 차드 버터넛 스쿼시 S$22, 콜롬비아 치킨 S$64/32
GOOGLE MAPS Panamericana
BUS 센토사 버스 B 탑승, Sentosa Golf Club 하차
ADD 27 Bukit Manis Rd, Sentosa Golf Club, Singapore 099892
OPEN 런치 12:00~15:00(일 ~16:00)/디너 17:00~22:00(금·토 ~00:00)/월·화 휴무
WEB panamericana.sg

콜롬비아 치킨(반 마리)

+MORE+

유럽 휴양지 같은 이국적인 분위기
센토사 코브 Sentosa Cove

싱가포르 센토사섬 동쪽 끝 매립지에 조성된 고급 주거 지역. 2000개 이상의 해안가 빌라와 방갈로, 맨션 및 고급 콘도미니엄이 자리하며, 5성급 고급 리조트 호텔인 W 호텔과 그 앞 키사이드 아일(Quayside Isle)에 정박한 수많은 요트들이 유럽 휴양지처럼 이국적인 분위기를 자아낸다. 탁 트인 전망을 바라보면서 다양한 음식과 음료를 즐길 수 있는 카페와 레스토랑도 즐비한 곳. 센토사 버스 B를 타고 W Hotel/Quayside Isle정류장에 내린다. **MAP ⑮**

센토사 코브의 추천 먹거리

● 그린우드 피쉬 마켓 Greenwood Fish Market

신선한 해산물을 제공하는 씨푸드 레스토랑. 서양식, 아시아식, 일본식 등으로 구성된 여러 메뉴를 선택할 수 있으며, 파스타, 리조토, 버거 등을 비롯해 각종 누들과 라이스 등도 다양하다. 아름다운 바다 전망을 두고 와인잔을 기울이며 식사를 즐길 수 있는 곳. 일행이 여럿이라면 랍스터, 킹크랩, 굴, 조개, 새우, 게살, 연어, 문어, 샐러드 등으로 구성된 GFM 시그니처 콜드 시푸드 플래터(GFM Signature Cold Seafood Platter, S$349.95)를 추천한다.

MENU 요리류 S$9.95~69.95, 샐러드 S$16.95~28.95, 파스타/리조토 S$26.95~54.95, 누들/라이스 S$19.95~49.95, 키즈 메뉴 S$13.95/14.95, 디저트 S$4.95~15.95/서비스 차지 및 세금 별도
GOOGLE MAPS 그린우드 피시 마켓 @키사이드 아일
ADD 31 Ocean Way, #01-02/05, Singapore 098375
OPEN 12:00~22:30
WEB greenwoodfishmarket.com/quayside

GFM 시그니처 콜드 시푸드 플래터

● 커먼 맨 커피 로스터즈
Common Man Coffee Roasters - Quayside Isle

해변에 정박한 요트를 배경으로 맛있는 커피를 즐길 수 있는 곳. 대부분 손님이 서양인들이어서 유럽에 와 있는 듯한 착각을 부른다. 직원들도 친절하고 아침 일찍 오픈해서 간단히 아침 식사를 해결하기에도 좋다.

MENU 필터 커피 S$7.5(콜드 브루 S$8.5), 브랙퍼스트 (~16:00) S$18~36, 런치 S$26~32, 디저트 S$14~18/서비스 차지 및 세금 별도
GOOGLE MAPS common man coffee roasters - quayside isle
ADD 31 Ocean Way, #01-09, Singapore 09837
OPEN 07:30~17:00
WEB commonmancoffeeroasters.com

SINGAPORE STORY 9

아는 만큼 보이는 싱가포르 이야기

싱가포르의 가족구성 & 교육정책

2020년 유엔인구기금이 발표한 세계인구보고서에 따르면, 싱가포르의 출산율은 198개국 중 거의 바닥 수준이다. 물론 꼴찌를 한 우리나라보다는 높지만 큰 의미 없는 차이다. 인구 감소 문제를 해결하기 위해 노력 중인 싱가포르 정부의 출산장려정책과 교육정책에 대해 들여다보자.

적극적인 출산장려정책

싱가포르 정부는 '아기 보너스 제도'와 같은 자녀 양육비 지원 제도, 출산축하금 지급, '어린이 성장 계좌'에 부모가 저축한 금액만큼 정부가 현금을 입금해주는 제도, 소득세를 환급해주는 '부모 세금 환급' 등을 시행하며 출산율을 높이고자 노력하고 있다. 이를 통해 아이 한 명당 최대 S$27,000(한화 약 2,300만원)에 해당하는 지원을 받을 수 있으며, 16주간의 출산휴가, 배우자 출산휴가 2주, 자녀 돌봄 휴가 등이 주어진다.

싱가포르 가족의 현실

이런 적극적인 정책에도 불구하고 싱가포르의 출산율은 크게 오르지 않고 있다. 기혼 여성 채용을 꺼리는 고용주들의 인식 탓에 경력단절을 우려한 여성들이 결혼과 출산을 기피하고 있기 때문이며, 높은 의료비와 사교육비 또한 출산율을 떨어뜨리는 요인 중 하나다. 싱가포르에서는 자녀 1명과 부부가 함께 거주하는 3인 가족 형태가 일반적이다.

세계 최정상 교육 vs 빈곤의 대물림

OECD에서 3년마다 전 세계 70여 개국의 15세 학생들을 대상으로 시행하는 학업 성취도 평가 자료에 의하면, 2022년 싱가포르는 수학, 과학, 읽기 전 부문에서 1위에 올랐다(한국은 수학 6위, 과학 5위, 읽기 4위). 또한, 영국의 대학 평가 기관인 QS가 발표한 2024 세계 대학 랭킹에서 싱가포르 국립 대학교가 8위, 난양 기술 대학교가 26위에 오를 정도로 싱가포르의 교육 수준은 세계 정상권이다.

문제는 너무 이른 나이에 진로가 결정된다는 것이다. 초등학생들은 졸업시험 성적에 따라 특별(Special) 10%, 고속(Express) 50%, 보통(Normal) 40%의 3개 그룹으로 분류되고, '보통' 그룹은 다시 '진학'과 '기술' 과정으로 나눠진다. 따라서 적어도 초등학교 4학년부터는 졸업시험에 대비한 사교육이 시작된다.

중등학교에 진학한 후에도 졸업 시험과 몇 번의 시험을 보면서 치열한 경쟁을 뚫은 뒤에야 대학교에 입학할 수 있는 무한 경쟁의 연속이다. 성장 과정에서 성적에 따라 인생의 우열이 나뉘고, 한 번 뒤처지면 만회가 어려운 사회 구조가 고착화 되면서 학생들이 느끼는 학업 부담과 시험에 대한 스트레스는 상상 이상이다. 작은 나라에서 필요한 인적자원을 확보하기 위한 노력이긴 하지만, 그 부작용의 무게가 점점 커지고 있다.

가장 큰 부작용은 과도한 사교육비 부담이다. 초등학생 대부분이 수학, 과학, 영어, 중국어 학원에 다니며, 한 타임 수강료는 S$30~50 정도로 일주일에 한 번만 보내더라도 과목당 월 20만원 가까이 지출해야 한다. 여기에 피아노, 태권도, 미술 등 예체능 레슨도 받는다. 상황이 이렇다 보니 빈곤층 자녀들은 불리한 입장에 놓일 수밖에 없어 빈곤이 대물림되는 현상도 나타나고 있다.

싱가포르 지역별 추천 호텔

싱가포르의 지역별로 선정한 추천 호텔을 소개한다. 한국 여행자가 선호하는 대중적인 호텔과 MRT역과의 접근성이 우수한 호텔 위주로 선정했으며, 호불호가 극명하게 나뉘는 곳들은 가급적 제외했다. 표시된 가격은 호텔 공식 홈페이지 최저가(비수기 성인 2인 1박 기준)이며, 조식 포함 여부, 여행 및 예약 시기와 호텔 프로모션 여부에 따라 변동될 수 있다. 대체로 호텔은 일찍 예약할수록 가격이 저렴하다.

평가 기준

위치 MRT역과의 접근성
룸 컨디션 객실의 청결도, 크기 등 룸의 종합적인 상태
조식 조식의 질, 청결도
수영장 수영장의 크기, 상태, 분위기
뷰 객실에서 보는 전망
가격 숙박비

마리나 베이·클락 키 & 리버사이드

마리나 베이와 클락 키 및 리버 사이드 지역에는 마리나 베이 샌즈 호텔 외에도 전통적인 호텔 강호들이 줄지어 있다. 올드 시티와 맞닿은 마리나 베이 샌즈 호텔 건너편에는 주로 5성급 호텔들이 자리 잡고 있으며, 클락 키에는 가족 단위의 여행자가 부담 없이 이용할 수 있는 중급 호텔이 많다. 싱가포르의 중심에 위치해 교통이 편리하다는 것도 장점이다.

인피니티 풀 때문에라도 하루 정도는 이용할 만한 가치가 있는

마리나 베이 샌즈 호텔 Marina Bay Sands Singapore ★★★★★

싱가포르의 상징이자 여행자들이 가장 선호하는 숙소다. 3개의 타워와 그 위를 연결하는 거대한 배 모양의 스카이 파크는 세계로부터 놀라움을 자아낸 걸작. 특히 투숙객만 이용할 수 있는 루프탑 수영장 인피니티 풀에서 인생 사진을 찍고 야경을 즐기기 위해 2500여 개가 넘는 객실은 거의 매일 풀 부킹이 된다. 객실은 마리나 베이 쪽을 조망할 수 있는 시티뷰와 가든스 바이 더 베이를 볼 수 있는 가든뷰가 있다. 둘 다 나름의 매력이 있으므로 어느 쪽을 선택해도 후회는 없지만, 시티뷰는 인피니티 풀과 스카이 파크에서 볼 수 있으니 좀 더 저렴한 가든뷰 추천. 높은 층일수록 멋진 뷰를 볼 수 있다.

위치 ★★★☆☆ **룸 컨디션** ★★★★☆ **조식** ★★★☆☆
수영장 ★★★★★ **뷰** ★★★★★ **가격** ★★☆☆☆

♥ 마리나 베이를 조망할 수 있는 인피니티 풀과 스카이 파크
💔 세심한 서비스는 기대하기 어렵다.

GOOGLE MAPS 마리나 베이 샌즈 싱가포르
MRT 베이프론트역 B출구에서 도보 7분/**창이에어포트역**(이스트 웨스트 라인) → 타나메라역 환승 → 부기스역 환승(다운타운 라인) → 베이프론트역 하차 → B출구에서 도보 7분(총 소요 시간 약 40분). 또는 택시 약 25분
BUS 03509 Bayfront Stn Exit B/mbs/03501 Marina Bay Sands Theatre
ADD 10 Bayfront Avenue, Singapore 018956
TEL 6688 8868
PRICE 샌즈 프리미어 룸(가든스바이더베이 뷰) S$1198
WEB ko.marinabaysands.com(홈페이지에서 예약 시 최저가 보장)
E-MAIL room.reservations@marinabaysands.com

: WRITER'S PICK :

마리나 베이 샌즈 호텔을 꼭 가야 할까?

싱가포르의 랜드마크인 만큼, 꼭 가고 싶지만 높은 비용 때문에 망설이는 사람이 많다. 막상 가봤더니 생각보다 특별하지 않더라는 후기가 많다 보니 더욱 고민하게 된다. 그러나 이런 후기도 다녀왔으니 남길 수 있다는 것! 결론을 말하자면 한 번 정도는 이용해 보아야 후회가 남지 않는다. 물론 같은 가격에 더 럭셔리하고 컨디션이 좋은 호텔도 있지만, 이 호텔을 패스할 경우 인피니티 풀을 이용할 수 없고, 두고두고 아쉬움이 남아 결국 이 호텔 때문에 다시 싱가포르를 찾는 사람도 있을 정도니 하루 정도는 묵어 보자. 2박 이상은 그리 추천하지 않는다.

체크아웃 후에도 샤워 가능!

마리나 베이 샌즈 호텔에서는 체크아웃 후에도 샤워를 할 수 있다. 여행의 마지막 날, 체크아웃 후 싱가포르 시내를 돌아다니다 보면 개운한 샤워가 절실한데, 이 서비스를 이용한 후 공항으로 출발해보자. 호텔 리셉션 데스크에 요청하면 샤워가 가능한 룸의 키를 받을 수 있다. 기본적인 샤워용품과 헤어드라이어는 준비돼 있다. 단, 일반 객실을 이용하는 것이므로 한 번에 한 사람만 샤워가 가능하여 일행이 여러 명일 경우 시간이 오래 걸린다.

마리나 베이의 환상적인 야경만으로도 비용이 아깝지 않은

만다린 오리엔탈 싱가포르

Mandarin Oriental, Singapore ★★★★★

다른 대형 호텔에 비해 규모는 그리 크지 않지만, 객실의 분위기나 세심한 서비스, 조식의 퀄리티 등 모든 면에서 럭셔리 호텔의 정수를 보여준다. 2023년 9월에 리노베이션을 마치고 다시 문을 열어 객실 컨디션도 만족스럽다. 이 호텔에 묵는다면 시티뷰보다는 싱가포르 플라이어 쪽으로 바다를 볼 수 있는 오션뷰 룸, 조금 더 투자한다면 마리나 베이 샌즈 호텔이 보이는 마리나베이뷰 룸을 선택하는 것이 100% 즐기는 방법. 조식 레스토랑인 엠부(embu)의 퀄리티가 뛰어나다. 에스플러네이드와 마리나 베이 샌즈 호텔의 중간쯤에 있으며, 멀라이언 파크, 싱가포르 플라이어 등이 도보권이다.

위치 ★★★☆☆ **룸 컨디션** ★★★☆☆ **조식** ★★★★★
수영장 ★★★★★ **뷰** ★★★★★ **가격** ★★☆☆☆

♥ 마리나 베이 샌즈 호텔을 비롯한 주변 랜드마크의 야경을 즐길 수 있는 야외 수영장

GOOGLE MAPS 만다린 오리엔탈 싱가포르
MRT 에스플러네이드역 B출구에서 도보 3분(시티홀역에서는 10분 이상 소요)/**창이에어포트역**(이스트 웨스트 라인) → 타나메라역 환승 → 파야 레바역 환승(서클 라인) → 에스플러네이드역 하차 → B출구에서 도보 3분(총 소요 시간 약 35분). 또는 택시 약 25분
BUS 02051 The Float @ Marina Bay/02089 Pan Pacific Hotel
ADD 5 Raffles Avenue, Singapore 039797
TEL 6338 0066
PRICE 마리나베이뷰 S$948, 씨뷰 S$866
WEB mandarinoriental.com/en/singapore/marina-bay
E-MAIL mosin-reservations@mohg.com

창가 욕조에 앉아 창문으로 바라보는 전망은 비교 불가

더 리츠 칼튼 밀레니아

The Ritz-Carlton, Millenia Singapore ★★★★★

멋진 예술 작품들로 꾸며진 우아한 로비에 들어서면 세계적인 고급 호텔 체인으로서의 면모가 느껴진다. 식민지 시대부터 전해 내려온 중국, 인도, 말레이시아 및 서양 요리를 맛볼 수 있는 조식 뷔페는 투숙객뿐 아니라 일반 손님에게도 인기가 높다. 마리나 베이를 조망하는 황홀한 뷰가 비싼 숙박비를 낸 보람을 느끼게 해주는 곳. 칼랑 종합경기장이 보이는 뷰가 상대적으로 저렴하지만, 이 호텔에 묵는 이유는 마리나 베이의 멋진 전망을 보기 위해서이므로 마리나베이뷰 룸이 필수. 싱가포르 플라이어와 마리나 베이 샌즈 호텔로 향하는 헬릭스 브리지 근처에 있다.

위치 ★★☆☆☆ **룸 컨디션** ★★★★★ **조식** ★★★★★
수영장 ★★★☆☆ **뷰** ★★★★★ **가격** ★★☆☆☆

♥ 객실과 욕실에서 바라보는 마리나 베이의 야경이 최고!
💔 수영장이 그늘져 다소 추운 편. MRT역이 다소 멀다.

GOOGLE MAPS the ritz-carlton, millenia singapore
MRT 프로메나드역 A출구에서 도보 7분/**창이에어포트역**(이스트 웨스트 라인) → 타나메라역 환승 → 파야 레바역 환승(서클 라인) → 프로메나드역 하차 → A출구에서 도보 7분(총 소요 시간 약 40분). 또는 택시 약 25분
BUS 02171 Opp The Ritz-carlton
ADD 7 Raffles Avenue, Singapore 039799
TEL 6337 8888
PRICE 디럭스 마리나/그랜드 마리나(마리나베이뷰) S$827
WEB ritzcarlton.com/en/hotels/sinrz-the-ritz-carlton-millenia-singapore
E-MAIL sinrz.leads@ritzcarlton.com

©The Fullerton Hotels Singapore

역사적인 건물에서 하룻밤 묵는 것 자체가 의미

풀러튼 호텔 The Fullerton Hotel Singapore ★★★★★

싱가포르를 가본 사람이라면 누구나 한번은 보았을, 웅장하고 고풍스러운 도리아식 건물의 주인공. 1928년에 완공된 역사적인 건물로, 우체국과 관공서 등으로 쓰이다가 2001년에 400여 개의 룸으로 이루어진 호텔로 재탄생했다. 멀라이언 파크와 아시아 문명 박물관 근처에 있어 올드 시티와 리버사이드 지역으로의 접근성도 좋고, 멀라이언 파크 옆의 원 풀러튼 쪽으로 난 지하보도를 통해 명소까지 이동하기도 편리하다. 마리나 베이뷰 룸에서는 환상적인 일출과 스펙트라 분수쇼를 즐길 수 있으며, 키 룸에서는 리버 크루즈가 다니는 싱가포르강을 조망할 수 있다. 싱가포르강과 마리나 베이를 조망할 수 있는 룸 추천.

위치 ★★★☆☆ **룸 컨디션** ★★★★☆ **조식** ★★★★☆
수영장★★★★☆ **뷰** ★★★★☆ **가격** ★★☆☆☆

♥ 싱가포르강을 내려다볼 수 있는 조용한 분위기의 인피니티 풀. 풀러튼 베이 호텔의 수영장도 함께 이용 가능

♡ 기본 룸인 헤리티지 룸은 호텔 안쪽만 보여 답답하다.

GOOGLE MAPS 더 풀러턴 호텔 싱가포르
MRT 래플스플레이스역 H출구에서 도보 6분/**창이에어포트역**(이스트 웨스트 라인) → 타나메라역 환승 → 래플스플레이스역 하차 → H출구에서 도보 6분(총 소요 시간 약 35분) 또는 택시 약 28분
BUS 03011 Fullerton Sq
ADD 1 Fullerton Square, Singapore 049178
TEL 6733 8388
PRICE 마리나베이뷰 룸(킹/트윈) S$731, 키 룸(킹/트윈) S$653
WEB fullertonhotels.com/fullerton-hotel-singapore
E-MAIL tfs.info@fullertonhotels.com

©The Fullerton Hotels Singapore

특별한 날을 기념하고 싶을 때

풀러튼 베이 호텔

The Fullerton Bay Hotel Singapore ★★★★★

2010년에 100개의 객실로 문을 연 최고급 호텔. 유리로 마감된 호텔 외관이 우아하고 고급스럽다. 꿈을 찾아 싱가포르로 이주한 사람들이 처음 도착한 부두인 클리포드 피어를 부속 레스토랑으로 운영하는 등 과거와 현재를 동시에 품고 있다. 멀라이언 파크와 가깝고, 올드 시티의 주요 관광지도 도보권. 루프탑에 있는 랜턴 바는 관광객이 즐겨 찾는 명소다. 객실 인테리어도 고급스럽고 깔끔해 나무랄 데 없다. 전 객실에서 마리나 베이 조망이 가능하지만, 프리미어 룸과 디럭스 룸은 측면 조망이다. 마리나 베이 샌즈 호텔 맞은편, 싱가포르의 중심 상업지구에 위치.

위치 ★★★☆☆ **룸 컨디션** ★★★★☆ **조식**★★★★★
수영장 ★★★★★ **뷰** ★★★★★ **가격** ★☆☆☆☆

♥ 랜턴 바 앞에 있는 수영장. 탁 트인 개방감과 여유로움을 선사한다.

♡ 룸 크기가 다소 작고, 다른 럭셔리 호텔보다 가격이 훨씬 비싸다.

GOOGLE MAPS 더 플러턴 베이 호텔
MRT 래플스플레이스역 A출구에서 도보 6분/**창이에어포트역**(이스트 웨스트 라인) → 타나메라역 환승 → 래플스플레이스역 하차-A출구에서 도보 6분(총 소요 시간 약 35분). 또는 택시 약 25분
BUS 03019 Oue Bayfront/03011 Fullerton Sq
ADD 80 Collyer Quay, Singapore 049326
TEL 6333 8388
PRICE 베이뷰 룸(킹/트윈) S$1019, 디럭스 룸 S$851
WEB fullertonhotels.com/fullerton-bay-hotel-singapore
E-MAIL fbh.info@fullertonhotels.com

실용적인 숙소를 추구하는 가족 단위 여행자에게 추천

패러독스 머천트 코트 Paradox Singapore Merchant Court at Clarke Quay ★★★★

싱가포르의 핫플레이스인 클락 키의 중심에 자리 잡고 있어 위치가 무엇보다 환상적이며, 차이나타운도 도보권이다. 무난한 룸 컨디션과 조식을 제공하며, 슬라이드를 갖춘 수영장이 있어 어린이를 동반한 가족 단위 여행자가 이용하기에 좋다. 프런트 데스크는 물론, 풀 사이드 바에도 한국인 직원이 상주하고 있어 영어가 익숙하지 않아도 편리한 곳. 셀렉트클락키 룸에서 싱가포르강과 클락 키를 조망할 수 있다. 조식은 일반적인 호텔 수준.

위치 ★★★★★ **룸 컨디션** ★★★☆☆ **조식** ★★★☆☆
수영장 ★★★★☆ **뷰** ★★☆☆☆ **가격** ★★★☆☆

GOOGLE MAPS paradox singapore merchant court
MRT 클락키역 B출구에서 도보 2분/**창이에어포트역**(이스트 웨스트 라인) → 타나메라역 환승-우트럼파크역 환승(노스 이스트 라인) → 클락키역 하차 → B출구에서 도보 2분(총 소요 시간 약 45분). 또는 택시 약 27분
BUS 04222 Clarke Quay Stn Exit E
ADD 20 Merchant Road, Singapore 058281
TEL 6337 2288
PRICE 프리미어 룸(킹/트윈) S$316, 셀렉트클락키 룸(킹) S$479
WEB paradoxhotels.com/singapore
E-MAIL info@paradoxsingapore.com

♥ 슬라이드가 갖춰진 수영장
💔 밤 문화로 유명한 클락 키에 가까운 만큼 룸 위치에 따라 밤에 시끄러울 수 있다.

합리적인 가격과 뛰어난 접근성을 갖춘

파크 레지스 싱가포르 Park Regis Singapore ★★★★

MRT 클락키역에서 도보 3분 거리로, 클락 키와 차이나타운 양쪽을 모두 아우르는 뛰어난 접근성이 장점이다. 차이나타운도 도보권. 객실은 깔끔하고 모던한 분위기지만, 크기가 좀 작은 편. 욕실과 화장실이 반투명 유리로 돼 있으므로 민망하다면 커튼을 치고 이용해야 한다. 한국인 직원이 있어 의사소통이 자유롭고, 조식도 만족스럽다.

위치 ★★★★★ **룸 컨디션** ★★★☆☆ **조식** ★★★★☆
수영장 ★★★☆☆ **뷰** ★★☆☆☆ **가격** ★★★☆☆

GOOGLE MAPS 파크 레지스 싱가포르
MRT 클락키역 B출구에서 도보 3분/**창이에어포트역**(이스트 웨스트 라인) → 타나메라역 환승-우트럼파크역 환승(노스 이스트 라인) → 클락키역 하차 → B출구에서 도보 3분(총 소요 시간 약 45분). 또는 택시 약 27분
BUS 05023 Opp Hong Lim Pk/05059 Hong Lim Pk
ADD 23 Merchant Road, Singapore 058268
TEL 6818 8888
PRICE 슈페리어 룸(퀸/트윈) S$279, 디럭스 룸(퀸/트윈) S$307
WEB parkregisbyprincesingapore.com
E-MAIL singapore@parkregisbyprince.com

♥ 길이 25m의 야외 수영장은 언제 가더라도 북적거리지 않아 아이들과 함께 즐기기에 좋다. 조식 메뉴가 다양하며, 즉석에서 오믈렛을 만들어준다.

싱가포르의 전통적인 중심지로서 볼거리와 즐길 거리가 많은 데다, 지리적으로 딱 중앙에 있어 어디든 15분 내외로 갈 수 있다. 호텔 추천 지역으로 가장 선호되는 곳. 특히 5성급 럭셔리 호텔들이 많아서 선택의 폭이 넓다. 중저가 호텔은 많지 않아서 실속파 여행자들이 선택할 만한 숙박지는 적은 편이다.

뷰가 중요하지 않다면 적극 추천

콘래드 센테니얼 싱가포르 Conrad Centennial Singapore ★★★★★

선텍 시티 뒤편의 밀레니아 워크에 자리하는 호텔. 규모는 그리 크지 않지만, 힐튼 계열의 프리미엄 호텔로서의 면모를 보여준다. 모던하고 심플한 500여 개의 룸은 휴식을 취하기에 충분한 크기로 쾌적하게 관리되고 있으며, 다른 5성급 호텔보다 가격도 저렴한 편. 밝은 표정을 한 직원들의 세심하고 친절한 서비스도 돋보인다. MRT 프로메나드역에서 가까워 이동이 편리하고, 인접한 선텍 시티와 밀레니아 워크에 쇼핑과 식사 장소가 많다는 것도 장점. 바이레도(BYREDO) 제품으로 제공되는 어메니티도 만족스럽다. 기본 룸인 디럭스룸도 충분히 넉넉한 크기. 룸 컨디션도 좋다. 1층의 조식 레스토랑 오스카(Oscar's)에서 로컬 음식부터 세계 각국의 다양한 음식을 제공한다.

GOOGLE MAPS 콘라드 센테니얼 싱가포르
MRT 프로메나드역 B출구에서 도보 3분, **에스플러네이드역** A출구에서 선텍 시티 몰을 지나 도보 5분/**창이에어포트역**(이스트 웨스트 라인) → 타나메라역 환승 → 부기스역 환승(다운타운 라인) → 프로메나드역 하차 → B출구에서 도보 3분(총 소요 시간 약 40분). 또는 택시 약 25분
BUS 02151 Suntec Convention Ctr/02159 Opp Suntec Convention Ctr
ADD 2 Temasek Boulevard, Singapore 038982
TEL 6334 8888
PRICE 그랜드 디럭스 룸(킹/트윈) S$612
WEB hilton.com/en/hotels/sincici-conrad-centennial-singapore
E-MAIL Conrad_Singapore@conradhotels.com

위치 ★★★★☆ **룸 컨디션** ★★★★★ **조식** ★★★★★ **수영장** ★★★★★ **뷰** ★★★☆☆ **가격** ★★★☆☆

♥ 적당한 규모에 아늑한 분위기를 갖춘 야외 수영장. 야간에도 번잡하지 않아 야경을 감상하며 여유롭게 즐길 수 있다.
💔 뷰가 조금 아쉽다.

©JW Marriott Singapore South Beach

하버뷰 룸의 전망과 야경 하나만으로 모든 것이 용서된다

스위소텔 더 스탬포드

Swissôtel The Stamford ★★★★★

싱가포르 어디에서나 눈에 띄는 원통형의 70층짜리 고층 호텔. 개장 당시 세계에서 가장 높은 호텔 건물이었던 만큼 룸에서 내려다보는 야경이 압권이다. 야경을 최대한 제대로 즐기려면 마리나 베이를 조망할 수 있는 하버뷰 룸을 선택해야 하는데, 룸 넘버 뒷자리 2개가 54, 55, 56인 라인이 가장 인기다. 층보다 방향이 중요하다는 점을 잊지 말 것. 래플스 시티 쇼핑센터와 연결되고, MRT 시티홀역도 바로 옆이며, 차임스, 싱가포르 국립박물관, 선텍 시티 등과 가깝다. 단, 호텔에 머무는 최대 목적인 마리나 베이뷰 룸이 아니라면 추천할 만한 이유가 없다.

위치 ★★★★★ **룸 컨디션** ★★★☆☆ **조식** ★★★★☆
수영장 ★★★☆☆ **뷰** ★★★★★ **가격** ★★★☆☆

- 1층과 연결되는 래플스 시티 쇼핑센터가 쇼핑 및 식사 장소로 인기가 높다.
- 룸 컨디션이나 제반 시설이 근처의 만다린 오리엔탈이나 리츠 칼튼 밀레니아보다 떨어진다. 간혹 불친절하다는 리뷰가 있다.

GOOGLE MAPS 스위소텔 더 스탬포드
MRT 시티홀역 C출구에서 시티링크 몰을 지나 도보 3분/**창이에어포트역**(이스트 웨스트 라인) → 타나메라역 환승 → 시티홀역 하차 → C출구에서 도보 3분(총 소요 시간 약 30분). 또는 택시 약 25분
BUS 04167 City Hall Stn Exit B/02049 Raffles Hotel
ADD 2 Stamford Road, Singapore 178882
TEL 6338 8585
PRICE 스위스 마리나베이뷰 룸(킹/트윈) S$476, 프리미어 마리나베이뷰 룸(킹/트윈) S$430
WEB swissotel.com/hotels/singapore-stamford
E-MAIL singapore-stamford@swissotel.com

블랙앤화이트의 모던한 인테리어와 합리적인 가격

JW 메리어트 호텔 사우스 비치

JW Marriott Hotel Singapore South Beach ★★★★★

올드 시티 지역의 다른 호텔들과 비교할 때 비교적 최근인 2015년에 오픈해 깨끗하고 깔끔하다. MRT 에스플러네이드역이 바로 앞이고, 앞뒤로 선텍 시티와 래플스 시티가 있어 다양한 쇼핑과 식사가 가능한 것도 장점. 올드 시티 지역의 모든 스폿이 도보권이다. 화이트 톤의 모던한 인테리어로 꾸며진 룸 분위기도 화사하고, 어메니티도 고급스러워 가족 단위보다는 커플에게 추천하는 곳이다. 한국인 직원도 많아 쉽게 도움을 청할 수 있다. 인피니티 풀 형식으로 만들어진 18층의 야외 수영장에선 시원한 뷰가 펼쳐진다. 기본 룸인 스튜디오 룸의 컨디션도 만족스럽지만, 마리나 베이를 조망할 수 있는 프리미어 마리나베이 룸을 추천.

위치 ★★★★☆ **룸 컨디션** ★★★★☆ **조식** ★★★★☆
수영장 ★★★★☆ **뷰** ★★★☆☆ **가격** ★★★☆☆

- 18층 야외 수영장의 파노라마 뷰
- 수영장 규모가 작고, 선베드가 없다.

GOOGLE MAPS jw marriott hotel singapore south beach
MRT 에스플러네이드역 F출구에서 도보 3분/**창이에어포트역**(이스트 웨스트 라인) → 타나메라역 환승 → 파야 레바역 환승(서클 라인) → 에스플러네이드역 하차 → F출구에서 도보 3분(총 소요 시간 약 36분). 또는 택시 약 25분
BUS 01619 Esplanade Stn Exit F/01611 Raffles Hotel
ADD 30 Beach Road, Nicoll Hwy, Singapore 189763
TEL 6818 1888
PRICE 스튜디오 룸(킹/트윈) S$490, 프리미어 마리나베이뷰 룸(킹) S$658
WEB marriott.com/en-us/hotels/sinjw-jw-marriott-hotel-singapore-south-beach
E-MAIL jw.sinjw.contactus@marriotthotels.com

합리적인 가격, 좋은 위치의 호텔을 찾을 때

칼튼 호텔 싱가포르 Carlton Hotel Singapore ★★★★

호텔의 수준과 가격 면에서 올드 시티 지역에서 가장 무난하게 선택할 수 있는 곳. MRT 시티홀역과 가까워 어디로든 이동이 편리하며, 차임스와 래플스 시티 쇼핑센터도 가까워 쇼핑과 식사를 해결하기 좋다. 대한항공 승무원 지정 호텔로, 구관과 신관이 있으나 구관도 대부분 리노베이션을 마쳐 룸 컨디션이 좋으며, 룸 크기도 넉넉한 편. 시티 한복판에 위치해 뷰가 아쉽지만, 커플이나 가족 모두에게 어울리는 호텔이다. 상위 등급인 프리미어 룸도 크기나 뷰는 큰 차이가 없으므로 기본 룸인 디럭스 룸도 충분히 만족스럽다. 숙박비에 조식이 포함돼 있지 않다면 가까운 래플스 시티의 식당을 이용하는 것이 더 낫다. 야외 수영장 외에 특별한 시설은 없다.

위치 ★★★★☆ **룸 컨디션** ★★★☆☆ **조식** ★★★☆☆
수영장 ★★★☆☆ **뷰** ★★★☆☆ **가격** ★★★★☆

조식 카페가 다소 좁고, 메뉴는 일반적인 호텔 수준. 수영장이 다소 부실한데, 특히 키즈 풀의 사이즈가 작고 얕다.

GOOGLE MAPS 칼턴 호텔 싱가포르
MRT 브라스바사역 A출구에서 도보 3분/**시티홀역** A출구에서 래플스 시티 쇼핑센터를 통과해 도보 5분/**창이에어포트역**(이스트 웨스트 라인) → 타나메라역 환승 → 시티홀역 하차 → A출구에서 도보 5분(총 소요 시간 약 35분). 또는 택시 약 25분('Carlton'이라는 이름이 붙은 다른 호텔도 있으므로 택시를 탈 때는 주소를 보여주는 것이 좋다.)
BUS 04179 AFT Bras Basah Stn Exit A
ADD 76 Bras Basah Road, Singapore 189558
TEL 6338 8333
PRICE 디럭스 룸(킹/트윈) S$345
WEB carltonhotel.sg
E-MAIL mail@carltonhotel.sg

혼여족이나 밤 또는 새벽에 도착해 잠만 잘 사람에게 제격

라이프 푸난 싱가포르 lyf Funan Singapore ★★

종합 쇼핑몰 푸난 몰 4층에 자리한 호텔. 올드 시티 지역과 클락 키 등이 도보권이다. 기존의 호텔 시스템을 과감히 탈피한 이곳에선 기본 2인실부터 침실 2개로 구성된 4인실, 침실 4개로 구성된 6인실, 침실 6개로 구성된 9인실까지 폭넓게 선택할 수 있어 저렴한 가격에 독립적인 공간을 원하는 혼여족뿐 아니라 5인 이상의 대가족이 한 객실에 묵고 싶을 때 특히 추천한다. 침대 형태도 더블, 퀸, 2층 침대 등 다양하게 선택할 수 있으며, 취사 가능한 주방이 딸린 룸도 있다. 조식을 따로 제공하지는 않지만, 같은 건물인 푸난 몰에 다양한 먹거리가 있다.

위치 ★★★☆☆ **룸 컨디션** ★★★☆☆ **조식** -
수영장 - **뷰** ☆☆☆☆☆ **가격** ★★★★☆

다른 여행자들과 교류할 수 있는 라운지와 소셜 키친 형태의 주방, 체육 시설 등의 공용 공간

간단한 침구 정리와 휴지통을 비워주는 것 외에 청소는 3일마다 해준다. 사용한 타올은 직접 반납하고 새로 가져와야 하는 등 기본적인 서비스는 셀프로 해야 한다.

GOOGLE MAPS lyf funan singapore
MRT 시티홀역 B출구에서 도보 10분/**창이에어포트역**(이스트 웨스트 라인) → 타나메라역 환승 → 시티홀역 하차 → B출구에서 도보 10분(총 소요 시간 약 40분). 또는 택시 약 25분
BUS 04149 Grand Pk City Hall/04142 Armenian Ch
ADD 67 Hill Street, #04-01 Funan Mall Singapore 179370
TEL 6970 2288
PRICE 원오브어카인드 룸(퀸) S$184,
업앤다운 룸(2층 침대) S$184
WEB discoverasr.com/en/lyf/singapore/lyf-funan-singapore
E-MAIL lyf.funan@the-ascott.com

리틀 인디아 지역은 숙박지로 선호되는 곳은 아니지만, MRT 패러파크역 주변으로 깨끗하고 가성비 좋은 호텔들이 있고, 시내 중심이나 다른 곳을 여행하기에도 불편하지 않다. 인도 남성에 대한 선입견을 버린다면 싱가포르의 다른 곳과 마찬가지로 치안도 걱정할 필요가 없으나, 가급적 MRT역 근처에 있는 호텔을 이용하고, 너무 늦은 밤에는 돌아다니지 않도록 하자.

싱가포르에서 흔치 않은 위치와 가격

노보텔 싱가포르 온 키처너 Novotel Singapore on Kitchener ★★★★

구 파크로열 온 키처너 로드를 리브랜딩해 2023년 11월 재오픈한 대형 호텔. MRT 패러파크역에서 도보 3분 거리라 이동이 편리하고, 맞은편에 현대적인 쇼핑몰인 시티 스퀘어 몰이 있어 쇼핑과 식사를 즐길 수 있다. 바로 뒤편으로는 24시간 영업하는 무스타파 센터가 있다. 룸 컨디션이나 수영장 등도 수준급. 기본 룸인 슈페리어 룸과 디럭스 룸도 쾌적하다. 호텔 건너편의 시티 스퀘어 몰에 가면 토스트 박스와 야쿤 카야 토스트 등 이른 아침부터 운영하는 식당도 많다.

GOOGLE MAPS novotel singapore on kitchener
MRT 패러파크역 I출구에서 도보 3분/**창이에어포트역**(이스트 웨스트 라인) → 타나메라역 환승 → 부기스역 환승(다운타운 라인) → 리틀 인디아역 환승(노스 이스트 라인) → 패러파크역 하차 → H출구에서 도보 4분(총 소요 시간 약 40분). 또는 택시 약 25분
BUS 50251 Farrer Pk Stn Exit A
ADD 181 Kitchener Road, Singapore 208533
TEL 6428 3000
PRICE 슈페리어 룸(킹/트윈) S$226, 디럭스 룸(킹/트윈) S$246
WEB all.accor.com/hotel/C269/index.ko.shtml
E-MAIL HC269@accor.com

위치 ★★★★★ **룸 컨디션** ★★★★☆ **조식**★★★★☆ **수영장**★★★★☆ **뷰** ★★☆☆☆ **가격** ★★★★☆

♥ 가족 단위 여행자가 즐기기 좋은 널찍한 야외 수영장
💔 호텔 자체가 다소 노후한 점은 감안해야 한다.

오차드 로드

싱가포르 쇼핑의 중심지인 오차드 로드에는 그 명성에 걸맞게 다양한 등급의 호텔이 자리 잡고 있다. 그러나 쇼핑에 그리 중점을 두지 않을 경우에는 굳이 오차드 로드에 숙소를 정할 필요는 없으며, 5성급 이상의 고급 호텔을 이용한다면 오차드 로드보다는 올드 시티나 마리나 베이에 있는 호텔을 선택하는 편이 낫다. 따라서 오차드 로드의 호텔 중에서도 특별한 장점을 가진 호텔 위주로 소개한다.

오차드 로드 중심에 있는 합리적인 가격의 무난한 호텔

호텔 젠 오차드게이트웨이 Hotel Jen Orchardgateway ★★★★

합리적인 가격과 무난한 룸 컨디션, 적당한 서비스를 제공하는 호텔이다. 오차드 센트럴, 오차드 게이트웨이 등 대형 쇼핑몰을 내 집처럼 이용할 수 있고, 싱가포르 어디나 편하게 이동할 수 있다는 것도 매력. 커플은 물론, 어린이를 동반한 가족 단위의 여행자에게도 제격이며, 마리나 베이 샌즈 호텔을 비롯한 시내 곳곳의 뷰가 훌륭하다. 주말에 루프탑에서 열리는 신나는 파티를 놓치지 말 것. 가격이 상대적으로 저렴하므로 넓고 쾌적한 디럭스 룸을 추천한다. 루프탑 수영장은 유아 풀부터 성인 풀까지 다양한 깊이로 나뉘어 있으며, 크기도 넉넉한 편. 조식 메뉴의 질이 동급 호텔보다 뛰어나다.

GOOGLE MAPS jen singapore orchardgateway by shangri-la
MRT 서머셋역 C출구 지하 1층에서 엘리베이터 탑승 후 10층 하차/**창이에어포트역**(이스트 웨스트 라인) → 타나메라역 환승 → 시티홀역 환승(노스 사우스 라인) → 서머셋역 하차 → C출구에서 도보 4분(총 소요 시간 약 35분). 또는 택시 약 30분
BUS 08121 Somerset Stn/09038 Opp Somerset Stn
ADD 277 Orchard Road, Singapore 238858
TEL 6708 8888
PRICE 슈페리어 룸(킹/트윈) S$300, 슈페리어시티뷰 룸(킹/트윈) S$324, 디럭스 룸(킹/트윈) S$360
WEB shangri-la.com/en/hotels/jen/singapore/orchardgateway
E-MAIL singaporeorchardgateway@hoteljen.com

위치 ★★★★★ **룸 컨디션** ★★★★☆ **조식** ★★★★☆ **수영장** ★★★★★ **뷰** ★★★☆☆ **가격** ★★★★☆

♥ 마리나 베이 샌즈 호텔의 인피니티 풀과 비슷한 분위기의 19층 루프탑 수영장

룸 크기보다 푹신한 침대와 맛있는 조식을 선호한다면

요텔 싱가포르 YOTEL Singapore ★★★★

아이온 오차드에서 대각선 방향에 자리한, 미니멀하고 감각적인 디자인의 비즈니스호텔. 보라색 우주선에 탑승한 듯한 분위기의 로비에서 셀프 체크인과 체크아웃을 할 수 있으며, 호텔 곳곳을 돌아다니는 로봇에게 생수 등 서비스를 받을 수 있다. 공간을 최대한 효율적으로 활용한 룸에는 기울기가 조절되는 리클라이너 침대가 비치돼 있고, 조식 레스토랑이나 피트니스 센터도 작지만 알차다. 전반적으로 깨끗한 느낌으로, 가족 단위보다는 혼여족이나 커플 여행자에게 어울리는 호텔이다. 기본 룸인 프리미엄 퀸 룸은 밖이 보이지 않아 답답하게 느껴지므로 프리미엄 퀸뷰 룸을 추천한다. 가격 차이는 S$20 정도.

위치 ★★★☆☆ **룸 컨디션** ★★★☆☆ **조식**★★★★☆
수영장★★★☆☆ **뷰** ★★☆☆☆ **가격** ★★☆☆☆

- 휴식을 즐기기에 부족하지 않은 좁고 긴 형태의 10층 야외 수영장. 조식 메뉴 가짓수와 퀄리티가 만족스럽다.
- 룸 크기가 작은 데도 가격이 비싸다.

GOOGLE MAPS 요텔 싱가포르
MRT 오차드역 E출구에서 Wheelock Place로 직진 후 Shaw House 방향으로 우회전. 도보 10분/**창이에어포트역**(이스트 웨스트 라인) → 타나메라역 환승 → 시티홀역 환승(노스 사우스 라인) → 오차드역 하차 → E출구에서 도보 10분(총 소요 시간 약 45분). 또는 택시 약 30분
BUS 09179 Royal Thai Embassy/09047 Orchard Stn/tang Plaza
ADD 366 Orchard Road, Singapore 238904
TEL 6866 8000
PRICE 프리미엄 퀸뷰 룸 S$243
WEB yotel.com/en/hotels/yotel-singapore
E-MAIL singapore.contact@yotel.com

합리적 가격과 조용한 분위기를 원한다면

오아시아 호텔 노비나 Oasia Hotel Novena ★★★★

노비나 지역은 시내 중심에서 다소 떨어져 있지만, 고급 주택이 밀집한 조용하고 쾌적한 지역이다. 호텔 지하로 MRT 노비나역이 바로 연결되며, 오차드역까지는 2정거장, 시티홀역까지는 5정거장이면 도착하므로 시내 관광에 어려움이 없다. 또한 칠리 크랩으로 유명한 뉴튼 푸드센터까지는 MRT로 1정거장이면 갈 수 있는 등 지리적 이점이 많은 호텔. 아시아나항공 승무원의 지정 호텔로, 깨끗한 시설과 무난한 조식, 유아 풀이 딸린 수영장이 있다. 노비나 스퀘어 쇼핑몰과도 연결돼 있어 쇼핑과 식사도 쉽게 해결할 수 있다. 특별한 뷰가 없으므로 기본 룸인 슈페리어 룸이나 디럭스 룸으로도 충분. 룸 크기도 적당하다.

위치 ★★★★★ **룸컨디션** ★★★★☆ **조식**★★★☆☆
수영장★★★★☆ **뷰** ★★☆☆☆ **가격** ★★★★☆

- 20m 길이의 8층 야외 수영장. 물 위에 설치된 선 베드, 자쿠지가 있으며, 조용한 분위기다.
- 주택가에 있어서 뷰는 특별하지 않다.

GOOGLE MAPS 오아시아 호텔 노베나
MRT 노비나역 A출구에서 도보 3분/**창이에어포트역**(이스트 웨스트 라인) → 타나메라역 환승 → 시티홀역 환승(노스 사우스 라인) → 노비나역 하차 → A출구에서 도보 3분(총 소요 시간 약 40분). 또는 택시 약 30분(택시 이용 시 탄종 파가 지역에 있는 오아시아 호텔 다운타운과 헷갈리지 않도록 주의)
BUS 50038 Novena Stn
ADD 8 Sinaran Drive, Singapore 307470
TEL 6664 0333
PRICE 슈페리어 룸(킹/트윈) S$230, 디럭스 룸(킹/트윈) S$247
WEB oasiahotels.com/en/singapore/hotels/oasia-hotel-novena
E-MAIL info.ohs@fareast.com

부기스 & 아랍 스트리트

올드 시티 지역 위쪽에 위치한 부기스와 아랍 스트리트 지역은 고급 호텔보다는 중저가 호텔들이 주로 자리 잡고 있다. 부기스와 하지 레인, 아랍 스트리트를 여유롭게 둘러보기에 적절한 위치며, 시티 중심보다는 가성비가 좋다.

MRT역에서 도보권, 합리적 가격의 만족스러운

파크로열 온 비치 로드

PARKROYAL on Beach Road ★★★★

싱가포르의 핫플레이스인 하지 레인 맞은편의 비치 로드에 있다. 싱가포르의 호텔치고는 넓은 크기의 객실이 장점. 호텔 건물은 1971년에 완공했지만, 2018년에 리노베이션 한 덕분에 오래된 호텔답지 않게 깨끗하고 현대적이다. MRT 부기스역과 니콜 하이웨이역에서 도보권이며, 호텔 바로 앞에 버스 정류장이 있다. 기본 룸인 슈페리어 룸이나 디럭스 룸도 충분히 넓다. 싱가포르 플라이어와 고층빌딩의 그림 같은 전망을 즐길 수 있는 야외 풀의 깊이는 1.2~1.9m이며, 어린이용 키즈풀도 있다.

위치 ★★☆☆☆ **룸 컨디션** ★★★★☆ **조식** ★★★★☆
수영장 ★★★★☆ **뷰** ★★☆☆☆ **가격** ★★★★☆

넉넉한 크기와 개방감을 자랑하는 4층 야외 수영장

GOOGLE MAPS 파크로열 온 비치 로드
MRT 부기스역 F출구에서 듀오 타워 지하 2층을 통과해 도보 8분/**창이에어포트역**(이스트 웨스트 라인) → 타나메라역 환승 → 부기스역 하차 → F출구에서 도보 8분(총 소요 시간 약 35분). 또는 택시 약 25분
BUS 01529 Plaza Parkroyal/01521 Opp Plaza Parkroyal
ADD 7500 Beach Road, Singapore 199591
TEL 6505 5666
PRICE 슈페리어 룸(킹/트윈) S$351, 디럭스 룸(킹/트윈) S$378
WEB panpacific.com/en/hotels-and-resorts/pr-beach-road
E-MAIL enquiry.prsin@parkroyalhotels.com

합리적인 가격에 위치와 룸 컨디션이 좋은

이비스 싱가포르 온 벤쿨렌

ibis Singapore on Bencoolen ★★★

글로벌 비즈니스호텔 체인 이비스 계열 호텔. 538개의 객실을 보유한 대규모 호텔로, 비용 대비 객실이 좁지 않고 청결도도 만족스럽다. 최대 장점은 뛰어난 위치. MRT역에서 도보 5분 거리이며, 호텔 바로 앞에 버스 정류장이 2곳이나 있다. 부기스나 리틀 인디아는 도보권. 숙박 요금에 비해 조식의 퀄리티가 만족스럽고, 바로 옆에는 마트처럼 규모가 큰 세븐일레븐이 24시간 운영한다. 가장 기본 룸인 스탠더드 룸도 동일 가격의 타 호텔보다 넓고 깨끗하며, 바깥으로 창이 나 있어 답답하지 않다.

위치 ★★★★★ **룸 컨디션** ★★★★☆ **조식** ★★★☆☆
수영장 - **뷰** ★★☆☆☆ **가격** ★★★★☆

비즈니스호텔이라 수영장 등 특별한 시설은 없다.

GOOGLE MAPS 이비스 싱가포르 온 벤쿨렌
MRT 벤쿨렌역 A출구에서 도보 5분/**창이에어포트역**(이스트 웨스트 라인) → 엑스포역 환승(다운타운 라인) → 벤쿨렌역 하차 → A출구에서 도보 5분(총 소요 시간 약 60분). 또는 택시 약 25분
BUS 07517 ibis S'pore on Bencoolen/07518 Opp NAFA Campus 3
ADD 170 Bencoolen St, Singapore 189657
TEL 6593 2888
PRICE 스탠더드 룸(퀸/트윈) S$180
WEB ibissingaporebencoolen.com
E-MAIL h6657@accor.com

저렴한 가격에 넓은 수영장이 딸린 호텔을 원한다면 추천

호텔 보스 Hotel Boss ★★★

2017년에 오픈한 아랍 스트리트의 대표적인 비즈니스호텔. 2인실부터 4인 가족용 패밀리 룸까지 다양한 형태의 룸이 있지만, 룸 크기가 매우 작다. 대신 기본적인 어메니티를 제공한다. 야외 수영장과 루프탑 테라스, 피트니스 센터 등을 갖추고 있으며, 1층에 푸드코트와 편의점도 있어 지내는 데 불편함이 없다. 리틀 인디아까지 도보 10분 이내 거리이며, 아랍 스트리트와 하지 레인, 부기스 등도 도보권. 호텔 바로 앞에 버스 정류장이 있어 버스 이용이 더 편한 곳. 합리적인 비용으로 넓은 수영장을 이용하고 싶다면 선택 가능한 호텔이다. 근처 MRT 라벤더역 주변에도 맥도날드, 토스트 박스, 호커센터 코피티암 등 조식을 먹을 만한 식사 장소가 다양하다.

위치 ★★★☆☆ **룸 컨디션** ★★☆☆☆ **조식** ★☆☆☆☆
수영장 ★★★☆☆ **뷰** ★☆☆☆☆ **가격** ★★★★★

♡ 비즈니스호텔치고는 넉넉한 크기의 야외 수영장. 아이를 동반한 가족이 즐기기에 적당하다.

♡ 비즈니스호텔이므로 세심한 서비스는 기대하기 어렵다. 건물 안쪽에 자리한 스탠더드 룸은 창밖이 건물로 막혀 있다.

GOOGLE MAPS 호텔 보스
MRT 라벤더역 B출구에서 도보 7분/**창이에어포트역**(이스트 웨스트 라인) → 타나메라역 환승 → 라벤더역 하차 → B출구에서 도보 7분(총 소요 시간 약 30분). 또는 택시 약 25분
BUS 01211 Opp Blk 461/01219 Blk 461
ADD 500 Jalan Sultan #01-01 Singapore 199020
TEL 6809 0000
PRICE 슈페리어시티뷰 룸(퀸/트윈) S$178
WEB wwhotels.com/hotel-boss/
E-MAIL contact@hotelboss.sg

저렴한 가격에 수영장도 있고, MRT역과 1분 거리!

V 호텔 라벤더 V Hotel Lavender ★★★

합리적인 가격으로 이용할 수 있는 비즈니스호텔의 정석. 룸 크기는 작아도 깨끗하게 관리되며, 수영장도 꽤 넓다. 시내버스 정류장도 가까워 교통이 편리하고, 아랍 스트리트, 리틀 인디아와도 가깝다. 라벤더역에서 호텔로 통하는 연결 통로 좌우로 호커센터인 코피티암을 비롯해 비첸향, 올드 창키 등 다양한 로컬 식당과 맥도날드 등이 있고, 호텔 맞은편에는 토스트 박스도 있어 조식을 신청하지 않은 경우에 이용하기 좋다. 호텔에서 도보 3분 거리에 슈퍼마켓 페어 프라이스도 있다. 기본 룸인 슈페리어 룸보다는 창밖의 시원한 뷰를 볼 수 있는 슈페리어 시티뷰 룸이 낫다.

위치 ★★★★★ **룸 컨디션** ★★☆☆☆ **조식**★★☆☆☆
수영장★★★☆☆ **뷰** ★★☆☆☆ **가격** ★★★★☆

♡ 수영장은 크지만 건물 그늘에 가려 물이 항상 차갑다. 다른 호텔과 달리 체크인 시 별도의 디파짓 비용을 받지 않는다.

♡ 룸 크기가 작다.

GOOGLE MAPS V 호텔 라벤더
MRT 라벤더역 B출구에서 도보 1분/**창이에어포트역**(이스트 웨스트 라인) → 타나메라역 환승 → 라벤더역 하차 → B출구에서 도보 1분(총 소요 시간 약 30분). 또는 택시 약 25분
BUS 01311 Lavender Stn Exit B/01319 Lavender Stn Exit A/ica
ADD 70 Jellicoe Road, Singapore 208767
TEL 6345 2233
PRICE 슈페리어 시티뷰 룸(퀸/트윈) S$178,
프리미어 퀸 룸(퀸) S$218
WEB wwhotels.com/v-hotel/lavender/
E-MAIL contact@vhotel.sg

차이나타운

차이나타운 지역은 클락 키에 인접해 싱가포르 이곳저곳을 관광하기에 좋고, MRT를 이용하기에도 편리해 싱가포르 여행의 거점으로 삼기에 무난한 곳이다. 주로 중급 호텔들과 10만원 미만의 저가 숙소들이 많다.

5성급치고는 저렴한 가격의 차이나타운 랜드마크 호텔

파크로열 콜렉션 피커링

PARKROYAL Collection Pickering ★★★★★

단층 모양으로 겹겹이 쌓인 구조물에 초록빛 외관이 독특한, 차이나타운의 랜드마크다. 차이나타운에선 거의 유일한 5성급 호텔. 차이나타운과 클락 키 모두 도보 이동권이다. 길 건너에 차이나타운 포인트 몰이 있어 식사와 쇼핑을 해결할 수 있고, 직원들의 서비스도 세심하다. 다양한 메뉴로 구성된 조식도 만족스럽다. 2인이라면 기본 룸인 어반 룸도 괜찮으나, 3인은 조금 더 넓은 라이프스타일 룸 추천.

위치 ★★★★☆ **룸 컨디션** ★★★★☆ **조식** ★★★★★
수영장 ★★★★☆ **뷰** ★★☆☆☆ **가격** ★★★☆☆

♥ 인피니티 풀로 꾸며진 수영장. 휴식을 취하기 좋다.

💔 수영장이 그늘진 곳에 있어서 물이 차갑다. 호텔 등급에 비해 룸 크기가 작고, 객실에서 맞은편 룸이 훤히 보여 낮에도 블라인드를 내려야 한다.

GOOGLE MAPS 파크로얄 온 피커링
MRT **차이나타운역** E출구 또는 **클락키역** A출구에서 도보 3분/**창이에어포트역**(이스트 웨스트 라인) → 엑스포역 환승(다운타운 라인) → 차이나타운역 하차 → E출구에서 도보 3분(총 소요 시간 약 40분). 또는 택시 약 30분
BUS 05059 Hong Lim Pk/05023 Opp Hong Lim Pk
ADD 3 Upper Pickering Street, Singapore 058289
TEL 6809 8888
PRICE 어반 디럭스 룸(킹/트윈) S$514, 라이프스타일 프리미어 룸(킹) S$552
WEB panpacific.com/en/hotels-and-resorts/pr-collection-pickering
E-MAIL enquiry.prsps@parkroyalcollection.com

이 가격에 이렇게 좋은 퀄리티라고?

아마라 싱가포르 Amara Singapore ★★★★★

기존에도 가성비로 유명했던 호텔인데 최근 전면 리모델링해 더욱 좋아졌다. 타 호텔보다 확연히 넓은 방 크기도 만족스럽지만, 깔끔한 룸 컨디션과 수영장 등 흠잡을 곳이 없다. 조식 뷔페는 여느 베이커리 못지않은 풍부한 빵과 다양한 메뉴에 더해 김치까지 있어 반갑다. 한식당 거리가 밀집한 탄종 파가 로드 바로 옆이라서 어르신 동반 여행 시 메뉴 걱정을 덜어주며, 호텔과 연결된 100AM 쇼핑몰에 야쿤 카야 토스트, 스타벅스, 돈키호테, 페어 프라이스 슈퍼마켓 등이 있다는 점도 편리하다.

위치 ★★★★☆ **룸 컨디션** ★★★★★ **조식** ★★★★★
수영장★★★★☆ **뷰** ★★★☆☆ **가격** ★★★★☆

♥ 깨끗하고 넓은 룸과 맛있는 조식

💔 객실 뷰는 특별하지 않다.

GOOGLE MAPS 아마라 싱가포르
MRT 탄종파가역 A출구에서 도보 5분/창이에어포트역(이스트 웨스트 라인) → 타나메라역 환승 → 탄종파가역 하차 → A출구에서 도보 5분(총 소요 시간 약 1시간). 또는 택시 약 30분
BUS 05419 The Amara/05411 Tg Pagar Plaza
ADD 165 Tanjong Pagar Rd, Singapore 088539
TEL 6879 2555
PRICE 디럭스 룸(킹/트윈) S$414
WEB singapore.amarahotels.com
E-MAIL singapore@amarahotels.com

차이나타운의 신상 럭셔리 호텔

몬드리안 싱가포르 덕스턴 Mondrian Singapore Duxton ★★★★★

미국 L.A에서 시작한 몬드리안 호텔이 2023년 동남아시아 최초로 오픈한 5성급 호텔. 차이나타운의 오래된 건물들과 대비되는 모던한 외관이 눈에 띄고, 싱가포르의 숍 하우스 등 현지 건축 양식에서 영감을 받아 디자인한 302개의 객실에서는 차이나타운의 고풍스러운 상점가가 내려다보인다. 밤이 되면 더욱 아름다운 루프탑 수영장과 다양한 레스토랑, 콤팩트하고 실용적인 룸, 한국인 직원의 응대 등도 장점. 추후 객실 비용이 오를 것으로 예상되니, 서둘러 이용해보자.

GOOGLE MAPS mondrian singapore duxton
MRT **맥스웰역** 3번출구에서 도보 3분/**창이에어포트역**(이스트 웨스트 라인) → 타나메라역 환승 → 우트럼파크역 하차 → 4번 출구에서 도보 10분(총 소요 시간 약45분). 또는 택시 약 30분
BUS 05259 Opp Maxwell Stn Exit 3/05271 Opp Fairfield Meth Ch
ADD 16A Duxton Hill, Singapore 089970
TEL 6019 8888
PRICE 덕스턴 룸(킹/트윈) S$365, 덕스턴 뷰 룸(킹/트윈) S$365
WEB mondrianhotels.com/singapore-duxton
E-MAIL enquiry.sg@mondrianhotels.com

위치 ★★★☆☆ **룸 컨디션** ★★★★☆ **조식** ★★★★☆ **수영장** ★★★★★ **뷰** ★★★☆☆ **가격** ★★★★★

신상 호텔다운 깨끗한 컨디션, 루프탑 수영장, 뛰어난 가성비
시내버스를 이용하기에는 다소 애매한 위치

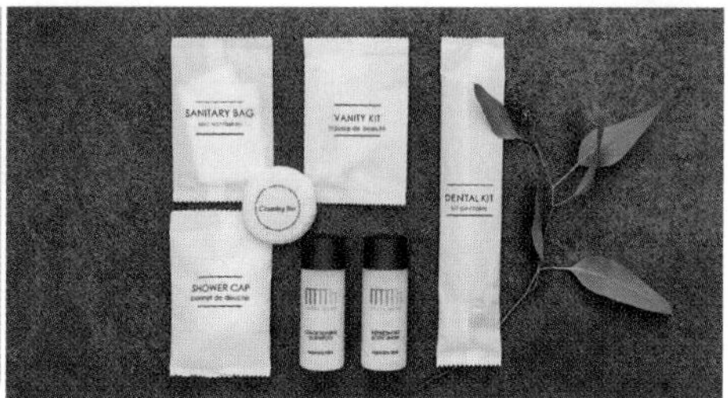

모던하고 깔끔한 분위기

호텔 모노 Hotel Mono ★★★

2018년에 오픈한 깔끔하고 모던한 느낌의 호텔. 호텔 1900 맞은편에 있다. 블랙과 화이트 톤의 세련된 객실에 안락한 침대와 샤워 부스, 세면대 등이 마련돼 있고, 기본적인 어메니티도 제공된다. 조식이나 수영장 등 부대시설보다는 좋은 위치와 합리적인 가격의 숙소를 찾는 여행자에게 적합하다. 싱글 룸 외에 패밀리 룸까지 다양한 크기의 객실이 있다. 조식 서비스는 없으므로 근처의 호커센터나 토스트 전문점 등을 이용한다.

GOOGLE MAPS 호텔 모노
MRT **차이나타운역** E출구에서 도보 5분/**창이에어포트역**(이스트 웨스트 라인) → 엑스포역 환승(다운타운 라인) → 차이나타운역 하차 → E출구에서 도보 5분(총 소요 시간 약 45분)/택시 약 30분
BUS 05131 Opp Hong Lim Cplx/05049 Chinatown Pt
ADD 18 Mosque Street, Singapore 059498
TEL 6326 0430
PRICE 싱글 룸 S$149, 스탠다드 더블 룸 S$174, 디럭스 더블 룸 S$186
WEB hotelmono.com **E-MAIL** reservation@hotelmono.com

위치 ★★★★☆ **룸 컨디션** ★★★☆☆ **조식** - **수영장** - **뷰** ☆☆☆☆☆ **가격** ★★★☆☆

특별한 시설은 없다. 룸 크기가 작다.

센토사

섬 전체가 관광지인 센토사의 숙소는 주로 유니버셜 스튜디오가 있는 리조트 월드 센토사와 실로소 비치 주변에 있다. 센토사 내 호텔 숙박 여부는 섬에서의 일정이 얼마나 되는가를 기준으로 판단해야 하는데, 하루를 온전히 센토사에서 보낼 예정이라면 호텔에선 잠만 자는 격이 되므로 굳이 타지역보다 가격이 비싼 센토사 내 호텔을 이용할 필요가 없다. 일정을 마치고 본섬에 있는 시내까지 나가는 데 20~30분이면 충분하기 때문이다. 따라서 센토사 내 호텔은 센토사에서 이틀 정도 다양한 일정을 소화할 예정이거나, 해변이 보이는 리조트에서 휴양하고 싶을 때 이용할 것을 추천한다. 참고로 센토사 내 호텔 투숙객은 택시나 그랩으로 섬에 들어올 때 호텔 바우처를 제시하면 섬 입장료를 내지 않아도 된다. 창이공항에서 이동 시 택시 이용을 추천한다.

동남아 휴양지 리조트 분위기를 제대로

샹그릴라 라사 센토사 싱가포르 Shangri-La Rasa Sentosa, Singapore ★★★★★

센토사에서 휴양지 기분을 즐길 수 있는 유일한 해변 리조트. 실로소 비치 끝에 있지만 다양한 교통편이 연결되며, 우리나라 여행자에게도 유명한 트라피자도 호텔에서 직접 운영한다. 괌의 PIC리조트를 연상케 하는 분위기인 데다 키즈 클럽도 운영해 가족 단위 여행자가 이용하기에 적당한 곳. 비보시티를 왕복하는 셔틀버스를 운행하며, 센토사 내를 운행하는 센토사 버스 정류장과 비치 셔틀 정류장, 케이블카 센토사 라인 실로소포인트역이 바로 앞에 있어 섬 안을 다니기에도 편리하다. 호텔 근처에 따로 아침을 해결할 곳이 없으므로 조식 신청은 필수다. 바다가 보이는 씨뷰 또는 풀뷰 룸을 강력 추천.

GOOGLE MAPS 샹그릴라 라사 센토사 리조트 & 스파
MRT 하버프론트역 C출구로 나와 비보시티 3층의 센토사 익스프레스 비보시티역에서 모노레일 탑승 → 비치역 하차 후 실로소 비치 방향의 비치 셔틀 탑승 → 실로소 포인트 하차/**창이에어포트역**(이스트 웨스트 라인) → 타나메라역 환승 → 우트럼파크역 환승(노스 이스트 라인) → 하버프론트역 하차 이후는 위와 동일함(총 소요 시간 약 95분). 또는 택시 약 35분
BUS 센토사 버스A 또는 C Siloso Point 정류장
ADD 101 Siloso Road, Sentosa, Singapore 098970
TEL 6275 0100
PRICE 디럭스씨뷰 룸 S$486, 디럭스풀뷰 룸 S$510
WEB shangri-la.com/singapore/rasasentosaresort
E-MAIL sen@shangri-la.com

위치 ★★★☆☆ 룸 컨디션 ★★★★☆ 조식 ★★★★★ 수영장 ★★★★★ 뷰 ★★★★★ 가격 ★★☆☆☆

♥ 널찍한 규모의 수영장. 아이들이 좋아하는 워터 슬라이드도 있다. 호텔 앞 실로소 비치에 호텔 전용 비치를 갖추고 있다.
💔 오래됐다 보니 룸 컨디션과 시설은 다소 노후했다.

멋진 수영장이 있는 가족형 호텔

빌리지 호텔 센토사 Village Hotel Sentosa ★★★★★

터키의 파묵칼레에서 영감을 받은 계단식 수영장을 비롯해 어린이 풀, 어드벤처 풀, 유수 풀 등 갖가지 테마 풀을 갖춘 호텔. 수영장에서는 센토사의 멋진 일몰은 물론 매일 밤 열리는 윙스오브타임 말미의 화려한 불꽃놀이를 감상할 수도 있다. 무난한 컨디션의 객실 중엔 4인용 패밀리 룸도 있어서 가족 단위 여행객에게 인기가 높다. 바로 옆 디 아웃포스트 호텔 센토사(The Outpost Hotel Sentosa) 루프탑에는 과거 클락 키 CBD의 유명 루프탑 바였던 원 앨티튜드(1-Altitude)가 이전해 오픈한 원 앨티튜드 코스트(1-Altitude Coast)가 영업 중. 이곳에서는 팔라완 해변과 싱가포르 해협의 멋진 전망을 즐길 수 있다.

위치 ★★★☆☆ **룸 컨디션** ★★★★☆ **조식**★★★☆☆
수영장★★★★★ **뷰** ★★★☆☆ **가격** ★★★★☆

♥ 합리적인 가격, 이 정도 수영장은 5성급 호텔에서도 흔치 않다.

💔 주변 편의시설이 부족하다.

GOOGLE MAPS village hotel sentosa
MRT 하버프론트역 C출구로 나와 비보시티 3층의 센토사 익스프레스 비보시티역에서 모노레일 탑승 → 임비아역 하차 후 도보 5분/**창이에어포트역**(이스트 웨스트 라인) → 타나메라역 환승 → 우트럼파크역 환승(노스 이스트 라인) → 하버프론트역 하차 이후는 위와 동일함(총 소요 시간 약 90분). 또는 택시 약 30분
ADD 10 Artillery Ave, #02-01 Palawan Ridge, Sentosa Island, Singapore 099951
TEL 6722 0800
PRICE 디럭스 룸(킹/트윈) S$285, 패밀리 룸(킹베드2) S$502
WEB villagehotels.asia/en/hotels/village-hotel-sentosa
E-MAIL info.vhs@fareast.com

합리적인 가격과 멋진 수영장이 장점

실로소 비치 리조트 Siloso Beach Resort ★★★★

비싸기로 유명한 센토사 내 호텔 중 그나마 합리적인 가격대로 머물 수 있다. 마치 열대 숲속에서 지내는 듯한 자연 친화적이고 이국적인 분위기를 느낄 수 있다. 센토사 익스프레스 비치역에서도 그리 멀지 않고, 센토사의 비치를 왕복하는 비치 셔틀이 호텔 바로 앞에 정차해 섬 안을 다니기에 편리하다. 수영장도 더 말할 나위 없이 좋다. 조식 메뉴가 단순하고 퀄리티도 그리 높지 않은 편이므로 여건이 된다면 리조트 월드 센토사 또는 비보시티의 식당을 권한다. 기본 룸인 슈페리어 룸은 좁은 편이므로 좀 더 널찍한 디럭스 룸을 추천한다.

위치 ★★★☆☆ **룸 컨디션** ★★★★☆ **조식** ★★☆☆☆
수영장 ★★★★★ **뷰** ★★★★★ **가격** ★★☆☆☆

♥ 길이 약 100m의 야외 수영장. 울창한 열대우림에 둘러싸인 데다 시원한 소리를 내며 쏟아지는 대형 폭포도 있다.

💔 룸 컨디션을 포함한 전반적인 시설이 그리 깔끔하고 세련되지 않다. 조식의 퀄리티가 기대에 미치지 못한다.

GOOGLE MAPS 실로소 비치 리조트
MRT 하버프론트역 C출구로 나와 비보시티 3층의 센토사 익스프레스 비보시티에서 모노레일 탑승 → 비치역 하차 후 실로소 비치 방향의 비치 셔틀 탑승 → Opp Siloso Beach Resort 하차 후 도보 1분/**창이에어포트역**(이스트 웨스트 라인) → 타나메라역 환승 → 우트럼파크역 환승(노스 이스트 라인) → 하버프론트역 하차 이후는 위와 동일함(총 소요 시간 약 90분). 또는 택시 약 35분
ADD 51 Imbiah Walk, Singapore 099538
TEL 6722 3333
PRICE 디럭스 룸(퀸/트윈) S$255
WEB silosobeachresort.com
E-MAIL enquiry@silosobeachresort.com

초보 여행자를 위한 여행 상식

생애 첫 해외여행을 떠나는 이들에겐 사소한 여행 준비조차 익숙하지 않고 불안하기 마련이다. 여권 준비부터 면세점 이용, 호텔 이용 방법까지! 여행 고수도 놓치기 쉬운 알짜 정보를 꼼꼼하게 짚어준다.

즐거운 해외여행의 시작 **여권**

여권의 유효기간을 확인하자

해외여행 시엔 해당 국가 입국일 기준 유효기간이 6개월 이상 남아있는 여권이 필요하다. 따라서 여권의 유효기간을 확인하는 것이 무엇보다 중요하다. 싱가포르에서는 관광이나 출장 목적일 경우 대한민국 여권으로 최대 90일까지 무비자 체류가 가능하므로, 90일 이하의 여행이라면 비자는 필요 없다.

구 여권, 신 여권 모두 사용 가능!

단수여권 사용 시 주의할 점

한 번의 출장이나 여행 이후 재차 여권을 사용할 일이 없는 것이 확실할 땐 발급수수료가 1만 5000원으로 복수여권(5만원)보다 저렴한 단수여권을 선택할 수 있다. 단, 단수여권으로는 하나의 국가에 한 번의 출입국만 허용된다는 점에 유의해야 한다. 예를 들어, 싱가포르에 입국한 후 말레이시아의 조호 바루를 여행하고 다시 싱가포르로 돌아온다면, 이미 최초 창이공항에서 싱가포르로 입국할 때 단수여권을 활용했으므로 조호 바루에서 싱가포르로의 재입국이 거절될 수 있다.

여행지에서 여권을 꼭 갖고 다녀야 할까?

여권은 해외에서 본인의 신분을 증명할 수 있는 유일한 수단으로, 공항에서뿐 아니라 여행의 모든 과정에서 종종 필요하다. 분실을 우려하여 여권 사본을 가지고 다니는 경우가 많지만, 대부분의 경우 여권 사본은 인정되지 않는다.

■ 여권이 필요한 경우

여행 전(국내)	**여행 중**(싱가포르)
☑ 항공권 및 호텔 예약	☑ 출입국 심사
☑ 시내 및 온라인 면세점 이용	☑ 현지 공항에서 유심 구매
☑ 항공권 발급 및 위탁 수하물 처리	☑ 렌터카 이용
☑ 공항 및 현지 환전소 이용	☑ 호텔 체크인
☑ 공항 면세점 이용	☑ 쇼핑한 물품에 대한 택스 리펀
☑ 면세품 인도장에서 면세품 찾을 때	

DUTY FREE SHOPPING

면세점 쇼핑

여행의 보너스

세금이 면제되어 시중보다 저렴하게 상품을 구매할 수 있는 면세점 쇼핑은 해외여행에 있어서 빼놓을 수 없는 즐거움이다. 다만, 귀국할 때 가지고 들어올 수 있는 면세 범위를 감안해야 하고, 자칫 충동구매가 될 수 있으므로 평소에 꼭 필요했던 것 위주로 구매하자.

*아래 금액은 모두 싱가포르 달러(S$)가 아닌 미화($)기준임

면세품 및 휴대품 구매 한도 & 면세 범위

출국할 때는 금액에 관계없이 면세품을 구매할 수 있다. 단, 귀국할 때 가지고 들어오는 물품의 면세 범위는 국내 면세점에서 구매한 것뿐 아니라 싱가포르 현지에서 쇼핑한 것까지 모두 합해 1인당 $800까지다. 이를 초과하면 세관에 자진신고 후 세금을 납부해야 한다. 자진신고하면 관세액의 30%(20만원 한도)가 경감된다.

추가 면세 범위

아래 품목에 대해서는 $800와는 별도로 추가적인 면세 혜택이 주어진다. 단, 만 19세 미만 미성년자는 주류, 담배에 대한 추가 면세 혜택을 받을 수 없다. 또한 아래 3가지 품목의 가격이나 용량을 초과해 무단 반입하다가 적발되면 차액이 아닌 총액에 대해 과세한다는 점에 유의하자.

❶ 향수 100ml(개수 무관)

❷ 담배 200개피(1보루)

❸ 주류 2병(전체 용량이 2ℓ 이하이고 총 가격이 $400 이하)

담배는 귀국할 때 구매하자

❶ 싱가포르의 경우 이미 개봉한 담배 19개피 미만은 반입할 수 있다고 알려져 있기도 하지만, 이는 관행적으로 허용하는 것일 뿐, 적발되면 한 갑당 S$200의 벌금을 내야 한다.

❷ 싱가포르에서 판매하는 담배는 한 갑에 1만7000원 내외다. 면세 담배는 귀국할 때 창이공항 면세점에서 구매 가능하며, 몇 가지 종류의 국산 담배도 판매한다. 또한, 인천공항 입국장 면세점에서도 1인당 1보루의 면세 담배를 구매할 수 있다.

❸ 싱가포르에서는 전자담배의 사용이 전면 금지돼 있다. 피우지 않고 소지만 해도 S$10,000 이하의 벌금/6개월 이하 징역에 처해질 수 있으니 주의하자.

인천공항 입국장 면세점

인천공항 출국장 면세점

면세품은 어디에서 구매하는 것이 좋을까?

2019년부터 인천공항에 입국장 면세점이 영업을 시작하면서 면세품 구매 장소에 대한 선택의 폭이 더욱 넓어졌다. 각기 나름의 장단점이 있으므로 꼼꼼히 비교해보고 선택하자.

구분	개요	장점	단점
시내 면세점	✓ 출국일 60일 전부터 이용 가능 ✓ 여권과 비행기 e-티켓 소지 후 방문(e-티켓이 없다면 출국 일자와 시간, 출국 공항과 항공편명 확인) ✓ 구매 제품은 출국 당일 공항 면세품 인도장에서 수령(상품 구매 시 받은 교환권과 여권 제시)	✓ 상품을 직접 보고 구매할 수 있다. ✓ 비행기 탑승 시각의 제약 없는 여유로운 쇼핑 ✓ 면세점 직원의 설명이나 추천을 받을 수 있다.	✓ 따로 시간을 내 방문해야 한다. ✓ 인터넷 면세점보다 가격이 비싼 편 ✓ 공항 면세품 인도장이 혼잡할 경우 비행기 탑승 시각에 쫓길 수 있다. ✓ 구매 제품을 여행 내내 소지해야 한다.
인터넷 면세점	✓ 출국일 60일 전부터 이용 가능 ✓ 수령 방법은 시내 면세점과 동일 **Tip** 오프라인에서 미리 물건을 확인 후 구매하면 실패가 없다. **Tip** 여러 면세점 업체 이용 시 인도장이 달라 줄을 여러 번 서야 하니 주의	✓ 시간과 공간의 제약 없이 쇼핑 가능 ✓ 할인 쿠폰, 적립금, 포인트를 사용해 저렴하게 구매 가능 ✓ 면세점별 가격 비교가 쉽다.	✓ 직접 보지 않고 구매해 기대와 다를 수 있다. ✓ 공항 면세품 인도장이 혼잡할 경우 비행기 탑승 시각에 쫓길 수 있다. ✓ 구매한 제품을 여행 내내 소지해야 한다.
공항 면세점	✓ 여권, 비행기 티켓 소지 필요. 구매하자마자 수령할 수 있다. **Tip** 인천공항은 면세점 구역이 매우 넓으므로, 홈페이지를 통해 브랜드별 매장 위치를 미리 파악해두자.	✓ 출국 시 여유 시간을 활용한 쇼핑 가능 ✓ 면세점 직원의 설명이나 추천을 받을 수 있다.	✓ 비행기 탑승 시각에 쫓길 경우 여유 있게 쇼핑하기 어렵다. ✓ 출국 당일 원하는 물건이 품절일 수 있다. ✓ 구매한 제품을 여행 내내 소지해야 한다.
입국장 면세점	✓ 인천공항 입국장 면세점을 통해 입국 시에도 면세점 쇼핑 가능 ✓ 면세 담배 구매 가능. 싱가포르는 면세 담배 반입이 불가능하니 입국 시 구매하자. **Tip** 인천공항 입국장 면세점 1터미널 1층 6·7번/16·17번 수하물 수취대 부근 2터미널 1층 6번 수하물 수취대 부근	✓ 구매 제품을 여행 내내 들고 다니지 않아도 된다. ✓ 따로 시간을 낼 필요 없이 입국할 때 여유롭게 쇼핑 가능	✓ 면세품의 종류가 제한돼 선택의 폭이 좁다.

인천공항 면세품 인도장

인천공항 면세점

면세 쇼핑 FAQ

Q1 면세범위인 $800는 1인 기준인가요? 가구 기준인가요?

➡ 1인당 기준이다.

Q2 2명이면 면세 한도를 합산해 $1600만큼 반입할 수 있는 건가요?

➡ 면세 한도는 합산되는 것이 아니고 개별로 적용된다. 예를 들어, 2명이 여행을 가서 그중 1명이 $1000짜리 가방을 구매했다면 2명의 면세 한도를 합산한 $1600에는 모자라지만, 1명의 면세 한도인 $800는 초과하므로, 초과하는 $200에 대한 세금을 내야 한다.

Q3 시내나 인터넷 면세점에서 구매한 제품을 출국 당일 찾지 못하면 어떻게 되나요?

➡ 귀국 후 인터넷 면세점 홈페이지나 시내 면세점에 연락해 주문 취소 및 환불을 할 수 있다. 향후 입국장 면세품 인도장이 설치되면, 귀국 시에도 면세품을 수령할 수 있어서 이런 불편이 해소되리라 예상된다.

Q4 해외에서 가방을 구매하고 보니 총 구매액이 $800를 초과하네요. 내일 바로 귀국인데 그냥 갖고 들어가도 모르지 않을까요?

➡ 2018년 4월 관련법 개정으로, 해외에서 신용카드로 여행자 면세 한도($800) 이상 물품을 구매하거나 현금을 인출하면 여신전문금융업협회가 개인별 해외 사용 내역을 관세청에 실시간 통보하게 돼 있다. 따라서 세관 당국에서 바로 파악이 가능하므로 자진신고를 하는 것이 세금을 줄이는 방법이다.

HOTEL USER GUIDE

내 집처럼 편안하게 **호텔 이용 가이드**

해외 호텔을 이용하는 일은 크게 어렵지 않으나, 경험이 많지 않은 초보 여행자에겐 이것조차 부담스러울 때가 많다. 아래에 A부터 Z까지 자세한 호텔 이용 가이드를 제시한다.

실전 호텔 이용법: 체크인하기

❶ 체크인 시간은 보통 오후 2시 또는 3시다. 얼리 체크인 가능 여부는 호텔 객실 상황에 따라 다르지만, 이용할 수 있는 객실이 있으면 처리해주는 편이다. 만약 얼리 체크인이 불가능한 상황이라면 호텔에 짐을 맡긴 후 일정을 진행해야 한다. 대부분의 호텔에서는 체크인 전과 체크아웃 후에 무료로 짐을 맡아준다. 얼리 체크인은 고객의 당연한 권리가 아니므로 호텔측이 해주지 않는다고 불만을 제기해서는 안 된다.

❷ 프론트 데스크에 여권과 호텔 바우처를 제시한다. 대부분의 호텔에서는 여권만으로도 체크인이 가능하지만, 간혹 바우처를 요구하는 호텔도 있으니 프린트하여 지참하자.

❸ 예약한 룸 형태와 맞는지 확인한다(침대 형태, 스모킹 룸 여부 등).

❹ 조식이 포함돼 있다면 해당 내용을 확인하고 조식 레스토랑 위치와 식사 시간을 알아 둔다.

❺ 안내에 따라 디파짓(Deposit)을 결제한다. 디파짓은 투숙 기간 중 객실 비품의 파손이나 도난 등에 대비한 일종의 보증금이다. 신용카드나 현금으로 결제할 수 있으며, 룸서비스나 미니 바 사용, 호텔 레스토랑 이용 금액을 디파짓에서 정산하기도 한다. 객실에 이상이 없고, 미니 바 등을 사용하지 않았다면 체크아웃 시 전액 환급해준다. 현금으로 냈다면 환급을 위해 영수증을 잘 보관하자.

+MORE+

디파짓 FAQ

Q 디파짓 금액은 보통 얼마인가요?

➡ 호텔마다 다를 수 있으므로 호텔에 문의하는 것이 가장 정확하지만, 3~4성급은 객실 한 개당 1박에 S$50, 5성급은 S$100 정도다.

Q 신용카드로 디파짓을 결제했는데 취소 문자가 오지 않아요.

➡ 디파짓을 신용카드로 결제했을 경우 가승인 상태가 되어 카드사에서의 매입은 이루어지지 않으며, 실제 청구도 이루어지지 않으므로 별도의 취소 절차가 불필요하다. 단, 가승인 상태인 동안 카드 사용 한도에는 반영된다.

Q 신용카드나 현금 중 어떤 것으로 결제하는 것이 좋을까요?

➡ 신용카드로 처리하는 것이 가장 깔끔하지만, 한동안 가승인 상태로 잡혀 있는 것이 꺼림칙하다면 현금으로 해도 된다. 단, 현금으로 지불하면 체크아웃 시 돌려받은 금액만큼 현금이 남게 되므로 공항에서 쇼핑할 계획이 아니라면 그만큼 남은 현지 통화를 귀국 후 다시 원화로 환전해야 하는 번거로움이 있다.

Q 디파짓을 체크카드로 결제해도 되나요?

➡ 해외 결제가 가능한 체크카드라면 결제 자체에는 문제가 없다. 단, 체크카드는 신용카드처럼 가승인 상태로만 잡히는 것이 아니라 결제 시점에 실제 금액이 빠져나가며, 이 금액을 다시 돌려받는 데 한 달 이상이 걸리므로 체크카드로 디파짓을 결제하는 것은 권하지 않는다.

Q 미니 바를 사용하지 않을 예정인데, 디파짓을 안 내는 방법은 없나요?

➡ 실제로 많은 우리나라 여행자가 체크인할 때 이런 문의를 한다고 한다. 그러나 디파짓은 싱가포르뿐 아니라 세계 대부분의 호텔에서 시행하고 있는 제도로, 미니 바 외에도 투숙객으로 인한 제반 손해에 대비하는 장치이기 때문에 당연히 내야 한다.

실전 호텔 이용법: 슬기로운 호텔 생활

❶ 룸 키를 전달받아 객실로 향한다.

❷ 엘리베이터의 카드 리더기에 룸 키를 가져다 댄 후 객실 층 버튼을 누른다. 이는 외부인이 객실에 무단으로 침입하는 것을 방지하기 위한 것으로, 로비나 레스토랑과 같은 공용 공간이 있는 층은 키 없이도 누를 수 있다. 따라서 객실 밖으로 나올 때는 항상 키를 소지해야 하며, 만약 키를 룸에 놓고 나왔을 때는 프론트 데스크에 도움을 요청하자.

❷

❸ 객실로 들어가면 현관 안쪽에 카드 키를 꽂을 수 있는 슬롯이 있으며, 여기에 카드 키를 꽂으면 객실에 전원이 들어온다.

❹ 소형 용기로 제공되는 샴푸, 린스, 컨디셔너, 바디로션이나 비누, 치약, 칫솔 등 어메니티는 매일 새것으로 비치된다.

❹

❺ 욕실 어메니티나 타올, 슬리퍼 등 객실 비품 중 추가로 필요한 것이 있거나 기타 요청 사항이 있을 때는 프론트 데스크나 하우스 키핑 파트로 요청하면 된다. 보통 객실 전화로 0번을 누른다.

❻ 방해받지 않고 쉬고 싶을 때는 'Do not disturb', 객실 청소를 원할 때는 'Make up room' 또는 'Clean up' 표시 버튼을 누르면 된다. 오래된 호텔에선 팻말을 문고리 바깥에 걸어 두기도 한다. 보통 아침에 여행 일정을 시작하기 위해 호텔을 출발할 때 'Make up room' 버튼을 누르고 나오면 된다.

❻

❼ 커피 캡슐, 티백 등은 무료로 제공되나, 그 밖의 냉장고 안 음료 및 스낵 종류 등 미니 바 이용은 유료다. 유료 물품의 가격은 시중보다 훨씬 비싸므로 이용하지 않는 것이 좋으며, 만약 이용했다면 체크아웃 시 정산한다. 일부 호텔은 냉장고 안의 음료를 일정 시간 이상 들고 있는 것만으로도 센서가 작동해 계산되기도 하니 되도록 건드리지 말자.

❽ 일반적으로 투숙객이라면 호텔 수영장이나 피트니스 센터를 무료로 이용할 수 있다. 수영장에 갈 때는 객실에서 수영복으로 갈아입고, 위에 간단한 겉옷을 입고 간다. 원칙적으로 욕실 가운은 객실에서만 입는 것이 좋으나, 최근에는 마리나 베이 샌즈 호텔과 같이 투숙객 대부분이 욕실 가운을 걸치고 가는 경우도 있으니 체크인 시 문의하자. 타올은 보통 수영장 옆에 비치돼 있으나, 간혹 없을 때도 있다. 타올이 없을 땐 객실에서 가져가면 된다.

❽

❾ 조식은 보통 오전 6시 30분부터 10시 30분까지 제공된다. 조식이 포함돼 있다면 조식 레스토랑 앞의 직원에게 객실 번호를 알려주고 안내를 받아 입장한다. 5성급 호텔은 대부분 자리에 앉으면 직원이 커피나 차를 주문받으며, 나머지 음식은 자유롭게 가져온다. 고급 호텔에선 준비된 음식 외에 오믈렛이나 와플, 달걀 프라이 등을 즉석에서 요리해주는 코너도 있으니 이용해보자.

❿ 2박 이상 이용 시엔 호텔을 나서기 전 캐리어 등 개인 가방은 간략히 정리한 후 잠그고 나오는 것이 좋다. 분실 예방과 동시에 호텔 직원에 대한 불필요한 오해를 없애기 위함이다. 귀중품이 있다면 반드시 객실 안 금고(Safety Box)에 보관하자.

❿

실전 호텔 이용법: 체크아웃하기

❶ 체크아웃 시간은 보통 오전 11시 또는 정오(12:00)다.

❷ 정해진 시간보다 늦게 체크아웃하는 레이트(Late) 체크아웃을 원한다면 사전에 프론트 데스크에 문의해 가능 여부를 확인한다(일반적으로 오후 6시까지 연장하면 1박 요금의 50%를 내야 한다).

❸ 짐을 정리하고, 객실에 놓아둔 물건이 없는지 확인한 후 프론트 데스크로 내려간다.

❹ 객실 키만 직원에게 건네면 체크아웃이 되지만, 디파짓을 현금으로 냈다면 영수증을 제시하고 해당 금액을 돌려받는다.

❺ 대부분의 호텔에서는 체크아웃한 날 당일은 무료로 캐리어를 보관해준다. 캐리어를 맡길 땐 직원이 주는 보관증을 꼭 받은 후 나중에 짐 찾는 장소를 확인해야 한다.

❻ 보통은 체크아웃하고 당일 여행을 마친 후 다시 호텔에서 짐을 찾아 공항으로 가게 되는데, 더운 날씨에 돌아다니다 보면 샤워가 절실해진다. 체크아웃 후에도 샤워가 가능한 별도의 리프레시(Refresh) 룸을 갖추고 있거나, 수영장 샤워실을 이용할 수 있는 호텔이 있으므로 프론트에 문의해보자.

쾌적한 투숙을 위한 호텔 용어

❶ 컴플리멘터리Complimentary
호텔에서 투숙객에게 무료로 제공되는 물품이나 서비스를 말한다. 미니 바에 이와 같은 문구가 적혀 있으면 해당 물품은 무료이니 안심하고 이용해도 된다. 보통 커피, 티백 등이 이에 해당한다.

❷ 어메니티Amenity
고객의 편의를 위해 객실에 비치해 놓는 물품을 말하는데, 일반적으로는 욕실용품을 일컫는 말로 많이 쓰인다. 어메니티 4종이라고 하면 샴푸, 컨디셔너, 바디워시, 바디로션을 말한다.

❸ 턴 다운 서비스Turn Down Service
오전에 진행하는 청소 외에, 취침 전 침구 등 객실을 간단히 정리해주는 서비스를 말한다. 5성급 등 고급 호텔에서 주로 제공하는 서비스다.

❹ 하우스 키핑House Keeping
객실의 청소와 비품 등을 담당하는 부서 또는 그러한 서비스를 말한다.

❺ 웨이크업 콜Wake-up call
아침에 요청한 시간에 전화로 깨워주는 서비스다. 프론트 데스크에 신청하면 되는데, 요즘에는 객실 전화기를 이용해서 설정하기도 한다. 참고로 '모닝콜'은 콩글리시다.

: WRITER'S PICK :

팁을 꼭 줘야 할까?

우리나라와 마찬가지로 싱가포르도 팁 문화가 없지만, 호텔에서는 직원이 짐을 들어주었을 때나 기타 요청사항을 해결해주었을 때와 같은 특정 상황에서 약간의 팁을 건네는 것이 좋다. 아침에 호텔에서 나올 때 침대 옆이나 베개 위에 살짝 놓아두는 것도 좋은데, 정해진 금액은 없지만, S$2나 S$5짜리 지폐 정도면 무난하다.

+MORE+

호텔 조식 이용 시 달걀 프라이 주문 방법

달걀 프라이는 익히는 정도에 따라 명칭이 다르다. 기본적으로 서니 사이드 업 형태로 제공되나 취향에 따라 오버 이지 또는 오버 하드로 주문해도 된다. 참고로 삶은 달걀은 보일드 에그(Boiled Egg)라고 하며, 반숙은 소프트 보일드 에그(Soft-boiled Egg), 완숙은 하드 보일드 에그(Hard-boiled Egg)라고 한다.

서니 사이드 업
Sunny-side up

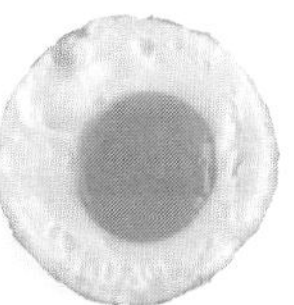

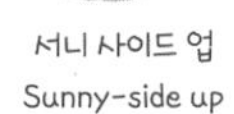

오버 이지
Over easy

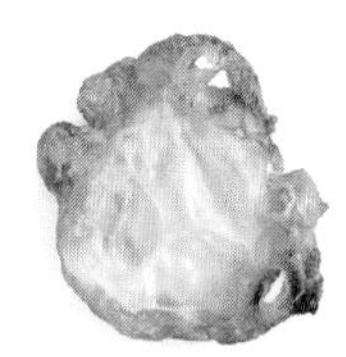

오버 하드
Over hard

TRAVEL INSURANCE

언제 어디서든 든든한 여행자 보험 가입하기

여행자 보험은 여행 중에 발생한 불의의 사고나 질병, 휴대품 도난 및 파손 등 손해를 보상해준다. 보험 가입 기간이 여행 기간으로 한정돼 있고, 보험료가 소멸하는 순수 보장성 보험이라 보험료가 상당히 저렴하다. 국내도 아닌 해외에서 예기치 못한 사건·사고를 당하면 제대로 대처하기 어렵고 의외로 큰 비용을 부담해야 할 수도 있으니 마음의 평화를 위해 꼭 가입하길 권한다.

여행자 보험 가입 시 알아둘 것

❶ 인터넷으로 미리 가입하자

보장 내용과 보험료를 제대로 비교하기 위해서는 사전에 인터넷을 통해 비교해 보고 가입해두는 것이 좋다. 손해보험협회 및 생명보험협회가 운영하는 보험다모아(e-insmarket.or.kr/intro.knia) 사이트에서 여행자 보험을 회사별로 비교할 수 있다.

❷ 실손 보험이 있다면 국내 치료 보장 항목은 필요 없다

해외여행자보험 항목 중 실손 의료비 보장은 해외 치료비와 국내 치료비로 나뉘는데, 실손 보험에 이미 가입돼 있다면 국내 병원 의료비를 보장해주는 '국내 의료비 특약'은 빼는 것이 좋다. 실손 보험이 있을 시엔 여행자 보험에서 중복으로 보장해주지 않고, 필요 없는 특약 보험료만 추가되기 때문이다.

❸ 보험청약서 기재 항목은 사실대로 쓰자

보험 청약서에 여행 목적 등 기재 항목을 사실대로 기재하지 않으면, 추후 보험금을 청구하더라도 지급되지 않는 등 불이익을 받을 수 있다.

❹ 증명서 및 영수증은 꼭 챙기자

여행자 보험을 통해 보상받아야 할 문제가 발생했을 때는 해당 문제에 대한 근거 서류를 잘 챙겨두는 것이 무엇보다 중요하다. 여행 중에 도난을 당했다면 경찰서에서 도난 신고 확인서(Police Report)를 꼭 받아 두어야 하며, 물건이 파손되었다면 파손된 물건의 사진과 수리비 영수증을, 현지 병원에서 치료받았다면 진단서와 영수증 등을 꼭 챙겨 보험금 청구 시 제출해야 불이익을 받지 않을 수 있다. 항공기 지연이나 수하물이 제때 도착하지 않아 추가로 지출된 숙박비나 물품 구매비 등도 영수증과 같은 증빙이 있어야 보험금을 청구할 수 있다.

❺ 보험 기간은 집에서의 출발 시각과 도착 시각을 기준으로 하자

여행자 보험에 가입할 땐 여행 일자 및 시각을 선택하게 된다. 이때 출발 시각은 비행기 이륙 시각이 아닌 집에서 출발하는 시각으로, 도착 시각은 귀국 후 집에 도착하는 예정 시각으로 기재하면 공항과 집을 오가는 도중 발생하는 사고에 대해서도 보상받을 수 있다.

TRAVEL TIP 5

PACKING

효과적인 짐 싸기

빠진 것 없이 꼼꼼하게

이제 짐을 싸야 할 시간이다. 아래 체크리스트를 이용해 빠뜨리는 준비물이 없도록 하자. 3~4인 가족이라면 28인치 캐리어+기내용 캐리어+백팩 정도가 무난하다. 혼자서 떠난다면 24인치 캐리어 하나 정도면 괜찮지만, 생수나 카메라, 여권 등 자잘한 소지품을 넣을 때 필요한 백팩 하나쯤은 챙기는 것이 좋다.

싱가포르 여행 필수 준비물

❶ 여름옷 기준으로 준비한다. 티셔츠는 하루에 1~2장 정도로 준비하고, 에어컨이 강한 실내를 대비해 얇은 점퍼나 카디건도 준비하자.

❷ 신발은 최대한 편한 운동화가 좋다.

❸ 적도의 나라 싱가포르에서 선글라스, 모자, 선크림은 필수다.

❹ 작은 접이식 우산은 수시로 내리는 비와 뜨거운 햇볕을 막아줘서 편리하다.

❺ 더운 나라임에도 철저한 방역으로 시내에서는 모기를 찾아보기 어렵지만, 보타닉 가든이나 센토사 등 자연 친화적인 환경에서는 벌레 물린 데 바르는 약과 모기 기피제가 꼭 필요하다. 땀을 많이 흘려 생기는 발진 등에 대비해 피부 연고제도 가져가는 것이 좋다.

❻ 여행용 멀티 어댑터에 추가로 작은 멀티탭을 가져가면 동시에 여러 기기를 충전할 수 있다.

❼ 호커 센터와 칠리 크랩 식당에서 물티슈가 요긴하게 쓰인다. 작은 티슈는 호커 센터에서 자리를 맡아 놓을 때도 유용하다.

❽ 휴대용 선풍기가 없으면 매우 아쉽다. 최소한 접는 부채라도 가져가자.

❿ 대형 지퍼백은 작은 소품과 속옷, 양말 등을 보관하기 편리하다. 큰 비닐 쇼핑백은 마르지 않은 수영복 등을 담기 좋다.

챙겨가면 유용한 여행 아이템

❶ **일회용 밴드** 많이 걷다 보면 뒤꿈치가 까지고 물집이 잡힐 수 있다.

❷ **휴대용 변기 시트 커버** 공중화장실 이용 시 좀 더 청결하게 사용할 수 있다.

❸ **일회용 비닐장갑** 크랩 먹을 때 필요하다.

❹ **우의** 유니버셜 스튜디오를 갈 예정이라면 워터월드나 쥬라기 공원을 이용할 때 필수다.

❺ **얇은 옷걸이** 숙소에서 잠깐잠깐 세탁물을 널어 말리기 좋다.

❻ **세탁 세제** 작은 통에 담아가면 편리하다. 빨래를 안 할 예정이면 패스.

❼ **접을 수 있는 천 가방** 추가로 생기는 짐에 대비해 하나쯤 있으면 좋다.

❽ **여권 사본과 여권 사진 2매** 여권 분실에 대비해 준비하자.

❾ **비상약** 소화제, 지사제, 진통제, 감기약, 알러지약 등

기내 반입 물품과 위탁 수하물 처리 물품

액체류는 100ml 이하(용기의 용량 기준)로 지퍼백에 넣어서 1인당 1개만 기내 반입이 가능하다. 삼각대와 셀카봉은 길이 제한 규정에 따라 기내 반입이 어려울 수 있으니 의심되면 사전에 항공사에 확인하는 것이 좋다. 라이터는 1인 1개에 한해 기내 반입이 가능하며, 보조 배터리는 꼭 기내에 갖고 들어가야 한다.

구분	기내 반입	위탁 수하물
액체·분무·겔 형태의 위생용품, 욕실용품 또는 의약품	O (100ml 이하)	O
고추장, 김치 등 액체류 음식	×	O
삼각대, 셀카봉	O	O
라이터	O	×
맥가이버 칼, 과도, 가위 등 도검류	×	O
보조 배터리, 포켓 와이파이	O	×
총기류, 폭발물, 인화성 물질, 방사성 및 독성 물질	×	×

INCHEON AIRPORT

즐거운 여행의 시작과 끝

국내 공항 이용 가이드

여행의 시작은 국내 공항에서부터다. 비행기 탑승 전 숙지해야 할 사항을 비롯해 여행의 설렘을 더해줄 각종 공항 시설에 대해 알아보자.

터미널 위치를 미리 파악해두자

인천국제공항에는 1터미널과 2터미널의 2개의 터미널이 있다. 따라서 내가 탑승할 비행기가 어느 터미널에서 출발하는지 체크해둬야 한다. 항공권 e-티켓에도 출발 터미널이 표시돼 있으니 꼭 확인하자. 아래 2터미널 취항 항공사 외 항공사는 모두 1터미널을 이용한다.

■2터미널 취항 항공사

대한항공, 진에어, 가루다 인도네시아항공, 중화항공, KLM네덜란드항공, 델타항공, 샤먼항공, 에어 프랑스, 아에로멕시코

: WRITER'S PICK :

터미널을 잘못 찾았다면?

인천국제공항에서 터미널을 잘못 찾아갔더라도 1·2터미널을 왕복하는 무료 셔틀버스가 있으니 당황하지 말자. 소요 시간은 15~20분이며, 배차 간격은 약 10분. 1터미널은 3층 8번 출입문 밖에서 탑승하며, 2터미널은 3층 6·7번 출입문 밖에서 탑승한다. 공항철도도 이용 가능(요금 1050원).

위탁 수하물 부치기

공항에 도착하면 해당 항공사 카운터에 줄을 선다. 카운터 직원에게 여권과 비행기 e-티켓을 제시하고 좌석을 배정받고 나면 위탁 수하물을 부칠 차례! 위탁 수하물을 부칠 때는 금지 물품이 없는지 미리 확인하고, 특히 보조 배터리와 라이터는 위탁 수하물로 부칠 수 없으니 주의한다. 위탁 수하물을 부칠 때 받는 수하물 증명서(Baggage Claim Tag)는 수하물이 도착하지 않는 등 비상 상황이 발생하면 필요하므로 잘 보관한다.

온라인 체크인 또는 셀프 체크인하기

대부분의 항공사에서는 비행기 출발 48시간 전부터 홈페이지나 휴대폰 앱을 이용한 온라인 체크인을 권장한다. 대한항공이나 아시아나항공은 체크인 카운터 앞의 키오스크를 이용한 셀프 체크인도 가능. 온라인 체크인은 좌석 배정이 가능해 희망하는 좌석을 미리 선점할 수 있다는 게 큰 장점이며, 온라인 체크인 승객을 대상으로 하는 별도 카운터를 이용할 수 있어서 대기 시간을 줄일 수 있다. 대한항공이나 아시아나항공을 이용할 경우 셀프 체크인으로 항공권을 발급받으면, 줄을 서지 않고 셀프로 짐을 부치는 셀프 백드랍이 가능해 시간을 절약할 수 있다.

TRAVEL TIP 7

CAFE & LOCAL AGENCIES

싱가포르 여행 카페 & 현지 투어

생생한 정보 얻기

실시간으로 정보가 업데이트되는 온라인 여행 카페는 여행 전 많은 도움이 된다. 대표적인 싱가포르 여행 커뮤니티와 함께, 싱가포르 공인 가이드들이 참여하는 알찬 현지 투어 정보를 소개한다.

추천 온라인 여행 카페

인사이드 싱가포르

cafe.naver.com/insidesingapore

2015년에 개설된 싱가포르 여행 전문 온라인 카페. 여행작가와 현지 여행 가이드, 유명 유튜버 등이 멤버로 참여해 수준 높은 여행 정보를 소개한다. 카페에서 주관하는 현지 투어 상품도 좋은 평을 얻고 있다.

➡ 현직 여행작가 2인과 현지 여행 전문가의 빠르고 정확한 정보
➡ 싱가포르에 대한 모든 궁금증이 해결되는 질문 게시판 운영
➡ 현지 유명 업체와의 제휴를 통해 필수 명소와 식당을 저렴한 가격으로 이용
➡ 온라인 가이드를 통한 자유여행 상품 운영(여행 일정 짜기 및 여행 기간 중 카카오톡 실시간 안내)
➡ 다양한 현지 투어 상품 운영
- 온라인 가이드 투어(여행 일정 수립+여행 중 카카오톡 실시간 안내)
- 핵심 야경 스폿만 선별한 야경 투어
- 재미있는 역사 해설과 함께하는 자전거 투어
- 공인 가이드와 함께하는 맞춤형 일일 투어
- 싱가포르 권역별 투어(올드 시티, 캄퐁 글램, 차이나타운, 리틀 인디아, 카통 등)

추천 현지 투어

헬로우 싱가폴 투어

www.hellosingaporetour.com

올드 시티, 차이나타운, 리틀 인디아, 캄퐁 글램 등 지역 투어는 물론, 시즌별 스페셜 투어 상품이 좋은 평을 얻고 있다.

투어 시간 2시간 30분
투어 비용 S$45 내외

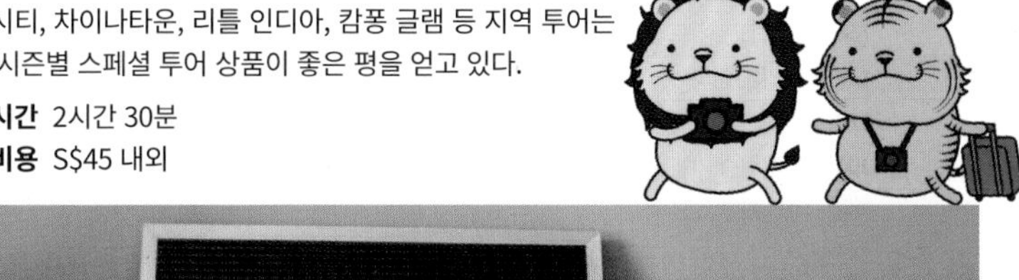

Index

타

파

하

기호, 숫자, 알파벳

인사이드 싱가포르

연관검색어 ?　진짜 싱가포르 정보　최신 싱가포르 정보
싱가포르 맛집　싱가포르 각종 할인
싱가포르 프라이빗 가이드투어
싱가포르 자유여행 바이블

cafe.naver.com/insidesingapore

인사이드 싱가포르/싱가폴

진심으로 싱가포르를 사랑하는 사람들과 현직 여행작가들이 함께 만든 싱가포르 여행정보 커뮤니티, 대한민국에서 가장 빠르고 정확한 싱가포르 여행 정보를 만날 수 있는 곳으로 일회성 필요에 의한 질문만 난무하는 여행카페가 아닌 실질적인 도움을 받을 수 있는 최고의 싱가포르 전문 여행 카페

THIS IS
디스이즈싱가포르
SINGAPORE

TERRA

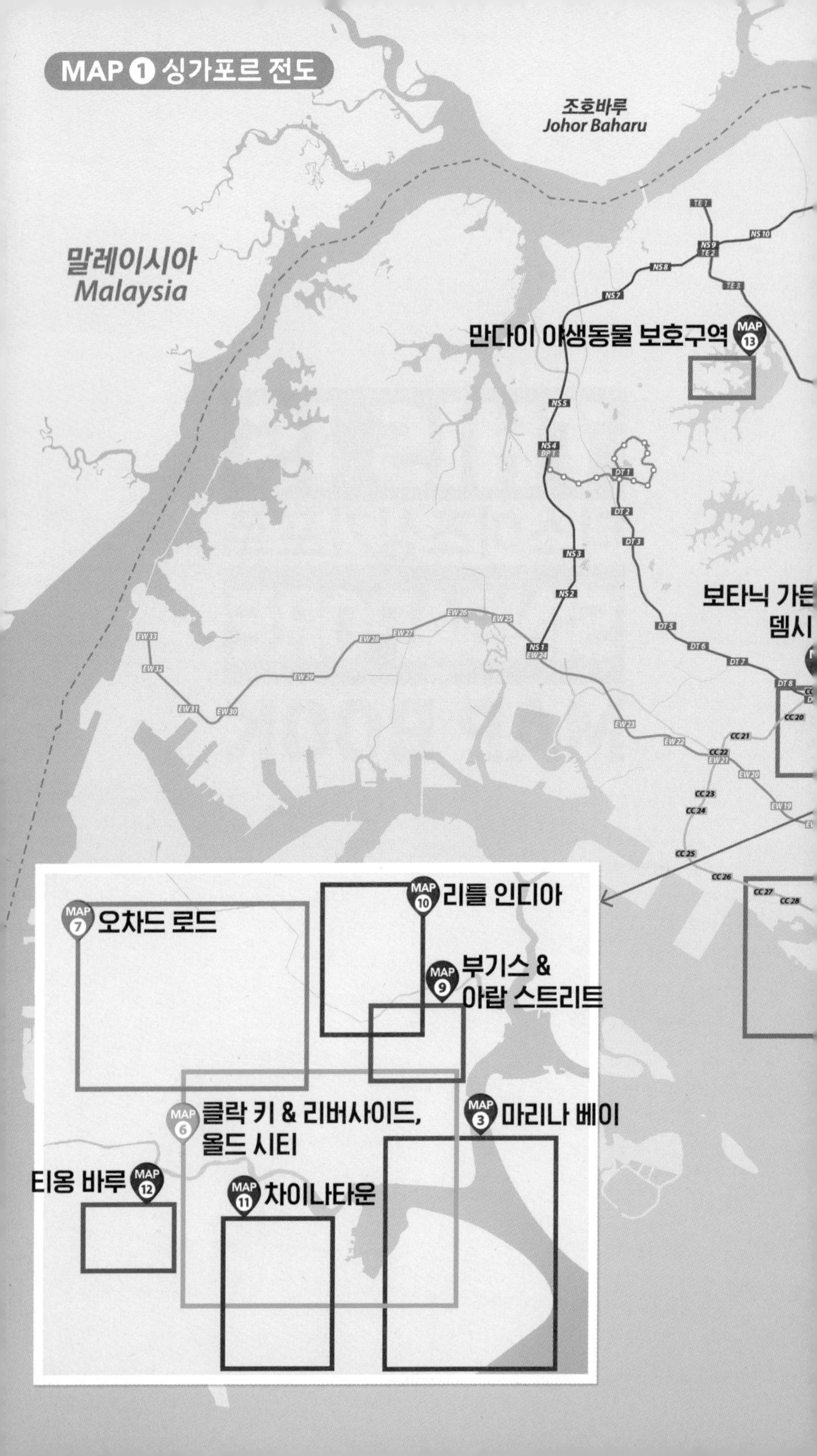
MAP 1 싱가포르 전도
조호바루
Johor Baharu
말레이시아
Malaysia
만다이 야생동물 보호구역 MAP 13
보타닉 가든
뎀시
MAP 10 리틀 인디아
MAP 7 오차드 로드
MAP 9 부기스 & 아랍 스트리트
MAP 6 클락 키 & 리버사이드, 올드 시티
MAP 3 마리나 베이
티옹 바루 MAP 12
MAP 11 차이나타운

말레이시아
Malaysia
창이공항
Changi Airport
MAP 14
카통 & 이스트 코스트
2024년 6월 23일 개통
MAP 15
센토사 & 하버프론트
이 책의 지도에 사용된 기호
관광·쇼핑·미식 명소
상점
식당·카페·바
주차장
공항
DT16
MRT역
MRT역 출구
항구·선착장
버스정류장
케이블카
모노레일
0
100m
축척 & 방위표
빈탄 섬
Bintan Island
인도네시아
Indonesia

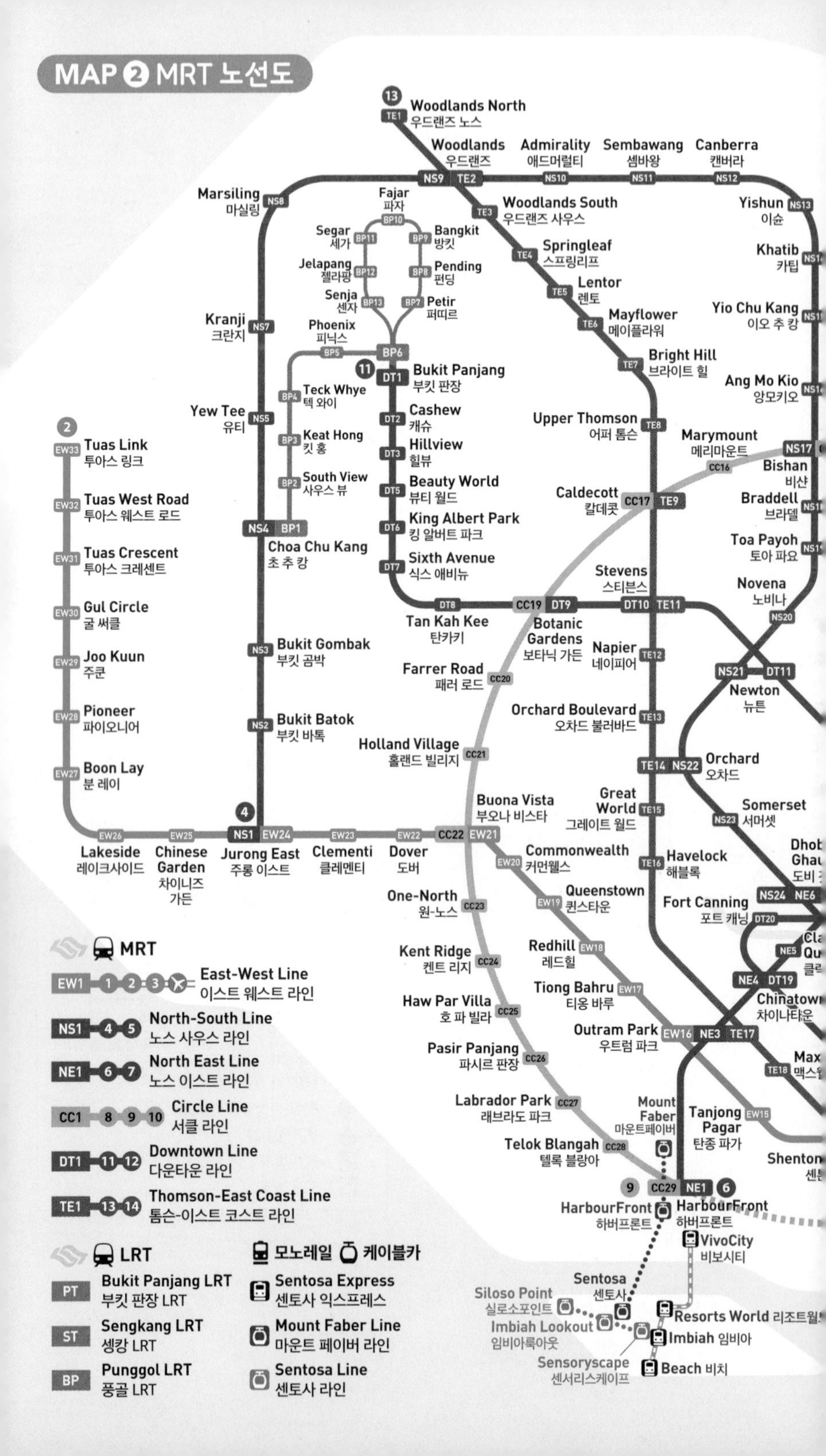
MAP 2 MRT 노선도
13
TE1
Woodlands North
우드랜즈 노스
Woodlands
우드랜즈
NS9 TE2
Admirality
애드머럴티
NS10
Sembawang
셈바왕
NS11
Canberra
캔버라
NS12
Marsiling
마실링
NS8
Fajar
파자
BP10
TE3
Woodlands South
우드랜즈 사우스
Yishun
이슌
NS13
Segar
세가
BP11
Bangkit
방킷
BP9
TE4
Springleaf
스프링리프
Khatib
카팁
Jelapang
젤라팡
BP12
Pending
펜딩
BP8
TE5
Lentor
렌토
Senja
센자
BP13
Petir
퍼띠르
BP7
TE6
Mayflower
메이플라워
Yio Chu Kang
이오 추 캉
Kranji
크란지
NS7
Phoenix
피닉스
BP5
BP6
TE7
Bright Hill
브라이트 힐
11
DT1
Bukit Panjang
부킷 판장
Ang Mo Kio
앙모키오
BP4
Teck Whye
텍 와이
Yew Tee
유티
NS5
DT2
Cashew
캐슈
Upper Thomson
어퍼 톰슨
TE8
2
Keat Hong
킷 홍
BP3
DT3
Hillview
힐뷰
Marymount
메리마운트
NS17
EW33
Tuas Link
투아스 링크
CC16
Bishan
비샨
South View
사우스 뷰
BP2
DT5
Beauty World
뷰티 월드
Caldecott
칼데콧
CC17 TE9
Braddell
브라델
EW32
Tuas West Road
투아스 웨스트 로드
NS4 BP1
DT6
King Albert Park
킹 알버트 파크
Choa Chu Kang
초 추 캉
Toa Payoh
토아 파요
EW31
Tuas Crescent
투아스 크레센트
DT7
Sixth Avenue
식스 애비뉴
Stevens
스티븐스
Novena
노비나
DT8
CC19 DT9
DT10 TE11
EW30
Gul Circle
굴 써클
Tan Kah Kee
탄카키
Botanic Gardens
보타닉 가든
NS20
NS3
Bukit Gombak
부킷 곰박
Napier
네이피어
TE12
EW29
Joo Koon
주쿤
Farrer Road
패러 로드
CC20
NS21 DT11
Newton
뉴튼
EW28
Pioneer
파이오니어
Orchard Boulevard
오차드 불러바드
TE13
NS2
Bukit Batok
부킷 바톡
Holland Village
홀랜드 빌리지
CC21
TE14 NS22
Orchard
오차드
EW27
Boon Lay
분 레이
Buona Vista
부오나 비스타
Great World
그레이트 월드
TE15
Somerset
서머셋
NS23
4
EW26
EW25
NS1 EW24
EW23
EW22
CC22 EW21
Lakeside
레이크사이드
Chinese Garden
차이니즈 가든
Jurong East
주롱 이스트
Clementi
클레멘티
Dover
도버
EW20
Commonwealth
커먼웰스
TE16
Havelock
해블록
One-North
원-노스
CC23
EW19
Queenstown
퀸스타운
Fort Canning
포트 캐닝
DT20
NS24 NE6
MRT
EW1 1 2 3
East-West Line
이스트 웨스트 라인
Kent Ridge
켄트 리지
CC24
Redhill
레드힐
EW18
NE5
NE4 DT19
Tiong Bahru
티옹 바루
EW17
NS1 4 5
North-South Line
노스 사우스 라인
Haw Par Villa
호 파 빌라
CC25
Outram Park
우트럼 파크
EW16 NE3 TE17
NE1 6 7
North East Line
노스 이스트 라인
Pasir Panjang
파시르 판장
CC26
TE18
CC1 8 9 10
Circle Line
서클 라인
Labrador Park
래브라도 파크
CC27
Mount Faber
마운트페이버
Tanjong Pagar
탄종 파가
EW15
DT1 11 12
Downtown Line
다운타운 라인
Telok Blangah
텔록 블랑아
CC28
TE1 13 14
Thomson-East Coast Line
톰슨-이스트 코스트 라인
9
CC29 NE1
6
HarbourFront
하버프론트
HarbourFront
하버프론트
VivoCity
비보시티
LRT
모노레일
케이블카
PT
Bukit Panjang LRT
부킷 판장 LRT
Sentosa Express
센토사 익스프레스
Siloso Point
실로소포인트
Sentosa
센토사
Resorts World
ST
Sengkang LRT
셍캉 LRT
Mount Faber Line
마운트 페이버 라인
Imbiah Lookout
임비아룩아웃
Imbiah 임비아
Sensoryscape
센서리스케이프
Beach 비치
BP
Punggol LRT
풍골 LRT
Sentosa Line
센토사 라인

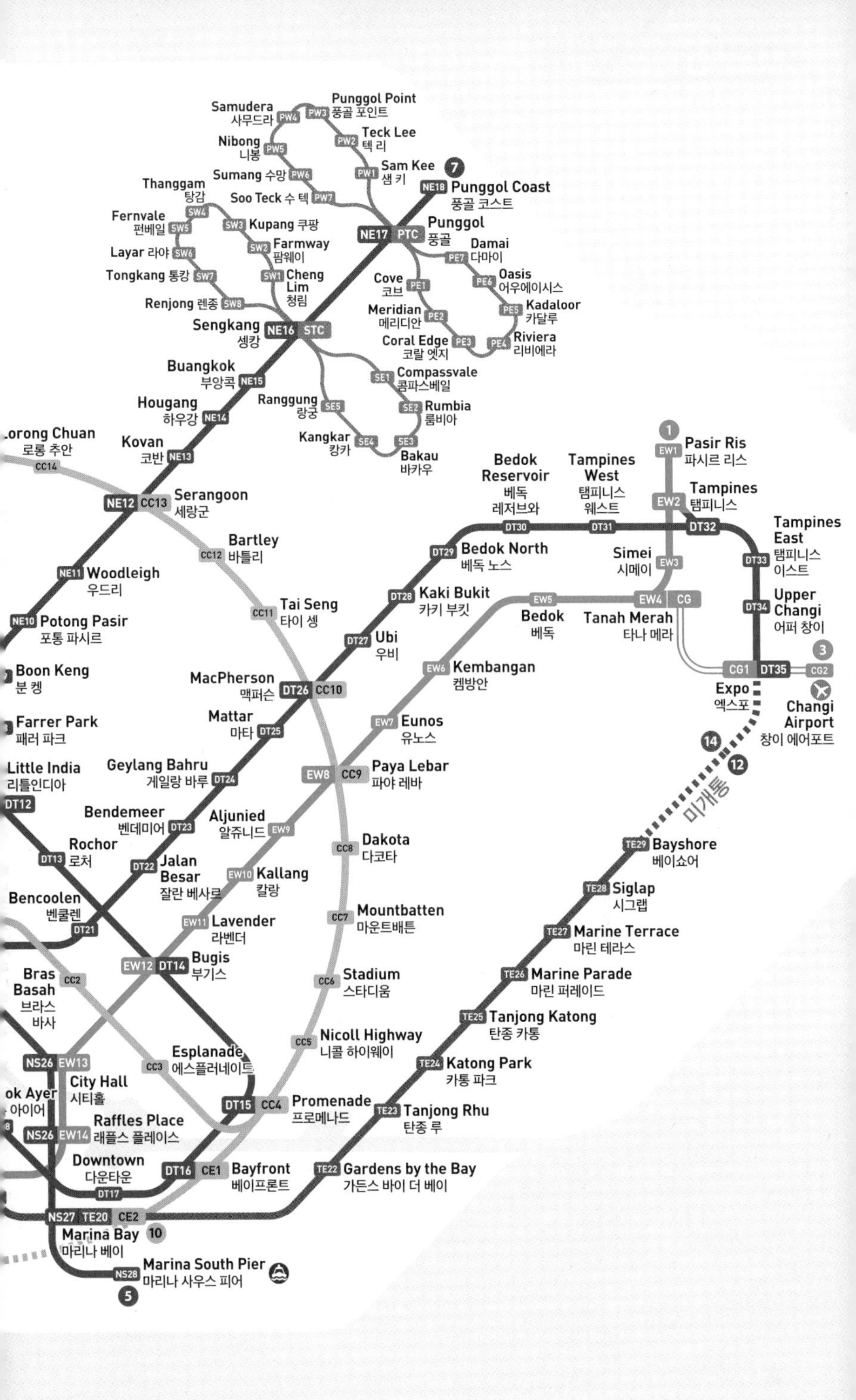

Samudera
사무드라
Punggol Point
풍골 포인트
Teck Lee
텍 리
Nibong
니봉
Sam Kee
샘 키
Sumang 수망
Thanggam
탕감
Soo Teck 수 텍
Punggol Coast
풍골 코스트
Punggol
풍골
Fernvale
펀베일
Kupang 쿠팡
Farmway
팜웨이
Damai
다마이
Layar 라야
Tongkang 통캉
Cheng Lim
청림
Cove
코브
Oasis
어우에이시스
Renjong 렌종
Meridian
메리디안
Kadaloor
카달루
Sengkang
셍캉
Coral Edge
코랄 엣지
Riviera
리비에라
Buangkok
부앙콕
Compassvale
콤파스베일
Hougang
하우강
Ranggung
랑궁
Rumbia
룸비아
Lorong Chuan
로롱 추안
Kovan
코반
Kangkar
캉카
Bakau
바카우
Pasir Ris
파시르 리스
Bedok Reservoir
베독 레저브와
Tampines West
탬피니스 웨스트
Tampines
탬피니스
Serangoon
세랑군
Tampines East
탬피니스 이스트
Bartley
바틀리
Bedok North
베독 노스
Simei
시메이
Woodleigh
우드리
Kaki Bukit
카키 부킷
Upper Changi
어퍼 창이
Tai Seng
타이 셍
Bedok
베독
Tanah Merah
타나 메라
Potong Pasir
포통 파시르
Ubi
우비
Boon Keng
분 켕
MacPherson
맥퍼슨
Kembangan
켐방안
Expo
엑스포
Changi Airport
창이 에어포트
Farrer Park
패러 파크
Mattar
마타
Eunos
유노스
Little India
리틀인디아
Geylang Bahru
게일랑 바루
Paya Lebar
파야 레바
미개통
Bendemeer
벤데미어
Aljunied
알쥬니드
Dakota
다코타
Bayshore
베이쇼어
Rochor
로처
Jalan Besar
잘란 베사르
Kallang
칼랑
Siglap
시그랩
Bencoolen
벤쿨렌
Mountbatten
마운트배튼
Marine Terrace
마린 테라스
Lavender
라벤더
Bugis
부기스
Marine Parade
마린 퍼레이드
Bras Basah
브라스 바사
Stadium
스타디움
Tanjong Katong
탄종 카통
Nicoll Highway
니콜 하이웨이
Esplanade
에스플러네이드
Katong Park
카통 파크
City Hall
시티홀
Promenade
프로메나드
Tanjong Rhu
탄종 루
Raffles Place
래플스 플레이스
Downtown
다운타운
Bayfront
베이프론트
Gardens by the Bay
가든스 바이 더 베이
Marina Bay
마리나 베이
Marina South Pier
마리나 사우스 피어

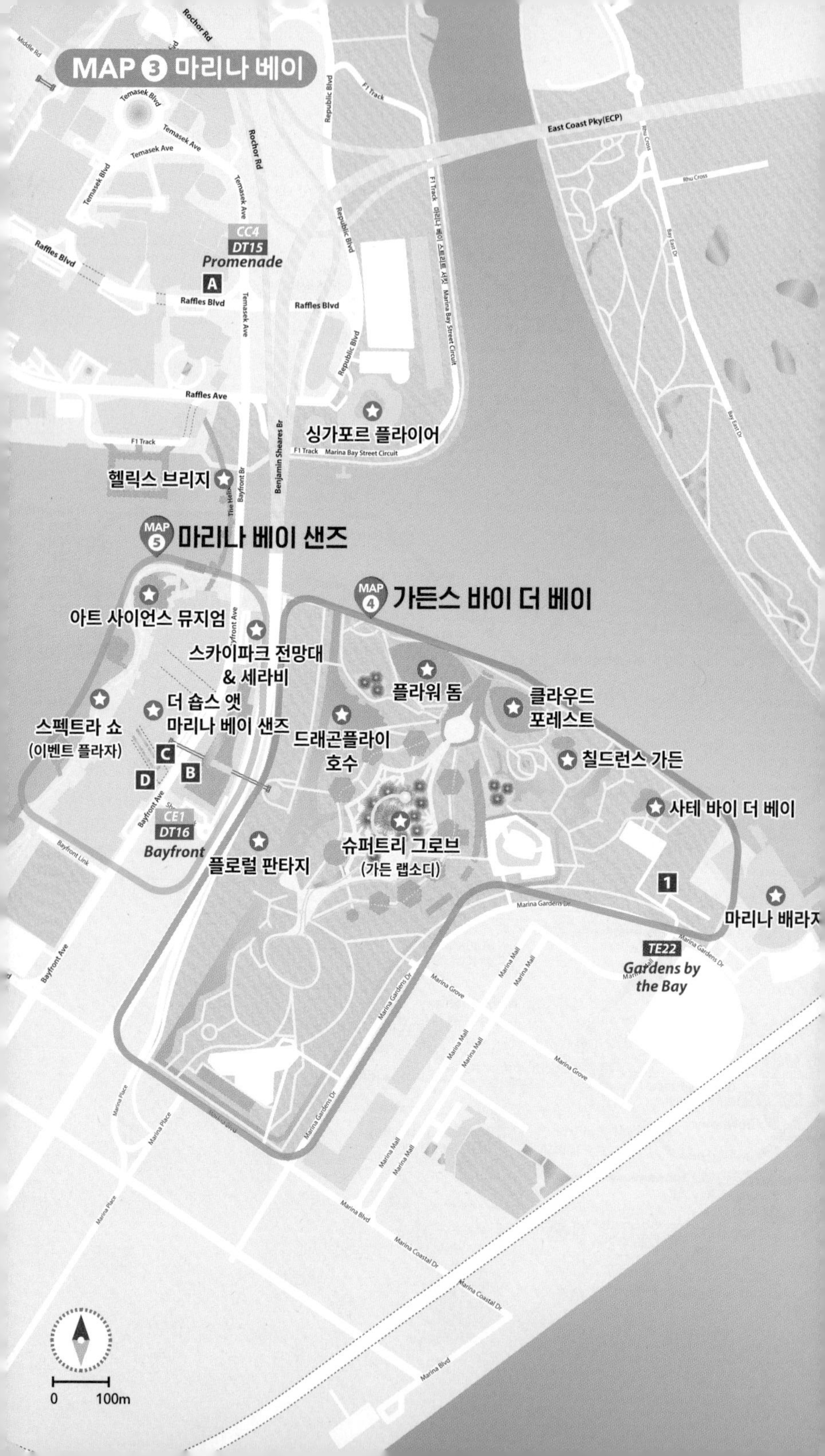

MAP 3 마리나 베이
Promenade
CC4
DT15
싱가포르 플라이어
헬릭스 브리지
MAP 5 마리나 베이 샌즈
MAP 4 가든스 바이 더 베이
아트 사이언스 뮤지엄
스카이파크 전망대 & 세라비
더 숍스 앳 마리나 베이 샌즈
스펙트라 쇼 (이벤트 플라자)
플라워 돔
클라우드 포레스트
드래곤플라이 호수
칠드런스 가든
사테 바이 더 베이
슈퍼트리 그로브 (가든 랩소디)
플로럴 판타지
마리나 배라지
CE1
DT16
Bayfront
TE22
Gardens by the Bay
East Coast Pky(ECP)
Raffles Blvd
Raffles Ave
Temasek Ave
Temasek Blvd
Rochor Rd
Republic Blvd
Benjamin Sheares Br
Bayfront Ave
Marina Gardens Dr
Marina Mall
Marina Grove
Marina Blvd
Marina Coastal Dr
Marina Place
F1 Track
Marina Bay Street Circuit
0
100m

MAP 4 가든스 바이 더 베이
1 가든스 바이 더 베이
드래곤플라이 호수
(잠자리 호수)
2
<여행하는 가족>
<독수리의 착륙>
3 플라워 돔
4 클라우드 포레스트
슈퍼트리 전망대
쉐이크쉑
03509
Bayfront Stn
Exit B/MBS
전망대
드래곤플라이 브리지
Dragonfly Bridge
골든 가든
맥도날드
5
칠드런스 가든
OCBC 스카이웨이
플로럴 판타지
6
셔틀버스 정류장
스타벅스
7
쥬라식
네스트
<씩씩한 황소>
사테 바이 더 베이
메도우 브리지
Meadow Bridge
<행성>
슈퍼트리
그로브
메인 입구
P
마리나
배라지 8
03371
Gdns by the Bay
03341
Aft Gardens by the Bay
TE22
Gardens
by the Bay

MAP 5 마리나 베이 샌즈
1 마리나 베이 샌즈
Marina Bay
River Taxi
(South)
베이프론트 사우스
제티(리버 크루즈)
아트 사이언스
뮤지엄
5
베이프론트
노스 제티
(워터 B 리버 크루즈)
7 애플 마리나 베이 샌즈
루이 비통
더 숍스 앳
마리나 베이 샌즈 3
4
스펙트라 쇼
River Taxi
(North)
잇푸도
브레드 스트리트 키친
레인 오큘러스
라사푸라 마스터즈
(푸드코트)
헬릭스
브리지 8
블랙 탭 크래프트
버거앤비어
컷 바이 볼프강 퍽
디지털 라이트
캔버스
쇼핑몰
메인 스트리트
카지노
Theatre
9
싱가포르
플라이어
삼판 라이드
D
제이슨스 델리
03501
Marina Bay
Sands Theatre
C
지하 에스컬레이터
짐 보관 장소
(체크인 전/
체크아웃 후)
짐 보관 장소
(체크인 전/
체크아웃 후)
03509
Bayfront Stn
Exit B/MBS
2 스카이파크 전망대
CE1
DT16
Bayfront
B
가든스 바이 더 베이로 가는
엘리베이터
(육교 아래 → 6층)
6
세라비
Tower
3
인피니티 풀
Tower
1
Tower
2
체크인/체크아웃
조식당(Rise)
체크인/체크아웃
가든스 바이 더 베이

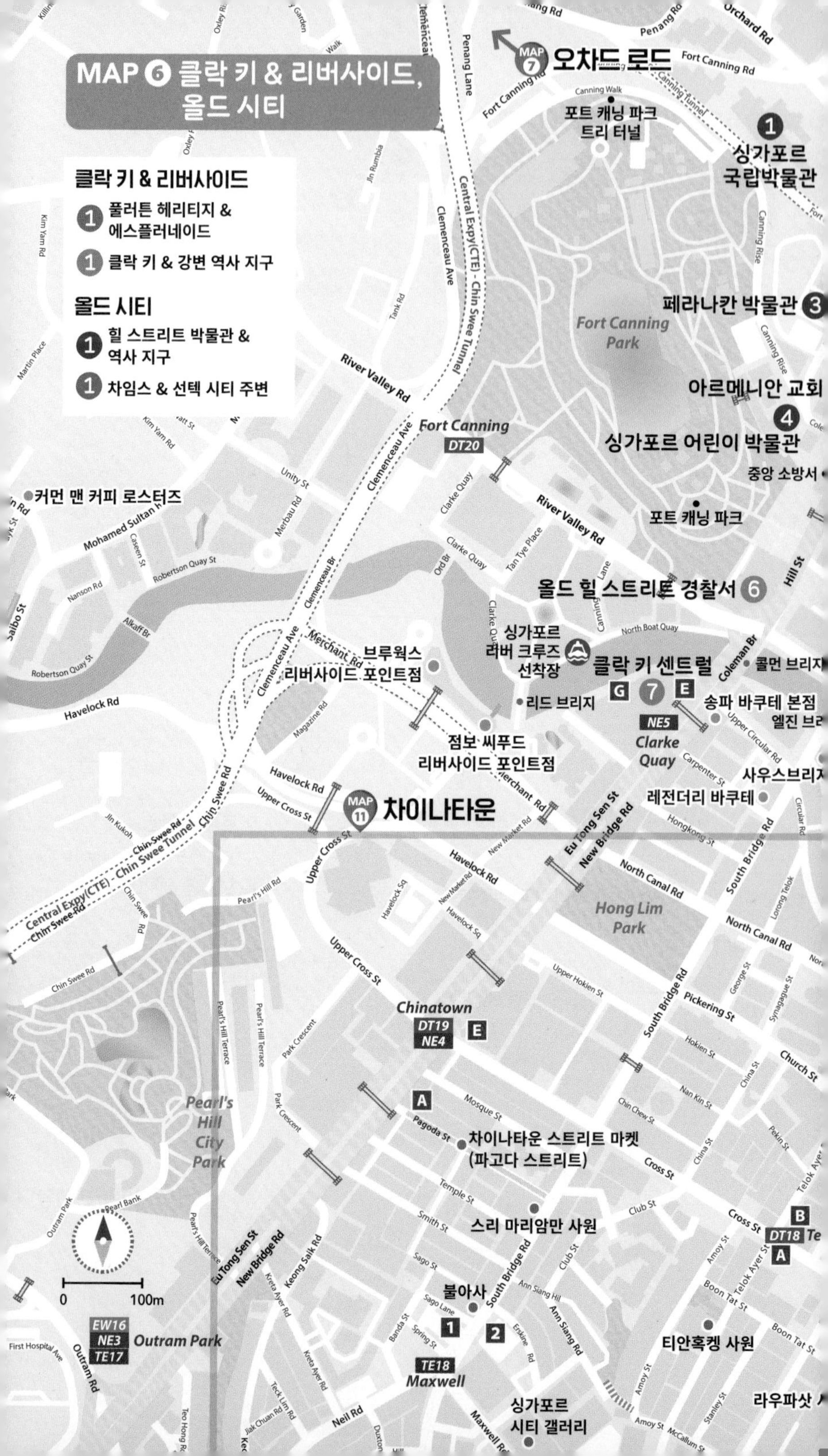
MAP 6 클락 키 & 리버사이드, 올드 시티
클락 키 & 리버사이드
1 풀러튼 헤리티지 & 에스플러네이드
1 클락 키 & 강변 역사 지구
올드 시티
1 힐 스트리트 박물관 & 역사 지구
1 차임스 & 선텍 시티 주변
MAP 7 오차드 로드
포트 캐닝 파크 트리 터널
1 싱가포르 국립박물관
페라나칸 박물관 3
Fort Canning Park
아르메니안 교회
4 싱가포르 어린이 박물관
중앙 소방서
포트 캐닝 파크
Fort Canning
DT20
커먼 맨 커피 로스터즈
올드 힐 스트리트 경찰서 6
싱가포르 리버 크루즈 선착장
클락 키 센트럴
G 7 E
NE5
Clarke Quay
콜먼 브리지
송파 바쿠테 본점
엘진 브리
리드 브리지
브루웍스 리버사이드 포인트점
점보 씨푸드 리버사이드 포인트점
사우스브리지
레전더리 바쿠테
MAP 11 차이나타운
Hong Lim Park
Chinatown
DT19
NE4
E
A
차이나타운 스트리트 마켓 (파고다 스트리트)
스리 마리암만 사원
B
DT18
A
Pearl's Hill City Park
0 100m
EW16
NE3
TE17
Outram Park
불아사
1 2
TE18
Maxwell
싱가포르 시티 갤러리
티안혹켕 사원
라우파삿
Orchard Rd
Penang Rd
Fort Canning Rd
Penang Lane
Canning Walk
Central Expy(CTE) - Chin Swee Tunnel
Clemenceau Ave
River Valley Rd
Tank Rd
Jln Rumbia
Kim Yam Rd
Martin Place
Unity St
Merbau Rd
Mohamed Sultan Rd
Caseen St
Robertson Quay St
Nanson Rd
Alkaff Br
Robertson Quay St
Havelock Rd
Clemenceau Br
Merchant Rd
Clarke Quay
Ord Br
Tan Tye Place
Canning Lane
North Boat Quay
Coleman Br
Hill St
Canning Rise
Upper Circular Rd
Carpenter St
Magazine Rd
Upper Cross St
Jln Kukoh
Chin Swee Rd
New Market Rd
Eu Tong Sen St
New Bridge Rd
Hongkong St
South Bridge Rd
North Canal Rd
Havelock Sq
Pearl's Hill Rd
Upper Hokien St
Pickering St
Hokien St
Church St
China St
Nan Kin St
Chin Chew St
Mosque St
Pagoda St
Park Crescent
Pearl's Hill Terrace
Cross St
Temple St
Smith St
Club St
Sago St
Ann Siang Hill
Ann Siang Rd
Sago Lane
Banda St
Spring St
Erskine Rd
Keong Saik Rd
Kreta Ayer Rd
Teck Lim Rd
Jiak Chuan Rd
Neil Rd
Maxwell Rd
Amoy St
Telok Ayer St
Boon Tat St
Stanley St
McCallum St
Outram Rd
First Hospital Ave
Outram Park
Pearl Bank
Chin Swee Rd
Synagogue St
George St
Lorong Telok
Pekin St
Circular Rd

부기스 & 아랍 스트리트
MAP 9
굿 셰퍼드 성당
차임스
뉴 우빈 씨푸드 차임스
프리베 차임스
롱 바
YY 카페이 디안
래플스 호텔
선텍 시티 몰
부(富)의 분수
래플스 시티
더 바 앳 15 스탬포드
캐피톨 켐핀스키 호텔
스위소텔 더 스탬포드
전쟁기념공원
War Memorial Park
City Hall
Esplanade
Promenade
세인트 앤드류 성당
푸난 몰
Padang
탄킴셍 분수
마리나 스퀘어
스모크앤미러스
세노타프
Esplanade Park
내셔널 갤러리
파당 경기장
에스플러네이드 극장
루프 테라스
마칸수트라 글루턴스 베이
에스플러네이드 파크
아트 하우스
야외 극장
서플라이 & 디맨드
빅토리아 극장
림보승 기념비
더 플로트 앳 마리나 베이
래플스 상륙지
달하우지 오벨리스크
주빌리 브리지
에스플러네이드 브리지
풀러튼 워터보트 하우스
아시아 문명 박물관
앤더슨 브리지
멀라이언 파크
카베나 브리지
풀러튼 호텔
팜 비치 씨푸드
원 풀러튼
마리나 베이 샌즈
MAP 5
래플스 플레이스
Raffles Place
풀러튼 파빌리온
캐피타스프링
클리포드 피어
풀러튼 베이 호텔
랜턴
세관 사무소
The Promontory @Marina Bay
레벨 33

MAP 7 오차드 로드

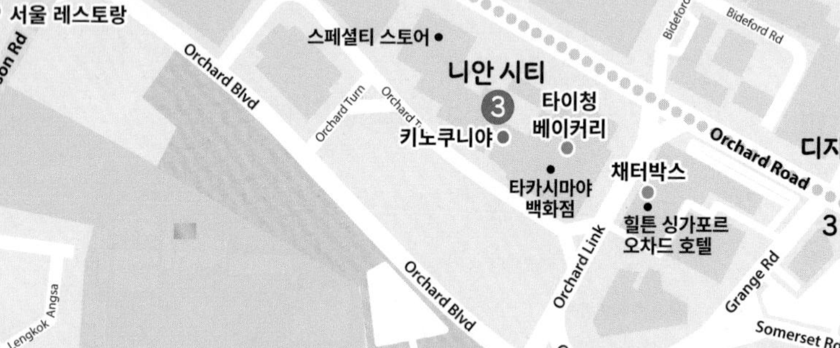

0
100m
NS21
DT11
Newton
Scotts Rd
Scotts Rd
Orchard Road 오차드 로드
1
2 탕스
4
TE14 NS22
Orchard
Lucky Plaza
<도시의 사람들>
아이온 스카이
2
1
스미글
아이온 오차드
서울 레스토랑
Paterson Rd
Orchard Blvd
스페셜티 스토어
니안 시티
3
타이청
베이커리
키노쿠니아
타카시마야
백화점
채터박스
힐튼 싱가포르
오차드 호텔
Orchard Turn
Bideford Rd
Bideford Rd
Hullet
Cairnhill Rd
Orchard Road
디자인 오차드
4
313 앳 서머
5
타이포
Orchardgate
B
Somerset Rd
Somerset
Orchard Link
Grange Rd
Grange Rd
Grange Rd
Orchard Blvd
Devonshire Rd
Exeter
Paterson Rd
Lengkok Angsa
Grange Rd
Grange Rd
Leonie Hill
Leonie Hill Rd
Devonshire Rd
St. Thomas Walk
Irwell
Hoot
Rd

뉴튼 푸드센터
이스타나 궁
Mount Emily Park
Central Expy(CTE)
에메랄드 힐
이 쿡 코리언 비큐 뷔페
6 오차드 센트럴
7 오차드 도서관
레이디 M 오차드 센트럴
8 <러브> 조형물
Orchard Road
이스타나 궁 입구
플라자 싱가푸라
팀호완
이스타나 헤리티지 갤러리
오차드 로드
Istana Park
CC1 NE6 NS24
Dhoby Ghaut
올드 시티
MAP 6
Penang Rd
Oxley Rise
Eber Rd
Kramat Rd
Kramat Lane
Cavenagh Rd
Koek Rd
Buyong Rd
Sophia Rd
Wilkie Rd
Mount Sophia
Adis Rd
Handy Rd
Oldham Lane
Dublin Rd
Oxley Garden
Central Expy(CTE) - Chin Swee Tunnel
Clemenceau Ave

MAP 8 보타닉 가든 & 뎀시 힐
Dunearn Rd
Bukit Timah Rd
CC19
DT9
A 부킷 티마 게이트
Botanic Gardens
에코 레이크
Melati Gate
제이콥 발라스 어린이 정원
풀리지 가든
Cluny Park Gate
힐링 가든
보타닉 가든 1
Woollerton Gate
Nassim Gate
비지터 센터 (Prive)
Palm Valley Gate
내셔널 오키드 가든 (국립 난 정원)
레인 포레스트
진저 가든
밴드 스탠드
템부수 나무
보타닉 가든 박물관
스완 레이크
탕린 게이트
1
TE12
Napier
Holland Rd
레드닷 브루하우스 7
롱 비치
6 캔들넛
3 세인트 조지 교회
5 피에스 카페 앳 하딩
점보 씨푸드
2 뎀시 힐
4 아이스크림 박물관
창 코리언
0
200m

MAP 9 부기스 & 아랍 스트리트
01129
Opp Stamford Pr Sch
Victoria St
Arab St
Rochor Canal Rd
Ophir Rd
North Bridge Rd
Jln Pisang
Jln Pinang
Kandahar St
Jln Kubor
Jln Klapa
Aliwal St
Jln Sultan
2 말레이 헤리티지 센터
1 술탄 모스크
(마지드 술탄)
잠잠
Queen St
Muscat St
Bussorah St
Subhan St
Sultan Gate
Pahang St
휘게
5
Bali Lane
아랍 스트리트
Haji Lane
3 부소라 스트리트
Baghdad St
% 아라비카
Beach Rd
하지 레인 4
Victoria St
B
Bugis St
Bugis
DT14
EW12
7
부기스
스트리트 마켓
C
6
아틀라스
블랑코 코트 프론 미
8
부기스 정션
North Bridge Rd
Rochor Rd
D
Tan Quee Lan St
Ophir Rd
0
100m
MAP 6 올드 시티
Liang Seah St
아츄 디저트
North Bridge Rd
Middle Rd
Beach Rd
Rochor Rd
Nicoll Highway
Ophir Rd
Republic Ave

MAP 10 리틀 인디아
0
100m
Owen Rd
Rangoon Rd
Rangoon Ave
Kent Rd
Oxford Rd
Sing Ave
Dorset Rd
Joo Ave
Sing Joo Walk
Balestier Rd
Tessensohn Rd
Serangoon Rd
Kempas Rd
Lavender St
Race Course Rd
룽산시 9
사캬무니 부다가야 사원 8
Beatty Rd
Sturdee Rd
Jln Besar
Starlight Rd
Worchester RD
Gloucester Rd
Perumal Rd
Petain Rd
Marne Rd
Flanders Square
Kitchener Link
Farrer Park Rd
Farrer Park NE8
Farrer Park Station Rd
Berch Rd
Burmah Rd
G
I
7
시티 스퀘어 몰
체셍후
하드위
Allenby Rd
Tyrwhitt Rd
Roberts Lane
Kinta Rd
Northumberland Rd
Syed Alwi Rd
Verdun Rd
Kitchener Rd
6
무스타파 센터
힐만 레스토랑
무투스 커리
Race Course Lane
Chander Rd
Desker Rd
Sam Leong Rd
Rowell Rd
Baboo Lane
Hindoo Rd
Kampong Kapor Rd
바나나 리프 아폴로
Maude Rd
스위춘
Belilios Rd
Belilios Lane
5 스리 비라마칼리암만 사원
Veerasamy Rd
Townshend Rd
King George's Ave
Kerbau Rd
E
섬 딤섬
Little India
DT12 NE7
2
탄텡니아 하우스
<리틀 인디아의 전통무역>
Cuff Rd
Chitty Rd
Jln Berseh
Plumber Rd
Kelantan Lane
Kelantan Rd
C
1
텍카 센터
Buffalo Rd
Upper Dickson Rd
Upper Weld Rd
Dunlop St
4
3 인디안 헤리티지 센터
리틀 인디아 아케이드
DT22 Jalan Besar
Rochor Canal Rd
Jln Sultan
Larut Rd
Dickson Rd
Perak Rd
MAP 9 부기스 & 아랍 스트리트
Sungei Rd
DT13 Rochor
Mayo St
Weld Rd
Victoria Lane
Victoria St
Jln Kubor
Jln Klapa
North Bridge Rd
Niven Rd
Selegie Rd
Albert St
Short St
Prinsep St
Arab St 아랍 스트리트
Queen St
Ophir Rd
Jln Kledek
Jln Pisang
Mcnally St
Rochor Rd
Waterloo St
Bencoolen St
Bencoolen Link
Middle Rd
Kandahar St
Subhan St
Muscat St
Haji Lane 하지 레인
부기스 스트리트
Bugis St
Cheng Yan

MAP ⑪ 차이나타운

Chinatown
DT19
NE4
동방미식
펑타이 헬스센터
차이나타운 스트리트 마켓 (파고다 스트리트)
메이홍위엔(미향원) 디저트 본점
스리 마리암만 사원
란조우 라미엔
불아사
통헹
Maxwell
TE18
동아 이팅 하우스
진릭샤 스테이션
맥스웰 푸드센터
티 챕터
<삼수이 우먼>
싱가포르 시티 갤러리
야쿤 카야 토스트 본점
DT18 Telok Ayer
티안혹켕 사원
라우파삿 페스티벌 마켓
베스트 사테
라우파삿 사테 거리
Shenton Way
TE19
오빠 짜장
신 만복
한식당 거리
북창동 순두부
EW15 Tanjong Pagar
피너클 앳 덕스턴 스카이브리지
Hong Lim Park
North Canal Rd
South Bridge Rd
Pickering St
Church St
Cross St
Upper Cross St
Pagoda St
Temple St
Smith St
Sago St
Sago Lane
Neil Rd
Maxwell Rd
Tanjong Pagar Rd
Robinson Rd
Anson Rd
Shenton Way
Keppel Rd
Ayer Rajah Expy(AYE)
0
100m

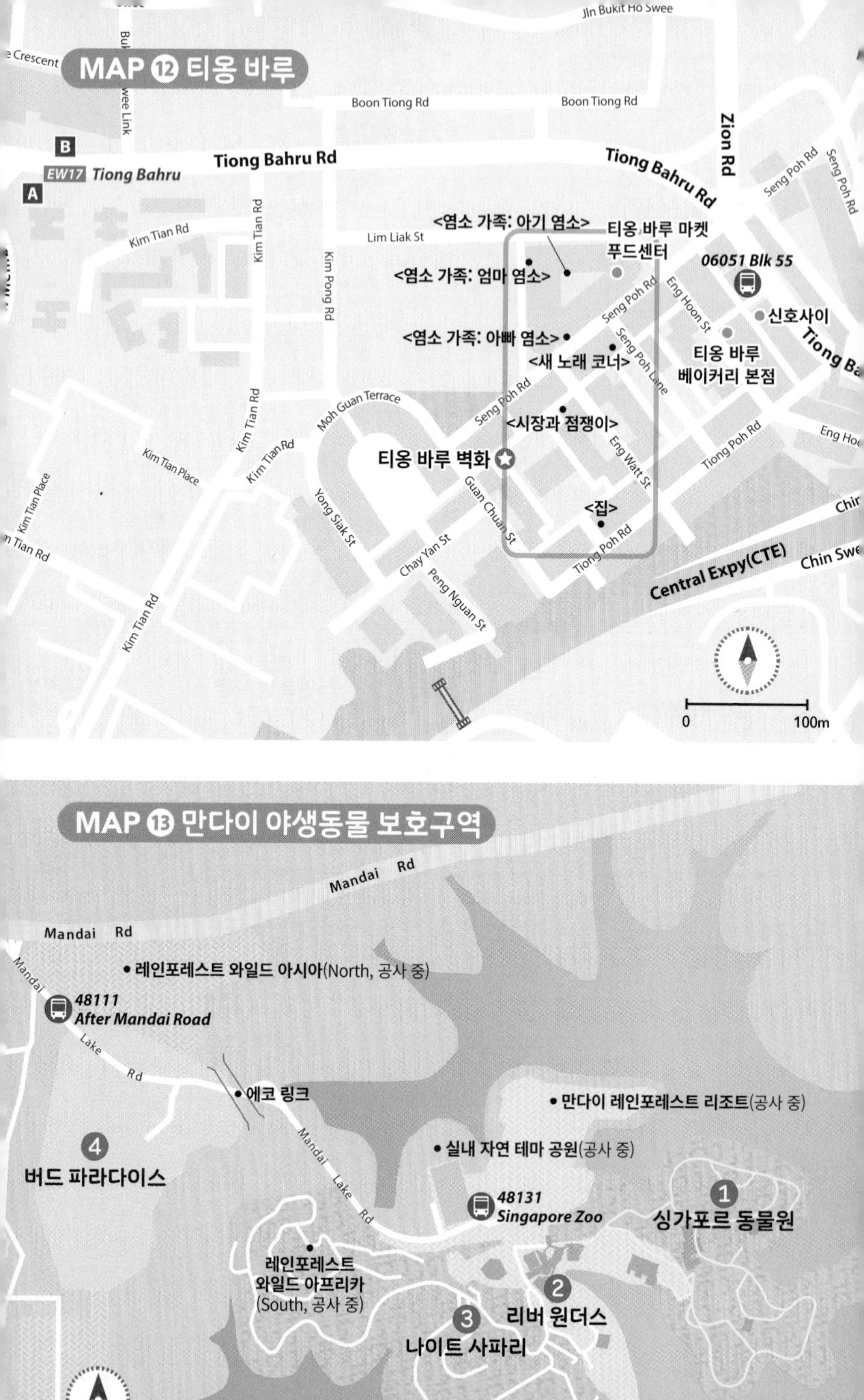
MAP 12 티옹 바루
Jln Bukit Ho Swee
Crescent
Boon Tiong Rd
Boon Tiong Rd
Zion Rd
Tiong Bahru Rd
Tiong Bahru Rd
EW17 Tiong Bahru
B
A
Seng Poh Rd
Seng Poh Rd
Kim Tian Rd
Kim Tian Rd
Lim Liak St
Kim Pong Rd
<염소 가족: 아기 염소>
티옹 바루 마켓
푸드센터
06051 Blk 55
<염소 가족: 엄마 염소>
Seng Poh Rd
Eng Hoon St
신호사이
<염소 가족: 아빠 염소>
Seng Poh Lane
<새 노래 코너>
티옹 바루
베이커리 본점
Moh Guan Terrace
Seng Poh Rd
<시장과 점쟁이>
Kim Tian Rd
Kim Tian Place
Kim Tian Rd
티옹 바루 벽화
Eng Watt St
Tiong Poh Rd
Kim Tian Place
Yong Siak St
Guan Chuan St
<집>
Tiong Poh Rd
Chay Yan St
Peng Nguan St
Central Expy(CTE)
Chin Swee
Kim Tian Rd
0
100m
MAP 13 만다이 야생동물 보호구역
Mandai Rd
Mandai Rd
Mandai
레인포레스트 와일드 아시아(North, 공사 중)
48111
After Mandai Road
Lake
Rd
에코 링크
만다이 레인포레스트 리조트(공사 중)
Mandai
Lake
Rd
4
버드 파라다이스
실내 자연 테마 공원(공사 중)
48131
Singapore Zoo
1
싱가포르 동물원
레인포레스트
와일드 아프리카
(South, 공사 중)
2
리버 원더스
3
나이트 사파리
0
200m
Upper Seletar Reservoir

MAP 14 카통 & 이스트 코스트
올드 에어포트 로드 푸드센터
8
티옹 바루 베이커리
롱퐁
주 치앗 반미 카페
카통
1 카통 전통 지구
아스톤즈
버즈 오브 파라다이스
328 카통 락사
2 3
4
5
친미친 컨펙셔너리
i12 카통
파크웨이 퍼레이드 7
6
롤랜드 레스토랑
이스트 코스트
1 이스트 코스트 파크
이스트 코스트 씨푸드센터 2
이스트 코스트 라군 푸드 빌리지 3
CC7 Mountbatten
CC8 Dakota
TE24 Katong Park
TE25 Tanjong Katong
TE26 Marine Parade
TE27 Marine Terrace
TE28 Siglap
Sims Way
Sims Ave
Sims Ave East
Aljunied Rd
Geylang Rd
Changi Rd
New Upper Changi Rd
Bedok North Rd
Guillemard Rd
Mountbatten Rd
Old Airport Rd
Stadium Blvd
Dunman Rd
Tanjong Katong Rd
Haig Rd
Onan Rd
Joo Chiat Rd
Langsat Rd
Joo Chiat Terrace
Joo Chiat Place
Tembeling Rd
Ceylon Rd
Koon Seng Rd
Still Rd
Still Rd South
Jln Eunos
Lorong G Telok Kurau
Lorong H Telok Kurau
Telok Kurau Rd
Lorong J Telok Kurau
Lorong K Telok Kurau
Lorong L Telok Kurau
Lorong N Telok Kurau
Frankel Ave
Siglap Plain
Siglap Rd
Bowmont Gardens
Swan Lake Ave
Bedok South Rd
Aida St
Bedok South Ave 1
East Coast Rd
Marine Parade Rd
Goodman Rd
Arthur Rd
Crescent Rd
Wilkinson Rd
Broadrick Rd
Bournemouth Rd
Amber Rd
Meyer Rd
Fort Rd
Tanjong Rhu Rd
East Coast Pky(ECP)
0 500m

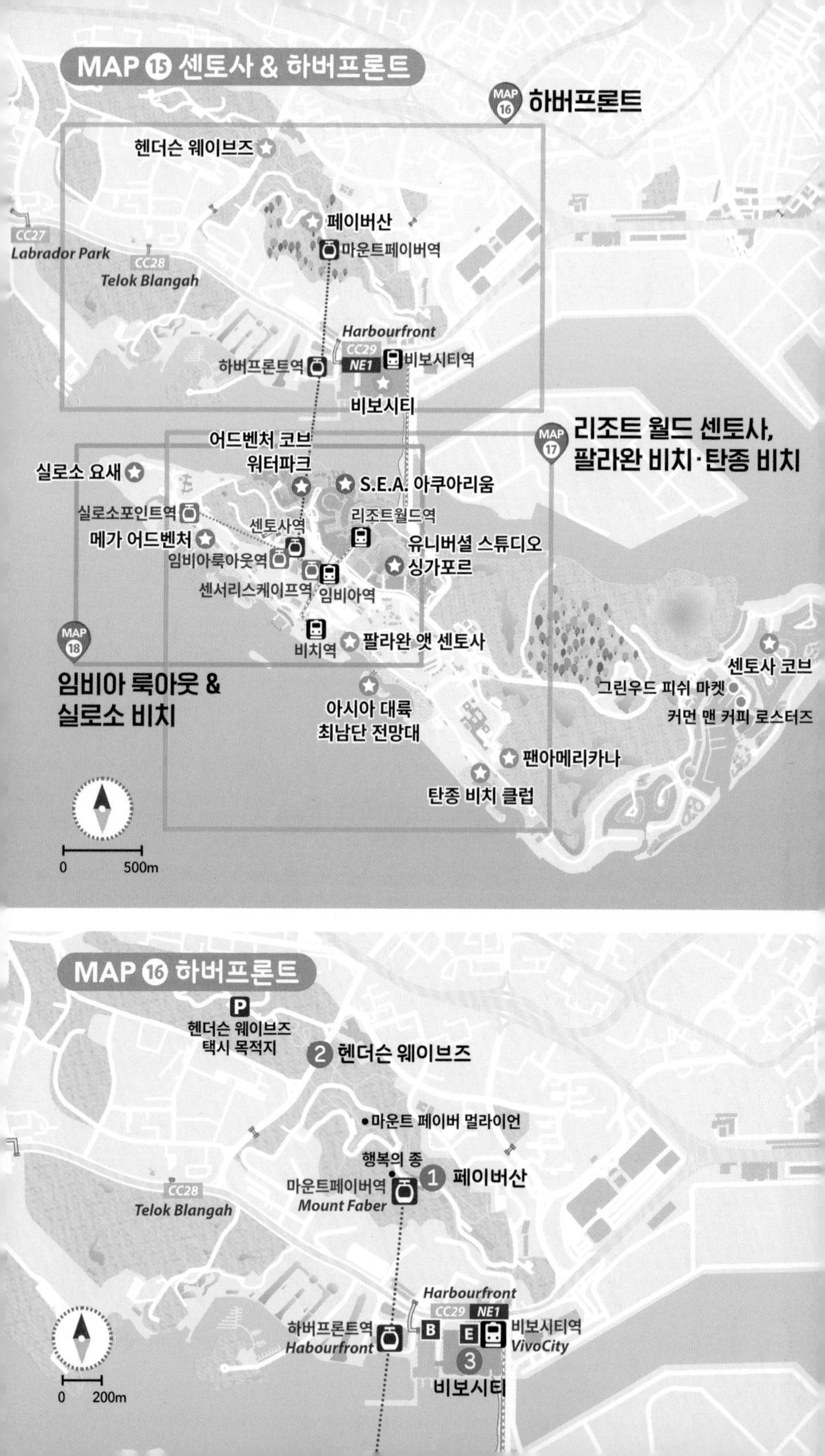
MAP 15 센토사 & 하버프론트
MAP 16 하버프론트
헨더슨 웨이브즈
페이버산
마운트페이버역
CC27
Labrador Park
CC28
Telok Blangah
Harbourfront
CC29
NE1
하버프론트역
비보시티역
비보시티
MAP 17 리조트 월드 센토사, 팔라완 비치·탄종 비치
어드벤처 코브 워터파크
실로소 요새
S.E.A. 아쿠아리움
실로소포인트역
리조트월드역
센토사역
메가 어드벤처
유니버설 스튜디오 싱가포르
임비아룩아웃역
센서리스케이프역
임비아역
비치역
팔라완 앳 센토사
MAP 18 임비아 룩아웃 & 실로소 비치
아시아 대륙 최남단 전망대
센토사 코브
그린우드 피쉬 마켓
커먼 맨 커피 로스터즈
팬아메리카나
탄종 비치 클럽
0
500m
MAP 16 하버프론트
P
헨더슨 웨이브즈 택시 목적지
2 헨더슨 웨이브즈
마운트 페이버 멀라이언
행복의 종
1 페이버산
마운트페이버역
Mount Faber
CC28
Telok Blangah
Harbourfront
CC29
NE1
하버프론트역
Habourfront
B
E
비보시티역
VivoCity
3
비보시티
0
200m

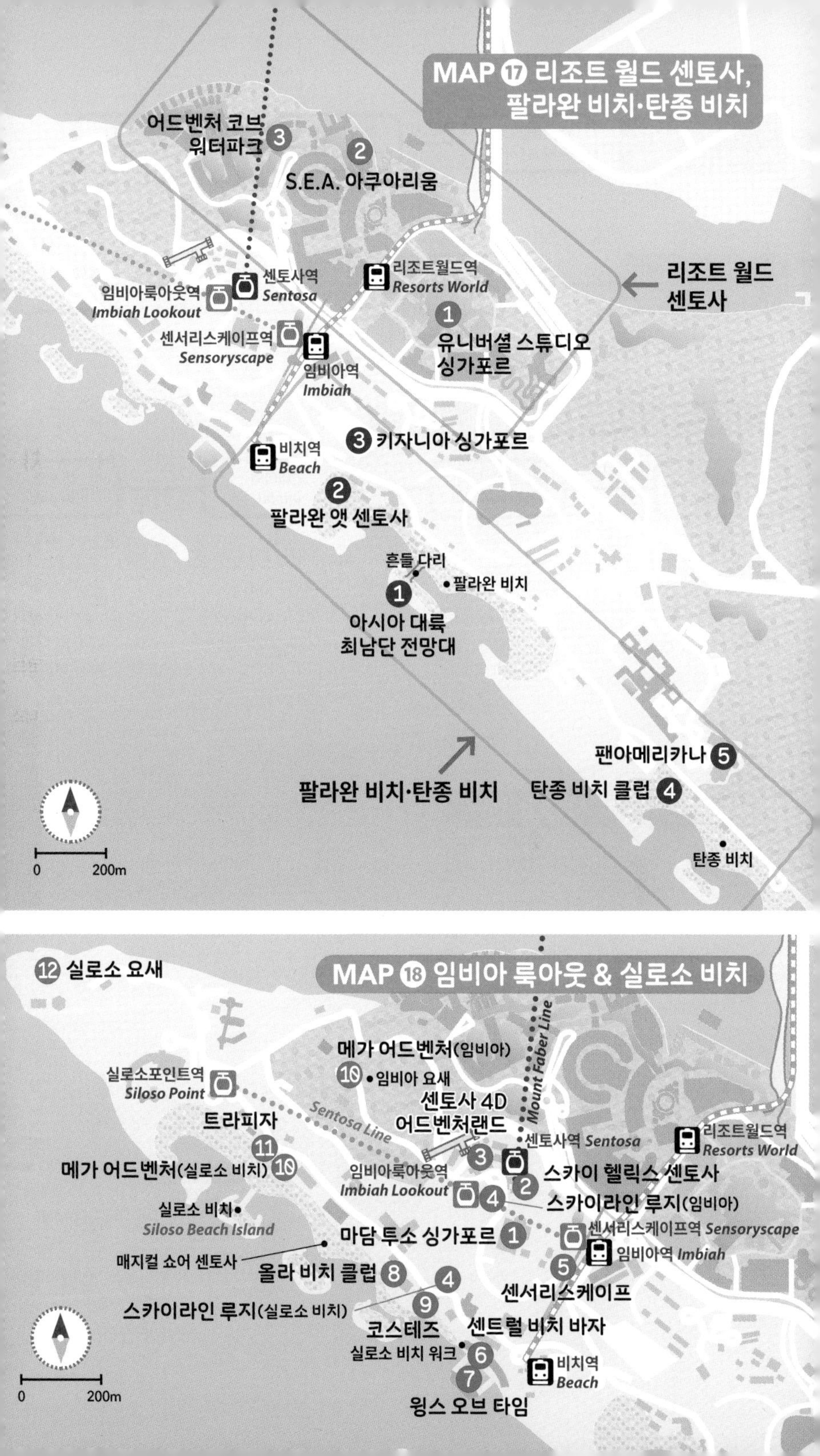
MAP 17 리조트 월드 센토사, 팔라완 비치·탄종 비치
어드벤처 코브 워터파크 3
2 S.E.A. 아쿠아리움
센토사역 Sentosa
리조트월드역 Resorts World
임비아룩아웃역 Imbiah Lookout
리조트 월드 센토사
1 유니버셜 스튜디오 싱가포르
센서리스케이프역 Sensoryscape
임비아역 Imbiah
3 키자니아 싱가포르
비치역 Beach
2 팔라완 앳 센토사
흔들 다리
팔라완 비치
1 아시아 대륙 최남단 전망대
팬아메리카나 5
팔라완 비치·탄종 비치
탄종 비치 클럽 4
탄종 비치
0 200m
MAP 18 임비아 룩아웃 & 실로소 비치
12 실로소 요새
메가 어드벤처(임비아)
10 임비아 요새
실로소포인트역 Siloso Point
Sentosa Line
Mount Faber Line
센토사 4D 어드벤처랜드
트라피자 11
메가 어드벤처(실로소 비치) 10
센토사역 Sentosa
리조트월드역 Resorts World
3 스카이 헬릭스 센토사 2
임비아룩아웃역 Imbiah Lookout
4 스카이라인 루지(임비아)
실로소 비치 Siloso Beach Island
마담 투소 싱가포르 1
센서리스케이프역 Sensoryscape
임비아역 Imbiah
매지컬 쇼어 센토사
올라 비치 클럽 8
4
5 센서리스케이프
스카이라인 루지(실로소 비치) 9
코스테즈
센트럴 비치 바자
실로소 비치 워크 6
비치역 Beach
7 윙스 오브 타임
0 200m

MAP ⑲ 케이블카 노선

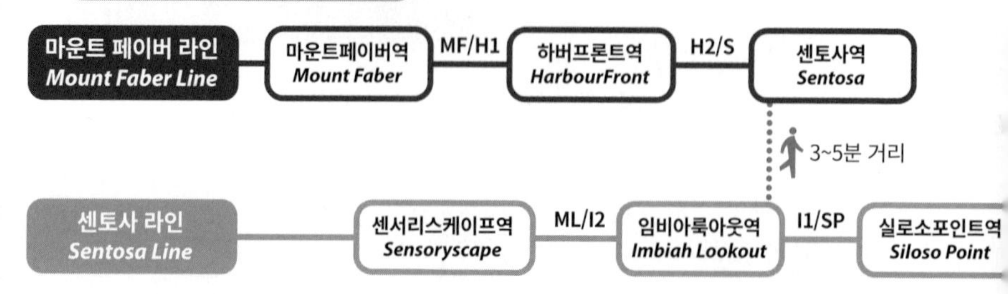

MAP ⑳ 센토사 익스프레스 노선

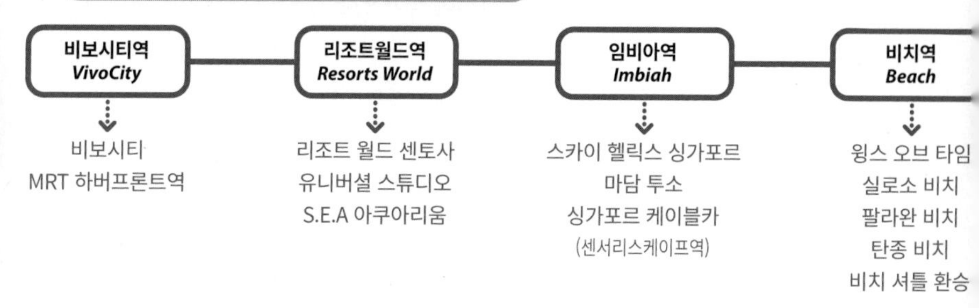

MAP ㉑ 비치 셔틀 노선도

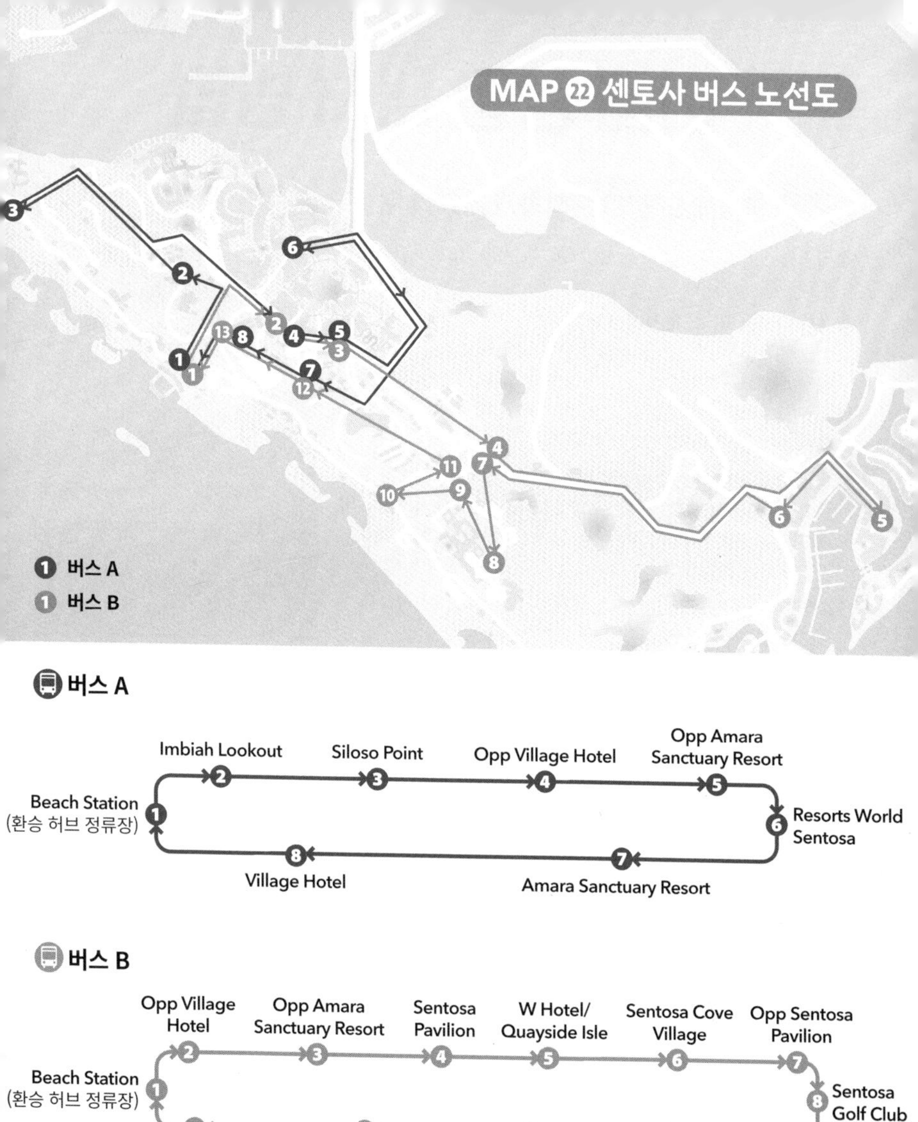

버스 A

Beach Station (환승 허브 정류장) ① → ② Imbiah Lookout → ③ Siloso Point → ④ Opp Village Hotel → ⑤ Opp Amara Sanctuary Resort → ⑥ Resorts World Sentosa → ⑦ Amara Sanctuary Resort → ⑧ Village Hotel → ① Beach Station

버스 B

Beach Station (환승 허브 정류장) ① → ② Opp Village Hotel → ③ Opp Amara Sanctuary Resort → ④ Sentosa Pavilion → ⑤ W Hotel/ Quayside Isle → ⑥ Sentosa Cove Village → ⑦ Opp Sentosa Pavilion → ⑧ Sentosa Golf Club → ⑨ Etonhouse → ⑩ Palawan Beach → ⑪ Opp So Spa → ⑫ Amara Sanctuary Resort → ⑬ Village Hotel → ① Beach Station

긴급 상황 대처 방법

Tip 1 공항에 내 짐이 도착하지 않았을 때

❶ 당황하지 말고 짐 찾는 곳 근처에 있는 'Lost & Found' 표지판을 따라가자.

❷ 해당 사무실 직원에게 짐이 도착하지 않았다는 사실을 알리고, 위탁 수하물을 보내고 받은 수하물 인수증(Claim Tag)을 제시한 후 분실 신고서를 작성한다. 캐리어의 형태와 색상, 크기 등을 자세히 알려줘야 찾기가 쉬우며, 짐을 부치기 전에 찍어둔 사진을 보여준다면 훨씬 편하게 설명할 수 있다.

❸ 바로 찾지 못할 때는 수하물을 받을 호텔명과 주소, 연락처 등을 알려주면 수하물을 찾는 대로 호텔로 보내준다. 이런 사태를 대비해 현지에 도착하자마자 사용해야 할 물품은 부치지 말고 기내에 가지고 타는 것이 좋다.

❹ 수하물이 도착할 때까지 필요한 물품을 구매한 비용은 여행자 보험으로 청구 가능하므로 영수증을 꼭 챙겨 둔다.

Tip 2 여권을 잃어버렸을 때

❶ 즉시 인근의 경찰서로 가서 여권 분실 신고서를 작성한 후 분실 신고 증명서(Police Report)를 발급받는다. 대사관에서 긴급여권을 발급받은 후 신고해도 되지만, 여권이 악용될 우려가 있으므로 최대한 빠른 시간 내에 신고하는 것이 좋다.

❷ 싱가포르 주재 한국대사관으로 가서 신청서류를 작성하고 긴급여권을 발급받는다. 이때 여권 사진 2매와 여권 사본, 귀국 항공편 e-티켓, 신분증이 필요하다.

❸ 긴급여권은 오전에 신청하면 오후에 발급받을 수 있다.

❹ 경찰서에서 받은 분실 신고 증명서는 대사관에는 제출하지 않아도 되며, 출국 시 출입국 심사관에게 제출해야 한다. 여권 사본을 만들지 못했을 시엔 여권 사진 부착면을 휴대폰으로 찍어 두는 것이 좋다.

❺ 긴급여권은 유효기간 1년짜리 단수여권이므로 귀국하는 대로 정식 여권을 재발급받아야 한다.

+MORE+

주 싱가포르 대한민국 대사관

ADD 47 Scotts Rd, 03/04 Goldbell Towers, Singapore 228233
MRT 뉴튼역 A출구, 골드벨 타워(영사민원 16층 3호)
OPEN 월~금 09:00~12:30, 14:00~17:00
TEL 근무 시간 중 6256 1188/ 긴급 연락처(24시간) 9654 3528/ 영사 콜센터(24시간) +82-2-3210-0404, +800-2100-0404(무료 연결)
WEB overseas.mofa.go.kr/sg-ko

Tip 3 신용카드를 분실했을 때

우리나라에서와 마찬가지로 신용카드를 분실했을 때는 즉시 한국의 신용카드 회사로 분실 신고를 해야 한다. 카드사 앱이나 전화로 신고하며, 만약을 대비해 카드 앞면과 뒷면의 사진을 찍어 두면 요긴하다. 해외에서 걸 때는 상담 전화번호가 다른 경우가 있으므로 미리 알아두자.

주요 신용카드 회사 분실 신고 전화번호

삼성카드 82-2-2000-8100, 800-1588-8700
신한카드 82-1544-7000, 82-2-3420-7000
롯데카드 82-2-1588-8300, 82-2-2280-2400
비씨카드 82-2-950-8510
하나카드 82-1800-1111
KB국민카드 82-2-6300-7300
우리카드 82-2-6958-9000
현대카드 82-2-3015-9000

Tip 4 여행 중 현금을 도난당하거나 분실했을 때

현금지급기를 이용하거나 한국의 지인에게 연락해 송금받는 방법이 있지만, 그것조차 여의치 못할 경우에는 최후의 수단으로 외교부에서 시행하는 신속해외송금지원제도를 이용할 수 있다. 현금 외의 귀중품을 도난당했을 때는 즉시 경찰서를 방문해 도난 신고를 하고, 신고 증명서(Police Report)를 받아야 귀국 후 여행자 보험에 청구할 수 있다. 신고할 때는 분실(Lost)이 아니고 도난(stolen, theft)이라고 해야 한다. 자세한 내용은 외교부 해외안전여행 홈페이지 참고.

WEB www.0404.go.kr/callcenter/overseas_remittance.jsp

+MORE+

신속해외송금지원제도

❶ 우리 국민이 해외에서 소지품 도난, 분실 등으로 긴급 경비가 필요할 때 국내 지인이 외교부 계좌로 현금을 입금하면, 현지 대사관을 통해 현지 통화로 지급받을 수 있는 제도. 지원 한도는 1회에 최고 $3000 이하다.

❷ 주 싱가포르 한국대사관을 방문하거나 24시간 운영하는 영사 콜센터를 통해 신청하고, 근무 시간 중에 대사관에 방문해 현금을 수령한다(주 싱가포르 대한민국 대사관 연락처 참고).

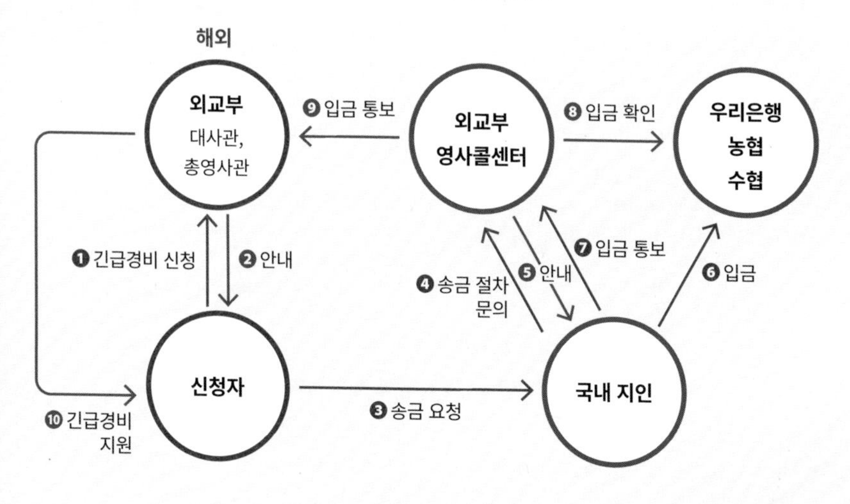

국내 은행의 싱가포르 지점

싱가포르에도 국내 은행의 지점이 있으며, 급히 송금받거나 현금을 찾아야 할 경우를 대비해 알아두면 요긴하다.

우리은행
MRT 다운타운역 C출구 바로 앞, 마리나 베이 파이낸셜센터 타워2 13층
ADD 10 Marina Boulevard #13-05 MBFC Tower 2 Singapore 018983
TEL 6422 2000

KEB 하나은행
MRT 래플스플레이스역 F출구, 푸르덴셜 타워 24층
ADD 30 Cecil Street, #24-03 Prudential Tower, Singapore 049712
TEL 6536 1633

신한은행
MRT 클락키역 A출구 또는 차이나타운역 E출구, 파크로열 컬렉션 피커링 호텔에서 대각선 방향
ADD 1 George Street, #15-03, Singapore 049145
TEL 6536 1144

Tip 5 갑자기 몸이 아플 때

바깥은 덥고, 에어컨이 가동되는 실내는 시원하다 보니 싱가포르에서는 감기에 걸리기 쉽다. 에어컨이 세다 싶을 때 걸칠 얇은 카디건과 감기약을 챙기자. 또한, 낯선 음식을 먹다 보면 탈이 날 수도 있으므로 간단한 소화제와 지사제도 준비할 것. 만약 비상약이 없다면 근처의 왓슨스(Watsons)나 가디언(Guardian) 같은 드럭스토어에서 증상을 말하고 약을 사 먹으면 된다. 간단한 상비약은 호텔에도 준비돼 있다. 약으로 해결될 상황이 아니라면 택시를 타고 근처의 병원으로 간다. 낮에는 우리나라의 동네병원과 같은 클리닉(Clinic)으로 가면 되지만, 밤에는 병원 응급실로 가야 한다. 우리나라의 119와 같이 싱가포르에도 응급 의료 서비스를 위한 전화 995가 있으나, 증상이 심각하지 않다고 판단되면 오지 않을 수도 있으므로 급하면 택시로 병원 응급실까지 직접 찾아가는 것이 가장 빠르고 현명한 방법이다.

+MORE+

싱가포르 주요 대형병원

싱가포르 종합병원 Singapore General Hospita
MRT 차이나타운 인근 우트럼파크역 근처
ADD Outram Road, Singapore 169608
TEL 6222 3322

탄톡셍 병원 Tan Tock Seng Hospital
MRT 노비나역 근처
ADD 11 Jalan Tan Tock Seng, Singapore 308433
TEL 6256 6011

마운트 엘리자베스 오차드 병원
Mount Elizabeth Orchard Hospital
ADD Bukit Timah Road, 100, Singapore 229899(오차드 로드 파라곤 쇼핑몰 뒤)
TEL 6311 1111

래플스 병원 Raffles Hospital
MRT 부기스역 근처
ADD 585 North Bridge Road, Singapore 188770
TEL 6225 5554

KK 여성 및 아동 병원
KK Women's and Children's Hospital, KKH
MRT 리틀인디아역 근처-소아응급실 24시간 운영
ADD 100 Bukit Timah Road, Singapore 229899
TEL 6225 5554

싱가포르 국립대학교 병원
National University of Singapore Hospital(NUH)
MRT 켄트리지역 근처
ADD 5 Lower Kent Ridge Road, Singapore 119074
TEL 6779 5555

약국에서 유용한 응급 영어 회화

배가 아플 때 먹는 약 좀 주세요.
➡ I have a stomachache, please give me some medicine.

*복통 대신 해당하는 증상을 넣으면 된다.
두통(Headache), 설사(Diarrhea, 더이어리어), 열(Fever), 장염(Enteritis, 엔터라이티스)

하루에 3번 먹어야 하나요?
➡ Do I have to eat three times a day?

피부 가려운데 바르는 연고 주세요.
➡ I'd like some ointment for itchy skin.

아이에게 먹일 해열제 주세요.
➡ Please give me a fever reducer to feed my child.

소화제 주세요.
➡ Please give me some digestive medicine.

꼭 필요한 여행 영어 회화

휴대폰 번역 앱도 하나쯤은 깔고 가는 세상이지만, 막상 닥치면 활용하기 쉽지 않다. 여행의 각 상황에서 요긴하게 써먹을 수 있는 영어 표현을 소개하니 필요하겠다 싶은 건 꼭 외워 두도록 하자. 완벽한 문장을 만들어 말하기보다는 짤막한 단어 위주로 얘기하는 것이 때때로 더 효과적일 수 있으므로, 문법에 너무 얽매일 필요는 없다.

Ex. 1 항공사 카운터에서

지금 체크인할 수 있습니까?

➡ Can I check in now?

*호텔에 체크인 시간보다 일찍 도착했을 때도 쓸 수 있다.

창가석(복도석) 좌석으로 부탁합니다.

Window seat(Aisle seat) please.

Ex. 2 비행기 기내에서

어떤 음료가 있나요?

➡ What kind of drinks do you have?

마실 것 좀 주시겠습니까?

➡ Excuse me. Can I get something to drink?

두통약 좀 받을 수 있나요?

➡ Can I get a headache pill?

담요 한 장 더 주실 수 있나요?

➡ Can I have another blanket?

Ex. 3 도착 공항에서

5일 동안 머물 예정입니다.

➡ I will stay for 5 days.

그냥 여행으로 왔습니다.

➡ I just came here for a trip.

어디에서 짐을 찾습니까?

➡ Where can I get my luggage?

제 짐이 보이지 않습니다.

➡ I can't find my luggage.

싱가포르 달러로 바꿔 주세요.

➡ Please change it to Singapore dollar.

Ex. 4 호텔에서

홍길동이라는 이름으로 예약했습니다.
➡ I made a reservation the name of Gildong Hong.
*예약한 레스토랑에 도착했을 때도 쓸 수 있다.

얼리 체크인이 가능한가요?
➡ Can I check in early?

체크인/체크아웃하겠습니다.
➡ Check in/Check out please.

전망 좋은 높은 층의 방으로 주시면 좋겠어요.
➡ I'd like a room on a high floor with a nice view.

아침 식사 포함으로 예약했는데, 맞나요?
➡ I made a reservation including breakfast, is that right?

내일 아침 6시에 모닝콜 해주세요.
➡ Please give me a wake-up call at 6 am tomorrow.

여기 1234호인데요. 방의 에어컨이 작동하지 않습니다.
➡ This is room 1234. The air conditioner in the room is not working.
*에어컨 대신 TV, 전등(the light) 등 다른 물건을 넣어도 된다.

욕실에 뜨거운 물이 나오지 않아요.
➡ There is no hot water in the bathroom.

아이스 버킷을 방으로 가져다줄 수 있나요?
➡ Can you bring an ice bucket to my room?

방 열쇠를 방에 두고 나왔습니다.
➡ I left room key in my room.

수건을 추가로 받을 수 있나요?
➡ Can I get an extra towel?

담배는 어디에서 피울 수 있나요?
➡ Where can I smoke?

제 짐을 오후 6시까지 맡길 수 있을까요?
➡ Could you keep my baggage until 6 pm?

공항으로 가는데, 택시를 불러 주실 수 있나요?
➡ I'm going to the airport, could you call me a taxi?

Ex. 5 버스를 이용할 때

보타닉 가든 가는 버스는 어디에서 탑니까?
➡ Where can I get the bus to Botanic Garden?

이 버스가 보타닉 가든까지 갑니까?
➡ Does this bus go to the Botanic Garden?

어디에서 내려야 할지 가르쳐 주세요.
➡ Please tell me where to get off.

Ex. 6 택시를 이용할 때

택시 승강장은 어디입니까?
➡ Where is the taxi stand?

트렁크에 짐 넣어도 될까요?
➡ Can I put my bag in the trunk?

보타닉 가든까지 가주세요.
➡ To the Botanic Garden, please.

얼마나 걸리나요?
➡ How long does it take?

저 앞에서 내려 주세요.
➡ Please drop me off over there.

거스름돈은 가지세요.
➡ Keep the change.

Ex. 7 쇼핑할 때

저것 좀 보여 주시겠어요?
➡ Could you show me that one?

그냥 구경하는 중입니다.
➡ I'm just looking around.

이거 입어 봐도 되나요?
➡ May I try this on?

좀 더 작은(큰) 것은 없나요?
➡ Do you have a smaller(bigger) one?

이것으로 하겠습니다.
➡ I'll take it.

영수증 주세요.
➡ A receipt, please.

거스름돈을 잘못 주신 것 같은데요.
➡ I think you gave me the wrong change.

Ex. 8 레스토랑을 이용할 때

6시에 예약했어요.
➡ I made a reservation at six.

얼마나 기다려야 되나요?
➡ How long do I have to wait?

지금 주문할게요.
➡ I will order now.

잠시만요. 조금 후에 주문할게요.
➡ Wait a minute. I'll order in a little while.

인기 메뉴 좀 추천해주세요.
➡ Please recommend the popular menu.

계산서 주세요.
➡ Can I have the bill, please?

(호커 센터나 푸드 코트에서) **여기 앉아도 되나요?**
➡ May I sit here?

이거 우리가 주문한 거 아닌 거 같은데요.
➡ I think this is not what we ordered.

(음식이 남았을 때) **이거 포장해주실 수 있을까요?**
➡ Could you wrap this?

Ex. 9 관광지에서

매표소가 어디인가요?
➡ Where is the ticket office?

바우처로 입장할 수 있나요?
➡ Can I enter with a voucher?

한국어 가이드가 있습니까?
➡ Do you have a Korean speaking guide?

실례지만, 사진 좀 찍어 주시겠습니까?
➡ Excuse me. Could you please take the picture?

이 버튼(셔터)을 누르면 됩니다.
➡ Just press this button, please.

여기에서 사진을 찍어도 되나요?
➡ Can I take pictures here?

하루 이용권이 있어요.
➡ I have a one-day pass.

거기에 걸어서 가도 되나요?
➡ Can I walk there?

(남자/여자) **화장실은 어디입니까?**
➡ Where is the(men's/women's) restroom?

제가 지금 있는 곳이 어디인가요?
➡ Excuse me. Where am I now?

알고 가면 좋을 말레이어

여러 민족이 함께 살아가는 싱가포르에서는 말레이계 국민이 전체 인구의 약 13%를 차지하고 있고, 법률에서 정한 싱가포르의 공식 언어(National Language) 또한 말레이어다. 지리적으로나 역사적으로나 깊은 연관을 맺고 있기에, 싱가포르에서는 각종 지명이나 음식, 문화 전반에 걸쳐 말레이어가 두루 쓰인다. 싱가포르 여행 시 미리 알고 가면 좋을 말레이어 몇 가지를 소개한다.

하지 레인

Word 1 Bukit : 부킷

'언덕'이라는 뜻이다. 싱가포르에는 부킷 티마(Bukit Timah), 부킷 바톡(Bukit Batok), 부킷 판장(Bukit Panjang) 등 'Bukit'이라는 말이 붙은 지명이 꽤 있다. 부킷 티마의 경우 옛날 이 언덕에서 주석(Tin)이 나온다고 잘못 알려진 데서 '주석 언덕'이라는 뜻의 이름이 붙여졌고, 부킷 판장의 경우 말레이어로 '길다'라는 뜻인 판장이 더해져 '긴 언덕'이라고 불리게 됐다.

Word 2 Haji : 하지

이슬람교의 성지인 '메카로의 성지순례' 또는 '성지순례를 다녀온 사람'을 의미한다. 여행자들도 많이 찾는 하지 레인(Haji Lane)은 과거 이 지역에 싱가포르와 인근 자바섬 등에 거주하는 무슬림을 대상으로 성지순례를 주선하는 브로커가 많이 활동했던 데서 이름이 붙여졌다고 한다.

Word 3 Jalan : 잘란

'길', '걷다'라는 뜻의 이 단어는 잘란 베사르(Jalan Besar), 잘란 부킷 메라(Jalan Bukit Merah), 잘란 유노스(Jalan Eunos) 등 싱가포르의 길 이름으로 많이 쓰인다. 'Janlan'에 '크다'를 의미하는 'Besar'를 더한 잘란 베사르는 '큰 길'이라는 뜻. 참고로 'Janlan Janlan'은 '산책한다'는 뜻으로, 누군가 "어디 가니?"라고 물으면 "잘란 잘란!"이라고 대답하면 된다.

Word 4 Merah : 메라

말레이어에서 'Merah'는 '붉은'을 의미한다. 따라서 소개한 길 이름 중 하나인 잘란 부킷 메라는 '붉은 언덕'이라는 뜻이 된다. 창이공항에서 MRT를 타고 시내로 들어올 때 주로 이용하는 환승역 타나 메라(Tanah Merah)는 '땅'을 뜻하는 'Tanah'와 'Merah'가 만나 '붉은 땅'이라는 뜻이 된다.

마칸수트라 글루턴스 베이 호커 센터

Word 5 Makan : 마깐

'먹다'라는 뜻의 말레이어다. 특히 "Go makan(나 밥 먹으러 가)" 또는 "Makan already?(밥 먹었어?)"라는 표현은 말레이계뿐 아니라 싱가포리언이라면 누구나 흔히 쓰는 말이다.

Word 6 Pulau : 풀라우

'섬'을 뜻한다. 싱가포르를 옛날에는 '풀라우 우종(Pulau Ujong)'이라고 불렀는데, 이 말은 '(말레이반도의) 끝에 있는 섬'을 의미한다. 오늘날에도 싱가포르에는 '풀라우 우빈Pulau Ubin'을 비롯해 'Pulau'로 시작하는 이름을 가진 섬이 많다.

캄퐁 글램 지역의 이슬람 사원 술탄 모스크

Word 7 Chop : 촙

영어에서 'Chop'은 '썰다' '자르다' 라는 뜻이지만, 말레이어에서는 '도장(Stamp)'라는 의미로 쓰인다. 따라서 'Company chop(회사 직인)', "Immigration will chop your passport(이민국에서 여권에 도장 찍어 줄 거예요)." 등의 표현이 일상적으로 사용된다. 'Chop'은 '예약하다(미리 도장을 찍다)'라는 뜻으로도 많이 사용되는데, 싱가포르의 대표적인 식당 예약 앱인 'chope'도 여기에서 유래됐다.

Word 8 Kampong : 캄퐁

'동네', '(시골)마을'을 뜻한다. "I'm a Kampong man(난 시골 사람이야).", "I came from Kampong(난 시골 출신이야)." 등으로 표현된다. 아랍 스트리트 주변 일대를 일컫는 캄퐁 글램(Kampong Glam)에 쓰인 캄퐁은 '마을'이라는 뜻이고, 글램은 싱가포르 건국 초기 이 지역에 글램 부족의 바다 원주민 오랑 라우트(Orang Laut)가 살았던 것에서 유래했다는 설과 이 지역에 많았던 겔람(Gelam) 나무에서 유래했다는 설이 있다. 참고로 오랑 라우트에서 '오랑'은 말레이어로 '사람', '라우트'는 '바다'를 뜻하며, 영장류 오랑우탄(Orangutan)은 '사람'과 '숲(Hutan, 우탄)이 합쳐 '숲의 사람'을 뜻하는 말레이어에서 유래했다.

텔록 아이어 마켓

Word 9 Teluk : 텔룩

우리말로 '만(灣)', 영어로는 '베이(Bay)'를 뜻한다. 싱가포르 여행자들에겐 차이나타운 근처의 텔록 아이어Telok Ayer 지역과 MRT 역인 텔록아이어역으로 익숙하며, 라우파삿 사테 거리 앞에서는 호커 센터가 있는 텔록 아이어 마켓(라우파삿 페스티벌 마켓)도 찾아볼 수 있다. 'Telok'은 'Teluk'에서 변형된 말이고, 'Ayer'는 말레이어로 '물'이라는 뜻. 따라서 'Telok Ayer'는 'Bay Water'라는 뜻이 된다. 이러한 지명이 붙여진 이유는 이 지역이 간척사업이 완료되기 전에는 바닷가였기 때문이다.

Word 11 Bahru : 바루

'새로운'이라는 뜻이다. 싱가포르 지명 중에는 뒤에 '바루'가 붙은 곳이 매우 많은데, 대표적인 곳으로는 티옹 바루(Tiong Bahru)가 있으며, 싱가포르에 인접한 말레이시아에도 조호 바루(Johor Bahru)와 같이 '바루'가 붙은 지명이 많다. '티옹 바루'는, 'Bahru' 앞에, '죽음', '끝', '묘지'를 뜻하는 호키엔 단어인 'Tiong'을 붙여 '새로운 묘지'를 의미하는데, 이런 이름이 붙은 것은 과거 이 지역에 오래된 묘지를 대체한 새 묘지가 만들어졌기 때문이다. 참고로 조호 바루는 'Johor'가 '보석'이라는 의미이므로 '새로운 보석'이라는 뜻이 된다.

내셔널 갤러리 앞의 파당 경기장

Word 10 Padang : 파당

'들판', '평원'을 뜻한다. 싱가포르 내셔널 갤러리 앞에는 고유명사 '파당'으로 불리는 넓은 야외 경기장이 있어서 내셔널 데이 축하 행사 및 각종 경기가 열린다.

THIS IS
디스이즈싱가포르
SINGAPORE
MAP BOOK